JN445898

DRAM
CIRCUIT DESIGN

DRAM 회로설계

최성대 • 유회준 지음

홍릉과학출판사

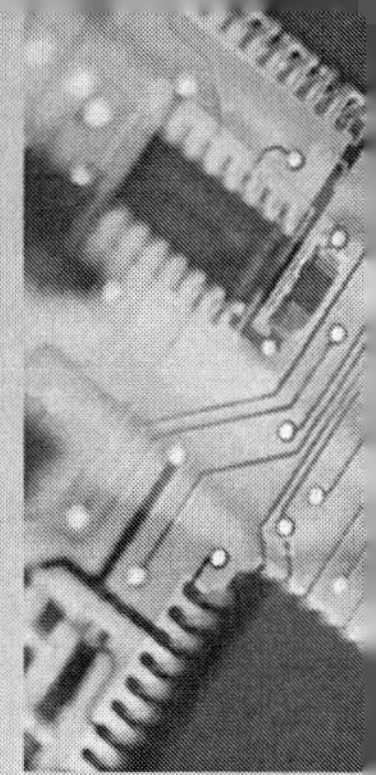

제2판 머리말

이 책의 초판이 출판되었던 1996년 당시 국내에는 삼성, 현대 및 LG의 3개 메모리 회사가 있었으며 3개사의 많은 엔지니어들이 뜨겁게 호응해주었고 심지어는 미국의 Intel사 엔지니어들도 번역해 읽었다는 소식을 들을 수 있었다. 그 이후, 한국은 메모리 반도체 분야의 세계 무대에서 최고라는 입지를 확고히 하였다. 비록 미국, 일본보다 30년 이상 뒤쳐진 출발점에서 시작하였으나, 한국은 세계 시장의 절반에 넘는 점유율과 함께 연이은 1위를 기록하는 수준으로 발전하였다. 그 위상과 유명세는 꾸준히 이어지는 세계 최초 양산 기록으로 전 세계에 떨쳐지고 있으며, 이미 한국 Memory 기술의 위엄은 명실상부하고 자타가 공인하는 사실이 되었다.

초판 집필 당시, 한국은 256M SDRAM을 세계 최초로 개발하며 세계 무대의 선두에 앞장서 다른 선진국들을 이끌었었다. 그 후 약 20여년이 흐른 지금, 한국 회사들을 중심으로 메모리 기술이 급속히 발전하여 20nm의 초소형 집적 기술로 이루어진 2G 용량 DRAM의 사용화에 성공하였다. 또한10nm 공정 기술과 4G DRAM의 상용도 머지않은 내일의 일이라 예견하고 있다. 이처럼 Memory 설계 분야는 급격한 발전을 이루고 있으며, 그와 관련 기술과 구성하는 회로 또한 이와 상응하는 속도로 급변하고 축적되고 있다. 지금까지 발전의 중심에 항상 한국이 있었다. 이러한 배경에, 설계자들로 하여금 이 책이 지침서 역할을 하였다는 사실에 진심으로 감사한다. 이제 한국의 설계자들은 단순히 주도가 아닌 방향 제시의 책임까지 지고 있다.

256M DRAM의 기술을 근간으로 작성되었던 초판을 이러한 기술의 발전을 반영함으로써 이들에게도 꾸준히 이 책이 도움이 될 수 있기를 바라며, 지난 20여 년간 축적된 여러 신기술과 회로를 정리하여 소개할 필요성을 느끼고 개편을 진행하였다. 새로이 개편된 이 책은 기본에 충실한 초판을 기반에 두면서 새로운 기술들을 놓치지 않도록 전체적인 수정과 보완으로 전체적으로 다시 집필되었다. 본 책을 통해 기본적인 DRAM 설계 지식을 배우고 익힘과 동시에, 현재까지의 DRAM의 최근 기술 동향을 두루 살피고, 앞으로의 기술 흐름에 특히 High Speed Interface에 대한 시야를 가질 수 있도록 구성하였다. 이 책으로 하여금, 앞으로 선대를 이어 세계를 이끌 반도체 분야의 설계자들이DRAM의 과거와 현재, 미래를 모두 두루 익힐 수 있기를 기대한다.

2012년 11월 유회준, 최성대

제1판 머리말

Memory의 설계, 특히 DRAM 설계는 DRAM 제조 기업에서만 다루어질 뿐 외부에 드러나 있지를 않았다. 물론 그만큼 널리 알려져 있다고 생각될 수도 있겠지만 실제로 회사 근무 당시에 외부의 설계 기술자나 신입 사원과 대화를 하다 보면 의외로 DRAM에 대해 잘 알지 못하고 있었다. DRAM도 여타의 VLSI처럼 나날이 새로운 기술과 신제품들이 앞다투어 개발되고 있으며 반도체 최고 권위의 학회인 International Solid State Circuit Conference나 Symposium on VLSI Circuits에서도 매우 중요한 분야로 다루어지고 있다. 한편 국내에서도 DRAM은 이제 국가적인 사업이 되어있으며 국산 제품들이 세계 시장의 큰 비중을 담당하는 자랑할 만한 산업으로 평가받고 있다.

한국은 Memory기술이 세계적이라고 자타가 공인하고 있다. 이는Memory연구에 젊음을 불태운 여러 연구원들의 노력 덕택임은 말할 필요도 없다. 이제는 그 동안의 연구 결과들을 정리할 때도 되었다고 생각되나 아직 이에 대한 한국어 판 기술 서적이 전무하여 약간 아쉬운 감이 있었다. 현재의 세계적인 기술 수준을 앞으로도 계속 유지하려면 현재 우리나라가 보유하고있는 기술이 무엇이며 앞으로 이를 어떻게 발전시켜 나아가야 할 것인 지에 대해 새로이 DRAM설계에 입문하려는 사람들에게 정리하여 설명해 줄 기술 서적이 필요하다고 생각하였다. 현대전자의 DRAM 설계실을 사직하고 이곳 호반의 도시로 옮기게 됨에 따라 얻어진 기회에 옅은 지식임에도 불구하고 용기를 내어 이 책을 집필하게 되었다.

이 책은 DRAM 설계를 처음으로 입문하는 사람들을 위해 쓰여진 것이다. 물론DRAM의 Test나 소자 연구 등 DRAM 설계 관련 분야에 종사하는 연구자 또는 DRAM을 VLSI에 집적하여 사용하려는 VLSI 설계자에게도 도움이 되리라 생각하며 아울러 DRAM 설계자에게도 정리된 지침서 역할을 할 수 있으리라 믿는다.

이 책은 0장부터 8장까지 9개의 장과 3장의 부록으로 되어 있다. 0장은 DRAM을 중심으로 하는 반도체 Memory의 분류, 기술 및 동향 등에 대해 개관한 것이다. 1장은 DRAM의 설계에서 가장 중요한 Cell의 구조와 동작 원리 및 Sense Amp를 포함한 Read/Write 동작이 설명되어 있다. 2장에서는 DRAM을Architecture Level에서 다루는데 Cell Array의 배치, 각종 배선의 계층 구조 등에 대해 설명한다. 3장은 DRAM의 Block Level을 다루는 것으로 DRAM 동작에 필요한 각종 기능 Block들과 이들을 제어하기 위한Timing Control 신호들의 종류 및 이들의 상호 관계를 살펴본다. 4장과 5장은 회로 수준에서 DRAM을 다룬다. 각종 기능 Block들의 구체적인 회로들을 Row

Address, Column Address 및 Data 경로 등으로 구분하여 회로의 실제 예를 들어서 동작을 설명하였다. 6장은 DRAM의 Yield를 높이기 위한 Redundancy 회로와 VINT, VPP 및 VCC/2와 같은 DRAM 내부에서 사용되는 각종 전압의 발생 회로 그리고 ESD Protection 회로 등을 다룬다. 7장은 각종 AC Parameter를 중심으로 한 DRAM Data Sheet 보는 방법을 설명하며 Fast Page Mode, EDO Mode 등의 고속 동작 Mode의 동작 원리를 설명하였다. 8장에서는 DRAM의 Test항목, Test의 원리 및 과정을 설명하였고 DRAM의 각종 Package 형태와 JEDEC에 대한 설명 및 LOC Package를 다룬다. 부록은 원래 이 책의 본문에 속해 있었던 내용이었지만 책의 구성상 부록으로 처리된 것으로 그 중요도에 있어 결코 본문에 뒤지지 않는다고 생각한다. 부록 A에서는 DRAM 설계자 입장에서의 MOS 이론 및 배선 이론을 다룬다. 부록 B는 16M DRAM의 기본 공정에 대한 공정 단면도 및 공정 순서를 개관한 것이다. 부록 C는 DRAM 설계 시 중요하다고 생각되는 CMOS 회로 설계 기법들에 대해 이론보다는 실무적인 관점을 염두에 두어 설명한 것이다.

이 책을 집필하는 과정에서 KAIST IDEC의 경종민 교수를 비롯하여 IDEC 출판부에서 지원과 격려 그리고 출판의 기회를 주신데 대해 감사를 표한다. 한편DRAM의 길을 열어 주시고 항상 격려해주시는 현대 전자의 오계환 부사장님, 다정한 조언과 매서운 질책으로 DRAM을 가르쳐 주신 민위식 전무님께 이 자리를 빌어 감사드리며 저자와 함께 Fast 1M DRAM부터 256M Sync DRAM에 이르기까지의 개발에 동고동락해왔던 현대전자 Memory연구소 설계1실 직원 여러분께 감사의 말을 전하고 싶다.

그리고 LG반도체 김달수 실장(3장의 추가 및 책 전반의 구성에 대한 조언이 중요하였다), 삼성 전자 최윤호 부장(1장의 내용에 대한 조언 및 미흡했던 부분들을 지적하여 책이 더욱 충실해졌다) 그리고 충남대 송호준 교수(부록 C의 내용에 대한 조언)의 자상한 검독에 고마움을 표하며 강원대의 염현덕군을 비롯한 반도체 시스템 연구실 학생들의 도안덕으로 멋있는 그림을 얻게 된 것과 임연균, 김수현양의 자료 편집의 도움에 고맙게 생각한다.

마지막으로 아버님 영전에, 항상 기도하시는 어머님께 그리고 사랑하는 아내에게 이 책을 전하고 싶다.

1996년 9월 춘천 호반에서   유회준

차례

제1장 대용량 메모리의 소개

| 1.1 | 반도체 메모리의 종류 ······ 2
1.1.1 RAM ······ 4
1.1.2 ROM ······ 6
1.1.3 NVRAM ······ 7
| 1.2 | DRAM의 기술동향 ······ 10

제2장 Memory의 동작 원리

| 2.1 | DRAM의 구성 ······ 14
| 2.2 | DRAM의 동작 ······ 16
2.2.1 DRAM의 기본적인 동작 원리 ······ 17
2.2.2 Charge Sharing과 Bit-Line ······ 19
2.2.3 Sense Amplifier의 동작 ······ 24
2.2.4 Read 동작 ······ 26
2.2.5 Write 동작 ······ 29
2.2.6 Refresh 동작 ······ 31
| 2.3 | DRAM의 Pin 구성 ······ 32
2.3.1 Address Pin ······ 34
2.3.2 Data Pin ······ 35
2.3.3 Asynchronous DRAM용 Control Pin ······ 35
2.3.4 Synchronous DRAM용 Control Pin ······ 36
2.3.5 Power Pin ······ 37
| 2.4 | Flash Memory의 동작 ······ 38
2.4.1 Flash Memory의 기본적인 동작원리 ······ 38
2.4.2 Erase 동작 ······ 45
2.4.3 Program 동작 ······ 47
2.4.4 Read 동작 ······ 48

제3장 DRAM Core

| 3.1 | Sub-Array ··· 51

3.1.1 DRAM의 단위 Cell ··· 51

3.1.2 Cell들의 배치 ··· 53

| 3.2 | Bit-Line Sense Amplifier ··· 60

3.2.1 Bit-Line Sense Amplifier의 동작 ··· 60

3.2.2 Coupling Noise ··· 66

3.2.3 Bit-Line Sense Amplifier의 Sensitivity ··· 71

| 3.3 | Cell Array ··· 82

3.3.1 Cell Array의 배치 ··· 82

3.3.2 Sub-Hole ··· 88

3.3.3 Main-Hole ··· 90

| 3.4 | 배선의 계층화 ··· 91

3.4.1 일반적 배선의 계층화 ··· 92

3.4.2 Bit-Line의 계층화 ··· 96

3.4.3 계층형 Word Line ··· 98

3.4.4 I/O Line의 계층화 ··· 100

제4장 Address 경로

| 4.1 | Addressing(Address Multiplexing) ··· 105

| 4.2 | Row Address 경로 ··· 109

4.2.1 Address Buffer ··· 109

4.2.2 CBR(CAS-before-RAS) Counter ··· 113

4.2.3 Pre-Decoder ··· 115

4.2.4 Main Decoder ··· 117

4.2.5 Word Line의 승압 ··· 121

| 4.3 | Column Address 경로 ··· 125

4.3.1 Column Address Buffer ··· 126

4.3.2 Address Transition Detector(ATD) ··· 126

4.3.3 Column Decoder ··· 128

| 4.4 | Timing Control 신호 ··· 131

4.4.1 Row Path Control ··· 131

4.4.2 Column Path Control ··· 138

제5장 Data 경로

| 5.1 | Read 경로 ··· 142

5.1.1 DB Sense Amplifier ··· 143

5.1.2 RD Driver ··· 153

5.1.3 Data Output Buffer ··· 154

5.1.4 Control 회로 ··· 160

| 5.2 | Write 경로 ··· 163

5.2.1 Data Input Buffer ··· 164

5.2.2 Write DB Line ··· 166

5.2.3 Write Control 회로 ··· 167

제6장 기타회로

| 6.1 | Redundancy 회로 ······ 170

| 6.2 | Substrate Bias(V_{BB}) 회로 ······ 175

6.2.1 V_{BB}의 필요성 ······ 175

6.2.2 V_{BB} 발생 회로의 문제점 ······ 177

6.2.3 V_{BB} Generator 회로 ······ 179

| 6.3 | Voltage Down Converter(VINT) 회로 ······ 185

6.3.1 회로 방식 ······ 185

6.3.2 기준 전압 발생기 ······ 190

6.3.3 Driver단의 설계 ······ 204

| 6.4 | Voltage Up-Converter(V_{PP} 회로) ······ 211

6.4.1 V_{PP} 회로의 용도 ······ 211

6.4.2 실제 V_{PP} 회로 ······ 214

| 6.5 | Half 회로 ······ 222

| 6.6 | Power-Up회로 ······ 224

| 6.7 | Burn-In Test Mode 회로 ······ 224

| 6.8 | 입력 보호 회로 ······ 231

제 7 장 DRAM의 동작 특성

| 7.1 | Data Sheet 보기 ······ 233

7.1.1 DC 특성 ······ 233

7.1.2 AC 특성 ······ 235

| 7.2 | Asynchronous DRAM의 Read/Write Cycle Time ······ 243

7.2.1 Read ······ 243

7.2.2 Early Write ······ 244

7.2.3 Read-Modify-Write(RMW) ······ 245

7.2.4 OE-Controlled Read/Write ······ 247

| 7.3 | Refresh Cycle ······ 249

7.3.1 Refresh 규정 ······ 249

7.3.2 CAS-Before-RAS(CBR) Refresh(Automatic Refresh) ······ 250

7.3.3 Hidden Refresh ······ 251

7.3.4 Self Refresh ······ 252

| 7.4 | Asynchronous 고속동작 모드 ······ 253

7.4.1 Fast Page Mode ······ 254

7.4.2 Static Column Mode ······ 255

7.4.3 Extended Data Output(EDO) Mode ······ 256

| 7.5 | Synchronous 고속동작 모드 ······ 259

7.5.1 Single Data Rate Synchronous DRAM(SDR SDRAM) ······ 259

7.5.2 Double Data Rate(DDR) SDRAM ······ 262

7.5.3 DDR2 SDRAM ······ 264

7.5.4 DDR3 SDRAM ······ 265

제 8 장 고속 동작 I/O Interface

| 8.1 | 고속 통신에서의 신호의 왜곡 ······ 268
| 8.2 | 종단 방법 ······ 270
| 8.3 | Driver의 방식 ······ 274
8.3.1 Open Drain 출력 방식 ······ 274
8.3.2 Push-Pull 출력방식 ······ 275
| 8.4 | I/O Interface의 종류 ······ 276
8.4.1 Gunning Transceiver Logic(GTL) ······ 276
8.4.2 Rambus Signal Logic(RSL) ······ 277
8.4.3 Center Tapped Terminated(CTT) Logic ······ 279
8.4.4 High Speed Transceiver Logic(HSTL) ······ 281
8.4.5 Stub Series(Terminated) Transceiver Logic(SSTL) ······ 283

부록 A MOS Transistor

| A.1 | 구조와 동작 ······ 286
| A.2 | Capacitor ······ 294
| A.3 | Resistor 소자 ······ 298
| A.4 | Interconnection ······ 300

부록 B CMOS DRAM 공정

I. Well 형성 → Field Oxide와 Gate Oxide Growing ······ 305
II. N 및 PMOS의 Gate 형성 → NMOS Source/Drain형성 → W-Ploycide Bit-Line 형성 ······ 307

Ⅲ. Storage Node 형성 → Capacitor 절연막 형성 → Plate 전극 형성 → PMOS Source/Drain 형성 ········· 309
Ⅳ. Contact Hole 형성 → Metal 1과 Inter-Metal-Oxide 형성 ··· 311
Ⅴ. Metal 2와 2nd Inter-Metal-Oxide막 형성 ········· 313

부록 C CMOS 집적회로

| C.1 | Positive/Negative Logic ········· 315
| C.2 | CMOS Inverter ········· 318
C.2.1 DC 특성 ········· 318
C.2.2 Logic Threshold와 Noise Margin ········· 323
C.2.3 Transient 특성 ········· 327
C.2.4 NAND와 NOR Gate ········· 332
| C.3 | Gate Sizing 기법 ········· 333
| C.4 | CMOS Latch와 Flip-Flop ········· 342
C.4.1 CMOS Latch ········· 342
C.4.2 NAND/NOR Latch ········· 344
C.4.3 Latch의 Sizing ········· 346
C.4.4 Synchronous Flip-Flop ········· 349
| C.5 | CMOS Differential Amplifier ········· 352
C.5.1 Current Mirror ········· 352
C.5.2 Current Mirror 차동 증폭기 ········· 354
C.5.3 Cross-Couple 차동 증폭기 ········· 355

참고문헌 ········· 358
찾아보기 ········· 368

제 1 장 대용량 메모리의 소개

디지털 기술의 비약적인 발달로 인해 매년 생성되는 디지털 정보의 양은 기하급수적으로 증가하고 있다. 디지털 기술이란 정보를 제한된 개수의 구성요소로 변환 후 가공, 저장하는 기술로 가장 흔히 쓰이는 방법은 0과 1의 두 개의 구성요소의 조합인 이진수로 변환하여 처리하는 것이다. 이를 위해서는 크게 정보를 처리하는 Processor와 정보를 저장하는 Memory Device가 있어야 한다. Memory가 정보를 저장하는 방법으로는 전기적인 신호, 즉 전자의 유무를 이용하거나 Magnetic의 극성, 빛의 반사율 등을 이용하는 방법을 생각할 수 있다. Memory Device는 이러한 0과 1의 신호를 저장하는 역할을 담당한다. 전압이 V_{DD}인 전기적 신호를 이용하는 경우 전압 0V와 V_{DD}에 각각 0과 1을 할당하고, Hard Disk Driver에서 쓰이는 Magnetic 극성을 이용하는 경우에는 각각의 극성에 0과 1을 할당하여 처리하는 것이다.

Memory Device는 Access 방법에 따라 Sequential Access Memory(SAM)와 Random Access Memory(RAM)로 나눌 수 있다. SAM은 Magnetic Tape과 같은 매체에서 주로 사용하는 방법으로 원하는 Data가 있는 곳까지 Tape을 감거나 Access Header를 이동하는 등의 물리적인 이동을 통해 Data를 Access하는 방법이고, RAM은 반도체 소자와 같은 매체에서 주로 사용하는 방법으로 원하는 Data가 있는 주소를 인가해서 Data를 Access하는 방법이다. 일반적으로 이 주소는 열 주소(Row Address)와 행 주소(Column Address)로 구성되어 있고 이 두 주소의 조합으로 Data가 저장되어 있는, 혹은 저장할 위치를 지정하게 된다. 즉, [그림 1.1]과 같은 아파트를 생각하면 각 방에는 층(Row)과 호실(Column)로 구성된 방의 주소가 있어서 아파트(RAM 장치)에 살고 있는 구성원(저장 Data)을 불러내기 위해서는 해당 층(Row Address)의 호실(Column Address)을 호출하면 되는 것이다. SAM의 경우는 줄을 서있는 사람들 중에서 원하는 사람을 찾아내는 방식으로 검사원(Header)이나 줄(저장 Data)을 움직여서 원하는 사람을 찾아내는 방식이다. 이런 특성으로 인해 SAM은 대용량 Data를 저장하기에는 좋지만 처음에 원하는 Data를 찾아내는 Seek Time이 길어 System에서 Data Access가 빈번히 일어나는 Main Memory로는 사용하기 힘들다. 이에 반해 RAM의 경우에는 원하는 사람이 있는 층(Row)으로 간 후에 해당 층의 사람들(Column) 중에서만 찾으면 되므로 Seek Time이 SAM에 비해 월등히 빠르고, 넓은 범위에서 좁은 범위로 한정시켜서(Partial Activation) 찾기 때문에 소비전력 면에서도 유리하다. 현재 반도체로 구현하는 메모리 장치는 모두 RAM의 형태를 띄고 있다.

본 장에서는 반도체 소자를 이용해서 정보를 저장하는 RAM의 종류와 특성에 대해 살펴볼 것이다.

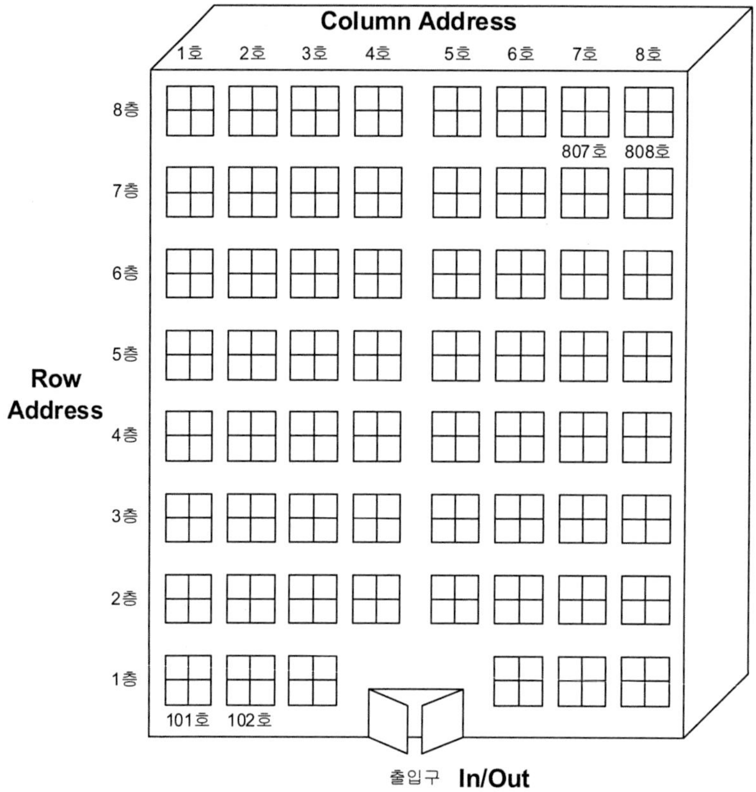

[그림 1.1] Random Access Memory의 아파트 모델

1.1 | 반도체 메모리의 종류

[그림 1.2]에서는 반도체 Memory Device의 종류를 보여주고 있는데 크게 RAM과 ROM (Read Only Memory)으로 나뉜다. RAM은 동작 중 Read 및 Write를 자유롭게 할 수 있지만 전원 공급이 중단되면 저장되어 있던 Data를 모두 잃게 되고, ROM은 전원 공급이 중단되어도 Data는 계속 저장되어 있지만 한 번 쓰여진 값을 다시 갱신하지 못한다는 단점이 있다.

RAM은 Storage Cell을 무엇으로 썼느냐에 따라 크게 Capacitor를 Storage Cell로 이용하는 Dynamic RAM(DRAM)과 6개의 Transistor로 Storage Cell을 구현하는 Static RAM(SRAM)으로 나눌 수 있고, I/O Interface 방법에 따라 각각은 Asynchronous 혹은 Synchronous 방식으로 또 세분화된다. Pseudo SRAM(PSRAM)은 DRAM과 SRAM의 장점을 취하는 것으로 면적이

작은 DRAM Cell을 사용하면서 DRAM의 문제인 Refresh 작업을 교묘하게 숨김으로써 Access를 위한 제어가 DRAM보다 쉬운 SRAM처럼 동작시키려는 Memory이다.

Read Only Memory(ROM)는 동작 중에는 Data의 저장이 불가능한 RAM이다. 초기에는 생산 당시에 저장 내용이 Program되어 나오는 형태로, 사용자가 Data를 저장하는 방법은 전혀 없었지만 Fuse 등의 기술을 이용해서 사용자가 처음 한 번은 Program이 가능한 One Time Programmable ROM(OTP)이 나왔다. 그 후 자외선 혹은 전기적인 방법으로 여러 번 쓰고 지우기가 가능한 Programmable ROM(PROM)이 개발되었다. 동작의 특성상 저장되어 있는 Data를 지우는 속도가 RAM에 비해서 현저하게 느리기 때문에 비록 '다시쓰기' 동작이 가능하다고는 해도 빠른 Data I/O 성능을 요구하는 RAM의 Application을 대신하기는 역부족이다.

새로운 물질을 이용해서 RAM의 속도로 읽기나 쓰기가 가능하면서 전원 공급이 중단되어도 Data를 계속 유지할 수 있는 Non-Volatile RAM(NVRAM)이 최근 개발에 박차를 가하고 있다. 〈표 1.1〉에서 각 Memory Device의 동작 특성을 정리해 놓았고 [그림 1.3]에서 각각의 동작 속도와 구현 가능한 용량을 비교해 놓았다. 현재 상용으로 가장 많이, 그리고 대용량으로 사용되는 Memory는 DRAM과 Flash Memory이다. DRAM은 주로 PC나 Work Station과 같은 컴퓨터 장치에서의 Main Memory로 사용되고 있고, Flash Memory, 그 중에서도 NAND형 Flash Memory는 디지털 카메라나 MP3 Player 등의 휴대용 장치에서의 음악이나 사진 자료의 저장용으로 그 수요가 증가하고 있다. 최근에는 NAND Flash Memory를 이용하여 Hard Disk Drive(HDD)를 대체하는 Solid State Drive(SSD)의 수요도 점점 증가하고 있는 추세이다.

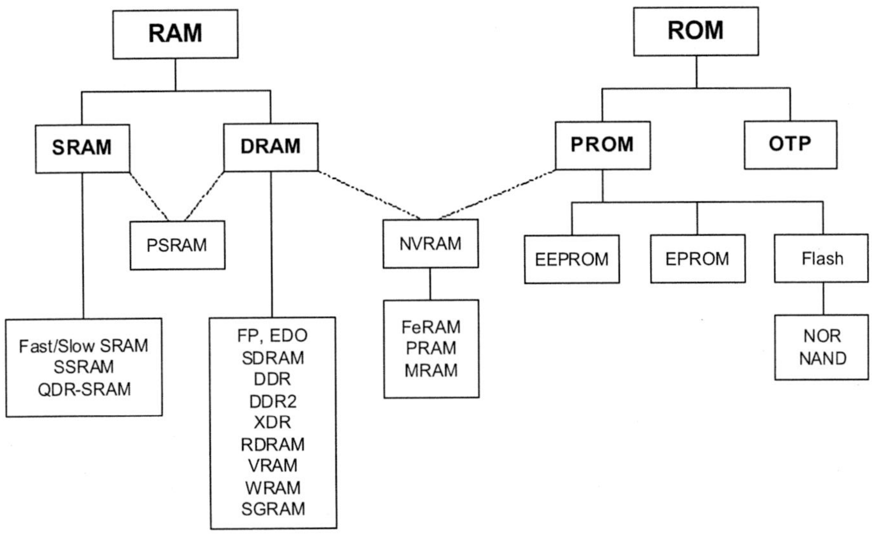

[그림 1.2] 반도체 Memory의 종류

〈표 1.1〉 반도체 Memory의 특성

분 류		명 칭	소거 방식	Write 방식	휘발성
RAM	Refresh	DRAM	Electrically	Electrically	휘발성
	No Refresh	SRAM			
ROM	OTP	Mask ROM	Impossible	Masks	비휘발성
		Fuse ROM		Electrically	
	PROM	EPROM	UV, Chip-level		
		EEPROM	Electrically, Byte-level		
		Flash Memory	Electrically, Block-level		
NVRAM		FeRAM	Electrically		
		PRAM			
		MRAM			

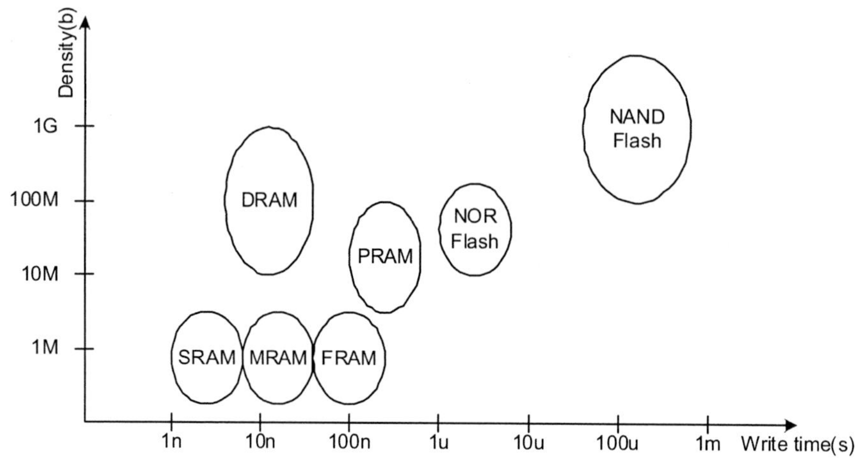

[그림 1.3] 반도체 Memory의 성능 분포

1.1.1 RAM

현재 가장 널리 쓰이고 있는 RAM은 DRAM과 SRAM으로 [그림 1.4]는 각각의 Cell 구조를 보여주고 있다. 현재 가장 많이 쓰이고 있는 DRAM의 구조는 [그림 1.4(a)]와 같이 Switch 역할을 하는 Transistor(Cell Transistor)와 Charge(Data)를 저장하는 Capacitor로 구성되어 있다. Memory Cell 내의 Capacitor에 전하가 있는가 없는가에 따라, 즉 Cell Capacitor의 단자 전압이 높은가 낮은가에 따라 2진 정보 "1" 또는 "0"이 대응된다. 2진 정보에 대응하는 전압을 Memory Cell에 인가하여 주면 Write가 진행되며, Capacitor의 전하의 유무가 전압의 높낮이로 변화되어 Memory Cell 외부에서 검출하는 동작이 Read이다. Data의 보관은 Capacitor에 전하가 축적되어 있는 것이므로 원리적으로는 전력 소비가 없어야 하나, MOS Transistor의 PN Junction 등에 누설전류가 있어 저장된 초기의 전하량이 소멸하게 되므로 Data가 소실된다. 따라서 Data를 잃어버리기 전에 Memory Cell의 Data를 읽어서 그 정보에 맞는 초기의 전하량으로 주기적으로 재충전해 주어야 한다. 이 주기는 Capacitor의 공정과 구조에 밀접한 관련이 있으며 DRAM의 용량에 따라 통상 2ms~64ms의 값을 가진다. 이러한 Cell 전하의 재충전 과정을 Refresh 동작이라 부르며 Data의 보관이 Refresh 동작의 반복이라는 Dynamic한 과정을 통해 이루어지므로 Dynamic RAM이라 불린다.

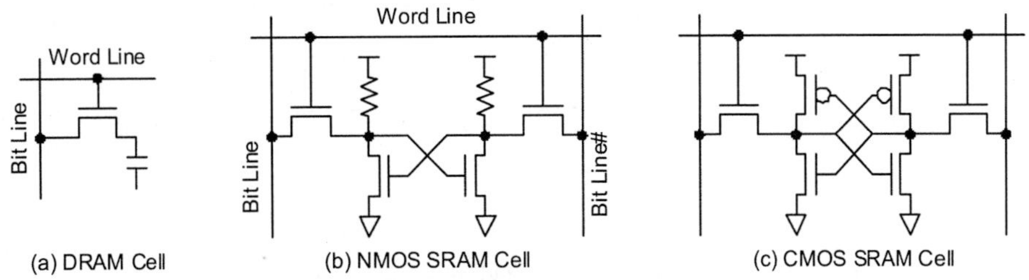

[그림 1.4] RAM들의 Cell 등가회로

SRAM Cell은 [그림 1.4(b)]나 [그림 1.4(c)]와 같이 Data 기억용 Flip-Flop 회로와 2개의 Pass Transistor로 구성된다. [그림 1.4(b)]는 nMOS만으로 Cell을 구현해서 Cost를 낮추고 Density를 높일 수 있는 반면 누설전류가 많고 전압을 낮추는 데에 어려움이 있다. [그림 1.4(c)]는 가장 일반적으로 쓰이는 6 Transistor 구성으로 Load 저항을 pMOS로 구현해 Density 면에서는 (b)의 구성에 비해 불리하지만 누설 전류가 적어 저전력 동작이 가능하고 동작속도 또한 빠르다. Word Line에 Pulse를 인가하여 Pass Transistor를 켜면 Bit-Line Pair와 Flip-Flop 사이에 Data 전달이 가능하다. Write의 경우에는 Bit-Line Pair의 한쪽에 고전압을, 다른 쪽에 저전압을 인가하여 Flip-Flop에 저장되어 있던 값을 갱신시킨다. Read 시에는 Bit-Line Pair를 고전압으로 Precharge하고 Floating시킨 후 Word Line을 켜면 저장되어 있던 값에 따라 Bit-Line 혹은 Bit-Line#의 Charge가 Cell을 통해 빠져나가 전압차를 만들어내게 된다. DRAM에서와는 달리 전원이 인가되어 있는 한 Flip-Flop의 Feedback 효과에 의해 Refresh 동작이 없이도 Static한 Data의 보존이 가능하므로 Static RAM이라 불린다. 단 하나의 Cell을 구성하는데 필요한 소자의 수가 많아 DRAM Cell에 비해 약 4배 정도의 면적을 차지하기 때문에 상대적으로 고가이다.

1.1.2 ROM

ROM은 기본적으로는 Read만 가능하고 Write는 불가능하지만 구조에 따라 Erase 동작을 수행한 후에 다시쓰기가 가능한 종류도 있다.

[그림 1.5(a)]는 Mask ROM이나 Fuse ROM의 구조를 나타낸 것으로 각각 하나의 Transistor로 구성이 되거나 Transistor의 Source쪽에 Fuse가 달려 있다. Fuse ROM의 Program 동작, 즉 Write는 "0"이나 "1"의 정보에 대응해서 Cell의 Fuse 혹은 PN Junction을 파괴하여 Cell Transistor를 ON 혹은 OFF로 고정시키는 것이다. 이러한 동작은 소자에 물리적인 변형을 가져오기 때문에 Program을 1회 이상 반복할 수가 없다. Mask ROM은 Program 하려는 Data에 대응해서 Cell Transistor의 ON, OFF를 결정하는 Metal 공정용 Mask Pattern을 제작하고 이를 이용하여 Chip을 제조한다. Mask ROM은 사용자가 직접 Program 할 수 있는 방법이 없어 그 사용범위가 한정되어 있긴 하지만 Memory Cell을 최소화할 수 있어 대용량화가 가장 쉽고 가격이 저렴하다.

[그림 1.5의(b), (c)]인 EPROM이나 EEPROM은 Floating Gate를 가지고 있는 MOS Transistor를 이용한다. 아래쪽 Gate는 주위가 SiO2로 둘러싸여 있는 Floating Gate이며, 위쪽 Gate는 Word Line에 연결되어 외부 신호가 인가되는 Control Gate이다. Program 동작은 아래쪽 Floating Gate에 전자를 주입시켜 Cell Transistor의 Threshold 전압을 증가시키는 동작이며, Erase 동작은 Floating Gate에 있는 전자를 뽑아내어 Threshold 전압을 낮추는 동작이다. Floating Gate의 전하량, 즉 Program된 Data에 따라 Cell Transistor의 Threshold 전압이 변하므로 이에 대응하여 Data를 판별하면 된다. 예를 들어, 전자를 주입하는 동작이 Data "0"을 쓰는 것이라 하고, 전자를 뽑아내는 동작이 Data "1"을 써넣는 경우라 하며, 각각의 Threshold 전압이 9.5V, 2V로 주어진다고 하자. 이때 Control Gate에 연결된 Word Line에 5V를 인가하면 "0"이 Program된 Cell은 OFF로, "1"이 Program된 Cell은 ON이 되므로 흐르는 전류의 차이를 감지함으로써 Data의 판별이 이루어진다.

Floating Gate는 절연체로 둘러싸여 있기 때문에 주입된 전자, 즉 Program된 Data가 소멸되지 않아 EPROM이나 EEPROM은 RAM과는 달리 전원이 끊겨도 Data가 소멸되지 않는 비휘발성(Nonvolatile) Memory이다. EPROM과 EEPROM은 Erase 과정이 다른데, EPROM은 Package에 부착된 석영 유리창을 통해 자외선을 쪼여서 Chip의 전체 Cell을 한꺼번에 Erase하고, EEPROM은 큰 Electric Field 인가시 발생하는 Tunneling 현상을 이용하여 Erase한다.

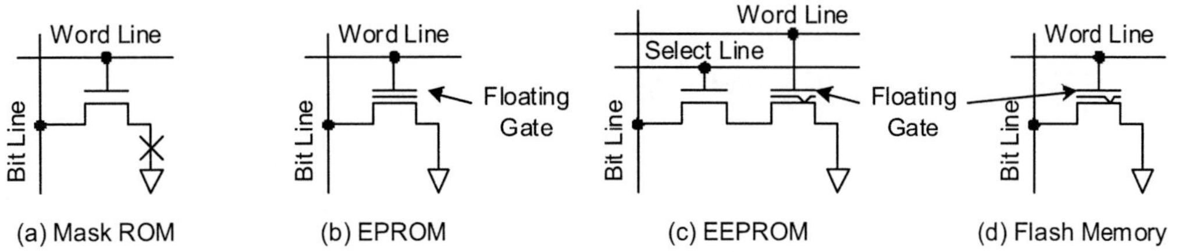

[그림 1.5] ROM들의 Cell 등가회로

[그림 1.5(d)]의 Flash Memory는 기본적인 동작 원리는 EPROM이나 EEPROM과 같이 Floating Gate의 전하량에 따른 Threshold Voltage의 변화로 Data를 저장하는 방식이지만 Cell Array 구현 방식이 달라 Erase 단위가 다르다. EEPROM은 Byte 단위로 Erase를 하지만 Flash Memory는 Block이라는 단위로 Cell을 한꺼번에 Erase하는데 Block이 '한꺼번에' 지워진다고 해서 Flash Memory라는 이름이 붙여졌다. Floating Gate로 전자를 주입하는 Program 동작은 고전압이 인가된 Drain쪽에서 발생하는 Hot Electron Injection에 의한 방법과, 강력한 Electric Field에 의해 전자가 Metal이나 Semiconductor에서 Vacuum Level로 Emission하는 Fowler-Nordheim Tunneling 현상을 이용하는 두 가지 방법이 있다.

기본적으로 Floating Gate를 이용하는 ROM들의 경우 재쓰기 동작이 가능하긴 하지만, 동작 속도가 RAM에 비해 현저하게 느리고 재쓰기 때마다 발생하는 전자의 출입으로 인한 Floating Gate의 열화로 인해 재쓰기 회수에 제한이 있다.

1.1.3 NVRAM

앞에서 설명한 RAM의 경우 전원 공급이 중단되면 저장되어 있던 Data가 소거되고 ROM의 경우 Data의 영구 보존이 가능하지만 동작 속도의 한계로 인해 Main Memory로는 사용하기 힘들다. 이런 문제로 현재 일반적인 System을 구현할 때에는 [그림 1.6(a)]처럼 Program Code는 ROM에 저장하고 Working Memory는 DRAM이나 SRAM을 쓰는 구조를 채용하고 있다. System이 동작을 시작하면 ROM의 Data를 RAM에 복사하고 그 후부터 CPU는 RAM을 Access해서 동작을 수행한다. 이때, ROM과 동일한 크기의 RAM을 이용해서 Data를 복사한 후 ROM을 가리키는 주소를 RAM으로 바꿔버리는 경우도 있는데 이때의 RAM은 Shadow RAM이라고도 한다.

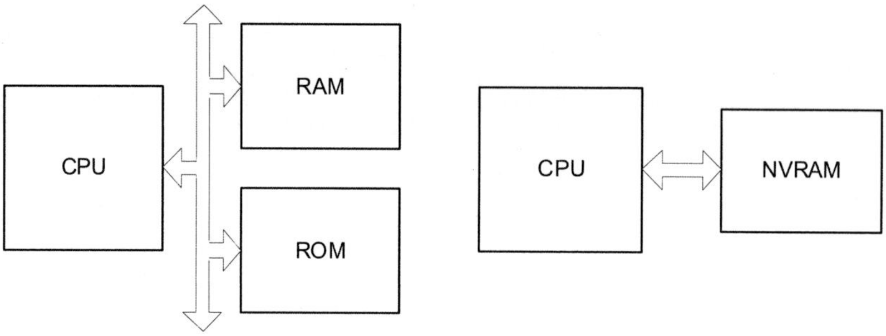

(a) RAM과 ROM을 이용한 System 구성 (b) NVRAM을 이용한 Systrm 구성

[그림 1.6] System Memory 구성의 예

만약 RAM의 속도를 유지하면서 전원 공급이 중단되어도 Data를 유지할 수 있으면 Memory 구조를 이중으로 둘 필요없이 [그림 1.6(b)]와 같이 하나의 Memory만을 사용할 수 있어 System의 물리적인 크기도 줄일 수 있고 동작 순서도 간단해진다. 이런 목적으로 연구되고 있는 것이 Non-Volatile RAM(NVRAM)으로, Ferroelectric 물질의 Hysteresis를 이용하는 Ferroelectric RAM(FRAM)과 특정 물질의 Phase 변화에 따른 전류 변화를 이용하는 Phase Change RAM(PRAM), Hard Disk와 같이 Magnetic 정보를 이용하는 Magnetoresistive RAM(MRAM)이 대표적으로 연구되고 있는 NVRAM들이다.

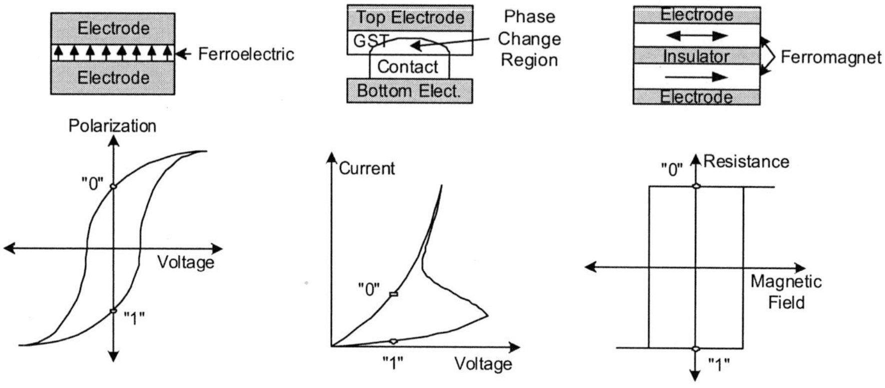

[그림 1.7] NVRAM의 종류와 동작

FRAM, 혹은 FeRAM은 DRAM과 비슷한 구조를 가지지만 DRAM의 Cell Capacitor의 Dielectric Layer 대신 [그림 1.7(a)]와 같은 Ferroelectric Layer를 사용함으로써 전원이 꺼져도 Data가 소멸되지 않도록 했다. FRAM cell은 Lead-Zirconium-Titanate(PZT)를 절연체로 하는 Capacitor로 구성이 되어 있다. DRAM의 Dielectic은 극성 변화가 선형적이지만 PZT와 같은 Ferroelectric 물질은 극성 변화가 [그림 1.7(a)]에서와 같이 Hysteresis를 가지고 있어 전원 인가가 중단되어도 극성을 유지하게 된다. PZT의 Ferroelectric Domain이 UP

인지 DOWN인지에 따라서 데이터 1과 0이 저장이 된다. 데이터를 저장하기 위해서는 capacitor 양단에 UP 혹은 DOWN을 향하게 하는 electric field를 걸어 줌으로써 1 혹은 0의 데이터를 쓰게 된다. 데이터를 읽기 위해서는 Bit-Line과 Word Line을 켜놓고 Drive Line을 통해 Capacitor에 짧은 전압 펄스를 인가해서 전기장을 생성시킨다. Domain이 전기장과 같은 방향이면 Bit-Line을 통해 작은 전류 펄스가 생성되고, 다른 방향이면 큰 전류 펄스가 생성되는데 Bit-Line에 생성된 펄스의 크기를 통해 데이터를 감지하게 된다. 반대 방향 극성의 Data를 Read할 경우 현재 형성된 Polarization에 영향을 받기 때문에 Read를 하면 DRAM처럼 Cell에 저장된 Data가 파괴되는 Destructive Read 방식이다. Cell Capacitor가 Ferroelectric 물질이냐의 차이 외에는 DRAM과 흡사하기 때문에 속도 문제만 해결되면 DRAM을 대체할 것으로 기대된다. 제조 공정에서도 MRAM은 4장이 추가적으로 필요한 데에 비해 FRAM은 기존 공정에서 2장의 Mask만 추가하면 가능하다. 동작 환경 면에서는 FN Tunneling이나 Hot Electron Injection 현상을 이용하지 않으므로 Flash Memory에 비해 낮은 구동 전압이 가능하고 재쓰기 회수 역시 훨씬 커진다는 이점을 가지고 있다. 하지만 단위면적당 저장 밀도나 단가 면에서는 아직 Flash Memory를 따라갈 수 없다.

[그림 1.7(b)]의 PRAM은 Chalcogenide라는 물질이 열에 의해 Crystalline(낮은저항, Data "1")과 Amorphous(고저항, Data "0")의 두 가지 상태로 변하는 점을 이용하는 Memory이다. Chalcogenide는 CD-RW나 DVD-RW와 같은 Re-writable Optical Media에 쓰이는 재료인데, Optical Media로 쓰이는 경우에는 전기적인 특성보다는 광학적인 특성을 이용하게 된다. 일반적으로 Chalcogenide는 GST라 불리는 Germanium, Antimony, Tellurium의 화합물($Ge_2Sb_2Te_5$)이 이용된다.

GST를 녹는점까지 고온으로 가열하면 결정성을 잃게 되고 냉각된 후에도 저항이 큰 Amorphous 상태가 된다. 온도를 Crystallization Point보다는 높지만 녹는점보다는 낮게 가열한 후 식히면 저항이 낮은 Crystalline 상태로 돌아가게 된다. 열에 의해 결정화되는 시간이 100ns 정도인 관계로 Access Time이 기존의 RAM보다 상당히 느렸지만 최근에는 5ns까지 단축하는 기술이 발표된 상황이다. 최근에는 두 가지의 Phase를 더 이용할 수 있도록 해서 cell당 2bit을 저장할 수 있는 기술도 개발되고 있다.

MRAM은 TunnelingMagneto-Resistance(TMR) 현상을 이용하는 메모리로 강자성의 성질을 이용하여 데이터를 저장한다. 강자성 물질의 각 원자는 작은 자석과 같다. [그림 1.7(c)]에 보이듯 두 개의 강자성 물질이 얇은 절연체 사이에 배치되어 있다. 이 중에서 아래쪽은 자성의 방향을 바꿀 수 있는 자유 강자성체로, 위쪽은 자성의 방향이 고정되어 있는 고정 강자성체로 되어 있다. 위아래간의 자성의 방향이 같으면 저항이 작고 다르면 저항이 커지는 점을 데이터 저장에 이용한다. Read시에는 이 저항의 차이를 통해 데이터 0과 1을 읽게 되고, Write시에는 Bit-Line과 Digit Line에 전류를 인가해서 원하는 방향으로 자기장을 생성시켜 '자유 강자성체'쪽의 자화 방향을 바꿈으로써 수행된다.

MRAM과 같이 Magnetic Information을 정보로 활용하는 메모리 중에는 STTRAM(Spin-Transfer Torque RAM)이 있다. Read 방식은 MRAM과 동일하지만 쓰기 방식에 있어서 차이를 보인다. MRAM은 Cell의 외부에서 자기장을 발생시켜 자화 방향을 반전시키는 방법(Field- Induced Magnetization Switching)을 통해 쓰기 동작을 수행하지만 STTRAM에서는 스핀 전류에 의한 자화 방향을 반전시키는 방법을 사용한다. 즉, 셀에 전류를 흘릴 때에 생성되는 자기장을 이용하는 방법이다. 이런 방법은 MRAM에 비해 단순한 Cell 구조를 가지며 선택된 Cell만 Switching되므로 자기장에 의한 인접 Cell에 영향을 미치지 않는다. 또한 소자가 작아질수록 Switching 전류가 감소하기 때문에 MRAM에 비해 소형화를 통한 고밀도화 및 그에 따른 저전력화가 가능한 장점을 가지고 있다.

1.2 | DRAM의 기술동향

Memory의 미세화, 대용량화는 미세 가공 기술, 새로운 Memory Cell 구조와 Transistor 기술 및 새로운 회로 기술의 발달뿐 아니라 재료 기술, 박막 기술, CAD 기술, Test 기술, 소형 Package 기술 등 광범위한 기술의 진보에 따른 결과이다. 여러 종류의 Memory 중에서도 현재 가장 큰 시장을 형성하고 있는 DRAM의 기술 진보가 가장 두드러진다.

[그림 1.8]에는 세대별 Critical Dimension(최소 가공 가능 치수)의 추이를 보여주고 있다. Photolithography의 Resolution의 개선이 계속되어 세대당 60~70%의 Scaling(축소)이 이루어지고 있으며 빛에 의한 사진 식각 기술이 여전히 주류를 이루고 있다. 즉, 64K부터 256K까지는 작은 Wafer와 Mask를 밀착시켜 Mask Pattern을 1:1로 Wafer 전체에 한꺼번에 형성하는 Contact Printing 방식이 표준이었다. Mercury Lamp가 광원으로 이용되며 파장이 g-line($\lambda=436$nm) 또는 h-line($\lambda=405$nm)인 빛을 이용하였다. 그러나 미세화 요구와 함께 Reduction Camera를 이용하는 Projection Printing법으로 바뀌게 된다. 이것은 실제 Chip Pattern의 5배로 그려진 Mask(Reticle이라 부른다)와 렌즈를 이용하여 Mask Pattern을 1/5로 축소하여 인화하는 것으로, 이러한 노광 작업을 Stepper라는 장비를 이용하여 6인치 이상의 큰 Wafer상에 위치를 달리하면서 반복적으로 행하여 전체 Wafer에 Pattern을 그려 넣는 방식이다. 이 방식에 의하여 Mask CD(Critical Dimension)가 완화되어 전체적으로 Resolution이 향상되었다. 광원으로는 Mercury Lamp의 g-line을 계속 사용하나 렌즈의 NA(Numerical Aperture)를 크게 하여 한층 미세화를 가능하게 하였다. 그 다음에는 i-line($\lambda=365$nm)을 채용하거나 Excimer Laser인 KrF($\lambda=248$nm) 또는 ArF($\lambda=193$nm)를 사용하여 Resolution을 더욱 향상시켰다. 광원의 파장이나 렌즈의 NA값 이외에도 Phase Shift Mask를 사용하거나 Layout에 Optical Proximity Correction(OPC) 기술을 적용하거나 혹은 새로운 노광법(illumination)을 채용함으로써 해상도를 더욱 개선시켜 광원의 반파장 이하까지도 CD를 구현하고 있다. 이러한 기술을 종합한 광기술의 진보에 힘입어 256M를 넘어 1G를

넘는 용량의 DRAM이 개발되어 왔다. 최근에는 CD가 90nm를 넘어 45nm에 이르는 Deep Sub-micron technology까지 구현하고 있지만 물리적인 한계에 부딪혀 Extreme Ultra Violet(EUV) Lithography와 같은 새로운 기술을 도입하지 않고는 20nm대의 공정은 힘들 것으로 예측하고 있다.

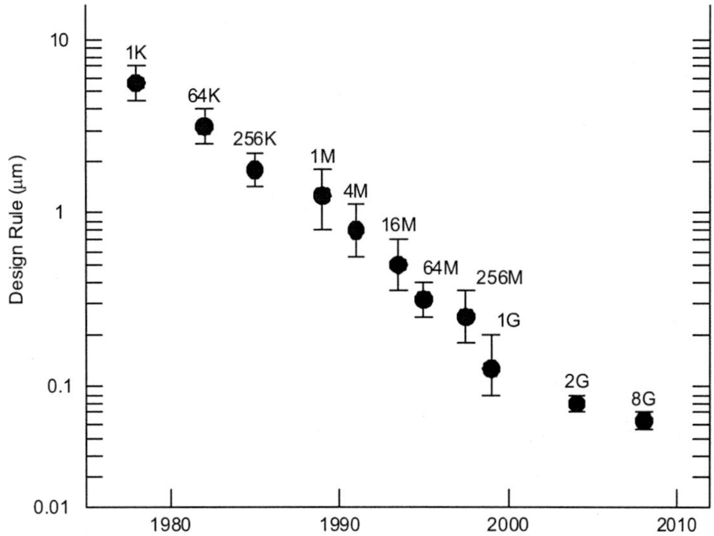

[그림 1.8] 세대별 Critical Dimension의 추이

소자 기술에도 [그림 1.9]에서와 같은 큰 진전이 있었다. Short Channel화와 함께 Hot Carrier에 의한 소자의 특성 저하가 심화되어 소자의 동작 전압을 그만큼 낮게 설정할 필요가 있다. DRAM을 예로 들면 64K DRAM과 같은 $3\mu m$ 공정 시대에 12V에서 5V로 이행된 전원 전압이 4M DRAM을 구현했던 $0.8\mu m$ 공정 때까지 계속 사용되었다. 이 사이에 Hot Carrier Effect를 피하고자 MOS의 Drain 구조를 개량하려는 연구가 진행되었었다. 단일 n^+ 농도의 Drain 구조의 주위를 저농도로 감싸준 Double Diffused Drain(DDD) 구조와 Drain과 Channel과의 연결 부위의 농도를 낮추어 준 Lightly Doped Drain(LDD) 구조가 대표적인 예이다. 그러나 이러한 구조로도 16M($0.6\mu m$)에서는 Hot Carrier Effect에 의한 특성 저하를 피할 수 없어 외부의 5V를 3.3V의 내부 전압으로 강압시키는 Voltage Down Converter 방식이 채용되었다. 이후 64M DRAM 세대에 들어서는 외부 전원은 3.3V로 낮아졌지만, Chip 전체를 3.3V로 동작시키는 방식과 Cell Array만을 내부 강압 전압인 2~2.5V 정도로 동작시키는 방식을 같이 쓰게 되었다. 이후 외부 전압은 JEDEC에 의한 표준을 만족시키기 위해 고전압을 사용하고 Cell Array 등에 사용하는 내부 전압은 이보다 낮은 전압을 채용하는 방식을 채용하고 있다. 또한 Channel Length가 Deep Sub-micron에 도달함에 따라 Word Line의 저항, 즉 MOS Gate의 저항을 줄이고자 Gate의 형태를 변형하는 방향의 연구도 진행되고 있으며, MOS 표면을 통해 흐르지 않고 Substrate를 통해 Source로부터 Drain으로 직접 흐르는

전류를 줄이고자 Source와 Drain의 Shallow Junction화 및 Substrate의 Doping Profile의 변형에 대한 연구도 진행되고 있다. 미세화의 진전에 따른 또 다른 큰 문제인 Metal Layer와 반도체를 연결하는 Contact의 저항 증가를 최소화하기 위해 Contact Hole을 Metal로 채우는 Plug metallization법도 연구되고 있다.

그 이외에 DRAM의 고집적화가 계속됨에 따라 저전력화도 더욱 중요해지고 있다. 단일 Chip 내의 소자 수가 급증하더라도 400mW~500mW 이하로 전력소모를 억제하면 Chip을 Plastic Package와 같은 저가의 Package에 수용할 수 있기 때문이다. 저전력화를 위해서는 전류의 흐름을 막는, 즉 current path가 없는 Dynamic 회로나 CMOS 회로 방식 및 분할 구동 방식 등이 효과적이다. 또한 Package가 소형화됨에 따라 Memory Module도 소형화되어 적용 범위가 더욱 넓어져 Memory의 시장이 더욱 확대되어 왔다.

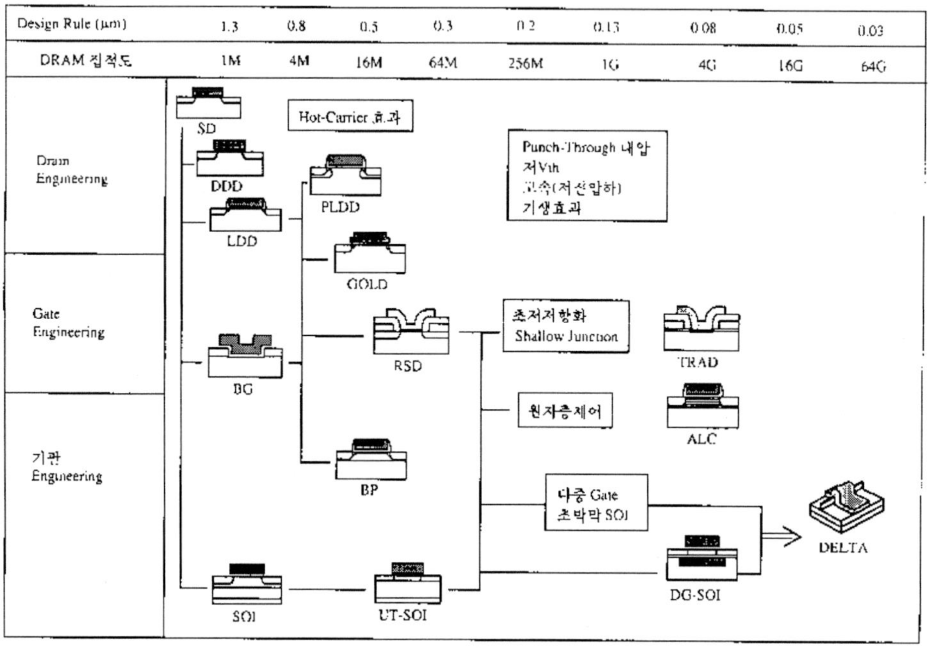

[그림 1.9] 기본 MOS Transistor의 변천과 전망

공정의 세밀화가 DRAM의 대용량화에 가장 영향을 끼친 요소이긴 하지만 대용량화를 추구하면서 고속 동작을 확보하기 위해 DRAM의 Interface도 꾸준히 발전하여 왔다. [그림 1.10]은 이런 DRAM Interface의 변화를 정리한 것으로 단순Read/Write만을 지원하던 DRAM을 시작으로 Access 주소가 순차적으로 변하는 경우에 더욱 빠른 읽기 성능을 보여주기 위해 Fast Page(FP) Mode나 Enhanced Data Output(EDO) Mode를 채용했고, 고속 Clock 주파수를 이용하는 시스템에 부합하기 위해 Synchronous DRAM(SDRAM) Interface를 채용했다. 이후 더욱 빠른 Access 성능을 확보하기 위해 하나의 Clock에서 2개, 혹은 4개 이상의 Data를 출력시키는 Double Data Rate(DDR)이나 DDR2 등의 기술이 채택되었다. 기존의 Memory

장치는 Data bus의 Bit width를 넓혀서 성능을 높이려고 한 반면 Rambus DRAM(RDRAM)은 Bit width는 제한시켜 두고 동작 Clock 주파수를 높임으로써 성능을 향상시키려 하는 Interface이다. 동시에 출력되는 Bit의 개수가 많아지면 모든 Bit들을 정확한 시간에 출력시켜야 해서 고속 동작을 구현하기가 힘들기 때문에 RDRAM에서는 Bit width를 제한하는 것이다. 각각의 Interface 기술은 PC 시스템에 대표적으로 채용되어 PC 전체의 성능을 향상시키는 데에도 기여하였다. 〈표 1.2〉는 대표적인 DRAM Interface의 종류를 정리하고 있다.

[그림 1.10]에서는 PC용의 용도 외에도 특정 Application에 최적화된 성능을 발휘하기 위한 Application-Specific DRAM들도 보여주고 있다. Display 장치에 출력되는 Data를 저장하고 있다가 bit 단위로 순차적으로 출력하기 위해 기존의 DRAM 구조에서 Parallel-to-Serial Interface를 추가한 장치인 Video RAM(VRAM)이나 Cache Memory를 면적대비 용량이 SRAM보다 뛰어난 DRAM을 이용한 Cache DRAM(CDRAM), 3D Graphics 연산에서 필요한 Data를 3D Graphics Engine의 Data Flow에 맞춰 효율적으로 저장하고 출력해 주는 Graphics DDR SDRAM(GDDR) 등이 그 예이다.

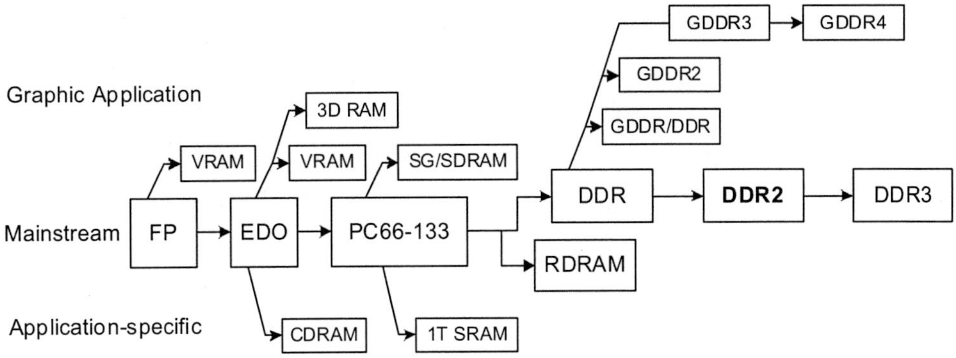

[그림 1.10] DRAM의 발전 동향

〈표 1.2〉 DRAM의 종류

DRAM Architecture	Speed	VDD(V)	Market Entry
DRAM	5-40MHz	5, 12	1970
FPM DRAM	16-66MHz	5	1987
EDO DRAM	33-75MHz	5	1995
SDRAM	PC66, 100, 133, 166	3.3	1997
DDR1	DDR200, 266, 333, 400	2.5	2000
DDR2	DDR400, 533, 667, 800	1.8	2003
DDR3	DDR800-1600	1.5	2007

제 2 장 Memory의 동작 원리

본 장에서는 대용량 메모리 시장의 대부분을 차지하고 있는 DRAM과 Flash Memory의 기본적인 원리와 동작에 대해 살펴본다.

2.1 | DRAM의 구성

DRAM의 기본적인 동작인 Read, Write, Refresh를 수행하기 위해서는 데이터를 저장하는 Cell들과 이 Cell에서 데이터를 꺼내고 저장하는 I/O부, 수많은 Cell들 중 Access할 Cell을 지정하는 Address부, 그리고 이들 동작을 제어하는 Control부가 있어야 한다.

일반적으로 DRAM은 [그림 2.1]에서 보듯이 크게 DRAM Core와 주변장치로 구성되고, 주변장치는 다시 제어부, Address 경로, Data 경로로 구성이 된다. 이들 각 구성부들은 [그림 2.2]와 같은 형태로 배치되어 구현된다. 1장에서 보았던 'DRAM의 발전 방향'의 관점에서 보면, 초기에는 Core를 구성하는 Cell의 면적을 줄이는 방향으로 발전되어 오다가 1T1C Cell 구조 이후부터는 고속 동작을 위해 I/O Interface를 고속화하는 방향으로 발전되어 왔다. Asynchronous DRAM 시절에는 RAS#, CAS# 등의 Control 입력이 외부 장치에서 타이밍에 맞추어 직접 주어졌지만, Synchronous DRAM부터는 외부에서 받는 Control 신호들의 조합이 하나의 명령어처럼 인식되는 구조로 바뀌었다. DRAM의 실제 동작에 필요한 제어 신호들은 이들 명령어를 DRAM의 내부 Control Logic에서 해석하여 각각의 타이밍에 맞게 생성시키는 구조로 바뀌었다(〈표 7.12〉 참조).

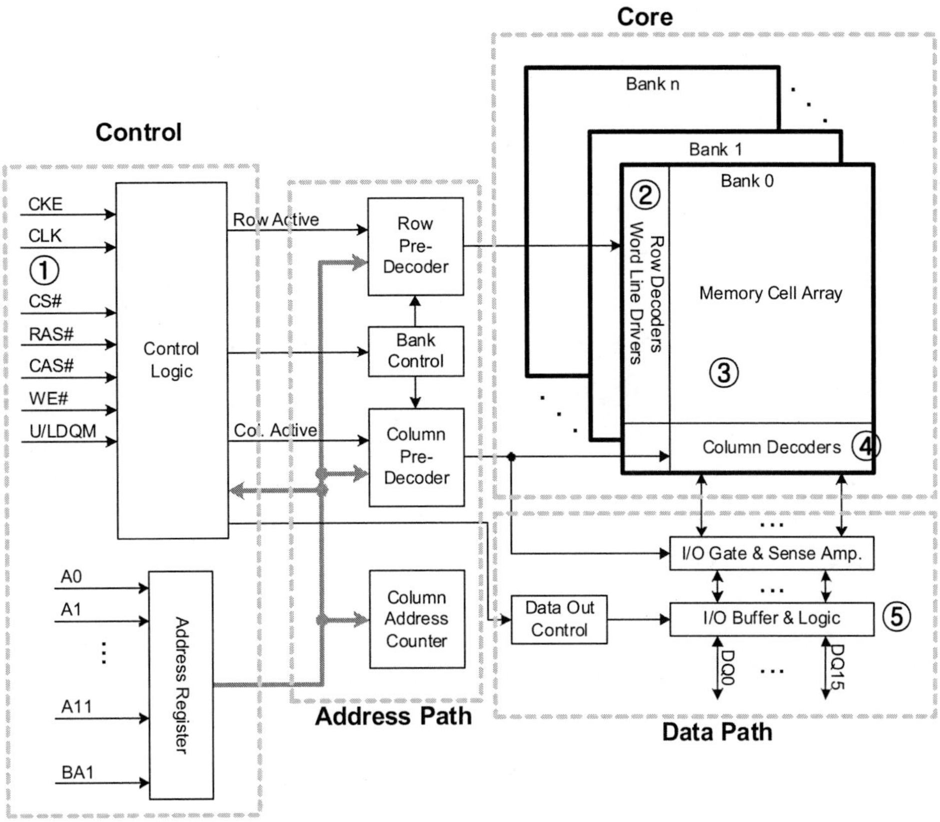

[그림 2.1] 일반적인 DRAM의 구성

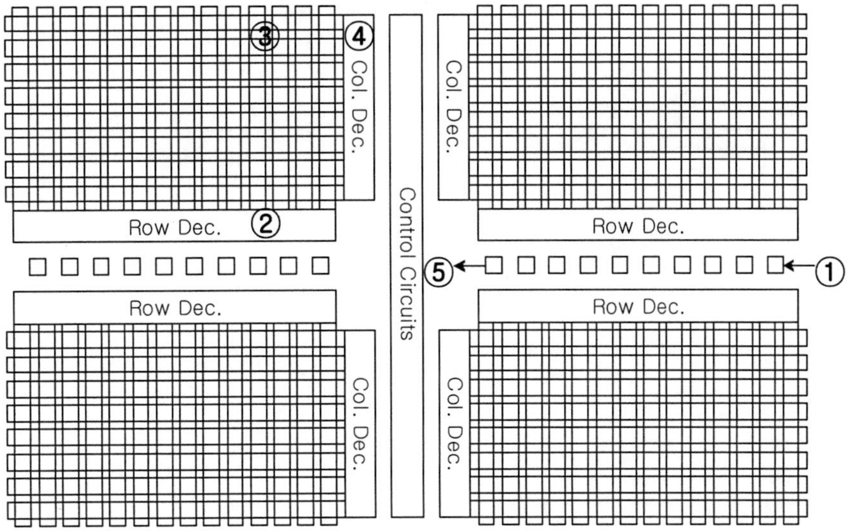

[그림 2.2] DRAM 각 구성부의 배치와 동작 순서

DRAM의 Core는 데이터를 저장하는 Cell Array와 Cell들 중 Access할 Cell을 선택하는 Word Line Driver와 Column Decoder, 그리고 선택된 Cell에서 데이터를 증폭하는 Sense Amplifier들로 이루어진다. Data의 출력 흐름을 보면, ① 외부의 Address 입력을 통해 Row Address와 Column Address가 입력되고 ② Row Decoder에 의해 하나의 Word Line이 선택되어 Cell의 Data가 ③ Sense Amplifier에 실리게 된다. 이렇게 읽혀진 한 Row만큼의 Data 중에서 ④ Column Decoder에 의해 선택된 부분만이 ⑤ 출력 경로를 통해 외부로 출력되게 된다. 입력 흐름의 경우 출력때와 마찬가지로 ① 입력된 Address를 통해 ② Row Decoder와 ④ Column Decoder에 의해 선택된 ③ Cell에 ⑤ 외부에서 인가된 Data가 쓰여지는 것이다.

Core와 Address 경로, Data 경로의 자세한 내용은 각각 제 3장, 4장, 5장에서 자세하게 설명한다.

2.2 | DRAM의 동작

[그림 2.3]은 DRAM의 기본 동작에 대한 모식도이다. Address가 입력되면 Word Line(WL)이 선택되어 고전압으로 Bootstrapping이 되고, 이에 따라 Cell Data가 Bit-Line(BL)으로 이동된다. Sense Amplifier가 이 데이터를 감지, 증폭하여 Data Bus Line(DB)으로 전송한다. Data Output은 이 DB 신호를 받아서 증폭하여 외부에 전달하게 된다.

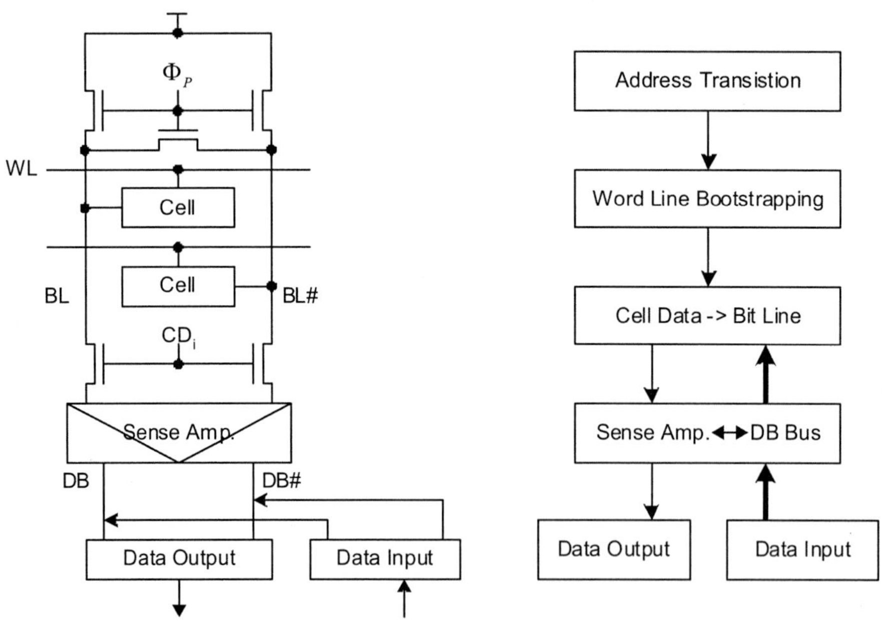

[그림 2.3] DRAM의 기본 동작

2.2.1 DRAM의 기본적인 동작 원리

DRAM은 전하를 저장할 수 있는 Capacitor를 기억소자로 이용하는 Memory 장치이다. 현재 널리 쓰이고 있는 DRAM의 Cell은 [그림 2.4]와 같이 하나의 Capacitor와 하나의 NMOS를 이용하여 구성된다. DRAM이 Data를 저장하고 읽어내는 원리는 [그림 2.4]와 같이 긴 도랑(수로)에 연결된 작은 물탱크(수조)에 비유될 수 있다. 수조의 크기는 Cell Capacitor값인 C_C에 해당되며, 물의 높이는 전압에 해당된다. Word Line은 수조와 수로를 연결하는 수문 조절용 밸브이고, Bit-Line은 용량이 C_B인 좁고 긴 수로로 볼 수 있다. Cell에 2진수 정보 “1”(High)의 값이 저장되어 있다면 수조에는 V_{CC}의 물이 저장되어 있는 것을 뜻하며, “0”(Low)의 경우는 물이 없는 상태에 해당한다.

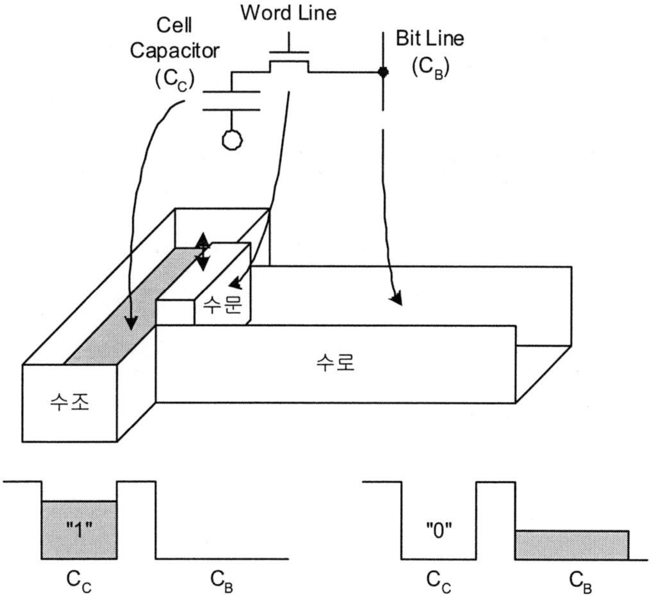

[그림 2.4] DRAM Cell의 수조 모델

Cell에 Data를 쓰는 동작은 [그림 2.5]를 통해 설명할 수 있다. 먼저 물이 비어있는 Cell, 즉 “0”이 저장되어 있는 Cell에 “1”을 써넣는 과정을 살펴보자. Capacitor에 Data가 “0”일 때에는 수조가 비어있는 경우이며 이곳에 물을 채우기 위해서는 강력한 Pump(Data-In Buffer)로 수로에 물을 채우고(t_1), 그 후 수문을 활짝 열어 수로의 물을 수조에 채운다(t_2). 물론 이때에도 Pump는 계속 가동하여 수위가 일정하도록 유지한다. 이제 수문을 닫으면(t_3) “1”의 Data를 쓰는 작업이 끝난다. Pump가 충분히 강력하다면 수문을 열고 난 뒤 수로에 물을 채워도 상관없다. 즉 t_2와 t_1의 순서가 뒤바뀔 수도 있다(이 경우를 특히 Delayed Write라 부른다. 제 7.2.3절 참조). 거꾸로 Data “1”이 저장되어 있는 Cell에 “0”을 써넣는 경우를 살펴보자.

이 경우도 우선 수로(Bit-Line)의 물을 Pump(Data-In Buffer)로 모두 뽑아내고 수문을 활짝 열어 수조의 물을 모두 뽑아낸 뒤 수문을 다시 닫는 과정을 따른다.

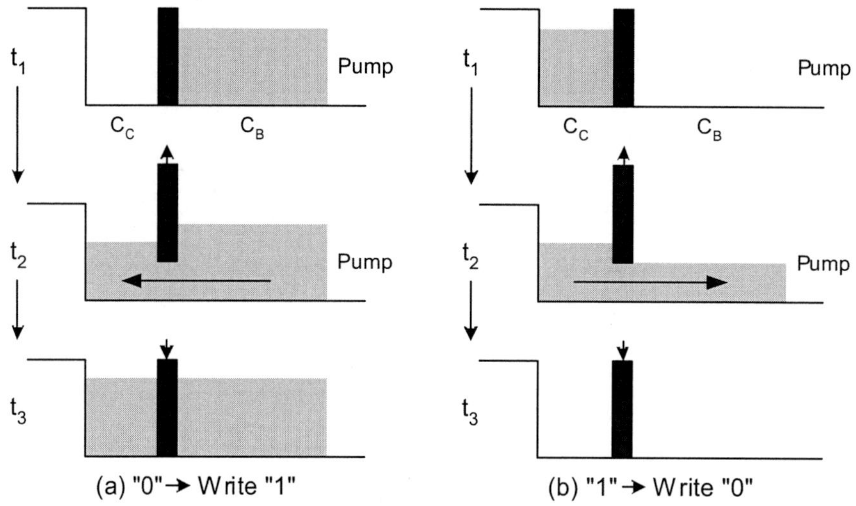

[그림 2.5] DRAM Cell의 Write 동작

[그림 2.6]에서는 Cell의 Data를 읽어내는 과정을 보여준다. 수조의 부피 C_C는 약 20~30fF으로 작은 값이지만 수로는 길이가 길기 때문에 부피 C_B가 200~300fF 정도로 훨씬 크다. 따라서 수조의 물만으로 수조와 수로를 모두 채우면 수위의 변화가 약간밖에, 위의 수치로는 1/10 정도의 변화밖에 나타나지 않기 때문에 수로 끝에 감지기(Sense Amplifier)를 설치하여 이 수위의 변화를 감지해 내어야 한다. 읽기의 동작 방식에 따라 수문을 열기 전에 수로에 얼마만큼의 물을 채워놓고 읽기 과정을 시작하는가가 달라진다. 수로에 물을 전혀 채워놓지 않고 읽기를 하는 경우도 있고(Ground Sensing), $V_{CC}/2$의 높이만큼 채워놓고 읽기를 시작하는 경우(Half V_{CC} Sensing), V_{CC}만큼 물을 채워놓고 시작하는 경우(V_{CC} Sensing)가 있다. 각각의 경우에 따라 읽기 동작에서의 속도나 전력소모 등의 특징이 달라지게 된다. 이제 수위의 변화를 정량적으로 구해보자.

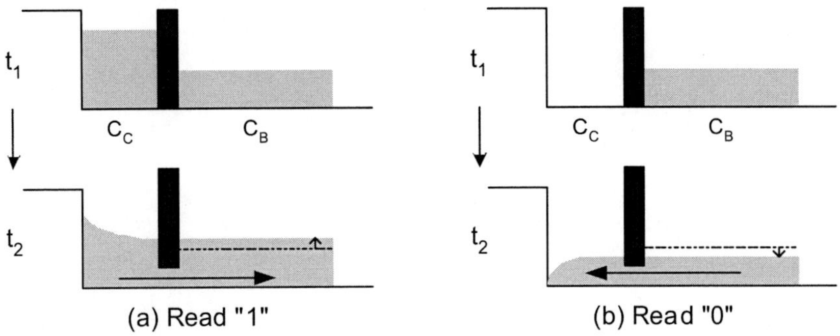

[그림 2.6] DRAM Cell의 Read 동작

2.2.2 Charge Sharing과 Bit-Line

수조의 물만으로 수로와 수조를 모두 채우는 경우는 [그림 2.7]의 Capacitor 회로의 예로 설명할 수 있다. 초기 t_1시에 Cell Capacitor C_C에 V_{CC} 전압이, Bit-Line Capacitor C_B에 $V_{CC}/2$(Half V_{CC} Precharge) 전압이 인가되었다고 하자. C_C의 전하량은 $C_C \cdot V_{CC}$이며 C_B의 전하량은 $\frac{C_B \cdot V_{CC}}{2}$이다.

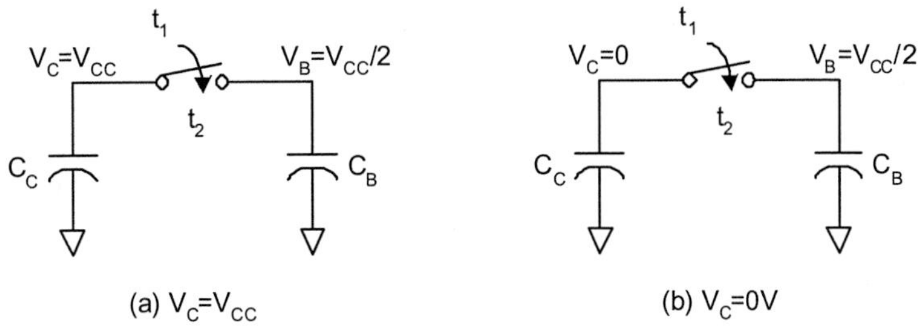

[그림 2.7] Charge Sharing

t_2에 switch가 닫히면 C_C의 Charge가 C_B로 유입되어 C_B의 전위가 상승한다. Write때와는 달리 외부로부터 전하의 공급이 없으므로 t_1때의 전체 전하량만을 t_2때에 C_C와 C_B에서 골고루 나누어 가져야 하므로(Charge Sharing), C_B의 최종 전위 V_H 및 전위 상승량 ΔV_H는 각각

$$V_H = \frac{C_C \cdot V_{CC} + C_B \cdot \frac{V_{CC}}{2}}{C_C + C_B}$$

$$\Delta V_H = V_H - \frac{V_{CC}}{2} = \frac{\frac{V_{CC}}{2}}{1+\frac{C_B}{C_C}}$$

이 된다. 이 값들은 C_B/C_C의 값에 따라 변하는데 C_C가 C_B보다 월등히 크면 ΔV_H는 $V_{CC}/2$에 수렴하며, C_B가 C_C보다 월등히 크면 "0"에 가깝게 되어 전위의 변화를 측정하기 힘들다. C_C의 초기 전압이 0V인 경우 전체 전하량은 C_B에 있던 양 $C_C \cdot V_{CC}/2$뿐이며 Switch가 닫히면 이것을 C_C와 C_B가 나누어 가져야 하므로, 즉 Charge를 Share해야 하므로 C_B의 전위 및 전위 하강량은 각각

$$V_L = \frac{C_B \cdot \frac{V_{CC}}{2}}{C_B + C_C}$$

$$\Delta V_L = V_L - \frac{V_{CC}}{2} = -\frac{\frac{V_{CC}}{2}}{1+\frac{C_B}{C_C}}$$

이 된다.

수조 모델과는 달리 Capacitor에서는 C_C의 다른 쪽 전극(Cell Plate)에 Cell Plate 전압 V_{CP}가 인가될 수 있다. 즉, 처음부터 수조 자체의 높이가 높아지는 경우이다. [그림 2.8]과 같이 C_C의 한쪽에 V_{CP}가 인가된 경우에 있어, 앞에서와 같이 C_B의 초기 전압이 $V_{CC}/2$이고 C_C의 초기 전압이 각각 V_{CC}일 때와 0V일 때에 Charge Sharing된 후의 C_B 전압을 구해 보자. 먼저 C_C의 전압이 V_{CC}일 때에 C_C와 C_B에 저장된 전하량은 각각

$$Q_C = C_C \times (V_{CC} - V_{CP})$$

$$Q_B \equiv C_B \times \frac{V_{CC}}{2}$$

로 주어진다. 따라서 초기 총 전하량은

$$Q_T = Q_C + Q_B = C_C \times (V_{CC} - V_{CP}) + C_B \times \frac{V_{CC}}{2}$$

가 된다. 이 전하량을 C_C와 C_B가 Sharing하여야 하므로 V_H는

$$C_C \times (V_H - V_{CP}) + C_B \times V_H = Q_T = C_C \times (V_{CC} - V_{CP}) + C_B \times \frac{V_{CC}}{2}$$

를 만족해야 한다. $C_C V_{CP}$항이 양변에 모두 존재하므로 소거되어 결국 앞의 V_{CP}를 인가하지 않은 경우와 동일한 V_H 전압을 얻는다. 물론 ΔV_H도 앞의 결과와 동일하고 C_C의 전압이 0V인 경우의 전압 V_L과 ΔV_L도 모두 앞의 결과와 동일하다. 일반적으로 Cell Capacitor의 한쪽 전극을 0V로 두지 않고 약 $V_{CC}/2$인 V_{CP} 전압에 연결한다. 이 경우 $|\Delta V_H| = |\Delta V_L|$이 만족되어 $V_C = V_{CC}$와 $V_C = 0V$일 때 Charge Sharing된 전압이 각각 반대 방향으로 변화하며 그 변화폭은 동일하다. 한편 이 방법은 Capacitor의 유전체가 전계에 약하기 때문에 Capacitor 양극에 인가되는 전계의 크기를 줄여주기 위한 목적도 있다. 즉, V_{CP}에 0V가 인가되었다면 Data가 "1"이 저장된 경우 Capacitor 양단에는 V_{CC}라는 전압이 걸리며, Data가 "0"인 경우 양단의 전압은 0V이다. 한편 V_{CP}를 $V_{CC}/2$로 하면 Capacitor 양단에 걸리는 전압은 Data가 "1"일 때에는 $V_{CC}/2$이고, "0"일 때에는 $-V_{CC}/2$가 되어 전계의 절대값은 항상 일정하며 그 최고치가 반으로 감소하므로 Capacitor의 Stress를 줄일 수 있는 장점이 있다.

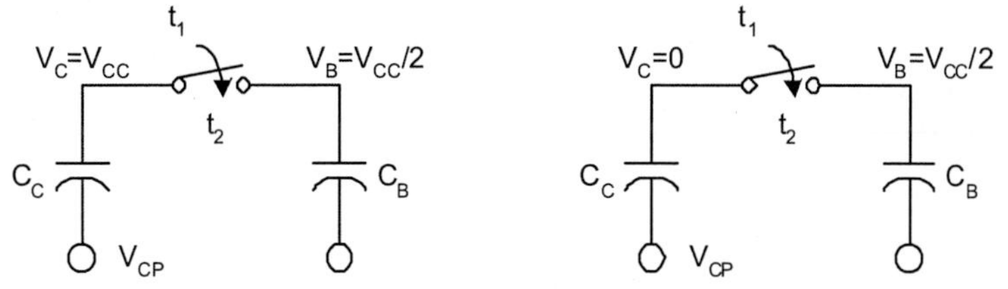

(a) $V_C=V_{CC}$ (b) $V_C=0V$

[그림 2.8] Cell Plate 전압 인가시의 Charge Sharing

[그림 2.9]에서와 같이 C_C와 C_B가 저항 R_B를 통해 연결된 경우를 살펴보자. 이 R_B는 실제 구현에서는 Bit-Line을 구성하는 Metal의 기생저항에 해당된다. 앞에서의 경우와는 달리 Switch가 닫히면 C_C와 C_B에 저장되어 있던 전하량이 저항 R_B를 통해 이동하며 마지막에는 $V_C = V_B$로 된다. 즉, 저항 R_B에 의해 최종 전압 Level의 변화는 없지만 초기값에서 $V_C = V_B$로 변하는 데에 일정한 시간(Charge Sharing Time)이 소요된다.

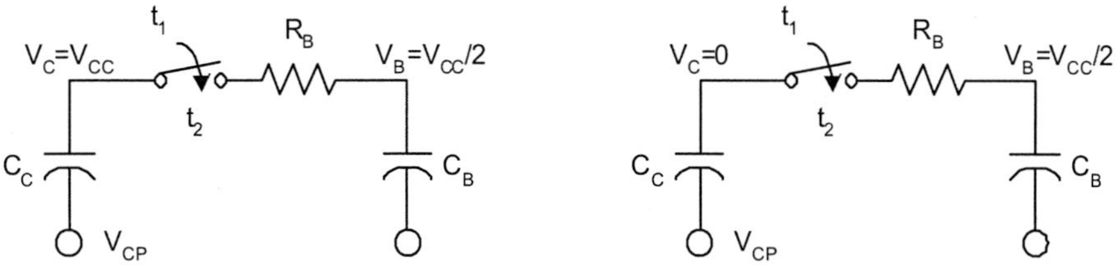

(a) $V_C=V_{CC}$ (b) $V_C=0V$

[그림 2.9] R_B를 통한 Charge Sharing

예를 들어 초기 조건이 $V_C = 0\,V$, $V_B = \dfrac{V_{CC}}{2}$ 인 경우, 최종 전압은 $V_C = V_B = \dfrac{\dfrac{V_{CC}}{2}}{1+\dfrac{C_C}{C_B}}$ 가 되며, V_C와 V_B는 [그림 2.10(a)]와 같이 변한다. 이들은 $V_B - V_C = V_{CC}/2$의 초기 조건과 $V_B - V_C = 0$이 되는 경계 조건을 만족하는 곡선을 그리며, 시정수(Time Constant)는 $\dfrac{R_B \cdot C_B \cdot C_C}{(C_C + C_B)}$로 주어진다. 즉, Charge Sharing Time이 $\dfrac{R_B \cdot C_B \cdot C_C}{(C_C + C_B)}$로 주어지며 R_B가 클수록 증가함을 알 수 있다. 따라서 고속 동작을 위해서는 R_B를 감소시키는 것이 대단히 중요하다.

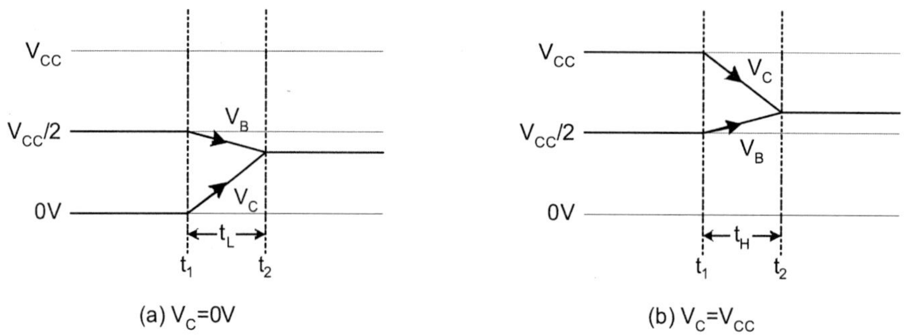

[그림 2.10] Charge Sharing Time

앞에서 살펴본 바와 같이 Bit-Line Capacitance C_B는 Charge Sharing시 최종 신호 전압의 크기를 결정하므로 가능한 한 작은 값을 가지도록 하여 큰 신호 전압을 얻을 수 있도록 해야 한다. 또한 Bit-Line 저항 R_B는 Charge Sharing Time을 결정하므로 이를 감소시켜야 동작 속도를 향상시킬 수 있다. 이러한 R_B와 C_B의 구성 요소를 [그림 2.11]과 [그림 2.12]를 통해 살펴보자. [그림 2.11]은 Bit-Line Capacitance 성분을 보여준다. 단위 Cell에서의 Bit-Line Capacitance 성분을 보면, 1) Bit-Line Contact에서의 PN 접합 2) Bit-Line과 Word Line의 단면 사이의 Coupling 3) 인접 Bit-Line간 4) Bit-Line과 Storage Node간의 Coupling 5) Bit-Line과 Cell Plate 사이의 Coupling에 의한 Capacitance로 되어 있다. [그림 2.11(b)]는 Bit-Line을 구성하는 주변 회로에 의해 발생하는 Bit-Line Capacitance 성분으로 6) Precharge용 Q_0, Q_1과 Bit-Line Isolation용 Q_B, DB Gate Q_7의 Bit-Line 연결부의 PN 접합 Capacitance 7) Bit-Line Sense Amplifier의 Q_5, Q_3에서의 Drain Junction Capacitance 및 그림에서 굵은 선으로 표시한 8) Bit-Line 이외 부위의 Capacitance가 있다. DRAM의 설계에 앞서 Cell이 확정되면 위와 같은 성분들을 계산하여 Bit-Line Capacitance를 구해야 한다. 이를 근거로 주변 회로의 설계가 진행되므로 정확한 값의 추출이 필요하다.

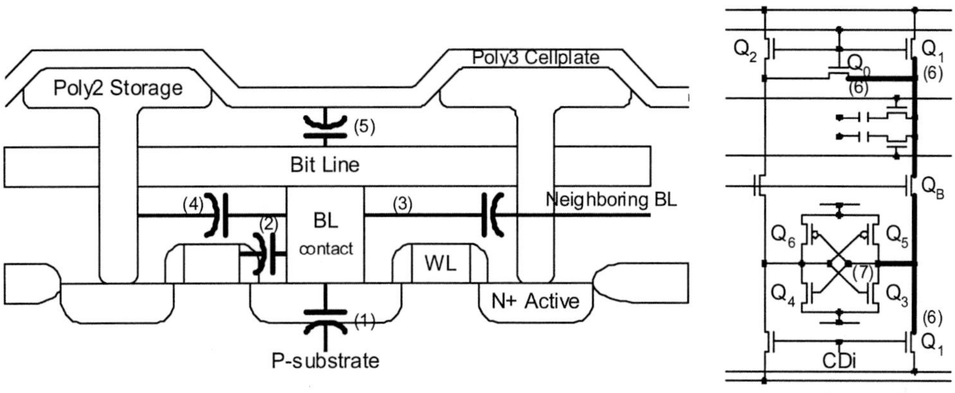

(a) 단위 Cell 내의 성분　　　　(b) 주변 회로에 의한 성분

[그림 2.11] Bit-Line Capacitance의 성분

[그림 2.12]는 Bit-Line Resistance 성분들을 보여주고 있다. [그림 2.12(a)]는 단위 Cell에서의 Bit-Line Resistance 성분으로 1) Storage Node Contact에서의 Contact 저항 2) Cell Transistor의 ON저항 3) Bit-Line Contact의 Contact 저항으로 구성되어 있다. [그림 2.12(b)]는 Bit-Line을 구성하는 주변 회로가 주는 Bit-Line Resistance 성분으로 4) Bit-Line Isolation용 Q_B의 Source와 Drain부분의 Contact 저항, 그림에서 굵은 선으로 표시한 5) Bit-Line Isolation용 NMOS Q_B의 ON저항 및 6) Bit-Line 자체의 저항이 있다. 이 값들 역시 주변 회로의 설계에 절대적인 영향을 미치므로 앞서의 Capacitance값과 같이 정확한 값의 추출이 필요하다.

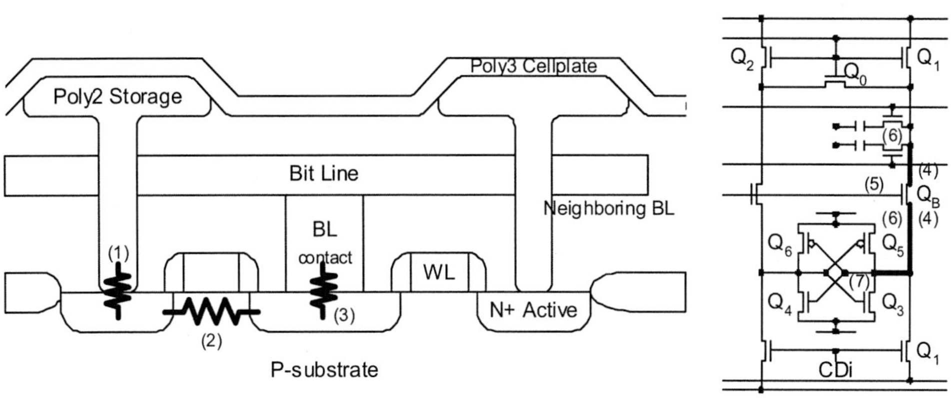

(a) 단위 Cell 내의 성분　　　　(b) 주변 회로에 의한 성분

[그림 2.12] Bit-Line Resistance의 성분

2.2.3 Sense Amplifier의 동작

Sense Amplifier의 DRAM 내에서의 동작을 이해하기 위하여 [그림 2.13]과 같은 Sense Amplifier의 구조를 생각해 보자. 여기에서 설명하는 Sense Amplifier는 Charge Sharing에 의해 Bit-Line에 실린 수십 mV의 미세한 전압차를 증폭시켜 DB Line에 전송시켜 주는 Bit-Line Sense Amplifier로 [그림 2.13]의 $Q_3 \sim Q_6$의 4개의 Transistor가 2개의 Inverter로 구성되어 서로 꼬리를 물고 있는 형태와 같이 되어 있다. 한 쌍의 Bit-Line이 Cell Array를 평행으로 달려가며 각각의 Bit-Line에는 128~1024개의 Cell들이 접속되는데 동일한 Bit-Line에 접속된 Cell들에는 서로 다른 Word Line이 연결되어 있어 어떤 Address의 조합에서도 Bit-Line당 하나의 Cell만이 선택되도록 구성되어 있다. Bit-Line Pair의 Half V_{CC} Precharge를 위한 전압선 및 제어선이 Sense Amplifier의 반대쪽(Bit-Line Equalizer)에 위치한다. 이러한 구성법을 Folded Bit-Line 방식이라고 부른다(제 3장 1절 참조).

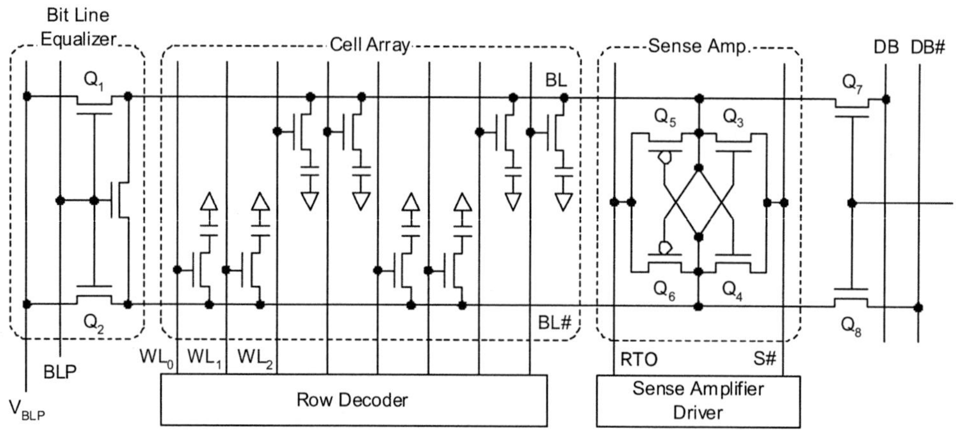

[그림 2.13] CMOS Sense Amplifier의 기본회로

CMOS Sense Amplifier 회로의 동작은 [그림 2.14]의 Timing Diagram을 이용해 설명할 수 있다. Sense Amplifier의 제어 신호인 RTO와 S#는 RAS#로부터 파생된 신호를 이용하여 생성되며, 각 시점에서의 상황은 아래와 같다.

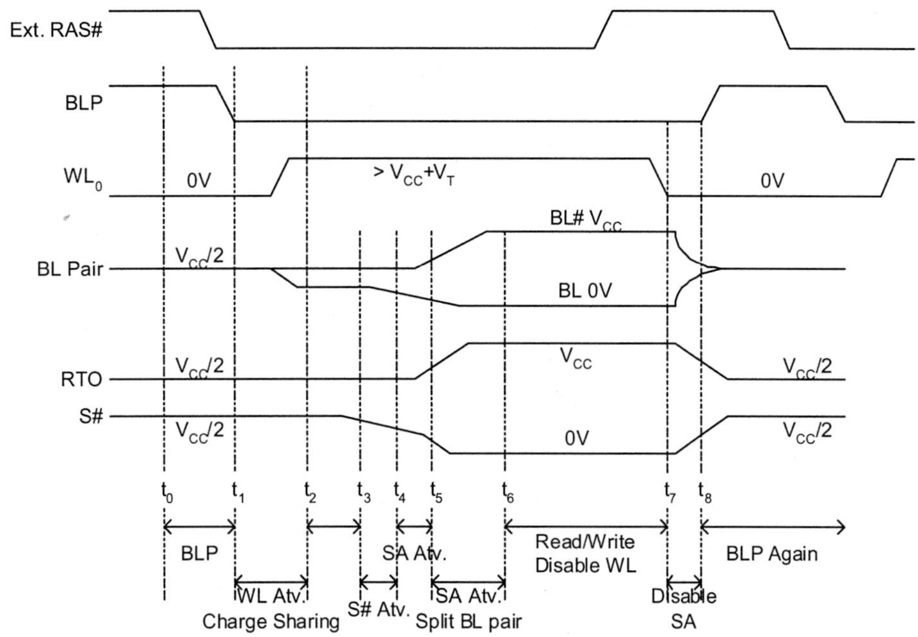

[그림 2.14] Sense Amplifier의 동작 파형(Read "0")

- t_0 : 대기(Standby) 상태. Word Line의 전압은 0V이고 BLP(Bit-Line Precharge 제어신호) 가 "H" 상태이므로 Equalizer Transistor Q_0, Q_1, Q_2가 ON되어 두 Bit-Line이 동일한 전압 $V_{BLP}(=V_{CC}/2)$로 Precharge되어 있으며 RTO와 S#도 모두 V_{BLP} 값으로 Precharge되어 있다.
- t_1 : Sensing 준비. BLP 신호의 활성화가 중단되어 Equalizer Transistor Q_0, Q_1, Q_2가 OFF되고 각 Bit-Line이 $V_{CC}/2$의 전압을 유지한 채 외부와는 단절된 Floating 상태로 된다.
- t_2 : Charge Sharing. Row Decoder가 외부에서 입력된 Row Address를 분석해서 한 개의 Word Line을 선택하고 그 전압을 VDD+VT 이상으로 상승시킨다(Word Line Bootstrapping). 따라서 선택된 Word Line에 연결된 Cell의 전하가 해당 Bit-Line에 실리며 BL의 전압은 Cell의 Data에 따라 ΔVL만큼 낮아진다(Cell에 Data "0"가 저장되어 있다고 가정). 이때 반대쪽 BL#의 전압은 Precharge된 전압 $V_{CC}/2$를 유지하고 있다.
- t_3-t_4 : Sense Amp. 동작. S#의 전압이 $V_{CC}/2$에서부터 천천히 낮추어 NMOS Sense Amplifier를 활성화시켜 BL pair의 전압차를 증폭한다. 이 경우 BL의 전압은 서서히 하강하나 BL#의 전압은 변하지 않는다.
- t_5-t_6 : Sense Amp. 동작완료. BL pair의 전위차가 어느 정도 벌어지면 RTO와 S#을 각각 V_{CC}와 0V로 급속히 변화시켜 BL을 0V로 Discharge하고 BL#은 V_{CC}로 Charge하여 Sensing 동작을 완료한다. 이 과정동안 Word Line의 전압은 계속 "H"를 유지하고 있으므로 선택된 Cell은 계속 Bit-Line에 연결되어 Cell Data 전압이 자동적으로 0V로 떨어

지게 되는데 이를 가리켜 '저장되어 있던 Data를 Rewrite한다'고 하며 DRAM의 Refresh 동작에 해당한다. Sensing 동작이 어느 정도 안정된 후(통상 BL pair의 전위차가 $|V_{TN}|+|V_{TP}|$ 이상이 된 경우) Column Decoder에 의해 분석된 Column Address에 대응하는 Data Bus의 Gate([그림 2.13]에서 NMOS Q_7, Q_8)를 ON시켜 Sensing된 Data를 Data Bus에 실어서 외부에서 읽어낼 수 있도록 한다. 외부의 Data를 써넣을 경우에는 Data Bus의 전압이 Address에 의해 선택된 Sense Amplifier를 강제적으로 반전시켜서 원하는 Data를 Cell에 Write한다.

- t_7 : Equalize 동작. Read나 Write 동작이 완료되면 Word Line의 전압을 하강시켜 Memory Cell의 Data를 저장 상태로 둔다.
- t_8 : Standby 동작. 다음의 Read나 Write 동작에 대비하여 BLP를 "H"로 해서 Q_0, Q_1, Q_2를 ON하여 BL pair의 전압을 모두 V_{BLP}로 Precharge하기도 하고 BL pair를 서로 Short시키기도 하며(Equalize 동작), 이때 RTO와 S#도 모두 V_{BLP} Level로 Precharge하여 t_0의 상태로 만든다.

이상이 Sense Amplifier의 기본 동작에 대한 설명이다. 이 설명에서는 S#은 천천히 변화시키고 RTO는 빨리 변화시키는 동작형태로 설명을 했다. 이렇게 RTO와 S#의 활성화 Timing을 다르게 하여 주면 Sense Amplifier를 관통하여 흐르는 전류, 즉 [그림 2.13]의 Q_3, Q_5 Pair나 Q_4, Q_6 Pair를 통해 흐르는 전류를 줄이려는 목적이 있었지만, 관통 전류의 Timing에의 의존성은 상대적으로 작으며 이보다는 Sense Amplifier의 감도를 높이기 위함이 주된 이유였다. 하지만(3장 2절에서 설명할 바와 같이) RTO와 S#을 거의 동시에 활성화하여 사용하여도 감도를 그대로 유지할 수 있으며 오히려 Sensing 동작의 속도가 빨라지기 때문에 이 방식이 널리 이용된다. RTO와 S#의 Timing에 따른 동작의 상세한 설명은 제 3장 2절에서 자세하게 다룰 것이다.

2.2.4 Read 동작

DRAM의 기본적인 동작인 Read, Write, Refresh 동작을 이해하기 위해 [그림 2.15]와 같은 간단한 64bit DRAM을 살펴보자. Row Decoder에 의해 8개의 Word Line 중 하나의 Word Line이 선택되고, Column Decoder에 의해 8개의 Column Select Line인 $CD_0 \sim CD_7$ 중 하나를 "H" 레벨로 선택하여 DB Gate를 ON시킨다.

이에 따라 8개의 Bit-Line Pair 중 선택된 한 쌍의 Bit-Line 및 이에 연결된 Sense Amplifier가 데이터 입·출력 Line인 DB Line에 전기적으로 연결이 된다. Read 시에는 DB에 실린 데이터가 DB Sense Amplifier를 거쳐 증폭된 뒤 Data Output Buffer를 통해 외부로 전달되며, Write시에는 DB Line이 Data Input Buffer에 연결되어 외부 데이터에 의해 DB의 전압이 바뀐다.

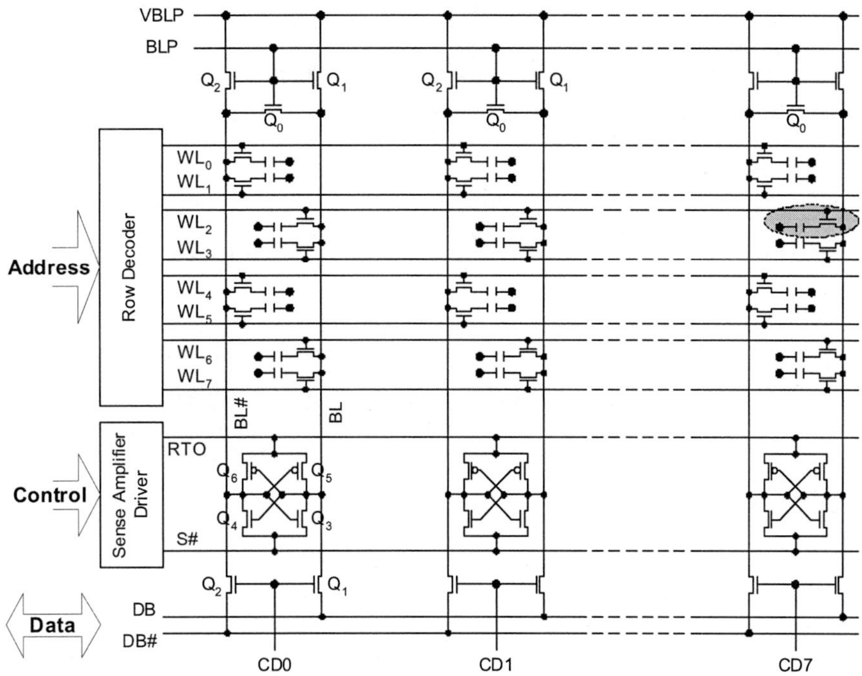

[그림 2.15] 64bit DRAM의 구성

Read 동작시 Timing에 따른 각 파형의 모양은 [그림 2.16]과 같다. [그림 2.16]은 선택된 Cell의 데이터를 데이터 출력 단자로 보내 외부로 출력할 때의 Timing Diagram으로서 Read 동작을 설명해 준다.

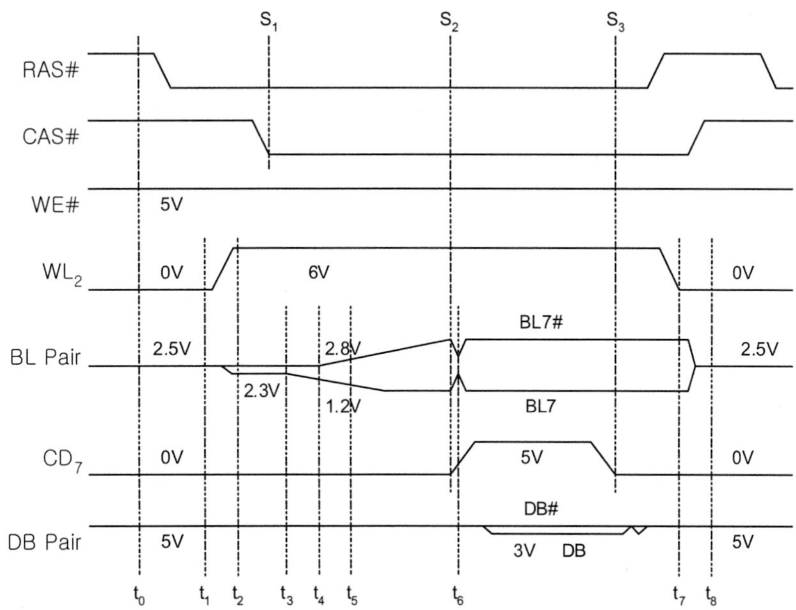

[그림 2.16] Read "0"의 동작 파형

RAS#(Row Address Strobe)가 "L"로 Enable되는 시점에 Address 단자에 있는 신호를 Row Address로 인식하여 내부 단자로 받아들인다. 예를 들어 2진수 010이 입력되었다고 하자. 적당한 시간이 경과하여 t_2가 되면 해당 Word Line인 WL_2만이 "H"로 상승한다. 이후 t_3부터 t_6까지는 앞에서 설명한 것과 같은 Sensing 동작이 이루어져 WL_2에 연결된 8개의 Cell에 대한 데이터가 8개의 Sense Amplifier에 의해 증폭된다.

t_6보다 앞선 시간 S_1에는 CAS#(Column Address Strobe)가 "L"로 되며, 이때 Address 단자의 신호가 Column Address가 되어 내부로 입력된다. 예를 들어 2진수 111이 Column Address로 입력되었다고 하자. 또한 WE#(Write Enable)가 변화하지 않고 "H"로 계속 있어 Read 동작임을 DRAM에게 알려주어야 한다.

Sensing 동작이 완료되는 t_6을 전후한 시간 S_2에 이르면 Column Decoder가 활성화되어 CD_7만이 "H"로 된다. 이때 CD_7이 켜짐으로써 Sense Amplifier가 보는 BL Pair의 Capacitance가 증가한 효과가 되어 순간적으로 BL Pair가 벌어지는 폭이 감소했다가 다시 증가하게 된다. S_2 이전까지는 DB Line Pair의 전위가 Precharge 레벨, 즉 V_{CC}를 유지하고 있다. 7번째 DB Gate만이 ON이므로 DB Line Pair가 BL7 Pair에 연결되어 DB Line Pair간에 전위차가 생긴다. 만약 "0"을 읽어낸다고 하면 DB Line은 Precharge 레벨에서 약간 하강된 전위를 가지며 DB# Line의 전위는 Precharge 레벨을 그대로 유지한다. 이 DB Line Pair 간의 전위차는 DB Sense Amplifier에 의해 증폭된 뒤 Data Output Buffer를 거쳐 데이터 출력 단자에 전달된다. 고속으로 Read 동작을 수행하기 위해서는 DBSA가 고감도이고 고속 동작이 가능해야 하므로 이 요구에 따라 여러 회로들이 개발되어 사용되고 있다(제 3장 3절 참조).

Sensing이 완료되었을 때라도 Column Select에 의해 Bit-Line와 DB Line이 연결되기 이전에는 OE#(Output Enable) 신호를 주어도 데이터가 읽히지 않는다. 또한 Sense Amplifier에 의해 Cell의 데이터가 충분히 증폭되기 이전에 DB Gate를 켠다면 DB와 BL의 Charge Sharing에 의해 데이터를 상실해버릴 수도 있다. 즉 BL의 Capacitance C_B는 250~300fF인데 반해 DB의 Capacitance는 2~3pF이나 되어 BL의 전위차가 충분히 크지 않으므로 DB Line간의 전위차가 Charge Sharing에 의해 작아져 DBSA가 이를 감지하지 못한다. 이를 예방하기 위해 DB의 길이를 제한하여 C_{DB}를 줄이는 다양한 DB 구조들이 제안되고 있다(제 3장 3절 내 배선의 계층화 참조). S_3에는 Column Select 신호 CD_7이 "L"이 되어 Bit-Line과 DB Line의 연결이 끊어진다. 이후 DB Line Pair는 다시 V_{CC}로 Precharge된다. t_7에서는 WL_2가 "L"이 되어 Column Address 7번지의 Cell은 Bit-Line에서 끊어져 데이터를 "기억"하고 있는 상태가 되며 Column Address 0부터 6까지의 Cell들은 Rewrite된 신호들을 저장하게 된다. t_8에는 다음 사이클을 위해 BLP를 "H"로 하여 BL Pair들을 $V_{CC}/2$로 Precharge 및 Equalize 해준다.

3.3V에서 동작하는 C_C=30fF인 Cell 한 개에 저장되어 있는 에너지는

$$\frac{1}{2}\times C_C \times V_{CC}^2 = \frac{1}{2}\times 30e^{-15}\times 3.3^2 = 163fJ$$

이다. 한편, 데이터 출력 단자에서 외부로 방출하는 에너지는 출력 Load가 30pF일 때 에너지는

$$\frac{1}{2}\times C_L \times V_{CC}^2 = \frac{1}{2}\times 30e^{-12}\times 3.3^2 = 163pJ$$

이 된다. 즉, Bit-Line Sense Amplifier, DB Sense Amplifier 등의 Data Path Sense Amplifier 및 Data Output Buffer의 역할은 Cell에 저장된 Data를 높은 S/N 비로 감지하고 증폭하는 것이다.

2.2.5 Write 동작

Data Input Buffer에 입력된 데이터가 선택된 Cell에 Write될 때의 Timing Diagram은 [그림 2.17]과 같다.

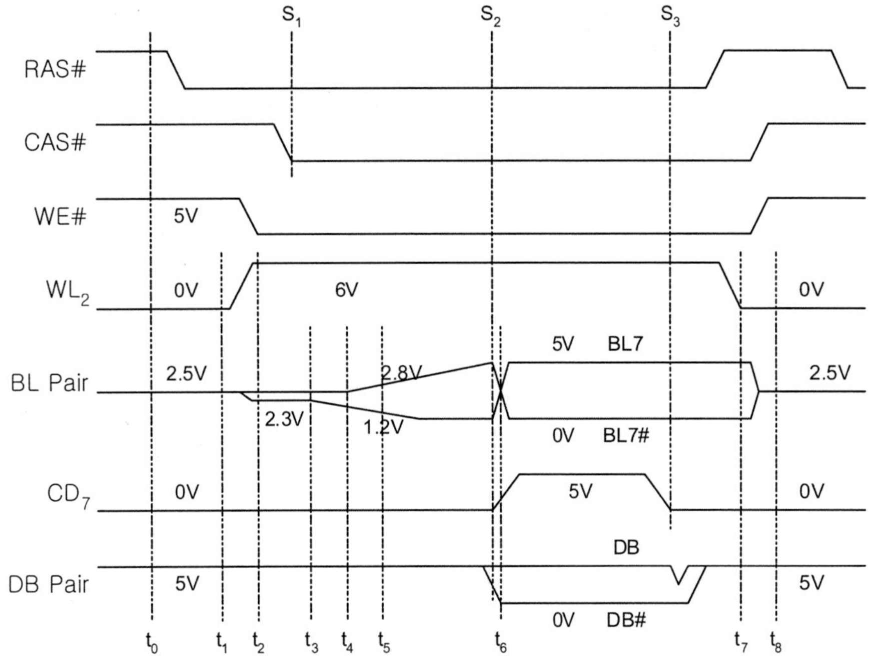

[그림 2.17] Write "1"의 동작파형

Read 동작과 동일하게 RAS#가 “L”로 되는 시점에 Address 단자에 있던 신호를 Row Address로 인식하여 내부 회로로 받아들인다. 예를 들어 2진수 Row Address 010이 입력되었다고 할 경우, 적당한 시간이 지나서 t_2가 되면 WL_2만이 “H”로 상승한다. 이후 t_3부터 t_6까지는 [그림 2.14]에서 설명한 것과 같은 Sensing 동작이 이루어져 WL_2에 연결된 8개의 Cell에 대한 데이터가 8개의 Sense Amplifier에 의해 증폭된다.

시간 t_6보다 앞선 임의의 시간 S_1에서 CAS#가 “L”로 되면 Address 단자의 신호가 Column Address로 되어 내부에 입력된다. 예를 들어 2진수 111이 Column Address로 입력되었다고 하면 S_1보다 조금 앞서 WE#(Write Enable)이 “L”로 Enable되어 이번 사이클이 Write 동작임을 DRAM에게 알려준다(WE#가 CAS#보다 먼저 입력되었으므로 Early Write라 부른다). 이에 따라 S_1, 즉 CAS#가 “L”로 되는 시점에 Data Input Buffer에 인가된 전압이 입력 데이터로 인식되어(설명의 편의상 데이터는 “1”이라 하자) DRAM의 내부로 입력된다.

Sensing 동작이 완료되는 t_6을 전후한 시간 S_2에 이르면 Column Decoder가 활성화되어 CD_7만이 “H”로 선택된다. S_2 이전까지는 DB Line Pair의 전위가 Precharge 레벨, 즉 V_{CC}를 유지하고 있다. Precharge 레벨은 DBSA의 회로 구성에 따라 달라지며 $V_{CC}-V_{TN}$ 혹은 $V_{CC}/2$ 등을 사용하기도 하는데 여기서는 V_{CC}로 하였다. S_2 시점에 입력 데이터가 Data Input Buffer로부터 DB Line Pair에 전달되어 DB 및 DB# Line의 전위가 입력 데이터에 의해 변화된다. 여기에서는 “1”의 데이터가 입력되었으므로 DB Line은 V_{CC}로 그대로 있고 DB# Line은 0V로 된다. 또한 DB와 DB# Line에 각각 BL7과 BL7#가 연결되어 있으므로 BL7은 “H”로, BL7#는 “L”로 되어 원래 있었던 데이터와 무관하게 데이터 “1”이 X-Address=2, Y-Address=7인 Cell에 Write된다. 이때 Sense Amplifier는 DB Line 전위에 의해 DB Gate NMOS를 통해 강제적으로 상태가 결정되는데 일단 Sense Amplifier의 상태가 결정되면 Sense Amplifier의 Feedback 증폭 효과에 의해 데이터 “1”은 Full V_{CC} Level까지 상승한다. Column Select에 의해 BL과 DB Line이 연결되기 이전에 Write용 데이터를 DB Line에 실어도 무방하지만 Write 동작이 다소 늦어질 수가 있다.

S_3에서는 Column Select 신호 CD_7이 “L”이 되어 BL과 DB Line의 연결이 끊어진다. 이후 DB Line Pair는 다시 VDD로 Precharge된다.

t_7에서는 WL_2가 “L”이 되어 Column Address 7번지의 Cell은 Bit-Line에서 끊어져 데이터를 “기억”하고 있는 상태가 되며 Column Address 0부터 6까지의 Cell들은 Rewrite된 신호들을 저장하게 된다.

t_8에는 다음 사이클을 위해 BLP를 “H”로 하여 Bit-Line을 $V_{CC}/2$로 Precharge 및 Equalize해준다.

2.2.6 Refresh 동작

고립된 Cell Capacitor에 전하의 형태로 데이터가 저장되는데 Capacitor가 완벽하지 않기 때문에 저장된 전하는 누설 전류에 의해 외부로 소멸된다. 따라서 데이터가 완전히 소멸되기 전에 저장된 값을 꺼내어 읽어보고 다시 써넣는 반복된 과정이 필요하며 이를 Refresh 동작이라 부른다.

Refresh 동작은 RAS# 활성화에 의해 Row Address에 해당하는 Word Line을 켠 후 Sense Amplifier를 동작시킴으로써 이루어지는데 밖으로 데이터의 출입이 없이 Sense Amplifier만을 동작시키는 RAS-Only-Refresh 방식과 Write 동작, Read 동작 동안에 Refresh 동작을 행하는 방식의 두 가지가 있다. 이때 한 Word Line에 연결된 모든 Cell들이 동시에 Refresh된다. [그림 2.18]과 같이 특정 Memory Cell에 한 번 Refresh한 뒤 다시 Refresh를 할 때까지의 간격을 Refresh Time이라 부르며, DRAM의 전체 Cell을 완전히 Refresh하기 위해 필요한 RAS# 신호의 수를 Refresh Cycle이라 부른다. Refresh Time t_{REFmax}는 전체 Memory Cell의 데이터를 잃어버리기 직전까지의 시간으로 Memory Cell의 공정이나 Cell의 크기 등에 관련된다. 이 값은 Memory의 세대에 따라 달라지는데 일반적으로 128M DRAM까지는 15.6μs/cycle, 256M DRAM 이상에서는 7.8μs/cycle의 비율로 Refresh 동작을 하도록 하고 있다. 구체적인 수치를 보자면 256K DRAM에서는 4ms/256Cycle, 1M DRAM에서는 8ms/512 Cycle, 4M DRAM에서는 16ms/1024Cycle이 표준으로 정해져 사용되어 왔다. 16M DRAM에서는 1024Cycle, 2048Cycle 및 4096Cycle이 혼용되어 사용되었고, 64M와 128M DRAM에 와서는 64ms/4096Cycle이사용되었다. 그리고 256M와 512M DRAM에서는 64ms/8K의 Refresh Cycle을 가지도록 되어 있다. Refresh 동작에서는 DRAM에서 Data Access를 할 수 없다. 1회의 Refresh 동작에 소요되는 시간은 통상 Read 동작 Cycle과 같으며 이 시간이 지나면 다시 DRAM을 사용할 수 있다. Refresh 동작 때문에 DRAM을 사용하지 못하는 비율을 Busy Rate라 하는데, 이 값은 $\frac{t_{\mathrm{RCmin}}}{t_{\mathrm{REFmax}}}$로 주어지며 작을수록 좋다.

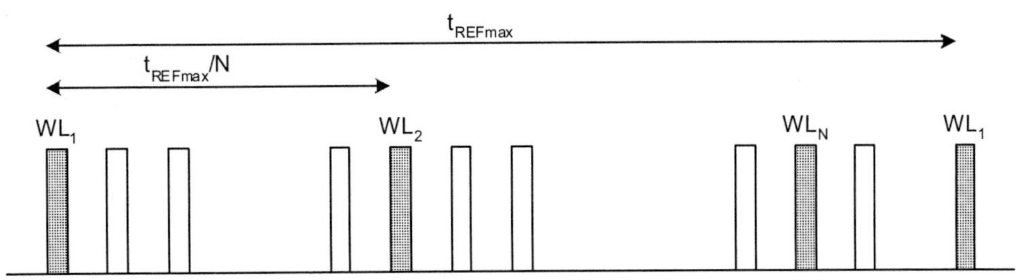

[그림 2.18] Refresh Cycle

2.3 | DRAM의 Pin 구성

DRAM의 전체 Pin 수는 DRAM의 용량, Data Width의 크기 및 DRAM의 기능에 따라 달라진다. [그림 2.19]는 16M×1 및 4M×4의 Asynchronous DRAM의 Package를 보여준다. ×1과 ×4 Package간의 Pin 호환성을 유지하기 위해 DQn을 제외한 다른 Pin들은 동일한 배치를 보이고 있다. 이러한 Package 및 Pin 배치는 미국의 전자 공업 협회(EIA: Electronic Industries Association) 산하 기구인 JEDEC(Joint Electronic Device Engineering Council)에서 제정된 표준을 따른다. Pin 간격을 사용하는 Pin 수와 곱하여 얻은 값이 Package의 길이와 일치해야 하겠지만 사용되는 DRAM의 Package가 이렇게 구한 길이보다 클 수도 있으며, 이 경우에는 사용하지 않는 Pin들을 미리 제거하는 경우도 있다. 〈표 2.2〉에서 16M×1은 최대 28 Pin을 수용할 수 있는 Package를 사용하며, 7번과 8번 및 21, 22번은 제거되어 있다. [그림 2.19]의 ×1 Package에서는 3번과 26번이 N.C(No Connection)로 되어 있지만 ×4 구성에서는 사용되는 Pin이므로 제거되지 않고 그대로 유지되어 있다.

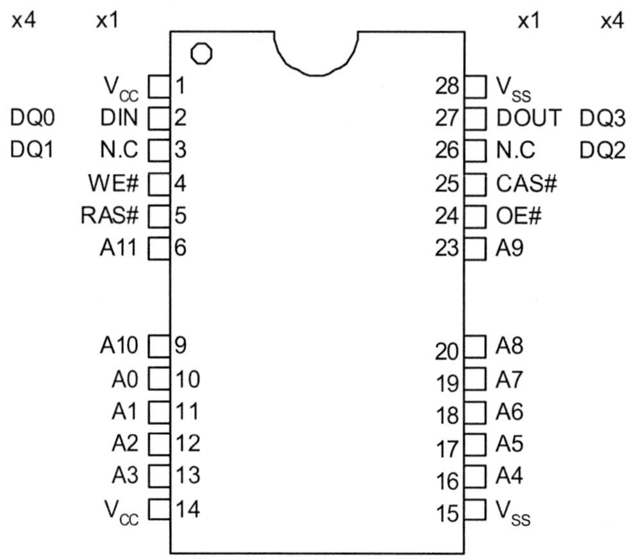

[그림 2.19] 16Mb Asynchronous DRAM의 Pin Assign

〈표 2.1〉 Asynchronous DRAM의 Pin 개수와 실제로 사용되는 Pin 수

용량	구성	필요한 Pin 수	Package Pin 수
1Mb	1M×1	17	26
	256K×4	19	26
4Mb	4M×1	18	26
	1M×4	20	26
16Mb	16M×1	24	28
	4M×4	24	28
	2M×8	28	28
	1M× 16	42	42

이러한 Pin들은 다음과 같이 그 기능에 따라 크게 4가지로 나뉘어진다.

1. Address Pin : A0, A1, … , An
2. Data Pin : DQ0, DQ1, … , DQn
3. Control Pin : RAS#, CAS#, OE#, WE#
4. Power Pin : V_{CC}, V_{SS}, V_{REF}

한편 용량이 더욱 늘어나고 제어 방식이 Asynchronous에서 Synchronous 방식으로 바뀜에 따라 Pin의 구성은 더욱 복잡하게 바뀌었다. [그림 2.20]은 3종류의 256Mb(64M×4, 32M×8, 16M×16) SDRAM의 Pin 구조를 보여주고 있다. Asynchronous DRAM의 pin 배치와 같이 Address나 Control pin, 그리고 Power pin의 위치는 바뀌지 않고 Data pin의 위치만 N.C(Not Connected)에서 Valid 신호로 바뀌도록 해서 DRAM을 사용하는 System이 PCB 구조의 큰 변동없이 대용량으로 교체하기 쉽도록 고려되어 있다. 이들의 Pin 배치 및 규격 역시 JEDEC의 표준을 따르고 있다. Synchronous DRAM과의 가장 큰 차이점은 Clock 입력을 받는다는 점으로 Asynchronous DRAM에서는 각각의 Control 신호가 timing에 맞추어 입력되어야 하지만, Synchronous DRAM에서는 4개의 Control 신호가 Clock 입력에 동기화되어 4bit의 명령어처럼 입력이 되어 내부 Control Logic에서 각 명령에 필요한 Timing 신호를 생성시켜 사용한다.

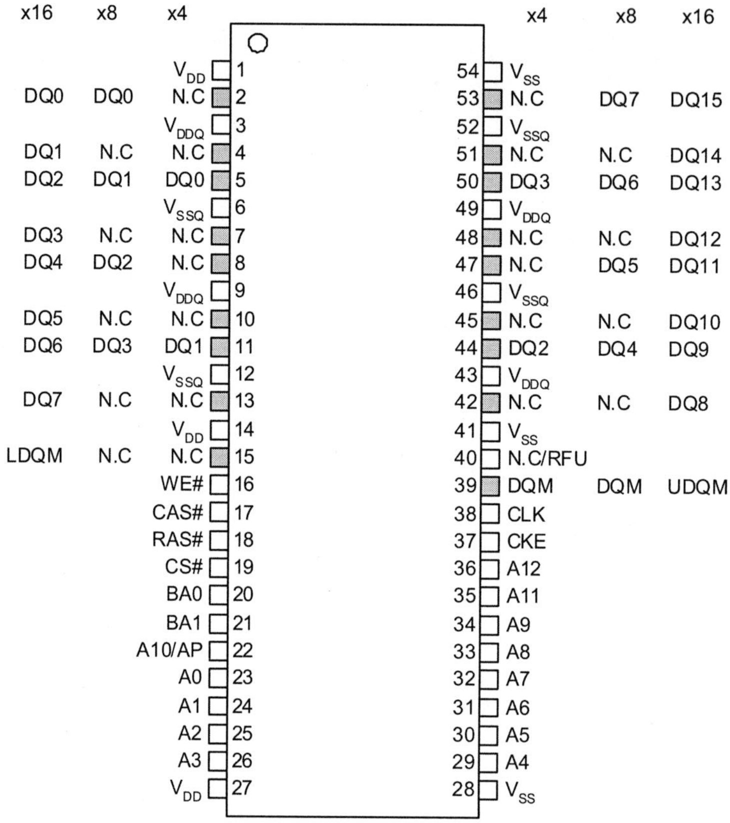

[그림 2.20] 256Mb Synchronous DRAM의 Pin Assign(54pin TSOP)

2.3.1 Address Pin

Data를 Read하거나 Write할 대상 Memory Cell의 위치를 선택하기 위한 Address가 입력되는 Pin이다. Address Pin의 개수는 DRAM의 용량과 관계가 있다. 예를 들어 Cell의 개수가 2^{24}개인 16M DRAM의 경우 X-Address를 12개(AX0, AX1, … , AX11), Y-Address를 12개로 하여 Address Pin을 12개만 두고 순차적으로 X-Address와 Y-Address를 입력하면 2^{24}개의 Cell중 하나를 지정할 수 있게 된다. 이러한 계산법에 따르면 4Mb DRAM은 11개의, 64Mb은 13개의 Address Pin이 필요함을 알 수 있다. 하지만 이런 계산은 ×1 구성에만 해당되고 ×4, ×8, ×16 등과 같은 Multi-bit 구성에서는 적용되지 않는다. 즉, ×4 구성의 16Mb DRAM의 경우 ×1 구성의 4Mb DRAM을 4개 집적한 것과 같으므로 4Mb DRAM과 같이 11개의 Address를, 즉 11개의 AX 및 11개의 AY를 입력하면 되는 것이다.

Synchronous DRAM의 경우 Bank Address(BA)가 추가로 배치되어 있다. 고용량으로 넘어오면서 하나의 Cell Array로는 관리가 힘들어지면서 Bank라는 개념을 도입하게 되었고 BA는 Memory 내의 어떤 Bank를 활성화할 것인지를 알려주는 역할을 한다. 또한 Mode Register Set 동작에서는 Vendor Option 정보를 전달하는 역할을 한다.

2.3.2 Data Pin

Address에 의해 선택된 Cell로부터 Data를 Read하거나 그 Cell로 Write하는 Data를 전달하는 역할을 하는 Pin으로, Write할 때에 Data를 입력하기 위한 Data Input Pin과 Read할 때에 Data를 출력하기 위한 Data Output Pin으로 나누어진다. Data Pin의 개수는 DRAM의 응용분야에 따라 달라진다. Graphic Application과 같이 Memory Depth보다 동작의 고속성이 요구되는 분야에는 ×4 이상 ×8, ×16 및 ×32와 같이 넓은 Data Width를 가지는 DRAM이 사용된다. ×8 구성을 Byte-Write DRAM이라 부르며, ×16 이상을 Word-Wide DRAM이라 부른다. Data Pin은 사용되지 않을 때에는 High Impedance 상태에 있어서 외부 Bus에 영향을 주지 않아야 한다. ×1 구성에서는 Data-In Pin과 Data-Out Pin이 따로 있었지만 Bit Width가 증가함에 따라 In/Out을 공통으로 사용하는 Bi-Direction I/O(혹은 Multiplexed I/O) Pin이 사용된다.

PC와 같이 대용량 DRAM이 필요한 곳에는 DRAM Chip 단품으로는 구성되지 않고 SIMM(Single In-line Memory Module)이나 DIMM(Dual In-line Memory Module) 등의 daughter board 형태로 4개 혹은 8개 등의 Memory의 조합으로 System Bus에 접속된다. 즉, 32bit Bus를 위해서는 ×8 Data Width를 가지는 DRAM 4개를 사용하여 Address 입력은 4개에 걸쳐 동일하게 인가하고 Data Pin은 4개 각각에 0~7, 8~15, 16~23, 24~31로 할당하여 32bit Data Width를 구성하게 되는 것이다.

2.3.3 Asynchronous DRAM용 Control Pin

DRAM의 동작을 제어하는 신호를 입력하는 Pin으로 RAS#(Row Address Strobe), CAS#(Column Address Strobe), WE#(Write Enable) 및 OE#(Output Enable) Pin들이 있다. 이 Pin들에 입력되는 신호들의 상태와 선행 순서에 따라 DRAM의 동작 Mode(특정한 Address에 해당하는 Cell에 Data를 써넣거나 그곳에 저장된 Data를 읽어내거나 또는 Data를 Refresh하는 등의 동작)가 결정된다.

DRAM을 제어하는 회로에서는 Standby 상태에서는 이 Pin들에 High Level을 인가하고 있으며 DRAM을 사용하고자 할 때에는 이 Pin들에 Low Level 신호를 인가한다. 각 Pin들의 자세한 기능은 아래와 같다.

(1) RAS#(Row Address Strobe)

RAS# Pin은 DRAM 전체를 제어하는 Chip Enable과 같은 역할을 하며 RAS# 신호가 입력된 후에야 DRAM이 동작을 시작한다. 초기에는 CE(Chip Enable)를 사용하였지만 Address Multiplexing(4.1절 참조)에 의해 Row Address와 Column Address가 각각 순차적으로 입력되므로 이 Pin의 입력이 Low로 변화할 때 Address Pin에 있는 값이 Row Address임을 뜻하기 때문에 Row Address Strobe라 부르게 되었다.

(2) CAS#(Column Address Strobe)

RAS# Pin처럼 DRAM에 Column Address를 인가했음을 알려주는 신호이다. 하지만 고속 DRAM에 대한 요구의 증가로 이 Pin의 역할이 본래의 Column Address Latch의 기능 보다는 Data Path의 Control에 대한 기능으로 옮겨지는 경우도 있었다. 정상적인 Read/Write 동작 시에는 RAS# 다음 일정한 시간이 지난 후(t_{RCD}) CAS# 신호가 입력되며, 이에 따라 DRAM이 X-Address와 Y-Address를 순차적으로 모두 받아들이면 원하는 DRAM Cell로 접근이 가능하다. 한편 DRAM에 RAS#보다 CAS#를 앞서서 인가하는 경우도 있는데 이때에는 외부의 Address를 받지 말고 DRAM 내부에서 생성된 Address를 사용하라는 명령으로 CAS Before RAS(CBR)라는 동작으로 정의되어 있는 Refresh Mode를 진행하라는 명령이다.

(3) WE#(Write Enable)

DRAM에 Data를 써넣을 것인지 읽어낼 것인지를 결정하는 Pin으로 WE#가 Low이면 쓰고 High이면 읽어낸다. WE#는 CAS# 신호가 입력되는 시점에서 같이 입력되고 있는데 WE#가 CAS#보다 약간 앞서 인가되면 Early Write Mode라 하며, 뒤에 인가되면 Delayed Write Mode라 부른다.(제 7.2.3절 참조)

(4) OE#(Output Enable)

Output Enable 신호는 Data Pin의 역할을 결정하는 것으로 OE#가 Low일 때의 Data Pin은 출력용, 즉 Data를 외부로 출력함을 나타내고, High일 때의 Data Pin은 입력용, 즉 외부의 Data가 DRAM에 입력될 수 있음을 의미한다. Data Pin이 1개인 ×1 구성에서는 입력 Pin과 출력 Pin이 구분되어 있어 OE# Pin이 필요하지 않지만 ×4 이상의 Multi-Bit 구성에서는 Pin 수를 줄이기 위해 Data-In Pin과 Data-Out Pin을 공유하므로 OE# Pin이 필요하다.

2.3.4 Synchronous DRAM용 Control Pin

Synchronous DRAM에서도 위 Asynchronous DRAM의 Control에 쓰이는 4가지의 Pin들이 필요하지만 직접적인 Timing 신호의 인가가 아닌 일종의 4bit Binary Input 신호로 사용이 된다. 이 외에 동작의 특성상 Asynchronous DRAM에서는 없었던 다음과 같은 Control Pin들이 추가된다.

(1) CLK(Clock)

Clock 입력은 SDRAM의 모든 동작에서 Timing상의 Reference 신호로 이용된다. 모든 동작들은 Clock 신호의 positive edge에 동기화되어 동작한다. Clock의 동작은 Level Low 인식전압 V_{IL}이하, Level High 인식전압 V_{IH} 이상의 전압으로 규칙적으로 transition해야 하며 CKE가 High인 동안은 Clock을 포함한 모든 입력 신호들은 Low 또는 High의 정확한 값을 가져야 한다.

(2) CKE(Clock Enable)

Clock Enable 신호는 SDRAM으로 인가되는 Clock 신호를 차단하거나 통과시키는 역할을 한다. CKE가 Clock 신호에 동기화되어 Low로 떨어지면 내부 Clock의 동작은 다음 Clock Cycle부터 정지되고 출력단과 Burst Address의 각각의 상태, 즉 전압 Level 및 신호값들이 그대로 유지된 채 정지하고 다른 입력들은 모두 무시된다. 모든 Bank들이 Idle인 상태에서 CKE가 Low로 떨어지면 SDRAM은 Power Down 모드로 들어간다. CKE 신호가 Clock 신호의 Positive Edge에서 1-clock+t_{SS} 만큼 앞에서 High로 올라가면 SDRAM은 다시 Active 상태가 되고 모든 입력 Command들을 받아들인다.

(3) DQM(DQ Mask)

DQM 신호는 입력 혹은 출력 operation들을 Mask할 때에 쓰인다. 이것은 Read 동작에서의 OE#와 비슷하게 동작을 하고 Write 동작에서는 writing을 억제한다. Read latency는 DQM에서부터 2cycle이 되고 Write에서는 0cycle이 된다. 다시 말해서 DQM masking은 read 동작에서는 2cycle 후에 일어나고 write 동작에서는 동시에 일어난다. DQM operation은 clock 신호와 동기화된다. DQM operation은 SDRAM의 Read나 Precharge 동작 중 Write의 Burst Interruption이 발생할 때에 중요하게 쓰인다.

2.3.5 Power Pin

DRAM 내부의 전체 회로에 전원을 공급하여 회로가 동작하도록 하는 Pin들이다. 회로 내부에 Power-Up 회로라 하는 외부 전압 감지 회로를 삽입하여 외부에서 일정한 전압이 일정한 시간동안 유지된 후에야 비로소 내부 회로가 정상동작을 하도록 설계하였다. 고속 DRAM이나 Multi-Bit DRAM에서는 Data Output시에 큰 전류가 소모되므로 이에 기인한 Chip의 동작 불안정화를 방지하고자 DQ Pin용 전원 V_{CC}/V_{SS}(혹은 V_{DDQ}/V_{SSQ}) Pin을 별도로 추가한다. 따라서 다량의 V_{CC}/V_{SS} Pin을 가지고 있는 Interface의 경우 Termination Voltage도 인가되는 경우가 있어 더욱 많은 Power Pin이 요구되고 있다. 대략 Asynchronous DRAM까지는 5V의 전압이 사용되었고 대용량의 Synchronous DRAM부터는 3.3V 이하의 전원이 사용되고 있으며 전원에 대한 표준 역시 JEDEC에서 관리하고 있다. 통상 10%의 전원 전압 변화에서도 DRAM이 안정적으로 동작하도록 표준안에서 정하였기 때문에 5V DRAM의 경우 $4.5V < V_{CC} < 5V$에서 정상적인 동작을 하도록 설계되어야 한다.

또 하나의 중요한 Power Pin은 Ground Pin이다. 전체 Chip의 전압 기준을 설정하며 내부에서 발생하는 전류를 안정적으로 빼내어 주는 역할을 하는 Pin이다. 만일 이 Pin의 저항이 증가하거나 내부의 Ground Line의 저항이 크다면 내부의 Ground 전압이 올라가서 기준 전압이 변하게 되는데 이런 현상을 Ground Bounce라 부른다. 또한 내부에서 발생하는 전류가 제대로 빠지지 않아 AC적인 Noise의 원인으로 작용하게 된다. 특히 Data Width가 큰 8, 16의 소자인 경우 이에 대한 고려가 필수적이며 가능한 한 많은 Ground Pin을 설치해야 한다.

2.4 | Flash Memory의 동작

휘발성 메모리 장치 중에서 가장 많이 쓰이고 있는 것이 DRAM이라면 비휘발성 메모리 중에서는 Flash Memory, 그 중에서도 특히 NAND Flash Memory가 가장 많이 쓰이고 있다. DRAM이 Cell Capacitor의 Charge 유무를 통해 정보를 기억하는 반면, NAND Flash Memory는 Transistor의 Threshold Voltage(V_T)를 통해정보를 저장하기 때문에 Transistor 하나만으로 Storage Unit이 구성되고 전원 공급이 중단된다 하더라도 저장된 값은 지워지지 않는다. 더욱이 Access할 수 있는 V_T값을 더욱 세분화하면 하나의 Cell Transistor에 2bit 이상의 정보도 저장할 수 있어 DRAM보다 더욱 높은 저장 밀도를 자랑한다.

2.4.1 Flash Memory의 기본적인 동작원리

Flash Memory는 [그림 2.21]의 Floating Gate Transistor에서 Floating Gate의 Charge 유무에 따른 V_T를 변화시켜 "0"과 "1"을 기억한다. Transistor의 Gate와 Substrate 사이에는 Oxide 절연체가 있어서 Charge가 이동할 수 없지만, Hot Electron Injection이나 Fowler-Nordheim Tunneling 현상을 통해 Charge가 이동할 수 있다.

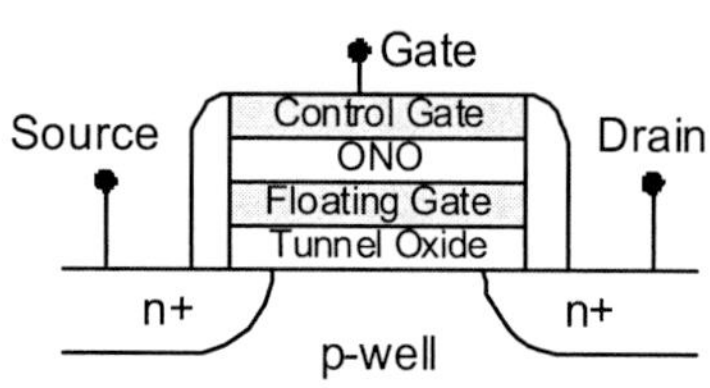

[그림 2.21] Flash Memory용 Cell 구조

Hot Electron Injection은 반도체 소자에서 전자가 Potential Barrier를 넘을 만큼 충분한 운동 에너지를 얻어 소자의 다른 영역으로 이동하는 현상을 말한다. [그림 2.22(a)]처럼 Control Gate와 Floating Gate 사이의 Oxide 두께가 200Å이고 Floating Gate와 Channel 간의 Oxide 두께는 120Å 정도인 상태에서 Source, Drain, Control Gate에 각각 저전압($V_S \sim 0\,V$), 중전압($V_D \sim 5\,V$), 고전압($V_{CG} \sim 12\,V$)을 인가하면 전자가 Channel에서 Floating Gate로 지나갈 정도로 강력한, Oxide의 Potential Barrier를 극복할 정도의 강력한 전기장이 생성된다. 이때 Source에서 Drain으로 흐르는 전자는 원자들과의 충돌 등에 의한

작용으로 에너지를 잃으면서 Gate에서 인가되는 수직 방향의 강력한 전기장으로부터 에너지를 얻는다. 이 강력한 전기장에 의해 전자의 에너지는 Conduction Band를 능가하기 시작한다. 전자는 이 전기장에 의해 에너지를 얻어 가열되고 그 중 일부는 Oxide와 Silicon Conduction Band간의 Barrier를 극복할 정도의 에너지를 얻어 Source의 전자가 Floating Gate로 넘어갈 수 있다. 이런 동작을 통해 전자를 Floating Gate에 가둬둘 수 있게 된다.

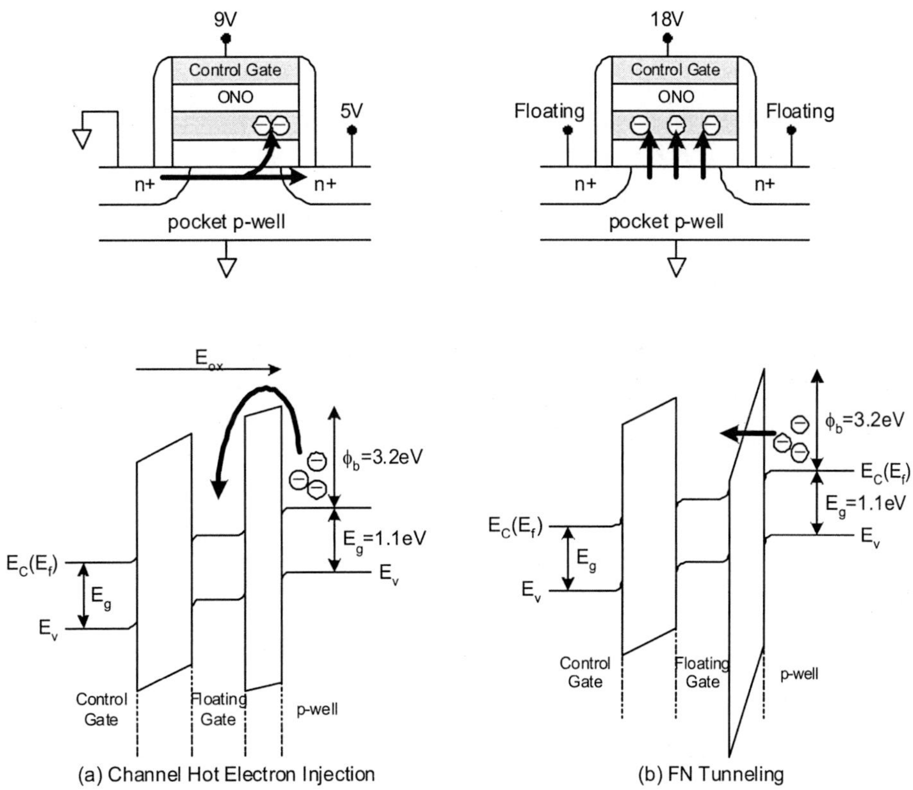

[그림 2.22] Floating Gate Transistor에서 Charge의 이동

Fowler-Nordheim Tunneling은 Field Emission 혹은 Cold Emission이라고도 불리는데, 강력한 전기장 하에서 전자가 도체나 반도체에서 Vacuum(혹은 Dielectric) Level로 방사(Emission)하는 현상을 의미한다. 이 경우 전자는 Potential Barrier를 '뚫고' 나가게 된다. [그림 2.22(b)]에서처럼 Drain과 Source는 Floating으로 두고 Control Gate에 고전압을 걸면 전기장이 형성되어 Potential Barrier가 생기는데, 이것이 전자로 하여금 Substrate에서 Thin Gate Oxide인 Floating Gate로 Tunneling할 수 있는 경로를 만들게 된다. 이때 Floating Gate의 두께는 약 50Å~120Å이고 Control Gate와 Floating Gate를 절연하는 ONO의 두께는 약 250Å~450Å이다. 이런 두께 차이로 인해 두 절연체의 Energy Bending 정도가 다르게 나타난다.

각각의 현상을 이용하여 Floating Gate에 전자를 Charge/Discharge할 때에 소모되는 전류의 크기를 살펴보면, Hot Electron Injection 현상을 이용하는 경우 대부분의 전하는 Source에서 Drain으로 흘러가고 약 1/100,000 정도의 전자만이 Floating Gate로 유입되는 구조이기 때문에 전류 효율이 상당히 낮은 편이다. 하지만 Drain(Bit-Line)과 Gate(Word Line) 두 개의 단자를 제어하는 방식이기 때문에 Memory Array로 구성했을 때에 Bit 단위의 Program이나 Erase가 가능하다. 이에 비해 FN-Tunneling 현상을 이용할 때에는 전자가 흐를 수 있는 경로가 Floating Gate 방향밖에 없으므로 거의 모든 전자가 Floating Gate의 Charge/Discharge에 이용되므로 전류 효율이 Hot Electron Injection 현상에 비해 월등히 높아 저전력 동작에 유리하다. 하지만 이 동작은 Gate와 Body 단자를 제어하는 방식이기 때문에 Bit 단위의 Program/Erase에는 적합하지 않다. 즉, Gate 단자는 Cell마다 개별적으로 존재하지만 Body의 경우 Cell Array마다 하나씩만 존재하므로 Bit 단위의 Access가 힘든 것이다.

Floating Gate로 Charge를 이동시키기 위해서는 전자가 Potential Barrier를 넘을 수 있을 만큼 Floating Gate에 큰 전압이 걸려야 한다. 하지만 Floating Gate에는 직접 전압을 인가할 수 없으므로 Control Gate에 전압을 걸어주어 Floating Gate를 제어한다. Floating Gate에 걸리는 전압을 알아보기 위해 Floating Gate Transistor를 Modeling하면 [그림 2.23]과 같이 Capacitor Model로 나타낼 수 있다.

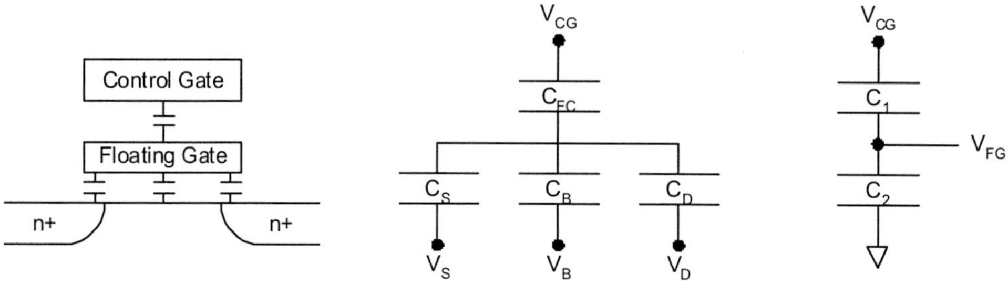

(a) Floating Gate Transistor (b) Parasitic Capacitance (c) Simplified Model

[그림 2.23] Floating Gate Transistor의 Capacitor Model

Control Gate와 Floating Gate 사이의 Parasitic Capacitor를 C_{FC}로, Floating Gate와 Source, Body, Drain간의 Parasitic Capacitor를 각각 C_S, C_B, C_D로 표현하고 이들의 전체 Capacitance를 C_T로 하면, Floating Gate의 전압 V_{FG}는

$$C_T = C_{FC} + C_S + C_B + C_D$$

$$V_{FG} = \frac{C_{FC}}{C_T} \cdot V_{CG} + \frac{C_S}{C_T} \cdot V_S + \frac{C_B}{C_T} \cdot V_B + \frac{C_D}{C_T} \cdot V_D + \frac{Q}{C_T}$$

로 표현된다. 여기서 Source, Body, Drain의 전압 V_S, V_B, V_D를 $0V$로 인가하고 Control Gate에 전압 V_{CG}를 인가하면, V_{FG}는

$$V_{FG}=\frac{C_{FC}}{C_T}\cdot V_{CG}=\frac{C_1}{C_1+C_2}\cdot V_{CG}=\gamma\cdot V_{CG}$$

로 표현되고, 이때 γ값은 Control Gate와 Floating Gate간의 Coupling Ratio가 된다. [그림 2.24]에서 보는 것처럼 γ가 클수록 동일한 V_{CG} 조건에서 더 많은 전류를 흘릴 수 있으므로 Program 및 Erase 속도도 증가시킬 수 있다. 이를 위해서는 C_1값을 키우고 C_2값을 줄여야 하는데 Oxide 절연체의 두께를 조절함으로써 값을 조절할 수 있다. 하지만 C_1에 해당하는 C_{FC}의 두께를 너무 줄이면 Control Gate쪽에서 Hot Electron Injection이나 F-N Tunneling이 발생할 수 있고, C_2에 해당하는 C_B의 두께를 너무 키우면 Hot Electron Injection 혹은 F-N Tunneling 발생이 힘들거나 높은 전압을 요구하게 되기 때문에 두께의 선택을 신중하게 해야 한다.

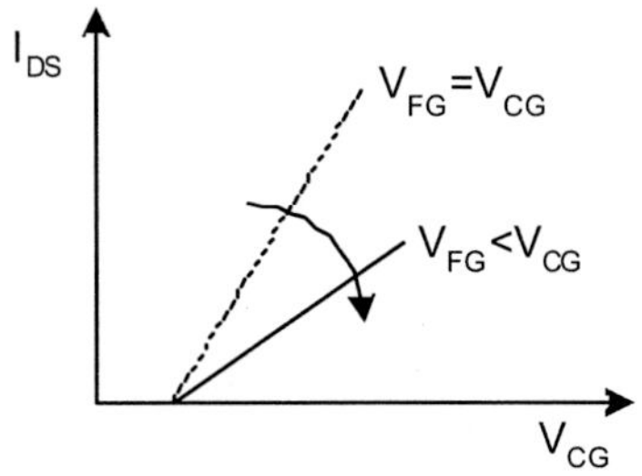

[그림 2.24] Coupling Ratio에 따른 전류의 변화

Floating Gate에 Charge가 유입되었을 때와 빠져나갔을 때의 Threshold Voltage 차이 ΔV_T를 보면 다음과 같다. C_{FC}에 쌓인 Charge의 양에 비례하기 때문에 Charge가 유입되었을 때의 Threshold Voltage를 V_{T1}이라 하고, Charge가 빠져나갔을 때를 V_{T0}라 하면

$$\Delta V_T=V_{T1}-V_{T0}=-\frac{Q}{C_{FC}}$$

의 관계가 성립한다. [그림 2.25]와 같이 Erase 동작을 통해 V_T값이 낮은 경우를 Logic "1"로 하고, Program 동작을 통해 V_T값이 높은 경우를 Logic "0"으로 설정해서 정보를 저장하고 읽어내게 된다.

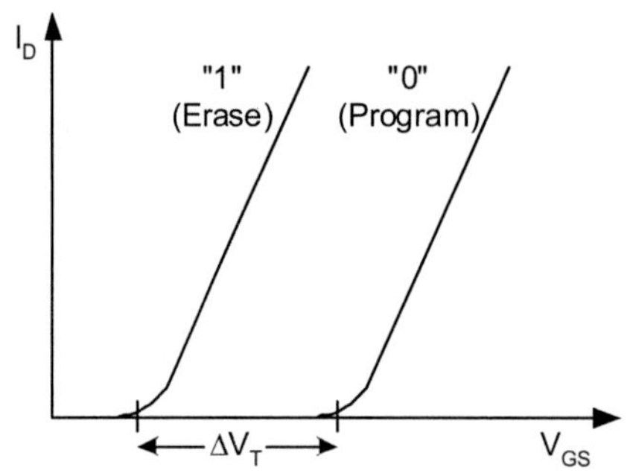

[그림 2.25] Erase와 Program 상태에 따른 ΔV_T의 변화

이런 Floating Gate Transistor를 Memory Cell로 이용해서 Flash Memory를 구성하기 위해서는 Cell Array 형태로 배치를 해야 하는데 배치하는 방법에 따라 크게 NOR-Type과 NAND-Type으로 구분할 수 있다. [그림 2.26(a)]의 NOR-Type은 기존의 DRAM Cell Array의 배치와 같이 세로로 배치된 Cell끼리는 Bit-Line을 공유하고 가로로 배치된 Cell끼리는 Word Line을 공유하여 Word Line과 Bit-Line에 의해 선택된 하나의 Cell을 Access하는 형태를 띄고 있다. [그림 2.26(b)]의 NAND-Type은 각 Cell들의 Drain과 Source들이 직렬로 연결되어 있고 (이렇게 연결된 Cell들의 묶음을 'String'이라 부른다. 그림에서는 4개의 String이 있는 것이다) 양단의 끝은 Select Transistor들(SGD, SGS)에 의해 각각 Bit-Line과 Common Source Line(CSL)에 연결되는 형태를 띄고 있다. 직렬로 연결된 Cell Transistor들 각각은 상황에 따라 Data를 입/출력하는 Storage Cell로 동작하거나 다른 Cell의 정보를 입/출력할 때에 그 정보를 Bit-Line으로 전달하는 Pass Transistor의 2가지 역할로 동작한다. 이때 어떤 역할로 동작하는지는 Gate에 인가되는 전압의 크기에 따라 달라진다. 자세한 동작원리는 2.2.3장과 2.2.4장에서 살펴볼 것이다.

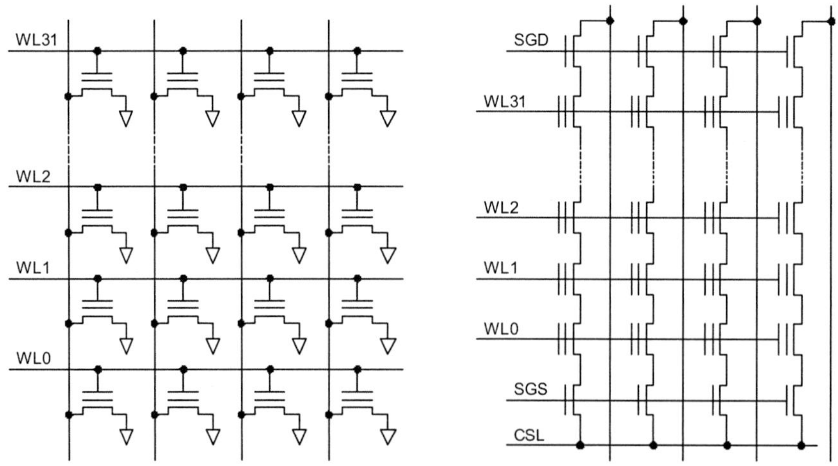

(a) NOR-type Cell Array　　(b) NAND-type Cell Array

[그림 2.26] Flash Memory의 Cell Array 구현 방법

[그림 2.27]에서는 각 Memory Cell의 Layout의 예를 보여주고 있는데 NOR-Type Flash의 경우 $10F^2$의 면적을 차지하고 NAND-Type Flash는 $4F^2$의 면적을 차지하기 때문에 면적 효율 면에서는 NAND-Type이 월등한 이점을 가지고 있다. 하지만 NOR-Type은 선택된 Bit-Line과 Word Line의 조합에 의해 하나의 Cell이 선택되므로 Bit 단위의 Fully Random Access가 가능하다. 이에 비해 NAND-Type은 앞에서 언급했듯이 하나의 Bit-Line에 직렬로 연결되어 있는 각 Cell들이 기억소자의 역할과 다른 Cell의 정보를 전달하는 경로의 두 가지 역할을 담당하기 때문에 각각의 Bit 단위의 Access는 불가능하고 Bit-Line에 물려있는 모든 Cell을 일괄적으로 Access해야 하므로 Data Access Pattern이 연속적인 경우에는 NOR에 비해 큰 문제가 없지만 Random Access인 경우 속도 면에서 단점으로 작용한다.

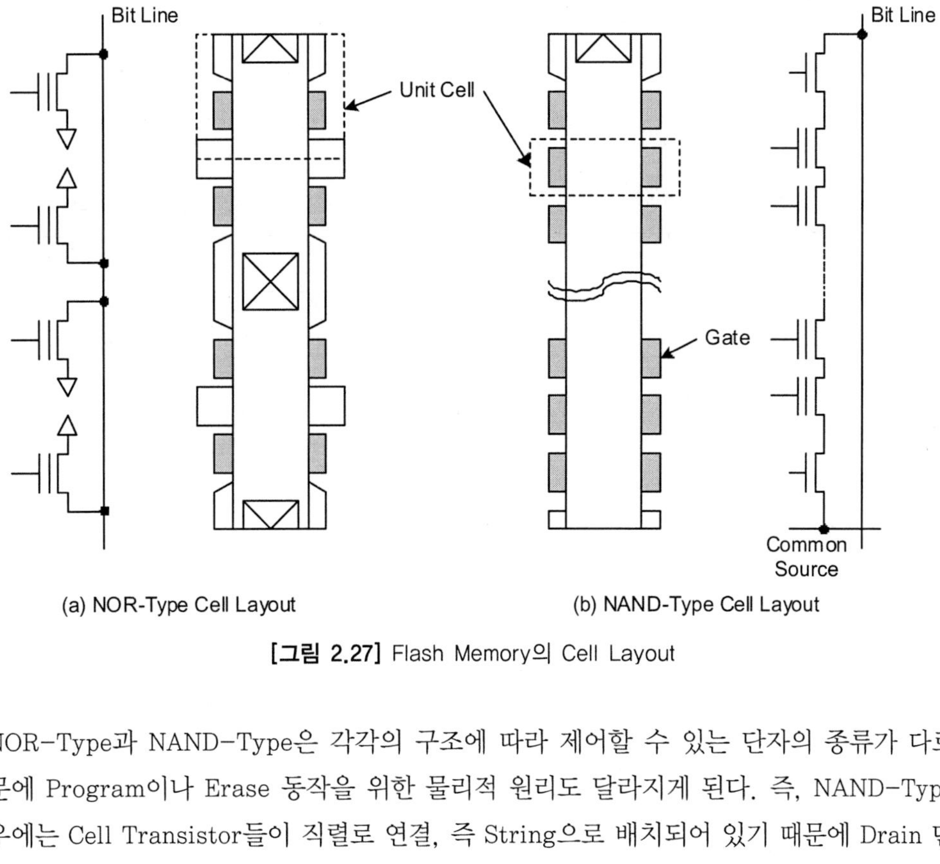

[그림 2.27] Flash Memory의 Cell Layout

NOR-Type과 NAND-Type은 각각의 구조에 따라 제어할 수 있는 단자의 종류가 다르기 때문에 Program이나 Erase 동작을 위한 물리적 원리도 달라지게 된다. 즉, NAND-Type의 경우에는 Cell Transistor들이 직렬로 연결, 즉 String으로 배치되어 있기 때문에 Drain 단자와 Source 단자는 String마다 하나씩 할당되고 String 내의 각 Cell마다 개별적으로 제어할 수 있는 단자는 Gate 하나밖에 없기 때문에 F-N Tunneling 효과를 이용할 수 있다. 하지만 NOR-Type의 경우 각 Cell마다 Gate와 Drain 단자를 개별적으로 제어할 수 있기 때문에 Hot Electron Injection 효과도 사용할 수 있다. Hot Electron Injection 효과의 경우 앞에서 설명한 것처럼 Source에서 유입되는 전자의 일부만이 Floating Gate로 Trap되므로 Program시의 전력 효율이 낮은 반면 Cell Transistor를 개별적으로 제어할 수 있기 때문에 고속의 Random

Access가 가능하다. F-N Tunneling 효과의 경우 Hot Electron Injection 효과에 비해 Program시 소모전력이 낮지만 Random Access가 힘들기 때문에 속도에서 손해를 보는 구조인 것이다.

[그림 2.28]에서는 각 Cell 구조에 따른 Erase/Program/Read 동작시의 동작 원리를 비교해 놓았고 [그림 2.29]에서는 Program 동작을 완료한 후의 Cell V_T 분포를 보여주고 있다. 또한 〈표 2.1〉에서는 두 가지 형태의 Flash Memory와 기존의 비휘발성 메모리간의 성능 차이를 비교해 놓았다. 2.3.2장부터는 차례대로 Erase, Program, Read 동작에 대해 설명할 것이다.

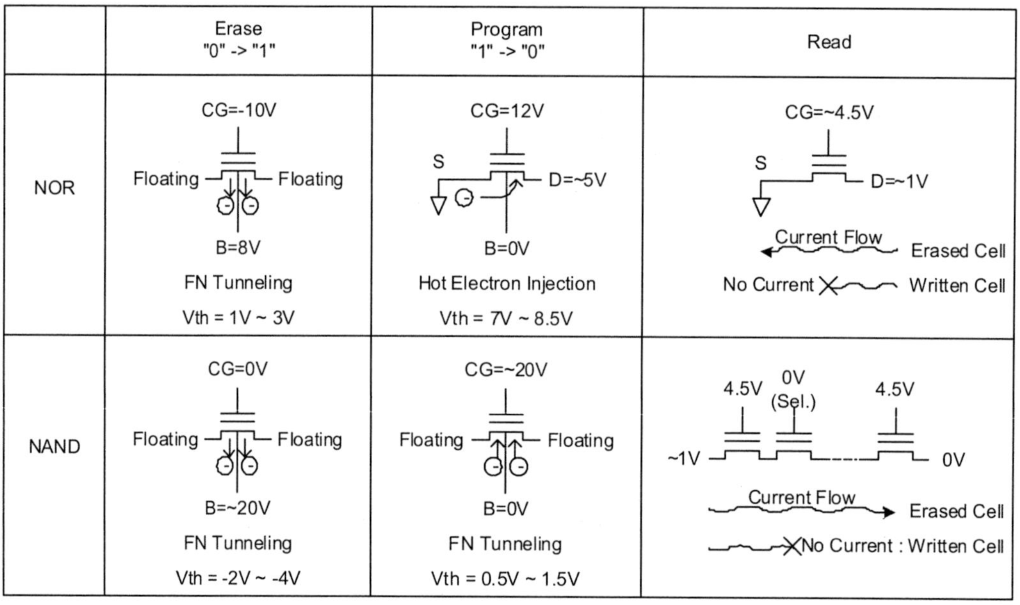

[그림 2.28] Flash Memory의 각각의 동작 원리

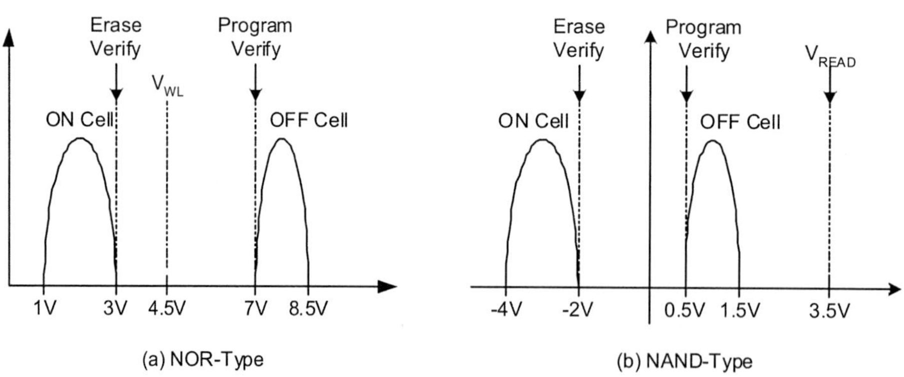

[그림 2.29] Flash Memory의 구성 종류에 따른 V_T 분포

〈표 2.2〉 Flash Memory의 성능 비교

	EPROM	EEPROM	NOR Flash	NAND Flash
V_{CC}	5V/12V	5V	5V, 3.3V, 2.5V	5V, 3.3V, 1.8V
Cell	1 Tr.	2 Tr.	1 Tr.	1 Tr.
P/E Cycling	$\sim10^3$	$\sim10^5$	$\sim10^5$	$\sim10^6$
Program	CHE	F-N	CHE	F-N
Erase	UV-Light	F-N	F-N	F-N
Program Speed	10us/Byte	5ms/Byte	10us/Byte	300us/512Byte
Erase Speed	30min/Chip	10ms/Chip	1s/64kByte	5ms/16kByte

2.4.2 Erase 동작

Flash Memory에서의 Erase 동작은 Floating Gate에 갇혀 있는 전자를 빼내는 동작으로 Source와 Control Gate, Body에 인가되는 전압의 형태에 따라 크게 Source-Side F-N Erase와 Channel F-N Erase로 나눌 수 있다. Source-Side F-N Erase 동작은 [그림 2.30]의 (a)와 (b)에서 보는 것과 같이 Source에 Control Gate 전압보다 고전압을 걸어Junction 근처에서만 F-N Current가 흐르도록 하는 방법이고, Channel F-N Erase는 [그림 2.30(c)]에서와 같이 Source와 Drain은 Floating으로 두고 Body에 Control Gate보다 고전압을 걸어 전체 Channel을 통해 F-N Current가 흐르도록 해서 전자를 빼내도록 하고 있다. 이때 어느 경우이건 Floating Gate에 걸리는 Electric field의 크기는 10MV/cm 이상이 되도록 한다.

Flash Memory에서 Program 동작과 Erase 동작을 반복하면 Program때에 Floating Gate에 Trap된 전자가 Erase때에 제대로 빠져나가지 않는 De-trap현상이 생기게 되어 V_T Degradation이 생기게 된다. 이런 관점에서 보면 Source-Side F-N Erase는 Channel 전체가 아닌, Junction 근처의 작은 영역에서만 F-N Current가 흐르므로 Erase동안 Main Channel은 손상을 입지 않게 되어 V_T Degradation을 최소화할 수 있다는 장점이 있지만 NAND-Type에서는 사용할 수가 없다.

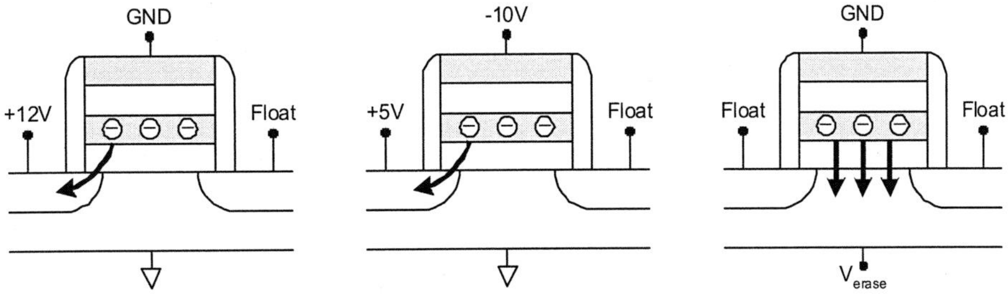

(a) Positive Source Erase (b) Negative Gate Erase (c) Channel F-N Erase

[그림 2.30] Flash Memory의 Erase 동작

[그림 2.31]에서는 NAND-Type Cell Array를 Erase하기 위한 각 제어신호의 전압 조건을 보여주고 있다. 각 Cell의 Source 단자와 Drain 단자를 Floating시키기 위해 SGS와 SDG 단자에는 0V를 인가하고 Cell Array 내의 모든 Word Line에도 0V를 인가한다. 그리고 Body에 고전압(~20V)을 인가하여 Floating Gate에 Trap되어 있던 전자가 Control Gate와 Body 사이에 형성된 강력한 E-Field를 통해 빠져나올 수 있도록 하는 것이다.

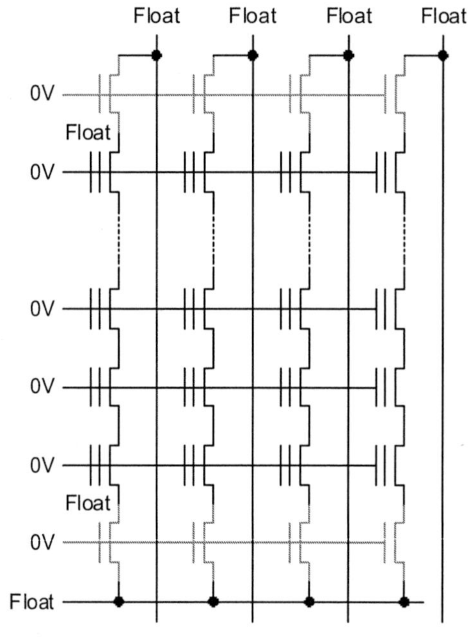

[그림 2.31] NAND-Type 구조에서 Erase 동작시의 전압조건

NOR-Type에서도 기본적인 원리는 동일하지만 Erase되었을 때의 Cell V_T를 2V 내외로 맞추기 위해 Gate에는 -10V, Body에는 8V 정도의 전압을 인가한다. NAND-Type의 경우 Erase Cell의 V_T 분포가 음수를 가지는 것과는 차이를 보이는데, 이는 NAND-Type에서는 Cell Transistor가 경우에 따라서는 Pass Transistor로 쓰여야 하기 때문에 $V_G = 0\,V$에서도 Turn-On이 될 필요가 있지만, NOR-Type에서의 Cell Transistor는 String 형태로 묶여있지 않기 때문에 Cell의 V_T가 0V보다 작으면 $V_G = 0\,V$만 되면 전류 Path가 형성되므로 누설전류가 발생하게 된다. 이를 방지하기 위해 NOR-Type에서는 모든 Cell의 V_T가 0V보다 큰 값을 가지도록 하고 있다.

2.4.3 Program 동작

먼저 [그림 2.32]를 통해 NAND-Type에서 Data를 저장하는 방식을 살펴보자. NAND-Type에서는 Program을 원하는 Cell에만 Floating Gate와 Channel간의 전압이 10V 이상이 나도록 하고 나머지 Cell에는 F-N Tunneling이 발생하지 않도록 Floating Gate와 Channel 간의 전압차(V_{FB})가 10V 미만이 되도록 하면 된다. 예를 들어 그림에서 원으로 표시된 Cell만 Program을 하는 경우, 이 Cell을 통과하는 WL에는 약 18V 정도의 전압을, BL에는 0V의 전압을 인가한다. 2.2.1장에서 설명한 것처럼 Floating Gate에 바로 전압을 인가할 방법이 없기 때문에 WL인 Control Gate에 전압을 인가하는데 이때 Coupling 효과에 의해 Control Gate에 인가된 전압의 일부만 Floating Gate에 인가되므로 WL에는 10V보다 큰 전압을 인가하는 것이다.

Program될 Cell과 같은 WL을 공유하는 인접 Cell들이 F-N Tunneling이 발생하지 않도록 하려면 $V_{FB} < 10V$가 되어야 하는데, 이를 위해 인접 Cell들의 BL에 고전압을 인가하여 Channel의 전압을 8V 이상이 되도록 하면 된다.

Program될 Cell과 같은 String에 있는 Cell들의 경우 Channel의 전압이 0V이기 때문에 Floating Gate의 전압이 10V 미만이어야 F-N Tunneling을 피할 수 있다. 이를 위해 Program될 Cell 이외의 WL 전압은 10V로 설정하게 된다. 이를 종합하면 NAND-Type Cell을 Program하기 위해 각 WL과 BL의 전압 조건은 [그림 2.32]와 같이 형성된다.

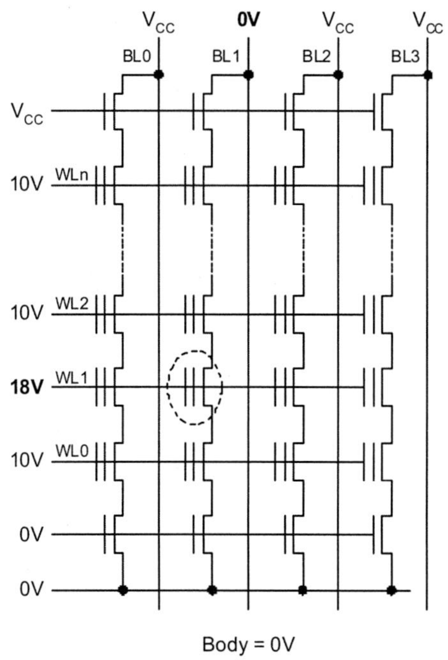

[그림 2.32] NAND-Type 구조에서 Program 동작시의 전압조건

2.4.4 Read 동작

Cell Transistor의 V_T값을 저장수단으로 이용하는 Flash Memory에서 Data를 읽어내기 위해서는 역시 V_T값의 차이를 감지하게 되는데, Cell Transistor에 일정 전압을 인가했을 때에 전류가 흐르는지 여부를 통해 V_T차이를 감지한다. 예를 들어 [그림 2.33]에서 원으로 표시된 Cell의 값을 읽을 경우를 살펴보자. String 내에서 해당 Cell을 제외한 Cell들은 무조건 Turn-On이 되어야 하므로 WL=5V, 즉 V_T가 Program될 수 있는 가장 높은 값보다도 더 높은 값을 인가한다([그림 2.29]의 V_{READ}).

Read를 위한 동작을 순서대로 나타내면 다음과 같다.

1) 우선 모든 BL 전압을 V_{CC}로 Precharge시킨 후 Floating 상태로 만들어 둔다.
2) Read하려는 Cell의 WL은 0V로, 나머지 WL들은 V_{READ}값으로 세팅한다.
3) SGD와 SGS를 0V에서 V_{CC}로 바꿔 Turn-On시킨다.
4) Erased Cell은 VG=0V에서도 Turn-On되어 BL에 Precharge되어 있던 Charge들이 discharge되어 BL 전압이 떨어질 것이고, Program되어 있는 Cell은 VG=0V에서는 Turn-Off되어 BL은 Precharge된 값을 유지한다.
5) BL에 연결되어 있는 Sense Amplifier를 통해 BL 전압을 읽어낸다.

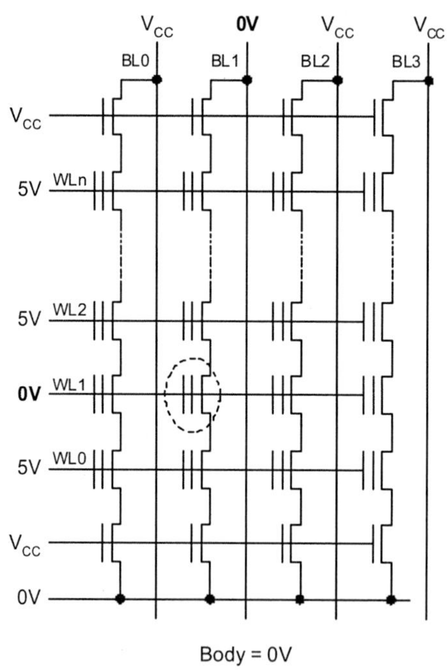

[그림 2.33] NAND-Type 구조에서 Read 동작시의 전압조건

제 3 장 DRAM Core

1장에서 DRAM은 Storage Cell을 배열 형태로 구성하여 만들어진다고 했다. 하지만 용량이 큰 DRAM을 단순히 하나의 큰 2차원 배열 형태로 만들면 Bit-Line과 Word Line Loading이 너무 커져서 속도나 전력소모에서 문제가 발생한다. 대용량을 가지면서 속도는 높이고 전력소모는 줄이기 위해 [그림 3.1(a)]와 같이 용량이 작은 Sub-Array의 단위 Block을 만들고 이를 합쳐서 [그림 3.1(b)]에서 보이는 Cell Array를 구성한다. 이 Cell Array에 Address Decoder와 I/O Path를 구성하면 [그림 3.1(b)]와 같이 독립적인 Data Access가 가능한 DRAM Block이 완성된다. 용량이 작은 DRAM을 만드는 경우에는 이것으로 하나의 DRAM이 완성되지만 대용량 DRAM을 만드는 경우에는 이 Block을 Bank라는 단위로 활용하여 [그림 3.1(c)]와 같이 여러 개의 Bank를 합쳐서 하나의 대용량 DRAM Chip이 완성된다. 이렇게 작은 block 단위를 이용하여 대용량의 DRAM을 구성함으로써 Data Access시 필요한 Data가 있는 block만을 활성화시켜 전력소모를 줄일 수 있고 배선의 길이를 줄여 신호가 전송되는 RC Time Constant를 감소시킴으로써 고속 동작을 꾀할 수 있다. 또한 Bank의 개념을 도입함으로써 Bank Interleaving 등의 동작을 통해 DRAM Access시 Activation 시간을 감춤으로써 Memory를 Access하는 측면에서는 더욱 고속으로 동작하는 효과를 얻을 수 있다. 본 장에서는 DRAM을 구성하는 각 Block을 살펴보도록 한다.

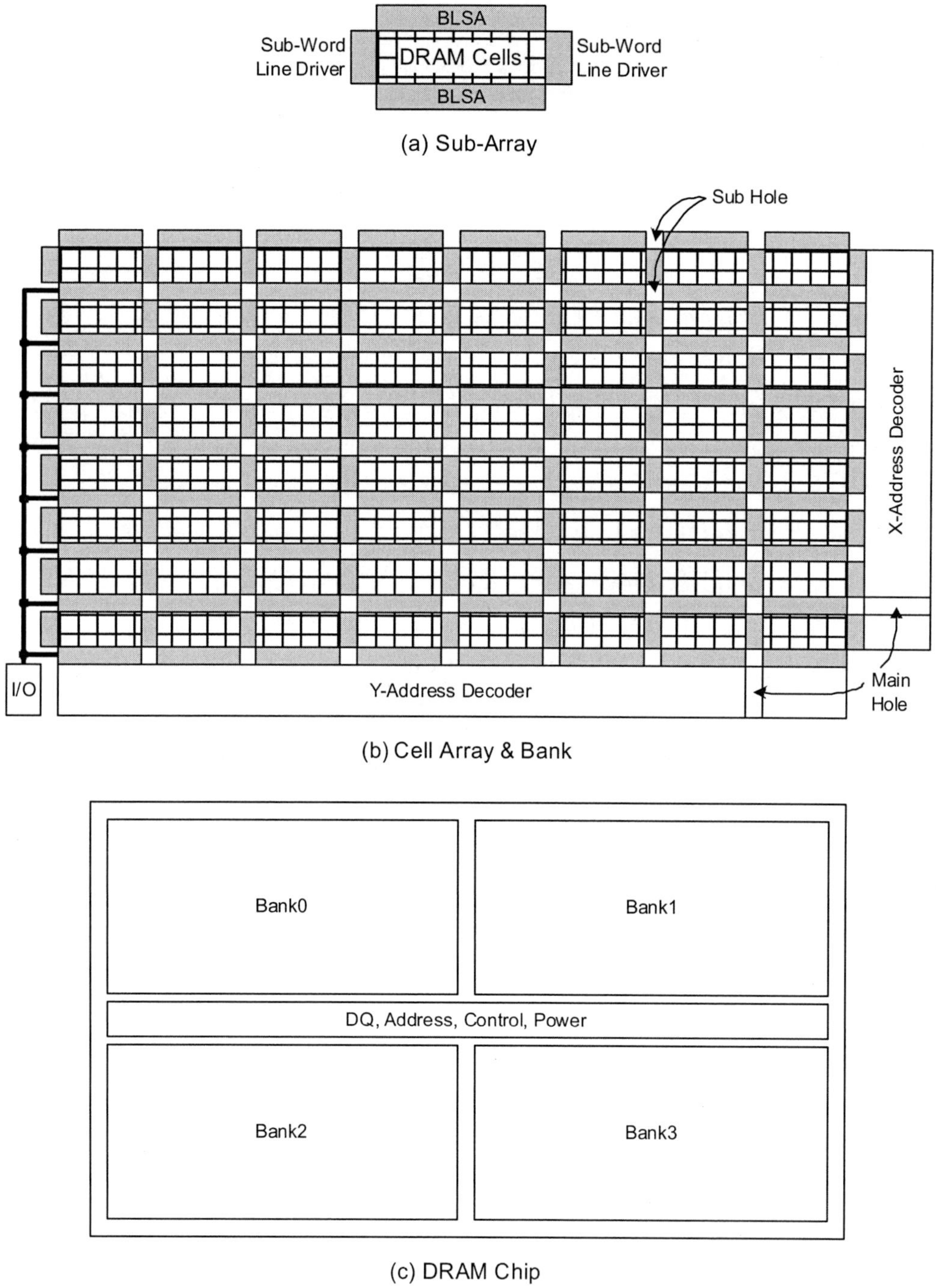

[그림 3.1] Cell Array 구성

3.1 | Sub-Array

3.1.1 DRAM의 단위 Cell

DRAM을 포함하여 일반적인 메모리 장치의 생산에 있어서 가장 중요한 요소 중 하나는 '면적대비 용량'으로, 더 작은 면적에 더 많은 셀을 집적할수록 생산단가가 낮아지게 된다. 1장에서 언급했듯이 현재 가장 많이 쓰이는 DRAM 셀의 구조는 [그림 3.2]의 1T1C 구조로 가장 작은 개수의 소자로 기억장치를 구성하고 있다.

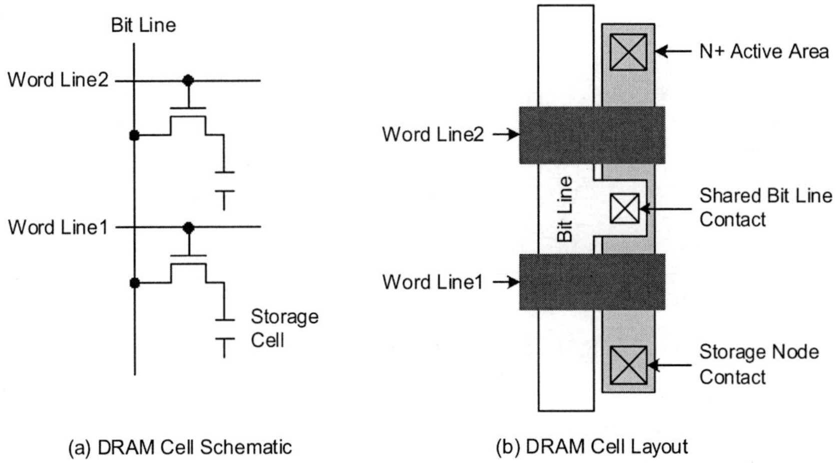

[그림 3.2] 1T1C 셀 회로도와 레이아웃

이처럼 구조가 간단하고 면적이 작아야 하는 관계로 Core Cell의 특성은 전적으로 공정에 의존하게 된다. [그림 3.2(b)]에서와 같이 면적을 줄이기 위해 Bit-Line Contact은 위아래의 셀끼리 공유하고, Word Line은 저항을 줄이기 위해 Silicide된 Polysilicon으로 만들어진다. Bit-Line은 Metal 또는 Polysilicon으로 만들어지고 Storage Capacitor는 두 층의 Polysilicon 사이에 Oxide-Nitride-Oxide Dielectric으로 구성된다.

DRAM Cell은 작은 크기에 가급적 많은 전하를 저장할 수 있으면서 전하 누설(Leakage)이 적어 저장된 전하를 오랫동안 유지할수록 성능이 좋은 것이다. 이 중 많은 전하를 저장하기 위해서는 Cell Capacitance를 키워야 하고 $C=\epsilon \cdot A/d$로부터 알 수 있듯이

1) Capacitor Plate 간격 d를 줄이는 방법
2) Capacitor Plate 면적 A를 증가시키는 방법
3) Capacitor 유전체의 유전율 ϵ을 증가시키는 방법

을 적용할 수 있다.

Capacitor의 유전체로는 보통 SiO2가 사용되나 5nm 이하로 얇아지면 두께가 균일하지 않고 내성도 약해져 더 이상 Capacitor로서의 역할을 하지 못하므로 1)의 방법에는 한계가 있다.

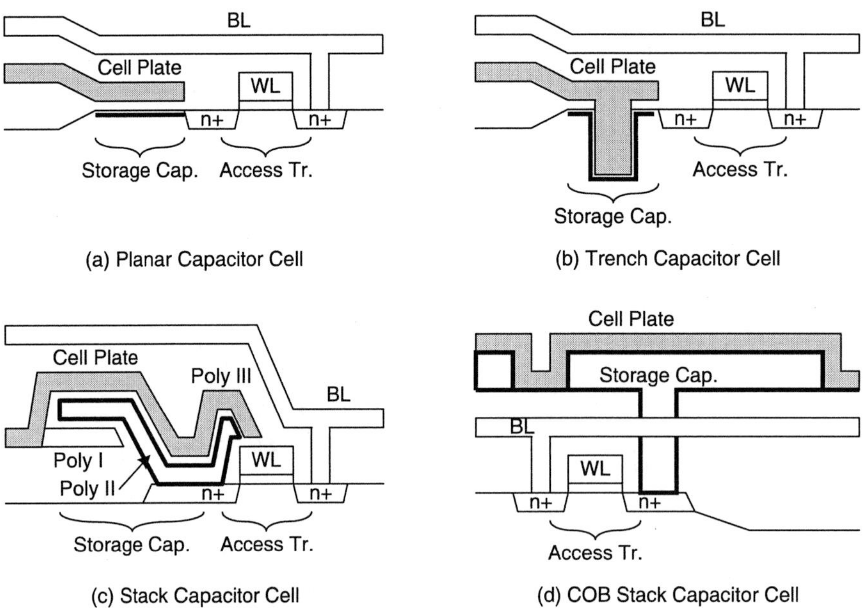

[그림 3.3] Data 저장용 Cell Capacitor 구조

두 번째로 Capacitor의 면적을 증가시키는 방법을 보면 [그림 3.3(a)]에서 보는 것처럼 초기에는 Storage Cap.의 위쪽 전극으로 Polysilicon을 사용하고 아래쪽 전극으로는 Diffusion Layer를 사용한 Depletion MOS형 Planar Capacitor Cell이 사용되었다. 이 경우 Capacitor 값을 키우기 위해 면적을 증가시키면 증가분이 그대로 전체 DRAM의 면적 증가에 반영되어버린다. DRAM의 면적 증가를 줄이면서 Cell Capacitor의 면적을 증가시키기 위해서는 [그림 3.3(b)]와 같이 Si 기판에 원통형의 구멍을 내어 원통의 벽면과 아래면을 Capacitor의 면적으로 사용하는 Trench Cell 구조가 하나의 방법으로 사용되었다. 하지만 이 방법은 Capacitor 면적을 키우기 위해서는 원통을 깊이 파야 하는데 화학적인 식각작용(Etching)의 한계로 Capacitor 형성이 어려운 점이 있다. 다른 방법으로는 [그림 3.3(c)]에서처럼 Si 기판의 위로 Capacitor를 높이 '쌓는' 방법이 있다. [그림 3.3(b)]가 건물을 지을 때에 땅값을 아끼기 위해 지하층을 만드는 방법이라면 [그림 3.3(c)]는 건물을 높이 짓는 방법에 비유될 수 있다. Cell Capacitance를 키우기 위해 Polysilicon을 높이 쌓다보면 이를 피하기 위해 Bit-Line을 형성하는 Metal에 높이차가 생기기 때문에 [그림 3.3(d)]에서처럼 Cell Plate를 Bit-Line의 위에 형성하는 Cell on Bit-Line(COB) Stack Capacitor Cell이 많이 쓰인다. DRAM의 개발 초기에는 면적과 공정상의 이점 때문에 Trench 구조가 많이 사용되었지만 용량이 증가하면서 큰 Cell Capacitance의 요구가 커짐에 따라 주로 Stack 구조의 Cell이 많이 쓰이기 시작했다. 하지만 Stack 구조 역시 공정의 한계상 무한정 높이 쌓을 수는 없다.

Cell Capacitance를 키우는 세 번째 방법으로는 고유전율을 가지는 물질로 유전체를 대체하는 방법이다. 일반적으로는 SiO_2를 사용하고 있는데 <표 3.1>에서와 같이 Si_3N_4, TiO_2, ZrO_2 등의 다양한 물질들이 연구되고 있으나 대량생산에 성공한 것은 Si_3N_4 뿐이다. Si_3N_4의 비유전율이 SiO_2보다 2배 정도 크지만 위에서 언급한 다른 물질들의 1/5~1/10정도에 불과하므로 다른 물질로 대체할 수 있다면 더 작은 크기로 더 큰 용량의 Capacitor를 제작하는 것이 가능해질 것이다.

<표 3.1> Dielectric Constant에 따른 Maximum Charge Capacity

	Dielectric constant(ε)	Breakdown Field (MV/cm)	Max. charge capacity ($Q_{max}=2\epsilon E_{max}=2\epsilon E_{max}$)	Currently used charge capacity
SiO_2	3.9	~10	55 $fF/\mu m^2$	
Si_3N_4	7~8	~6	75 $fF/\mu m^2$	7.67 $fF/\mu m^2$
Al_2O_3	8~10	~9	120 $fF/\mu m^2$	
NbO_2	~11	~5	95 $fF/\mu m^2$	
ZrO_2	~16	~5	170 $fF/\mu m^2$	
Ta_2O_5	~25	~4.5	200 $fF/\mu m^2$	10~12 $fF/\mu m^2$
TiO_2	~80	~1.5	180 $fF/\mu m^2$	
BST	~250	~0.3	155 $fF/\mu m^2$	

3.1.2 Cell들의 배치

회로적으로는 동일한 1T1C 구조라 하더라도 셀 배치를 하는 방법에 따라 전체 Cell Array의 면적 및 전기적인 특성이 달라지게 된다. DRAM을 비롯한 일반적인 Memory Device에서 Cell의 크기는 보통 Feature Size(F)라는 단위로 나타낸다. Feature Size라는 것은 '해당 공정에서 구현 가능한 최소 크기'를 말한다. 즉, 0.18μm 공정에서의 1F는 0.18μm가 될 것이다.

가장 기본적인 배열로 64kb DRAM까지 주로 썼던 구조는 [그림 3.4]에서 보이는 Open Bit-Line 구조이다. 이 구성에서는 Word Line과 Bit-Line의 교차점마다 Memory Cell이 연결되어 있다. Word Line으로는 주로 Metal을 사용하였으며 초기에는 BL로 N+ Diffusion Layer를 사용하였다. Open Bit-Line 구조에서는 하나의 Cell당 $6F^2$의 Feature Size를 가진다. 즉, 가로로는 Bit-Line Pitch를 확보해야 하므로 2F의 너비를 가지게 되고 세로로는 위아래로 공유되는 Bit-Line Contact으로 1/2F, WL이 지나가야 하므로 1F, Cell Capacitor Contact으로 1F, 그리고 이웃 Cell과의 최소 공간 확보로 1/2F가 필요하므로 3F의 높이를 가진다.

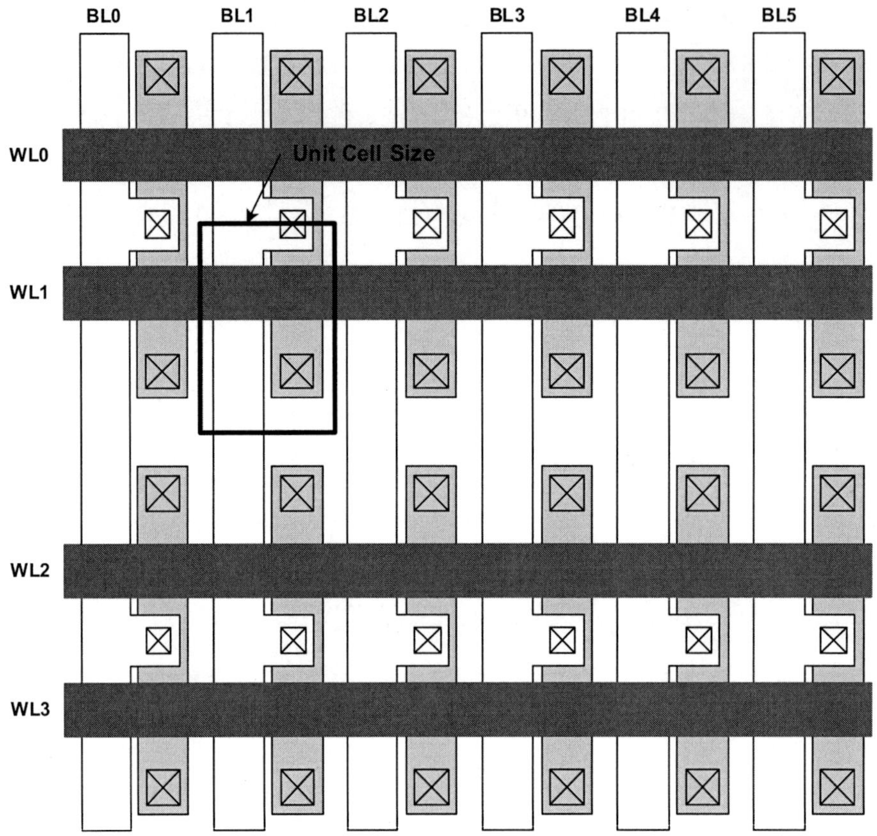

[그림 3.4] Open Bit-Line DRAM 구조

Memory Cell에 저장되어 있던 Charge는 일정 전압으로 Precharge되어 있는 Bit-Line에 전압 변동을 주고 Bit-Line Sense Amplifier(BLSA)는 이 전압 변동을 감지해서 Data값을 읽어내게 된다. 이를 위해 BLSA는 Differential Input을 입력받는데 하나는 Address에서 지정된 Cell이 연결된 Bit-Line이 되고 다른 하나는 Address에 의해 선택되지 않은 채 Precharge된 Bit-Line이 BL#의 역할을 하게 된다. 즉, [그림 3.5]에서와 같이 Sense Amplifier를 중심으로 BL과 BL#가 상하에 위치하게 되고 BL과 BL#의 역할은 선택된 Word Line에 따라 상대적으로 바뀌게 된다. 하지만 이 구조는 Common Mode Noise에 취약하다는 단점을 가지고 있다. 하나의 Word Line이 선택되면 Word Line과 Bit-Line 사이에 존재하는 Coupling Capacitance에 의해 Bit-Line의 전압도 약간 상승하게 된다. 만약 Bit-Line쪽의 Word Line에 전압이 인가되어 Cell이 선택되면 Bit-Line# 쪽에는 Word Line이 선택되지 않으므로 Bit-Line과 Bit-Line#에 유기되는 Noise가 서로 다르다. 이렇게 Sense Amplifier의 입력으로 연결되는 Bit-Line Pair가 서로 다른 전기적 환경에 놓이게 되므로 미소 신호를 고감도로 증폭하기가 어렵게 된다. 이를 없애기 위해 다른 한쪽에 Dummy Word Line을 두어 이를 함께 구동하면 이런 Noise는 상쇄시킬 수 있겠지만 신호가 실려서 증폭되는 Bit-Line이 기판을 통해 Coupling되거나 Word Line을 통해 Coupling됨에 따라 Sense Amplifier의 Margin이 감소

한다. 또한 Layout 구조상 하나의 Bit-Line Pitch마다 하나의 Sense Amplifier가 존재해야 하는데 PMOS 2개+NMOS 2개로 구성된 Sense Amplifier를 2F 폭에 그려넣는 것이 매우 어려울 뿐만 아니라 이럴 경우 Layout 길이가 너무 길어져 면적이 부담으로 작용한다. 이런 문제는 공정이 바뀔수록 Memory의 Feature Size가 작아지므로 더욱 심화된다.

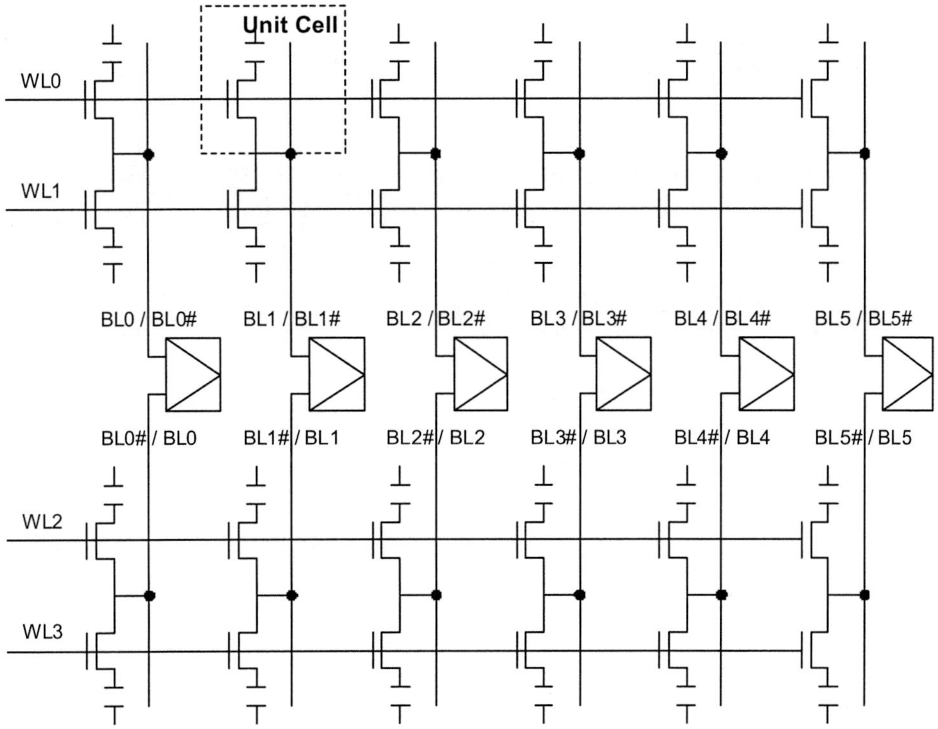

[그림 3.5] Open Bit-Line 구조에서 Sense Amplifier의 배치

이런 Open Bit-Line 구조에서의 Noise 문제와 Sense Amplifier의 Layout 문제를 해결하기 위해 제안된 구조가 256K 이후부터 현재의 고용량 DRAM에 가장 많이 쓰이고 있는 [그림 3.6]의 Folded Bit-Line 구조이다. Open Bit-Line 구조에 비해 가장 큰 차이점은 하나의 Word Line이 선택될 경우 홀수번째, 혹은 짝수번째 Bit-Line의 Cell들만 선택되기 때문에 인접한 Bit-Line을 Bit-Line#로 사용할 수 있다는 점이다. 하지만 인접한 Bit-Line의 Cell을 피해가도록 Layout을 하다보니 Cell당 면적은 $8F^2$로 Open Bit-Line 구조에 비해 증가하게 되었다. 너비는 Open Bit-Line 구조와 같이 Bit-Line Pitch를 확보하는 2F로 동일하지만 세로로는 위아래로 공유되는 Bit-Line Contact이 1/2F, Word Line을 위한 1F, 인접 Bit-Line을 선택하는 Word Line을 위한 1F, Cell Capacitor Contact으로 1F, 그리고 이웃 Cell과의 최소 공간 확보로 1/2F가 필요하므로 4F의 높이를 필요로 하게 되는 것이다. 이런 단위 Cell의 면적 증가와 하나 건너 하나씩 선택되는 Cell Array의 구조는 Word Line 및 Bit-Line의 길이의 증가를 가져와 Delay 및 Sensitivity의 저하를 가져오는 요인이 되기도 한다.

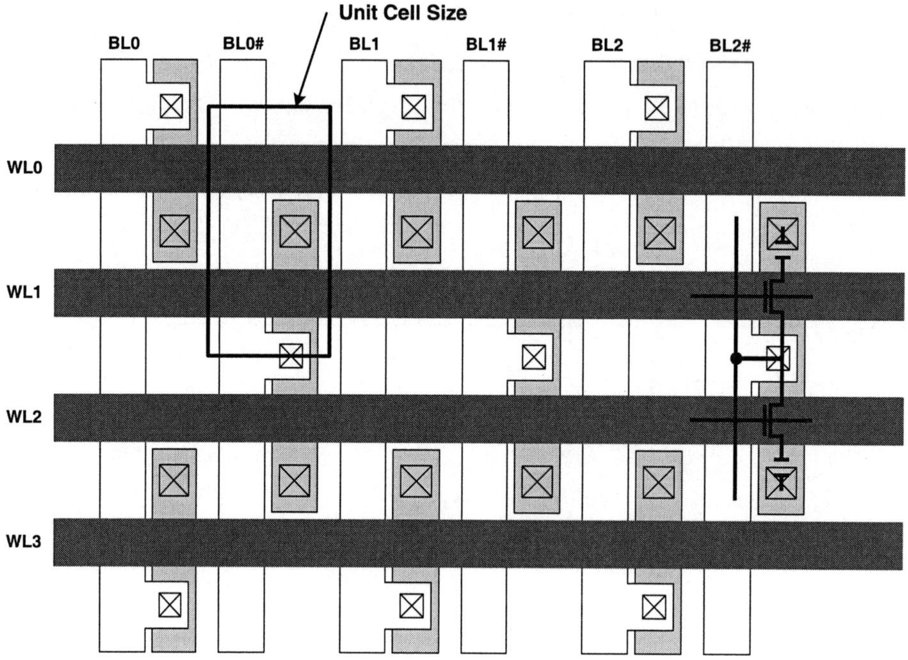

[그림 3.6] Folded Bit-Line 구조

면적에서는 Open Bit-Line에 비해 손해를 보는 구조이지만 하나의 Word Line이 선택되면 Bit-Line과 Bit-Line# 양쪽에 동일한 Coupling 효과를 주어 Sense Amplifier의 입력에는 Common Noise가 입력되는 것과 같으므로 Noise Margin에 영향을 주지 않는다. 또한 [그림 3.7]에서 보는 것과 같이 2개의 Bit-Line Pitch마다 하나의 Sense Amplifier의 폭을 확보할 수 있어 Sense Amplifier를 Layout하는 데에도 공간 면에서 더 유리하다.

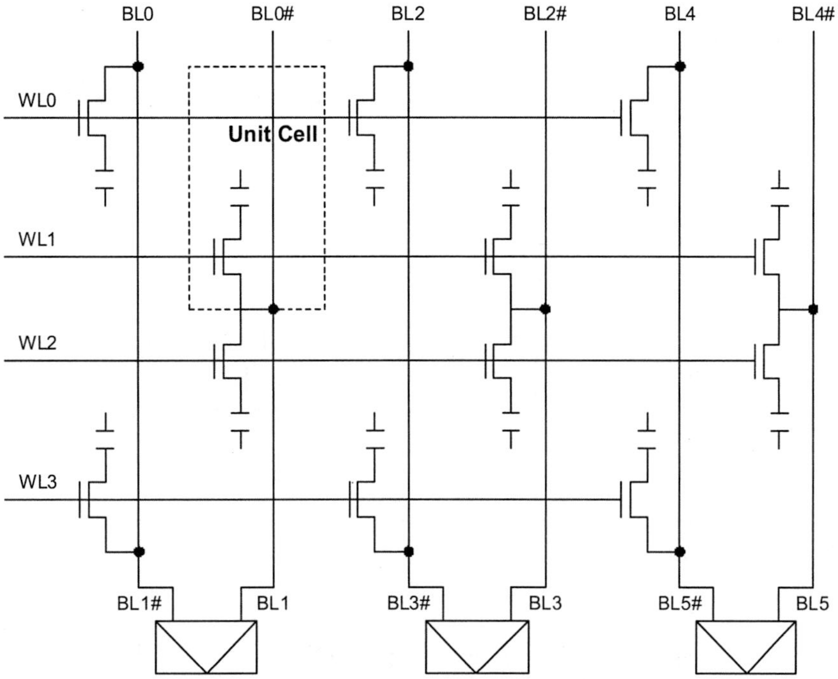

[그림 3.7] Folded Bit-Line 구조에서 Sense Amplifier의 배치

16M DRAM 이후부터는 Cell의 크기가 더욱 작아져서 2 Bit-Line Pitch당 1개의 Sense Amplifier를 그려넣는 것도 부담이 되기 시작했다. 이에 따라 [그림 3.8]과 같이 Cell Array의 상하로 번갈아 가며 Sense Amplifier를 설치하는 Shared Sense Amplifier 방식을 채용하여 4개의 Bit-Line Pitch당 하나의 Sense Amplifier를 그려넣게 했다. 따라서 Sense Amplifier의 Layout 폭이 증가하고 세로 길이가 감소하여 전체적으로 큰 면적 감소 효과를 얻을 수가 있다. 또한 한 Sub-Array의 Sense Amplifier가 상하로 양분되어 있으므로 상하로 이웃한 Block끼리 한 개의 Sense Amplifier를 공유토록 하는 것이 가능해졌다. 이 방식에서는 Bit-Line Isolation 장치로 위쪽 Sub-Array의 Word Line이 선택된 경우 아래 Sub-Array를 Sense Amplifier로부터 끊어 주어야 한다. 만약 Sub-Array 2의 Word Line이 선택되었다면 BIS_H1과 BIS_L2가 "L"이 되고 BIS_L1과 BIS_H2가 "H"로 되어 Sub-Hole 1과 Sub-Hole 2에 있는 Sense Amplifier들이 Sub-Array 2에만 연결된다. 이 방식이 도입되면서 Bit-Line Precharge 전압선(V_{BLP}) 및 제어선(BLP)이 Sense Amplifier와 가까이 위치하게 되어 Bit-Line Precharge가 더 빨리 이루어질 수 있게 되었다.

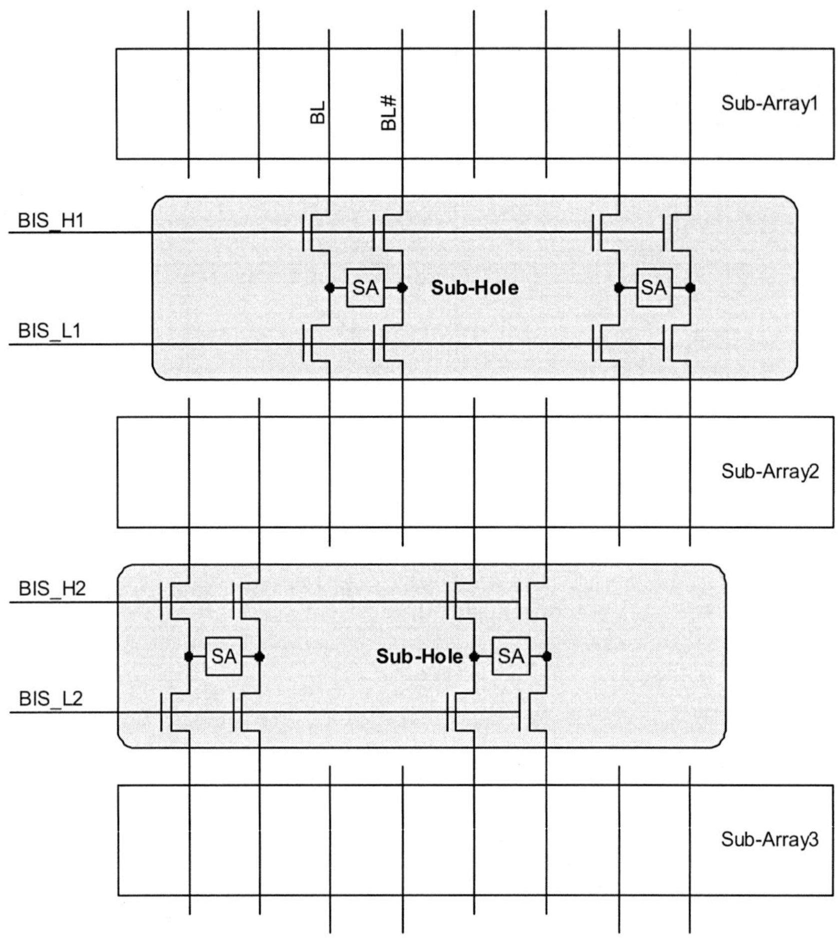

[그림 3.8] Shared Sense Amplifier 방식

Cell Array의 구조가 결정되면 앞에서 언급한 Bit-Line Sense Amplifier 외에 Sub Word Line Driver들의 가로 혹 세로 크기가 결정이 된다. 이 회로들은 Memory Cell에 가장 인접하여 배치되는 회로들로, 점유 면적을 최적화하기 위해 Bit-Line Sense Amplifier의 경우 Cell의 가로 Pitch에, Sub Word Line Driver의 경우 Cell의 세로 Pitch에 맞추어 설계된다.

[그림 3.9]는 Folded Bit-Line 구조를 채택한 DRAM core내의 회로들의 크기 비율을 나타내고 있다. 그림과 같이 메모리 셀이 $8F^2$의 Folded Bit-Line 구조를 채택하고 있는 경우 두 개의 BL Pair당 위아래로 Sense Amplifier를 배치할 수 있으므로 Bit-Line Sense Amplifier의 Pitch는 8F, 즉 0.18μm 공정에서는 1.44μm 이내가 되어야 면적의 낭비없이 BLSA를 탑재할 수 있다. Sub Word Line Driver의 경우는 블록의 높이가 4F, 즉 0.18μm 공정에서는 0.72μm를 넘어서는 안된다. 물론 Bit-Line Sense Amplifier의 높이나 Sub Word Line Driver의 너비는 제한이 없지만 이 값들이 커지면 메모리의 전체적인 면적이 커지게 되므로 최대한 작은 크기로 구현을 해야 한다. 그림에서 Bit-Line Sense Amplifier와 Sub Word

Line Driver가 만나는 모서리 부분은 일반적으로 Sub-Hole이라 불리는 위치로 Sub Word Line Driver의 입력신호를 Buffering하거나 Bit-Line Sense Amplifier를 제어하는 신호들을 생성하는 회로들이 자리잡게 된다.

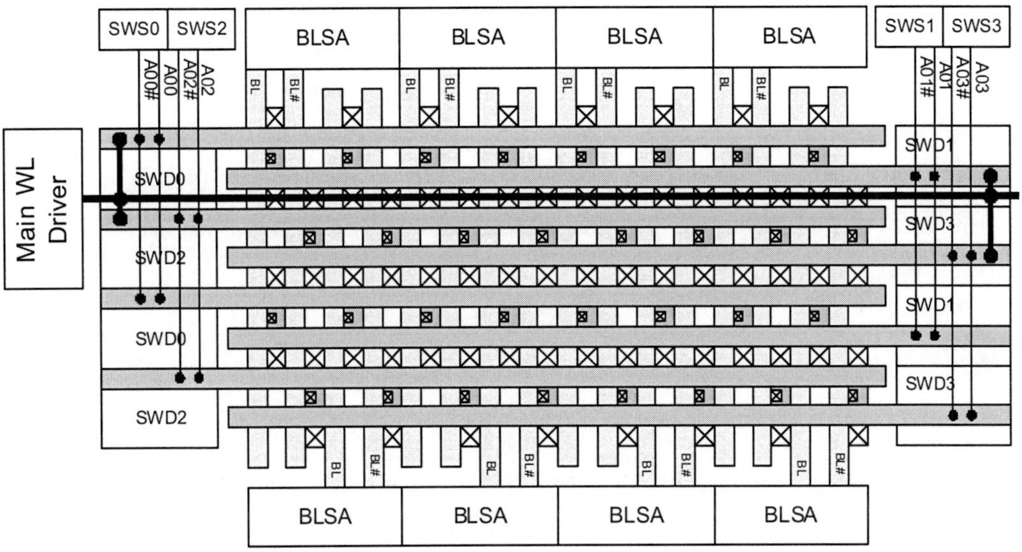

[그림 3.9] Folded Bit-Line 구조에서의 기능 블록들의 배치

위 그림에서 볼 수 있듯이 Sub Word Line Driver가 허용되는 높이는 4F에 해당하는 크기이기 때문에 그 크기가 매우 작다. Sub Word Line Driver의 출력인 WL 신호는 [그림 3.10(a)]와 같이 Main Word Line(MWL) 신호와 Row Address의 LSB 2bit을 Decoding한 신호(AIN)의 논리곱(AND)으로 구현이 된다. 하지만 일반적인 Static 회로로 구현할 경우 6개의 transistor가 필요하므로 허용되는 공간에 구현하기가 매우 힘들다. 실제로 SWD를 구현할 때에는 [그림 3.10(b)]와 같이 사용 Transistor의 개수를 최소로 줄인 회로를 통해 AND 동작을 구현하게 된다. Sub Word Line Driver의 자세한 설명은 4.1장의 Row Address 경로에서 다룬다.

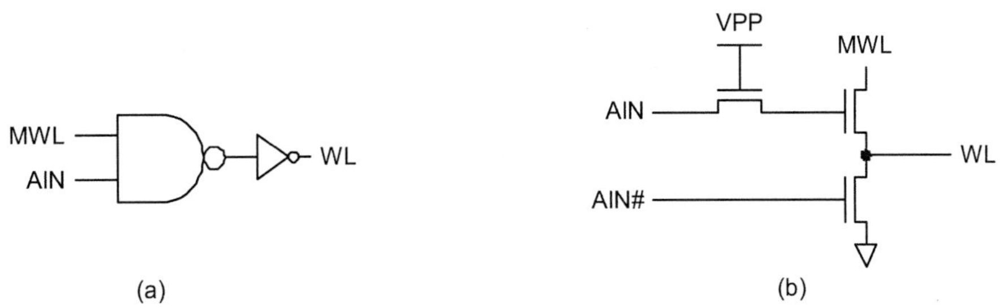

[그림 3.10] Sub Word Line Driver의 논리 회로와 실제 회로

3.2 | Bit-Line Sense Amplifier

미세 신호를 입력받아 큰 신호로 증폭하는 기능을 하는 Sense Amplifier는 DRAM Cell에서부터 최종 출력단에 이르는 Datapath의 곳곳에서 Data의 전송 및 Buffering을 목적으로 쓰이고 있는데, 각 단의 입출력 조건 및 부하 정도에 따라 다양한 형태로 구현되어 쓰인다. 이 중에서 DRAM Cell에 저장되어 있던 Data가 가장 처음 만나는 Sense Amplifier는 Bit-Line Sense Amplifier로 제한된 공간 내에서 동작 조건에 부합하는 성능을 만족시켜야 하기 때문에 DRAM 회로 중 가장 중요한 회로 중의 하나이다. 2.1.3장에서는 Bit-Line Sense Amplifier의 시간 순서에 따른 동작에 대해 살펴보았고 여기에서는 Bit-Line Precharge 상태에 따른 동작과 Coupling Noise 요소에 대해 알아보기로 한다.

3.2.1 Bit-Line Sense Amplifier의 동작

DRAM의 Read 동작은 DRAM Cell에 저장되어 있던 Charge가 Bit-Line에 옮겨지면서 생기는 전압의 차이를 감지해서 신호를 판별하기 때문에 Access 전에 Bit-Line Pair는 특정 전압으로 Precharge되어 있어야 한다. Bit-Line Precharge 방법은 크게 3가지가 있는데, V_{CC}로 Precharge하는 방법과 Half $V_{CC}(= V_{CC}/2)$ Precharge, 그리고 GND Precharge 방법이 그것들이다. [그림 3.11]은 이 세 가지 방식으로 Read 시의 전압 변화를 보이고 있다. [그림 3.11(b)]처럼 Half V_{CC}로 Precharge하게 되면 "0"과 "1"을 읽어낼 때의 전위의 변화량이 대칭적이지만 [그림 3.11(a)]나 (c)처럼 V_{CC}나 GND로 Precharge할 경우에는 각각 "0" 혹은 "1"일 때에만 전위가 변하게 되므로 대칭적이지 못하다. 즉, "0"과 "1"의 읽는 속도 중 느린 값에 맞춰서 설계를 해야 하기 때문에 DRAM 동작을 최적화시키기 어렵다. GND Precharge 방식의 경우 Bit-Line으로부터 발생할 수 있는 누설전류가 없어 전력소모 면에서 이점이 있다. 그리고 V_{GS}간의 V_{th}값을 빨리 만들어낼 수 있으므로 속도 면에서도 이점을 가질 수 있다. 즉, Word Line이 Bit-Line보다 V_{th} 이상 커지지 않으면 Cell과 Bit-Line간의 Charge 이동은 발생하지 않는다. 이것은 Word Line의 Slew Rate가 큰 경우 속도에 심각한 영향을 미치는 것으로, 1.5V V_{CC}의 Half V_{CC} Precharge와 GND Precharge를 비교했을 때에 1V/ns slew의 환경에서 750ps의 차이가 나게 된다. V_{CC} Precharge의 경우, 동일 크기의 PMOS와 NMOS의 경우 NMOS의 구동 능력이 크기 때문에 신호를 GND에서 V_{CC}로 Charge하는 것보다는 V_{CC}에서 GND로 Discharge하는 시간이 더 짧다는 점을 부각시킨 것으로 고속 동작의 이점을 가지고 있다. 하지만 GND 및 V_{CC} Precharge 방식 모두 참조 전압을 생성시키기 위한 Dummy Cell이 필요하기 때문에 면적 면에서 단점을 가지게 된다.

Word Line이 선택되어 Cell의 Data가 Bit-Line에 Charge Sharing되어 나타나면 Sense Amplifier는 참조 전압과 Charge Sharing된 전압을 비교하여 Data가 "H"인지 "L"인지 판별하게 된다. V_{CC} Precharge 방식과 GND Precharge 방식의 경우 참조 전압이 필요하다.

V_{CC} Precharge 방식을 살펴보면 "0"의 Data에서는 Bit-Line의 전압이 하강하지만 "1"의 Data에서는 Bit-Line의 전압에 변화가 없으므로(GND Precharge의 경우 값이 반대) Bit-Line Pair 사이에 전압차가 존재하지 않아 Precharge 전압을 그대로 참조 전압으로 사용할 수 없어서 별도의 참조 전압 발생 회로(보통 Dummy Cell과 Dummy Word Line 이용)가 필요하다. Half V_{CC} Precharge 방식에서는 Precharge 전압이 $V_{CC}/2$이므로 이를 그대로 참조 전압으로 사용할 수가 있다. 하지만 단순 증폭만을 진행하면 증폭 후의 최고 전압이 $V_{CC}/2 + \Delta$ 정도의 레벨밖에 되지 않으므로 "Full V_{CC}"까지 올려주는 Restore 회로가 필요하다. 현재 거의 모든 CMOS DRAM에서는 Half V_{CC} Bit-Line Precharge 방식을 이용하고 있다.

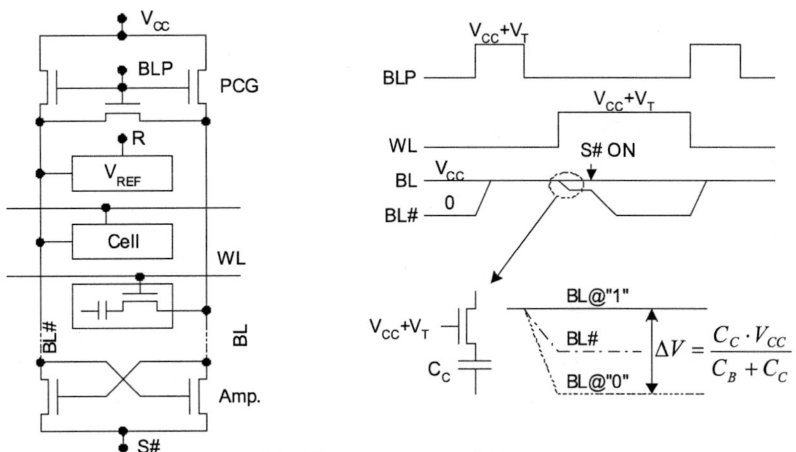

(a) V_{CC} Precharge 방식

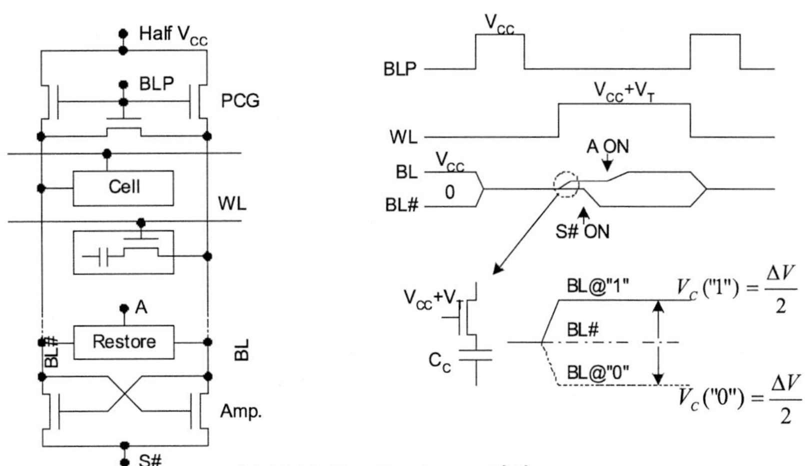

(b) Half V_{CC} Precharge 방식

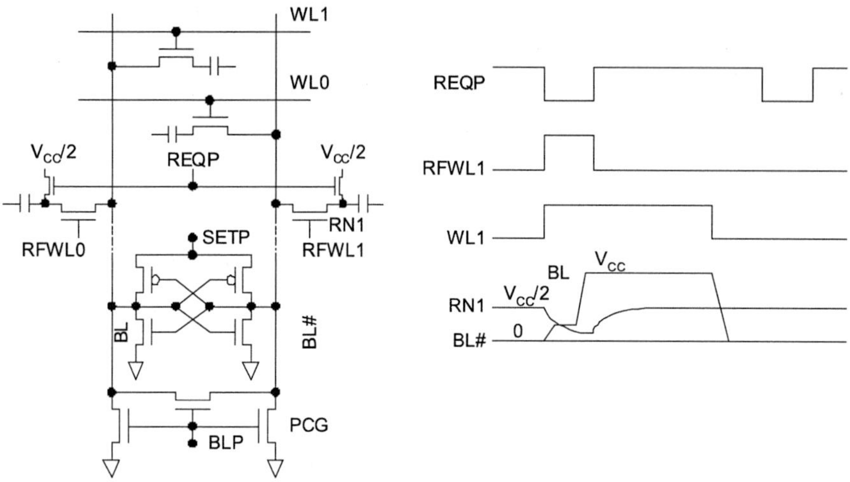

(c) GND Precharge 방식

[그림 3.11] Bit-Line Pre-charge 방식과 Data의 판별

Memory Cell에 저장된 데이터를 확실하게 감지하여 증폭하고 그 값을 DB Line으로 실어주는 Bit-Line Sense Amplifier는 DRAM의 가장 중요한 핵심 회로 중의 하나이다. 증폭을 담당하는 회로는 [그림 3.12]의 $Q_1 \sim Q_4$로 Inverter 2개가 Positive Feedback을 하고 있고 Q5, Q6은 증폭이 끝난 후 Sense Amplifier의 양쪽 출력 모두를 같은 값($V_{CC}/2$)으로 Equalization하는 역할을 한다. $Q_7 \sim Q_{10}$은 Sense Amplifier에 연결된 두 개의 Sub-Array 중 증폭 작용이 필요없는 Sub-Array를 단절하는 역할을 한다. Q_{11}과 Q_{12}는 각 Sub-Array의 Bit-Line Pair를 Equalization하는 역할을 한다.

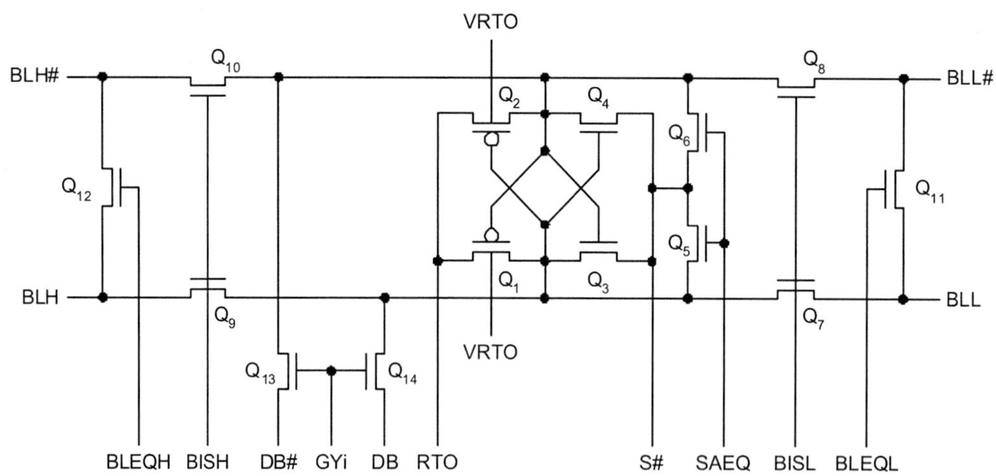

[그림 3.12] Bit-Line Sense Amplifier 회로도

Bit-Line Sense Amplifier에 요구되는 사항으로는

1) 고감도
2) 고속 동작
3) 넓은 전원 전압 동작 범위
4) 저소비 전력
5) 작은 면적

등을 들 수 있다. Bit-Line Sense Amplifier의 양단에 입력되는 전위차는

$$\Delta V = |\Delta V_H| = |\Delta V_L| = \frac{\frac{V_{CC}}{2}}{1 + \frac{C_B}{C_C}}$$

으로 표현할 수 있다. 입력 전압을 크게 하려면 C_B/C_C의 비를 가능한 한 작게 해주어야 한다. 그러나 DRAM의 용량이 증가함에 따라 Bit-Line의 길이가 길어지므로 C_B가 증가하며, 따라서 ΔV는 감소한다. 또한 공정이 발달하여 트랜지스터의 크기가 작아짐에 따라 전원 전압 V_{CC}도 5V에서 3.3V로, 나아가 1.5V로 감소되므로 ΔV는 더욱 감소한다. 따라서 DRAM의 용량이 증가할수록 Sense Amplifier의 감도는 더욱 향상되어야 함을 알 수 있다. Sense Amplifier의 동작 속도는 감도 및 소비 전력과 밀접한 관계가 있다. 일반적으로 동작 속도가 빨라지면 감도가 나빠지며 소모전력도 증가한다. 또한 DRAM의 용량 증가에 따라 Sense Amplifier의 수도 증가한다. 따라서 평상시에는 전류를 소모하지 않다가 원하는 때에만 전류 Path를 형성하는 Dynamic 회로를 사용함으로써 소모전력을 감소시킨다. 또한 Sense Amplifier의 면적을 줄이기 위해서는 가능한 한 간단한 회로(소자의 수가 적은 회로)가 바람직하다. 이러한 요구를 만족하는 Sense Amplifier로서 V_{CC} Precharge NMOS형과 Half V_{CC} Precharge CMOS형의 Balanced Flip-Flop(혹은 Cross-Coupled Latch라고도 부름)이 사용되고 있다.

[그림 3.13] 및 [그림 3.14]의 회로를 이용하여 V_{CC} 및 Half V_{CC} Precharge의 동작 원리를 설명한다. 먼저 [그림 3.13]의 V_{CC} Precharge의 경우 참조 전압은 Memory Cell과 구조가 유사하며 Memory Cell과 동시에 선택되는 Dummy Cell에 의해 생성된다. Dummy Cell의 Capacitance는 Memory Cell의 절반이며 Precharge 동안에는 항상 0V로 방전되어 있다. 따라서 Dummy Cell로부터 Bit-Line과 Charge Sharing된 전압은 데이터 "1"과 "0"이 Charge Sharing된 전압의 중간값으로 항상 일정하다. Dummy Cell은 Bit-Line에 한 개만 설치하여 모든 Memory Cell이 공통으로 사용하게 된다.

Precharge 신호인 BLP가 활성화되어 Q_P와 Q_P#가 ON이 되면 Bit-Line은 V_{CC} 전압으로 Precharge된다. 이후 BLP가 OFF되면 Q_P와 Q_P#도 OFF되어 Bit-Line은 V_{CC} 전압 레벨로 Floating 상태가 되어 Precharge가 완료된다. WL과 Dummy WL인 DWL에 동시에 고전압이 인가되면 Bit-Line B-Node에 연결된 Cell이 선택되어 Cell에 저장되어 있던 "1"의 데이터(전압으로는 V_{CC})가 Bit-Line에 실리게 된다. Bit-Line의 전압은 변화가 없이 V_{CC}이지만 BL#는 Dummy Cell에 0V가 저장되어 있었으므로 이에 의한 전압 강하를 $V_C/2$라고 하면 전압은 $V_{CC}-V_C/2$로 떨어진다. Sense Amplifier의 공통 Source 단자인 S#의 초기 전압이 Bit-Line Precharge 전압 V_{CC}로 되어 있어 트랜지스터 Q와 Q#는 초기에는 모두 OFF상태, 즉 각각의 Gate-Source 전압 V_{GS}가 각각 "$-V_C/2$"와 "0"으로 된다. 이제 S#의 전압 V_S를 V_{CC}로부터 0V로 서서히 낮추어 가면 Transistor Q와 Q#의 Gate-Source 전압이 서서히 증가하는데 $V_{BL}-V_{S\#} \geq V_{TN}$이면 Transistor Q#가 먼저 ON이 되며 Q는 아직 ON이 되질 못한다. 일단 Q#가 ON이 되면 V_{BL}의 전압이 방전되는데 이때의 시정수(Time Constant)는 Bit-Line Capacitor와 Transistor Q#의 ON저항의 곱으로 주어진다. [그림 3.13(a)]에서와 같이 S#의 전압이 충분히 천천히 하강하면(방전 시정수보다 천천히 하강) Transistor Q의 Gate 전압, 즉 BL# Node의 전압이 계속 하강하여 Q는 ON이 되지 못하므로 BL Node의 전압은 V_{CC}를 그대로 유지할 수 있다. 한편, [그림 3.13(b)]와 같이 Sensing 속도를 높이고자 S#의 하강을 빠르게 한다면 BL# Node의 전압이 충분히 하강되기 전에 S#의 전압이 낮아져 Q의 V_{GS}가 V_T보다 클 수가 있어 Q와 Q#가 동시에 ON이 될 수 있다. 하지만 Gate-Source 전압 차에 의해서만 Transistor에 흐르는 전류가 결정되므로 Q#에 흐르는 전류가 Q에 흐르는 전류보다 클 것이다. 따라서 BL# Node의 전압이 급격히 감소하여, 즉 Q의 Gate 전압이 더욱 빨리 감소하여 결국 OFF 상태까지 다다른다. 초기에는 V_{CC} 및 $V_{CC}-V_C/2$가 충분히 큰 전압이어서 두 Transistor 모두 ON 상태이므로 BL과 BL# Node의 전압이 모두 감소하나 Sensing이 진행됨에 따라 Q#는 계속 ON을 유지하여 BL# Node의 전압을 더 빨리 0V로 감소시켜 Q를 OFF시키므로 Bit-Line의 전압은 이때의 값을 유지하며 더 이상 변화하지 않게 된다. 이것은 Feedback 현상으로도 설명할 수 있다. Bit-Line의 Positive 전압이 Q#의 Gate에 인가되므로 이 값이 반전 증폭되어 출력 전압이 Q#의 Drain 전압이 감소된다. 이는 다시 Q의 Gate에 인가되며 이 값이 반전 증폭되어 Q의 Drain전압, 즉 Bit-Line의 전압을 더욱 상승시키는 방향으로 동작하는 Positive Feedback Loop가 형성되는 것이다.

하지만 이 경우 BL Node의 전압이 V_{CC}를 유지하지 못하며 이 전압이 Cell에 다시 Write되므로 Cell 전압이 감소하게 되고 이런 동작이 여러 번 반복되다 보면 Data는 결국 소멸되고 만다. 이를 방지하기 위해서 V_{CC}를 유지하는 적당한 방법을 고안하여 이 회로에 추가하여야 한다. 예를 들어 [그림 3.13(a)]의 Active Restore 회로에서처럼 Capacitor를 BL Pair에 MOS를 통해 연결한 뒤 증폭이 완료된 후 Clock Φ_A로 Capacitor를 구동하는 방법이 그 중 하나이다. Q_1, Q_1#의 Gate 전압 V'에 의해 Sampling된 전압이 Capacitor의 다른 단자, 즉 Q_2, Q_2#의 Gate에 인가되어 있다가 Clock Φ_A에 의해 Pumping되어 고전압으로 Bootstrapping 되므로 V_{th} 손실없이 V_{CC}를 Bit-Line으로 전달하여 "H" 전압을 회복시킨다. 물론 이때의 Q_1은 Bias가 BL 방향으로만 전류가 흐르도록 잡혀 있으므로 아무런 역할을 못한다. 이때 "L" 상태인 BL#에는 Bootstrapping이 제대로 일어나지 않으며 또한 이 전압은 Q_1#를 통해 "L" Level인 BL#로 연결되어 단시간에 소멸된다.

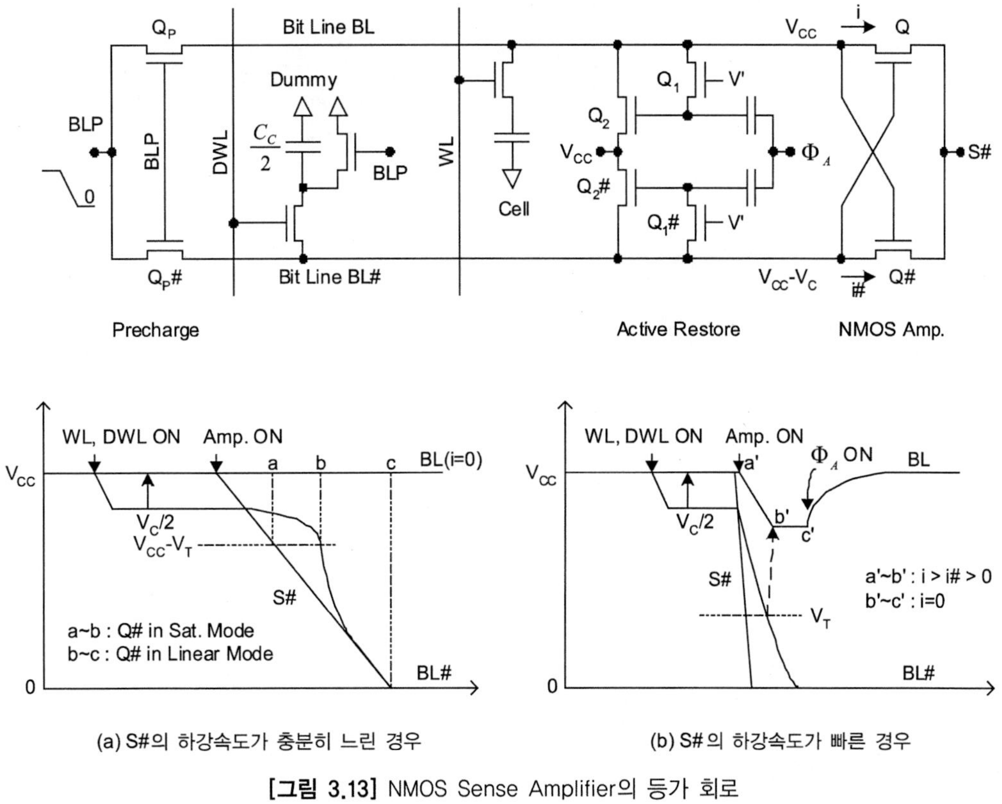

[그림 3.13] NMOS Sense Amplifier의 등가 회로

CMOS의 도입으로 PMOS를 Pull-Up 소자로 사용할 수 있게 되어 Bit-Line의 "H" 전압을 Full V_{CC}로 환원시키기가 훨씬 수월해졌으며 Half V_{CC} Precharge 방식을 사용할 수 있게 되었다. [그림 3.14]의 CMOS Sense Amplifier에서 NMOS Amplifier는 저전압 Line(가령 BL)을 0V로 방전하는 작용을 하며 PMOS Amplifier는 NMOS와 대칭적인 동작을 하여 고전압 Line(이 경우 BL#)을 V_{CC}로 충전한다. 이에 따라 전압 손실없이 BL Pair를 0V와 V_{CC}로 증폭할 수가 있다. 또한 PMOS Amplifier를 활성화한 순간 Q_P#에 의해 BL#의 전압도 상승할 수 있지만 Q_N#이 Fully ON으로 되어 있어 상승이 억제되다가 BL의 전압이 상승하여 결국 Q_P#를 OFF시키므로 0V로 완전히 방전된다. [그림 3.14]에서는 Pull-Up 동작을 이해하기 쉽

도록 PMOS Source 전압 RTO가 충분한 시간이 경과한 후 인가되는 것으로 하였지만 실제의 경우 S#와 RTO를 거의 동시에 활성화시킨다. 또한 원리적으로 PMOS Amplifier를Main Amplifier로 사용하고 NMOS Amplifier를 단순히 Pull-Down 소자로 바꾸어 사용해도 문제는 없다. 설명을 나누어 하기 위해 하나하나의 MOS를 Amplifier로 표현했는데 Q_P와 Q_N, Q_P#와 Q_N#의 Pair로 보고 RTO에는 V_{CC}, S#에는 0V가 인가된 상태를 보면 결국 Inverter 2개가 서로 꼬리를 물고 연결된 형태와 같다는 것을 알 수 있다.

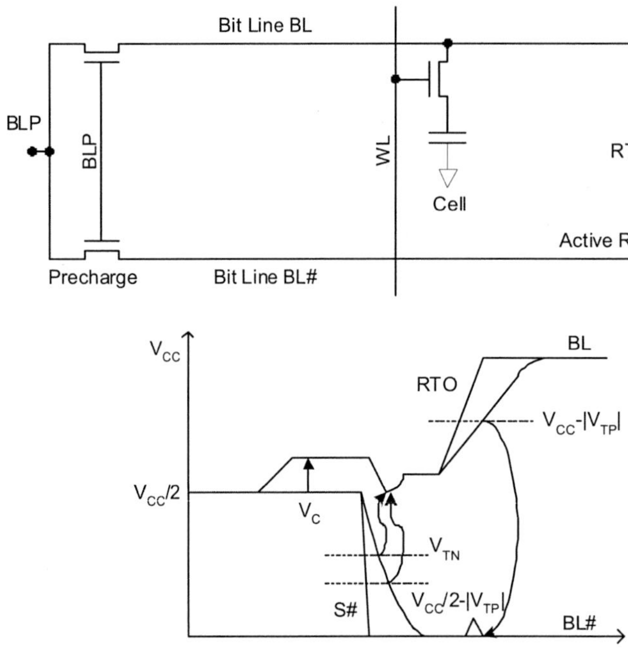

[그림 3.14] CMOS Sense Amplifier의 기본 회로와 동작 파형

3.2.2 Coupling Noise

DRAM의 입출력 회로나 주변 회로는 비교적 큰 전압 진폭(0.9~5V)의 논리 동작이 주를 이루므로 Cell Array에 비해 Noise의 영향이 상대적으로 적다. 1T Cell은 자체에 증폭 기능이 없으므로 Read시 Charge Sharing에 의해 100~250mV의 작은 신호 전압이 나타나며, 이후 Sense Amplifier에 의한 증폭 과정에서 Bit-Line에 발생하는 차동 잡음(Differential Noise)에 의해 Memory Cell의 전압 Margin이 결정된다. DRAM의 용량이 증가함에 따라 한꺼번에 충・방전되어야 하는 Bit-Line의 수가 2배씩 증가하므로 그만큼 잡음도 증가하며 미세화와 함께 Cell Array를 구성하는 각종 배선의 Coupling Capacitance가 증가하여 이에 의한 잡음도 증가한다. 또한 Transistor의 크기가 수백nm에서 수십nm로 작아지면서 이들의 특성 편차가 상대적으로 심하므로 Sense Amplifier의 Offset도 증가하여 이에 의한 잡음도 커진다.

[그림 3.15]는 Memory Cell 내의 각종 Coupling Capacitor 성분들을 보여주고 있다. 예를

들어 Word Line에 고전압이 인가되면 C_{BW}(Bit-Line Word Line Coupling Cap.)를 통해 Bit-Line에도 Coupling 전압이 유기된다. 한편 Cell Plate 전압, 인접한 Bit-Line들의 전압 또는 기판(Substrate) 전압이 과도 변동한다면 C_{BP}(Bit-Line Cell Plate Coupling Cap.), C_{BB}(Bit-Line Bit-Line Coupling Cap.), C_{BS}(Bit-Line Substrate Coupling Cap.)를 통해서 Bit-Line에 전압이 유기된다. Bit-Line에 유기되는 잡음의 세기는 Coupling Capacitor의 크기와 Coupling Capacitor의 상대쪽 단자에 발생하는 과도 전압의 크기에 의해 결정된다. Folded Bit-Line 배치를 가지는 1Mb 세대의 Cell에서의 Bit-Line Capacitor 중 각 Coupling Capacitor가 차지하는 비율(Bit-Line의 재료가 Aluminium인지 Polycide인지에 따라 다르지만)은 C_{BW}는 32~54%, C_{BP}는 10~15%, C_{BB}는 10~25%, C_{BS}는 35~40% 정도이다. 미세화가 더욱 진전됨에 따라 C_{BB}의 비율이 급격히 증가하고 있다

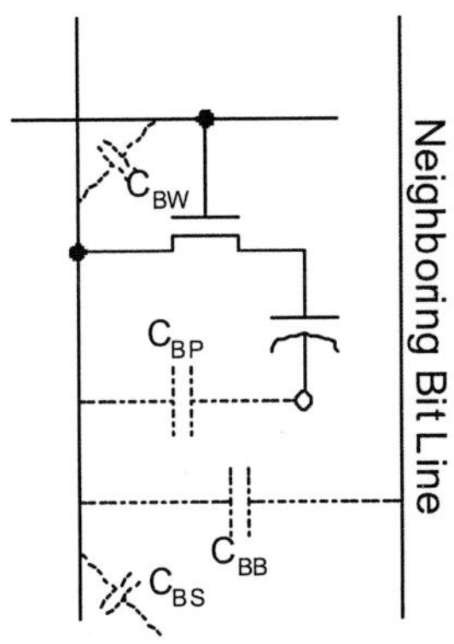

(a) 잡음 성분

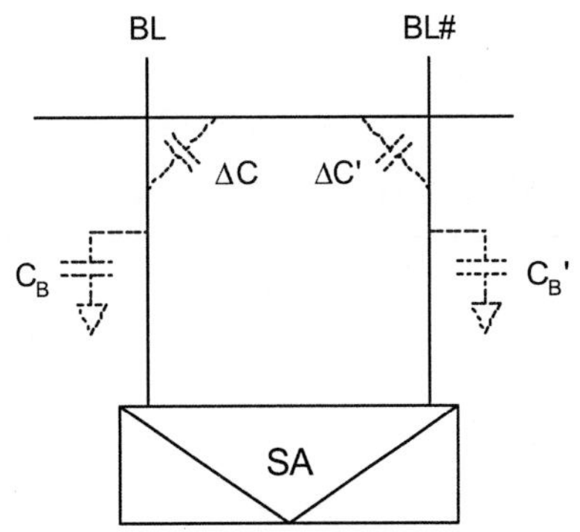

(b) Folded Bit Line 구조

[그림 3.15] Memory Cell 내의 잡음 성분과 Folded Bit-Line 구조

이러한 잡음을 제거하는 가장 좋은 방법은 Folded Bit-Line 방식을 채택하여 Bit-Line Pair에 공통 잡음(Common Noise)이 유기되도록 하여 차동 증폭기(Differential Amplifier)로 이를 제거하는 방법이다. 하지만 이 경우에도 다음과 같은 7가지의 차동 잡음은 여전히 남는다. [그림 3.16]은 대표적인 6종류의 잡음과 그 발생 Timing을 Half V_{CC} Precharge 방식을 예로 보여주고 있다. Precharge 회로는 앞 Cycle의 동작 상태의 영향을 제거하여 회로를 원상으로 회복시키기 위해 모든 Bit-Line을 동일한 Half V_{CC} 전압으로 충전한다. 그 후 Precharge 회로가 Bit-Line으로부터 분리되어 모든 Bit-Line이 Floating 상태로 되며 충전된 전압은 Bit-Line의 Parasitic Capacitance에 저장된 전하 형태로 유지된다. 이렇게 Bit-Line을 초기화시켜 곧이을 Cell Charge와의 Charge Sharing을 준비한다. 그 후 선택된 Word Line에 전압 Pulse가 인가되면 그 Word Line에 연결된 모든 Memory Cell C에서부터 해당 Bit-Line에 신호 전압 V_C를 발생시킨다. 이 신호는 Floating 상태의 Bit-Line Precharge 전압에 중첩되어 나타난다. 이와 동시에 Bit-Line Pair 중 다른 Bit-Line에 참조

전압 V_R이 인가되며 이후 Sense Amplifier가 활성화되어(S#가 "H"로 된다.) V_R을 기준으로 하여 신호 전압을 판별하고 증폭한다. 여기서 Bit-Line Floating 기간이 특히 중요한데 다른 도체와의 Coupling Capacitance에 의해 잡음이 유입되기 쉬울 뿐 아니라 Charge Sharing에 의해 전달되는 신호 전압 V_C도 매우 작기 때문이다. 또한 증폭 과정도 중요한데, 이 기간에는 다음과 같은 잡음들이 문제로 나타난다.

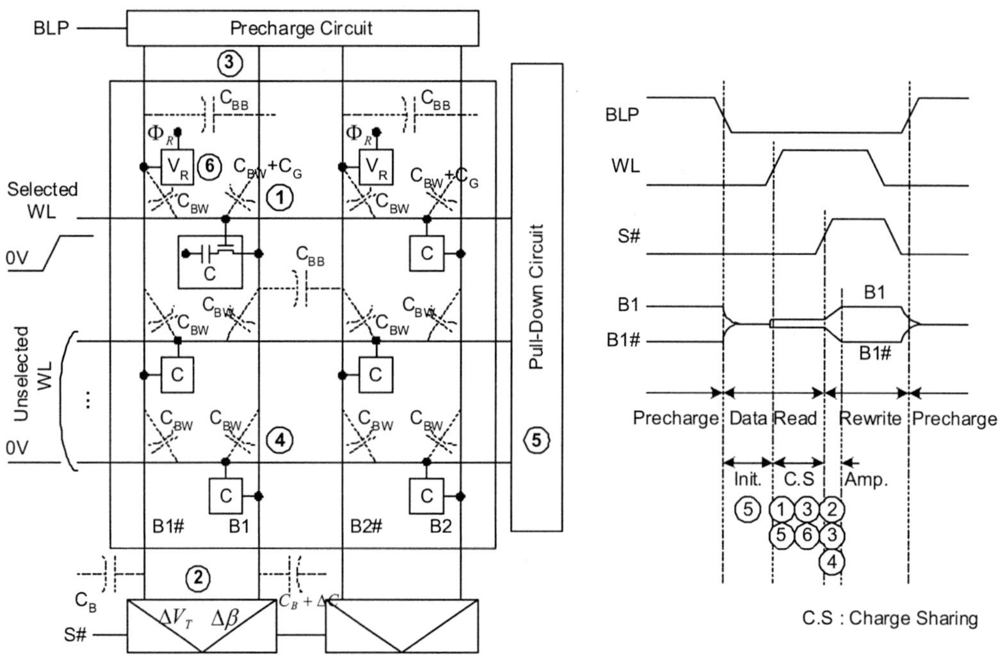

[그림 3.16] 차동 잡음의 종류와 발생 시기

(1) Word Line 구동 잡음

Word Line에는 5~7V의 고전압 Pulse가 인가되며 Bit-Line에는 그와 동시에 100mV~250mV 정도의 미소 신호가 발생한다. 이때 이 Line들의 교점에 존재하는 Coupling Capacitor에 의해 Word Line으로부터 Bit-Line으로 유입되는 Coupling Noise가 문제된다. 이 잡음은 Folded Bit-Line 방식에 의해 상당부분 제거되지만 BL과의 Coupling Capacitor와 BL#과의 Coupling Capacitor값이 서로 다르다면 이에 상당하는 잡음은 여전히 존재한다. Memory Cell이 접속된 BL의 교점 Capacitor는 MOS의 Gate Capacitance C_G와 Word Line과 Bit-Line의 Coupling Capacitance C_{BW}로 구성되며, Coupling Capacitance C_{BW}만으로 구성된 다른 쪽 BL#의 교점 Capacitance보다 일반적으로 크다.

(2) BL과 BL# 사이의 잡음 불균형과 Sense Amplifier의 감도

[그림 3.15(b)]에서 Bit-Line Pair의 Coupling Capacitance ΔC와 ΔC'을 일치시킨다 해도 Bit-Line 자체의 Parasitic Capacitance C_B 등의 전기 특성에 불평형이 있다면 그만큼의 차동 잡음이 발생하며 이러한 불평형은 증폭시에도 잡음으로 작용한다. 또한 차동 증폭기 자체의 감도도 Effective Noise로 작용한다. Sense Amplifier를 구성하는 MOS Pair의 특성에 불평형이 존재하면(Threshold 전압 V_T나 Gain Coefficient β의 Mismatch) 이들이 잡음으로 되기 때문이다.

(3) Bit-Line 사이의 Crosstalk 잡음

대용량, 미세화가 진전되면서 Bit-Line 간격이 줄어들어 Coupling Capacitance C_{BB}가 증가함에 따라 Bit-Line 사이의 Crosstalk 잡음이 급격히 증가한다. 이 잡음에는 Charge Sharing시에 발생하는 Crosstalk와 Sense Amplifier에 의한 증폭시 발생하는 Crosstalk의 2종류가 있다([그림 3.17] 참조). 이를 소거하는 방법으로는 [그림 3.18]과 같이 Bit-Line을 꽈배기처럼 꼬아서 부분적인 Bit-Line 사이의 Coupling의 극성을 바꾸어주어 전체 Bit-Line에 대하여는 소멸되도록 한 구조를 사용한다. Bit-Line Twist 기법에는 [그림 3.19]처럼 Bit-Line간의 교차 방법에 따라 여러 가지로 나타날 수 있다.

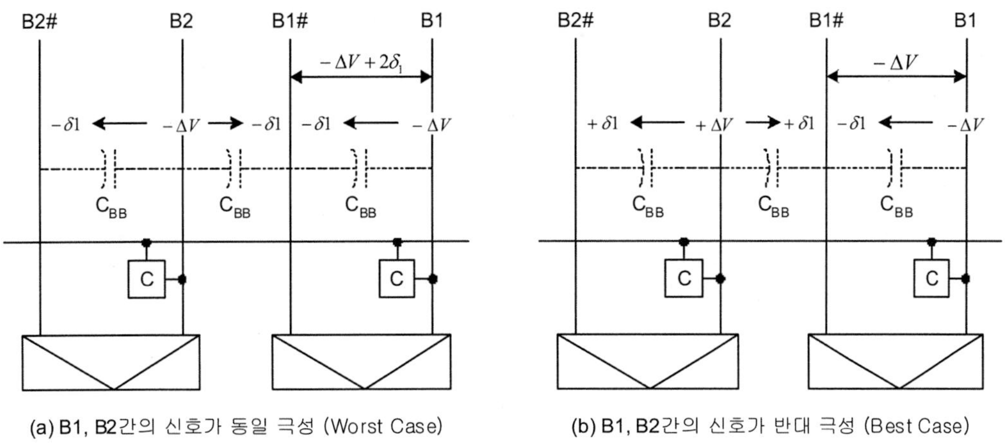

[그림 3.17] Bit-Line Coupling 잡음

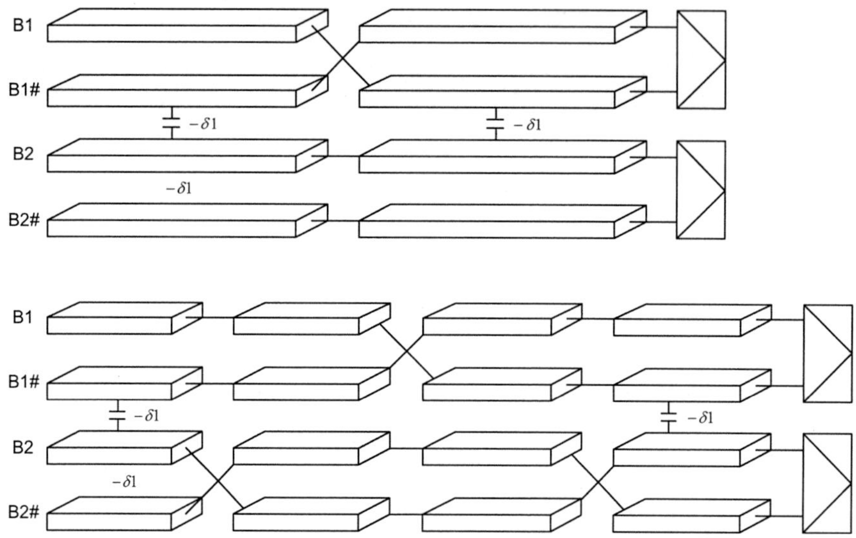

[그림 3.18] Transposed Bit-Line 구조

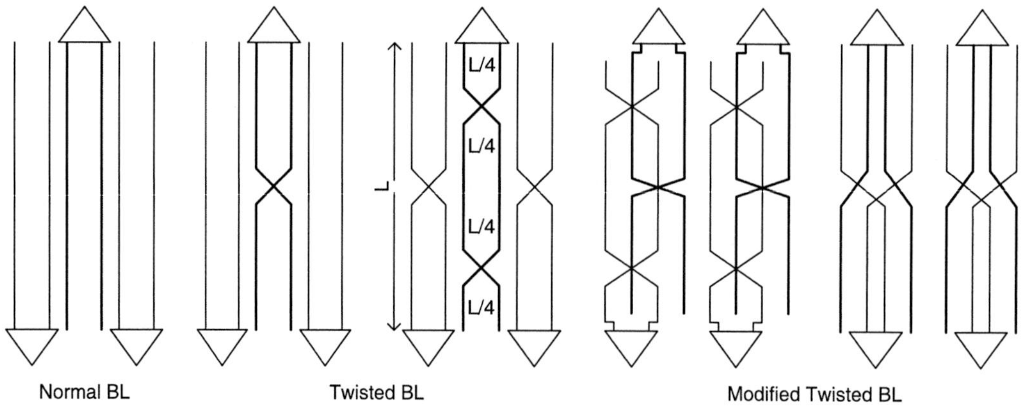

[그림 3.19] 각종 Bit-Line Twist 기법

(4) 증폭시 비선택 Word Line에 유기되는 잡음

증폭 과정에서 다수의 Bit-Line에 발생하는 큰 전압 변화가 Bit-Line과 Word Line 사이의 교점에 존재하는 Coupling Capacitance에 의해 다수의 비선택 Word Line의 전압에 변화를 가져온다. 비선택 Word Line은 원칙적으로는 Pull-Down 회로에 의해 접지되도록 설계되었지만 이 동작이 불완전하기 때문이다. 이러한 전압 변화가 Coupling Capacitance를 통과하여 Sense Amplifier에 의해 증폭된 Bit-Line 전압에 다시 잡음으로 유입된다([그림 3.20] 참조).

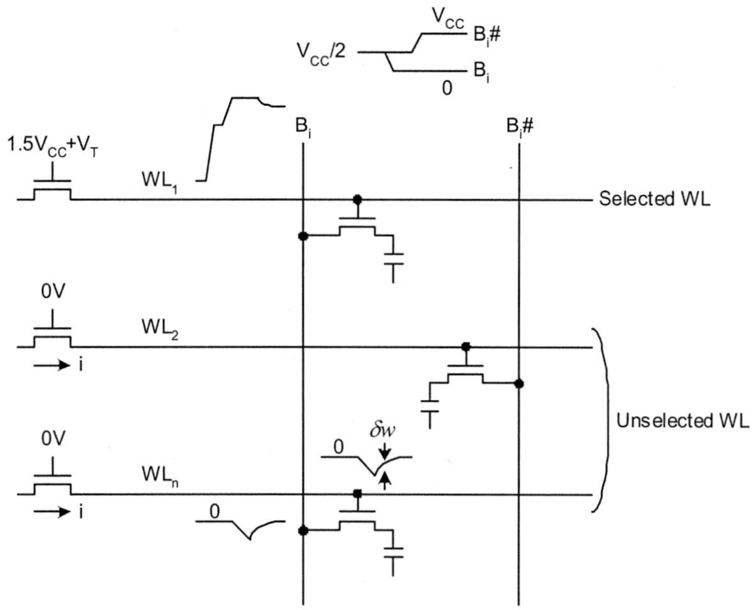

[그림 3.20] Unselected Word Line에 의한 WL 전압 강하

(a) **Word Line Pull-Down 회로의 전원 변동 잡음**

Word Line Pull-Down 회로의 접지 전압이 어떤 원인에 의해 변동되면 전체 비선택 Word Line의 전압도 변동되며 이 전압 변동이 Word Line과 Bit-Line과의 교점에 존재하는 Coupling Capacitance에 의해 Floating 상태에 있는 Bit-Line에 잡음으로 유입된다.

(b) **참조 전압의 변동**

참조 전압 발생 회로의 회로 방식에 따라 다르지만 전원 전압, 온도 또는 제조 공정 등의 변동에 의해 참조 전압이 변동한다. 이러한 전압 변동이 Effective Noise로 동작한다.

(c) **기타 잡음**

대표적인 것으로는 Precharge 완료 후에 발생하는 Bit-Line 전압의 변동, Memory Cell Plate와 Bit-Line과의 Coupling Capacitance, Substrate와 Bit-Line과의 Coupling Capacitance에 의해 생기는 잡음이 있다. 또한 Substrate와 Storage Node와의 Coupling Noise 및 Bit-Line과 DB Line 사이의 Coupling Noise 등도 있다.

3.2.3 Bit-Line Sense Amplifier의 Sensitivity

Bit-Line Pair를 입력으로 하는 Bit-Line Sense Amplifier의 전체적인 Sensitivity는 Cell의 신호 전압 Level을 결정하는데 중요하다. 이 감도는 BL과 BL#사이의 Capacitance 차이 및 Amplifier의 차동 입력을 구성하는 MOSFET Pair의 전기적 Parameter의 불평형에 의해 결정된다. 이러한 Bit-Line Pair와 Sense Amplifier는 DRAM Chip면적의 절반 이상을 차지

하며 Cell Array 전체에 걸쳐 고르게 분포하고 있으므로 Chip내의 통계적 편차나 국부적인 편차를 고려한다면 Parameter의 불평형이 상당히 크게 존재할 것이라고 짐작할 수 있다. 여기에서는 Flip-Flop형 Sense Amplifier를 예로 하여 BL과 BL# 사이의 불평형 잡음과 Sense Amplifier 자체의 감도를 해석해보고자 한다.

[그림 3.21]은 V_{BLP}로 Precharge된 Bit-Line Pair의 한쪽에 Charge Sharing으로 발생한 신호 ΔV를 증폭하는 NMOS Sense Amplifier이다. BL과 BL#사이의 Capacitance 차를 ΔC, MOS쌍의 Threshold전압 및 Gain Factor β의 mismatch를 각각 ΔV_T, $\Delta\beta$라 하자. 일반적으로 C가 작은 Bit-Line 쪽이 방전이 잘된다. 따라서 Bit-Line B에 발생한 신호 ΔV가 음의 극성($\Delta V < 0$)인 경우 Margin이 넓지만 양의 극성($\Delta V > 0$)인 경우 Margin이 좁게 되는데, 이는 Margin이 좁아진만큼 잡음이 발생한 것으로 볼 수 있다. $\Delta\beta$의 영향에 대해서도 동일한 양상을 보인다. 또한 ΔV_T에 대해서도 차동 입력 전압 중 이를 상쇄시키고 남은 전압 성분에 대해서만 증폭이 이루어 지므로 $\Delta\beta$에서와 같이 Sense Amplifier에 내재된 잡음으로 볼 수 있다. 이러한 것들을 일반적으로 해석하는 방법을 설명하면 다음과 같다.

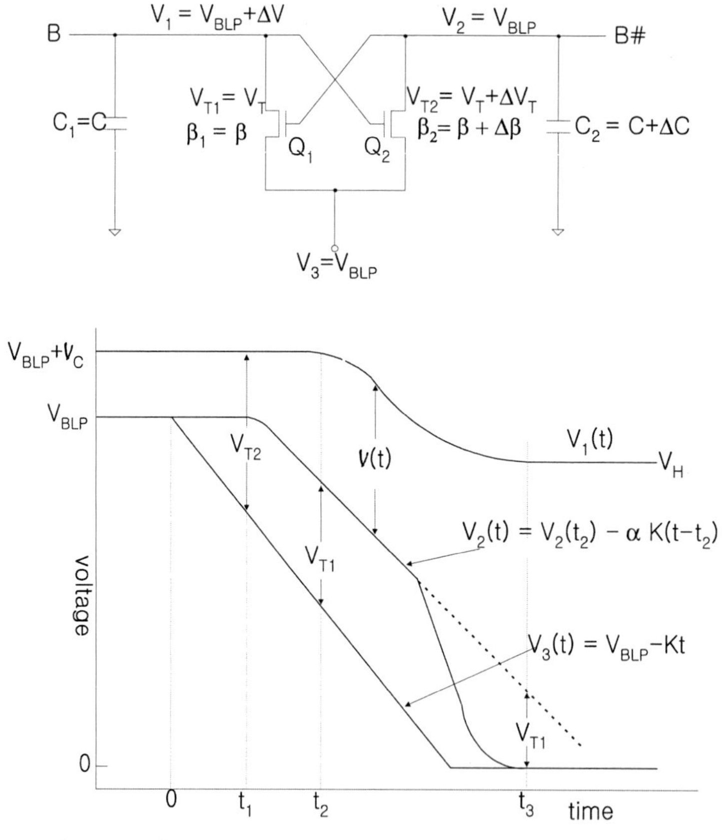

[그림 3.21] NMOS Flip-Flop형 Differential Amplifier의 Model

NMOS Q_1, Q_2 의 Common Source 전압 $V_3(t)$를 초기치 V_{BLP}로부터 Slope K로 하강할 때 $\Delta V > 0$라고 하면, Q_2의 Gate전압 $V_1(t)$와 $V_3(t)$의 차가 Q_2의 Threshold 전압 V_{T2}로 되는 시점 t_1에 이르면 우선 Q_2가 ON된다. 이후 $V_1(t)$와 $V_2(t)$의 파형은 $V_3(t)$의 하강 속도와 Q_2에 의한 V_2의 방전 속도의 차이에 따라 달라진다. β_2/C_2가 충분히 크거나 $V_3(t)$의 하강 속도 K가 충분히 작아진다면 Q_1은 계속 OFF로 남아있게 된다. 이 경우 $V_2(t)$는 $V_3(t)$와 동일한 속도로 감소한다. 그러나 실제로는 Sensing속도를 높이고자 K값을 크게 하며, β_2/C_2도 Sense Amplifier의 Layout면적의 제한 등의 이유로 크게 할 수 없어 $V_2(t)$는 $V_3(t)$보다 느린 속도로 하강한다. 따라서 시간이 흐름에 따라 $V_2(t)$와 $V_3(t)$의 차가 증가하며 이들의 차이가 Q_1의 Threshold전압 V_{T1}과 일치되는 순간인 t_2에 Q_1도 ON된다. t_2이후에는 Q_1과 Q_2는 계속 ON되어 $V_2(t)$가 V_{T1}까지 감소된 시점 t_3에서 Q_1이 OFF되며 $V_1(t)$는 일정한 고전압 V_H로 된다. 이러한 동작에서 Q_2는 초기에는 Saturation Region에서 동작하지만 $V_1(t)$와 $V_2(t)$의 차가 V_{T2}이상이 되면 Linear Region에서 동작하는데, 여기에서는 수식전개를 위해 $V_2(t)$가 [그림 3.21]의 점선과 같이 t_2와 t_3사이에서 직선적으로 변화한다고 가정한다.

(1) $0 \le t \le t_1$

$$V_1(t) = V_{BLP} + \Delta V$$

$$V_2(t) = V_{BLP}$$

$$V_3(t) = V_{BLP} - Kt$$

$$t_1 = \frac{-\Delta V + V_{T2}}{K}$$

(2) $t_1 \le t \le t_2$: Q_1 OFF, Q_2 Saturation Region

$$V_1(t) = V_{BLP} + \Delta V - C_2 \frac{dV_2(t)}{dt}$$

$$= \frac{\beta_2}{2}\{V_1(t) - V_3(t) - V_{T2}\}^2$$

이를 초기조건 $t = t_1$에서 $V_2(t) = V_{BLP}$로 하여 풀면

$$V_2(t) = V_{BLP} - \frac{\beta_2}{6C_2K}\{\Delta V + V_{T2}Kt\}^3$$

이 되며, 또 $t = t_2$에서 Q_1이 ON되기 시작한다는 조건에서부터

$$V_2(t_2) - V_3(t_2) = V_2(t_2) - V_{BLP} + Kt_2 = V_{T1}$$

이 된다. 따라서

$$-\frac{\beta_2}{6C_2K}\{\Delta V - V_{T2} + Kt_2\}^3 + Kt_2 = V_{T1}$$

이 된다.

(3) $t_2 \le t \le t_3$: Q_1과 Q_2모두 Saturation Region에서 동작

$$\frac{dV_1(t)}{dt} \approx -\alpha K(\text{단 } 0 < \alpha < 1)$$

로 가정하면

$$\frac{dV_1(t)}{dt} = -\frac{\beta_1}{2C_1}\{V_2(t) - V_3(t) - V_{T1}\}^2$$

$$\frac{dV_2(t)}{dt} = -\frac{\beta_2}{2C_2}\{V_1(t) - V_3(t) - V_{T2}\}^2$$

이 되는데, $V(t) = V_1(t) - V_2(t)$라 하여 위 식을 묶으면

$$\frac{dV(t)}{dt} = \frac{\beta_1}{2C_1}\left\{-V(t) + \left(\frac{2C_2\alpha K}{\beta_2}\right) + V_{T2} - V_{T1}\right\}^2 + \alpha K$$

가 되며, 이를 풀면

$$V(t) = B\frac{1 + Ae^{-B(t-t_2)}}{1 - Ae^{-B(t-t_2)}} + \sqrt{\frac{2C_2\alpha K}{\beta_2}} + (V_{T2} - V_{T1})$$

$$A = \frac{V_E - B \cdot C_1/\beta_1}{V_E + B \cdot C_{1/}\beta_1}$$

$$B = \sqrt{\frac{2\beta_1\alpha K}{C_1}}$$

$$V_E = \Delta V + \left(\frac{\beta_2}{6C_2K}\right)(\Delta V - V_{T2} + Kt_2)^3 - \sqrt{\frac{2C_2\alpha K}{\beta_2}} - (V_{T2} - V_{T1})$$

이 되고, $V_2(t)$가 V_{T1}으로 되는 시점 t_3에서 $V_1(t)$의 방전이 끝나므로

$$t_3 = t_2 + \frac{V_2(t_2) - V_{T1}}{\alpha K}$$

가 된다.

(4) $t \geq t_3$ **:** Q_1 **OFF,** $Q_2 = V_H$

$$V_H = V_1(t_3) = V(t_3) + V_2(t_3) = V(t_3) + V_{T1}$$

이 된다.

이상의 식들을 사용하여 Sense Amplifier의 잡음 V_N을 구해보자. 실제 동작에서는 Sense Amplifier의 양쪽 MOSFET이 ON되는 시간대($t_2 \leq t \leq t_3$)가 문제이다. 이제 $dV(t)/dt > 0$의 조건에서 $V(t)$, 즉 Bit-Line 의 전압차가 시간에 따라 증가하게 되며 $dV(t)/dt = 0$ 이라면 $V(t)$가 시간에 무관하게 일정하므로 증폭은 이루어지지 않는다는 것을 뜻한다. 따라서 이 두 조건의 경계 전압차가 Sense Amplifier의 Sensitivity이며 구하려는 잡음이다. 이로부터 잡음 V_N을

$$\frac{dV(t)}{dt} = 0, \quad V(t) = V_N$$

을 만족하는 값이라고 정의한다면 V_N은

$$V_N = \sqrt{\frac{2C_2 \alpha K}{\beta_2}} - \sqrt{\frac{2C_1 \alpha K}{\beta_1}} + (V_{T2} - V_{T1})$$

$$\approx \sqrt{\frac{C\alpha K}{2\beta}} \left(\frac{\Delta C}{C} + \frac{\Delta \beta}{\beta} \right) + \Delta V_T$$

로 주어진다. Computer 수치해석에 의해 $\alpha \fallingdotseq 0.5$라 알려져 있다. 이 식으로부터 K가 작을수록, 즉 Sense Amplifier의 동작속도가 느릴수록, 또 Bit-Line의 Capacitance가 작을수록, 그리고 불평형 ΔC, $\Delta\beta$및 ΔV_T가 작을수록 잡음 V_N이 작아짐을 알 수 있다.

(a) Sensing속도(K)

Sense Amplifier의 Common Source단자를 Two Step으로 구동하는 방법이 널리 실용화되어 있다. [그림 3.22]에서와 같이 처음에는 Channel Width가 작은 MOSFET Q_1으로 서서히(K가 작다) 구동하여 저잡음, 고감도를 가지며 신호전압이 일정한 값에 이를 때까지 증폭한다. 어느 정도 증폭된 후에는 큰 잡음이 유입되어도 견딜 수 있으므로 Channel Width가 큰 MOSFET Q_2로 급속히 구동한다(K가 크다). V_{CC} Precharge 방식에서도

Two Step 증폭을 활용하면 Active Restore 회로를 사용하지 않을 수도 있다. Sense Amplifier는 K가 작을수록, 신호 Δ V가 클수록, Bit-Line측의 High Level(V_H)의 하강이 작게 일어나므로 이들 값을 최적화한다면 증폭 후에도 충분한 "H" Level을 확보할 수 있기 때문이다.

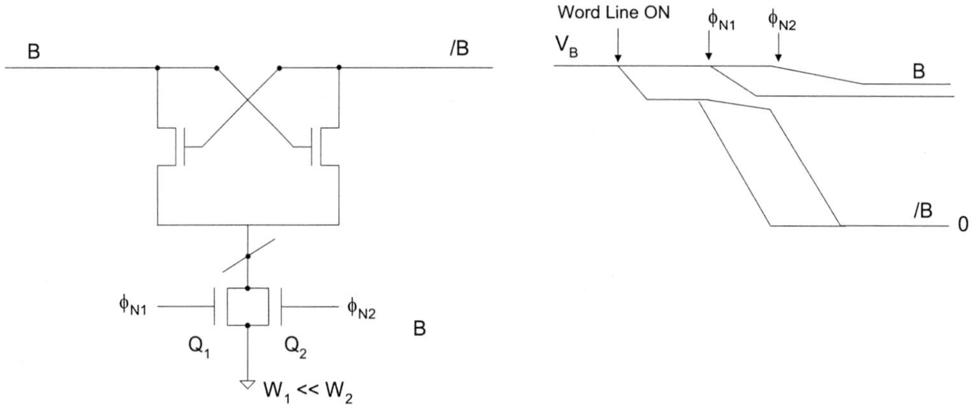

[그림 3.22] Sense Amplifier의 Two Step 구동

(b) **Bit-Line Capacitance C와 이득의 차 ΔC**

$\Delta C/C$를 가능한 한 작게 하기 위하여 여러 가지의 고려가 필요하다. 증폭 기간 중에는 Sense Amplifier와 Bit-Line을 분리시켜, 즉 Decoupling하여, Mismatch ΔC를 Sense Amplifier가 보지 못하도록 해서 고감도, 저잡음 증폭을 유도한다. 이 방식에서는 부하용량 C도 감소하므로 고속 증폭도 가능하다. 이때에는 Sense Amplifier 자체의 Capacitance Mismatch가 새로운 문제로 될 수 있으므로 Layout에 주의를 기울여야 한다. Decoupling의 원리는 [그림 3.23(a)]에 보인 것처럼 Decoupling MOSFET Q, Q#의 Gate 전압을 제어함에 따라 Sense Amplifier와 Bit-Line 사이의 실효 저항의 크기를 변화시키는 것이다. 다음과 같은 여러 방식이 제안되고 있다.

1) 증폭 초기, 즉 S# 가 ON됨과 동시에 Q와 Q#의 Gate전압을 "H"에서 잠깐 "L"로 했다가 다시 "H"로 되돌리는 방식이다.
2) Q와 Q#를 Depletion MOS로 하여 Q의 Gate는 Node d에, Q#는 Node d#에 접속하여 MOSFET을 저항소자로 사용한다.
3) Q와 Q#의 Gate에 항상 "H"전압을 인가한다.
4) 신호를 Sense Amplifier로 읽어들인 뒤 Q, Q#의 Gate전압을 "L"로 하여 Bit-Line을 완전히 분리시킨 뒤 증폭한다.

일반적으로 (1)~(3)은 Bit-Line을 완전히 분리시키지는 않았으므로 분리에 따른 효과는 약하지만 설계는 비교적 쉽다. (4)는 분리 효과는 크지만 두 MOSFET을 일단 OFF하여 증폭하고 이를 다시 ON하여 Memory Cell에 Rewrite하여야 하므로 전체 소요시간이 길어진다.

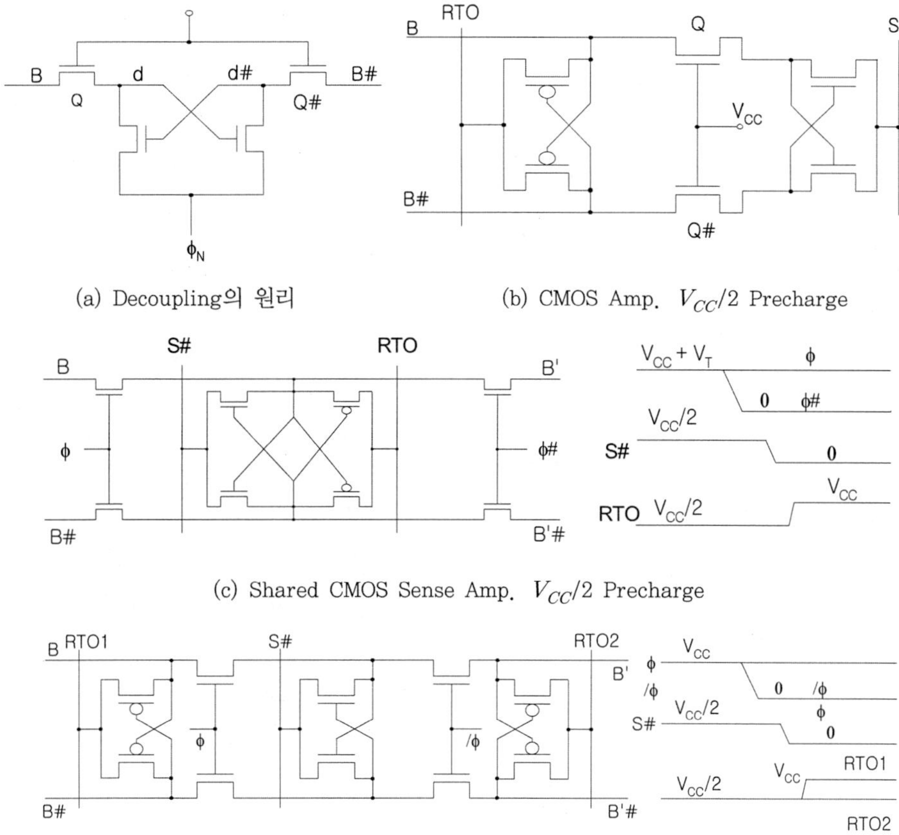

(a) Decoupling의 원리

(b) CMOS Amp. $V_{CC}/2$ Precharge

(c) Shared CMOS Sense Amp. $V_{CC}/2$ Precharge

(d) Shared NMOS Amp. $V_{CC}/2$ Precharge

[그림 3.23] Bit-Line Decoupling Amplifier의 원리와 사용예

[그림 3.23(b)~(d)]는 위의 방법 3)의 응용예로서 CMOS Sense Amplifier $V_{CC}/2$ Precharge 방식 회로이다. [그림 1.34(b)]는 우선 S#를 활성화하여 NMOS Amplifier로 신호를 증폭한 후에 RTO를 ON하여 Bit-Line의 증폭 전압을 Full V_{CC}까지 끌어올린다. PMOS Amplifier를 NMOS Amplifier와 분리시켜 Bit-Line측에 배치하여 Cell에 전압 손실 없이 Full V_{CC}를 Rewrite할 수 있게 한다. NMOS와 PMOS를 일체화한 경우는 PMOS Amplifier에 의해 V_{CC}까지 증폭하였다 해도 Q, Q#의 Gate전압이 V_{CC}로 묶여 있어 Bit-Line에는 $V_{CC}-V_T$만 전달되기 때문이다. [그림 3.23(c)]는 2쌍의 Bit-Line B, B# 및 B′와 B′#가 CMOS Amplifier를 공유하는 예이다. Precharge기간 중에는 Φ, Φ#를 ON

하여 Bit-Line 전체를 $V_{CC}/2$로 Precharge한다. 예를 들어 B, B#측의 Array Block의 Cell이 선택될 경우 Φ#를 OFF하여 B′와 B′#를 분리시킨 뒤 B, B#측의 Word Line을 ON 한다. Charge Sharing된 신호를 Amplifier로 받아들인 뒤에 Φ를 ON으로 둔 채 S#를 활성화하고 RTO를 ON으로 해서 CMOS Amplifier로 $0\,V$와 V_{CC}까지 증폭한다. Φ, Φ#의 전압은 $V_{CC}+V_T$ 이상으로 Bit-Line 전압보다 높게 유지하여 CMOS Amplifier를 공유하여도 Bit-Line에는 V_{CC}의 고전압이 얻어지도록 한다. 승압한 만큼 Decoupling 효과는 약해진다. [그림 3.23(d)]는 NMOS Amplifier만을 공유하고 (b)와 동일한 이유로 PMOS Amplifier를 각 Bit-Line Pair에 독립적으로 설치한 예이다. (c)에 비해서 Φ, Φ#의 전압을 승압할 필요가 없어 회로 설계는 간단하지만 PMOS Amplifier가 1개 더 추가되므로 면적으로는 손실이다.

이상의 예에서와 같이 알 수 있듯이 실효 저항을 크게 할수록 Decoupling 효과는 증가하지만 고속화에는 불리하므로 결국 Bit-Line Capacitance의 Mismatch을 줄여주어야 한다. 이러한 Mismatch에는 Bit-Line 자체의 Mismatch, Sense Amplifier와 Precharge회로 등의 Layout시 유입되는 Mismatch, Bit-Line Pair 중 한쪽에만 Cell Capacitor C_C가 접속되는데 기인한 Mismatch등이 있다. 일반적으로 Folded Bit-Line 구조가 Bit-Line 자체의 Mismatch를 줄일 수 있다. Sense Amplifier의 Layout은 공정 Fluctuation이나 Misalignment가 존재하여도 충분한 Sensitivity를 확보할 수 있도록 조심하여 다루어야 하지만 Folded형은 Open Bit-Line 구조에 비해 Layout 자유도가 크므로 이만큼 Mismatch을 피할 수 있는 여유가 있다. Folded Bit-Line 구조는 Sense Amplifier가 Bit-Line Pair의 한쪽 끝에 배치되어 있는데 반해 Open Bit-Line 구조에는 Bit-Line의 가운데에 배치된다. 따라서 Bit-Line Pair와 Sense Amplifier와의 접속이 복잡하여 Bit-Line의 아래나 위로 회로나 배선이 배치되는 구조로 되어 Capacitance Mismatch나 차동 잡음의 유입이 쉽게 발생한다. C_C에 따른 Mismatch는 이를 보상하기 위해 Dummy Cell을 채택하여 Cell이 연결되지 않은 Bit-Line에 Dummy Cell을 연결하는 방식이 사용된다.

최근에는 NMOS Amplifier와 PMOS Amplifier 각각의 Gain Factor β를 동일하게 한 뒤 S#와 RTO를 동시에 활성화시켜 Capacitance Mismatch을 상쇄시키는 방법이 이용된다. 예를 들어 [그림 3.21]의 NMOS Amplifier에서와 같이 B#의 Capacitance가 B의 그것보다 ΔC만큼 큰 경우를 생각해 보자. Bit-Line Pair에 동일한 전압으로 Precharge만 시켜둔 경우라도 S#가 활성화되면 Capacitance가 작은 B측이 방전된다. B측에서 보면 Charge Sharing된 신호 ΔV가 음의 극성이면 Margin을 확대시키는 방향으로 작동하고 양의 극성이면 Margin을 감소시키는 방향으로 작동한다. 한편 PMOS Amplifier를 구동하면 역으로 Capacitance가 작은 B측이 충전되는 경향이 있어 양의 극성 정보에 대해서 Margin이 넓다. 즉, NMOS Amplifier와 PMOS Amplifier가 상호 보완적임을 알 수 있고 따라서 동시에 대칭 구동을 한다면 Capacitance Mismatch의 영향을 상쇄시킬 수 있다. 물론 Bit-Line B#에 대해서도 비슷한 이유로 상쇄시킨다. NMOS와 PMOS의 구동 능력을 일치시키려면 PMOS의 Size가 커지는 것이 단점이지만 전원 전압, 온도, 제조공정 등의 변동에 대해서도 S#와 RTO를 동시에 활성화시키는 대칭구동법이 유리하다고 알려져 있다.

(c) Gain Factor β의 Mismatch

Sense Amplifier의 MOSFET들은 가능한 한 대칭에 근접한 Layout을 가지도록 해야 하지만, Mask상의 오차나 공정상의 Fluctuation에 따라서 Channel Length 또는 Channel Width에 차이가 발생하여 $\Delta\beta$의 주원인으로 된다. 따라서 주어진 Layout면적 제한 조건 하에서 Gate Length를 가능한 크게 설정하는 방법이 널리 실용화되고 있다. 구동 능력 β를 일정하게 유지시키기 위하여 Gate Length를 증가시킨 만큼 Channel Width도 크게 한다면 어느 정도의 Length Variation이 존재하여도 Size를 증가시킨 만큼 $\Delta\beta/\beta$의 변동률은 감소하기 때문이다. 0.5~0.6μm정도의 Gate Length를 가지는 16M DRAM에서는 NMOS Sense Amplifier의 Gate Length를 1.2~1.4μm로 길게 한다면 Gate Length의 차가 ±0.02μm으로 된다는 보고도 있다. 또한 Sense Amplifier의 MOSFET의 Parasitic Resistance, 특히 Source저항의 Mismatch, 또는 Bit-Line과 MOS의 Contact부분의 Contact Resistance의 Mismatch 등도 가능한 한 작게 유지시켜야 하며 이를 위해 Layout에 세심한 주의를 기울여야 한다.

(d) Threshold 전압의 Mismatch

MOSFET의 Threshold전압 V_T는 Gate Length L_g에 따라 변하는데 L_g가 짧을수록 Short Channel Effect에 의해 V_T의 감소가 심하다. 따라서 Gate Length가 짧아질수록 MOSFET 사이의 공정 편차에 따른 V_T의 Mismatch ΔV_T가 증가한다. 이 ΔV_T는 Sense Amplifier의 Offset 전압으로 된다. 여기에서도 주어진 면적 내에서 Gate Length를 가능한 한 크게 설정하는 방법이 널리 사용된다. 미세화, 대용량화 됨에 따라 Short Channel Effect가 한층 증가하며 DRAM내의 Sense Amplifier의 개수도 증가하므로 ΔV_T에 기인한 잡음이 커져 문제가 된다.

이러한 ΔV_T의 영향을 감소시키기 위해서 [그림 3.24]와 같은 여러 회로 방식들이 제안되고 있다. [그림 3.24(a)]에서는 Bit-Line을 V_{CC}로 Precharge한 후 Φ_1을 ON하여 Common Source에 $V_E(< V_{CC})$전압을 인가하고 Q와 Q#를 Diode Connection으로 하여 Node N, N#에 $V_E + V_T$ 전압을 가지도록 하기 때문에 V_T에 대응하는 Q, Q# 각각의 전압이 Node N, N#에 일단 저장된다. 따라서 N, N#의 전압차가 B, B#의 전압차, 즉 ΔV_T로 된다. 이후 Φ_2를 ON하면 Node N, N#의 Capacitance는 Bit-Line Capacitance보다 충분히 작기 때문에 이들의 전압 관계를 그대로 유지할 수가 있다. Q와 Q#에 의해 Flip-Flop이 형성되면 ΔV_T가 외부에서는 보이지 않는 상태로 된다. 이후 Cell을 읽고

Φ_3를 ON하여 증폭한다. 이 방법에서는 Common Source를 중간 전압 V_E 가까이까지 방전시켜야 하므로 Precharge 종료 후에도 동작이 추가되어 Access Time이 길어진다. [그림 3.24(b)]는 Sense Amplifier MOSFET Pair로 Bit-Line들을 Precharge하는 방식이다. Precharge후 Φ_1을 ON하여 Flip-Flop을 구성해서 신호를 읽은 뒤 Φ_2을 ON하여 증폭한다. 이러한 방식을 채택하여 Sensitivity를 약 4배(ΔV_T 잡음이 1/4)향상시킨 예도 있다. 그러나 Precharge기간에 ΔV_T의 Compensation이 필요하고 Sense Amplifier MOSFET을 Source Follower Mode로 사용해야 하므로 속도가 느려서 Precharge되는 시간이 길며 따라서 Cycle시간이 증가한다. 또한 Bit-Line의 Precharge전압이 V_T만큼 하강되므로 V_T Fluctuation을 고려한다면 $V_{CC}/2$ Precharge 동작은 채용하기 힘들다. [그림 3.24(c)]에서는 Sense Amplifier용 MOSFET을 이용하여 Bit-Line전압으로 Node N, N#을 거의 $V_{CC}-V_T$까지 Precharge하는 방식이다. V_{CC} Precharge 방식에서는 Cell신호가 V_{CC}에 대해 항상 음의 극성으로 출력되므로 Cell과 Charge Sharing시 N, N#의 Precharge 전압은 변하지 않는다. 따라서 Φ_1에 의한 Capacitor Coupling에 의해 N, N#의 전압이 Pull-down되면서 초기 증폭이 시작된다. 그 후 Φ_2에 의해 증폭 동작이 가속되어 완료된다. Node N과 N#의 Precharge 전압은 Sense Amplifier MOSFET의 V_T에 대응한 전압이므로 ΔV_T가 존재하여도 Sensitivity의 저하는 없다. 이 방식에서는 Coupling Capacitor가 큰 부담이 된다. [그림 3.24(d)]는 $V_{CC}/2$ Precharge용으로 제안된 것으로서 Current Mirror형 차동 증폭기로 Bit-Line의 Precharge전압을 Compensation하는 것이 특징이다. 우선 Bit-Line을 $V_{CC}/2$로 Precharge하고 Floating상태로 한 후에 Φ_1과 Φ_2를 ON한다. Q_2#가 ON되면 이에 따라 Q_1, Q_1#이 입력으로 Q_3, Q_3#가 Current Mirror Load로 되어 Current Mirror 차동 증폭기를 형성한다. 공정상의 이유로 Q_1#의 V_T가 Q_2의 V_T보다 낮다면 Q_1에 흐르는 전류보다도 Q_3#로부터 Q_1#으로 흐르는 전류가 더 많아지므로 Current Mirror효과에 의해 Q_3에 흐르는 전류가 증가하고 결국 Q_1의 Gate전압이 상승한다. 따라서 Q_1과 Q_1#의 ΔV_T가 자동적으로 보정된 Bias상태의 전압차가 Floating상태로 유지된다. 이제 Memory Cell을 읽어서 이 신호 전압이 Q_1, Q_1# 차동 증폭기로 증폭되어 Q_4, Q_4#의 Drain사이에 전압차를 발생한다. 다음으로 Φ_3, S#를 ON하면 Q_3와 Q_3#가 PMOS Flip-Flop을 형성하여 전압차를 V_{CC}와 0V까지 증폭시킨다. 그리고 Φ_4를 ON시켜 증폭된 전압으로 Memory Cell에 Rewrite한다. 이 방식은 ΔV_T를 감소시키는데 유리하지만 소자수가 많은 것이 단점이다.

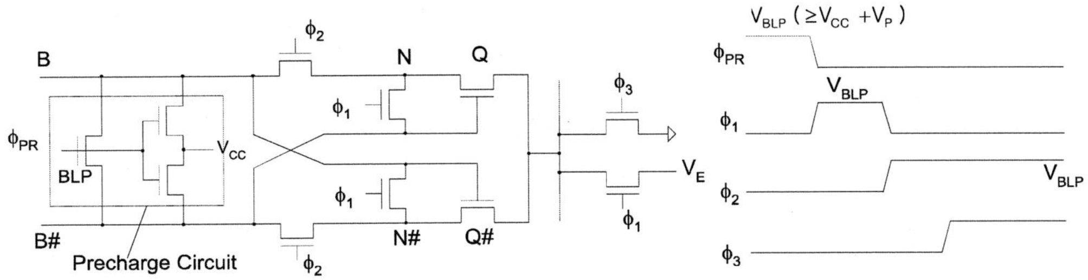

(a) Offset 전압의 Sampling and Hold

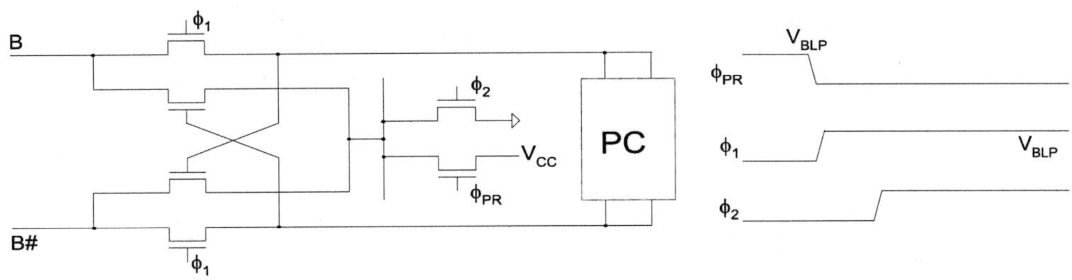

(b) Precharge 겸용 MOS Pair

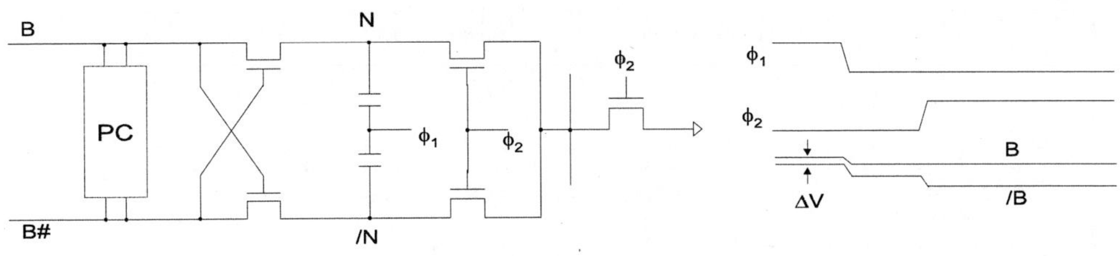

(c) Capacitor Coupled 증폭

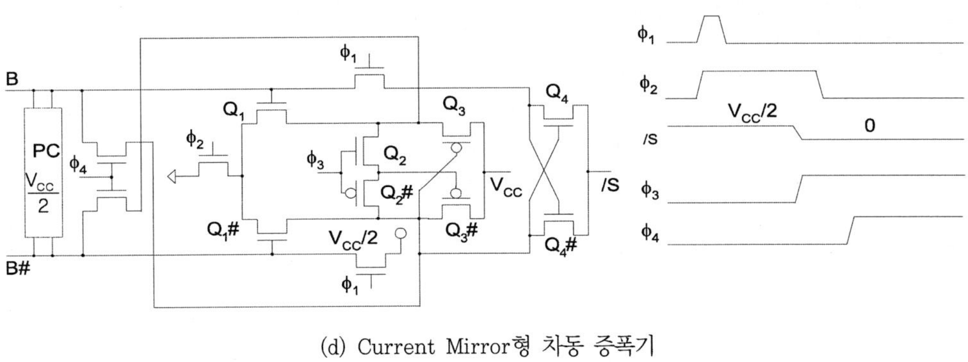

(d) Current Mirror형 차동 증폭기

[그림 3.24] ΔV_T Offset 감소 회로

3.3 | Cell Array

지금까지는 Memory Array의 가장 기본이자 핵심인 Cell의 배치 방법과 Bit-Line Sense Amplifier의 동작에 대해 집중적으로 알아보았다. Cell과 Bit-Line Sense Amplifier, 그리고 Sub Word Line Driver를 조합하여 Sub-Array가 만들어지고, 이 Sub-Array를 2차원 배열한 구조에 Sub-Hole 및 Main-Hole 회로와 Main X-Decoder, DB Read/Write 회로가 추가되어 Cell Array가 완성된다. 여기에서는 Sub-Hole과 Main-Hole에 위치하는 회로들에 대해 살펴보기로 한다. Main X-Decoder와 DB Read/Write 회로는 각각 제 4장 Address Path와 제 5장 Data Path에서 다루도록 한다.

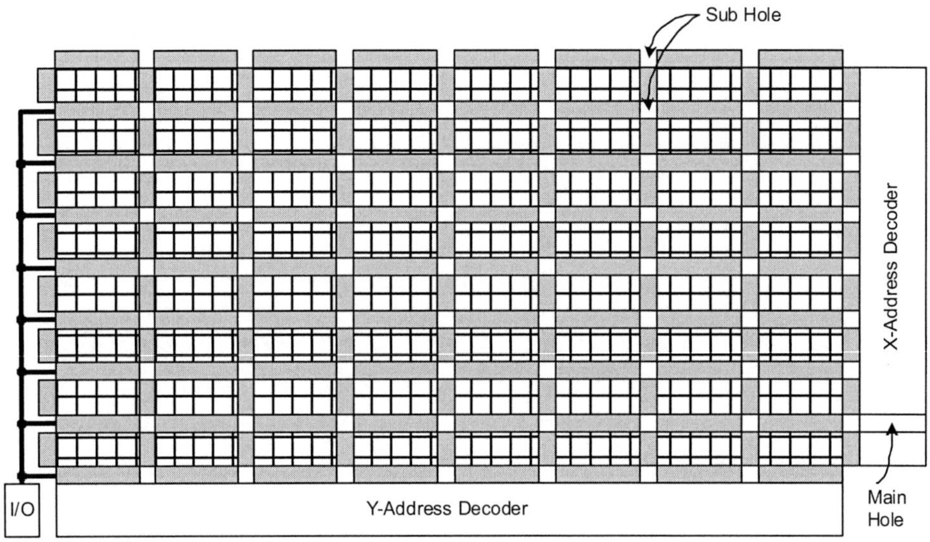

[그림 3.25] Cell Array의 구성

3.3.1 Cell Array의 배치

Memory Array, Sense Amplifier, Row Decoder 및 Column Decoder를 배치하는 형태에 따라 동작 속도 및 소모전력에서 차이를 보이게 된다. Word Line은 Cell Transistor의 Gate에 연결되며 일반적으로 N^+-Polysilicon으로 형성된다. 이 Polysilicon의 비저항은 40 Ω/□ 정도로 크며 Cell Transistor의 Gate Oxide 위를 지나므로 Capacitance도 매우 크다. 따라서 Word Line의 길이가 길어지면 RC Delay가 증가하며, Word Line을 구동하는 Decoder 출력단이 커야 하므로 면적 소모도 증가하고, Word Line 전체를 높은 전압으로 충전하고 방전하는데 많은 전력이 소모된다. 따라서 Word Line 길이(즉, Capacitance와 저항값)를 최적화할 필요가 있는데 16M DRAM의 경우 대략 1024(=2^{10})개 Cell길이에 해당하는 것으로 알려져 있다. 동일한 Row Decoder(여기에서는 Sub Word Line Driver)를 4개 사용하여

[그림 3.26]과 같이 Word Line을 1K(2^{10}개) Cell 길이를 갖도록 분할한다. 물론 면적면에서는 손해이지만 동작 속도, 전력 소모 등에서 이익이므로 이 방식을 택하고 있다. Address 입장에서 보면 Line에 연결된 Row Decoder의 수가 1개에서 4개로 증가하므로 부하 용량이 증가하여 고속화에는 불리하지만 WL 전송 속도가 증가하므로 이 방식을 택하고 있다.

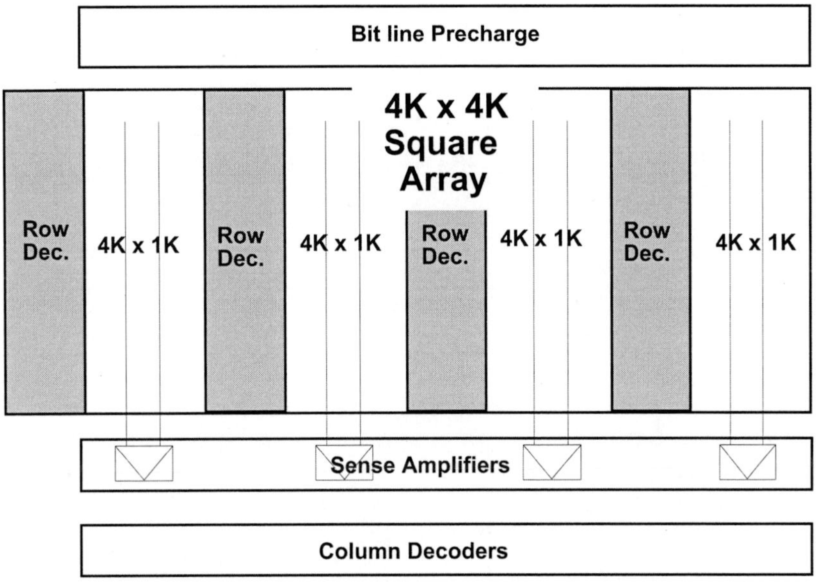

[그림 3.26] Word Line의 분할

한편 Bit-Line의 길이가 길어지면 Bit-Line 자체의 Capacitance 값이 커져 C_B/C_C의 비가 증가하며, 이에 따라 Read 시의 Charge Sharing에 의한 Bit-Line 전압 변화량이 감소하여 정확한 Data의 감지가 어렵다. 또한 Sense Amplifier가 Bit-Line과 Bit-Line#를 V_{CC}와 0V로 충전 및 방전을 시켜야 하는데, Bit-Line Capacitance가 증가하면 이에 필요한 소모전력이 증가한다. RC Delay가 증가하여 Sensing 속도가 저하됨은 물론이다. 따라서 Bit-Line의 길이를 감소시켜 C_B의 값을 줄여 주어야 하는데 C_B/C_C의 비가 약 10정도일 때의 Bit-Line 길이가 최적인 것으로 알려져 있으며 16M DRAM의 경우 256 Cell 길이에 상당한다. 따라서 [그림 3.27]과 같이 세로 높이가 256($=2^8$) Cell, 가로폭이 1024 Cell인 Cell Block이 적당한 Sub-Array Block 크기임을 알 수 있다.

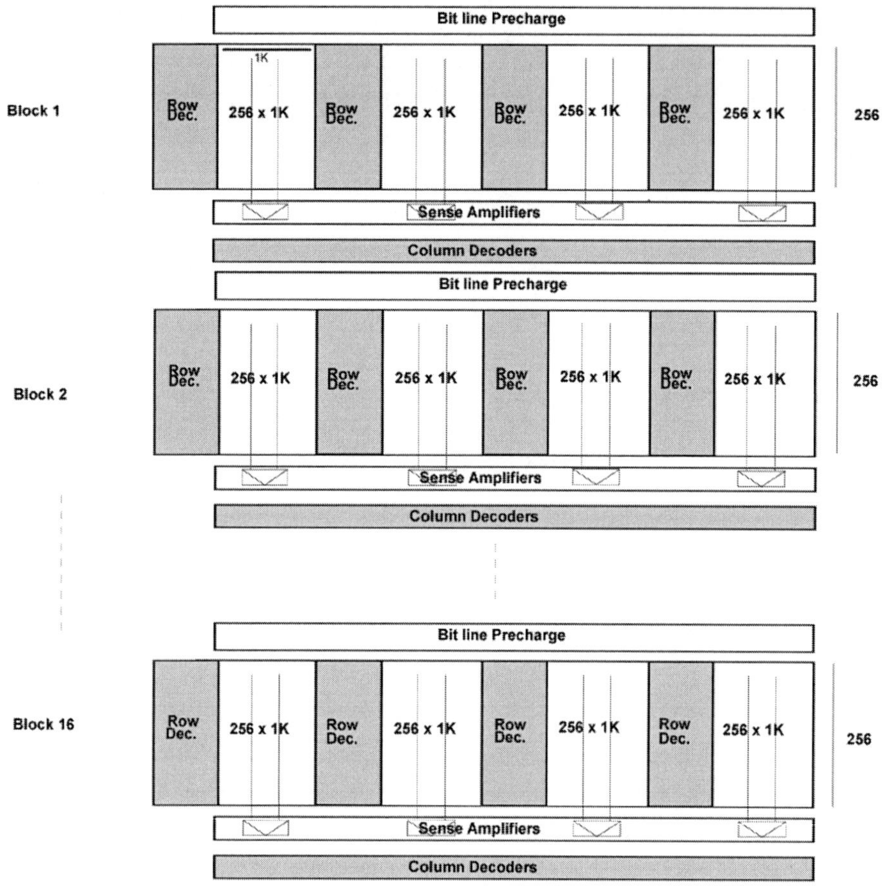

[그림 3.27] Bit-Line의 분할

이렇게 Block으로 분할하면, 이제 문제는 Cell 자체의 배치가 아니라 Sub-Array의 배치로 바뀐다. Sub-Array는 각각에 Sub Word Line Driver, Sense Amplifier 및 Column Decoder를 갖고 있으므로 Sub-Block 단위로 자유로이 배치할 수 있다. 선택된 Block의 Sense Amplifier만을 활성화하면(Partial Activation이라 부른다) 불필요한 전력소모를 막을 수가 있으며 Sense Amplifier의 감도도 더욱 향상됨을 알 수 있다. 주의를 기울여야 하는 것은 Refresh Cycle이다. Refresh Cycle이란 DRAM의 전체 Cell을 Refresh하기 위해서 Word Line을 몇 개나 활성화해야 하는가를 나타낸다. 이를 살펴보기 위해 [그림 3.28]의 두 가지 극단적인 경우를 살펴보자. (a)와 같이 전체의 Sub-Array를 세로로 배열한 구조는 한 Cycle에 q개의 Sub-Array가 활성화되므로 Refresh에 필요한 Cycle을 최소화할 수 있지만, 한 번에 충/방전시켜야 하는 Bit-Line 및 이를 구동하는 Sense Amplifier의 수가 증가하여 전력소모가 많다. 이에 반하여 (b)와 같은 구조에서는 한 Cycle당 단 하나의 Sub-Array만 활성화되므로 Refresh해야 하는 Word Line의 수가 최대로 되어 공정의 부담 또는 Busy Rate의 증가 등이 문제로 대두되나 Bit-Line Capacitance와 이를 구동하는 Sense Amplifier의 수가 줄어들어 저전력화에 매우 유리하다. 하지만 실제의 경우 이 두 극단적인 구조의 중간을 취하게 되어 Refresh Rate와 전력소모의 타협점을 찾게 된다.

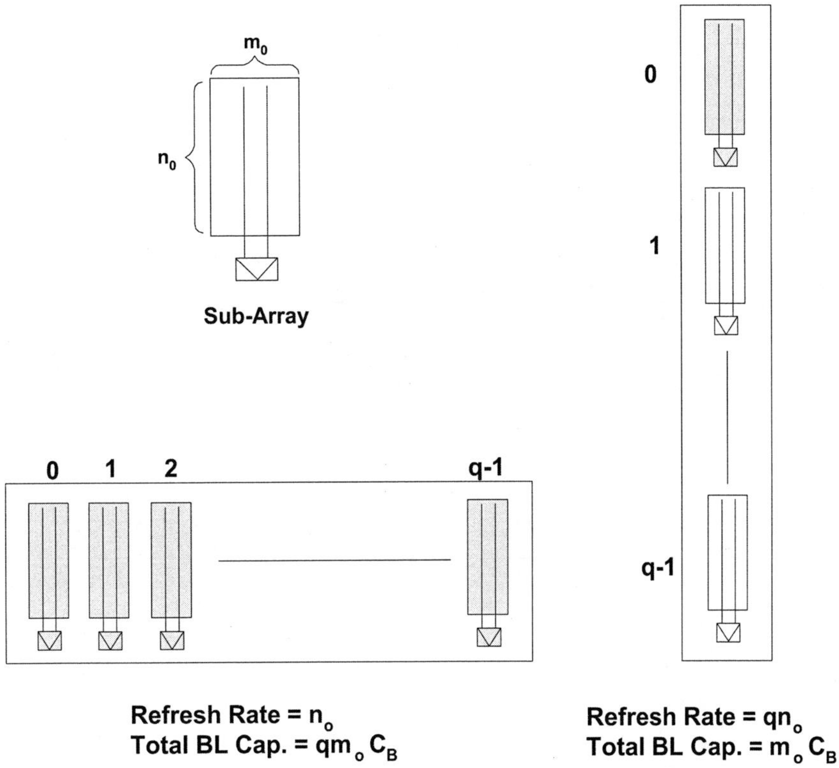

(a) (b)

[그림 3.28] Sub-Array의 배치와 특성

분할된 각 Sub-Array Block은 적절한 길이의 Bit-Line과 Word Line을 가져 고성능으로 동작하지만, 자기만의 Row Decoder(Sub Word Line Driver), Sense Amplifier, Column Decoder 및 Bit-Line Precharge 회로 등을 갖고 있기 때문에 마치 소형 DRAM을 단순 집적해 놓은 것과 흡사하므로 면적이 최소로 되어 있는 것은 아니다. 따라서 새로운 Metal Layer를 추가로 도입하여 면적 증가를 최소화하는 것이 필요하다. 4M DRAM까지는 Metal Layer를 1개만 사용하는 공정을 사용했었기 때문에 작은 저항을 갖는 도선을 확보하기가 어려웠다. 하지만 16M DRAM에 들어서면서 Double Metal 공정, 즉 Metal Layer를 2개 사용하는 공정으로 바뀌었다. 이에 따라 [그림 3.29]에서처럼 Y-Decoder의 출력선에 Metal 2를 채용하여 세로 높이 2^{12}개의 Cell 모두를 Control하도록 할 수가 있게 되었다. 즉, 정확한 Data감지에 중요한 Sense Amplifier는 작은 Block 1개 마다 배치하지만 Sense Amplifier의 출력을 제어하는 Y-Decoder선은 2^{12}개의 Cell 전체를 Cover하도록 함으로써 면적 소모를 줄일 수가 있으며 이러한 방법을 Global Column Decoding 방식이라 부른다.

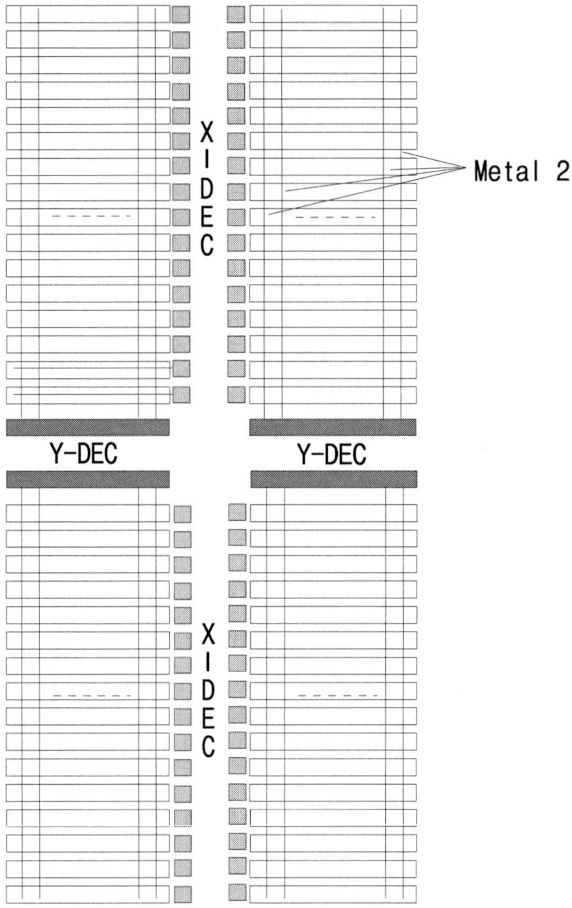

[그림 3.29] Global Y-Decoder

이러한 Block화 및 Partial Activation의 장점을 실제 예를 들어 설명해본다. DRAM의 Cell 수는 세대가 바뀜에 따라 4배씩 증가한다. [그림 3.30(a)]의 256K DRAM을 1M DRAM으로 증가시키는 경우 [그림 3.30(b)]와 같이 가로와 세로 길이를 각각 2배씩 증가시키는 방법과 (c)에서와 같이 단순히 256K DRAM을 4개 모아놓은 배치법을 생각해 볼 수 있다.

[그림 3.30(b)]와 같은 방법에서는

1) Word Line의 길이가 256K DRAM의 2배가 된다(R과 C도 2배).
2) Bit-Line의 길이도 256K DRAM의 2배가 된다(R과 C도 2배).
3) Sub-Array Block의 세로 높이가 2배이므로 Refresh 주기도 2배로 증가한다.
4) Column Decoder 출력선의 길이가 2배로 된다.
5) Sense Amplifier의 수가 2배로 된다.

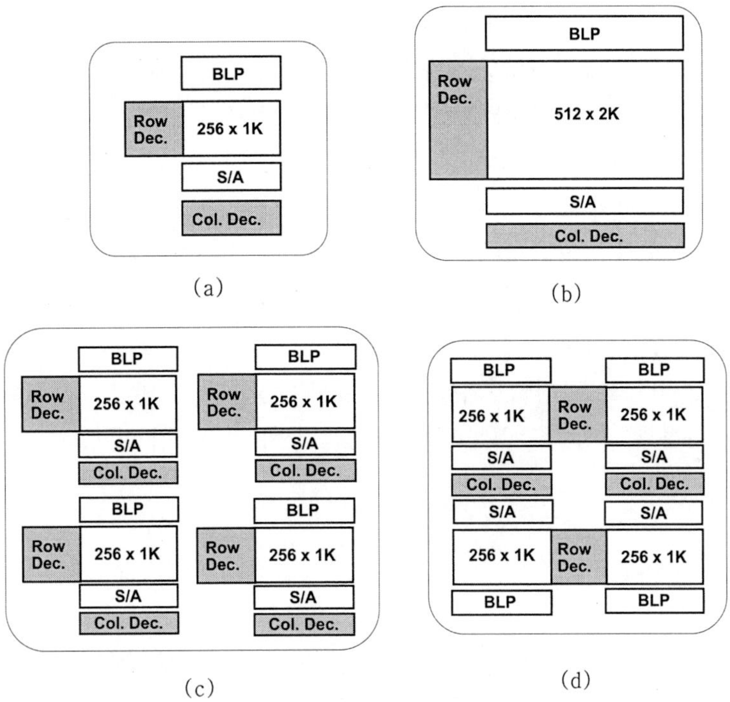

[그림 3.30] Cell Array와 주변 회로의 배치에 따른 면적 변화

따라서 Word Line의 RC Delay가 4배로 되어 256K DRAM보다 고속 동작이 어렵게 된다. 또한 Sense Amplifier의 소모전력은 Bit-Line Capacitor에 비례하는데 Bit-Line의 Capacitance가 2배로 증가했으므로 1개의 Sense Amplifier이 동작하는데 소모되는 전력이 2배로 증가하며, 전체 Sense Amplifier의 수가 2배로 증가하였으므로 소모전력은 약 4배의 증가를 보인다.

이에 비하여 (c)와 같이 256K DRAM 4개를 모아놓은 배치에서는

1) Word Line의 길이가 256K DRAM과 동일하다(R과 C가 동일).
2) Bit-Line의 길이도 256K DRAM과 동일하다(R과 C가 동일).
3) Row Decoder의 수가 4배로 증가한다(DRAM의 면적이 증가).
4) Sub-Array의 세로 높이가 256K DRAM과 같아서 Refresh 주기의 변화가 없다.
5) Y-Decoder의 수가 4배로 증가한다(DRAM의 면적이 증가).
6) Sense Amplifier의 수가 4배로 증가한다(DRAM의 면적이 증가).

따라서 (c)형에서는 Word Line과 Bit-Line의 RC Delay가 256K DRAM과 동일하여 속도 감소가 없고 Refresh 주기의 변화가 없어 256K DRAM을 사용했던 사용자들이 별다른 부담없이 1M DRAM을 사용할 수 있다. 또한 전력 소모면에서 살펴보면 Sense Amplifier 한 개당

소모하는 전력은 256K DRAM과 변화가 없으나 Sense Amplifier의 수가 4배이므로 전력소모는 (b)형의 배치와 같이 256K DRAM의 4배이다. 그러나 Refresh 주기를 256K DRAM의 256 Cycle에서 512 Cycle로 증가시켜 사용한다면(JEDEC의 표준도 이를 지원한다) 4개 Block중 2개 Block에서만 Word Line을 선택하고 Word Line이 선택된 Block의 Sense Amplifier만을 활성화 시키면 된다. 따라서 (c)형에서는 활성화된 Sense Amplifier의 수가 (b)형과 동일하나 Bit-Line Capacitance가 (b)의 1/2이므로 소모전력은 (b)의 반으로 감소되어 저전력화를 도모할 수가 있다. 그러나 (c)형에서는 256K DRAM을 단순 집적한 것이므로 Row Decoder와 Column Decoder가 4개씩 되어서 면적이 증가하며 Address Buffer의 부하 용량이 늘어나서 고속화에 불리하다. 따라서 (d)형에서처럼 단위 Block을 X 또는 Y 방향으로 대칭 이동시켜서 가능한 한 Decoder를 공유하도록 유도하면 Decoder수가 반감되어 면적의 증가를 감소시킬 수 있다.

3.3.2 Sub-Hole

Sub-Hole은 [그림 3.25]에서 보는 것처럼 Bit-Line Sense Amplifier와 Sub Word Line Driver의 교차점에서 생기는 사각 공간을 지칭한다.

Bit-Line Sense Amplifier를 제어하는 신호는 [그림 3.31]에서 보이는 것처럼

1. Sense Amplifier를 Cell의 위아래 중 어디에 연결할 것인지를 결정하는 BL Isolation High/Low(BISH, BISL)
2. 동작 전후에 BL Pair의 전위를 동등하게 만들기 위한 BL Equalizer High/Low(BLEQH, BLEQL)
3. Bit-Line Sense Amplifier의 증폭 동작 및 비활성화 때에는 BL Pair의 전위를 $V_{DD}/2$로 유지시키기 위한 RTO, SAEQ, S#
4. BL Pair를 DB Line Pair에 연결하기 위한 GYi

신호들이 있다. 또한 Sub Word Line Driver를 구동하기 위해서는 [그림 3.10]에서와 같이

1. Decoded Address Pair(AIN, AIN#)
2. Decoded Main Wordline 신호(MWL)

들이 필요하다.

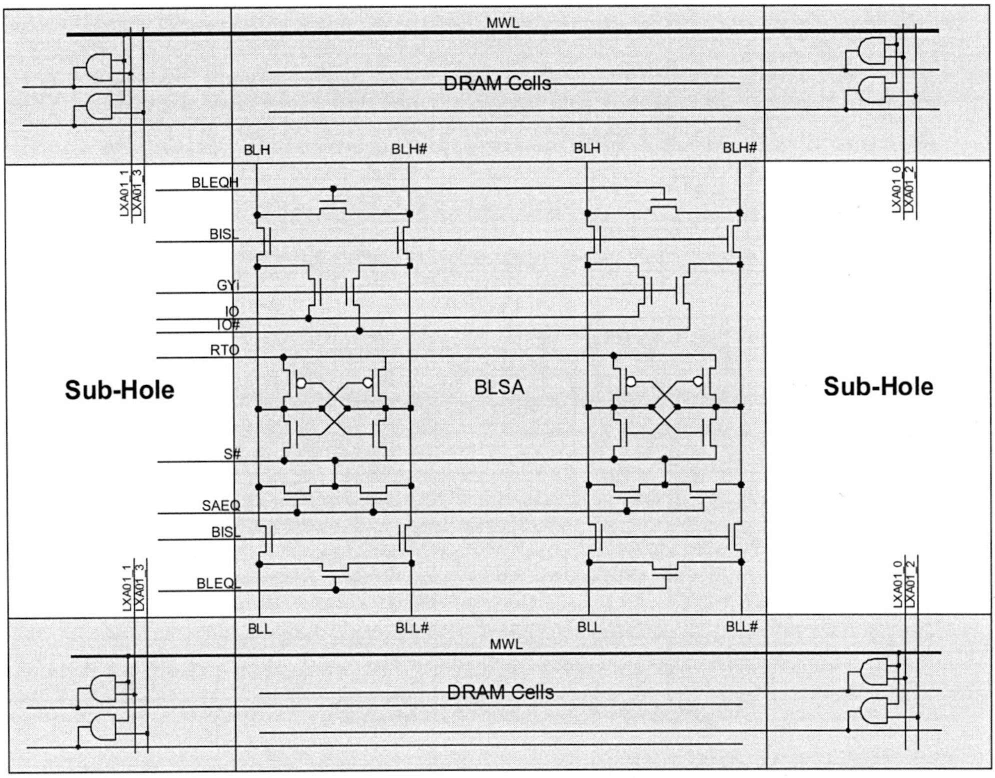

[그림 3.31] Sub-Hole의 위치와 제어해야 하는 신호들

하나의 Cell Array에는 수많은 Bit-Line Sense Amplifier와 Sub Word Line Driver들이 있기 때문에 하나의 제어신호로 이들을 모두 구동하는 것은 타이밍 면에서 무리가 따른다. 그러므로 Sub-Hole에 이들의 제어신호를 Buffering하는 회로들을 집어넣음으로써 Driver Loading을 분산시키도록 한다. Sub-Hole에 들어가는 회로들은 [그림 3.32]에서 보이는 것처럼 비교적 간단한 회로들이지만, [그림 3.9]를 통해 Sub-Hole의 구체적인 면적을 감안해 보면 Sub-Hole을 위한 추가적인 면적 증가없이 회로들을 Layout하기 위해서는 상당한 노력이 필요함을 알 수 있다.

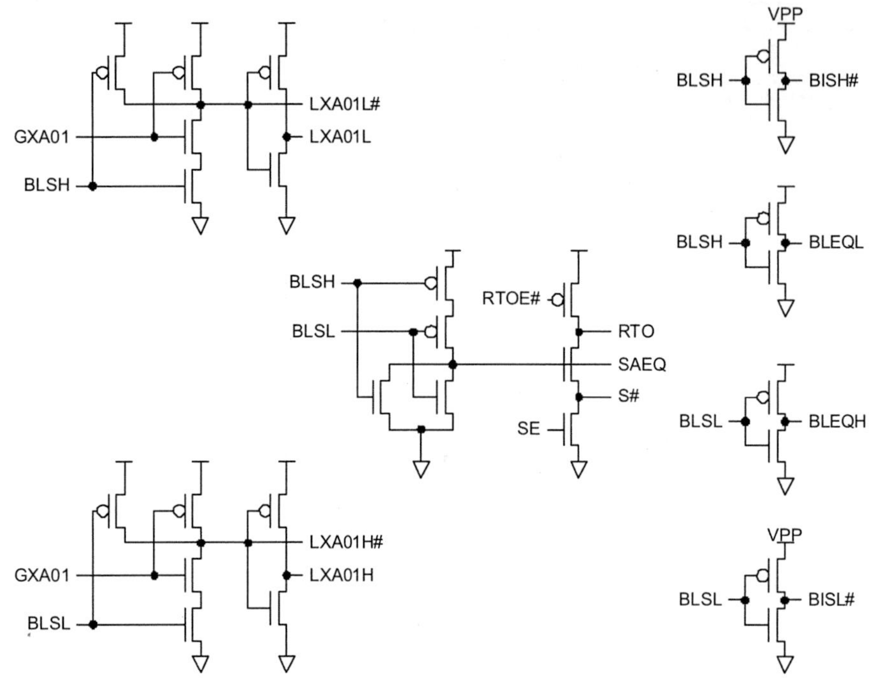

[그림 3.32] Sub-Hole에 위치하는 회로들

3.3.3 Main-Hole

[그림 3.25]에서 보는 것처럼 Sub-Array를 상하좌우로 배열하게 되면 하나의 Cell-Array가 형성되는데, 이 Array의 왼쪽 혹은 오른쪽에 Main X-Decoder가 자리잡아 Sub Word Line Driver를 구동하게 된다. Main X-Decoder 역시 Cell Array의 Pitch를 따라 Layout이 이루어진다. 즉, [그림 3.9]에서 보았던 것처럼 하나의 Main X-Decoder는 2개의 Sub Word Line Driver Pitch에 맞춰져야 불필요한 면적의 증가없이 Layout을 구현할 수 있다. 이런 경우 X-Address Decoder 공간에도 Bit-Line Sense Amplifier의 높이만큼 빈 공간이 생기는데 이 부분을 Main-Hole이라고 부른다. 여기에는 Sub-Hole Block의 입력이 되는 신호들과 Pre-Decoding된 Address 신호를 선택적으로 Main X-Decoder에 인가해 주는 Block 등이자리잡는다.

우선 Sub-Hole의 입력이 되는 신호들은 [그림 3.32]에서 보는 것처럼 BLSL과 BLSH, SE, RTOE#, 그리고 GXA01들이 있는데 이들 신호들을 Main-Hole에서 생성해서 공급하게 된다. 또한 [그림 4.14]의 Main X-Decoder의 입력 신호들인 LXA들과 RDP# 역시 Main-Hole에서 공급하는 신호들이다. 이들 신호들은 [그림 3.33]에서 보이는 회로를 통해 생성된다. 즉 Row Address의 최상위 bit에 해당하는 GXA8, GXA9, GXAA, GXAB의 decoding 결과를 통해 16개 중 하나의 Array가 선택되고(AS, AS#), 나머지 신호들은 이 AS Pair가 활성화된 경우에 생성되어 Sub-Hole과 Main X-Decoder에 전달된다.

이들 Main-Hole과 Sub-Hole의 회로들을 통해 선택된 부분만을 활성화시킬 수 있고 또한 제어신호의 Loading을 분산시킬 수 있어 신호전달 속도의 증가 및 소모전력의 감소를 꾀할 수 있다. 이는 다음에 설명하게 될 배선의 계층화와도 그 개념을 같이하고 있다.

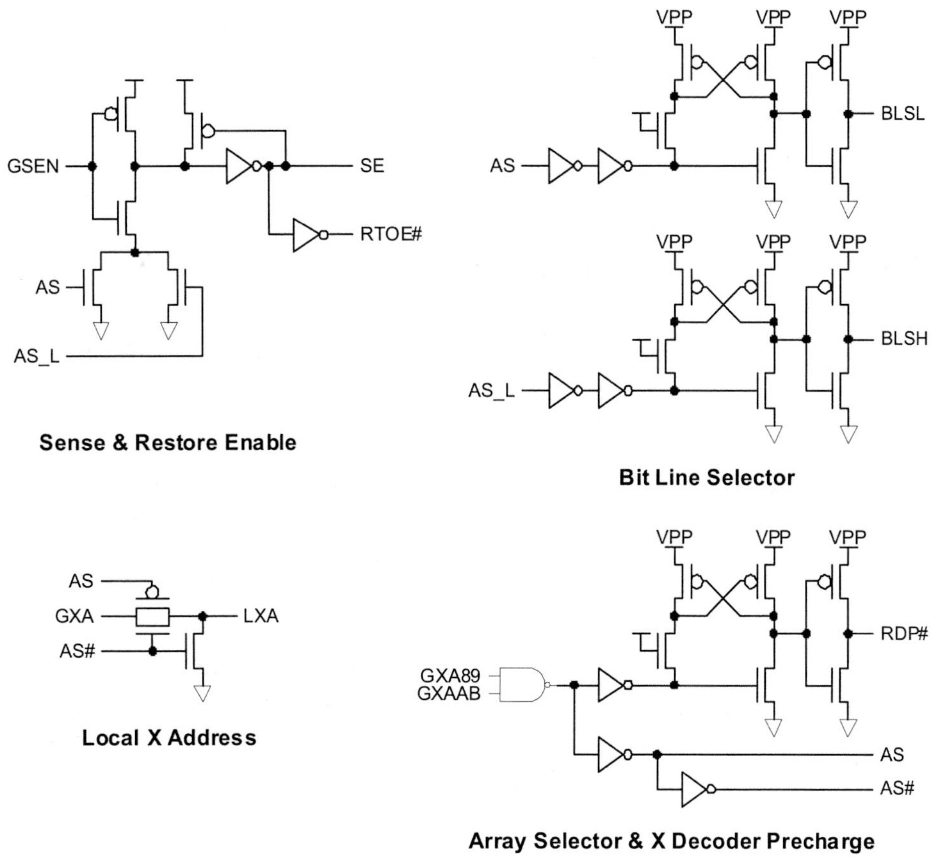

[그림 3.33] Main-Hole에 위치하는 회로들

3.4 | 배선의 계층화

64M DRAM이후 256M DRAM부터는 DRAM Chip Size의 증가에 의해 기존과 같은 Word Line, Bit-Line 및 Data Bus 구조로는 고속화 및 저전력화에 한계가 있다는 인식과 함께 본격적인 계층화를 진행시켜 왔다. 위에서 언급한 Sub-Array, Cell Array 등도 이런 계층화를 위한 것이다. 이를 위해 회로의 배치와 배선 및 배선 구동에 계층화의 개념을 도입하여 부하 Capacitance 용량을 줄여 주어 지연 시간을 줄이려는 노력이 활발하다. DRAM내의 긴 배선으로는 Address Line, Control Clock Line, Word Line, Bit-Line, DB Line 및 I/O Line 등이 있다.

3.4.1 일반적 배선의 계층화

[그림 3.34]는 배선의 계층화 특히 분할 구동에 의해 고저항 배선의 속도 지연을 줄여주는 배선 방식 및 배선 구동 방식을 모아놓은 것이다. [그림 3.34(a)]에서처럼 일반적으로 비저항이 큰 Polysilicon 등으로 형성된 길이가 긴 배선에서는 RC Delay가 커서 전파 지연이 심하다. (b)는 전체 배선을 적당한 길이로 분할한 뒤 규칙적으로 Repeater Buffer를 삽입하는 방법이다. 배선이 n개로 분할되었고 Buffer자체의 Delay가 무시할 수 있을 정도로 작다면 Delay는 1/n로 감소한다. (c)는 배선을 1/2로 분할한 뒤 중앙부에 Driver를 접속하여 중앙으로부터 배선을 구동하는 방식이다. 배선 저항과 배선 용량이 각각 1/2로 감소하기 때문에 속도 지연은 1/4로 단축된다. 이 방식은 초기 DRAM의 Word Line 구동에 널리 이용되었다. (d)는 고저항 배선에 평행하게 저저항 배선(예를 들어 Aluminum Metal Line)을 배치한 뒤 적절한 길이마다 바느질 뜸하듯이 저저항 배선과 고저항 배선을 연결시켜 주는 방식으로 16M DRAM의 Word Line에 널리 이용되며 Word Line Strapping이라 불리운다. (e)는 고저항 배선을 다분할한 뒤 병렬 구동하는 방식이다. 상위 배선을 저저항인 Aluminum 등으로 계층화하게 되면 다분할된 고저항 배선들이 거의 동시에 구동된다. 이 방식은 64M DRAM부터 널리 쓰이는 Sub Word Line 방식과 Column Decoder Shared Bit-Line 방식에 이용되고 있다.

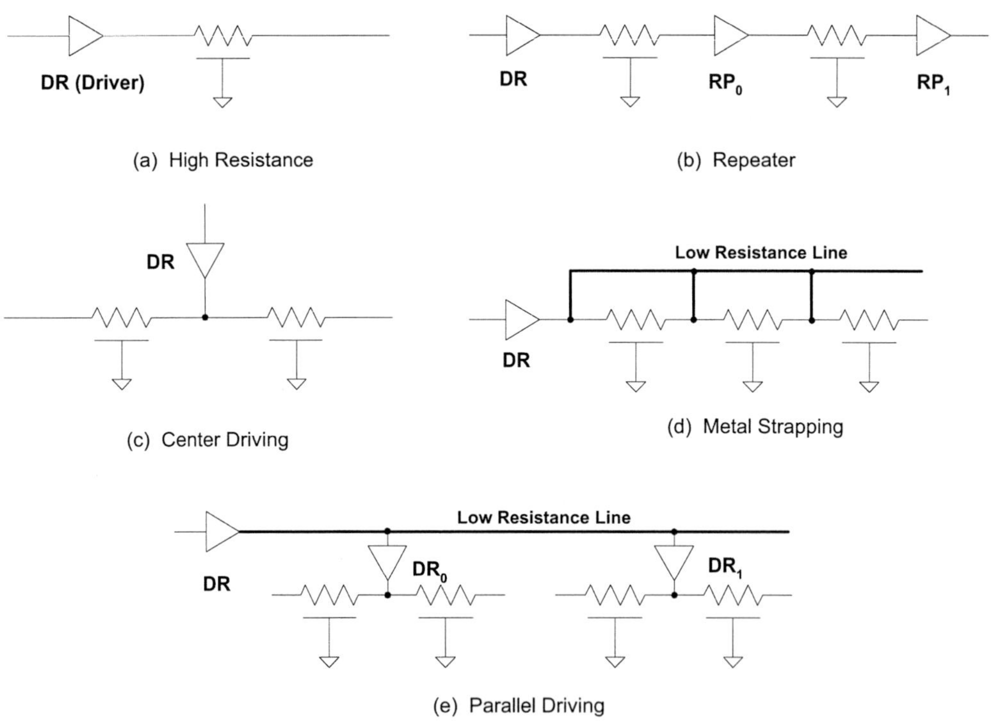

[그림 3.34] 고저항 배선의 고속화 방법

[그림 3.35]는 길이가 긴 금속 배선을 통해 다수의 회로들에 신호를 전달하기 위해 각 회로 입구에 Sub-Driver(DR_i)를 연결해 이를 Main-Driver(DR)로 구동하는 경우로 [그림(b)]에서는 특히 Sub-Driver에 대한 Loading의 영향을 줄이기 위해 Buffer를 중간에 삽입한 예이다. (a)의 그림에서 Sub-Driver의 입력 Capacitance가 C_{in}이며 전체 Sub-Driver의 개수가 n이라 하고 Metal Line의 저항을 R이라 하면 배선 지연은 $\tau_a nRC_{\text{in}}$으로 주어진다. 여기서 Metal Line의 Capacitance는 nC_{in}에 비해 무시할 수 있을 정도로 작다고 보았다. 여기에 (b)와 같이 Main-Driver와 Metal Line사이에 Buffer(BF_j)를 삽입하여 Sub-Driver에 의한 Loading 효과를 감소시킨 경우를 살펴보자. Buffer의 입력 Capacitance도 C_{in}이라 하고 그 개수를 q라 하면, 상위 배선의 지연은 qRC_{in}이 되며 하위 배선은 저항이 R/q, Capacitance가 nC_{in}/q로 되고, 중앙 구동을 하므로 배선 지연은 $\frac{1}{4}\frac{nRC_{\text{in}}}{q^2}$이 된다. 따라서 (b)와 같은 방식에서는 가장 멀리 떨어진 점까지 신호가 전달되는 최대 지연 시간이

$$\tau_b = nRC_{in}\left(\frac{q}{n} + \frac{1}{4q^2}\right)$$

로 주어진다. (a)방식과 (b)방식의 지연 시간 비를 구하면

$$\frac{\tau_b}{\tau_a} = \frac{q}{n} + \frac{1}{4q^2}$$

가 되며 $n = 1024$, $q = 4$라고 하면 이 값은 0.015로 되어 (b)의 배선이 지연 시간면에서 매우 효과적임을 알 수 있다. 이 방식은 상위 배선의 부하 용량 감소 효과와 하위 배선의 분할에 따른 지연 감소 효과를 조합시킨 것으로 회로의 고속화에 대단히 유효해서 길이가 길며 접속된 회로가 많은 Control Clock선이나 Decoder Driver등에 널리 이용된다.

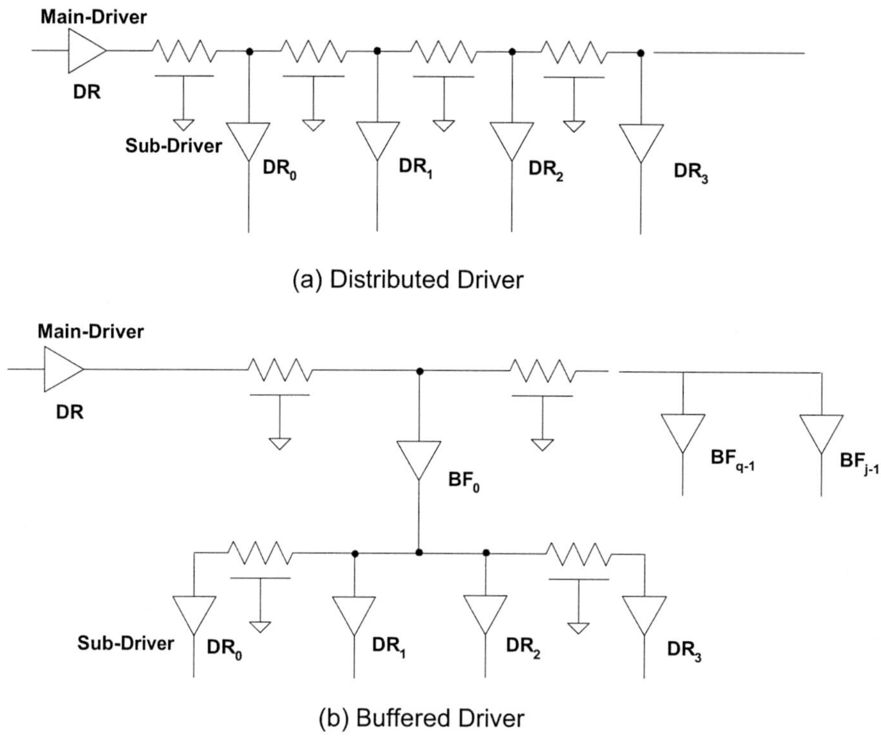

[그림 3.35] 저저항, 고용량 배선의 고속화 방법

위의 방법을 응용하여 [그림 3.36(b)]와 같이 신호를 분기할 때마다 Buffer를 연결하면 Loading 효과를 감소시켜 고속을 도모할 수가 있게 된다. 많은 수의 Gate들이 긴 Metal Wire에 연결된 구조의 예로 [그림 3.36(a)]의 Decoder를 구동하는 Address Buffer와 이들의 접속선을 들 수 있다. 임의의 Address Buffer가 전체 Decoder의 입력단에 연결되면 부하가 커져서 이를 고속으로 구동해야 하는 Address Buffer의 Size도 문제가 된다. 이를 극복하기 위해 전체의 Decoder를 일정한 개수의 Block으로 나누고 Buffer를 삽입하여 Buffer에 의해 Block 내의 구동이 이루어지게 함으로써 Address Buffer의 부하를 줄여주어 고속성을 도모하는 방법으로 Row Decoder와 Column Decoder 모두에 널리 쓰인다. 또한 이러한 예는 고전압 Pulse를 빠른 속도로 전송해야 하는 Word Line구동용 Address Line에서도 찾아 볼 수 있다([그림 3.37] 참조).

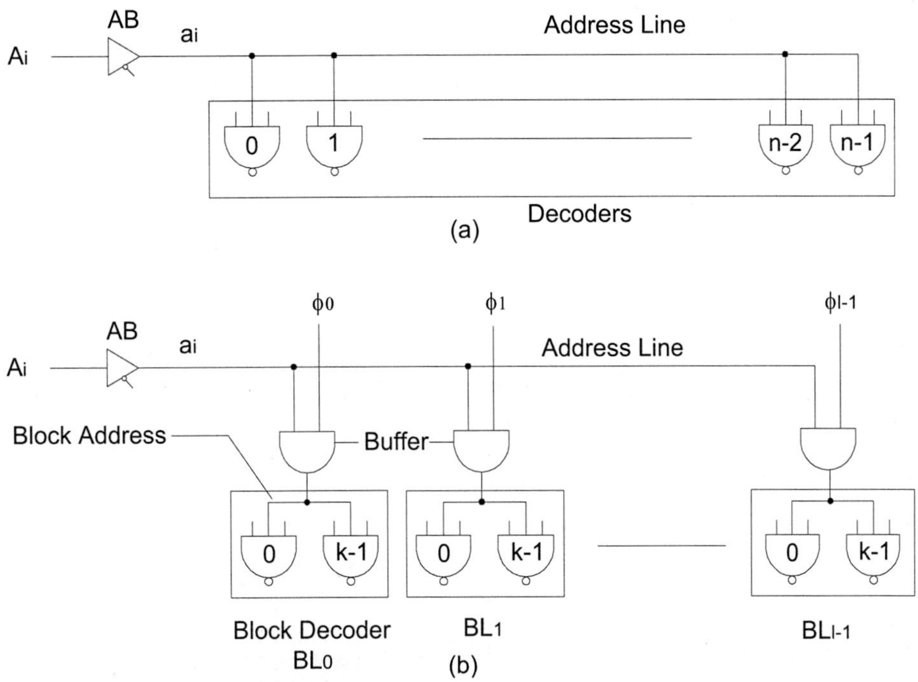

[그림 3.36] Buffer 삽입에 의한 Address 지연 시간의 감소

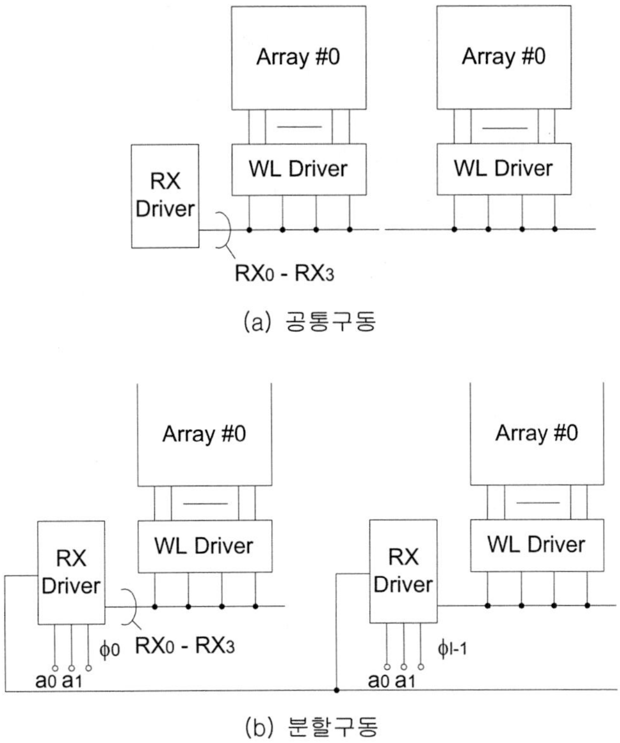

[그림 3.37] Main Word Line 구동 방식

3.4.2 Bit-Line의 계층화

[그림 3.7]에서처럼 Memory Cell Array를 Folded Bit-Line 방식으로 배치하면 Bit, Bit#의 미소 신호는 Sense Amplifier에 의해 증폭된 뒤 Y-Decoder 출력 신호 CD_i에 의해 DB Line에 연결되어 출력된다. [그림 3.38(b)]와 같이 Bit-Line의 길이를 1/2로 감소시키면 각각의 Block에 대한 Sense Amplifier와 Y-Decoder가 필요하여 각각 2개씩이 소요된다([그림 3.38(b)]에서는 Y-Decoder만을 공유토록 하였다). 여기에 Sense Amplifier는 따로 배치하지만 Bit-Line과 Y-Decoder를 공유하도록 하면 [그림 3.38(c)]와 같이 된다. 이를 더욱 진전시켜 (d)에서 처럼 두 Cell Array Block이 Sense Amp.를 공유하도록 하는 방식을 Shared Sense Amp. 방식이라 부른다. 이것을 앞절의 [그림 3.28]에서처럼 반복해서 배치하면 Bit-Line이 Multi-Section으로 분할된다.

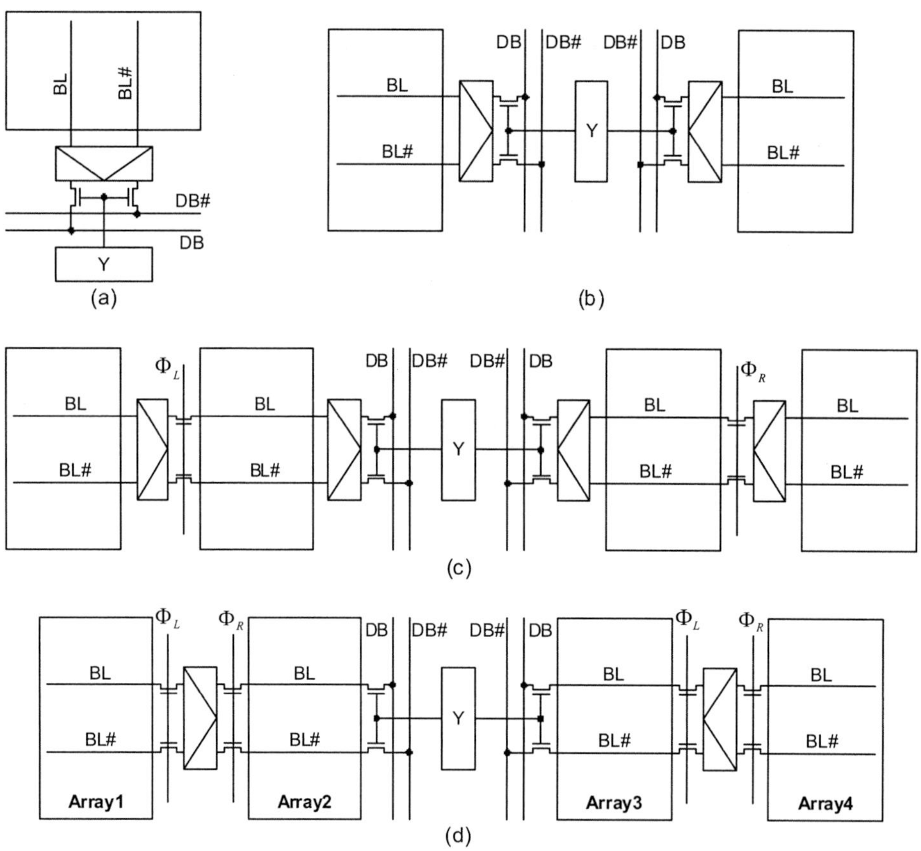

[그림 3.38] Bit-Line 분할 방식

예를 들어 [그림 3.38(d)]의 Array1 내의 Memory Cell을 읽어내는 경우를 살펴보자. 오른쪽의 Switch Φ_R를 OFF로 하고 왼쪽 Switch Φ_L를 ON으로 하면 Array1의 Bit-Line만이 Sense Amplifier에 연결되므로 Cell 신호 전압이 Sense Amplifier에 의해 증폭된다. 이후 오

른쪽 Switch도 ON으로 하면 증폭 전압이 오른쪽 Bit-Line을 통해 DB Line으로 출력된다. 이 방식은 (b)의 방식에 비해 C_B가 반감되어 신호 전압은 2배로 되지만 Sense Amplifier에 의해 충/방전되어야 하는 Bit-Line 길이는 결국 동일하므로 소비 전력도 동일하다(단지 Sense Amplifier의 수가 반감되어 면적이 감소한다).

[그림 3.38(c)]와 (d)는 분할된 좌우의 Bit-Line 중 한쪽만을 통해 DB Line에 연결된 구조인데 이를 Sense Amplifier 근처에 위치하도록 하여 증폭 효율을 높이는 구조가 [그림 3.39(a)]이다. 이 방식에서는 앞의 Sense Amplifier 배치와 관련해서 설명한 바와 같이 Alternative Shared Sense Amplifier 방식을 채용할 수 있다. 그리고 Bit-Line을 더욱 분할한 뒤 1개의 Y-Decoder(Global Column Decoder라 부른다)로 공통으로 제어해서 Chip면적을 줄여준다. [그림 3.39(b)]는 Sub Bit-Line을 채택하는 방식이다. Array Block을 더욱 분할하여 Bit-Line 길이를 대폭 감소시킨 뒤 이를 Sub Bit-Line으로 하고 이들을 다른 배선층으로 구성된 Main Bit-Line에 연결시켜 Sense Amplifier의 수와 Y-Decoder의 수를 감소시킨 구조이다. 이것의 변형으로는 Sub Bit-Line 구조를 바꾸어서 효율을 높이는 방법(일례로 Open Bit-Line 방식을 채용하는 방법)과 각 Sub Bit-Line쌍에 Sense Amplifier를 설치하고 Main Bit-Line의 Sense Amplifier를 단순히 Speed-Up Buffer로써 사용하는 방식이 있다. 이러한 구조들은 동작 속도, 소비 전력, Layout 난이도, 소요 면적, 제조 공정 면에서 각각 장단점이 있으므로 사용전에 이에 대한 검토가 필요하다.

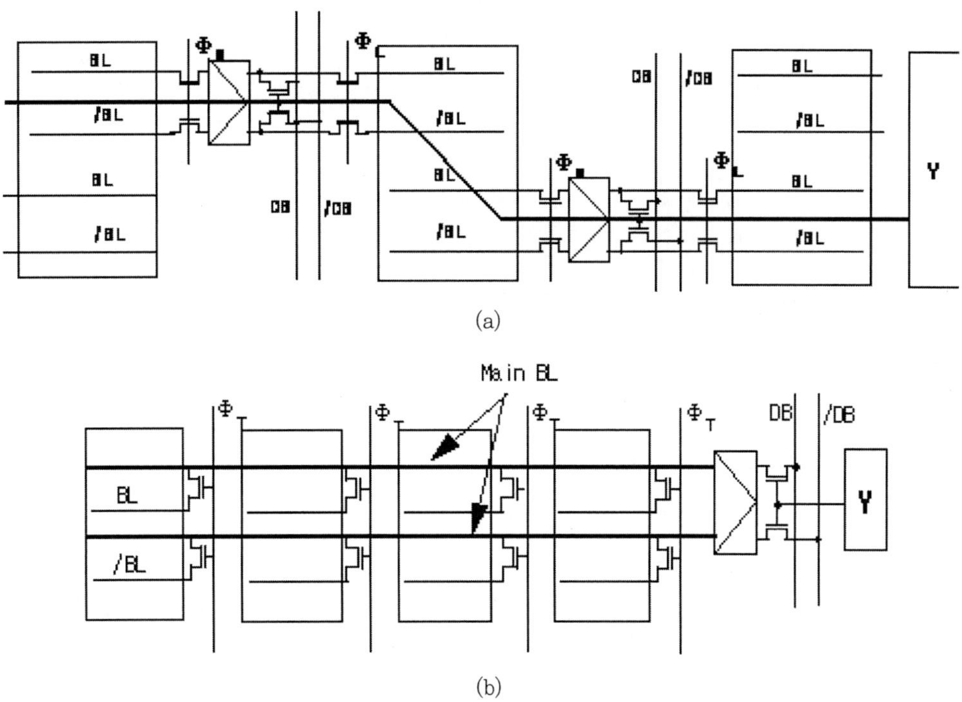

[그림 3.39] 다분할 Bit-Line 구조

3.4.3 계층형 Word Line

Word Line은 Cell Transistor의 Gate이므로 큰 Capacitance 값을 가지며 비교적 고저항인 Polysilicon으로 되어 있어 신호 지연이 크다. 이를 해결하고자 Word Line을 단순 분할하여 Row Decoder와 Word Line Driver를 더 많이 삽입하여 구동하는 방식을 이용할 수 있지만 추가된 Decoder에 의해 Chip 면적은 그만큼 증가한다. 한편 1M DRAM시대 이후부터는 [그림 3.40]과 같이 Gate 물질로는 편리한 Polysilicon을 사용하고 그 위에 낮은 저항값을 가지는 Aluminum을 평행하게 배치한 뒤 64~128 Cell마다 바느질 뜸하듯이 Word Line Poly와 Al(Aluminum)배선을 연결하는 Word Line Strapping 구조가 널리 이용되고 있다. 그러나 64M나 256M에 이르면 Aluminum(Metal 2)을 모든 Word Line 상에 배치하는 것이 공정 관점에서 매우 어려우며, 설사 배치하였다고 하더라도 Aluminum선이 매우 가늘어지므로 배선 지연 감소 효과가 그리 크지 않다. 이 문제를 크게 개선하는 방법으로는 계층형(Double) Word Line 방식이 있다.

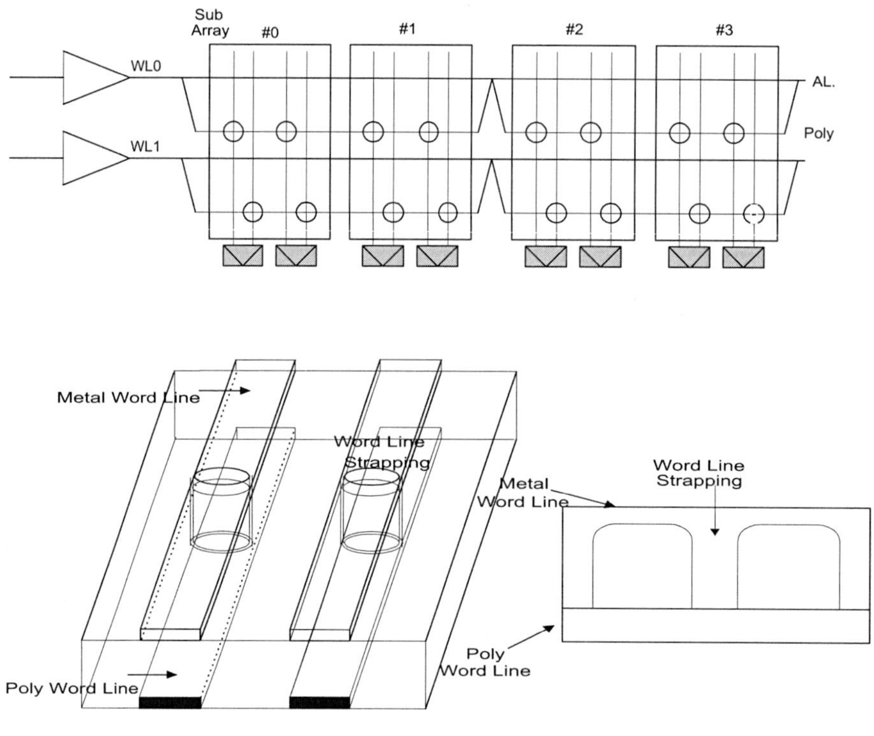

[그림 3.40] Word Line Strapping 구조

[그림 3.41]은 Double Word Line구조의 개념도이다. Word Line을 적당한 길이로 분할해서Sub Word Line(SWL)으로 하고 1개의 Row Decoder와 Word Line Driver로 이들 SWL들을 구동하는 방식이다. Row 방향으로 배열된 SWL들은 Word Line Driver로부터 출력된 Main Word Line(MWL)에 의해 공통으로 제어된다. 임의의 Main Word Line이 선택되어 고

전압 Pulse가 인가되고 Column방향으로 배치된 Decoded V_{PP}선(RX_0, RX_1,...) 전체에 동시에 고전압 Pulse가 인가되면 종래의 Word Line 방식에서처럼 선택된 Main Word Line에 연결된(실제로는 SWL들에 연결된) 전체의 Cell에 Read가 시작된다. 여기서 MWL(1st Layer Metal)과 RX선(2nd Layer Metal)은 Metal배선을 이용하며 SWL은 Polysilicon 또는 Polycide를 이용한다. Word Line Strapping 방식에서는 Metal Line이 Word Line전체에 걸쳐 연결되어 있기 때문에 Capacitance가 큰 반면 계층형 구조에서는 Main Word Line에 SWL을 구동하는 AND Gate만이 SWL의 개수만큼 연결되어 Capacitance가 대단히 작다. 즉, Main Word Line의 구동에는 지연이 거의 없다. RX선도 Address에 의해 Decode하여 Sub-Array 단위로 구동한다면 고속 동작이 가능해져서 결국 계층형의 지연 시간은 Cell 수 256~512에 상당하는 길이를 가진 Sub Word Line의 지연 시간이 대부분을 차지한다. Sub Word Line 길이를 적당히 선택하면 전체적으로 Strapping 방식보다 고속 동작이 가능하다. 하지만 Word Line Strapping 영역 내에 AND Gate를 그려넣어야 하는 것이 부담으로 작용한다. 이를 극복하고자 SWL을 엇갈리게 배치하는 방식의 채용에 따라 면적 증가를 극소화시킬 수 있다.

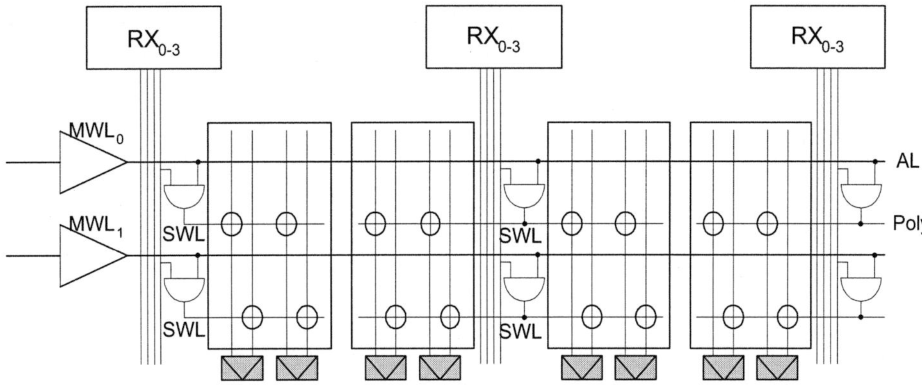

[그림 3.41] Hierarchical Multi-Divided Word Line 구조의 개념도

[그림 3.42]는 256Mb DRAM에서 실제로 채택된 계층형 Word Line 구조에 대한 회로이다. Word Line은 복수의 $SWL(SWL_{00}$, SWL_{10},...)들로 분할되어 있으며 임의의 Sub-Array내의 8개의 연속된 SWL들이 1쌍의 Complementary MWL에 의해 제어된다. 분할되어 병렬로 배치된 SWL들은 Address에 의해 Decode되어 선택적으로 RX를 공급해주는 Sub Word Line Driver에 의해 선택적으로 구동된다. Main Word Line은 Sub Word Line Driver의 좌우 양쪽 Sub-Array 모두에 Sub Word Line Driver를 거쳐 Word Line 전압을 공급한다.

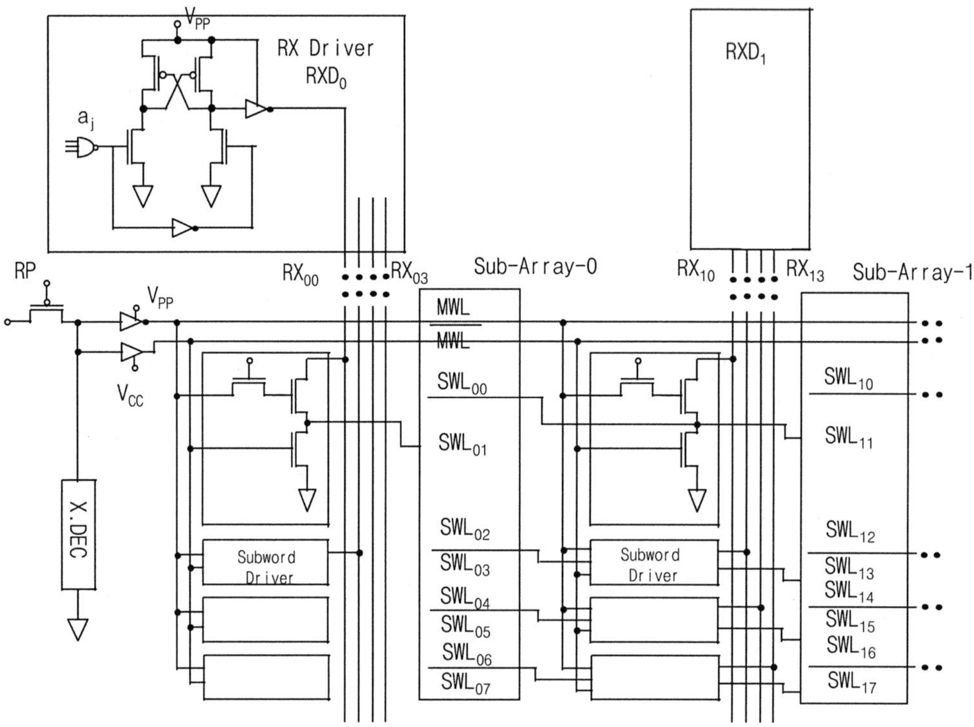

[그림 3.42] 계층형 Word Line 구조 회로

3.4.4 I/O Line의 계층화

Sense Amplifier로부터 증폭된 Data를 외부로 읽어내는 I/O Line은 특정 Data Out Pad에까지 Data를 전송해야 하기 때문에 길이가 길어져 고속화가 어렵다. 따라서 Parasitic Capacitance나 저항을 줄일 수 있는 I/O 배치법이 저진폭 신호 전송법과 함께 필수적으로 요구된다. [그림 3.43]은 각종 I/O선의 배치도이다. (a)는 가장 단순한 구성으로 각 Bit-Line에 접속되어 있는 Sense Amplifier에 의해 I/O Line이 직접 구동된다. 단, I/O선에는 2종류가 있어 Bit-Line과 직교하는 DB Line과 Chip의 가장자리에 위치한 Data Bus Sense Amplifier까지 Bit-Line에 평행하게 달리는 RD Line이 있다. 특히 기생 용량이 커서 문제가 되는 것은 DB Line으로 대용량화를 위해 다수의 Switch용 MOS Transistor가 연결되어 있기 때문이다. RD Line은 단순한 배선이므로 2nd Layer Metal로 되어 있어 DB Line만큼 큰 용량값을 가지는 것은 아니다. 하지만 Bit-Line Sense Amplifier가 DB Line과 RD Line의 Capacitance를 모두 구동해야 하는데 이 값이 커지면 Sense Amplifier에 의해 증폭된 신호가 DBSA까지 전달되는데 시간이 오래 걸린다. (b)는 이를 해결하고자 DB Sense Amplifier(DBSA)를 DB Line과 RD Line의 중간으로 전진 배치하고 새로운 Driver인 RD Driver를 추가하여 Bit-Line Sense Amplifier의 부하 용량을 감소시킨 구조이다. DBSA는 거시적으로 보면 Repeater 역할을 하므로 충분히 고속이라면 전체적으로도 고속 동작이 이루어진다. 그러나

DB Sense Amplifier를 DB Line마다에 설치해야 하며, 또한 이에 의한 부하 증가에 의해 Bit-Line Sense Amplifier에서 본 DB Line 의 용량이 커질 수 있다는 문제를 안고 있다.

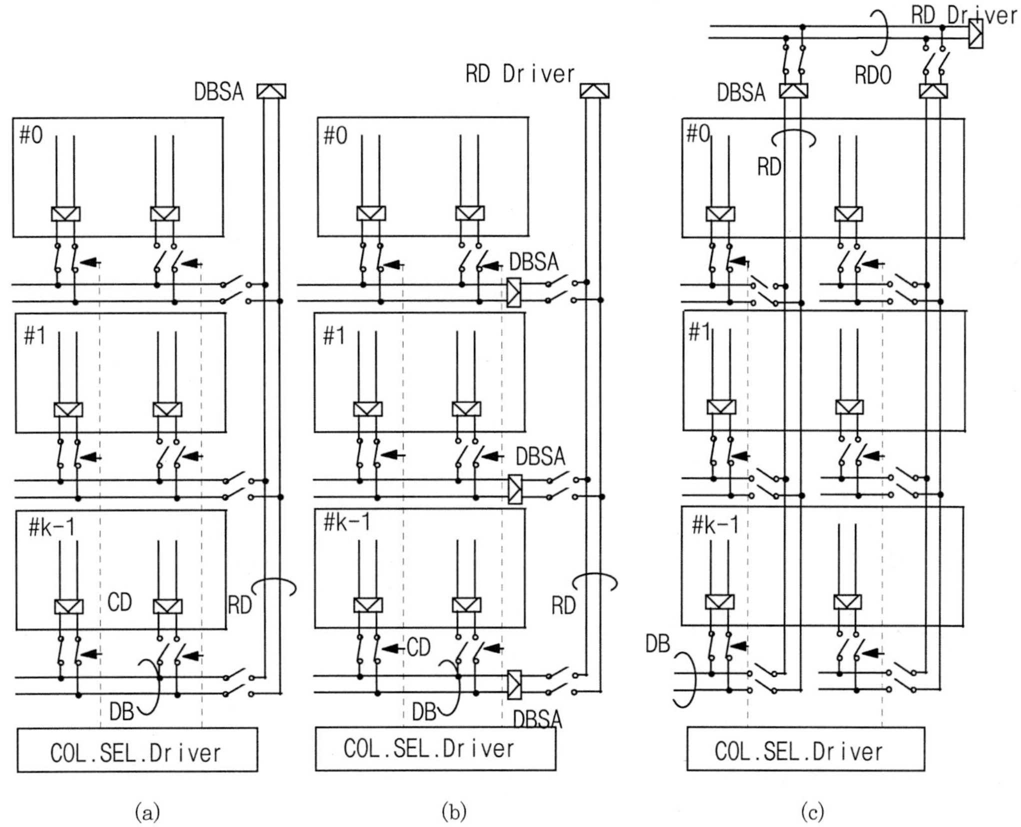

[그림 3.43] 각종 계층형 I/O선 구성의 개념

이를 해결하고자 (c)에서는 계층형 I/O 구조를 채택하고 있다. DB Line을 더욱 분할하고 매 분할마다 Switch를 통해 직교하고 있는 RD Line에 접속한다. RD Line은 2nd Layer Metal로 형성되어 CD_i선과 평행하게 달리고 있다. 아래층에는 Word Line Strapping용의 Metal 1이 Word Line Pitch로 RD Line과 직교해서 연결되어 있다. 물론 RD Line의 수는 DB Line이 분할되는 수만큼 증가하겠지만 Cell Array상에 배치되므로 Chip면적의 증가는 그리 크지 않다. 문제로 되었던 DB Line의 용량이 감소하여서 Bit-Line Sense Amplifier로 DB Line과 RD Line을 직접 구동하는 것이 가능하다. 한편 RDO Line은 대부분 Metal 2로 형성되어서 용량이 비교적 작으며 DB Sense Amplifier의 개수도 적으므로 Chip 면적에 그다지 영향을 주지 않으면서도 구동 능력을 크게 할 수 있어 DB Sense Amplifier에 의한 RDO Line의 구동이 고속으로 진행된다. 계층형 I/O 구조는 면적의 증가 없이도 고속, 고기능화가 가능하여 DRAM의 대용량화에 따라 매우 중요하게 되었다. 64M DRAM에서부터 이에 대한 고려가 도입되어 Word Line Strapping 영역을 이용하여 RD Line을 배치하거나 한 개의 CD_i로 동시

에 4쌍의 Bit-Line을 선택하여 DB Line에 연결하도록 함으로써 Metal 2의 배치 공간을 확보하여 4쌍의 RD Line을 분산 배치시키기도 한다.

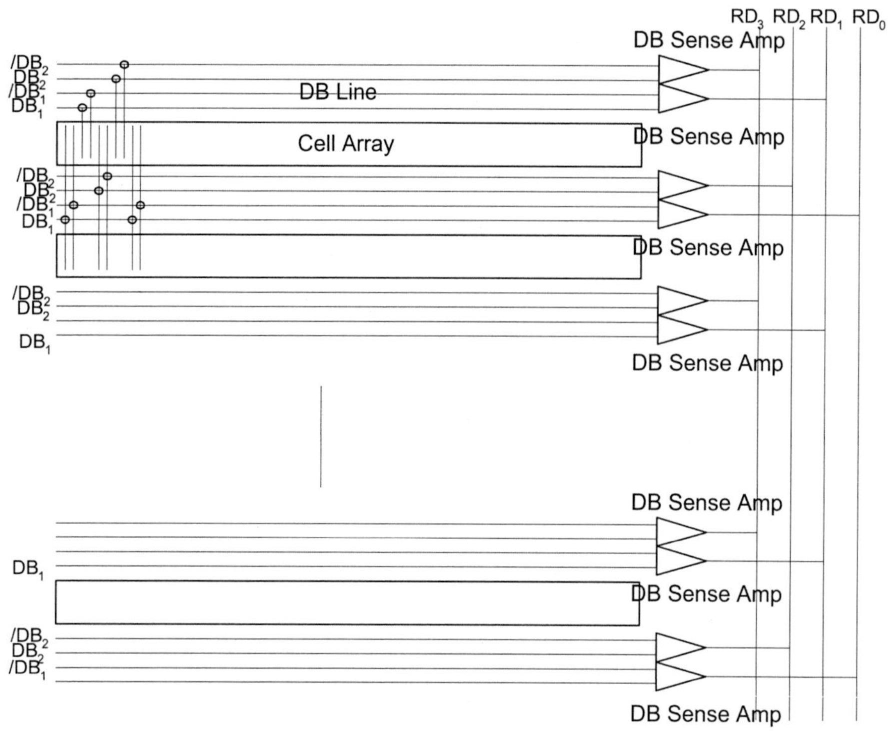

[그림 3.44] 16M DRAM의 BL, DB Line, RD 배선 구조

이제까지 발표된 대부분의 16M DRAM은 Double Layer Metal 배선을 사용하며 Global Column Decoder 방식과 Alternative Shared Sense Amplifier 방식을 채택하고 아래의 [그림 2.28]과 같이 Bit-Line, Common DB Line, RD Line 및 RDO Line으로 구성되어 있다.

[그림 3.45]에서처럼 Bit-Line Sense Amp.에 의해 증폭된 신호는 DB Line에 실린 뒤 DB Sense Amplifier에 의해 증폭되어 16개의 Cell Array가 공유하는 4개의 RD Line에 실린다. 이들은 다시 4:1 Mux에 의해 한 개의 RDO Line에 연결되어 원하는 Data Output Pad로 전송된다. X4 구성에서는 I/O$_0$부터 I/O$_3$까지 모두 사용되지만 X1 구성에서는 I/O$_3$만이 사용되므로 다시 Mux를 통해 선택되어야 한다.

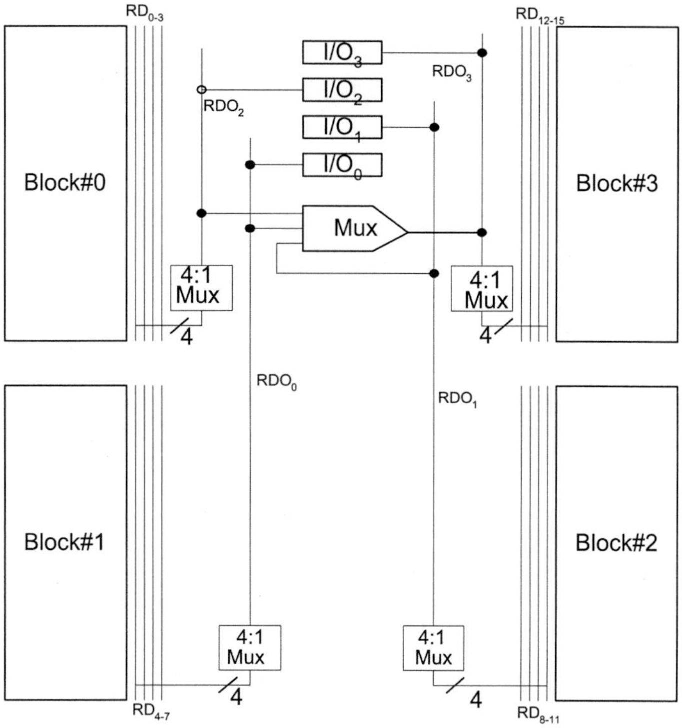

[그림 3.45] 16M DRAM의 RD, RDO, I/O배선 구조

DRAM의 용량이 더욱 증가하게 되면 Chip면적이 증가하여 DB Line의 길이가 더욱 증가하므로 배선 지연이 문제가 된다. 이 경우에는 [그림 3.46]과 같이 DB Line, Local I/O, Global I/O, RD Line 등으로 I/O Line을 더욱 계층 구조화하여 기생 용량을 감소시키고 I/O선 상의 신호를 Full V_{CC} 전송 대신 소진폭시켜 전송함으로써 속도를 더욱 빠르게 할 수 있다.

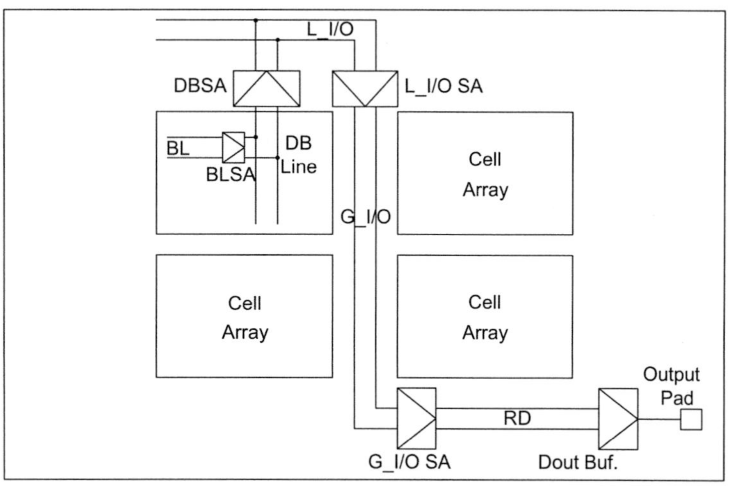

[그림 3.46] 계층형 I/O선과 다단 Amp.에 의한 고속 전송 개념

제 4 장 Address 경로

DRAM의 경로 중 Row Address가 입력되어 WL이 선택된 뒤 Cell Data가 Bit-Line Sense Amplifier에 의해 증폭될 때까지를 Row Address 경로라 부르며, Column Address에 의해 CD_i가 선택될 때까지를 Column Address 경로라 부른다. 그리고 Data Bus Sense Amplifier (DBSA) 및 Buffer들을 거쳐 Data Output Buffer를 통해 외부로 Data를 전송하는 경로를 Data 경로라 부른다([그림 4.1]). 본 장에서는 실제 회로들을 예로 들어 Row 및 Column Address 경로의 각 Block별 설계 예를 살펴본다.

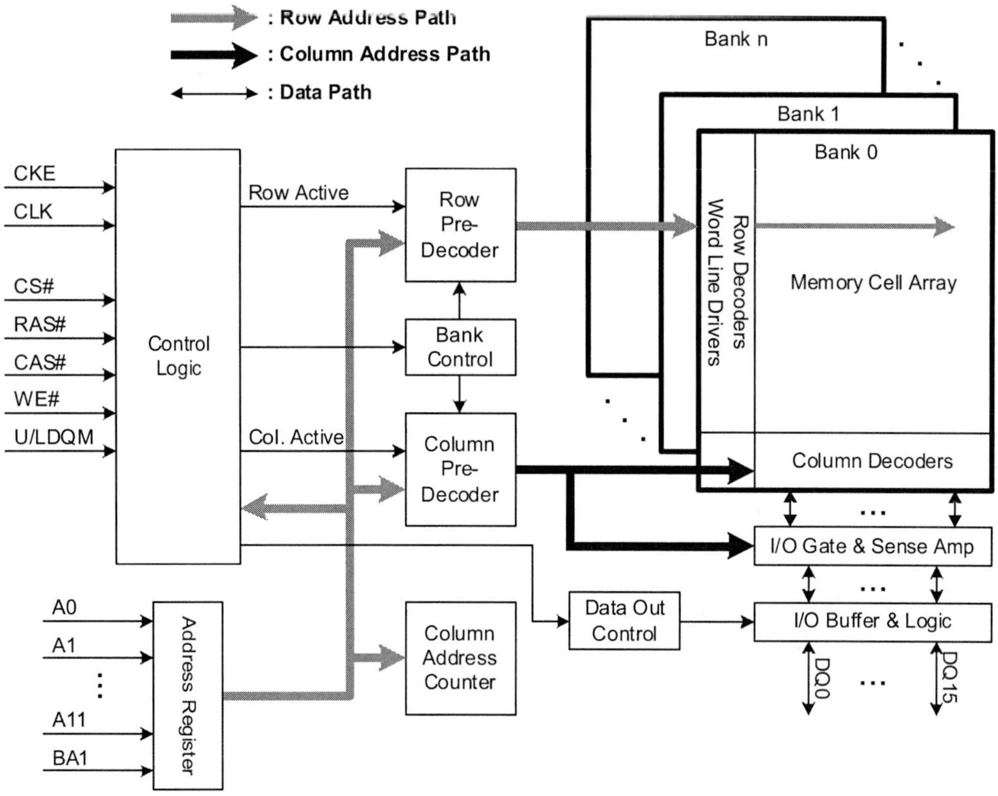

[그림 4.1] DRAM 내의 각종 경로

4.1 | Addressing(Address Multiplexing)

Memory Cell의 배치는 정사각형 형태, 즉 M=N 형태로 하는 것이 가장 이상적이다. 즉 1M, 16M, 256M DRAM의 경우 각각 2^{20}, 2^{24}, 2^{28}개의 Cell을 가지고 있으며, 이들은 각각 가로로 21^{0}, 2^{12}, 2^{14}개 및 세로로도 동일한 수의 Cell이 분포하고 있다. 따라서 [그림 4.2]에서와 같이 16M x 1bit DRAM의 경우 가로 및 세로쪽에 각각 12개의 Address를 인가해서 이것을 Decoding하면 임의의 Cell을 선택할 수가 있다. 가로와 세로의 Address 수가 같으므로 외부에 12개의 Pin만을 두고 이 Pin을 통해 가로(Row) Address와 세로(Column) Address를 순차적으로 받도록 설계한다면 외부의 Pin 수가 감소하여 Packaging이 간편해지는데, 이러한 방법을 Address Multiplexing이라고 한다. 이러한 Address Multiplexing이 가능하려면 Address가 Row용에서 Column용으로 바뀌어도 Address를 올바로 인식할 수 있도록 Address 저장용 Latch가 필요하다. 또한 현재 인가하고 있는 신호가 Row용인지 Column용인지 알려주는 Row Address Strobe(RAS#) 신호와 Column Address Strobe(CAS#) 신호가 필요하다. 즉, Address를 RAS#와 CAS# 신호에 동기시켜 입력하는 기능과 Row Address와 Column Address를 각각 "Latch"하는 기능이 필요한 것이다. 이 방법에 의하면 16M DRAM의 경우 Address Pin을 24개에서 12개로 줄이는 대신 CAS# 신호선이 더 추가되는 것이므로 모두 11개의 Pin을 절약하는 셈이 된다. RAS#는 Chip Enable Pin을 사용하기 때문에 Pin 수에 변동을 주지 않는다.

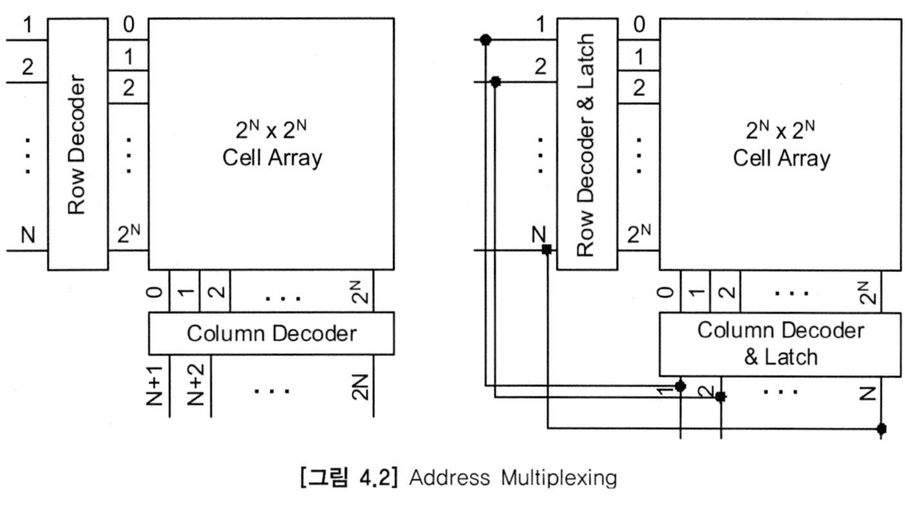

[그림 4.2] Address Multiplexing

앞에서, 하나의 Address Pin으로부터 Row Address와 Column Address가 입력되는 시간에는 차이가 있으나 입력시 동일한 전기적 Path를 거치며 Row Decoder와 Column Decoder 바로 직전에 분리되어 각각에 연결된다고 언급했었다. 하지만 Address 신호의 개수가 증가함에 따라 Decoding도 Pre-Decoder와 Main Decoder로 다단계에 걸쳐 진행시킨다(제 4.2.3,

4.2.4항 참조). 이에 따라 [그림 4.3(a)]와 같이 Address Buffer와 Pre-Decoder 이후 분리시키는 방식에서부터 [그림 4.3(b)]와 같이 Address Buffer만을 공유한 뒤Pre-Decoder 직전에서부터 Row와 Column의 경로를 분리시키는 방법이 있다. 한편 Address Buffer 전에 두 신호의 경로를 분리하여 Row 및 Column 각각의 Address Buffer를 설치하는 [그림 4.3(c)]의 방법이 16Mb 이후부터 일반적으로 쓰여졌다. Column Address Path는 Fast Page Mode나 Static Column Mode(제 7.4장 참조)에서 보듯이 Row Address보다 고속으로 신호가 전송될 필요가 있으므로 이러한 방법을 채용하면 Row Address 경로와 Column Address 경로를 상호간에 악영향을 주지 않으면서 완전히 개별적으로 최적화할 수 있다. 즉, 공유하는 회로의 부분이 많을수록 면적 감소 효과를 높일 수가 있겠지만 16Mb DRAM 이후부터는 전체 DRAM 면적 중 이러한 Peripheral 회로가 차지하는 면적의 비중이 적으므로 회로를 완전히 별도로 설치하여 Timing 제어의 편의를 도모하였다.

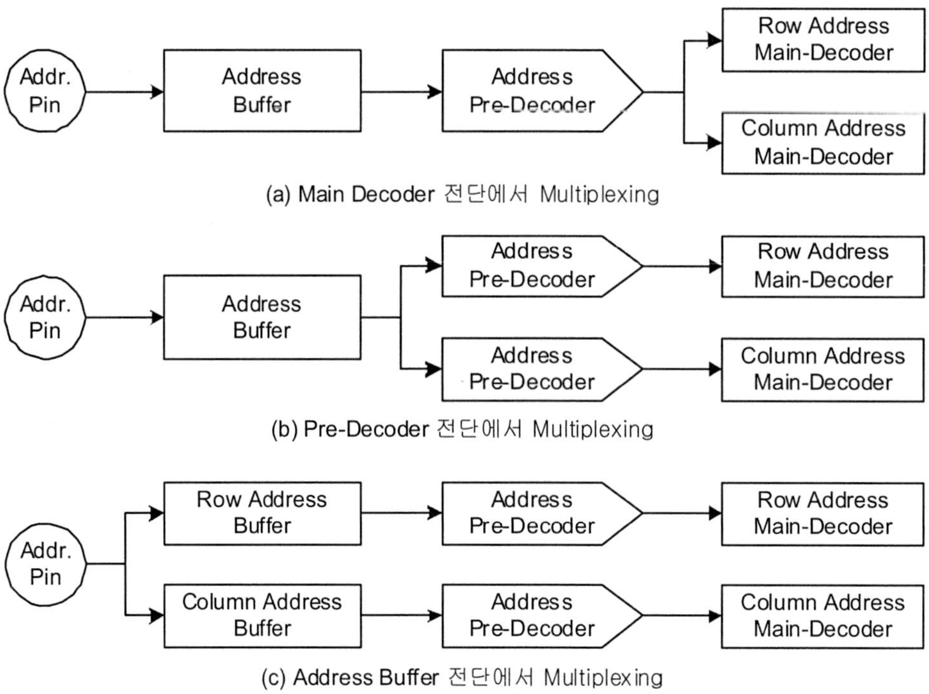

[그림 4.3] Row 및 Column Address 입력 경로

[그림 4.4]의 DRAM에서 Data가 읽혀지는 경로는 다음과 같이 요약할 수 있다.

1) RAS#가 입력되어 RAS Buffer에 의해 내부 RAS 신호로 바뀌고 이에 따라 Row Address Buffer가 활성화되어 X-Address를 받아들여서 Decoder로 X-Address를 전송한다.
2) Row Decoder에서는 Row Address를 Decoding하여 Word-Line을 선택하여 활성화시킨다.

3) Decoder 출력에 의해 WL이 $V_{CC}+V_T$ 이상으로 충전된다. Word-Line이 High가 되면 Cell Transistor가 ON이 되어 해당 Cell의 Data가 Bit-Line에 인가된다.
4) 이때 Sense Amplifier가 활성화되어 Bit-Line과 Bit-Line#은 V_{CC} 혹은 0V로 서로 반대의 값으로 충전 혹은 방전된다.
5) Column Address에 의해 CD_i가 선택되어 Sense Amplifier에 의해 증폭된 Data가 DB-Line에 실려 Data Output Buffer로 전송된다.
6) Data Output Buffer는 전달된 Data를 Chip 외부의 큰 Load에 전달하여 준다.

따라서 RAS가 천이할 때부터 Data가 출력될 때까지의 시간 t_{RAC}은

$$t_{RAC}=\tau_{RA}+\tau_{DEC}+\tau_{WL}+\tau_S+\tau_{OB}+\tau_{OUT}$$

으로 주어진다. 각각의 Delay는 회로 자체의 Delay와 다음 Block에 Data를 전달하는데 걸리는 시간의 합이다. DRAM의 용량이 증가함에 따라 배선의 길이가 길어져 Block 자체의 지연 시간보다 신호를 전달하는 데에 걸리는 시간이 더 증가한다. 따라서 배선의 길이를 적절히 분할하여 지연 시간을 최적화할 필요가 있다.

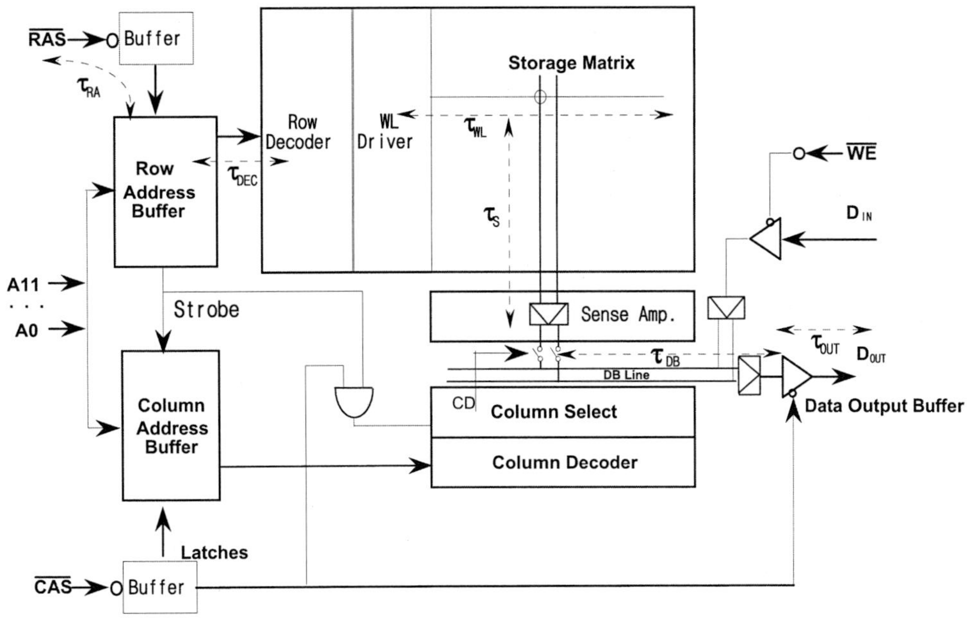

[그림 4.4] DRAM의 Address와 Data Access Path

앞에서 설명한 Block 배치 하에서 Addressing을 구체적으로 어떻게 하는지 32M×8bit 구성의 256M DRAM을 예로 살펴보자. 256M DRAM은 Cell의 개수가 2^{28}개인데, 한 Address당 8bit의 Data가 Access되므로 2^{25}개의 Address가 필요하게 된다. 즉, 25개의 Address를 적당

히 Decoding해서 하나의 Bank를 선택하고, Bank 내에서 또 하나의 Core Block을 선택하고, 또 그 안에서 하나의 Main Word-Line을 선택한다. 하나의 Word-Line이 활성화되면 그 중에서 8bit의 Data만을 선택해서 최종 IO pin으로 Access되는 것이다.

Decoding하는 형태는 여러 가지가 가능하겠지만 〈표 4.1〉과 같이 Row Address에 15bit을 지정하고 Column Address에 10bit을 지정하는 경우에 대해 생각해 보자.

제 3장에서 언급한 Word-Line 구조를 사용하면 하나의 Main Word-Line당 4개(2^2)의 Sub Word Line이 Driving되므로 최하위 2bit인 AX0~AX1은 Sub Word Line Decoding에 사용된다. 그리고 제 2장에서 언급한 Bit-Line Capacitor와 Cell Capacitor간의 Charge Sharing을 위한 비율을 고려해서 Bit-Line의 길이를 결정하는데, 여기서는 Bit-Line당 64개(2^6)의 Main Word-Line을 포함하는 길이로 책정하기 위해 Row Decoder 입력으로 AX2~AX7이 사용된다. 나머지 7bit으로 Core Block과 Bank의 크기가 결정되는데 이는 DRAM Chip의 가로 세로 비율과 한 번에 동작하는 Cell의 양에 따라 배분된다. 여기에서는 8 Bank 구조로 하는 경우를 예로 들고 있어 Bank에 3bit이, Core Block Selection에 4bit이 할당되어 있다.

Row Address Decoding을 통해 한 번에 8Kb만큼의 cell이 선택된다. 이후 Column Address의 최상위 Bit(YA9)를 통해 8Kb 중 절반(Half Bank)이 선택되고 나머지 9bit을 decoding해서 4Kb 중 8bit을 선택하게 된다.

〈표 4.1〉 256Mb(32M x 8bit) DRAM의 Address와 그 역할

Address		Function
Row (15bit)	AX12~AX14	Bank Selection
	AX8~AX11	Block Selection
Column (10bit)	AY9	Half-Bank Selection
	AY0~AY8	Column Decoder Input

이상의 설명은 x8의 경우에 대한 것이었다. 만약 ×16의 출력을 가진다면 AY9의 Address는 무시되어 절반이 아닌 하나의 Bank에서 Data가 출력되도록 하고 있다. 이전의 DRAM 구조에서는(예를 들어) ×1에서 ×4 출력으로 확장하는 경우 각 Block에서 Access되는 Bit의 수는 동일하게 하고 한꺼번에 활성화되는 Block의 수를 1개에서 4개로 늘리는 방법을 이용했다. 이렇게 하면 Refresh Cycle은 1/4로 줄어들게 되는데, 이는 활성화되는 Sense Amplifier의 수와 이의 Bit-Line Charge 동작에 의한 소모 전력의 증가를 뒤따르게 한다. 활성화되는 Block의 수는 바꾸지 않고 출력 Bit 수에 따라 동일 Block 내에서 동시에 여러 개의 Cell을 선택한다면 활성화되는 Sense Amplifier의 수를 줄일 수 있어 전력소모를 줄일 수 있다. 하지만 이 경우 Block의 Data를 외부로 전달하는 DB Line의 수가 증가하여 이에 의한 면적도 증가하게 된다.

4.2 | Row Address 경로

제 2장에서 설명했듯이 DRAM Package의 Pin 수를 줄이기 위해 Row Address와 Column Address는 입력 Pin을 공유하고 시분할을 통해 각각의 신호를 입력받는다. 32Mx8b Synchronous DRAM의 경우 15개의 Pin이 Address 입력으로 할당되어 Row Address 입력의 경우 15개의 Pin에서 모두 입력받고 Column Address는 10개의 Pin에서만 신호를 입력받아 사용한다. Row Address 경로는 X-Address가 입력되어 Address Buffer를 거쳐 Pre-Decoder와 Main Decoder를 통해 Word Line에 고전압을 인가하는 과정이다. [그림 4.5]에서와 같이 실제의 DRAM에서 Row Address가 거치는 경로를 보여주고 있다. 이때 각각의 Block에서 입력신호가 활성화되는 시간은 Asynchronous DRAM의 경우 외부 RAS# 혹은 CAS# 신호가 Buffering된 신호에 의해 결정되고, Synchronous DRAM의 경우 Clock 신호에서 RAS# 및 CAS# 시간만큼 Delay된 신호를 생성하여 사용한다.

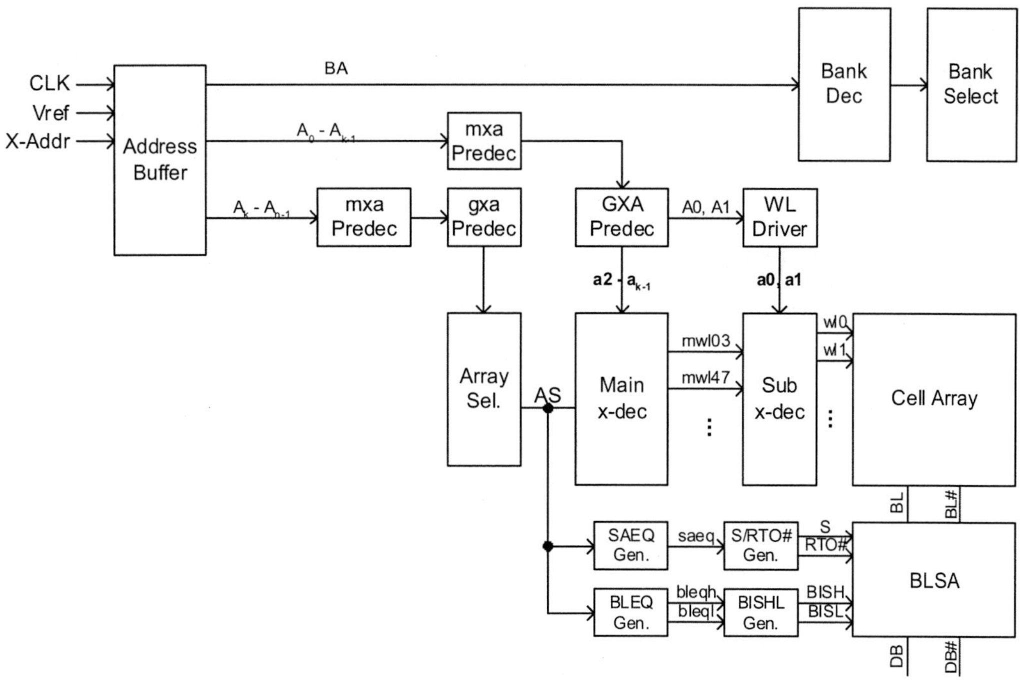

[그림 4.5] Row Address 경로

4.2.1 Address Buffer

DRAM과 Data를 주고받는 Chip들은 모두 정해진 Logic Interface를 지키면서 Data를 전송하도록 되어 있다. 초기의 저속 전송에서는 TTL이나 LVTTL, 혹은 CMOS Logic 등이 주로 사용되었고 최근에는 고속 전송을 위해 SSTL이나 GTL 등의 Interface를 사용하기도 한다(제

8장 참조). 이들 Logic Interface들은 각각의 규격에 따라 Logic High와 Logic Low를 인식하는 전압의 범위가 다르다. 초기의 5V 전압을 사용하는 Logic Interface는 TTL이나 CMOS Logic이 있는데 TTL의 Noise Margin이 더 좁다. 특히 이 Chip들과 접속되어 사용되는 DRAM은 전원 전압 변동, 온도의 변화 등을 견딜 수 있어야 하며 잡음이 함께 입력되어도 안정적으로 동작하여야 한다. 따라서 DRAM 설계시 외부로부터의 입력 Signal은 Noise Margin이 더 좁은 TTL Level이라고 가정하고 설계한다. 즉, 외부의 TTL 신호를 DRAM 내부에서 사용되는 CMOS 신호로 변환하는 Buffer 회로가 필요하며, 이 중 특히 Address Pin에 연결된 Buffer를 Address Input Buffer 혹은 Address Buffer라고 부른다. Address Buffer에 의해 변환된 출력을 Internal Address라 부르며 Decoder로 입력되어 Data가 저장된 Cell을 선택하게 된다.

외부의 신호가 High인지 Low인지를 감지하는 가장 간단한 회로로는 CMOS Inverter를 들 수 있으며 CMOS Inverter의 W_P/W_N 비율을 조절하여 TTL Logic Threshold Voltage(5V TTL의 경우 1.4V) 근방으로 Trip Point를 설정하면 된다(부록 참조). 또한 Address의 입력을 제어하는 신호가 함께 입력될 경우 NAND나 NOR Gate를 사용하는데 여기서도 PMOS와 NMOS의 Size를 조절하여 Logic Threshold V_{LT}를 조절한다. 이러한 Inverter, NAND 및 NOR형 Buffer의 Logic High를 유지하기 위해서는 PMOS쪽이 ON이 되어 V_{CC}에 출력 Node가 연결되어야 하고, Logic Low를 유지하기 위해서는 NMOS쪽이 ON이 되어 Ground에 출력 Node가 연결되어야 한다. 즉, Logic Level을 유지하기 위해 Power Line인 V_{CC}나 V_{SS}중 하나와는 항상 연결되어 있기 때문에 Static Address Buffer라 부른다. 하지만 Static CMOS Inverter는 입력 전압이 $V_{TN} < V_{in} < V_{CC} - |V_{TP}|$ 내에 있으면 V_{CC}로부터 V_{SS}로의 Direct Current Path가 존재하게 되는데 TTL Level의 입력이 바로 이 범위에 해당하므로 Buffer 회로에 DC 전류가 흐르게 되며 Address Pin의 개수가 증가하면 이들 Buffer 자체에서 소모하는 전류도 무시할 수 없을 만큼 증가한다. 이와 반대로 Dynamic Logic 회로를 사용하면 이런 Static 전류 소모를 막을 수 있다. 또한 Level Transition 속도가 빠르며 한 번의 동작으로 Inverting 및 Non-inverting 출력을 한꺼번에 발생시키는 Cross Couple Dynamic Buffer를 더 많이 사용한다. [그림 4.6]과 [그림 4.7]은 각각 Static Address Buffer와 Dynamic Address Buffer 회로의 예를 보여주고 있다. 그림에서 Ext. ADDR은 외부에서 입력되는 Address 신호이며, XA는 내부 Address, RAE#는 Row Address Enable, RAL은 Row Address Latch, RADE#는 Row Address Data Enable 신호이다.

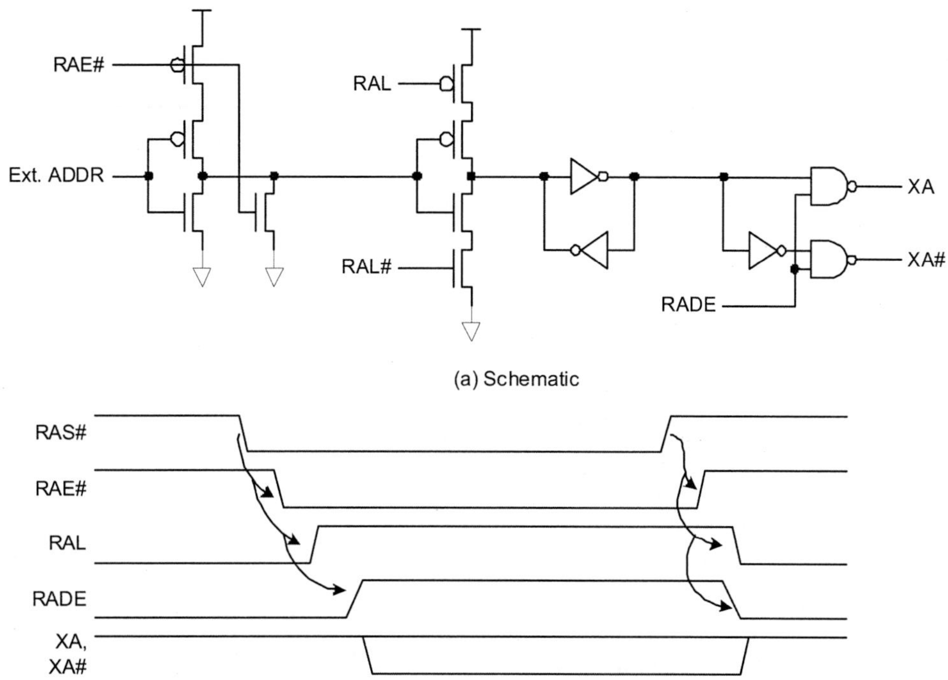

(a) Schematic

(b) Timing Diagram

[그림 4.6] Inverter형 Static Address Buffer

[그림 4.7(a)]의 Cross-Couple형 Dynamic Buffer는 Reference Voltage V_{REF}와의 상대 비교에 따라 외부 Address 신호가 High인지 Low인지를 판별하게 되는데 5V TTL Level로 입력되는 외부 Address 신호를 판별하기 위해서는 V_{REF}를 1.4V~1.6V 정도로 설정한다. 이 회로의 동작을 [그림 4.7(b)]의 Timing Diagram을 참고로 하여 설명하면 다음과 같다.

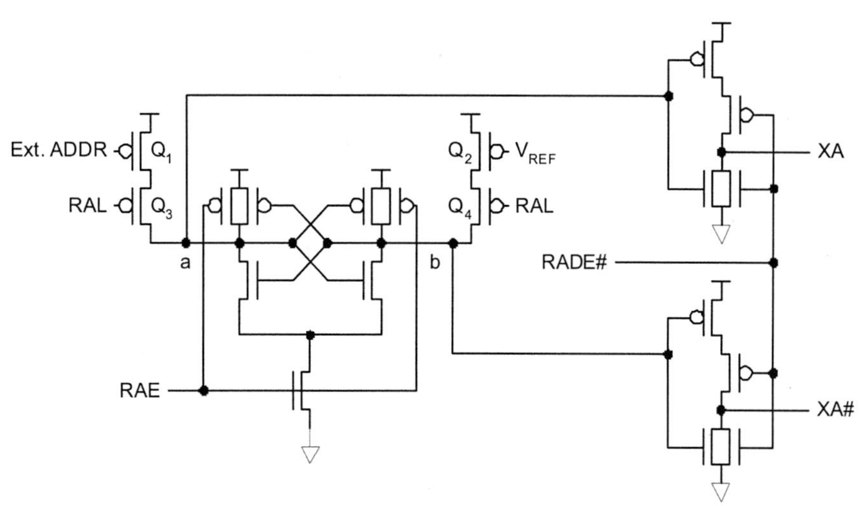

(a) Schematic

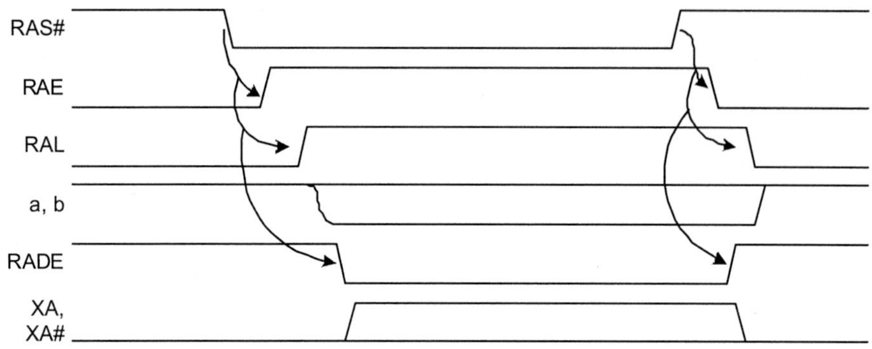

(b) Timing Diagram

[그림 4.7] Cross-Couple형 Dynamic Address Buffer

1) Standby(RAS#=H) 시에는 RAE="L"로 되어 a, b Node가 모두 "H" 상태로 있다.
2) RAE를 "H"로 해서 Cross-Coupled Latch를 동작시키게 되는데 외부 Ext. ADDR와 V_{REF}의 전위차가 PMOS Q_1, Q_2의 ON저항의 차이를 발생시키므로 a, b Node의 한쪽이 "H", 다른 쪽이 "L"로 된다.
3) RAL="H"로 하면 PMOS Q_3, Q_4가 OFF로 되어 a, b Node들은 Ext. Address나 V_{REF}와는 분리되며 회로 자체의 Latch 동작에 의해 각각 완전한 "H" 및 "L"이 되는데, 이 상태에서는 Latch의 관통 전류 경로가 끊겨 전류 소모가 없다.
4) 대기 상태인 RADE# = "H"에서는 XA와 XA#가 모두 "L"이지만 RADE#="L"로 되면 a, b Node의 전위에 대응해서 XA Pair는 각각 "H" 또는 "L"이 된다. 즉 Ext. ADDR가 "H"이면 a Node는 "L"이 되며, b Node는 "H"가 되어 XA="H", XA#="L"이 되고 반대인 경우 출력도 반대로 나타나게 된다.
5) RAE가 다시 "L"로 돌아가면 a, b Node도 다시 "H"로 Precharge된다.

[그림 4.8]은 Synchronous DRAM에서 쓰이는 Address Buffer 회로로, 입력의 Trigger로 XAE가 아닌 Clock Enable(CKEn) 신호를 사용한다. Current Mirror형 Single Ended Differential Amplifier를 통해 TTL 신호를 입력받아 CMOS 신호로 변환하여 사용한다. 변환된 신호는 Cross-couple형 Dynamic Buffer로 전달되는데 XA Pair 신호가 전달되는 Timing을 위해 별도의 STROBE 신호를 통해 Trigger된다.

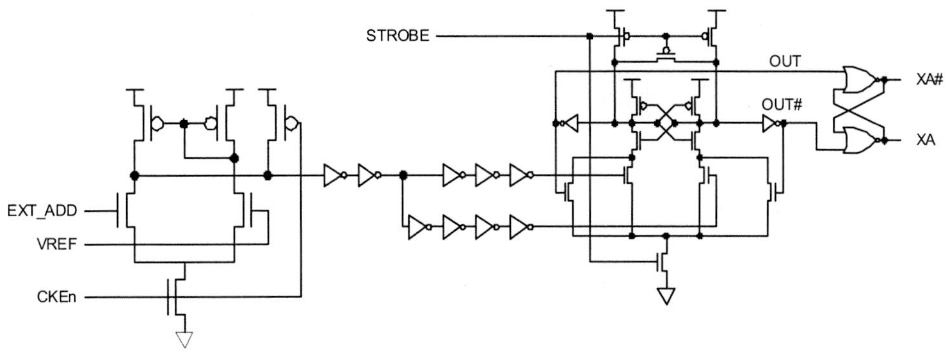

[그림 4.8] Synchronous DRAM에서 쓰이는 Address Buffer

4.2.2 CBR(CAS-before-RAS) Counter

Asynchronous DRAM의 Refresh Mode 중 CBR Refresh이거나 또는 Hidden Refresh(제 7장 참조)라고 불리는 Refresh에서는 외부에서 X-Address가 입력되지 않고 대신 CBR Refresh 요구가 있을 때마다 DRAM 내부의 Address 발생 회로로부터 X-Address를 발생시킨다. 따라서 Address Buffer에는 Address Switch 장치를 부착하여 정상 동작시 외부 Address를 받아들이도록 하고 CBR Refresh 시에는 내부 Address를 받아들이도록 한다.

Address 발생기는 전형적인 Ripple Counter로서 [그림 4.9]와 같이 Row Address Bit과 같은 수의 Toggle Flip-Flop들이 직렬로 연결되어 있다. CBR 상황을 검출하는 회로에서 일단 CBR 상황이 감지되면 이를 알리는 신호 CBR이 “H”로 천이하며 이에 의해 각 Flip-Flop들이 연쇄적으로 반응하여 Up-Counting을 하게 되는데 각각의 Flip-Flop 출력이 Address에 대응하여 Address Buffer에 연결되어 있다.

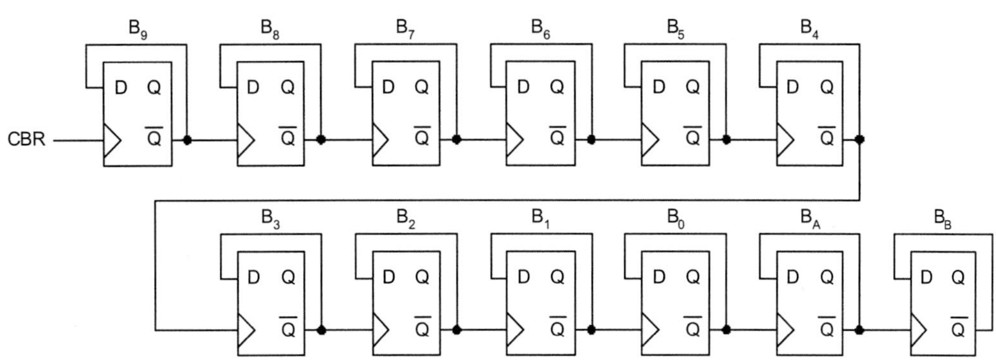

[그림 4.9] 내부 Address 발생기

각 Flip-Flop의 상태 출력은 각각의 X-Address Buffer에 연결되는데, Asynchronous DRAM의 경우 [그림 4.10]과 같이 연결되어 있어 외부 Pin에서 입력된 Address 대신 내부 Address Counter의 출력인 Bi를 Address로 받아들인다. 그림의 회로에서는 Control 신호로 내부 CAS 신호를 사용하였다. CBR 상황이 아니면 CAS는 "L"로 있어 외부의 Address Ai가, CBR 상황에서는 CAS가 "H"로 있어서 CBR Counter에서 생성된 Address Bi가Address Buffer에 입력된다.

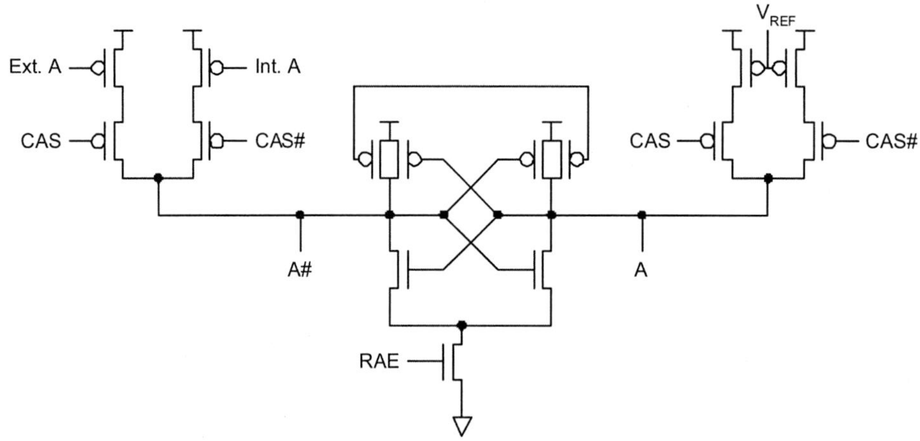

[그림 4.10] Asynchronous DRAM에서의 X-Address Buffer 회로의 예

Synchronous DRAM에서는 내부 Control 회로에서 현재 상태가 Refresh인지 외부 Address를 이용해야 하는지를 지정해 주기 때문에 [그림 4.11]의 회로와 같이 A_i 신호와 B_i 신호가 Main X-Address Decoder에 직접 입력되고 EXT_XA, INT_XA 신호를 통해 둘 중 하나를 Gating해서 사용한다.

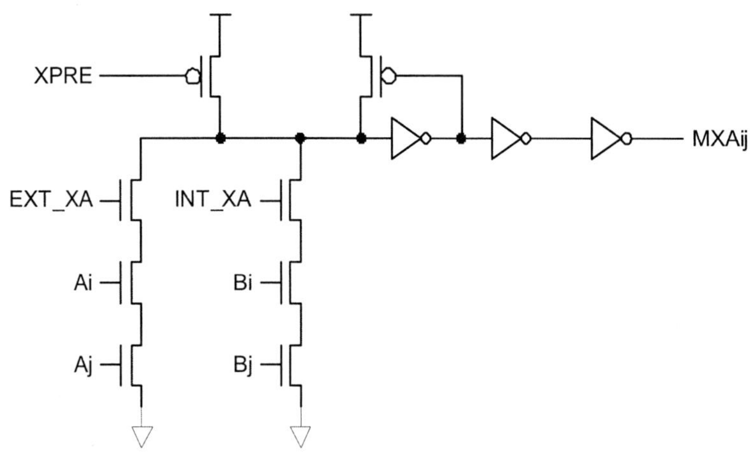

[그림 4.11] Main X-Decoder단에서 Address를 받아들이는 회로의 예

4.2.3 Pre-Decoder

Address Buffer로부터 생성된 Internal Address An, An#를 AND Gate에 입력함으로써 Address Decoding이 이루어진다. 16M DRAM의 경우 X-Address가 12개였고 256M DRAM의 경우 수가 더 늘어나 15개가 할당된다. 이 중 $A_{14}\sim A_{12}$ 3bit으로 하나의 Bank를 선택하고 (16M의 경우 Bank가 없으므로 이 3bit이 없는 것이다) $A_{11}\sim A_{8}$ 4개로 64개의 Sub-Array Block 중 4개를 선택하는데 활용하고 $A_{7}\sim A_{0}$ 8개의 입력으로 256개 중 하나의 Word Line을 선택한다. 설계시 Bank의 개수나 Block의 개수를 몇 개로 하느냐에 따라 이를 Decoding하는 Address Bit의 개수는 달라진다.

$A_{7}\sim A_{0}$의 8개 Address 입력으로 256개 중 하나를 선택하는 방법으로 가장 간단하게 생각할 수 있는 구성으로 [그림 4.12]와 같은 8-Input AND(NAND+Inverter)를 들 수 있다. 하지만 이 회로는 다음과 같은 문제점을 가지고 있다.

1) 8-Input NAND Gate에는 8개의 NMOS가 직렬로 연결되므로 ON 저항이 커서 동작 속도가 느리다.
2) DRAM에서 가장 작은 치수를 가지는 각 Word Line 옆에 8-Input NAND Gate를 Layout한다는 것은 사실상 불가능하다.(제 3.1장 참조)
3) Block당 필요한 Decoder의 전체 Transistor 수를 계산해 보면 한 개의 AND Gate마다 9개의 NMOS + 9개의 PMOS가 필요하고 256개의 AND Gate가 필요하므로 256×18=4608개의 Transistor가 필요하다.
4) Decoder 입력으로 A_7, A_7#, A_6, A_6#, ……, A_0, A_0#의 16개의 Address Line이 필요하며 어떤 Address 조합이 입력되어도 16개 Wire 중 8개는 High, 8개는 Low로 천이하기 때문에 각 신호선의 충/방전에 따른 전력손실이 크다.

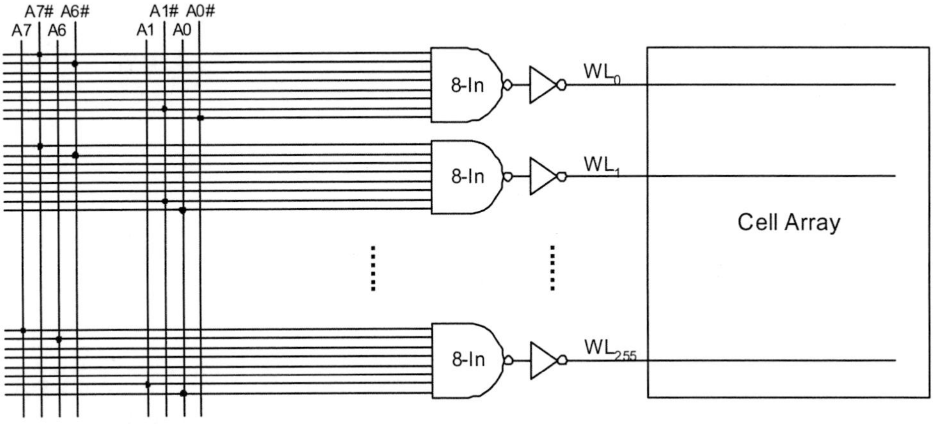

[그림 4.12] 256 Word Line Decoding을 위한 8-Input NAND 구성

이번에는 [그림 4.13]과 같이 $A_7 \sim A_1$의 7개 Address를 입력으로 하는 7-Input NAND Gate와 A_0, A_0#를 Power Line으로 하는 2개의 Inverter의 조합으로 Decoder를 구성해 보자. 즉, 8Bit 중 7Bit을 Pre-decoding한 셈인 것이다. 이렇게 하면 Word Line 2개마다 Decoder 1개씩 배치할 수 있으므로 Layout Pitch가 위 경우에 비해 2배로 늘어난다. 하지만 NAND Gate에는 7개의 NMOS가 직렬로 연결되므로 Decoder의 동작 속도가 여전히 느리다. 또한 Layout Pitch가 늘어났다고는 해도 매우 힘든 환경임에는 변함이 없어 Pre-decoding 기법을 효율적으로 활용했다고는 할 수 없다.

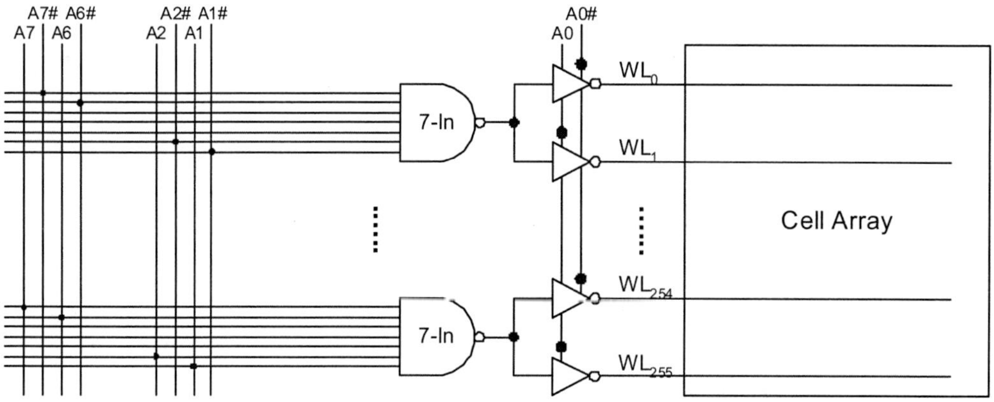

[그림 4.13] 256 Word Line Decoding을 위한 7-Input NAND+Power Inverter 구성

이런 방법을 더욱 진전시켜 [그림 4.14]에서처럼 Decoder에 사용되는 NAND Gate를 가능한 한 간단하게 하여 Layout 효율을 높이고자 3-Input NAND를 채택해 보자. 이를 위해서 $A_7 \sim A_2$의 상위 6Bit을 (A_7, A_6), (A_5, A_4), (A_3, A_2)의 3쌍으로 미리 묶어 미리 Decoding을 한 뒤 이 Decoding된 신호를 3-Input NAND의 입력으로 받아들여야 한다. 즉, 6Bit을 2Bit씩 Pre-decoding한 것이다. 또한 A_1과 A_0를 Decoding한 4개의 신호를 Power Line으로 하는 Inverter가 Decoder 출력에 연결되므로 Word Line 4개마다 1개의 3-Input NAND Gate가 위치하게 되어 Word Line Pitch에 맞는 Layout이 가능해진다. 이 방법의 장점을 정리해 보면

1) WL 4개당 1개의 Row Decoder가 존재하므로 Layout이 쉽다(1 Block당 총 64개 Decoder만 존재).
2) 3-Input NAND이므로 NMOS가 3개만 직렬로 연결되어 있어 상대적으로 동작 속도가 빠르다.
3) Block당 필요한 전체 Transistor의 수가 대폭 감소한다. 즉, 16개의 2-Input NAND Gate와 16개의 Inverter, 64개의 3-Input NAND Gate로 구성되어 있으므로 480개의 Transistor만 필요하게 되어 Layout Area를 대폭 감소시킬 수 있다.

4) 3-Input NAND의 입력으로 들어오는 12Line 중 3개만이 "H"이고 나머지는 "L"이며, Inverter의 Power Supply Line 4개 중 1개만이 "H"이므로 임의의 Address에 대해 모두 4개 Line만이 "H"로 움직인다. 이는 Pre-decoding을 사용하지 않는 [그림 4.12] 방법의 8개의 Address Line이 "H"인 것에 비해 1/2로 감소한 것이므로 긴 신호선을 충전하는 데에 드는 전력 소모를 1/2로 절감한 것이 된다.

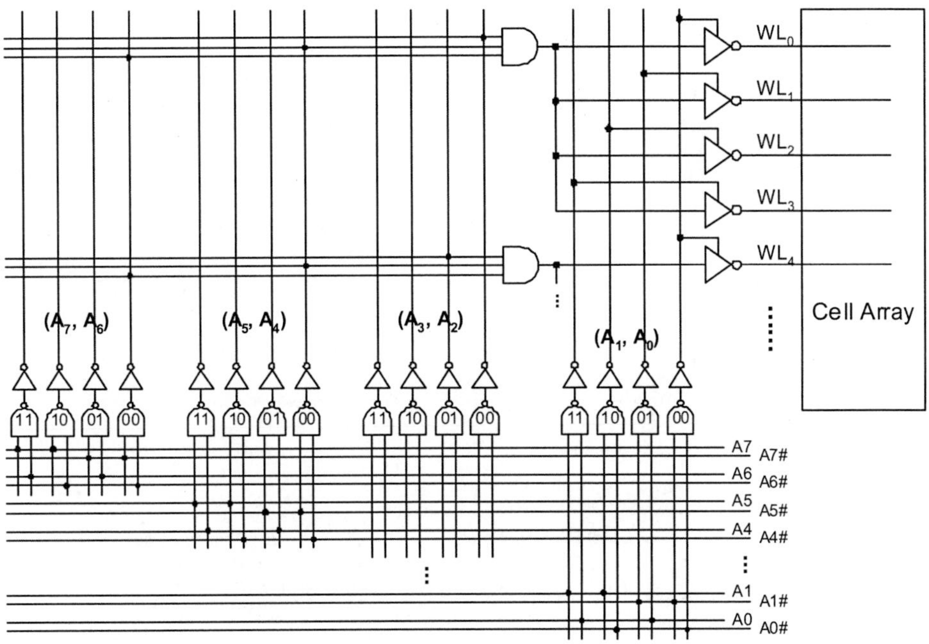

[그림 4.14] 256 Word Line Decoding을 위한 3-Input NAND Decoder

4.2.4 Main Decoder

Decoder는 3-Input NAND로 구성된다고 했는데 이를 Transistor 회로로 나타내면 [그림 4.15]와 같다. 이 회로가 Symmetric Swing을 하기 위해서는 1개의 PMOS Size를 W라 했을 때 NMOS의 Size는 1.5W가 되어 모두 7.5W의 면적이 필요하다(부록 참조). 가능한 한 면적을 감소시키기 위해서 PMOS를 1개만 사용하는 [그림 4.15(c)]의 Pseudo NMOS Logic 회로를 생각해볼 수 있다. 이렇게 하면 Pre-decoder가 구동해야 하는 Gate Capacitance도 감소하므로 더 고속으로 동작할 수 있지만 Logic Low를 출력하는 경우 Current Path가 존재하게 되어 전력 소모가 심각해 질 수 있다. 또한 ON 저항에 의한 전압분배로 완전한 V_{SS}가 출력되지 않는다는 문제도 있다. 이를 피하기 위해 출력 Node를 "H"로 Precharge해 놓은 다음 NMOS Path가 선택되지 않으면 이 "H" 신호를 그대로 내보내고, 선택이 된 경우에만 "L"로 떨어뜨리도록 하는 [그림 4.15(d)]의 Dynamic Logic을 채용하면 NMOS와 PMOS간의 구동 능력의 경쟁이 없으므로 전력 소모도 적고 더욱 고속 동작이 가능하다. 하지만 이 경우 출력 Node의

Parasitic Capacitance가 작고 또한 Leakage의 발생에 의해 Precharge Level "H"가 하강할 수 있으므로 [그림 4.15(e)]와 같이 매우 작은 PMOS를 달아서 "H" 전압을 유지하도록 도와주고 있다.

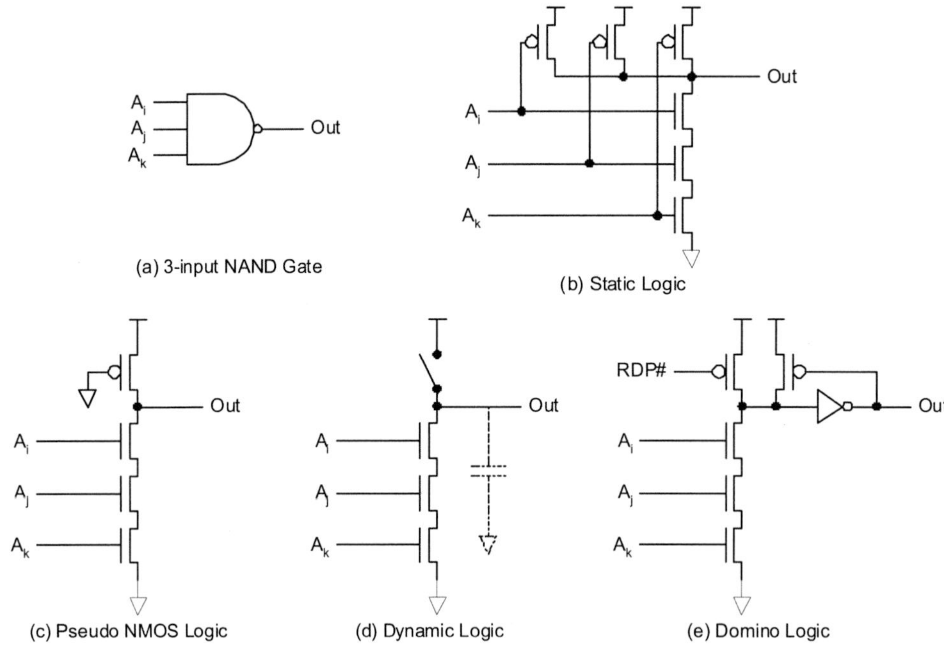

[그림 4.15] NAND Gate의 Transistor 회로

앞서 Pre-decoder를 설명할 때에는 Word Line이 CMOS Inverter로 구동되는 것처럼 그렸지만 실제의 경우는 [그림 4.16]의 Sub Word Line Driver 부분과 같이 NMOS에 의해 구동되는 회로를 사용한다. Decoder는 Address에 의해 선택된 Word Line을 활성화시키는 동작뿐 아니라 선택되지 않은 Word Line을 "L"로 확실히 붙잡아 두는(Pull-Down) 기능도 가져야 하는데, $N_0 \sim N_3$가 그런 역할을 맡고 있다. Power Supply로서 입력되는 $RX_0 \sim RX_3$는 $V_{CC}+V_{TN}$의 고전압으로 승압된 선이며 Word Line의 길이가 길어서 Word Line Driver $D_0 \sim D_3$의 구동 능력이 좋아야 한다(즉, Size가 커야 한다). PMOS로 하면 동일 구동 능력을 가지는 NMOS의 2배의 면적을 차지하므로 면적 감소를 위해 NMOS를 채용한다. 하지만 NMOS에서는 V_T Loss에 의해 $V_{GS}-V_{TN}=V_{CC}-V_{TN}$이라는 전압으로 전송되는 전압의 상한선이 결정되므로 Word Line에 $V_{CC}+V_{TN}$이라는 고전압이 전달될 수가 없다. 이를 피하기 위해 $Q_0 \sim Q_3$의 NMOS Transistor를 Gate에 V_{CC}를 인가한 채 연결해 놓았다. Decoder로부터의 출력 BB의 전압이 "H"이며 Q_0의 Gate 전압도 "H"이므로 전류의 경로는 화살표와 같다. BB 전압에 의해 AA 전압이 상승하다가 $V_{CC}-V_{TN}$에 다다르면 Q_0는 OFF되어 AA 점은 $V_{CC}-V_{TN}$이라는 전압을 가진 채 외부와 연결점이 모두 끊어진 상태의 고립된 Node가 된다. 이제 RX_0의 "H

+" 전압을 NMOS D_0의 Drain에 인가하면 Gate 전압이 $V_{CC}-V_{TN}$으로 되어 있으므로 WL 전압이 상승하기 시작한다. WL 전압이 상승하면 D_0의 Gate- Source간 Overlap Capacitance에 의해 동시에 AA 점의 전위도 전하 보존 법칙을 만족하기 위해 상승하므로 전압이 상승한다(Self-Bootstrapping). 따라서 AA 점의 전위는 $V_{CC}+2V_T$ 이상으로 상승되므로 Word Line에는 $V_{CC}+V_{TN}$ 전압이 모두 전달된다. 이때 Q_0는 Gate 전압이 V_{CC}로 묶여 있으므로 여전히 OFF로 남아 있다.

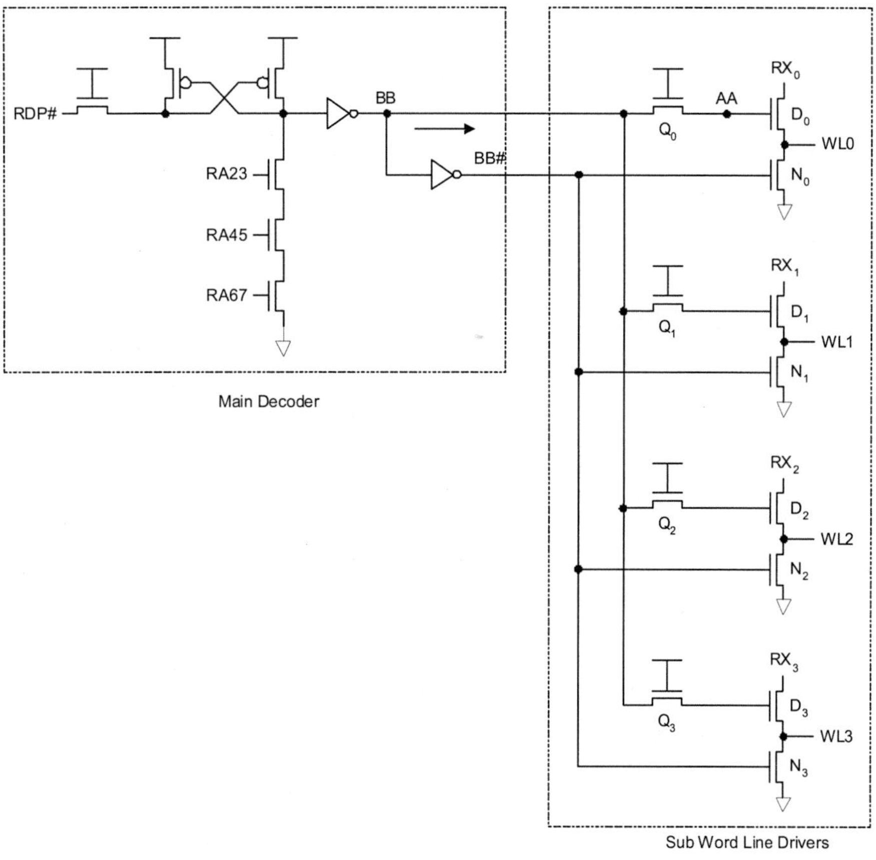

[그림 4.16] Main Decoder 회로

Main Decoder가 Sub Decoder에 인접하여 배치되는 형태에서는 위와 같은 방식의 Decoder 회로가 사용될 수 있지만 큰 부하의 Signal Line이 2개가 달려야 한다는 점에서 바람직하진 않다. 대용량 DRAM으로 가면서 하나의 Main Decoder에 여러 개의 Sub Decoder가 띄엄띄엄 연결되는데, 이에 따라 Main Word Line의 길이가 매우 길어지게 된다. 이런 형태에서는 두 개의 Main Word Line, 즉 [그림 4.16]에서의 BB Node와 BB# Node 두 개가 평행으로 달리는 것이 Layout 면에서나 전력소모 면에서 부담으로 작용한다. 대용량 DRAM에서는 하나의 Main Word Line만을 사용하기 위해 [그림 4.17]에서 보는 것과 같이 Sub Word Line

Driver의 RX_i Node들이 Main Word Line에 의해 구동되도록 하고 기존 RX_i에 의해 구동되도록 했다. 이렇게 해도 기존의 RX_i에 해당하는 Line이 2배로 증가해서 수치상으로는 동일하지만 Capacitance Load가 커지는 Line의 수를 줄임으로써 전체적인 전력 소모를 줄이고 Layout 복잡도도 줄이도록 했다.

Word Line은 많은 수의 Cell Transistor Gate에 연결되어 있으므로 Capacitance가 매우 크다. 또한 Polysilicon과 같은 고저항 물질로 형성되어 있기 때문에 저항도 상당히 크다. 따라서 위와 같은 방법으로 Word Line Driver를 설계한다 해도 RC Delay는 여전히 문제로 남으며 이를 줄이기 위한 방안들, 예를 들어 제 3.4장에서 다루었던 Word Line Strapping 등의 방식이 도입되어야 한다.

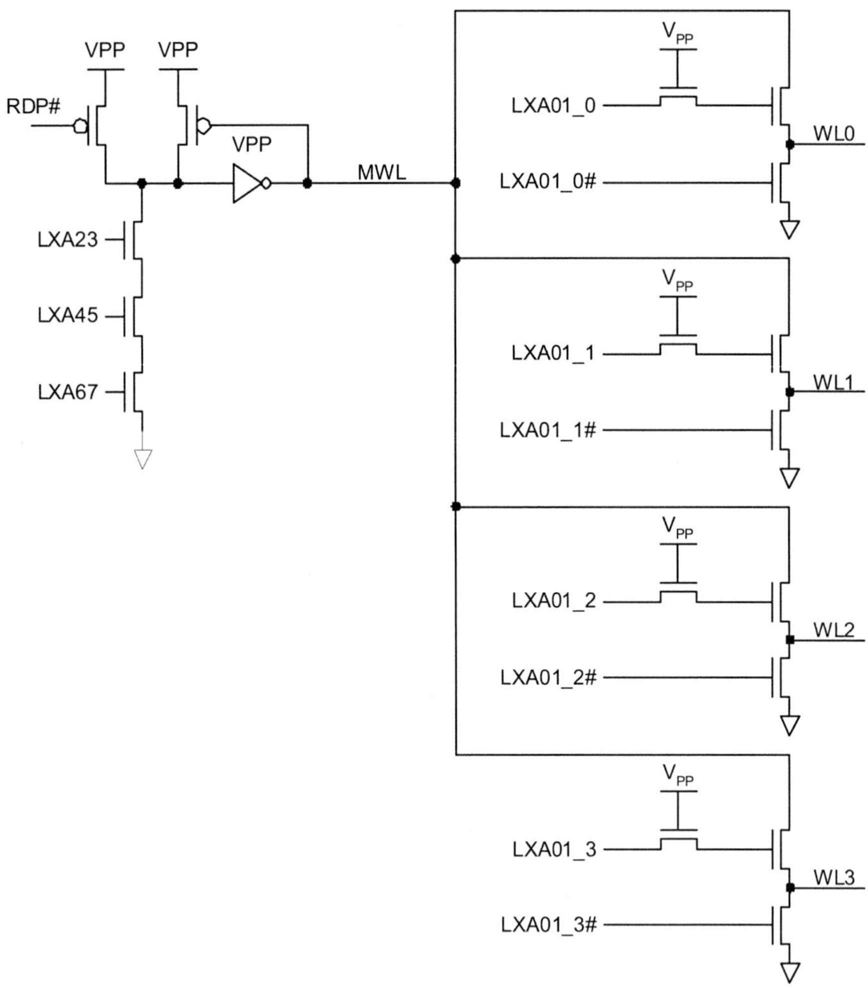

[그림 4.17] 고용량 DRAM에서의 Address Decoder 회로

4.2.5 Word Line의 승압

앞에서 언급한 바와 같이 NMOS를 Cell Transistor로 사용하면 Gate 전압이 Source 전압보다 V_T 이상 높아야만 ON이 되는데, 외부에서 DRAM에 인가하는 전압은 V_{CC} 하나이므로 전달된 전압은 $V_{CC}-V_T$의 최대값만을 가지게 되어 V_T Drop이 발생한다. 따라서 Cell로, 또는 Bit-Line으로 Full V_{CC} 전압을 읽거나 쓰기 위해서는 Cell Transistor Gate에 $V_{CC}+V_{TN}$ 이상의 전압을 인가해야만 한다.

이러한 고전압을 발생시키는 방식에는 RAS# 신호에 의해 소자가 동작하는 순간에 Pulse에 의해 고전압을 발생하는 Bootstrapping 회로 방식이 널리 사용되었다([그림 4.19] 참조). 이 회로의 원리는 전하 보존 법칙이다. [그림 4.18]에서 보는 것과 같이 값이 C인 Capacitor의 양단에 전압 V_1과 V_2가 인가되어 있다면 이 Capacitor에 저장된 전하량 Q는 C(V_2-V_1)으로 주어진다. MOS Switch에 의해 Node1(V_1단)과 Node2(V_2단)가 고립되어 있어 외부로부터 전하의 유입이 없다고 가정하고 Node1의 전압 V_1을 0V에서 V_{CC}로 상승시킨다면 전하 보존 법칙을 만족하기 위해 V_2도 [그림 4.18]의 Waveform처럼 V_{CC}만큼 상승하게 된다. 이런 동작을 만족하기 위해 필요한 것은

1) Node2에 전하를 전송하고 다시 고립시키는 장치(Φ_1과 Φ_2 Switch)
2) Capacitor
3) 일정 기간 후 Capacitor의 반대쪽 Node인 Node1의 전압을 상승시키는 장치

등이다.

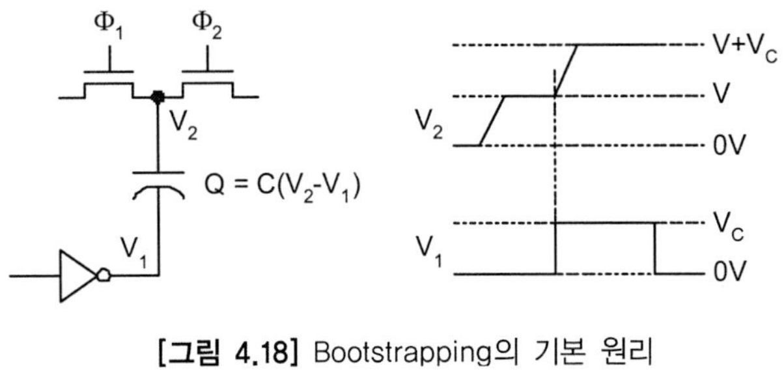

[그림 4.18] Bootstrapping의 기본 원리

실제의 경우 Word Line의 길이가 길어 기생 용량값이 매우 크므로 높은 전압의 큰 전하량을 공급해 주어야만 빠른 시간 내에 전체 Word Line을 $V_{CC}+V_T$로 상승시킬 수 있다. 단 한 번의 Bootstrapping으로 큰 전하량을 높은 전압으로 상승시키는 것은 전력소모도 크고 Peak Noise도 발생하므로 [그림 4.19]와 같이 다단으로 Bootstrapping을 행한다(물론 Burn-In Test시 Stress를 줄이는 목적도 있다. 제 6.7절 참조). RAS#가 Disable되는 Transition(즉,

Precharge 기간)을 이용하여 XPRE를 "H"로 해두고 이후 RAS#가 Active로 되는 Transition을 이용하여 Main Bootstrapping을 행하여 RX를 고전압으로 Bootstrapping한다.

다른 방식으로는 미리 V_{CC} 이상의 고전위, 즉 V_{PP}를 만들어 이를 Word Line에 공급하는 방식이다(V_{PP} 생성 방법은 제 6장 참조).

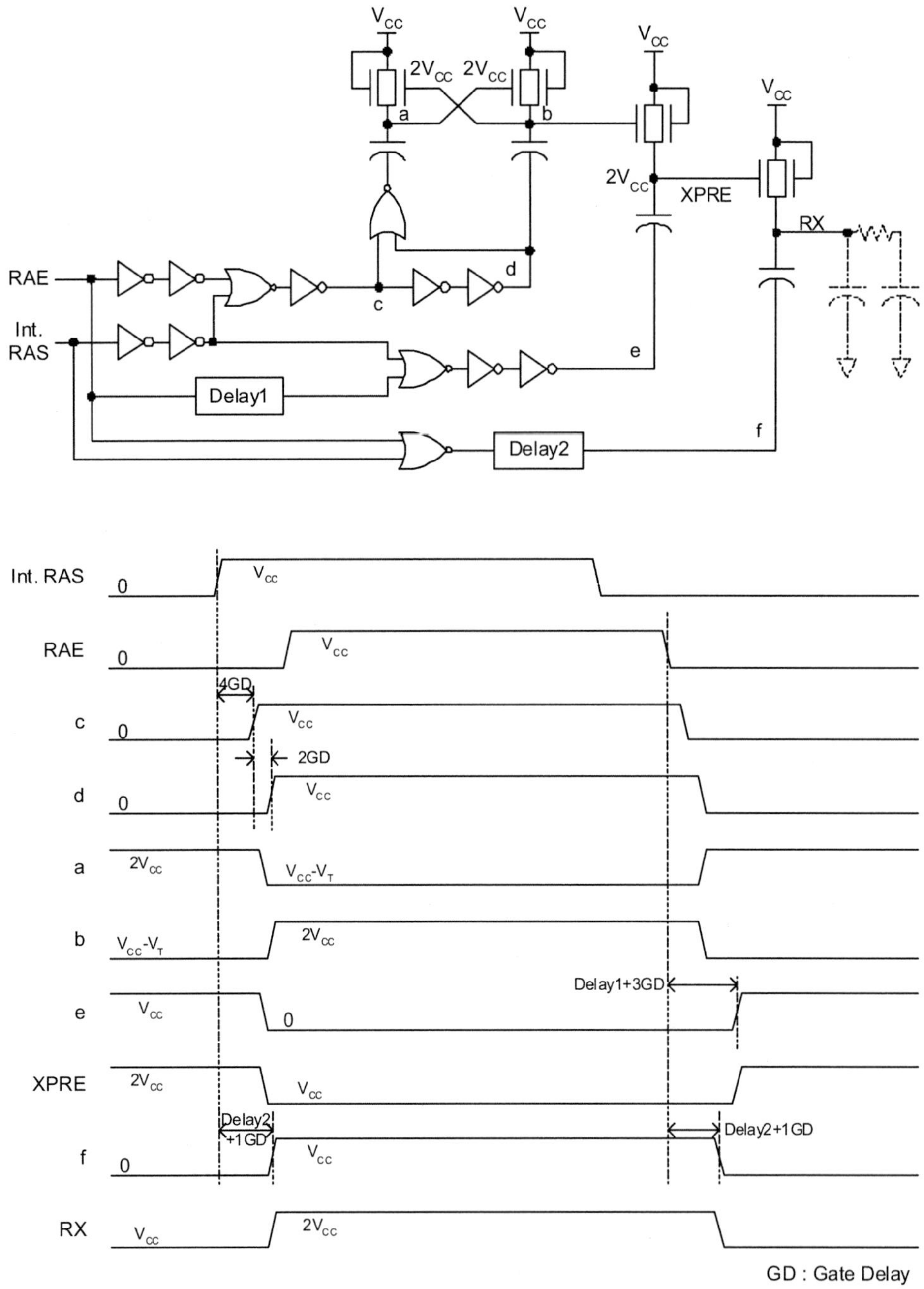

[그림 4.19] 다단 Bootstrapping 회로의 실제 예

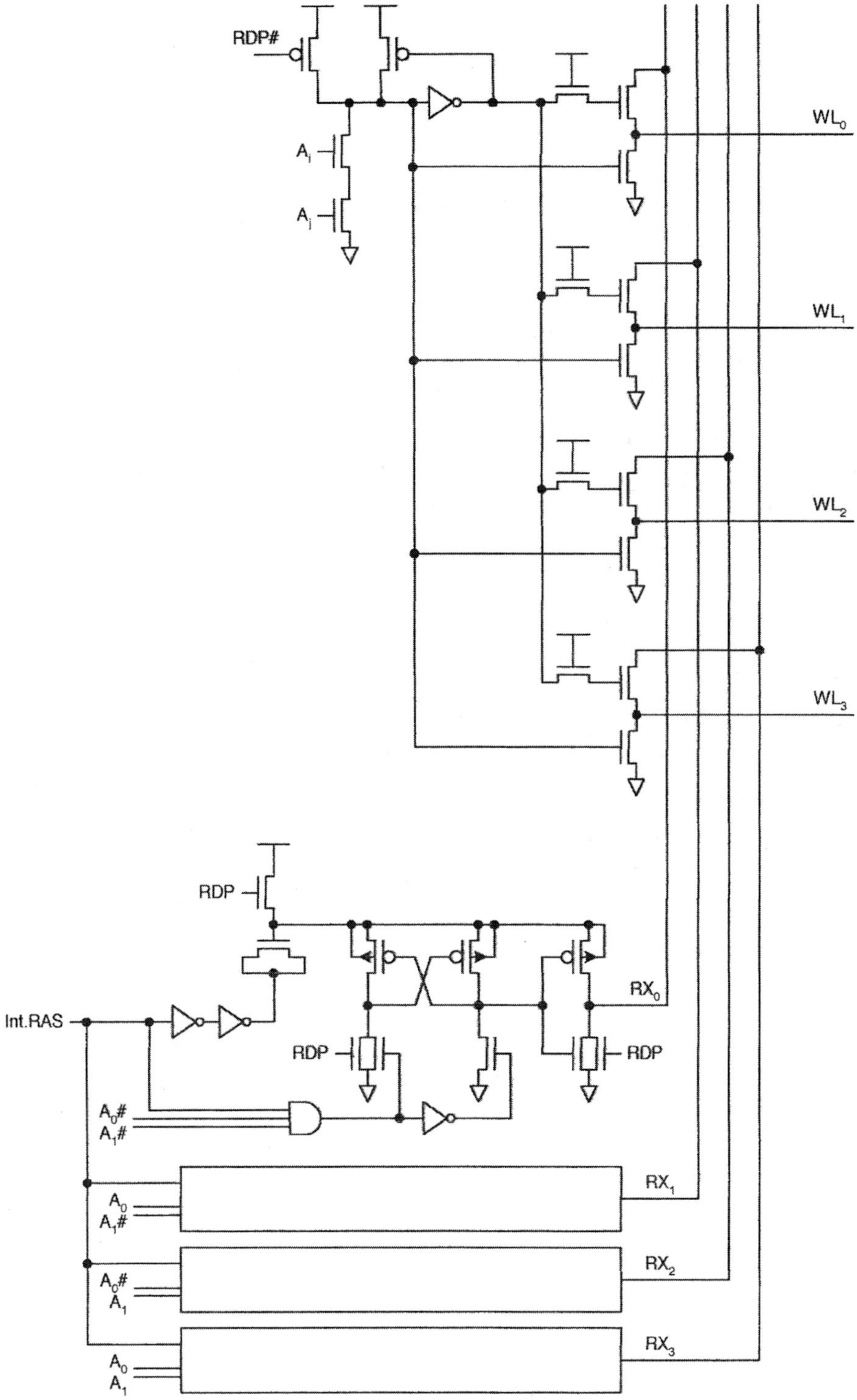

[그림 4.20] Word Line Driver 회로의 구성

이렇게 고전압 RX를 [그림 4.20]과 같이 서로 다른 4개의 RXi Line 중 1개에 A_0, A_1으로 선택해서 연결시켜 주어야 한다. 즉, 낮은 전압을 사용하는 회로로 높은 전압의 경로를 변경시켜야 하는데, 이때 주로 사용하는 것이 Level Shifter 회로이다. [그림 4.21]은 Spare Decoder를 고려한 회로로, 고전압 전송시 V_T Drop이 없는 PMOS(Q_1, Q_2)를 Cross-Couple로 형성하여 High Voltage의 전송을 Feedback을 통해 실시하도록 하며, 낮은 전압 회로로는 PMOS가 OFF인 Node의 전압만을 "L"로 보내도록 하였다. 즉, A가 "H"로 되면 C는 Ground가 되며, 이때 B는 "L"이 되므로 Q_2가 켜짐에 의해 D는 V_{PP} Level까지 High로 된다. 따라서 Q_3는 꺼지게 되어 RX_0는 "L"이 된다. 한편 A가 "L"이 되면 B가 "H"가 되어 D가 Ground가 되며, 이에 따라 Q_3가 ON이 되어 RX_0가 V_{PP}로 상승한다. 그림에서 알 수 있듯이 Address 8, 9, 10, 11에 의해 생성된 BLKS 신호에 의해 지정된 Block에만 Bootstrap으로 승압된 RX0 또는 승압 전원 V_{PP}를 연결하며, 또한 앞의 회로에서와 같이 Node AA의 전압이 Bootstrapping이 일어나기 위해서는 RX_0(또는 V_{PP}) 신호는 Address 신호보다 나중에 입력되도록 Timing을 제어해야 한다. Decoder가 활성화될 때 입력되는 신호의 순서는 RDP, Address, RX_0(또는 V_{PP})가 되고, Disable되는 순서는 RX_0(또는 V_{PP}), Address, RDP가 되도록 한다. 여기에서 SRE(Spare Row Enable)와 NRD(Normal Row Disable)는 결함구제에 사용되는 신호로 Spare Decoder를 활성화하는 조건을 만족하기 위한 신호들이다.

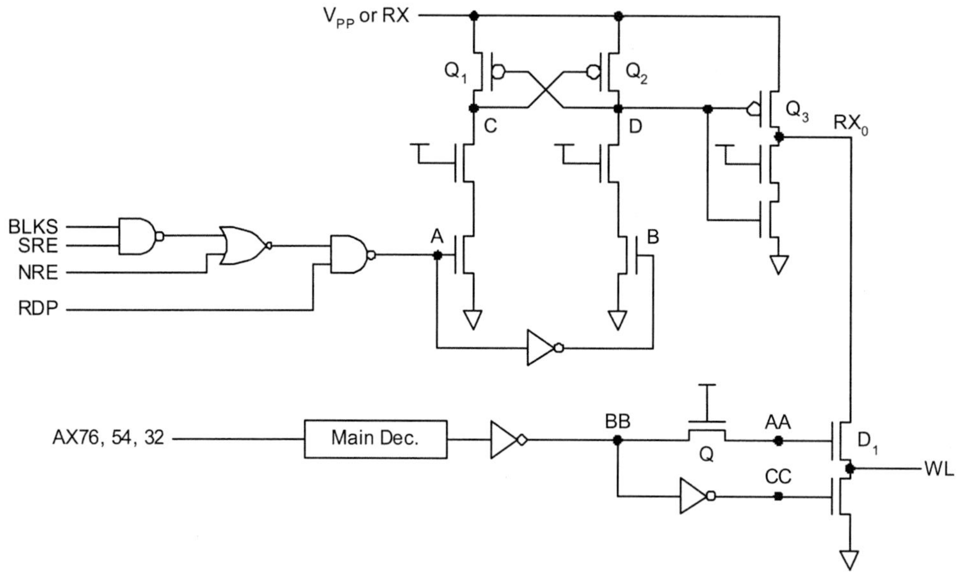

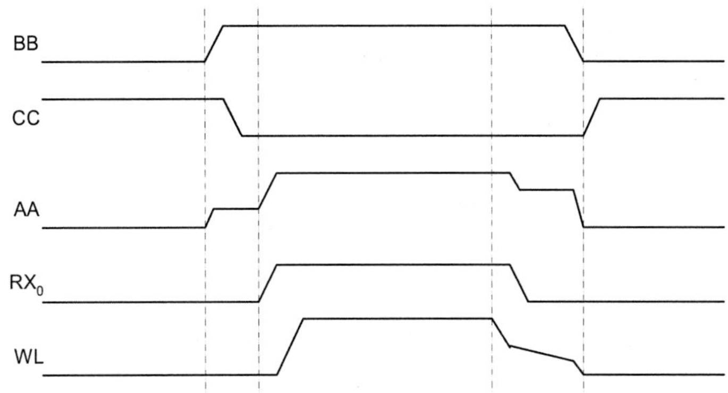

[그림 4.21] Level Shifter를 이용한 RX 신호의 제어

4.3 | Column Address 경로

Column Address를 Y-Address Buffer를 통해 받아들인 뒤 Y-Decoder를 거쳐 DB Gate(Column Select)를 선택하여 Sense Amplifier에 의해 증폭되어 있는 BL의 Data를 DB Line에 전송하는 경로이다([그림 4.22])Column Address 경로에서 생성되는 중요한 신호 중의 하나가 Data 경로를 제어하는 ATD(Address Transition Detect)이다. 물론 Block Selection 신호 BLKSi에 의해 생성된 BLP에 의해 발생하는 DBP에 의해서 Data 경로 Precharge 신호를 생성하는 경우에는 불필요하지만, ATD를 사용함에 따라 회로들을 활성화시키는 시간을 줄일 수 있어 많이 사용되고 있다.

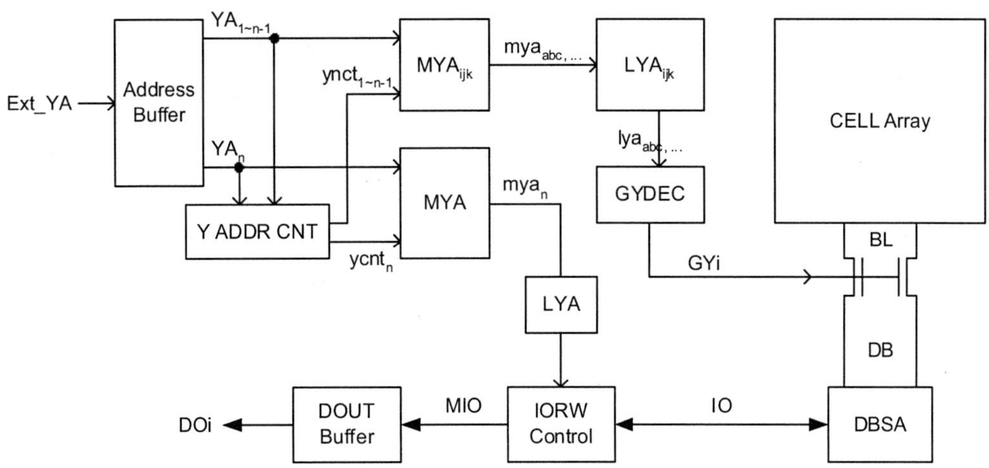

[그림 4.22] Column Address 경로

4.3.1 Column Address Buffer

Y-Address는 CAS#에 의해 Strobe되지 않고 RAS# 계열의 신호에 의해 활성화되며 CAS#에의해서 Latch된다. CAE 신호는 RAS#가 "L"로 천이하면 "H"가 되어 외부 Address를 받아들이게 되며, CAS#가 다시 "L"이 되면 CAE는 "L"이 되어서 Latch의 양 입력단이 모두 "H"가 되므로 그 순간의 Address Data로 Latch된다([그림 4.23] 참조). CAS#가 다시 "H"로 Disable되면 CAE는 "H"로 Enable되어 새로운 Y-Address를 받아들일 수 있다. Column Address Buffer는 X-Address Buffer와는 달리 Dynamic 회로를 사용하지 않는데, 이는 Column Address를 신속하게 입력시키기 위함이다. 즉, Fast Page Mode DRAM(제 7장 참조) 시절 이후부터는 일반적으로 하나의 Row Address가 일단 선정되면 이 Row Address는 변경시키지 않고 Column Address만을 변경시키면서 Data를 Access하며 이 경우 Column Address Access Time이 대단히 중요하게 되는데 이 중 Address Buffer에서 소모하는 시간이 큰 비중을 차지하기 때문이다.

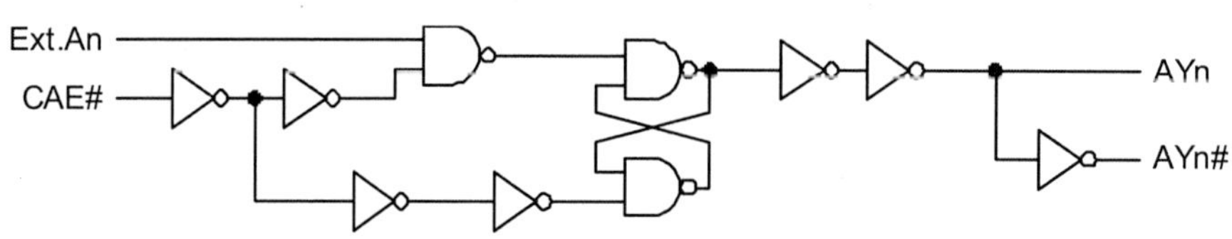

[그림 4.23] Column Address Buffer 회로

4.3.2 Address Transition Detector(ATD)

Static Column Mode를 비롯한 고속 동작용 DRAM에서는 Column Address만을 바꾸어줌에 따라 Bit-Line에 실려있는 Cell Data가 순차적으로 출력된다(제 7장 참조). 이 경우, Address 입력에 동기화되어 Data의 전송 및 관련 회로의 활성화를 제어하는 신호(예를 들어 CAS#와 같은 신호)가 필요한데, Static Column Mode에서는 두 번째 Bit 이후부터 CAS#가 입력되지 않으므로 대신 ATD를 발생시켜 각종 제어 신호로 사용한다. ATD는 고속동작 외에 전력소모를 줄이는 데에도 이용된다. 즉, DB Line과 RD Line은 길이가 길어 Parasitic Capacitance가 크고 이에 따라 Data의 전송이 늦어지므로 이를 극복하기 위해 Dynamic 회로 개념을 도입하여 DB Line을 미리 V_{CC} 혹은 특정 전압으로 Precharge하여 전송시간을 줄여주고 전력 소모도 감소시킨다. 이를 위해서는 외부 Y-Address가 입력되면 이 사실을 감지하여, 입력된 Y-Address에 의해 Bit-Line의 Data가 DB Line으로 전송되기 전에 DB Line을 Precharge하도록 한다. 예를 들어, DB Line을 $V_{CC}/2$로 Precharge하면 새로운 Data에 의해 $V_{CC}/2$만큼만 충/방전하면 되므로 보다 고속으로 동작할 수 있다. ATD는 또한 DB Sense Amplifier가 DB Line을 증폭하는데 필요한 시간 동안에만 ON되도록 하여 불필요한 전류 소모를 줄이는 데에도 이용될 수 있다.

ATD 회로의 동작 원리는 [그림 4.24]와 같다. Column Address Buffer로부터 생성된 내부 Address의 Complementary 신호인 AYi, AYi#와 이 신호를 τ만큼 지연시킨 회로의 XOR을 취한다. XOR은 두 입력 신호가 서로 다르면 "H"를 생성하므로 어떤 Address 조합이 입력되어도 이들의 XOR 중 적어도 하나 이상은 τ폭의 Short Pulse를 생성한다. 각각의 XOR 출력을 OR 연산하면 Address가 입력될 때마다 τ폭의 Short Pulse EQ가 출력되어 이를 DB Line의 Precharge와 DB Sense Amplifier의 활성화 신호로 이용한다. [그림 4.25]는 실제로 많이 이용되는 XOR 회로 중의 하나이며 6개 Inverter의 Propagation Delay를 이용하여 Pulse를 생성하는 예를 보여주고 있다.

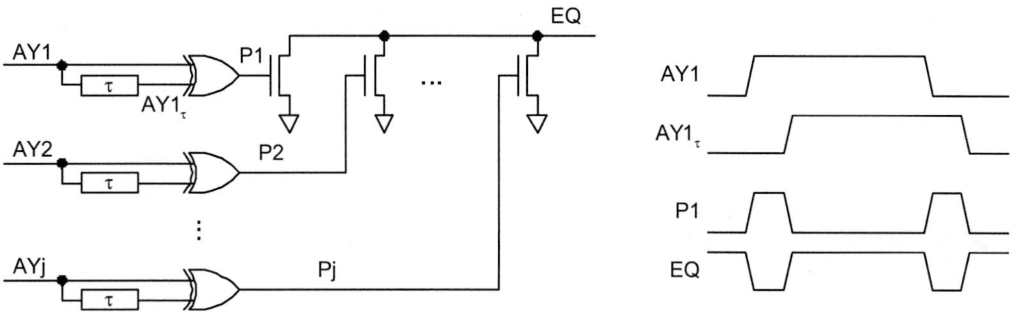

[그림 4.24] ATD 회로와 동작 Timing

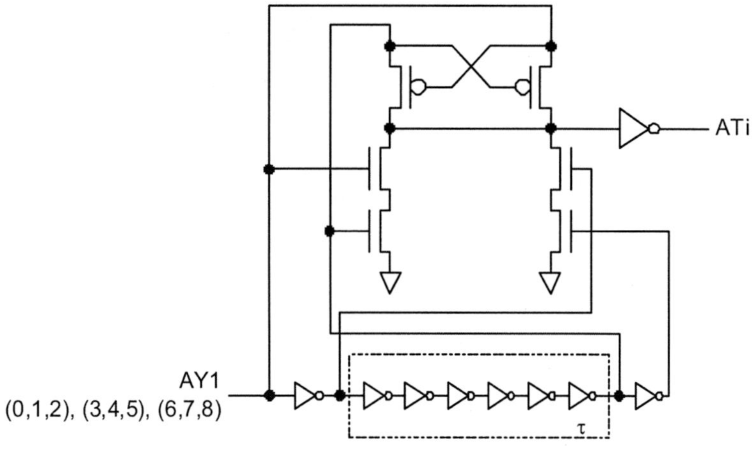

[그림 4.25] 실제의 Exclusive OR 회로의 예

CBR Refresh에서는 Data Bus가 사용되지 않으므로 [그림 4.26]에서와 같이 Data Bus의 Precharge를 담당하는 DBP 신호를 CBR 입력에 의해 제어되도록 하였다. 따라서 CBR이 아닐 때에 RAS#에 의해 Column Path가 활성화되어 CPE#가 "L"로 Enable되면 Node A의 전압이 "H"가 되어 DBP가 "L"로 있지만 이러한 ATD 신호 ATi가 발생되면 Node A의 전압이 "L"이 되고 DBP가 "H"로 되어 DB Line이 V_{BLP} 또는 V_{CC}와 같은 전압으로 Precharge된다.

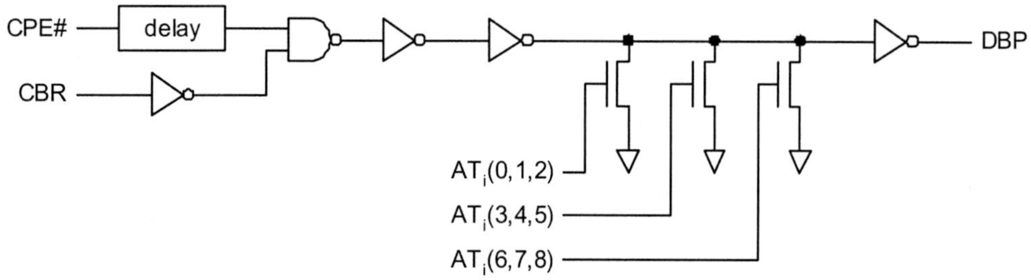

[그림 4.26] 실제의 ATD 회로의 예

4.3.3 Column Decoder

Column Decoder는 Y-Address Buffer로부터 Y-Address를 받아서 이를 Decode하여 해당Bit-Line을 DB Line에 연결하는 신호 CD_i를 생성하는 회로로 [그림 4.27]과 같은 구성으로 되어 있다. Row Decoder와 비슷하게 3-Input NAND Gate를 기본으로 설계되는데 [그림 4.27]에서는 9-bit Column Address가 할당되었을 경우를 보여주고 있다. (A_0, A_1, A_2), (A_3, A_4, A_5), (A_6, A_7, A_8)이 Predecode된 신호를 입력으로 하는 3-Input NAND Gate로 Main Decoder를 형성하고 CDi를 제어하는 3-Input NAND Gate가 각 Predecode된 신호를 받아 사용하게 된다. 16M DRAM 이후부터는 Global Column Decoder 방식으로 CDi는 4Kb Array에 해당하는 긴 길이를 가진다.

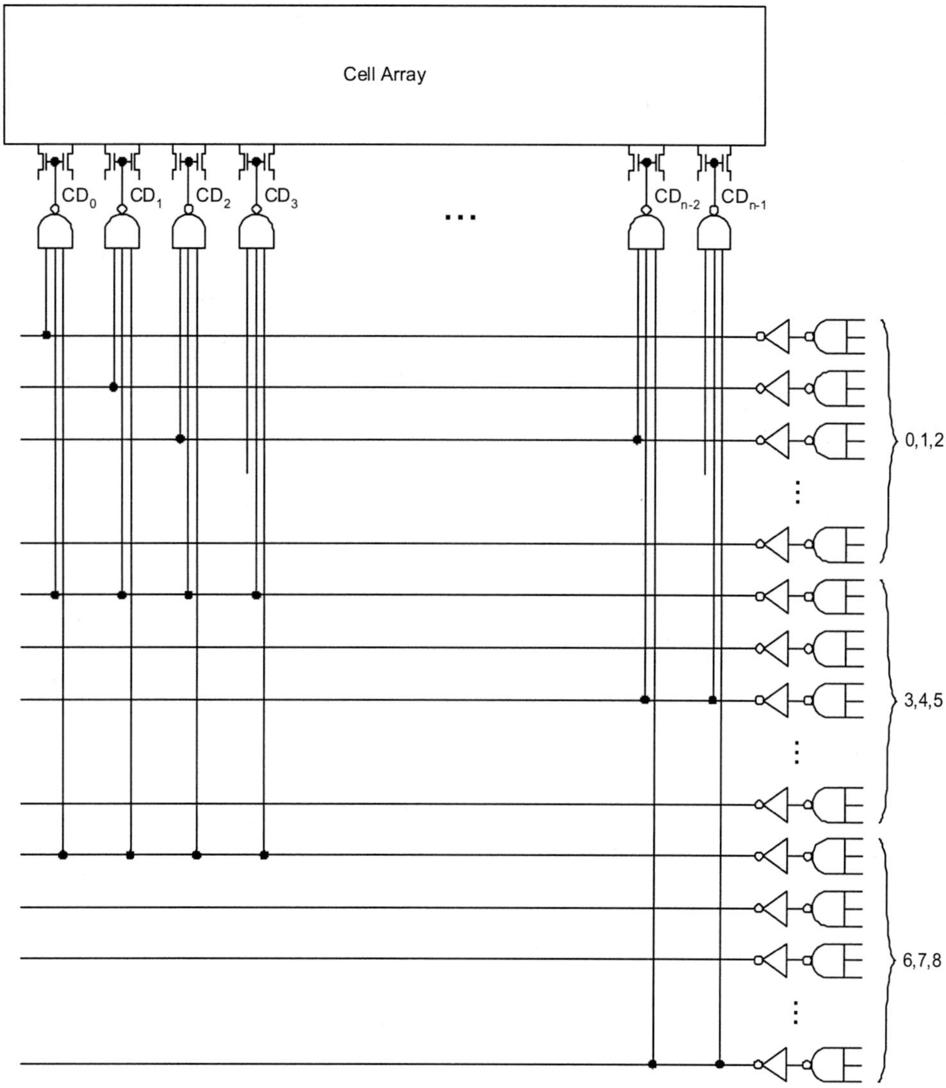

[그림 4.27] Column Decoder 회로

Global Column Decoder 방식, 즉 여러 개의 Block을 통과하도록 배선되는 방식에서는 Metal2 배선의 길이가 길어지지만 한 Line에 연결된 Transistor의 수는 각 Block당 한 개뿐이므로 전체적으로 10여 개에 불과하다. 이에 따라 Parasitic Capacitance값이 작아서 Column Decoder Driver는 Word Line Driver처럼 큰 구동력을 가질 필요는 없다. 또한 배선도 Metal2인 알루미늄으로 되어 있어 저항값이 작다. Bit-Line 상에서 Bit-Line Sense Amplifier에 의해 V_{CC}까지 증폭된 신호가 CD_i에 의해 선택되면 DB Gate Q를 통해 DB Line으로 전송된다([그림 4.28] 참조).

Shared Sense Amplifier이면서 Global Column Select를 사용하는 DRAM에서는 한 개의 Column Select가 4개의 Sense Amplifier 출력에 연결되어 동시에 4개의 Bit-Line Pair를

4개의 DB Line Pair에 연결시킨다. 즉, 하나의 Column Select 선이 256Kb Cell Block의 위쪽에 2개, 아래쪽에 2개, 총 4개의 Sense Amplifier의 출력을 DB Line Pair에 연결시킨다. Column Select 선은 NMOS의 DB Gate Q의 Gate에 연결되므로 Voltage Drop이 발생하여 Sense Amplifier에 의해 Full V_{CC}로 증폭된 Bit-Line의 전압이 완전하게 DB Line에 전달되지 못한다. 또한 Read 시 Bit-Line의 신호가 DB Line으로 전달되거나, 또는 Write 시에 DB Line의 신호가 Bit-Line으로 전달될 때에 전달되는 속도가 Q의 Size에 의해 결정되므로 고속 동작을 위해서는 Q의 크기를 크게 해주어야 한다. 하지만, 이에 의해 CD_i의 Loading Capacitance가 증가하며 Layout 면적이 증가하게 되므로 이에 대한 고려도 필요하다. 특히 Fast Page Mode에서는 CD_i가 ON되는 시간이 상대적으로 짧아지므로 Write 시 DB Line Pair의 Data가 Bit-Line Pair에 존재하는 이전 Data를 이 시간 내에 반전시킬 수 있도록 Q의 크기를 설정하여야 한다. Q의 크기는 Sense Amplifier의 PMOS와 NMOS의 Size 비, 즉 Sense Amplifier의 Logic Threshold(Trip Point)와 관계가 있다. Sense Amplifier의 Trip Point가 낮게 설정되면 Q의 크기가 작아도 충분히 새로운 Data를 Write할 수 있지만 소요되는 시간이 증가하므로 고속 동작에는 불리하게 된다.

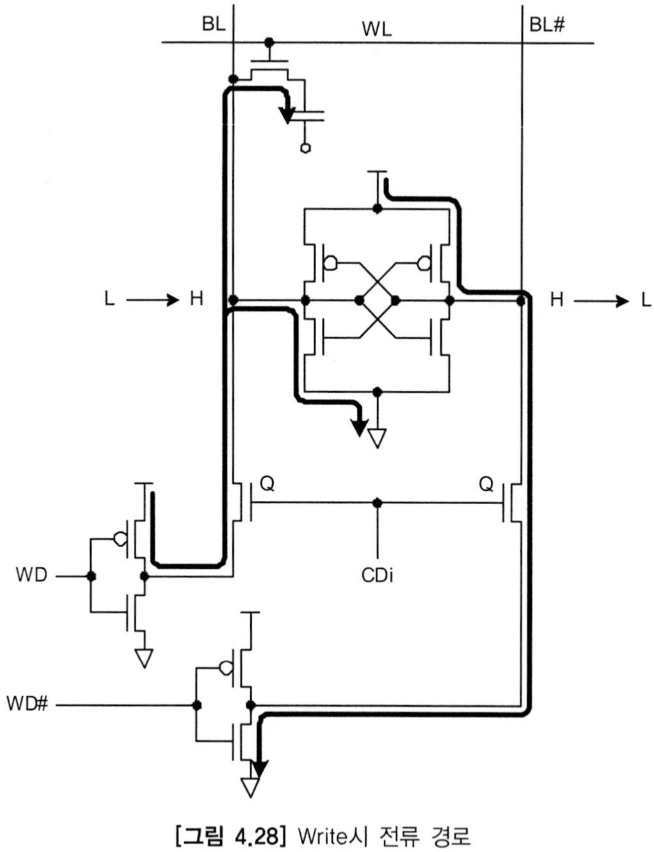

[그림 4.28] Write시 전류 경로

4.4 | Timing Control 신호

[그림 4.5]에서 Row Address가 Pin으로부터 입력되어 Address Buffer를 거쳐 Decoding 된 뒤 Word Line에 고전압을 인가하는 과정을 살펴보았다. 이를 위해서는 각종 제어 신호를 사용하여 이 모든 동작이 순서대로 정해진 시각에 확실하게 진행되도록 외부에서 제어할 필요가 있다. 이러한 제어 신호를 Timing 신호라 부르며, 이들의 역할은 각 회로의 Block에 아래와 같은 것을 정해 주는 것이다.

1) 각 회로의 동작 순서 상대적 시간
2) 특정 회로의 동작 시각 절대적 시각(WL Monitoring회로, X-Decoding Monitoring 회로)
3) 회로 동작 및 신호 발생의 인과 관계
4) 특정 동작 발생을 위한 선결 조건의 감지(각종 Latch 회로)

이러한 조건에 따라 각 회로를 Enable시키고 또한 적절한 시기에 Disable시켜야 하며 이는 정해진 시간 동안에만 회로들을 활성화하여 전력 소모를 줄이는 데에도 매우 중요하다. Asynchronous DRAM의 Chip Enable은 RAS#에 의해 시작되므로 DRAM내부의 회로 제어에 사용되는 시간의 원점은 RAS#가 Low로 천이하는 시각이다. 이후 X-Address를 받아들이고 또한 Dynamic Logic을 사용하는 Decoder 및 DB Line등에 Precharge를 완료해 두어야 한다. X-Address는 Decoder를 통해 Word Line을 선택하여 Cell Data를 Bit-Line에 실어준다. 이 때를 기다려 Sense Amplifier를 활성화시켜서 Bit-Line의 Data를 증폭하여야 한다.

예전에는 CAS#에 의해 제어를 받았던 Column Address Path도 이제는 그 활성화가 RAS계의 제어 신호에 의해 이루어진다. Column Address Buffer가 활성화되어 Column Address를 받아들이고 Y-Decoder를 통해 생성된 CD_i 신호로 지정된 Bit-Line 쌍을 DB Line 쌍에 연결시키는 DB Gate를 ON시켜 Sense Amplifier에 의해 증폭된 Bit-Line Data를 DB Line으로 전송한다.

4.4.1 Row Path Control

Row Path에서는 RAS#가 "L"이 되어 DRAM이 동작 상태에 들어갔을 때(Active Cycle) 각 회로들의 동작 순서와 RAS#가 다시 "H"로 되어 DRAM이 대기 상태로 돌아 올 때(Precharge Cycle)의 동작 순서를 살펴보아야 한다. [그림 4.29]는 이러한 동작을 제어하기 위한 각종 제어 신호들의 동작 순서를 보여 준다.

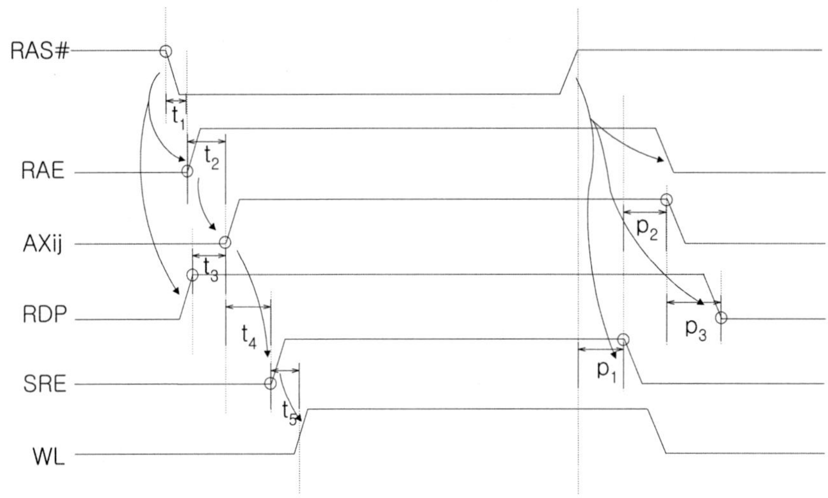

[그림 4.29] Timing Diagram

- t_1 : RAS# 신호가 입력된 뒤 Row Address Buffer를 활성화시킬 때까지 걸리는 시간이다. 원칙적으로 RAS# 신호가 입력되기 전 Row Address 신호가 입력되어 있어야 하지만 사용자의 편의를 도모하기 위하여 Row Address 신호가 RAS# 신호보다 2~3ns 늦게 들어올지라도(t_{ASR} = −2~3ns) 정상적인 Row Address 신호로 입력시키기 위해서 이러한 Delay가 필요하다.
- t_2 : Address가 Buffer를 지나 Predecoding되는데 소요되는 시간이다.
- t_3 : Row Decoder를 V_{CC}로 Precharge하는 신호인 RDP는 Address가 Decoder에 입력되기 전에 Disable되어야 한다.
- t_4 : SRE 신호는 고전압 Pulse RX_0의 인가 Timing을 결정하는데 Decoder에 Address가 입력된 뒤 RX Pulse가 인가되어야만 Word Line의 Bootstrapping이 원활히 발생한다. 한편 NRD에 의해 정상 X-Decoder가 Disable된 후 SRE에 의해 Spare Word Line이 동작해야 하는데(제 6.1절 참조) SRE가 너무 빨리 활성화되면 오동작을 할 수가 있다.
- t_5 : RX 신호가 Word Line에 충분히 전달될 때까지의 소요시간이다.
- P_1 : Cell에 Data가 확실히 Write될 수 있도록 Word Line은 CD_i가 Disable되고 나서 일정한 기간이 지난 후에 "L"이 되어야 한다. 이에 필요한 시간을 나타낸다.
- P_2 : Word Line Control인 SRE와 Address 신호 사이의 Disable 간격이다. Address 신호에 의해 RPE가 제어되며 이에 의해 Sense Amplifier Enable 신호 SAE가 제어받는데 Sense Amplifier는 Cell의 Data를 Full V_{CC}로 Restore시켜주기 위해 Word Line이 Disable된 후에도 적당한 시간 동안 활성화되어 있어야 하며 이 시간을 나타낸다.
- P_3 : Row Decoder를 다시 V_{CC}로 Precharge하기 위해서는 Address가 비활성화된 뒤에 RDP을 활성화시켜야 하는데 이에 필요한 시간이다.

이상의 설명은 Asynchronous DRAM의 동작을 기준으로 설명한 것이지만 Synchronous DRAM의 경우에도 내부적으로는 기본 동작이 같은 신호를 생성해서 사용한다. 이제 이러한 제어 신호를 발생하기 위한 회로들에 대해 차례로 살펴보기로 한다.

(1) RAS Buffer 회로: [그림 4.30]

외부 RAS#를 검출해서 큰 구동력을 가진 내부 RAS신호로 변환한 뒤 이 신호를 RAS 제어하에 있는 RAS계의 내부 회로에 공급하여 준다. RAS# 신호는 Chip 전체의 Enable 신호이므로 외부에서 인가된 Level을 확실하게 감지하여 안정된 동작을 하여야 한다. 이를 위해 Hysteresis 등을 추가하는 Schmitt Trigger회로를 사용하여 Noise Immunity를 증가시키는 회로가 채용되기도 하나 속도가 저하될 수 있어 조심하여야 한다. 외부의 전원 전압이 안정되면 PWRUP#이 Low가 되어 RAS Buffer가 Enable되며 이에 따라 RAS#가 Low로 Transition하면 내부 RAS신호는 "H"로 된다.

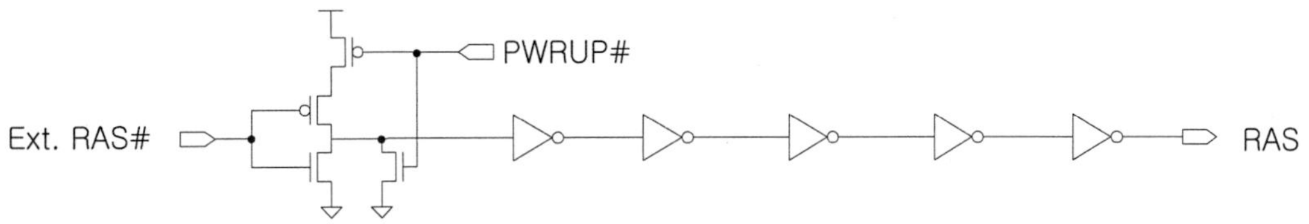

[그림 4.30] RAS# Buffer 회로

(2) Row Address Enable 회로: [그림 4.31]

RAS가 "H"로 천이하면 이때 Address가 아직 입력되지 않았으므로 RASD는 아직 "L"상태이며 따라서 RAE(Row Address Enable)가 "H"로 Transition하여 Address Buffer를 Enable시킨다. 원칙적으로 Address가 먼저 입력되어 RAS 천이를 기다리고 있어야 하겠지만, 사용자의 편의를 도모하기 위해 Address가 RAS신호보다 2~3ns 늦게 들어오더라도 정상적으로 입력될 수 있도록 RAS 천이로부터 RAE가 "H"로 될 때까지의 시간을 약 2~3ns가 되도록 조절한다. 이후 Address Predecoding이 완료되어 Address A_iA_j가 입력되면 RASD가 "H"가 되므로 RAE는 RASD가 "H"인 동안은 RAS 신호와 무관하게 "H"로 유지된다. 한편 RAS가 "L"로 Transition되면 A_iA_j조합 중 적어도 1개가 "H"로 되어 있으므로 RASD가 "L"이 되는데 이 신호가 Delay되어 Gate A를 열어 주므로 "L"인 RAS 신호가 비로소 RAE로 전달되어 RAE가 "L"이 된다.

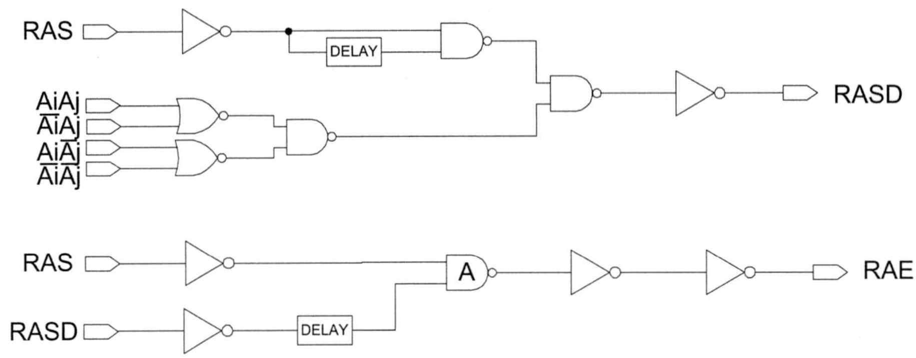

[그림 4.31] Row Address Enable

(3) RDP발생 회로: [그림 4.32]

외부 Address가 Address Buffer에 Latch된 후 Main Decoder에 도달하기 전에 X-Decoder의 Precharge용 PMOS가 OFF되어야 한다. 이를 위해 RAS가 "H"로 입력되면 이 때는 아직 Address가 입력되어 있지 않으므로 Node A가 아직 "H"로 있어 RDP#가 "H"로 천이하므로 PMOS가 OFF된다. 이후 가장 입력이 느린(Decoder로부터 거리가 가장 멀리 떨어진) Address가 입력되어 Decoding이 완료되면 Node A의 전압이 "L"이 되어 RDP# 신호는 계속 "H"가 된다. Row Address가 모두 Disable되어 Node A가 "H"가 되고 RAS도 "L"이 되어 Precharge Cycle이 되면 RDP도 "L"이 되어 PMOS가 ON이 되므로 X-decoder가 다시 Precharge된다.

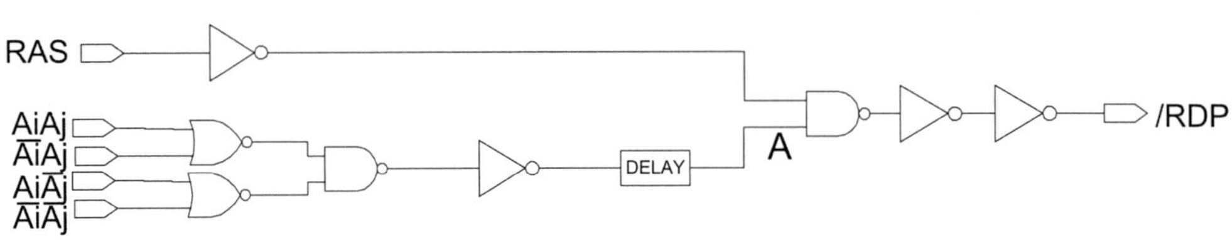

[그림 4.32] RDP 발생 회로

(4) RPE(Row Path Enable) 발생 회로: [그림 4.33]

RAS에 의해 RAE가 생성되어 X-Address Buffer가 Enable되고 이와 함께 Pre-Bootstrapping 회로가 비활성화된다. 이후 Address가 Predecoder를 통과하면 Row Address Path가 구체적으로 동작을 하게 되므로 이를 미리 준비시키는 신호로서 RPE을 생성한다. 즉, Row Decoding을 Monitoring 또는 Simulation하는 회로로 이후의 회로에 Row Decoding후의 동작들을 미리 준비하라고 알리는 역할을 하며 RPE가 사용되는 곳으로는 전압을 $V_{CC}+V_{TN}$ 이상으로 승압시키는 Main Bootstrapping 회로(Word Line 구동 회로), Bit-Line Sense Amplifier를 활성화시키는 SAE신호 발생기 등이다.

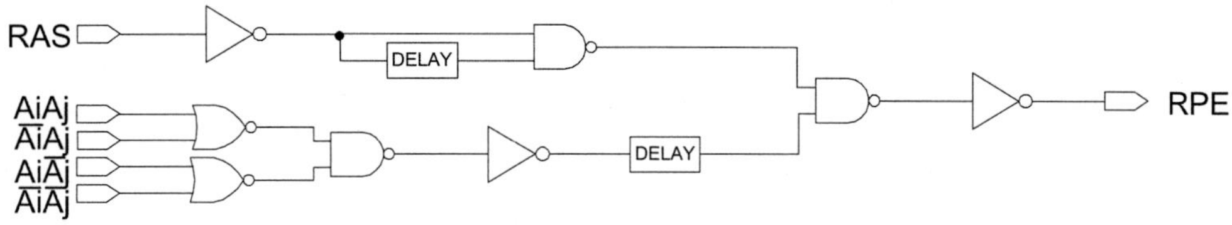

[그림 4.33] RPE 발생 회로

(5) SAE(Sense Amplifier Enable) 발생 회로: [그림 4.34]

Bootstrapping이 완료되어 고전압이 발생된 뒤 A_0, A_1으로 Decoding되어 Word Line전체 전압이 $V_{CC}+V_{TN}$으로 상승하는 시간이 되면 Cell의 Data가 Bit-Line에 전송되므로 Sense Amplifier을 활성화시켜야 하는데 이를 위해 SAE을 발생시킨다. 이 시간을 정확하게 알아내기 위해 RPE를 적당히 Delay시키면 시간적으로 Main Decoder를 통과하는 시간에 상당하는 지연을 얻을 수 있고, 또한 Word Line 전체 전압이 $V_{CC}+V_{TN}$으로 상승하는 시간을 정확히 예측하고자 Word Line과 동일한 Capacitance를 갖도록 길이를 조절한 Poly- silicon Dummy Word Line을 통과하도록 하여 Word Line전압의 Delay를 Simulation함으로써 시간을 정확히 맞춘다.

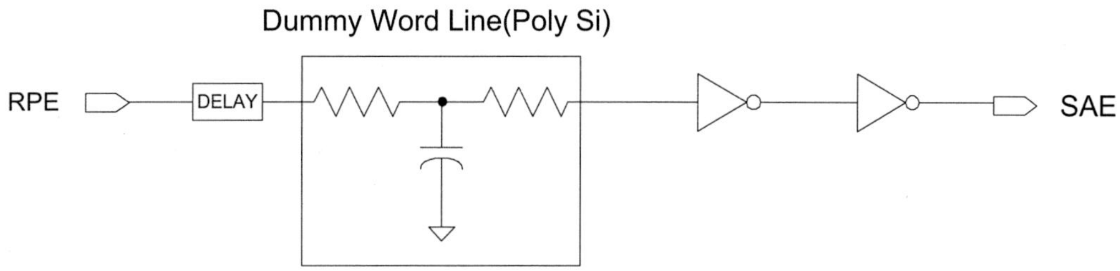

[그림 4.34] SAE 발생 회로

(6) Sense Amplifier Driver회로: [그림 4.35]

SAE신호를 입력으로 받아서 Sense Amplifier의 NMOS를 Ground로 Pull-Down하는 S#와 PMOS를 V_{CC}로 Pull-Up하는 RTO 신호를 생성하는 회로이다. Row Decoder에 의해 Word Line이 활성화된 Cell Array에 해당하는 Sense Amplifier만을 활성화시키기 위해 HS#(Hole Select)를 입력으로 하여 Control한다. RTO와 S#는 비활성화 시에는 BLP가 "H"이므로 V_{BLP} ($V_{CC}/2$)로 되어 있으며 이후 SAE에 의해 거의 동시에 활성화되어 RTO는 V_{CC}로, S#는 Ground로 천이한다.

[그림 4.35]의 회로는 제 3.3절에서 보여주고 있는 RTO, S# 생성 회로와는 약간의 차이를 보이는데, 이는 입력신호의 종류의 차이에 따른 것으로 RTO와 S#를 구동시키는 조건은 동일하다.

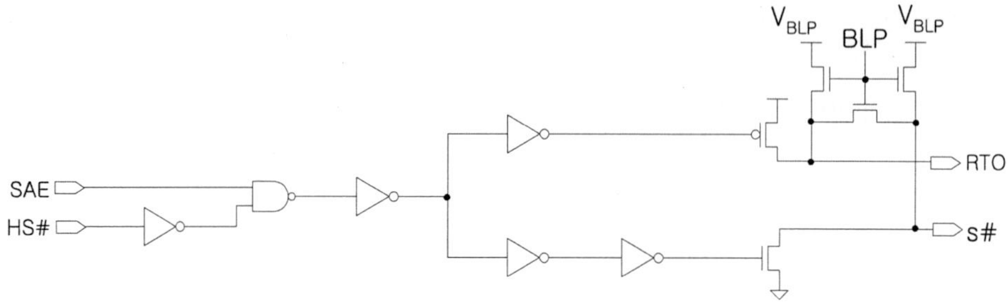

[그림 4.35] S#과 RTO# 발생 회로

(7) Block Select회로: [그림 4.36]

Row Address에 의해 선택된 Sub-Array Block만을 활성화하도록 제어하는 신호이다. 여기의 예에서는 Address 8, 9, 10(A), 11(B)을 Decode하여 16개의 Block($BLKS_0 \sim BLKS15$) 중 1개를 선택한다.

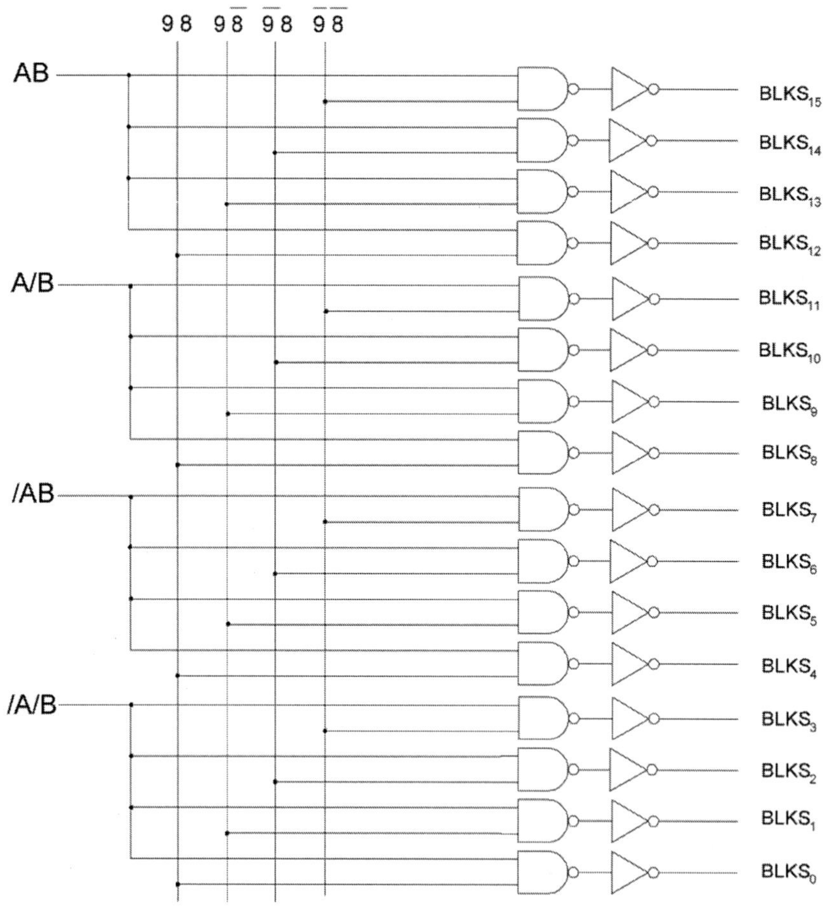

[그림 4.36] Block Select 회로

(8) Bit-Line Precharge(BLP) 발생 회로: [그림 4.37]

Row Address에 의해 선택된 Sub-Array Block내의 Bit-Line들의 Precharge 전압을 끊어서 Bit-Line을 Floating시켜 Cell Transistor가 ON이 되면 Cell전하가 Bit-Line으로 전달될 수 있도록 준비하는 신호이다.

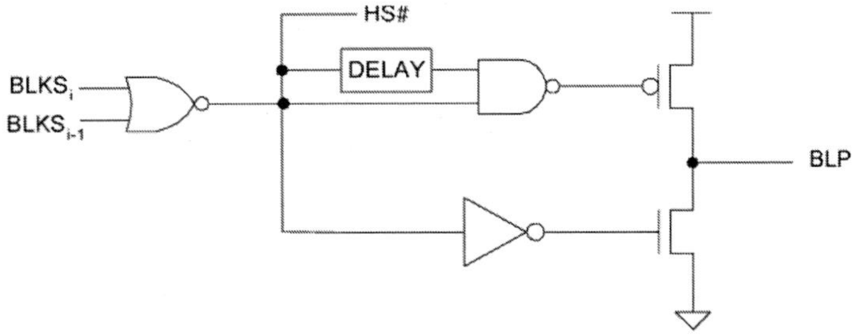

[그림 4.37] Bit-Line Precharge 신호 발생회로

(9) Bit-Line Isolation(Sense Amplifier Select) 발생 회로: [그림 4.38]

Row Address에 의해 선택된 Sub-Array만을 Bit-Line Sense Amplifier에 연결 시켜주는 신호로, Block Selection신호를 받아서 BISH과 BISL을 Complementary하게 발생한다. 이 회로에는 BISH과 BISL이 $0\,V \sim V_{CC}$ 사이를 Swing하며, NMOS Sense Amplifier만을 공유하고, PMOS Sense Amplifier는 따로 소유하는 Sense Amplifier 구조에 적합하다. Full CMOS Sense Amplifier를 공유하기 위해서는 BISH과 BISL이 $0\,V \sim V_{PP}$를 Swing해야 하므로 [그림 4.38] 회로에 Voltage Shifter회로가 첨가되어야 한다([그림 3.33] 참조).

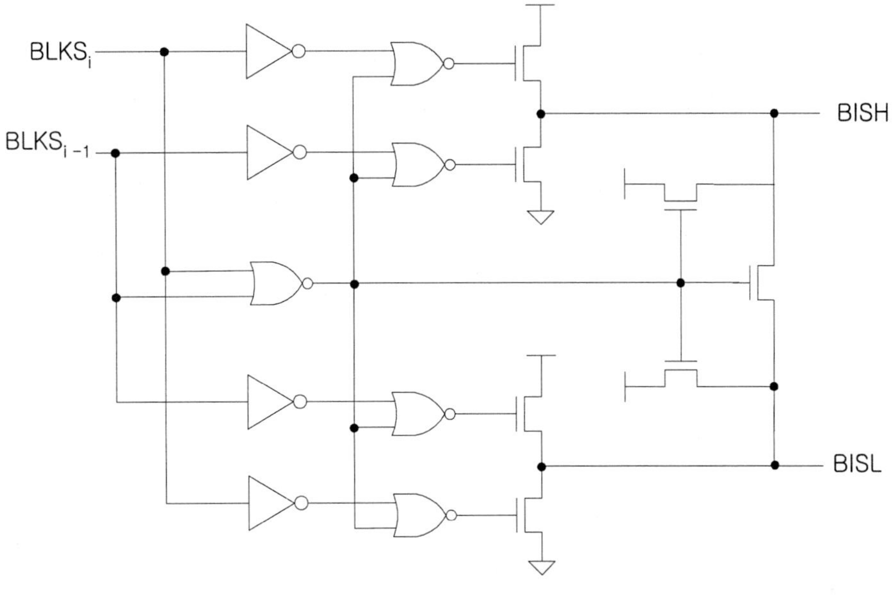

[그림 4.38] Bit-Line Isolation 신호 발생 회로

(10) CAS Buffer회로: [그림 4.39]

외부의 CAS# 신호가 내부 CMOS Level의 CAS신호로 바뀐다. 외부 전원 전압이 안정화된 뒤에만 신호를 받아들이도록 PWRUP#으로 제어하도록 하였다.

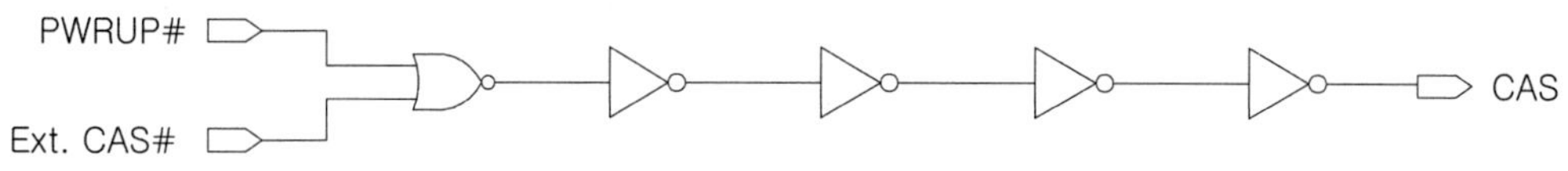

[그림 4.39] CAS Buffer 회로

(11) CBR 감지 회로: [그림 4.40]

CAS#가 RAS#보다 먼저 입력 되었는지를 감지해 내어 CBR신호를 발생시킨 뒤 이 값을 RAS#가 "H"로 Disable될 때까지 유지하고 있어야 하는 회로이다. 초기에는 RAS와 CAS가 모두 "L"이므로(CAS#와 RAS#가 "H"로 있다) BB와 CC가 "H"로 존재한다. CAS가 RAS보다 먼저 "H"로 된 경우 CC는 "L"로 바뀌고 BB는 "H"로 그대로 남아 있어서 RAS가 "H"로 되면 NAND Gate A를 통해 CBR도 "H"가 된다. 역으로 RAS가 CAS보다 먼저 "H"가 된 경우 BB가 "L"로 천이하므로 CBR은 "L"이 되고 이후 CAS가 다시 "H"로 천이하여도 BB값은 변화하지 않는다. CBR신호가 "H"로 되면 [그림 4.9]의 12-bit Ripple Counter가 활성화되어 내부 Row Address B_i를 발생한다. 이 Address가 Row Address Buffer에 입력되어 Word Line을 선택함에 따라 Refresh가 진행된다.

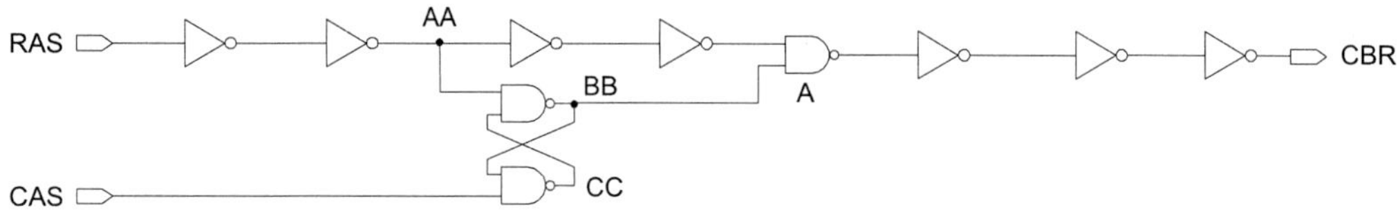

[그림 4.40] CBR 감지 회로

4.4.2 Column Path Control

Column Address Buffer를 활성화시켜 외부의 Y-Address를 받아들일 수 있도록 준비하며 Row Address 경로에서 Sense Amplifier까지 와있던 신호가 DB Line, RD Line 및 Data Output Buffer에까지 전달될 수 있도록 준비시키는 역할을 한다. 앞서의 Row Path에서 설명한 바와 같이 Row Decoder에 의해 Word Line이 구동된다. 이후의 동작을 [그림 4.41]의 Timing Diagram을 통해 살펴본다.

- t_1 : 선택된 WL의 전압이 $V_{CC}+V_T$까지 상승하여 Cell Transistor가 ON될 때까지의 시간이다.
- t_2 : Bit-Line Sense Amplifier가 활성화되는 시간이다. Cell Transistor가 ON이 되어 Cell Capacitor의 전하가 Bit-Line에 실릴 때까지의 시간(Charge Sharing Time)으로 Bit-Line Capacitance와 Cell Transistor의 ON 저항과 관계된다.
- t_3 : BL Sense Amplifier가 활성화되어 증폭이 완료될 때까지의 시간으로 BL, BL#의 전압차가 $V_{TN}+V_{TP}$ 이상의 값을 갖을 때면 충분히 증폭되었다고 본다.

Column Address는 $t_1 \sim t_3$의 시간과는 무관하게 입력되며, 이 Address에 해당하는 BL Sense Amplifier로부터 DB Line으로 Data가 전달되기 전까지는 이전의 Read 동작시 설정된(즉, 현재 읽어내고자 하여 BL Sense Amplifier로부터 오고 있는 신호와는 상관없이 단지 현재의 DB Line의 전압에 관계한) DB Line Data에 해당하는 전압이 DB Sense Amp.의 입력으로 인가되고 있다. CAS#에 의해 유효 Column Address임이 결정되면(Latch되면) 이 시간을 기점으로 Column Address 경로가 시작된다.

- t_4 : Column Address가 입력되어 원하는 Column Select CD_i가 선택될 때까지의 시간이다. 이에 따라 DB, DB# Line에는 BL Sense Amplifier에 의해 증폭된 BL, BL#의 전압이 실리며 DRAM의 동작 속도를 빠르게 하기 위하여 BL, BL#의 전압차가 $V_{TN}+V_{TP}$ 정도일 때 CD_i를 ON하도록 한다.
- t_5 : 전달된 DB Line의 전압이 약 200~300mV 정도이므로 이를 입력으로 하여 DB Sense Amplifier를 통해 증폭하여 Full CMOS Level인 RD신호로 변환하는데 소요되는 시간이다.
- t_6 : Output Buffer를 활성화시키는데 필요한 시간이다. 이는 CAS#에 의해서 이루어지므로 CAS#에 의해 Address가 Latch되는 시점부터 RD에 충분한 Data 전압이 실릴 때까지의 소요 시간이다.
- t_7 : Data Output Buffer가 활성화될 때부터 DRAM의 출력 전압이 2.4V이상으로 안정화될 때까지의 시간이다.
- t_8 : Column Address Access Time(T_{CAA})이라 부르며, Column Address가 입력된 다음 안정한 출력 전압이 나타날 때까지 소요되는 시간이다.

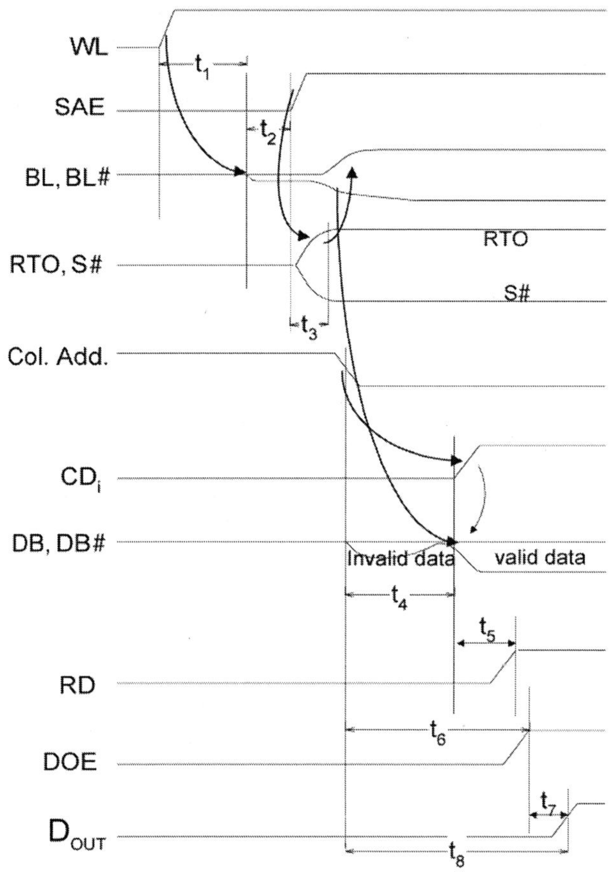

[그림 4.41] Column Path Control Timing

이러한 동작을 안정적으로 발생시키기 위한 제어 신호의 발생 회로들을 살펴본다.

(1) CAE(Column Address Enable) 발생 회로: [그림 4.42]

Column Address가 입력되기 위해서는 CBR상태가 아니면서 Row Address가 입력되어 있는 상태이어야 한다. 또한 Column Address Buffer는 처음에는 RAS에 의해 활성화되며 이후 CAS에 의해서만 계속 제어되다가 RAS에 의해서 전체적으로 Disable되어야 한다. [그림 4.42]는 이를 구현하는 회로의 한 예이다. 대기 시에는 RAS, CAS가 Low이므로 C1과 C2모두 "H"로 있다. CAE도 "L"이므로 Column Address Buffer는 Disable되어 있다. RAS가 "H"로 되면 B2가 먼저 "H"가 되고 이 순간 B1은 "L"이므로 C2가 "L"이 되어 CAE를 "H"로 하고 C1은 "H"로 남아있다. 이후 B1이 "H"로 되어도 C2에 의해 Gate A의 출력 C1은 여전히 "H"를 유지한다. CAS가 "H"로 되면 A1과 A2가 동시에 "H"가 되므로 CAE의 상태는 변하지 않는다. 일정 Delay 시간 후 A2가 "L"로 되므로 C2는 "H"로 C1은 "L"로 되돌아 가며 CAE는 "L"이 된다. 다시 CAS가 "L"로 가면 A1과 A2가 동시에 "L"이 되므로 C1과 C2 모두 "H"로 되어 CAE는 "L"로 Disable된다.

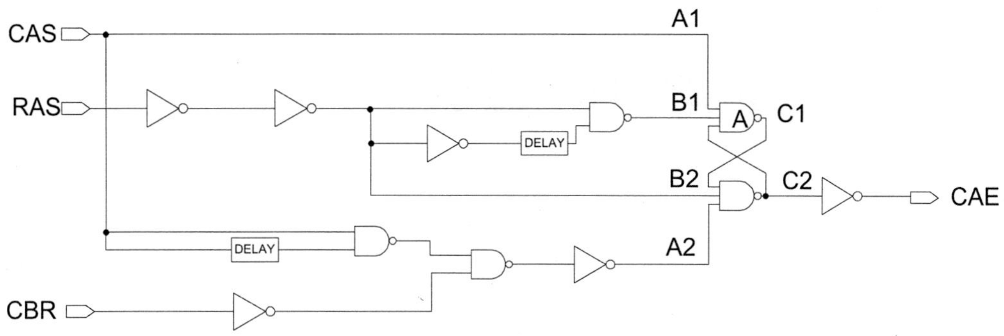

[그림 4.42] CAE 발생 회로

(2) CPE(Column Path Enable) 발생 회로: [그림 4.43]

CPE는 Column Path를 미리 준비, 활성화시키는 신호로 Column Decoder의 활성화에 주로 이용된다. 따라서 Row Address만으로 동작되는 CBR 시에는 Column Address에 의한 동작이 전혀 필요가 없다. 또한 Sense Amplifier에 의해 증폭된 신호가 Data Path로 전달될 필요가 없으므로 CPE#는 활성화되어서는 안된다. Column Decoder 동작이 Enable되려면 Sensing이 완료되어 있어야 하며, Column Path는 RAS가 Disable되면 역시 함께 Disable되어야만 한다.

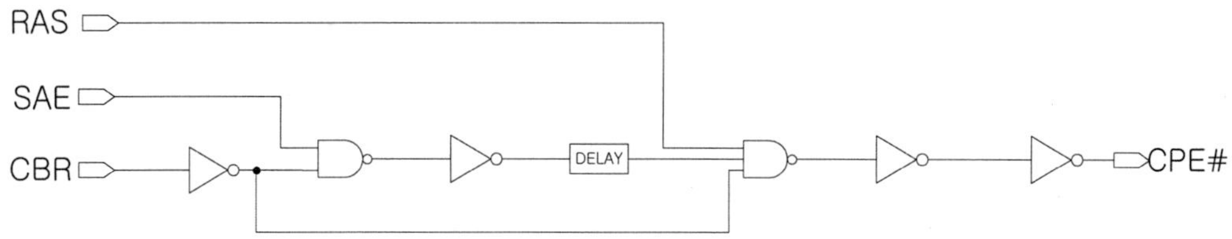

[그림 4.43] CPE 회로도

제 5 장 Data 경로

Bit Line Sense Amplifier에 의해 증폭된 신호가 Bit-Line으로부터 Column Select 신호인 CD_i의 선택에 의해 DB Line에 실린 뒤 DB Sense Amplifier로 다시 증폭되어 DOUT Buffer에 다다르는 경로를 "Read 경로"라 하며, Data Input(DIN) Buffer로부터 입력된 Data가 DB Write Driver를 거쳐 Bit-Line Sense Amplifier에 이르는 경로를 "Write 경로"라 하고, 이 둘을 합하여 "Data 경로"라 부른다. Fast Page Mode 이후의 DRAM과 같이 동일 Page 내의 Data Access를 고속으로 처리하려는 소자에서는 Data 경로의 고속화가 매우 중요하다.

5.1 Read 경로

Cell에 저장된 Data는 [그림 5.1]의 Read 경로를 통해 최종 출력단(DQ)으로 출력된다. 즉, 그림 왼쪽의 Bit-Line Sense Amplifier에 의해 증폭된 Cell Data는 Y-Decoder의 출력인 CD_i가 DB Gate를 ON함에 따라 Bit-Line으로부터 DB Line에 전달된다. 이 신호가 DB Sense Amplifier의 입력단에 전달되면 DBSA를 활성화시켜 신호를 다시 증폭하고 중간 Driver들을 통과하여 DOUT Buffer로 Data가 전송된다. 여기서 중간에 Driver들을 두는 이유는, DB에서 DQ까지는 DRAM Chip 전체 길이의 1/2 혹은 4/1에 달하는 상당한 Loading의 길이로 연결되어야 하는데, 이 Line의 Loading을 한꺼번에 구동하려면 상당한 크기의 Driver size와 전력을 소비하게 되므로, 중간중간에 Buffering을 하는 Driver를 둠으로써 Loading을 줄여주기 위함이다. 이 Driver들의 위치와 크기는 전체 Chip Architecture에 따라 달라지게 된다. DOUT Buffer는 Asynchronous DRAM의 경우 OE#와 CAS#의 제어를 받아 활성화되어 Data를 외부로 출력한다. 이러한 Read 경로 중 중요한 회로인 DB Sense Amplifier 회로와 DB Driver 및 DOUT Buffer에 대해서 자세히 살펴본다.

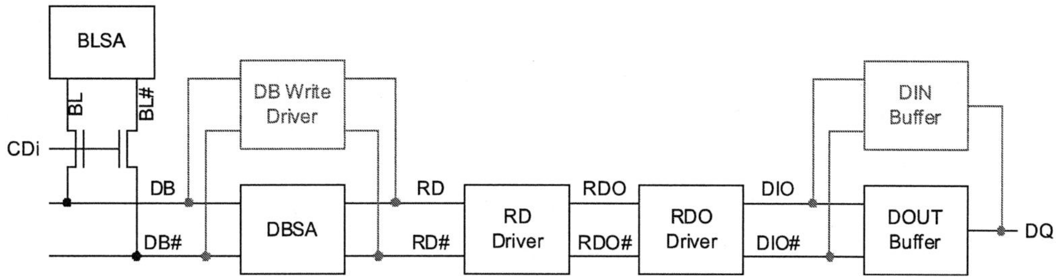

[그림 5.1] Data Read 경로

5.1.1 DB Sense Amplifier

Bit-Line Sense Amplifier에 의해 증폭된 신호는 Bit-Line으로부터 Column Select의 선택에 의해 DB Line으로 전달된다. DB Line은 [그림 5.2]에서 보듯이 한 개의 Cell Array Block 내의 전체 Sense Amplifier가 공통으로 연결되어 있기 때문에(공통 DB Line이라 부른다) 배선의 길이가 길어서 신호 전달을 고속으로 하기가 매우 어렵다. 따라서 배선의 Parasitic Capacitance와 저항값을 감소시키는 배선 구조, 이러한 배선을 통해 신호를 저진폭으로 전송하는 방법 및 작은 신호도 확실하게 감지해 내는 고감도 Data Bus Sense Amplifier가 필요하다.

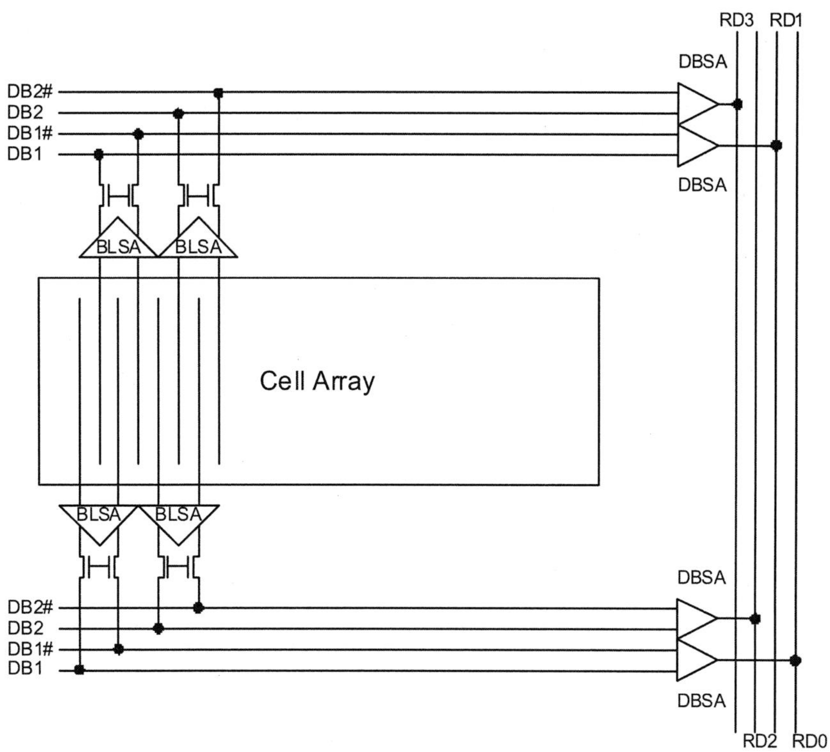

[그림 5.2] Data Bus 구조

Read 동작시 "H"로 Precharge되어 있던 DB와 DB# Line 중 한쪽이 Bit-Line Sense Amplifier로부터의 Data에 의해 Low로 내려가고 다른 하나는 계속 High로 남게 된다. 전압이 Low로 하강하는 동작은 Bit-Line Sense Amplifier의 Couple NMOS Latch에 의해 Column Select CD_i Gate를 통하여 이루어지는데 DB Line이 길어서 Capacitance가 크고 Bit-Line Sense Amplifier의 크기가 작아 이 동작이 상대적으로 저속이기 때문에 고속 Read 동작에 제한을 준다. 따라서 DB Sense Amplifier를 사용하여 DB Line의 작은 전압 변화를 감지해 내어 Full V_{CC} Logic Swing으로 증폭할 필요가 있다. 물론 Logic Threshold를 높게 설정한 단순한 Inverter를 사용할 수도 있겠지만 Complementary 입력을 모두 활용할 수 없으며 Noise Margin이 작아서 적합하지 않다. 이에 따라 고속 동작이 가능하며, 저전력 소모이고, Noise Margin이 큰 고감도 증폭기가 필요하다. [그림 5.3(a)]는 Current Mirror형 Single Ended Differential Amplifier 회로로 (b)와 같이 병렬로 연결되어 대부분의 DB Sense Amplifier 회로에 기본으로 이용된다. SAE(DBSA Enable 신호)를 ATD(Address Transition Detector, 제 4.3.2절 참조) 회로에서 생성된 Pulse로 활성화 시킨다면 불필요한 DC 전류를 감소시킬 수 있어 좋다.

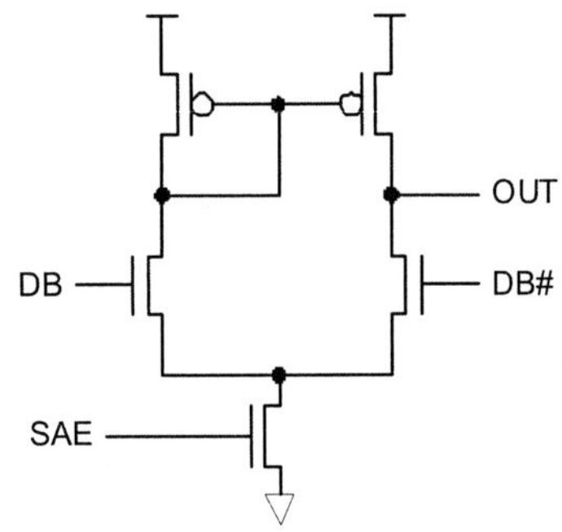

(a) Single Ended Differential Amplifier

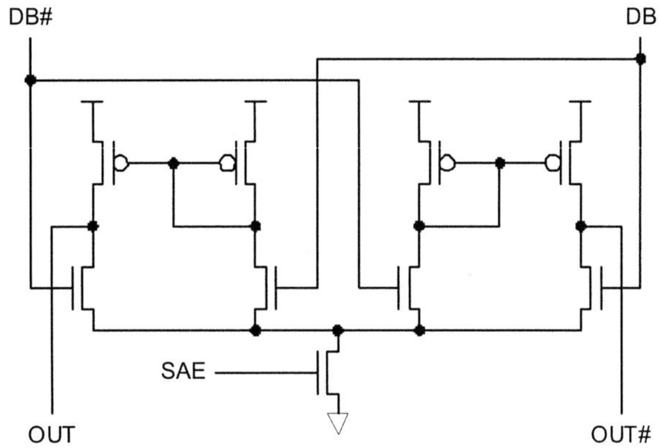

(b) 병렬 연결 구조

[그림 5.3] Current Mirror DBSA

DB Line 신호를 더욱 크게 증폭시키기 위해 [그림 5.4]와 같은 다단 DB Sense Amplifier 회로도 사용된다. 이 경우 첫 단의 DB Sense Amplifier에서는 Complementary 출력이 필요한데 이를 위해 [그림 5.3(b)]와 같은 Double Ended Differential Amplifier 회로가 이용된다. ATD Pulse로부터 생성되는 EN_{EQ} 신호를 이용하여 내부 출력 및 최종 출력 Line들을 Equalization 시킨다. 이는 Read 시에 Data의 전달이 고속으로 이루어지고, 원하는 Data가 DB Sense Amplifier에 입력되기 전에 입력되는 불필요한 Data를 제거하기 위함이다.

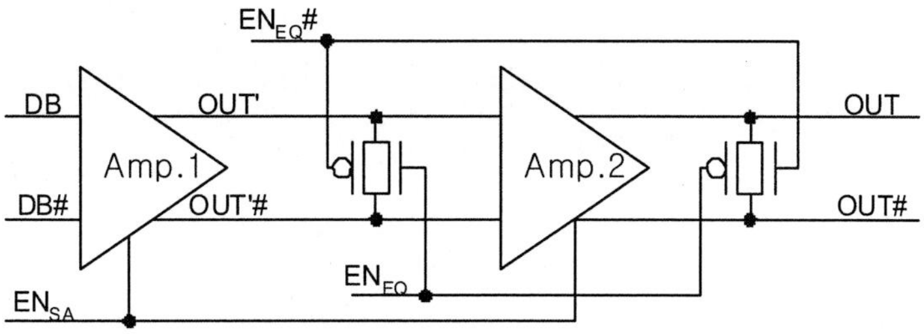

[그림 5.4] 다단 DB Sense Amplifier

[그림 5.3]의 Current Mirror형 DB Sense Amplifier 회로보다 더욱 고속이며 소모 전력이 적은 회로들도 제안되고 있다. 이러한 회로들 중의 하나가 [그림 5.5(a)]의 PMOS Cross-Coupled Amplifier 회로이다. PMOS Load인 P_1과 P_2가 Cross-Couple되어 있으며 Differential 출력 OUT과 OUT#가 각각의 Gate에 연결되어 Positive Feedback Loop를 형성한다. Sensing 동작 전에 DB Pair는 V_{CC}로 Precharge되어 있고 OUT Pair는 0V로 Precharge되어 있다. BLSA단이 동작하면 BL과 DB간의 Charge Sharing에 의해 DB Pair 중 한쪽의 전압이 떨어진다. 예를 들어 DB#의 전압이 V_{CC} 미만으로 떨어진 상태에서 SAE를 Enable시키면 DB쪽 Transistor N_1은 Fully Turn-on되어 있으므로 Node OUT#는 0V로 떨어지고, DB#쪽 Transistor N_2도 어느 정도 Turn-on되어 있지만 N_1 동작에 의해 P_2가Fully Turn-on되므로 V_{CC} Level을 유지하게 된다. 이러한 동작에 의해 증폭이 고속으로 이루어지며 일단 신호가 증폭되고 나면 Current Path가 끊겨져 Level을 유지하기 위한 DC 전류의 소모가 없다. 한편 전압이 3.3V 이하로 낮아지면 신호 전압이 더욱 작아져 입력 전압 Level이 V_{CC} 부근의 값을 가지게 되므로 일반적인 Current Mirror형 Differential Amplifier를 이용하면 충분한 Gain을 얻을 수 없으며 상대적으로 동작속도도 감소한다. 이를 보완하기 위하여 Gain이 최대로 되는 입력 전압 Level인 약 $V_{CC}/2$로 낮추는 Level Shifting이 필요하다. 아울러 Feedback 효과에 의한 고속 증폭 효과도 얻고자 [그림 5.5(b)]와 같은 회로를 이용한다.

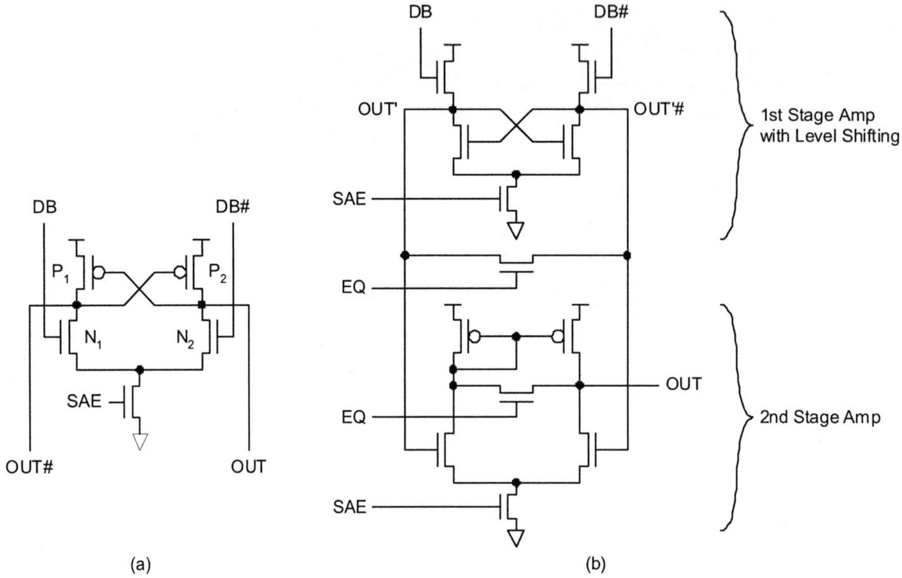

[그림 5.5] PMOS Cross-Couple형 DBSA

최근에는 CMOS Cross-Couple형 Clocked Sense Amplifier를 DB Sense Amplifier로 이용하고 있다. [그림 5.5]에 예시된 Sense Amplifier들은 Sensing 동작 중에는 Current Path가 형성되어 전류 소모가 많고 증폭 속도에서도 손해를 보는데 비해 [그림 5.6]의 CMOS Cross-Couple형 Clocked Sense Amplifier는 증폭단이 Inverter Chain처럼 물려져서 증폭 동작을 수행한다.

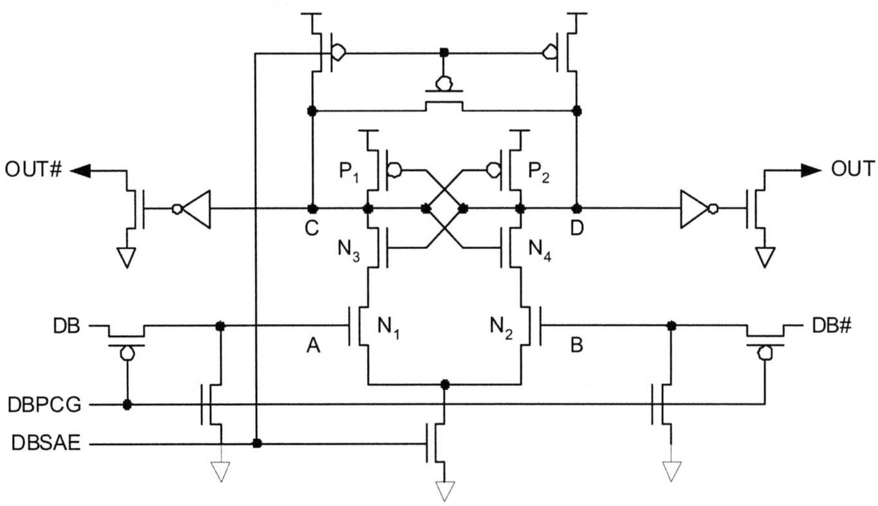

[그림 5.6] CMOS Cross-Couple형 Clocked Sense Amplifier

예를 들어 DB는 V_{CC}인 채로 있고 DB#는 V_{CC} 미만으로 떨어졌을 경우, N_3와 N_1은 Fully Turn-on되어 있으므로 Node C는 Discharge된다. N_4는 초기에는 N_3와 마찬가지로 Fully Turn-on되어 있었으나 Node C가 Discharge됨에 따라 점점 Turn-off되고 이에 의해 P_2가 Turn-on됨에 따라 Node D는 V_{CC}를 유지하게 된다.

[그림 5.7]은 DBSense Amplifier의 예로서 2단의 Current Mirror형 차동 증폭기로 구성된 경우이다. 이 DBSA의 동작을 [그림 5.8]의 Timing Diagram을 보면서 이해해 보자.

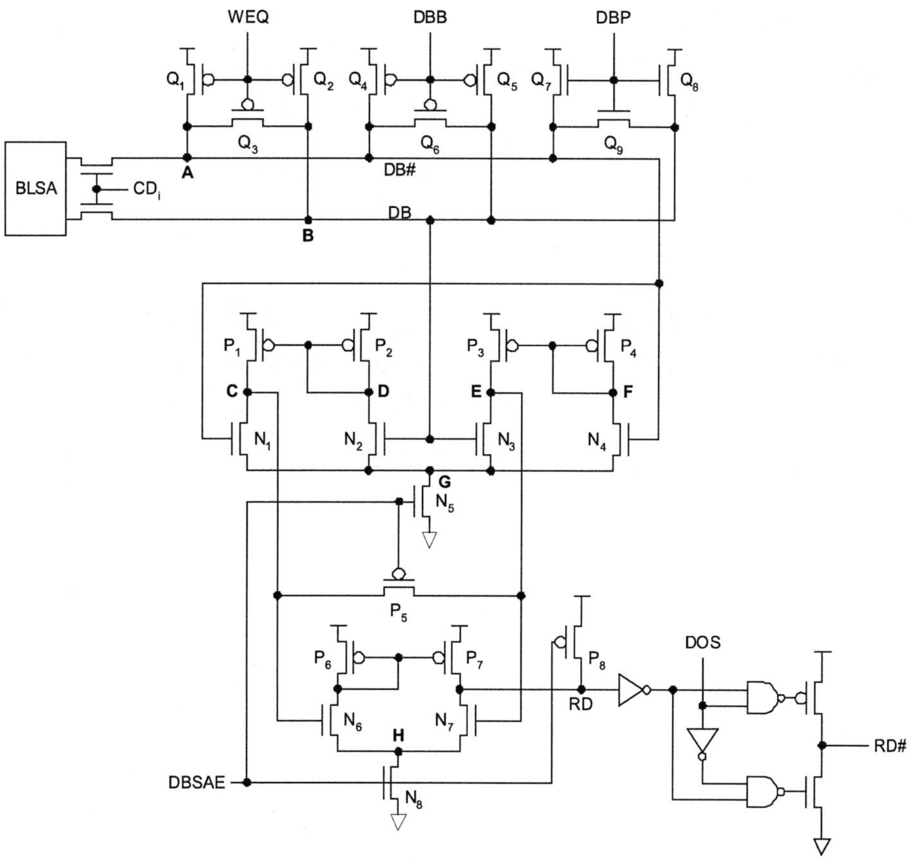

[그림 5.7] 2단 Current Mirror형 DBSA 회로

1) Column Select CD_i가 활성화되기 전에는 DB Line Pair가 DB Precharge 신호인 DBP에 의해 Equalize되어 있다. 즉, DBB 신호와 Write Equalizer 신호 WEQ는 "H"로 Disable되어 있고 DBP가 "H"로 Enable되어 있어 DB Line Pair가 $V_{CC}/2$인 V_{BLP}로 Precharge되어 있다. (V_{CC}로 Precharge해야 하는 경우에는 Precharge 회로가 PMOS로 구성되어 있고, Precharge Level이 그 아래인 경우에는 NMOS로 구성되어 있다) 이후 Address Transition Detector 신호 ATD 등에 의해 DBB와 DBP 신호가 Enable되어 V_{CC}로 Precharge된다. CD_i가 선택되면 Bit-Line Sense Amplifier에 의해 V_{CC}와 0V

로 증폭되어 있던 Bit-Line 신호는 DB Line상에 전달되는데, DB Line의 길이가 길어 Capacitance가 크기 때문에 DB Line으로 넘어오는 차동 신호는 감소한다. DB Sense Amplifier가 고감도이고 고속이라면 입력 신호가 작아도 빠른 속도로 증폭시킬 수 있을 것이다. Bit-Line Pair의 전압차가 대략 $|V_{TP}|+V_{TN}$ 정도의 값일 때에 CD_i가 “H”로 열리며, 이때 DB Pair의 전위차는 약 0.3V 정도로 감소한다.

2) DB Sense Amplifier의 Enable 신호인 DBSAE가 “H”로 Enable되면 G Node와 H Node가 0V로 방전되어 증폭이 시작된다. 예를 들어 DB Line의 전위가 DB#에 비해 낮다고 하면 NMOS N_2, N_3의 Gate 전압이 N_1, N_4에 비해 낮으므로 N_2, N_3는 약하게 ON된다. 따라서 C, F Node에 비해 D, E Node의 전위가 상승하는데 D Node의 영향에 의해 PMOS P_1, P_2는 P_3, P_4에 비해 약하게 ON된다. 따라서 E Node의 전압은 더욱 상승하는 반면 C Node는 더욱 하강하게 된다. NMOS N_6, N_7과 PMOS P_6, P_7에 대해서도 동일한 동작이 되어 RD에는 “L”값이 출력된다.

3) DBSAE가 “L”로 Disable되면 G, H Node는 Floating되어 증폭 작용이 중단되고, 이때 RD도 PMOS P_8에 의해 “H”로 Precharge된다. 하지만 DBSA의 출력 신호 RD는 DBSA가 활성화되었을 때에 Data Output Buffer에 있는 Latch에 저장되어 있어 RD Line이 Precharge되어도 Data는 보존된다. 또 Read Out 시에는 Write Data Bus의 WD Line Pair가 모두 “L”로 되어 있으므로 Data는 Write되지 못한다.

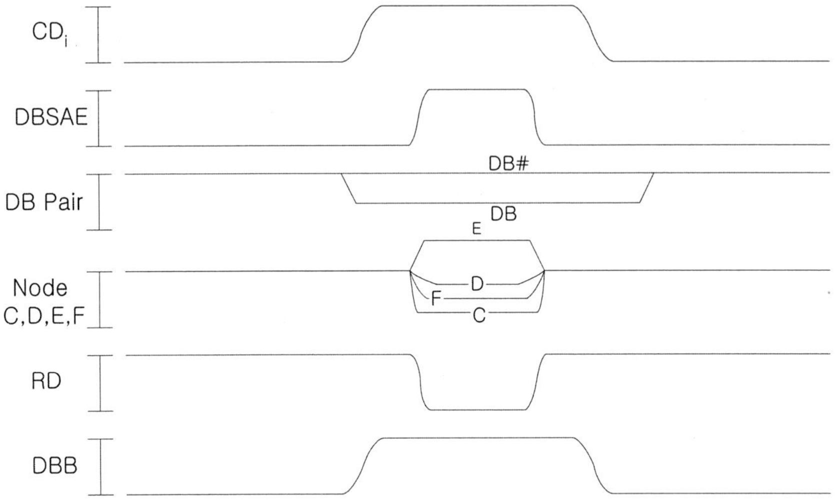

[그림 5.8] DBSA의 동작 Timing

DB Line의 진폭이 대략 0.3V 이므로 DBSA는 이를 V_{CC} Level까지 증폭시켜야 하며, 위 [그림 5.7]에서는 2단 Differential Amplifier로 빠른 증폭을 달성한 뒤 Inverter를 통해 Digital 신호로 바꾸어 준다. DB Line의 진폭을 0.3V 정도로 줄이는 이유는 앞서 언급한 바와 같이 증폭 속도를 증가시키기 위함이지만 이 밖에도 후속 Data를 빨리 읽어내기 위한 방법이기도 하다. DB Line의 진폭은 Column Select Gate를 통한 Bit-Line Sense Amplifier의 구동력으로 결정되는데 진폭이 크면 다음의 Data가 반대일 경우 DB Line을 반전시키는 시간이 오래 걸리기 때문에 이를 방지하기 위함이다. 한편 DRAM 내의 DBSA의 수가 증가하고 사용 빈도가 증가함에 따라 DBSA 자체의 소모 전류를 가능한 한 줄여서 저전력화를 도모해야 한다.

DRAM에서는 미약한 Cell 신호를 BLSA와 DBSA를 거쳐 큰 진폭으로 증폭하는데 걸리는 증폭 시간이 길다. 또한 DB Line의 Parasitic Capacitance가 Bit-Line에 비해 약 10배 정도로 커서 DB Line을 충·방전하는데에 시간이 오래 걸린다. 일반적인 DRAM에서는 Cell 신호가 BLSA에 의해 증폭이 완료되기를 기다려 이 증폭된 신호를 DB Line으로 전달하고 이를 다시 증폭하여 Data Output 회로로 전송하게 된다. 이렇게 순차적으로 이루어지는 동작의 소요시간 때문에 고속화에 한계가 있다. 이러한 한계를 근본적으로 개선하는 방법 중 하나가 Direct Sensing 방법이다. 이 방식에서는 Bit-Line Sense Amplifier에 의해 Sensing이 완료되는 것을 기다리지 않고 BL Sensing 동작 중에 그 Data를 DB Line으로 전송할 수 있어서 고속 동작이 가능하다.

[그림 5.9]에서는 기존의 방식과 Direct Sensing 방식을 비교하고 있다. 이 두 회로는 Write 방식과 그 동작 속도는 거의 동일하지만 Read 속도는 차이가 난다. 기존의 방식인 [그림 5.9 (a)]에서는 WL을 선택함에 따라 Cell의 미소 신호 전압이 BL Pair로 실린다. 이 신호는 CMOS BLSA가 활성화됨에 따라 증폭된다. 이후 Column Select 신호 CD_i가 ON됨에 따라 증폭된 신호가 DB Line에 실리게 된다. 이때 DB Line은 Parasitic Capacitance가 크며 "H"로 Precharge되어 있기 때문에 DB Line으로부터 Bit-Line으로 전류가 흐를 수가 있어, BL 중 "L"측의 전압이 상승하여 BL Pair의 신호 전압차가 감소한다. 이 전압차의 최소치를 V_{Smin}이라 할 때, CD_i를 인가하는 시간이 빨라지는 만큼 V_{Smin}이 작아지게 되고 이 값이 BLSA의 감도 이하로 감소된다면 정보가 파괴되어 오동작을 일으키게 된다. 이러한 오동작을 방지하기 위해서는 WL이 ON되는 시간부터 BLSA가 활성화될 때까지의 시간인 t_{WS}와 BLSA가 활성화된 후 CD_i가 ON될 때까지의 시간인 t_{SY}를 어떤 일정한 값 이상으로 확보해 두어야만 한다.

이에 반해 Direct Sensing 방식인 [그림 5.9(b)]에서는 BL Pair에 나타난 미소 신호 전압차를 Common Source형 MOS Amplifier로 곧바로 증폭해 내어 DB Line으로 전송하게 된다. 따라서 0.2V 정도의 미소 전압을 MOS Amplifier로 읽어내어 미소 전류차로 변환한 형태가 되는데, 이후 단계에서 이 전류차를 곧바로 검출해서 증폭하는 방법과, 이를 다시 저진폭 전압차로 재변환하여 전압 검출을 하는 방법이 있다. 일반적으로 Read시 흐르는 전류가 1mA 정도라면 전류차는 $50\mu A$ 정도이다. 이러한 Direct Sensing 방식에서는 Bit-Line과 DB Line이 MOS의 Gate에 의해 분리되어 있어서 WL과 CD_i가 동시에 입력될 수도 있고 심지어 CD_i가 먼저 입력될 수도 있다. 따라서 $t_{WS}+t_{SY}$ 라는 시간이 불필요하며 Read 속도는 Memory Cell과 Common Source MOS Inverter의 동작 속도에 의해서만 결정된다. t_{WS}는 Memory Cell

의 구성, Word Line Driver와 Write Data Buffer의 회로 구성과 관련되어 결정된다. 이 값은 (a)와 (b)의 경우 모두 동일하다. 이 값을 너무 작게 하면 제조 공정이나 전원 전압의 변동에 따라 Word Line 신호와 BLSA 활성화 신호 사이에 Racing이 일어나 BL에 Data가 실리기도 전에 BLSA가 활성화될 수가 있다. t_{SY}의 최소치는 BLSA의 각종 전기적 Offset에 의해 영향을 받는다. BL Pair의 Capacitance C_B, BLSA를 구성하는 MOS Pair의 Trans-conductance g_m, MOS Pair의 Threshold 전압 V_T 등에 Mismatch가 존재하면 BLSA의 감도가 그만큼 나빠지므로 t_{SY}가 증가한다. 특히 공정이 수십 nm Level로 떨어짐에 따라 Transistor간의 V_T Variation이 점점 커지고 이 값은 더욱 증가할 것으로 보인다. Direct Sensing에서는 이런 시간적인 부담을 줄일 수 있지만, Write용과 Read용의 DB Line이 별도로 존재해야 하므로 이에 따른 면적 증가가 부담으로 다가온다. DB Line을 Read용과 Write용으로 분리한 Direct Sensing 방식에서는 BL Pair의 차동 전압이 충분히 증폭되기 전에 Sensing하는 것이다. 그러므로 Read용 DB Line Pair에 저항(부하 MOS)을 연결하여 Common Source Amplifier용 MOS의 Drain쪽, 즉 DB Line쪽에서 전압을 바로 얻은 후 이를 다시 전압 검출형 Amplifier로 증폭하는 방식은 DB Line의 신호 전압이 충분하지 않아서 사용하기 곤란하다.

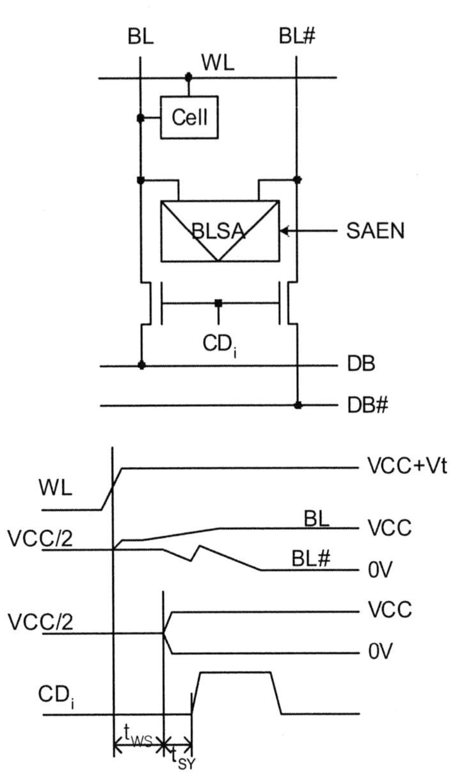

(a) 일반적인 Sensing 방법

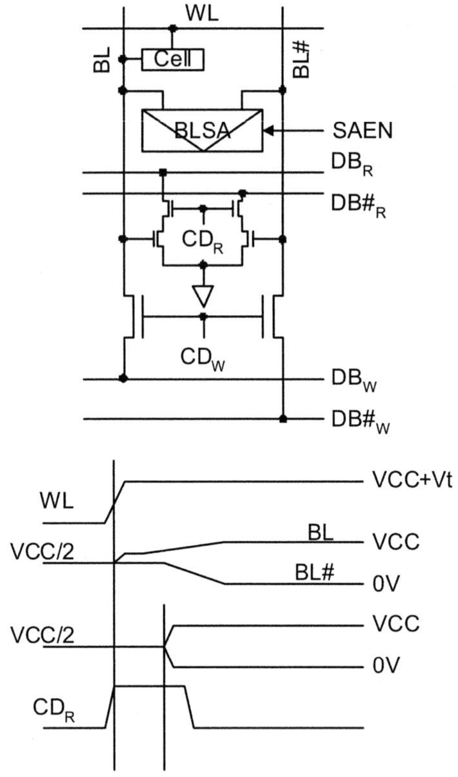

(b) Direct Sensing 방법

[그림 5.9] Sensing 방법의 비교

따라서 BLSA가 충분히 증폭하기를 기다려 이를 Direct Sensing하면 DB Line에 충분히 큰 전압차가 생기므로 이를 검출할 수가 있지만 이는 Direct Sensing 방법의 장점을 오히려 포기하는 것이다. 따라서 전류 검출형 Sense Amplifier를 사용하게 된다.

일반적인 DRAM은 DBSA로 전술한 바와 같이 전압 검출형이 일반적으로 사용되고 있으나 일부 제품이나 저전압용 DRAM에서는 Direct Sensing 방법과 함께 전류 검출형이 채택되고 있다. 기존의 전압 검출형에서는 DB Line의 길이가 길어서 Capacitance 값이 크며 DB Pair의 전압이 일정한 값(예를 들어 0.3V 정도) 이상일 때만 검출이 가능하고 그 이하의 값에서 DBSA를 활성화한다면 오히려 Data를 잃어버릴 염려도 있다. 저전압원으로 구동하는 DRAM의 경우 상대적으로 전류 구동 능력이 작아져 일정한 전압을 형성하는 데에 소요되는 시간이 길어진다. 즉, $\Delta V = \Delta t(I/C)$에서 전류 I가 감소하고 용량 C가 증가하면 일정한 ΔV를 얻는데 소요되는 Δt가 증가한다. 이것은 작은 전류를 전압으로 변환하는데 소요되는 시간이 길기 때문이며 따라서 전류 자체를 감지하는 회로를 채용한다면 검출 속도가 보다 빨라질 것이다.

이러한 전류 검출 방법으로는 [그림 5.10]에서 보듯이 Feedback 회로법과 Current Mirror 법이 있다. [그림 5.10(a)]와 (b)는 DB Line 전압을 Reference 전압 V_{REF}와 비교하여 이로서 NMOS 또는 PMOS를 구동하는 Negative Feedback Amplifier이다. 이 회로는 [그림 5.11(a)]와 같이 Direct Sensing 방법과 함께 사용된다. [그림 5.10(b)]의 회로에서는 Bit-Line 전압에 대응하여 Read용 DB Line에 전류가 흘러 DB Line의 전압이 하강하지만 이때 V_{REF}와 비교해서 차동 증폭기의 출력이 PMOS의 Gate를 "–" 극성으로 변화시키므로 DB Line의 전압 변화가 억제된다. 또한 DB Line Pair 사이의 전류차를 그에 대응하는 큰 차의 전압으로 변환하여 PMOS Gate 사이에 인가하여 준다. 동작 전압이 1.5V, DB Line의 Parasitic Capacitance가 7.6pF인 64M DRAM을 예로 들면 BL Sense Amplifier를 활성화시켜서 약 200mV의 차동 전압을 얻기까지의 시간이 종래 방식에 비해 [그림 5.10(b)]의 방식을 사용하였을 때에 약 20ns가량 줄었다는 보고도 있다.

[그림 5.10(c)]는 Negative Feedback 회로에 상존하는 Unstability 문제를 피할 수 있는 Current Mirror형 Current Sense Amplifier이다. 입력부는 PMOS Current Mirror이며 그 출력을 NMOS Current Mirror로 보낸다. 이 회로는 [그림 5.11]의 (b)와 같은 구조로 사용되는데 "+" 극성의 입력측의 PMOS Current Mirror 출력과 "–" 극성의 입력에 대한 출력을 Push-Pull 합성하여 다음단의 Flip-Flop을 구동한다. 또 Write 시에는 EN_1, EN_2를 각각 "H", "L"로 하여 DB Sense Amplifier를 비활성화시킨다. 이 회로에서 DB Line 전류 I_{DB}는 첫 번째 Current Mirror에서 m_1배로 되며, DB#의 전류 $I_{DB\#}$는 $m_1 \cdot m_2$배 (m_2는 NMOS Current Mirror의 전류 증폭율)로 되기 때문에 NMOS Current Mirror의 출력 단자에는 $m_1 \cdot I_{DB} - m_1 \cdot m_2 \cdot I_{DB\#}$의 출력 전류가 나타나며 다른 쪽의 출력 단자에는 $m_1 \cdot I_{DB\#} - m_1 \cdot m_2 \cdot I_{DB}$의 출력 전류가 흐른다. $I_{DB} = I_0 + \Delta I$, $I_{DB\#} = I_0 - \Delta I$로 $2 \cdot \Delta I$의 전류차가 존재한다고 가정하면 앞서의 전류는 각각 $m_1(1-m_2)I_0 + m_1(1+m_2)\Delta I$와

$m_1(1-m_2)I_0-m_1(1+m_2)\Delta I$로 되기 때문에 한쪽에서는 Flip-Flop의 입력 Capacitance를 충전시키고 다른 쪽에서는 방전시킨다. 한편, 활성화 기간 이외에서는 DB Line을 $V_{CC}-V_{TP}$ (V_{TP}는 PMOS의 Threshold 전압)로 해둔다면 $I_{DB}=I_{DB\#}=0$이 되어서 Amplifier 내의 모든 MOS가 Cut-Off되어 전류가 흐르지 못한다.

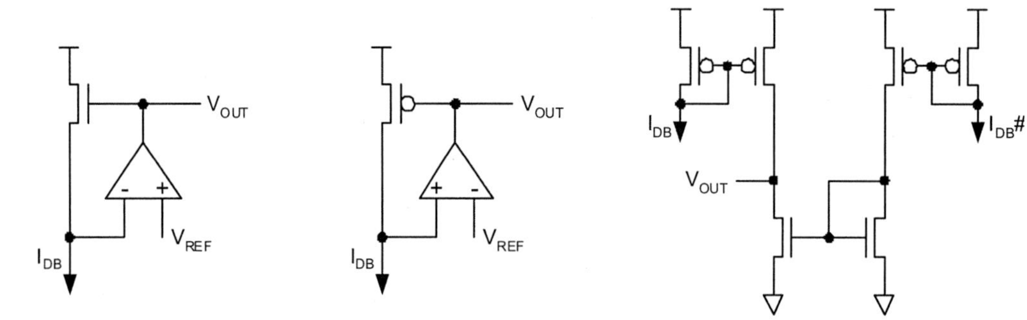

(a) NMOS Negative Feedback (b) PMOS Negative Feedback (c) Current Mirror형 Current SA

[그림 5.10] Current Sense Amplifier의 기본 회로

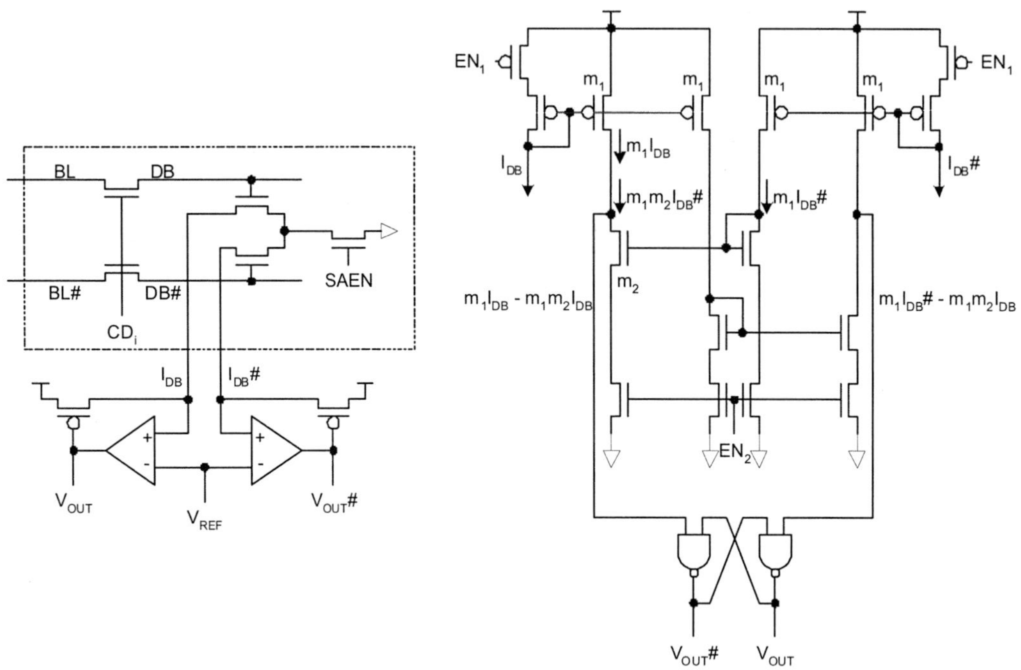

(a) (b)

[그림 5.11] Current Sense Amplifier 구조

5.1.2 RD Driver

3.4.4절에서 설명한 바와 같이 DBSA에서 생성된 RD는 다시 RDO에 연결되어 Data Output로 전송되는데, 이때 RD를 입력으로 받아들여 RDO Line으로 전송시키는 회로가 RD Line Driver이다. RDO의 길이가 길어서 Parasitic Capacitance가 크므로 대기 시에 미리 "H"로 Precharge하여 고속 전송이 가능하도록 준비하기도 한다. DC 전류를 감소시키기 위해 Pulse Mode로 Data의 Read/Write를 진행하기도 하는데 이 경우 Data가 Data Output 회로에서 처리될 동안 안정된 출력을 확보하기 위하여 Pulse 신호를 Level 신호로 변환하기 위한 Data Latch 회로를 삽입하게 된다. 물론 이러한 Latch에 의해서 Data Read Time을 손해보지 않도록 [그림 5.12]에서와 같이 Main Data Path와 병렬로 Latch를 설치한다. 또한 Chip 내부에서 발생한 Noise에 의해 생성된 거짓 Data가 Latch에 침입하지 못하도록 하여야 하며 새로운 Read Data가 입력되면 빠른 시간 내에 이를 Latch하여야 한다. [그림 5.12] 회로를 최적화하면 이러한 안정된 Latch 동작을 얻을 수가 있다.

RDO를 Precharge하는 신호인 RDOPCG가 "H"로 Enable되면 RDO Line이 "H"로 Precharge되며, RDOPCG가 "L"이 되면 OR Gate에 의해 RDO의 신호가 Latch된다. 이러한 Latch는 Long RAS Cycle Test 등과 같은 동작에서 유효 Data가 계속 출력될 수 있도록 해준다. 특히 EDO(Extended Data Output) Mode를 이용하는 DRAM에서는 이 Latch의 Control Logic을 변경하여 CAS#가 "H"라도 유효 Data가 계속 출력되도록 설계된다.

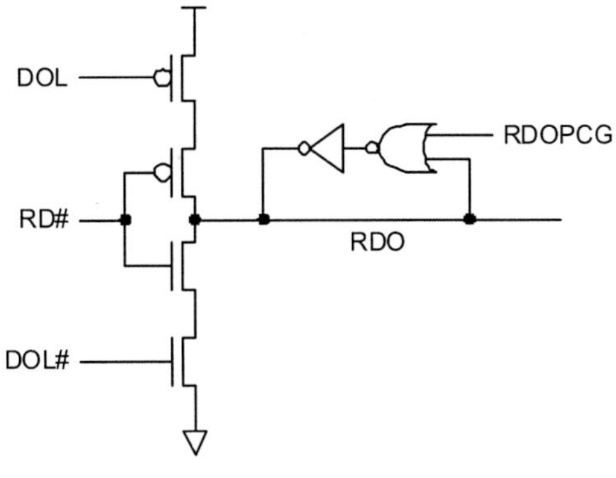

[그림 5.12] RD Line Driver 회로

16M 정도의 저용량 DRAM에서는 위와 같은 RD Line Driver 회로만으로도 정해진 시간 내에 Data를 출력하는 것이 가능했지만, 용량이 늘어남에 따라 Chip 면적이 증가하는 상황에서는 Driver가 구동해야 하는 Line Loading을 줄이기 위해 RDO Line을 한 번 더 분할하고 [그림 5.13]과 같은 Driver를 사용한다. 이때 증가하는 출력 속도의 요구를 만족하기 위해 Line을 분할하는 위치를 잘 선택해서 설치하여 Data를 출력하게 된다. [그림 5.13]의 회로는 Capacitive Load가 큰 RD Pair와 RDO Pair 양측을 모두 "H"로 Precharge한 후 신호의 극성에

따라 Pair의 한쪽 Line을 Discharge하는 방법으로 신호를 전송하고 있다. 일반적으로 PMOS를 통해 Low-to-High로 신호를 전환하는 방법이 NMOS를 통해 High-to-Low로 전환하는 방법보다 속도가 느리기 때문에 Precharge Level을 "H"로 두는 것이다. [그림 5.13]의 회로는 RE#와 WE# 신호의 제어를 통해 RD Pair와 RDO Pair간의 양방향 신호 전송이 가능하다. 즉, Read Out시에는 RE# 신호는 "L"로 Enable되고 WE#는 "H"로 Disable된다. 이에 따라 RE#에 연결된 NOR Gate는 RD Pair의 신호를 Inverting하여 출력하게 된다. 예를 들어 RD#에 "L" 신호가 입력되면 RDO#의 Discharge용 NMOS를 Turn-On시켜 RDO# Line을 "L"로 Discharge하게 된다. 한편 "H"로 Disable된 WE#에 의해 WE#에 연결된 NOR Gate는 항상 "0"을 출력하게 되어 RD Pair에 연결되어 있는 Discharge용 NMOS를 RDO Pair의 신호 변동에 상관없이 항상 Turn-Off시켜 RDO 신호가 RD로 전달되지 못하도록 한다. Write In을 위해 RE#가 Disable되고 WE#가 Enable되면 앞에서 설명한 동작의 방향이 반대로 진행될 것이다.

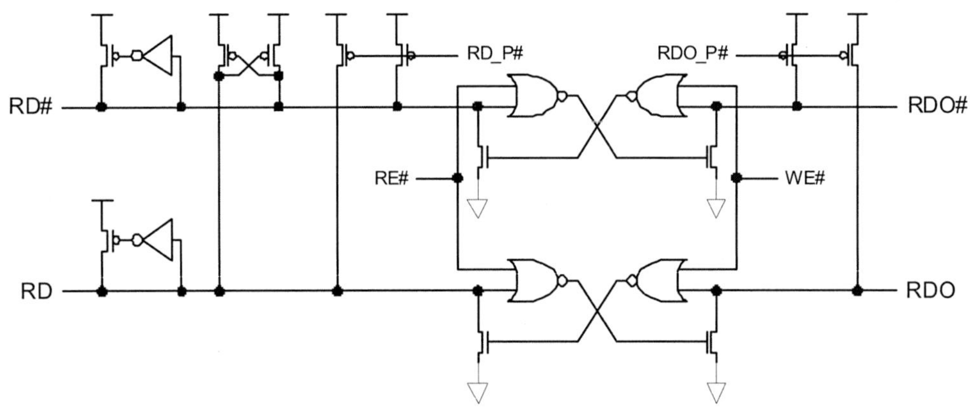

[그림 5.13] RD Line Buffer형 Driver 회로

5.1.3 Data Output Buffer

DBSA에서 생성된 RD는 RD Driver를 거쳐 RDO로 변환된 뒤 [그림 5.14]와 같은 Data Output Buffer로 입력되어 수 pF에 달하는 외부의 큰 Load Capacitor에 고속으로 Data를 출력한다. Data Output Buffer는 DC Sink/Source 전류 규정을 만족하여야 하며 DRAM의 각종 Speed 규정도 만족시키는 Tri-State Buffer이어야 한다. 출력 회로에는 과도 전류가 크게 흐를 수가 있으며, DRAM 출력 전압의 최대치에 대한 규정이 $V_{CC}+1V$로 되어 있으므로 PMOS의 경우 P+ Drain과 N-Well의 Diode가 Turn-On될 수 있어 PMOS를 사용하면 Latch-Up 현상이 일어나기 쉽기 때문에 충전용 및 방전용 모두 NMOS를 사용한다. 하지만 이 경우 충전시에 V_T Drop에 의해 적절한 V_{OH}의 확보가 어렵게 되므로, 승압된 전압으로 충전용 NMOS의 Gate를 구동해야 한다. 또한 DRAM이 선택되지 않은 경우, 즉 RAS#가 "H"로 Disable된 경우 Data Output은 High-Impedance 상태에 있어 Bus를 공유하고 있는 다른

DRAM이 활성화되어도 아무런 영향을 주지 않아야 한다. 그리고 ESD(Electrostatic Discharge) 등과 같은 외부의 전기적 충격에서도 회로가 손상되지 않도록 최종 출력단 NMOS의 Gate Length를 상대적으로 크게 설정한다.

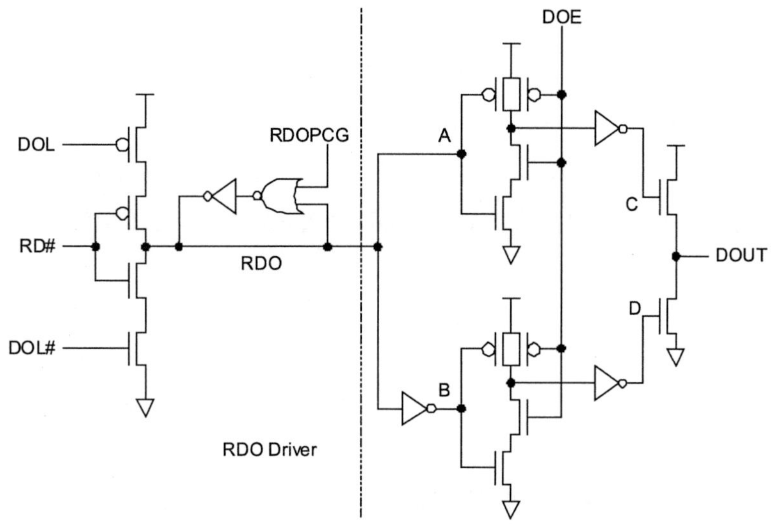

[그림 5.14] 간단한 Data Output Buffer 회로

[그림 5.14]의 간단한 Data Output Buffer 회로의 동작 원리를 [그림 5.15]의 동작 Timing을 이용하여 설명한다.

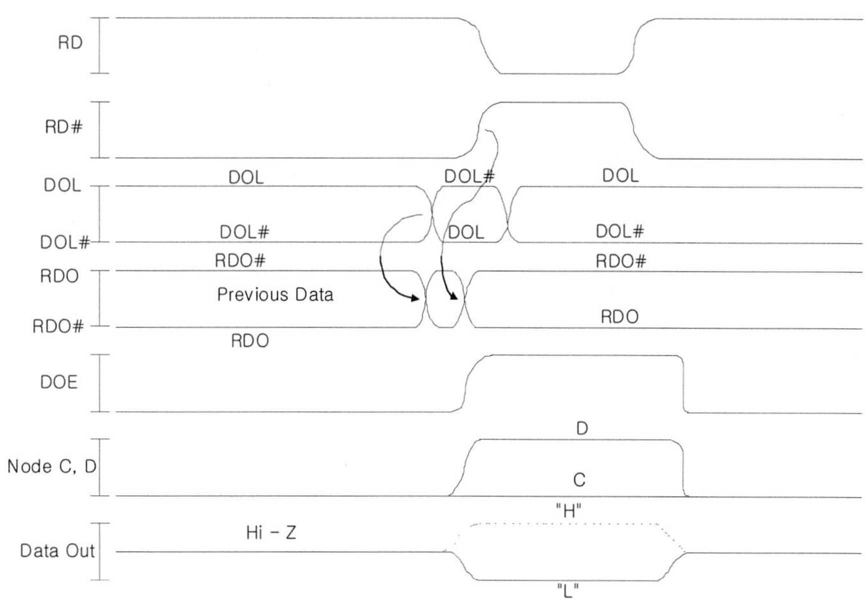

[그림 5.15] Data Output Buffer 동작 Timing

1) DBSA에서 RD Line에 Data가 출력되고 있을 때 DOL, DOL# 신호에 의해 출력 Data가 RDO Line의 2개의 Inverter로 구성된 Latch 회로에 입력된다.
2) 출력 신호를 Complementary로 하여 A-Node와 B-Node로 전송한다.
3) DOE 신호가 "L"일 때에는 C-Node와 D-Node는 모두 "L"로 되어 출력은 High Impedance 상태가 된다. DOE가 "H"로 Enable되면 A-Node, B-Node의 정보가 C-Node와 D-Node에 전달되며 Pull-Up NMOS나 Pull-Down NMOS 중 한 쪽이 On, 다른 쪽이 Off되어 Data 출력 단자 Q에 "H" 또는 "L"의 값이 출력된다. 또한 Pull-Up NMOS 대신 PMOS를 이용하면 DRAM 출력 Leakage Current Test(Q에 V_{CC}보다 높은 전압을 인가하고 흐르는 전류를 시험) 시에 Leakage Current가 발생하므로 Twin Well CMOS 공정 DRAM의 경우에는 좋지 않다. 또한 V_{OH} 값이 너무 높아져서 Ground Bouncing 발생 위험이 있으며 Latch-Up도 발생할 위험이 있어 조심해야 한다.

초기 이후의 DRAM은 대부분 ×4, ×8, ×16 등의 Multi-Bit으로 구성되어 있어 동시에 동작되는 출력 Buffer의 수가 증가하여 큰 전류가 전원으로부터 흐르게 된다. 따라서 Package 단자로부디 DRAM 내부 배선까지의 경로를 통한 Inductancc 성분 L(약 10nH)에 의해 L(di/dt)의 기전력이 발생하며 이것과 Capacitance가 결합되어 출력 파형이 Oscillation하면서 Damping되는데 이 때문에 고속성이 저하되고 Noise가 증가하는 등의 문제점이 발생할 수 있다. 즉, [그림 5.16]과 같이 Ringing이 존재하면 $V_{OL}=0.4V$로 최종 판정하는데 소요되는 시간이 $t_{ACCESS1}$에서 $t_{ACCESS2}$로 이동되므로 Access Time이 증가한다. Ringing의 Overshoot값이 di/dt에 비례하므로 Slew Rate 값을 마냥 크게 할 수는 없으며 Lead Frame 등의 설계도 조심하여 Inductance L의 증가를 억제하도록 해야 한다. 이러한 현상은 LOC(Lead On Chip) 형태의 Package에서 특히 심하므로 주의를 기울여야 한다. 이를 예방하고자 Pull-Down Transistor의 Width가 너무 크지 않도록 조절되어야 하며 Multi-Bit의 경우 각 Data Output Buffer의 동작 시간에 미소한 차이를 두어 순간 Peak 전류값을 줄여주는 방법도 이용된다.

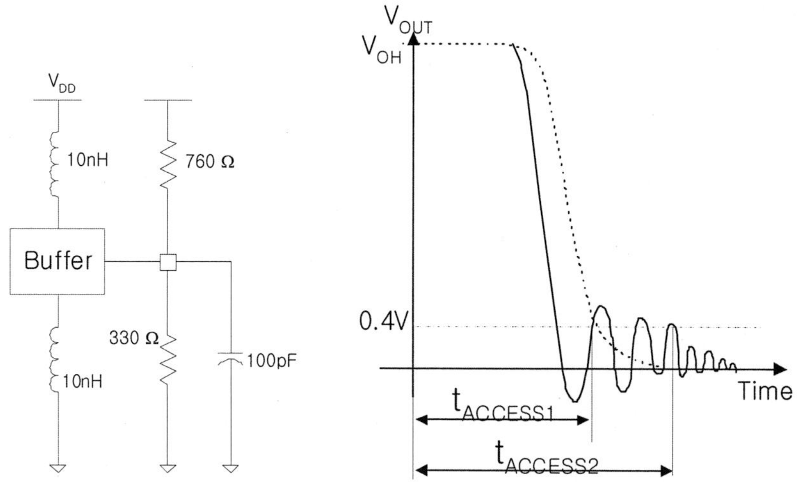

(a) TTL 출력규정 (b) 출력파형

[그림 5.16] 출력 규정과 Access Time

[그림 5.17(a), (b)]는 Bootstrapping을 이용한 구동 회로이다. 회로(a)에서 RDO가 "H"인 경우 DOE가 "H"가 되면 A-Node가 "L"로 된다. 이에 따라 B와 E가 "H"로 충전된다. 한편 C-Node는 Delay를 통해 A에 연결되어 있으므로 E에 충분한 전압이 충전된 뒤 NMOS Q의 Gate 전압 F를 "L"로 하여 B와 E를 격리시킨다. 이후 D가 "H"로 되어 E의 전압이 V_{CC} 이상으로 Bootstrapping되므로 DOUT의 V_T 손실을 보상할 수가 있다. 이러한 Bootstrapping 회로는 회로가 간단하여 사용하기가 편리하지만 Delay에 의한 시간 손실 및 Noise에 의해 Bootstrapping이 제대로 일어나지 않는 경우가 있으므로 주의하여야 한다.

[그림 5.17(b)]는 (a)를 개량한 2단 구동 회로이다. 전압의 시간 변화가 커서 잡음이 발생하기 쉬운 동작 초기에는 구동 능력이 작은 Q_1, Q_3로 구동하며 출력 전압이 일정한 Level에 도달하였을 때부터는 큰 Size의 Q_2, Q_4로 구동한다. 즉, Data RDO와 RDO#가 Pulse ϕ에 의해 Strobe되어 그 정보에 대응해서 우선 Q_1 또는 Q_3가 D_{OUT}을 일정 Level까지 서서히 구동한다. 일정한 Delay 시간(τ_1, τ_2) 후에 이어서 Q_2나 Q_4가 D_{OUT}을 V_{CC} 또는 0V까지 급속하게 구동한다. 이때 Q_2의 Gate 전압을 V_{CC} 이상으로 Bootstrapping시켜 충전 시간의 단축 및 V_T Loss를 보상한다.

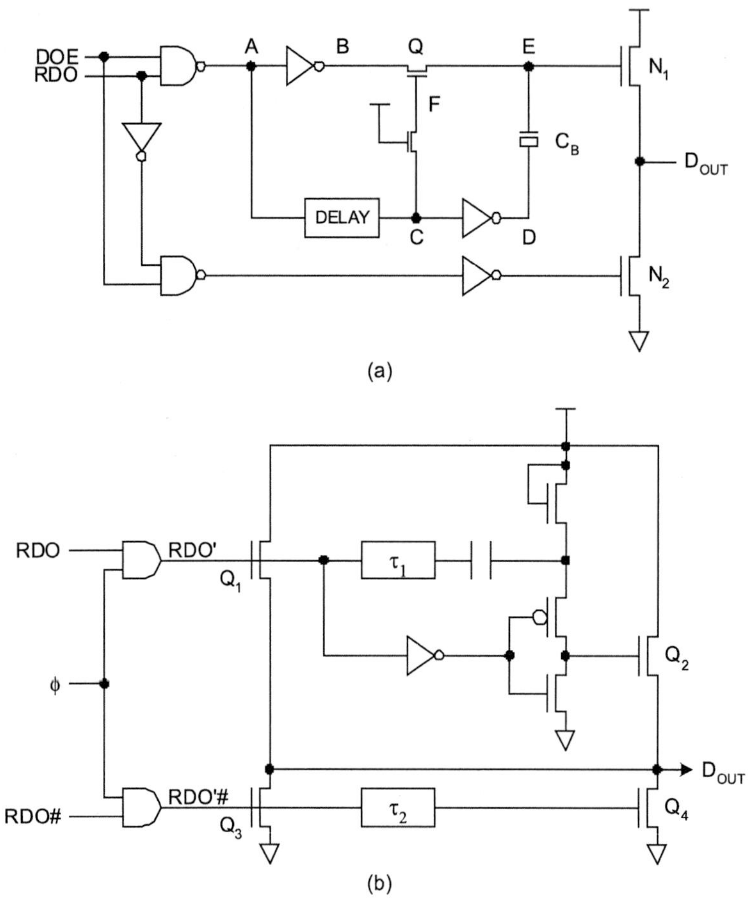

[그림 5.17] Bootstrapping형 D_{OUT} Buffer

[그림 5.18]과 같이 Bootstrapping 승압 대신 승압 전원 V_{PP}를 이용할 수도 있다. Bootstrapping 승압보다는 약간 복잡하지만 보다 정확한 승압 전원을 확보할 수 있다는 점과 Noise의 발생이 줄어든다는 장점이 있다. (a) 회로는 D_{OUT}을 V_{CC}와 0V의 거의 중간값에 High Impedance 상태로 Preset 해두고 그로부터 V_{CC} 혹은 0V로 충방전하는 방법으로, 승압 전압을 이용하므로 이 충방전은 고속으로 진행된다. 또한 전압 변화가 $V_{CC}/2$ 정도가 되어서 과도 전류도 반감된다. Tri-State를 만드는 Transistor는 Q_3, Q_4이며 출력 Load의 충방전 Transistor는 Q_1, Q_2이다. ATD 회로의 출력 Pulse로부터 생성된 TRS가 Off될 때마다 그 전 Data를 출력시 동작하지 않았던 Q_3 또는 Q_4의 Gate에 폭이 τ인 Pulse가 발생하여 Q_3와 Q_4가 τ동안 동시에 On되어 D_{OUT}은 $V_{CC}/2$로 Preset된다. 그 후 입력된 Data RDO, RDO#는 TRS에 의해 Strobe되고 그 입력에 대응해서 Q_1또는 Q_2의 Gate 전압은 0V에서 V_{PP}까지 승압되어서 D_{OUT}은 고속으로 충방전된다.

[그림 5.18(b)]는 V_{PP}와 Bootstrap 방법을 모두 취하여 고속성을 도모한 것이다. 한편으로는 출력 전압의 Rising 및 Falling Time이 항상 일정하게 되도록 출력을 Feedback해서 출력용량과 무관한 일정 Slew Rate, 예를 들어 1V/ns을 가지도록 하기도 한다.

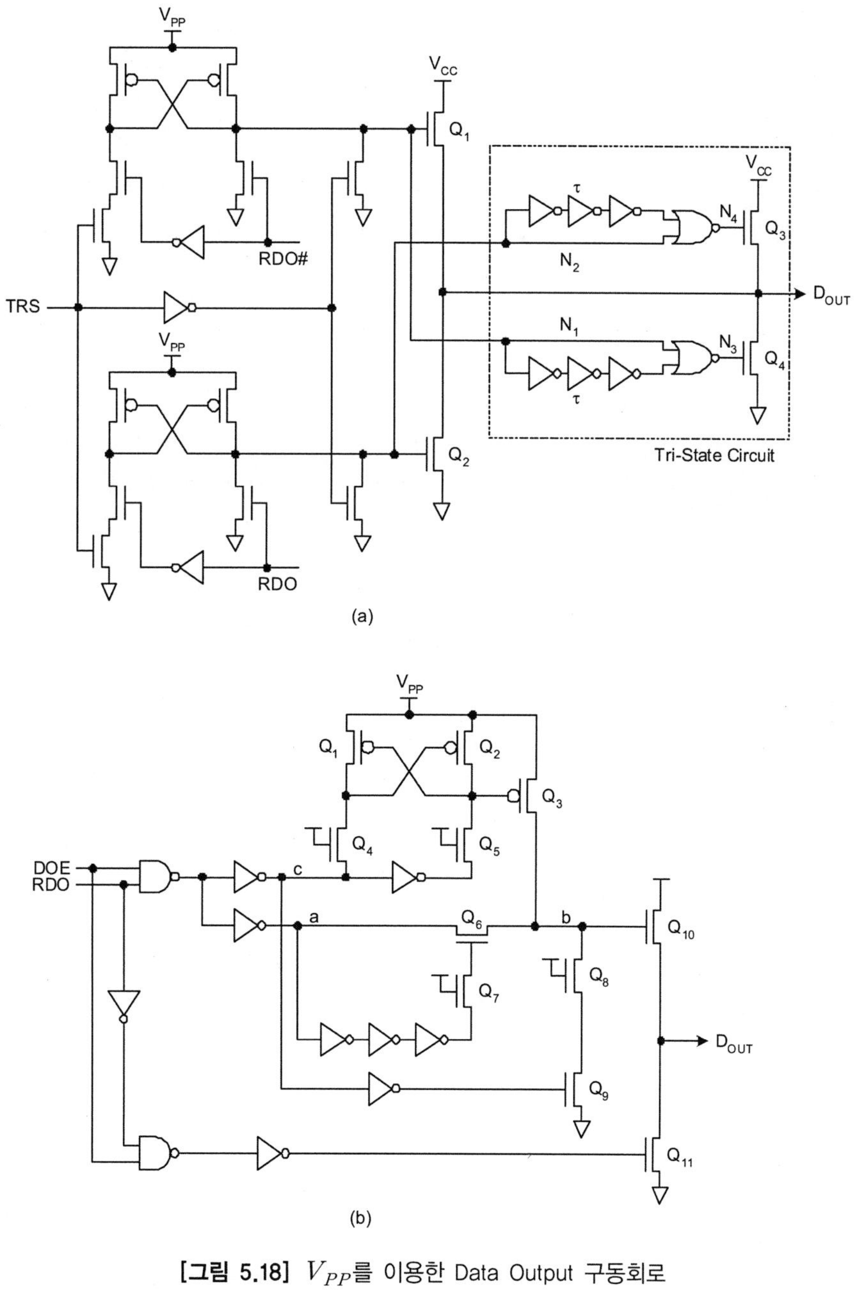

[그림 5.18] V_{PP}를 이용한 Data Output 구동회로

5.1.4 Control 회로

Data Read 경로를 형성하는 DB Line, RD Line 및 RDO Line은 길이가 매우 길며 고속동작이 필요하므로 신호가 전송되기 전에 미리 Precharge 해둔다. 따라서 이들의 Precharge Control 신호들의 발생 및 발생 Timing이 중요하다. 예를 들어 Sense Amplifier에 의해 증폭된 신호가 Bit-Line으로부터 Column Select의 선택에 의해 DB Line에 전송되기 전에 DB Line의 Precharge가 이루어져야 하며 전송이 완료된 뒤 DB Sense Amplifier가 활성화되어야 한다. 이러한 경로에서 중요한 제어 신호인 DB Sense Amplifier Enable(DBSAE), RD Line과 DB Line을 연결하는 Data Output Select(DOS) 및 큰 전류 구동 능력을 가지고 있는 Data Output Buffer를 활성화시키는 Data Output Enable(DOE)을 살펴보자.

(1) OE Buffer 회로

Data I/O가 증가함에 따라 Data Pin의 수도 증가한다. 따라서 Data Input Pin과 Data Output Pin을 공유하도록 하여 Pin 수를 줄이는 것이 필요하다. 이 경우 Pin의 성질, 즉 Data Input인지 Data Output인지를 정의해 주는 제어 신호가 필요한데 OE# 신호가 바로 그것이다. 원칙적으로 OE#는 CAS#의 제어를 받는다. 하지만 Write시, 즉 CAS#보다 WE#가 먼저 입력되는 "Early Write"와 나중에 입력되는 "Delayed Write"의 두 상황에서는 Data I/O Pin이 모두 Data Input으로 동작해야 하므로 OE#를 받아들여서는 안된다. WE# 단자의 상태를 검출하여 그 결과와 CAS# 입력 신호에 의해 OE#를 Control하도록 한다. OE#가 "L"이면 Data Pin은 Output으로 동작한다. OE# Buffer도 TTL 입력을 Sensing할 수 있도록 Sizing 되어야 한다.

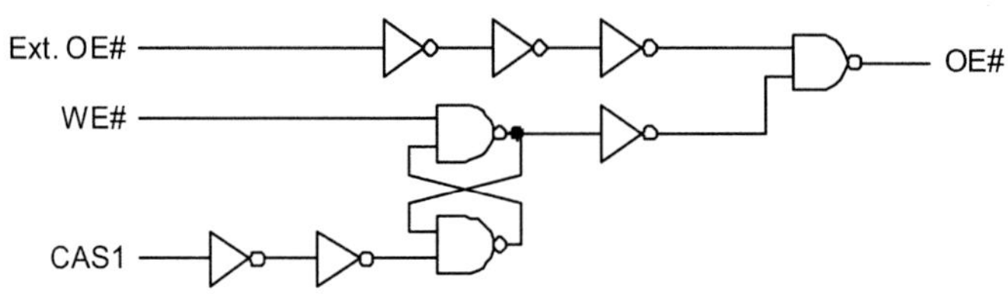

[그림 5.19] OE Buffer 회로

(2) DBSAE(DB Sense Amplifier Enable) 발생 회로

DBSA는 Current Mirror형 CMOS 차동 증폭기로 구성되어 있어 Bias용 DC 전류를 항상 흘려주어야 하는데, 실제로는 DBSA가 동작하는 동안에만 이 전류를 흘려주어 전체적으로 전류 감소를 도모하게 된다. 따라서 Column Address가 입력된 후부터 DBSA를 활성화시킨다. DBSAE는 ATD에 의해 생성된 DBP([그림 4.26])와 RAS 계열의 CPE를 입력으로 받아서 발생되는 신호이다. 선택된 Block에 해당하는 DBSA만을 활성화시키기 위해 Block Select Address와 BISH/L에 의해 생성되는 DBSEL의 제어하에 발생된다. 또한 Write 시에는 DB Sense Amplifier의 동작이 불필요하므로 WE에 의해 제어되도록 한다.

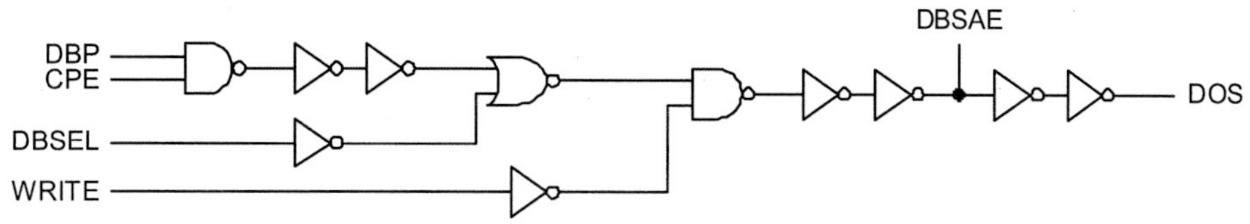

[그림 5.20] DBSAE 발생 회로

(3) DBSEL(DB Sense Amplifier Select) 발생 회로

Row Address에 의해 선택된 Cell Array에 해당하는 DB Line에 연결된 DB Sense Amplifier만을 골라내는 회로로서, 선택된 DB Sense Amplifier와 [그림 5.20]의 DBSAE를 조합하여 DB Sense Amplifier를 활성화시키게 된다.

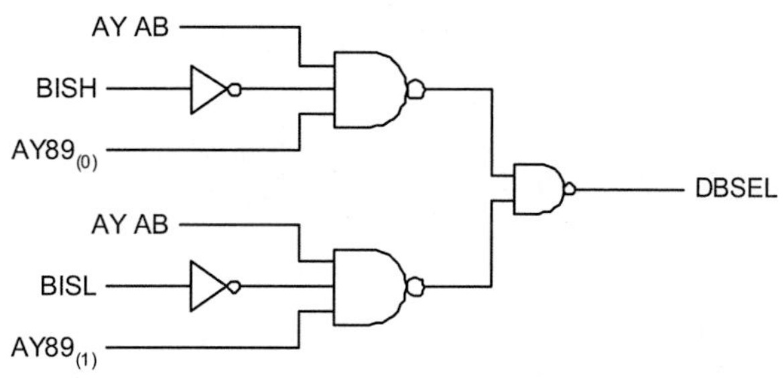

[그림 5.21] DBSEL 발생 회로

(4) DOS(Data Output Selection) 발생 회로: [그림 5.20]

DBSA가 동작을 한 뒤 그 출력을 RD Driver에 입력시키게 되므로 [그림 5.20]의 DBSAE를 Delay시켜 DOS로 사용한다.

(5) DOE(Data Output Enable) 발생 회로

Write 동작이 아니고, 즉 WE#가 비활성화("H")되어 있고 Sensing이 완료되면(즉, CPE가 확정되어 있으면) OE Buffer로부터 OE#를 받아들여서 [그림 5.22] 회로에서와 같이 DOE를 생성하여 출력 Buffer를 활성화시킨다.

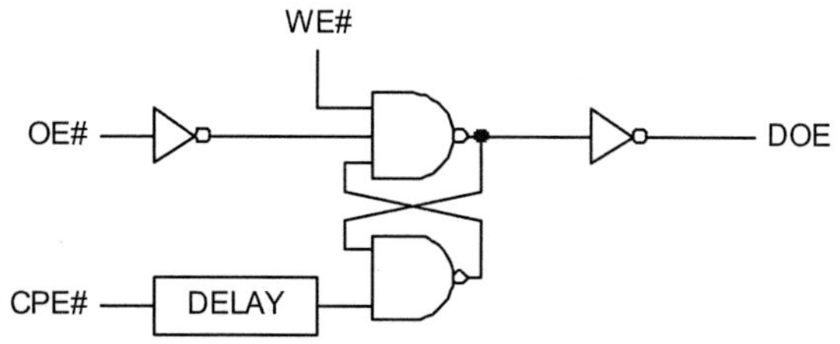

[그림 5.22] DOE 발생 회로

(6) DBP(DB Line Precharge) 발생 회로

DB Line을 Precharge하는 DBP를 발생하는 방법으로는 4장의 ATD를 이용하는 방법과 BLP를 이용하는 방법이 있는데, 여기서는 BLP를 이용하는 방법을 설명하기로 한다. Block Select 신호 BLKS에 의해 BLP가 "L"이 되면 DBP도 "L"이 되어 DB Line이 $V_{CC}/2$ Precharge 전압으로부터 끊어져 Floating 상태가 된다. Write 신호가 "H"이면(즉, Write Cycle이면) DBB는 무조건 "H"가 되어 PMOS가 Off되고 V_{CC} Precharge가 끊어지며, Write가 "L"이면(즉, Read Cycle이면) BLP를 따라 DBB가 "L"이 되고 PMOS가 On되어 DB Line이 V_{CC}로 충전된다. 또한 Write Cycle이 끝나서 BLP가 "H"가 되고 Write가 "H"(Write Cycle)에서 "L"로 천이할 때 짧은 시간동안 "L" Pulse WEQ를 발생하여 Write 후에 보다 빠른 시간 내에 DB Line이 원래의 V_{CC} 전압으로 Precharge되도록 도와준다.

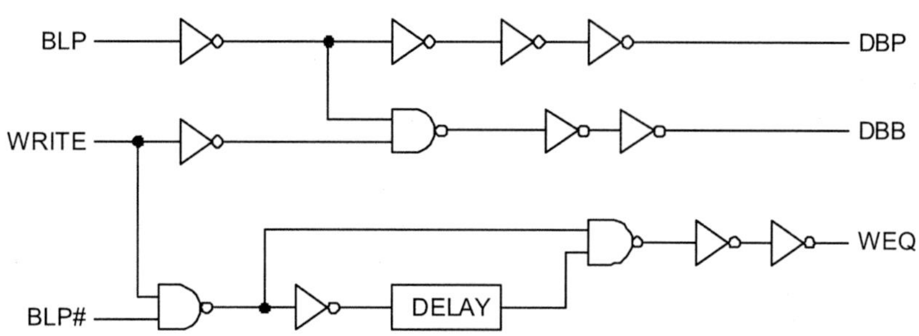

[그림 5.23] DB Line Precharge(DBP) 발생 회로

(7) RD Line Precharge 회로

RD Line을 미리 Precharge하는 회로로서 Column Path Enable 신호가 비활성화되면(즉, CPE#가 "H"이면) RD# Line의 전압이 GND가 되어 Precharge되고, CPE가 활성화되면(즉, CPE#가 "L"이면) RD# Line이 Floating되어 신호의 전송이 가능하다.

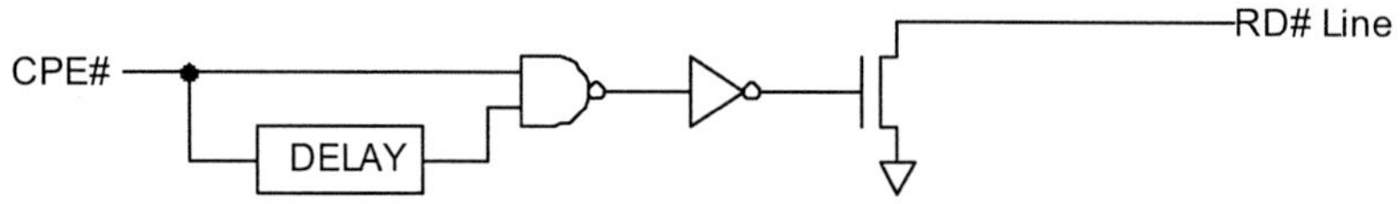

[그림 5.24] RD Line Precharge 발생 회로

(8) RDOPCG(RDO Line Precharge) 발생 회로

RDO Line은 길이가 길며 Data Output Buffer에 연결되므로 Dynamic Logic을 사용하여 고속 전송 및 저전력 소모가 가능하도록 유도하고 있다. 이에 따라 RDO Line을 미리 Precharge하도록 제어하는 신호로서 RDOPCG를 생성하여 이용한다. [그림 5.12]의 회로에서 RDOPCG 신호가 "H"(즉, RAS와 DOE가 모두 "L")이면 RDO#는 무조건 "H"가 되어 Precharge되

며 이 기간에는 Data의 출력이 이루어질 수 없다. 한편 Data가 유효할 때, 즉 RAS나 DOE가 "H"이면 RDOPCG가 "L"로 되어 RDO#의 Data가 Latch된다.

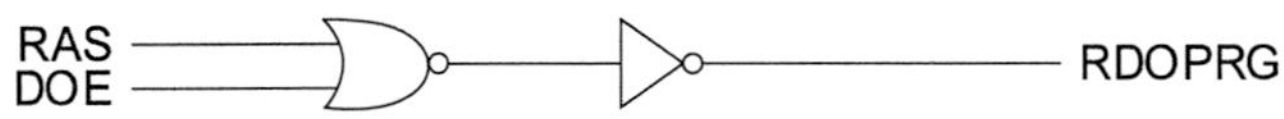

[그림 5.25] RDO Line Precharge 발생 회로

(9) DOL(Data Output Latch) 발생 회로

RAS가 "H"로 활성화되어 있고 CAS1도 "H"가 되면 DOL이 "L"이 되어 [그림 5.12]의 RD Line Driver가 활성화되며 RDOPCG에 의해 형성된 RDO Latch에 Data를 전송하여 그 전에 Latch되어 있던 Data 대신 새로운 Data를 써넣게 된다. DOL이 "H"가 되면 RD Line Driver가 비활성화되어 RDO#와 RD가 끊어지며 Data는 RDO Latch에 저장된다.

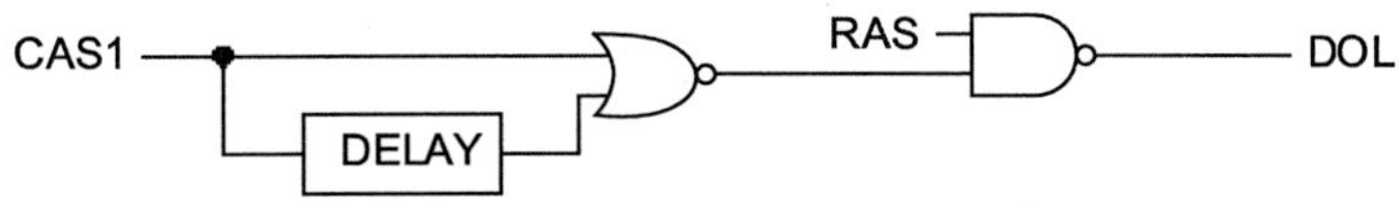

[그림 5.26] Data Output Latch 발생 회로

5.2 | Write 경로

Write 동작은 [그림 5.27]에서와 같이 DQ에서 입력된 Data가 입력 Buffer와 Write Driver들을 거쳐 Bit-Line에 실리게 되면 Bit-Line Sense Amplifier에 의해 증폭된 후 특정 Cell에 입력되는 동작이다. 이때 Cell의 선택은 Row Address에 의해 선택된 Word Line과 Column Address에 의해 선택된 CD_i에 의해 결정되게 된다. 이때 선택되지 않은 Cell들은Bit-Line Sense Amplifier에 의해 증폭된 값이 다시 쓰여지는 동작, 즉 Refresh 동작이 일어나 Data를 유지하게 된다.

Write 동작에서는 외부의 Data가 DB Line으로 전송되고 이 Data 전압으로 Bit-Line Sense Amplifier의 먼저번 상태를 Overwrite(덧쓰기)시키는 순서로 진행된다. 이러한 동작이 완료될 때까지의 시간을 미리 예측한 뒤 외부의 WE# 신호의 Falling Edge만을 검출하여 일정한 폭의 Pulse를 발생시켜 이 시간동안 Write가 진행되도록 하는 Self-Timed Write 동작이 이용되기도 한다.

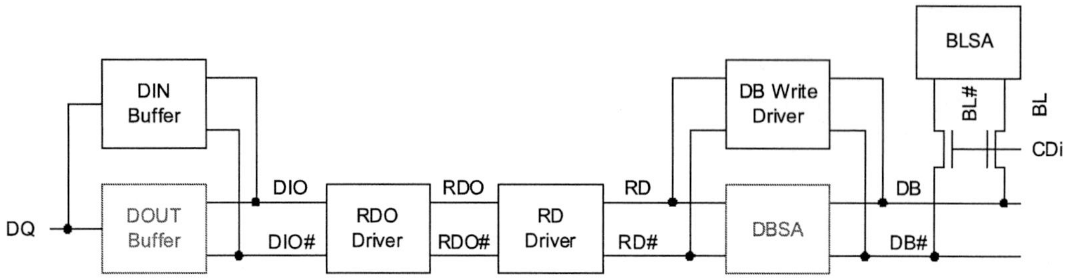

[그림 5.27] Write 경로

5.2.1 Data Input Buffer

Data Input Buffer는 TTL로 입력되는 외부 Data 신호를 감지하여야 한다. 따라서 Address 입력 Buffer에서와 같이 Inverter형과 Cross-Couple형이 있다. 또한 내부에 Latch를 설치하여 Cell에 확실한 Data가 전달될 때까지 외부 Data를 유지하도록 한다. Cross-Couple형은 [그림 5.28]과 같으며 이의 동작은 4장의 Address Buffer의 동작과 동일하다. Inverter형 회로는 [그림 5.29]와 같다.

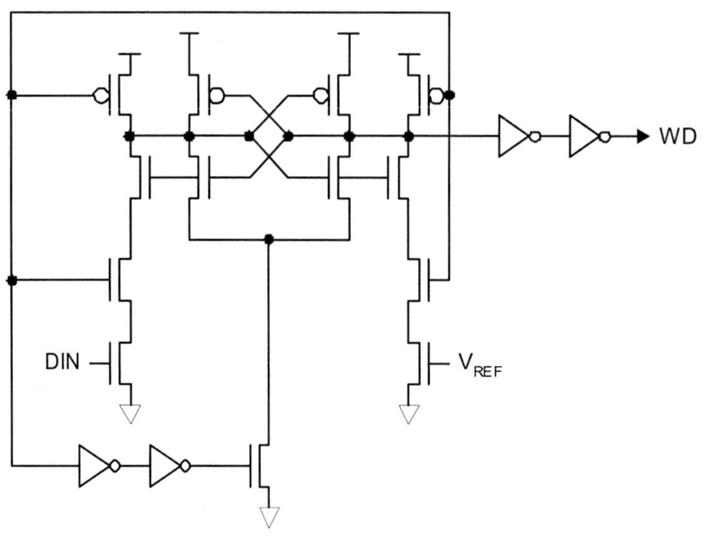

[그림 5.28] Cross-Couple형 Data Input Buffer

[그림 5.29]의 Inverter형 Data Input Buffer 회로의 동작을 Delayed Write 동작 Timing인 [그림 5.30]을 가지고 설명해 본다.

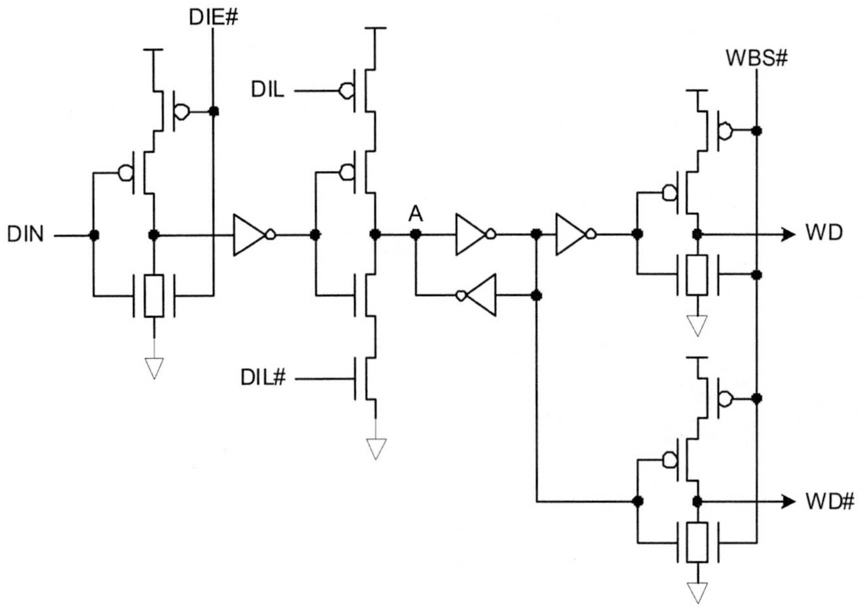

[그림 5.29] 간단한 Data Input Buffer

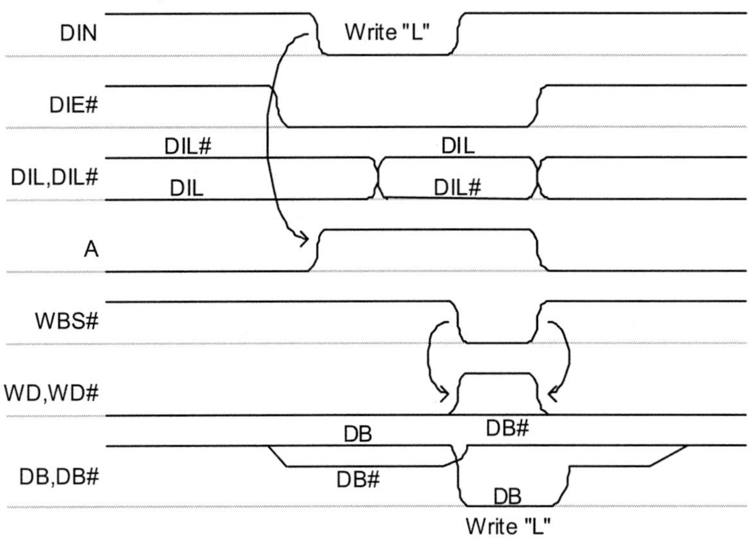

[그림 5.30] Delayed Write 동작 Timing

1) 초기에는 DB Line과 DB# Line은 Read시와 동일하게 "H"로 Equalize되어 있다.
2) 외부의 입력 Data는 WE# 신호로부터 생성된 Data Input Enable(DIE)이 "H"로 됨에 따라 내부로 전달되어 Data Input Latch(DIL)가 "H"가 될 때 Latch된다.
3) Write 제어 신호 WBS#가 "L"이 되면 DB Line Pair의 Precharge용 MOS가 Off되며 Data Input Buffer에 Latch된 입력 Data WD에 따라 DB# Line과 DB Line이 각각 "H"

와 "L"이 되고, 이 Data가 CD_i에 의해 선택된 Bit-Line Pair에 전달되어 해당 Memory Cell에 저장된다.

4) Write가 완료되면 Write 제어신호 WBS#가 "H"가 되어 WD와 DB Line의 연결이 끊어진다.

WE# 신호가 입력된 순간부터 Data Input Enable이 "H"가 되어 Data가 내부로 받아들여지기까지의 시간을 조절하면 Data Set-Up Time의 여유가 증가하여 Data를 WE# 신호 이후에 입력시켜도 정상적으로 동작한다.

5.2.2 Write DB Line

Data Input Buffer에 Latch된 입력 Data 신호 WD는 Write 제어신호에 의해 DB Line에 전달된다. Write Buffer는 이러한 WD Data에 대응하여 DB Line Pair를 V_{CC} 혹은 GND로 강력하게 충/방전시킨다. 하지만 Fast Page Mode에서는 Write 이후 새로운 Read나 Write를 짧은 시간 내에 연속적으로 수행하기 위하여 이렇게 충/방전된 Data를 DB Line에서 빠른 시간 내에 제거하여 Write Path를 원상 회복시켜주어야만 한다. 이에 필요한 시간을 Write Recovery Time이라 하며, 이 시간이 길수록 새로운 Data를 읽어내는데 소요되는 시간이 길어지므로 고속 동작에 불리하다. Write Recovery Time을 단축시키기 위해 [그림 5.31]과 같은 Data Bus 구조를 채택하고 있다. 이 회로에서 WBS가 "L"이면 Pass Gate는 모두 Disable 되어 WD와 DB가 끊어져 있다. BLP#가 "H", 즉 Block이 선택된 상태이고 WBS가 "H"이며 WD가 "H"이면 DB에 "H", DB#에 "L"이 전달된다. 동일한 Row Address를 가지는 Cell에 Column Address만 다르게 Write 동작이 연속되면 DB Line이 공통으로 사용되기 때문에 DB Line에 Precharge가 제대로 이루어지지 않는다. 이를 예방하고자 WEQ라는 Short Pulse를 만들어 짧은 시간이나마 Precharge함으로써 "H"로의 천이가 보다 빨리 이루어지도록 유도하고 있다. Precharge 회로들, 즉 WEQ, DBB 및 DBP에 의해 제어되는 Transistor들은 [그림 5.7]의 2단 Current Mirror형 DB Sense Amplifier의 $Q_1 \sim Q_8$을 공통으로 사용하는데, 여기서는 설명을 위해 다시 그린 것이다.

Write 동작에는 Early Write와 Late(Delayed) Write의 두 가지 방식이 있다. Early Write에서는 WE#가 CAS#보다 먼저 활성화된다. 따라서 DB Line에 쓰고자 하는 Data인 WD가 인가된 뒤 Column Address에 의해 Column Select Gate Q_T가 On되어 Bit-Line Sense Amplifier를 반전시킨다. Bit-Line Sense Amplifier의 동작 속도와 Q_T의 크기가 Write 동작 속도에 영향을 주므로 조심하여야 한다. 한편 Late(Delayed) Write에서는 WE#가 CAS#보다 늦게 활성화된다. 이 경우 Column Select Gate Q_T가 먼저 On되어 Bit-Line Sense Amplifier에 이미 저장되어 있던 예전의 Data가 우선 DB Line으로 전달된다. 이후 Write하고자 하는 새로운 Data에 의해 DB Line의 전압이 반전되고 계속해서 Bit-Line Sense

Amplifier의 상태도 반전된다. 따라서 Write Driver의 구동 능력이 매우 커야 하며 V_{CC}가 낮아지거나 외부의 온도가 낮아지면 Write 동작이 제대로 이루어지지 않을 수가 있다. 또한 Early Write시와 마찬가지로 Q_T를 통해서 Bit-Line Sense Amplifier에 전류를 공급하므로 Q_T의 ON저항에 매우 민감하다.

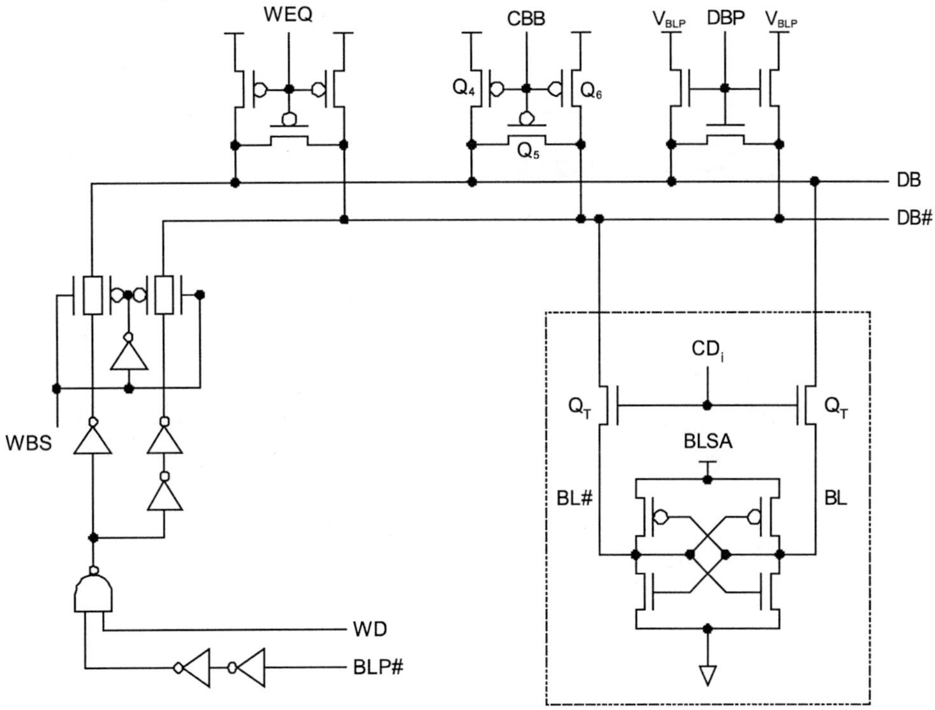

[그림 5.31] Write Data Bus 구조

5.2.3 Write Control 회로

(1) WE# Buffer 회로

[그림 5.32]의 WE# Buffer 회로는 TTL로 입력되는 외부의 WE# 신호를 받아들여 내부의 WE 신호로 변환하는 회로이다. 정상적인 Writing이 되려면 Chip이 Enable되어야 하고 (RAS1이 "H"로 입력되어 있다) CBR 상태가 아니어야 한다(CBR="L"). 또한 CAS에 의해 WE가 제어되도록 설계되어 있다. 여기에서 WE# 단자와 V_{CC} 단자 사이에 Diode Connection된 PMOS를 직렬로 연결한 것은 Redundancy Cell을 사용한 Die인지 아닌지를 구별하기 위함이다. 즉, 이 경로에 Fuse를 설치한 뒤 Laser Repair시 함께 Blowing을 하고 Packaging된 후 WE#에 $V_{CC}+3V_T$ 이상의 고전압을 인가하였을 때에 전류가 흐르지 않는다면 Repair된 Chip임을 의미하는 것이다. 이 Fuse는 제품 출하 후 특성 변화나 고장 수리 시 제조업자가 제품을 식별하기 위해 설치한 표식이다.

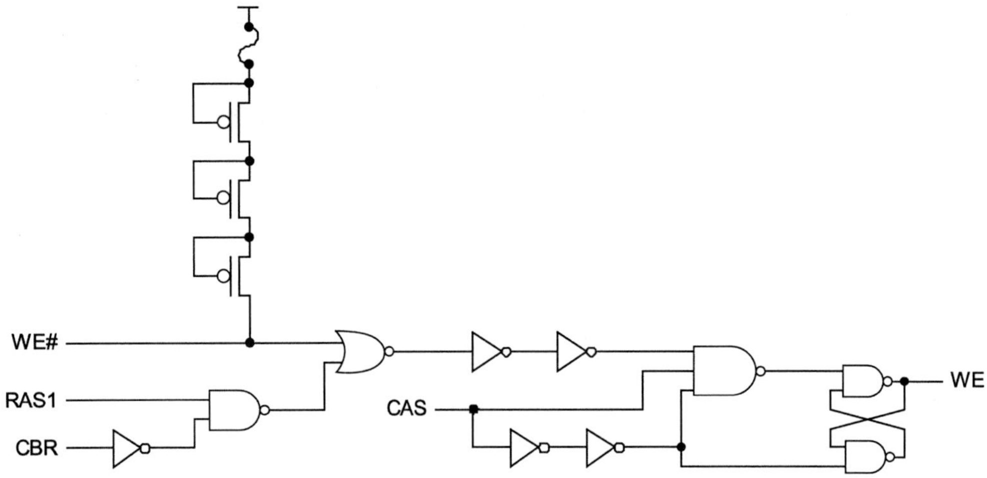

[그림 5.32] WE# Buffer 회로

(2) Data Input Enable(DIE) 발생 회로

[그림 5.33]의 회로의 동작을 이해하기 위해 WE#가 CAS#보다 먼저 "L"이 되는 Early Write의 경우를 우선 생각해 보자. Node A는 CPE#가 "L"이고 CAS가 "H"이어야만 WE의 신호를 받아들일 수가 있으며 초기에는 "H"로 있다가 WE="H"가 되면 "L"로 천이한다. Node D는 CAS가 Delay되어 입력되므로 초기에는 "L"이어서 Node C는 "H"로 있다. 따라서 Node B는 Node A의 "L" 신호를 받아 "H"가 되고 DIE와 WRITE도 역시 "H"가 된다. 이후 CAS가 도달하여 Node D가 "H"로 되면 이전에 CPE#가 "L"로 활성화되어 있으므로 Node C가 "L"이 되어 Node B의 전압이 "H"로 Latch된다. 즉, Node A의 전압에 상관없이 Node B의 전압이 "H"가 되며, 이 전압은 CAS가 "L"로 Disable되어야만 다시 "L"이 될 수 있다.

이제 CAS#가 WE#보다 먼저 "L"이 되는 Delayed Write 동작의 경우를 살펴보자. CAS만이 입력되고 WE가 입력되기 전에는 Node A가 "H"로 있고 Node D도 "H"로 있다. 따라서 WE가 입력되기 전에는 Node A가 "H"로 있고 Node D도 "H"로 있다. 따라서 Node B와 C는 초기 상태인 "L"과 "H"를 각각 계속 유지하고 있어 DIE와 WRITE 모두 "L"을 유지한다. 이후 WE가 입력되면 Node A가 "L"이 되므로 B가 "H"가 되어 DIE와 WRITE가 "H"로 활성화된다. 일반적으로 Data Setup Time이 0ns이어서 CAS#가 입력되기 전 적어도 0ns에 Data가 입력되어 있어야 하나, 사용자가 이를 어느정도 어겨서 나중에 (예를 들어 −2ns) Data를 입력하여도 확실한 Data가 Write될 수 있도록 CAS 경로에 Delay를 삽입한다.

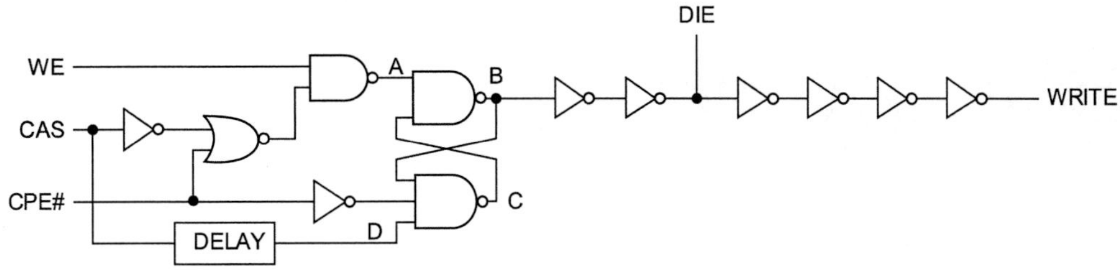

[그림 5.33] Data Input Enable 발생 회로

(3) Write bus Select(WBS) 발생 회로

[그림 5.34]는 선택된 Array Block에 연결되는 DB Line에만 Write Data가 실리도록 제어하는 신호이다. DBSEL과 WRITE가 모두 "H"이면 WBS가 "H"가 되어 Write Data가 DB Line에 전송될 수 있다.

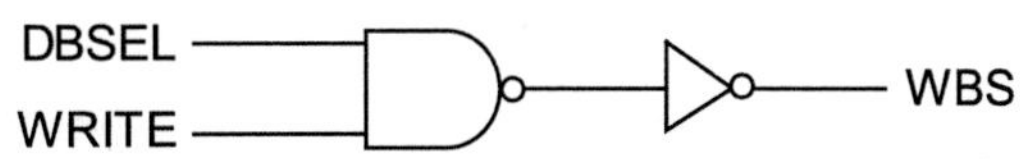

[그림 5.34] Write Bus Select(WBS) 발생 회로

(4) DB Bus Precharge(DBP)와 Write Bus Equalization(WEQ) 회로

[그림 5.7]의 DBSA 회로와 [그림 5.31]의 Data Bus 구조에서 DB Line에 대한 Precharge 전압을 제어한다. Write 시에는 DBB가 "H"가 되어 PMOS $Q_4 \sim Q_6$이 Off된다. 이때 DB Line이 Full V_{CC}와 0V로 충/방전되어야 하므로 WEQ도 "H"가 되어 DB Line Precharge 전압을 공급하는 PMOS Transistor가 Off된다. 이 후 WRITE 또는 BLP 신호가 "H"로 되는 순간 WEQ에 삽입된 Delay 시간폭의 "L" Pulse가 생성되어 DB Line을 V_{CC}로 Precharge시킨다.

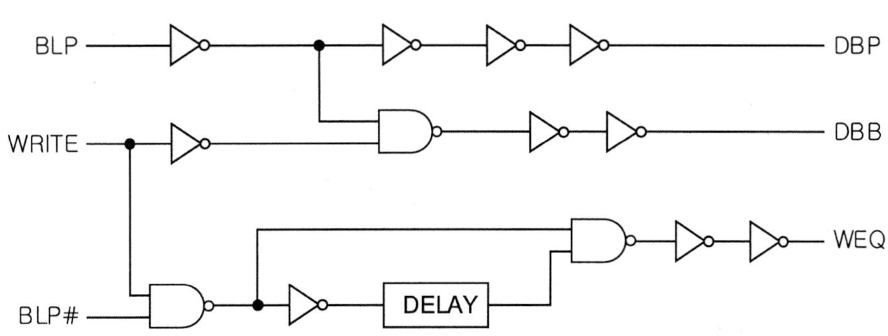

[그림 5.35] DB Bus Precharge 회로

제 6 장 기타회로

6.1 | Redundancy 회로

Memory의 가장 기본적인 기능은 Data를 저장하고 있다가 필요할 때에 다시 출력하는 것이므로 수많은 Cell 중 단 한 개라도 결함이 있으면 Memory로서의 제구실을 하지 못하므로 불량품으로 처리된다. 과거 수십~수백 kb 용량을 가지는 DRAM의 경우 수만~수십만 개의 Cell을 모두 불량없이 생산할 수 있었지만, 현재의 1Gb 용량을 가지는 DRAM을 생각해 볼 때 십억 개의 Cell이 모두 불량없이 생산될 가능성은 확률적으로도 희박하다. 이런 상황에서 소량의 Cell이 결함이 발생했다고 해서 불량품으로 폐기한다는 것은 Yield(양품 획득률)를 낮추는 비효율적인 처리 방식이다. 따라서 이 경우 미리 DRAM 내에 설치해 둔 예비 Memory Cell을 이용하여 불량 Cell을 대체시킴으로써 Yield를 높이는 방식을 채용하고 있다. 예비 회로를 설치함에 따라 Chip의 면적이 증가하며 결함 구제에 필요한 Test의 증가 등이 문제로 되어 Logic LSI에서는 그다지 활성화되지 않았지만, DRAM을 비롯한 Memory에서는 Chip의 면적 증가가 상대적으로 적고 Yield 향상이 매우 중요하기 때문에 256K DRAM에서부터 본격적으로 채용되고 있다.

Memory의 Redundancy Cell은 일반적으로 Sub-Array Block별로 설치해 두는데 [그림 6.1]에서 보이는 256K Cell Array마다 Spare Row와 Column을 미리 설치해 두고 결함에 의해 불량이 된 Memory Cell을 Row/Column 단위의 Spare Memory Cell로 치환하는 방식이 주로 사용된다. Wafer Process가 종료되면 Test를 통해서 불량 Cell을 골라내어 그에 해당하는 Address를 Spare Cell의 Address 신호로 바꾸어 주는 Programming을 내부 회로(SPX와 SPY)에 행하며,이에 따라 실제 사용시에 불량 Line에 해당하는 Address가 입력되면 이 대신 예비 Line으로 선택이 바뀌게 된다. Program하는 방식으로는 과전류로 Fuse를 녹여 끊어버리는 전기 Fuse 방식과 Laser Beam으로 Fuse를 태워 끊는 방식, Laser Beam으로 Junction을 Short시키는 방식, EPROM Memory Cell로 Program하는 방식 등이 있다. 이 방법들 중에 Laser로 절단하는 방식이 단순하면서도 확실하고 Layout이 용이하여 널리 이용되고 있으며, Fuse 재료로는 Polysilicon 배선, 또는 Metal 배선이 사용된다.

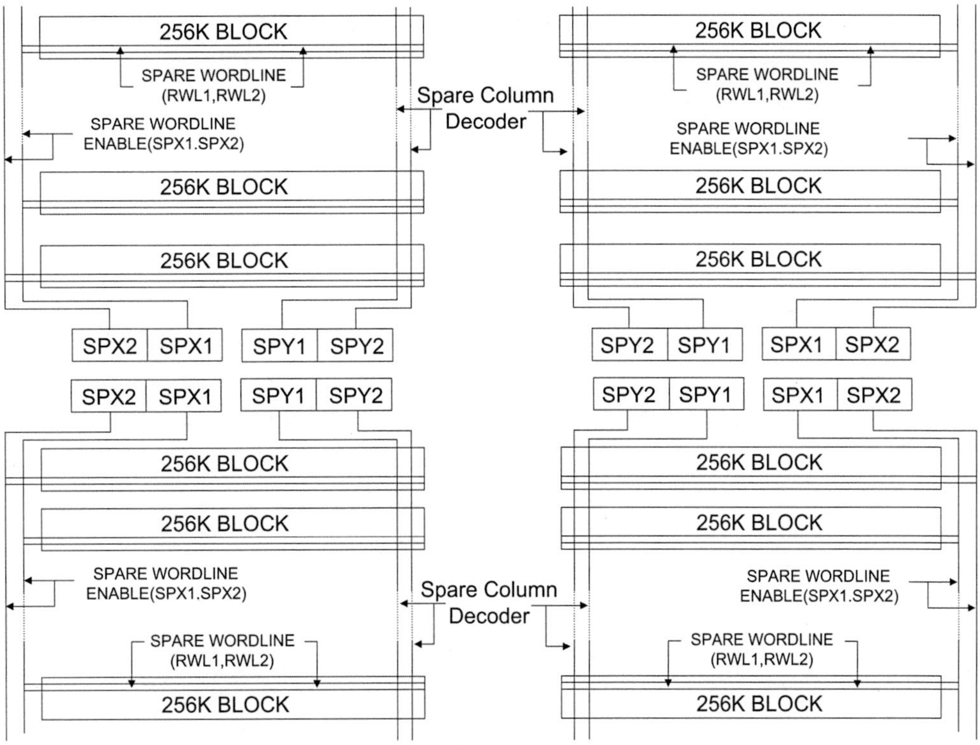

[그림 6.1] Redundancy Cell과 이의 제어 회로의 배치 예

Laser를 이용해서 불량 Column 또는 Row Line을 Spare Line으로 대체하는 Programming 방법은 Physical 방법과 Logical 방법 두 가지로 나눌 수 있다. [그림 6.2]는 각 Decoder Driver의 WL Output과 Spare Line의 Decoder에 Fuse를 설치하여 불량 WL을 나머지 DRAM회로에서 아예 분리시켜 내는 방식을 보여주고 있다(Physical Method). 여기에서는 간략화를 위해 4장에서 언급한 NMOS Dynamic NOR Decoder 회로를 예로 들어본다. Spare Decoder에는 Complementary로 전체의 Address가 Fuse를 통해 입력되며 이 Fuse를 Program하면 원하는 Address의 조합에 대한 Decoder가 선택된다. Wafer Test시에 불량 Cell을 포함하는 Line이 있다면 Fuse를 절단해서 그 Line을 Driver로부터 분리시킨다. 또 그것과 치환되는 Spare Line에 대해서는 Spare Decoder의 Logic을 불량 Line(WL)에 대한 Decoder의 Logic과 일치시키는 Fuse Programming을 한다. 이후 DRAM의 설계 사용시 입력 Address가 불량 WL의 Address에 해당한다면 이에 해당하는 정규 Decoder가 선택되어 Driver MOS Q_D가 ON이 되지만 Fuse가 끊어져 WL에는 Pulse가 인가되지 않는다. 그대신 동시에 선택된 예비 Decoder에 의해 예비 Word Line에만 Pulse가 인가된다. 이 방식에서는 불량 Cell의 선택선이 Spare Cell에 대한 선택선으로 1:1 치환되므로 불량 Line을 불활성화하기 위한 Address 비교 시간이 불필요해서 Redundancy Repair에 따른 속도 손실은 없다. 그러나 이 방식에서는 Fuse의 Layout Pitch가 WL Pitch와 일치해야 하므로 면적이나 Fuse

Blowing의 정확도 등의 점에서 고집적화에는 불리하다. 따라서 Decoder회로 내에 Fuse를 삽입해서 불량 Line에 해당하는 Decoder를 아예 Decoder Level에서 불활성화 시키는 방법이 사용되고 있다. 일반적으로 DRAM은 4개의 WL마다에 1개의 Decoder를 공유하고 있으므로 Fuse의 Layout Pitch는 그만큼 넓어진다. 하지만 고집적화에 따라 Fuse 개수가 크게 증가하므로 이 방법도 적합하지는 않다.

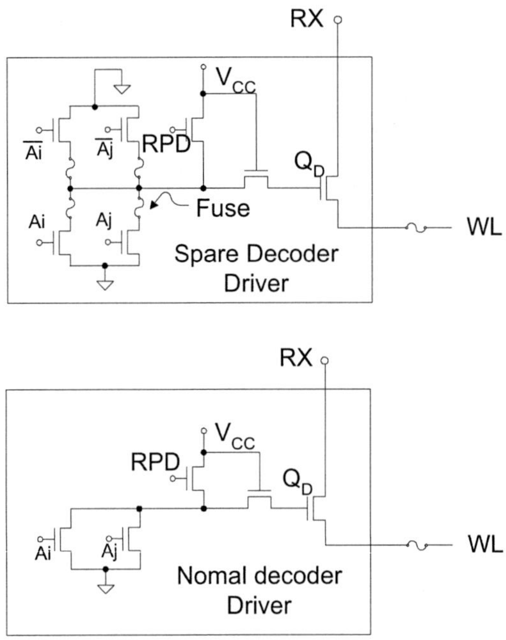

(a) Physical 방법의 원리도

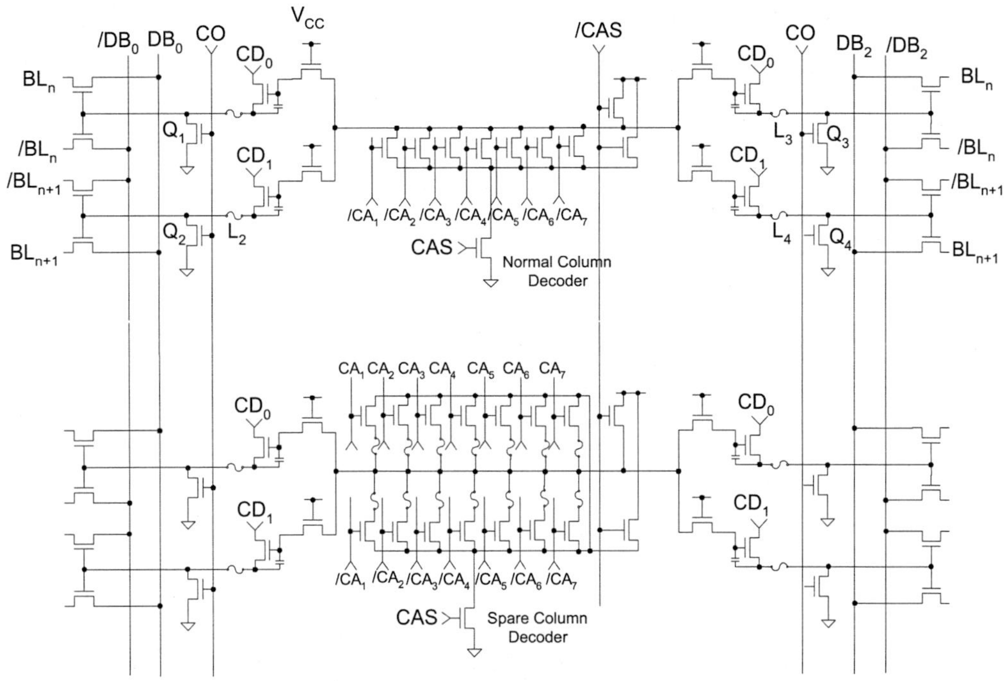

(b) Spare Line단위로 Fuse를 부착한 Redundancy 회로

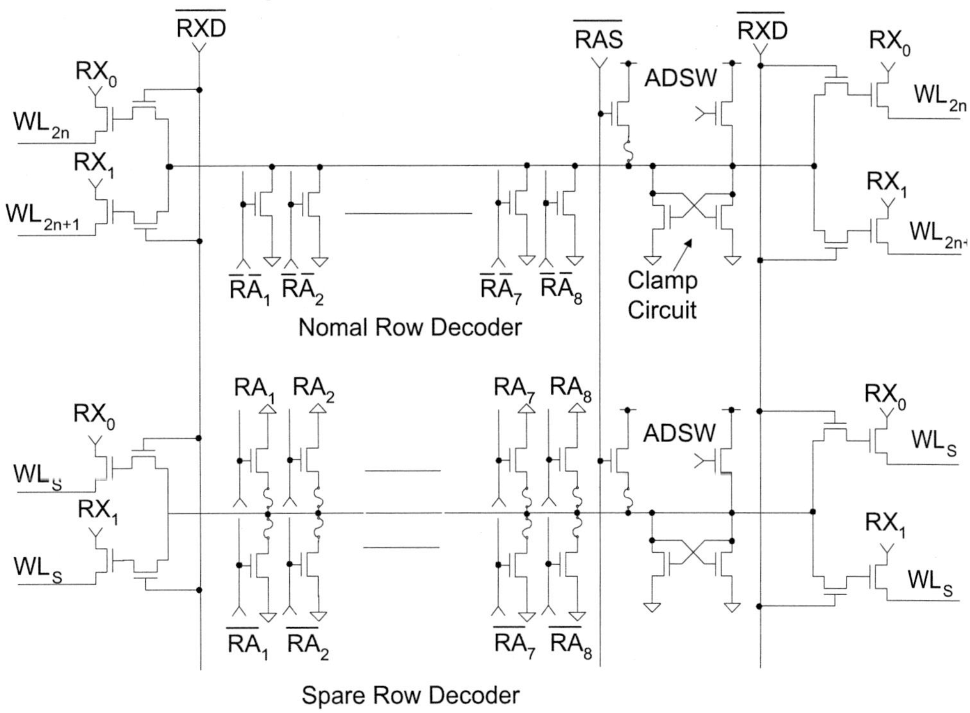

(c) Decoder단위로 Fuse를 부착한 Redundancy 회로

[그림 6.2] Physical Method 회로

[그림 6.3]은 불량 Word Line에 해당하는 Address가 입력되면 Normal Decoder를 Disable 시키는 Pulse를 발생시켜 Normal WL들의 동작을 막고 Spare WL만이 동작을 하도록 제어하는 방식이다(Logical Method). Physical 방식에서처럼 소수의 Spare WL들과 이에 연결된 Spare Decoder를 설치한 뒤 Spare Decoder를 자유로이 Program할 수 있도록 한다. 이후 Spare Decoder의 Logic을 불량 WL Address의 Decoder Logic과 일치하도록 Fuse를 끊어준다. 사용시에 정상 Address가 입력되면 Fuse를 통해 병렬로 연결된 NMOS들 중에 1개 이상이 ON이 되어 NRD신호가 "L"이 되지만 불량 Line에 해당하는 Address가 입력되면 그에 해당하는 Fuse가 모두 끊겨있어 Discharge Path가 막혀 있으므로 NRD가 "H"가 되어 Normal Word Line Decoder의 출력 Node가 방전되어 Normal WL이 Disable된다. 이후에 RX_2 단자에 고전압 Pulse가 인가되어 Spare WL에 Pulse가 출력된다. 물론 정상적인 WL이 선택되면 NRD는 "L"이므로 Normal Decoder만이 활성화된다. 입력된 Address가 불량 Cell을 선택하는지의 여부를 판정하는 Address 비교회로([그림 6.3]의 위쪽회로)의 판정 결과에 의해 발생하는 NRD신호로 Normal Decoder를 비활성화하는 것이므로 비교회로 내의 판정 시간만큼 Access Time Loss가 발생한다.

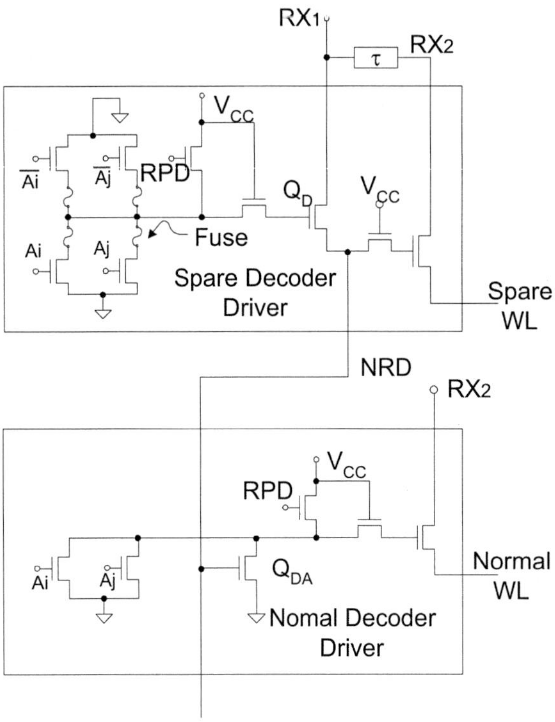

[그림 6.3] Logical Method Redundancy 회로

이밖에 정해진 개수의 Spare Cell을 이용해 더욱 많은 불량 Cell을 치환하기 위해 Spare WL을 여러 개 두어서 Repair 효율을 높이기 위한 방식과 Fuse 개수를 줄이면서도 Repair 효율을 유지하는 방법 등이 연구되고 있다.

6.2 | Substrate Bias(V_{BB}) 회로

6.2.1 V_{BB}의 필요성

Substrate Bias V_{BB}는 NMOS를 둘러싸고 있는 P-Well에 인가되며(DRAM의 기판으로 일반적으로 사용되는 P형 실리콘 기판에도 인가되므로 기판 Bias라 부른다), V_{CC}=3.3V의 전원으로부터 -2V 정도의 전압을 발생하는 내부 Substrate Bias 회로에 의해 생성된다. Substrate Bias V_{BB}를 인가하는 이유는 아래와 같이 정리해 볼 수 있다.

1) DRAM Chip내의 PN Junction이 부분적으로 Forward Bias 되는 것을 방지하여 Memory Cell의 Data 손실이나 Latch-Up 등을 막는다. 즉, Data 입력 단자에 인가되는 입력 파형에-2V 정도의 Undershoot가 있어도 PN Diode가 Turn-On되지 못해 입력 단자로부터 P형 Silicon 기판으로의 전자의 주입이 일어나지 않도록 한다.
2) Back Gate Effect(Body Effect)에 따른 MOS의 Threshold 전압의 변화를 줄여주어 회로 동작의 안정화를 꾀한다. 즉, V_{BB}를 인가하면 Transistor는 [그림 6.4]에서와 같이 V_T 대 V_{BB} Back Gate Effect 곡선에서 좀 더 평탄한 부분에서 동작하므로 Source 전위가 상승하더라도 V_T의 변동폭 ΔV_T가 줄어든다. 예를 들어 Memory Cell의 전압을 0V에서 3V로 바꾸어 써넣는 경우 기판에 -3V가 인가된 뒤 ([그림 6.4]의 Well 농도가 $6\times10^{16}Cm^{-3}$인 Transistor의 경우) 다시 그 값이 -6V로 변화된다면 그에 대응하는 ΔV_T는 0.3V로 된다. 한편 V_{BB}를 인가하지 않았을 때, 즉 기판 전압이 0V 일 때 기판 전압이 -3V로 바뀌었다면 ΔV_T는 0.5V로 된다. 따라서 V_T 손실 없이 3V를 충실히 Write 하기 위해서는 Word Line을 각각 3.3V, 3.5V까지 승압해야만 한다. 이렇게 V_{BB}를 인가하면 ΔV_T가 감소하므로 Word Line 전압의 승압폭을 작게 할 수 있어 그만큼 소자의 신뢰성이 향상된다. Transistor의 미세화와 함께 Substrate 농도나 Well 농도를 증가시키게 되는데, 이에 따라 V_{BB}에 대한 V_T의 변동, 즉 Bulk Effect가 증가하므로 Memory Cell 영역에 V_{BB}를 인가하는 것은 매우 중요하다.

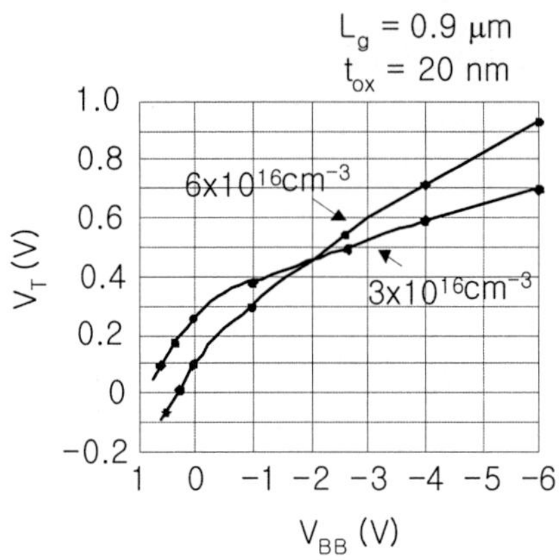

[그림 6.4] NMOS의 V_T 대 V_{BB} Back Gate Effect 곡선

3) V_{BB}를 인가함으로써 Parasitic MOS Transistor의 Threshold 전압을 높일 수 있다. 따라서 Field Oxide 아래의 Channel Stop Implant의 농도를 높일 필요가 없어 Junction Breakdown이 향상되며 Leakage Current도 줄어든다. 또한 MOS의 Narrow Width Effect에 따른 V_T 증가나 Body Effect(r)의 증가도 줄어늘어 Field Oxide 끝부분의 접합 용량도 줄어든다. Memory Cell을 예로 들어보면 Cell Capacitor에 접속된 Storage Node N+ 층의 Leakage 전류가 줄어들어 Cell의 Data Retention Time이 길어지며, 또한 Chip 내부에서도 가장 Short Channel인 Cell Transistor의 특성이 개선되므로 V_T를 낮게 억제할 수 있어 Word Line 전압의 승압폭이 줄어든다.

4) Reverse Bias를 인가하면 NMOS의 N+ 영역(Drain과 Source)과 P-Well과의 사이에 형성된 PN 접합 용량이 감소하므로 회로가 고속화된다. 또 Memory Cell의 Cell Transistor는 NMOS로 형성되어 있으므로 PN 접합 용량의 감소는 Bit-Line Contact의 Parasitic Capacitance의 감소를 가져와 C_B/C_C가 감소하므로 Bit-Line에 전달되는 Cell의 신호도 증가한다.

16K DRAM 시대에는 −5V를 기판 전압으로 외부에서 인가하였지만 64K DRAM 이후에는 5V 단일 전원만을 사용하게 되었으므로 내장한 V_{BB} 발생 회로를 이용하여 외부 전압 5V로부터 −2V로 변환한 뒤 Substrate에 인가하는 방식이 일반화되었다. V_{BB} 발생 회로는 DRAM 본래의 동작에는 불필요한 것이었으므로 자체의 전력 소모를 줄여야 하는데 이 때문에 그 구동 능력에 한계가 있어 Substrate Capacitance라는 큰 부하를 고속으로 구동할 수가 없으며 거의 Floating 상태로 되기 때문에 여러가지 문제가 발생할 수 있다. 이러한 문제점으로는 전원 인가시 또는 Burn-In Mode 시에서의 동작의 불안정성, Bit-Line Sensing 시의 V_{BB}의 과도 변동, Pin의 Undershoot 이나 고속 동작에 따른 V_{BB} Level의 변동 등이 대표적인 예이다.

6.2.2 V_{BB} 발생 회로의 문제점

[그림 6.5]는 대표적인 V_{BB} 발생 회로로 홀수단(3~9단) Inverter로 구성된 Ring Oscillator와 Charge Pump 회로로 이루어져 있다. Charge Pump 회로는 MOS Capacitor C_1과 Diode Connection된 정류용 Transistor Q_1, Q_2로 구성된다. C_2는 Parasitic Capacitance이고 C_{SUB}는 기판 용량(Substrate Capacitance)이 된다. Node A에 Pulse가 진폭 V_{CC}로 Rising 하면 $C_1 \gg C_2$이므로 Node B에는 일단 V_{CC}가 발생하지만 Q_1이 ON이 되므로 Q_1의 Threshold 전압 V_{T1}까지 일정한 시정수를 가지고 방전되다가 V_{T1} Level에서 Q_1이 OFF로 된다. 이때 Q_2는 Gate와 Source(기판)가 연결되어 있어 OFF로 남아 있다. 다음으로 Node A가 V_{CC}에서 “0”으로 하강하면 Node B의 전압은 $-V_{CC}+V_{T1}$까지 떨어져서 Q_1은 OFF, Q_2는 ON이 되며, Node B가 $-V_{T2}$(Q_2의 Threshold 전압= V_{T2})까지 상승되면 Q_2도 OFF된다. 이때 B Node의 전압을 상승시키는 충전 전하는 기판으로부터 흘러나오는 전류에 의한 것이므로(전자는 기판으로 흘러 들어간다) C_{SUB}가 충분히 크다면 V_{BB}의 값은 약간 “-”값을 갖게 된다. 이러한 Charge Pump 동작이 반복되어 기판 전압이 $-V_{CC}+V_{T1}+V_{T2}$에 도달하면 기판으로 더 이상의 전자 공급은 이루어지지 않는다. 이 구조에서는 Node B(Q_1의 Drain과 Q_2의 Source)와 기판 사이에 Parasitic Diode가 존재하는데 이것을 총괄하여 D로 표시한다. 또 Q_1쪽에는 구조상 NPN Bipolar Transistor가 존재한다. 여기서 Q_2의 Threshold 전압 V_{T2}를 Diode D의 Built-In 전압 0.6V 보다 작게 하여 D가 완전히 ON이 되지 않도록 해야 한다. 그러나 Diode에는 약하지만 항상 V_{T2}만큼 Forward-Bias가 걸려 있어서 Q_1과 Q_2의 N+층으로부터 Minority Carrier(전자)가 기판에 주입된다. 한편 Parasitic Bipolar Transistor도 V_{T2}가 작다면 Base-Emiiter 접합에 Forward Bias가 충분치 못하여 ON되지 못한다. V_{T2}를 작게 하는 이외에도 Q_1의 Channel 길이를 길게 해서 Bipolar Transistor의 형성이 어렵게 하는 등의 주의가 필요하다.

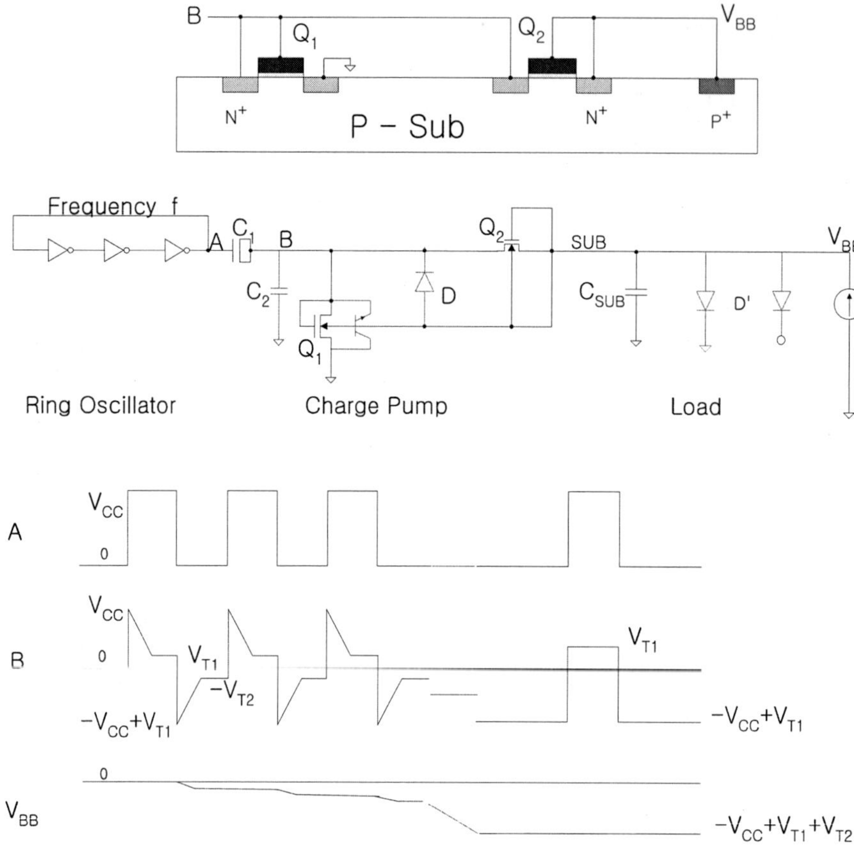

[그림 6.5] V_{BB} 발생 회로와 동작 원리

실제의 기판 전압 V_{BB}는 V_{BB} 발생 회로 자체의 전류 공급 능력(전자에 의한 전류)과 부하인 Substrate에 흐르는 기판 전류(정공에 의한 전류) I_{BB}와의 평형에 의해 결정된다. 여기서 I_{BB}의 근원은 Chip내 주요 회로의 NMOS Transistor들이다. NMOS의 Drain 근처에는 High Electric Field에 의해 Channel 전자가 가속되어 Impact Ionization을 일으키며 이에 의해 Electron-Hole Pair가 발생하는데, 이 중에서 Hole이 기판으로 유입되어 기판 전류가 되어 기판 전압을 "+"극성 방향으로 증가시킨다. 일반적으로 V_{CC}가 증가하면 I_{BB}는 지수 함수적으로 급격히 증가한다. 하지만 V_{BB} Generator의 Ring Oscillator의 주기는 V_{CC}에 따라 일차원적으로 증가하기 때문에 특정 V_{CC}를 넘으면 기판으로 유입되는 Hole 전류 I_{BB}는 V_{BB}회로의 전류 공급 능력을 넘어서게 된다. 즉, Impact Ionization에 의해서 기판에 주입되는 Hole의 수가 V_{BB} Generator로부터 기판에 공급되는 Electron의 수를 능가한다는 것이다. 이 때문에 V_{BB}는 "+"극성 방향으로 증가하기 시작하여 V_{BB} 값이 작아져서 Transistor의 V_T가 감소하며 특히 Body Effect γ가 큰 Transistor에서는 더욱 현저한 V_T 감소가 이루어진다. V_T가 감소하면 주요 회로 내의 NMOS의 Source로부터 Drain에 흐르는 전류(I_{DS})는 증가한

다. I_{BB}는 I_{DS}에 비례하기 때문에 I_{BB}도 함께 증가하여 더욱 V_{BB}가 작아지는 Positive Feedback 효과를 보여 V_{BB}는 급격히 "+"로 된다. 이 "+"값은 Load의 PN Diode의 Built-In 전압인 0.6V 정도에서 Clamp된다.

이러한 특성을 갖는 V_{BB} 발생 회로를 내장한 DRAM에는 다음과 같은 문제가 발생한다.

(1) 전원 전압 인가시에 전원 Node와 기판간의 용량 결합(Capacitive Coupling)에 의해서 기판이 Forward Bias가 될 수 있어 Parasitic Bipolar가 ON이 되므로 과대 전류가 흐르고 Latch-Up을 유발한다. 또 이때에는 NMOS Transistor의 Threshold 전압이 "−" 값으로 될 위험도 있어 관통 전류가 증가된다.

(2) Burn-In Test 시에도 위의 경우처럼 V_{BB}가 감소하여 CMOS Latch-Up을 일으킬 수 있다.

(3) $V_{CC} = 5V$ 의 통상 동작 시에서도 Bit-Line의 충/방전 시에 Bit-Line과 Substrate와의 결합 Capacitance에 의해 기판 전압이 과도적으로 변동할 수 있어 동작이 불안정해진다.

(4) V_{BB} 발생 회로의 구동 능력을 증가시키면 너무 많은 수의 Minority Carrier가 기판에 주입되어 이 때문에 Memory Cell에 저장되어 있던 Data가 Recombination에 의해 손실될 수 있어 Data Retention Time이 짧아진다.

(5) V_{BB} 발생 회로의 자체의 소비 전력이 증가하게 되면 Chip 전체의 대기시 소모 전력이 증가한다.

6.2.3 V_{BB} Generator 회로

[그림 6.6]은 기판 Bias 회로의 동작 원리를 보여주고 있다. Ring Oscillator, Driver 및 Charge Pump 회로로 구성되어 있으며, Charge Pump 회로는 Pump Capacitance와 Diode Connection된 2개의 NMOS로 구성되어 있다. 앞 절에서 살펴보았지만 여기에서 다시 [그림 6.6]의 동작 Timing도에 따라 Substrate Bias 회로의 동작을 설명한다.

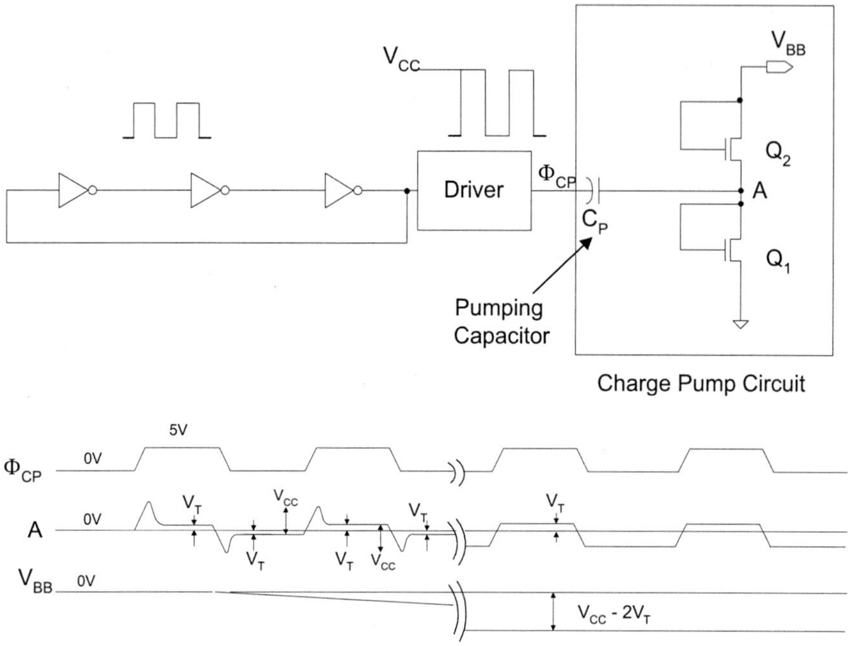

[그림 6.6] Substrate Bias 회로와 그의 동작 Timing

1) 처음에는 A점의 전압과 V_{BB}는 모두 0V 이다. Clock Φ_{cp}가 인가되어 0V에서 $V_{CC}(=5V)$로 Rise하면 A Node는 Pump Capacitor에 의해 "H" Level로 상승한다. 하지만 NMOS Q_1이 ON되어 곧 A Node를 V_T Level까지 떨어뜨린다(이때 NMOS Q_2는 OFF되어 있다). A Node의 전위가 V_T 이하로 떨어지면 NMOS Q_1도 OFF된다.
2) 다음으로 Φ_{cp}가 V_{CC}에서 0V로 하강하면 A Node는 Pump Capacitance에 의해 V_T-V_{CC} Level로 떨어진다. 따라서 NMOS Q_2가 ON되어 A Node로부터 V_{BB} Node로 전자가 공급된다. 이로 인해 A Node의 전위는 V_T-V_{CC} Level에서 V_T Level까지 상승한다(이때 NMOS Q_1은 OFF이다). A Node의 전위가 V_T로 되면 NMOS Q_2는 OFF되며 이 결과 V_{BB}의 전위는 약간 "−"값으로 된다.
3) 이상의 동작이 반복됨에 따라 V_{BB}의 전위가 서서히 "−"값으로 되어 $V_{BB}=2V_T-V_{CC}$의 값이 되면 NMOS Q_2를 통해 A Node에서 V_{BB}로의 전자 공급이 멈춘다. 따라서 이상적으로는 [그림 6.6] 회로의 V_{BB}값은 $-(V_{CC}-2V_T)$)까지 내려가게 된다.

V_{BB} 발생 회로는 Substrate Bias전압 Level을 안정적으로 생성해야 하며 저전력으로 큰 I_{CP}를 공급할 수 있어야 한다. 이를 위하여 [그림 6.6]을 기본으로 한 다양한 변형 회로가 사용된다. 대표적인 것으로 기판 전류 I_{BB}의 크기에 대응해서 I_{CP}를 바꾸어 주는 방식이다. 즉, Standby 시에는 Refresh 동작만이 진행되므로 I_{BB}가 작으며, 따라서 I_{CP}가 작은 동작 Mode

로 바꾸어서 저전력화를 꾀한다. 또 P형 기판에서는 I_{BB}에 의해 V_{BB}가 감소하므로전압 Level Monitor를 설치해서 V_{BB} Level을 감지하여 감소폭이 커지면 I_{CP}가 큰 동작 Mode로 바꾸어서 V_{BB}를 증가시키는 방법도 사용된다. [그림 6.7]은 [그림 6.6]의 동작 원리를 이용한 다른 Substrate Bias 회로의 예이다.

[그림 6.7(a)]는 Charge Pump 회로의 정류용 NMOS를 PMOS로 바꾸어서 P형 Silicon Substrate로부터 Hole을 떼어내는 구조를 하고 있으므로 P형 Silicon 기판에 전자의 주입이 없다. NMOS의 경우에는 전자를 V_{BB} 단자, 즉 Substrate에 공급하고 있어서 Memory Cell의 Data가 파괴될 수 있으며, 이를 방지하기 위해 Memory Cell과 Substrate Bias 회로를 멀리 떨어뜨려 Layout할 필요가 있다. 하지만 PMOS의 경우에는 Hole을 뽑아내는 방식이므로 Substrate Bias 회로의 Layout에 자유도가 증가한다.

[그림 6.7(b)]는 PMOS Q_1과 Q_2를 Cross-Couple시켜 Pump Capacitance에 따라 각각의 Gate가 구동되어서 PMOS의 V_T 손실이 없게 되어 이상적으로는 V_{BB}값이 $-(V_{CC}-V_T)$가 된다.

[그림 6.7(c)]는 V_{BB} Level 검출 회로를 설치해서 V_{BB}가 원하는 값에 도달되면 큰 Pump Capacitor를 가진 Charge Pump 회로를 정지시키고 작은 Pump Capacitor를 가진 Charge Pump 회로만을 활성화시켜 기판 Bias 회로의 저소비 전력화를 꾀한 것이다. 또한 발진 주파수가 서로 다른 복수의 발진기를 설치해서 V_{BB}가 원하는 값에 도달함에 따라 발진 주파수가 낮은 Charge Pump 회로만을 활성화하는 [그림 6.8]과 같은 방법도 이용되고 있다.

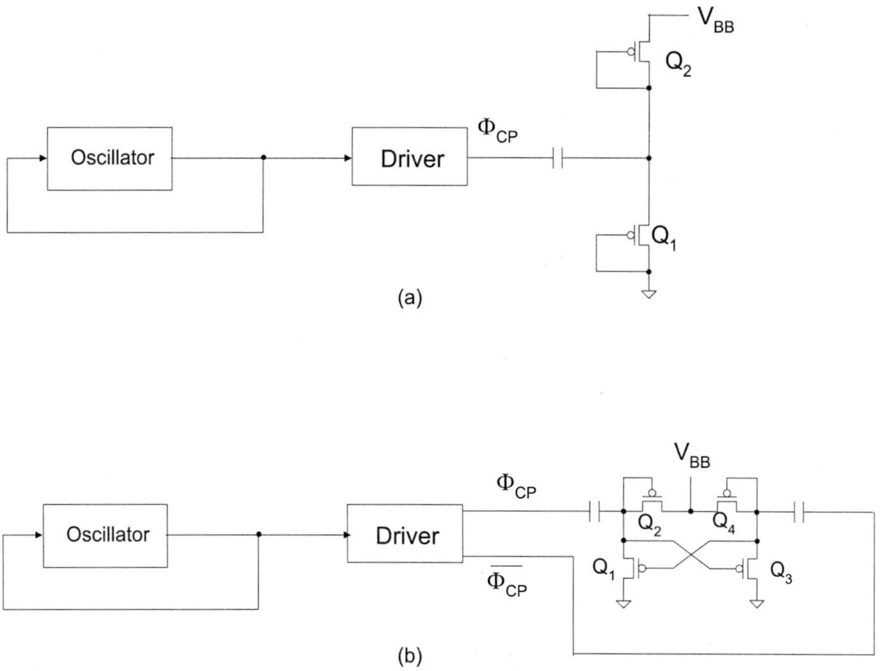

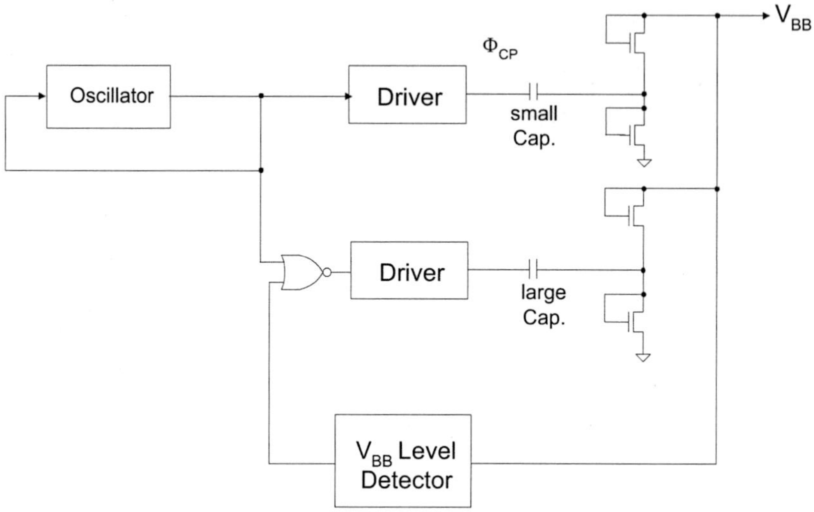

(c)

[그림 6.7] 변형된 Substrate Bias 회로

[그림 6.8]은 2개의 CMOS Charge Pump 회로를 병렬로 접속한 것으로 항상 동작하는 C_1과 f_1의 값이 작은 회로와, 큰 I_{CP}가 필요한 경우에만 활성화되는 C_2와 f_2값이 큰 회로가 조합된 회로이다. Charge Pump 회로의 출력 전압 V_{BB}는 $-V_{CC}+2V_T$로 되며 여기서 V_T는 Q_1과 Q_2의 Threshold 전압이다. 공급 전류 I_{CP}는 Pump 용량을 C, Pulse의 전압 진폭을 V_{CC}, Pulse의 주파수를 f라 하면 $C \cdot V_{CC} \cdot f$에 비례한다. RAS#가 Enable되거나 V_{BB}의 전압 변동이 일어난 것을 감지하는 Level Monitor 회로가 활성화될 때에만 고주파로 동작하는 Ring Oscillator2를 동작시켜 큰 I_{CP}를 공급받아서 소정의 V_{BB} 전압을 확보해 준다. Q_4와 Q_5의 Back Gate Effect가 없을 때의 Threshold 전압을 V_T라 한다면 Level Monitor의 Monitoring Level은 $-2V_T$이다. $2V_T$보다도 V_{BB}가 작아지면 Q_4, Q_5가 OFF가 되어 Q_3를 통해 Q_4의 Drain이 "H"가 되어 Ring Oscillator 2가 활성화된다. CMOS Inverter IV1, IV2는 Pulse의 파형을 Square로 만들며 IV3는 큰 부하인 C_2를 구동하기 위한 Buffer이다. Q_3를 통해 기판에 흘러 들어가는 전류를 극소화하기 위해 Q_3의 (W/L)를 작게 해야만 한다.

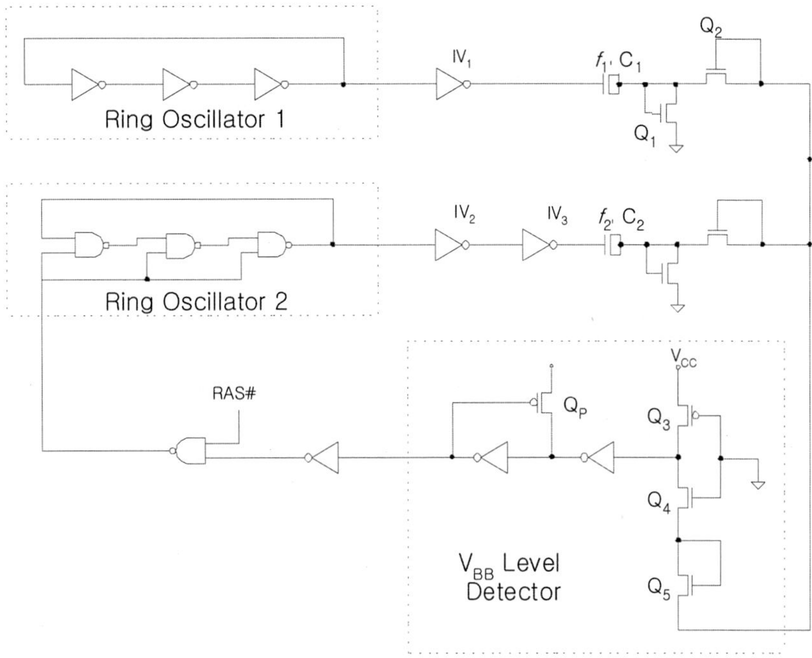

[그림 6.8] Level Monitor형 Substrate Bias 회로

[그림 6.9]는 Normal Mode와 Battery Back-Up Mode의 Ring Oscillator 주기를 다르게 한 구조이다. 또한 출력단에 PMOS를 사용하여 Hole을 P형 기판으로부터 뽑아내어 Negative 전압을 얻고 있으므로 기판에 Minority Carrier의 주입이 일어나지 않아서 NMOS에서처럼 V_{BB}회로를 Memory Cell로부터 멀리 떨어뜨려 Layout할 필요가 없어 편리하다.

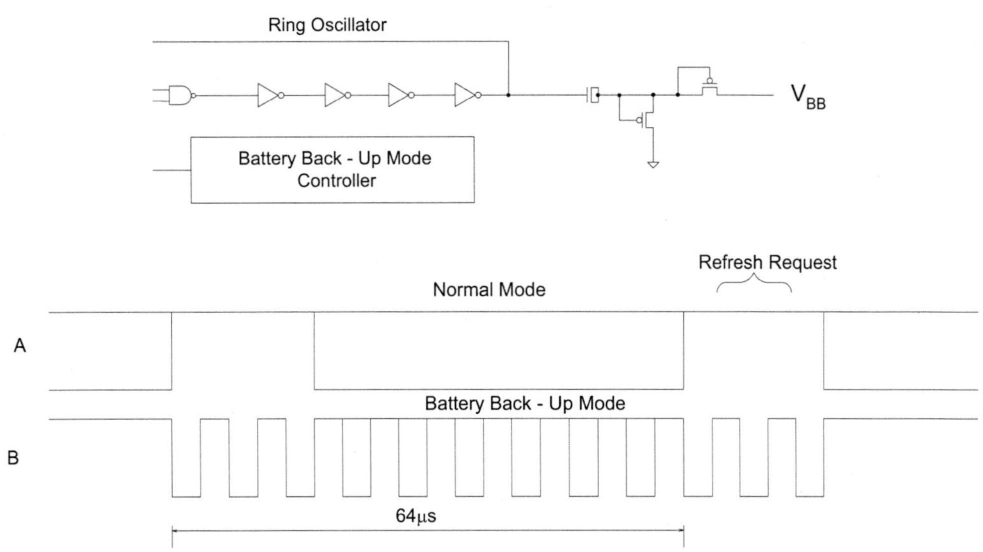

[그림 6.9] Pumping 주파수 변환형 V_{BB} 발생 회로

[그림 6.10]의 회로는 Threshold 전압의 영향을 더욱 줄여주어 저전압에서도 충분히 큰 V_{BB}를 확보할 수 있도록 한 것이다. 출력 Transistor Q_1은 NMOS이며 나머지는 PMOS로 되어 있다. Charge Pumping 시(Node N_2가 $-V_{CC}$로 될 때)에는 Q_1의 Gate전압(Node N_1 전압)은 반대극성의 Pulse에 의해 구동되므로 Node N_2와 기판 전압에 대해 충분히 큰 "+"극성의 전압을 갖는다. 이 때문에 V_{BB} 값은 Q_1의 Threshold 전압의 영향을 받지 않아 V_{BB}는 거의 $-V_{CC}$로 된다. 즉, Clock Φ가 "L"로 되면 Node N_1의 전압은 $V_{TP}-V_{CC}$로 되어(PMOS Q_3의 Threshold 전압$=V_{TP}$) Q_2는 ON이 되고 Node N_2의 전압은 0V로 Clamp된다. Φ가 "H"로 되면 Node N_1의 전압은 V_{TP}로 Clamp되고 Node N_2의 전압은 Capacitor Coupling에 의해 일단 $-V_{CC}$로 된 후 Q_1을 통해 서서히 전하(전자)가 기판으로 공급된다. Clock이 반복해서 인가됨에 따라 전하가 계속 공급되어 V_{BB}가 $-V_{CC}$로 되면 전하의 공급을 멈춘다. 따라서 $V_{CC}=1.5V$ 일 때 $V_{BB}=-1.44V$가 얻어진다.

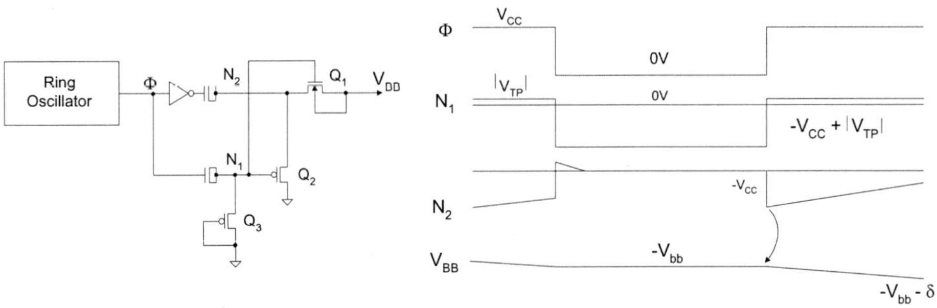

[그림 6.10] Hybrid Pumping V_{BB} 발생 회로

[그림 6.11]의 회로는 PMOS Q_2, Q_4 2개의 Transistor를 이용하여 1 Cycle 기간 중에 2번의 Charge Pumping을 하게 되므로 Pumping 효율이 좋다. Q_1과 Q_3를 Cross-Couple하여 서로의 Gate를 Pumping Capacitor를 통해 구동하므로 상대적으로 큰 전압이 인가되어 PMOS에 의한 Threshold 전압 손실을 피할 수 있어 이상적으로는 $V_{BB}=-V_{CC}+V_T(Q_2, Q_4)$로 된다.

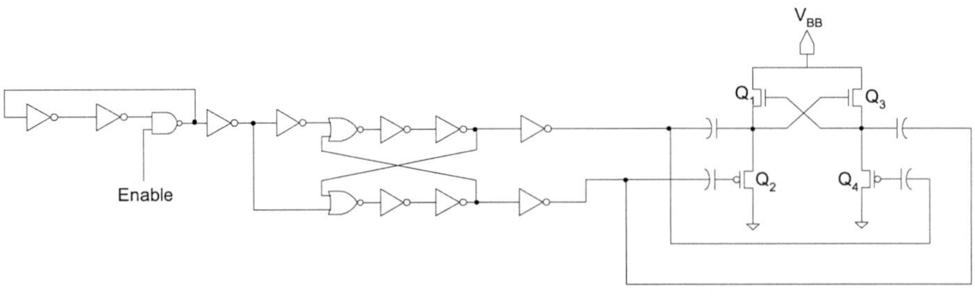

[그림 6.11] Pumping 효율을 상승시킨 회로

6.3 | Voltage Down Converter(VINT) 회로

DRAM의 집적도가 증가함에 따라 MOSFET의 Gate Length와 Oxide Thickness가 감소하고 있다. 하지만 외부 전원 전압은 변동이 없기 때문에 Channel Electric Field가 커져서 Oxide의 내압 한계에 이르므로 Transistor의 Reliability 특성이 나빠진다. 이를 해결하고자 Chip 내부에서 전원 전압을 낮추는 전압 변환 회로가 16M DRAM에서부터 본격 채택되고 있다. 또한 CMOS회로의 전력 소모가 전압의 제곱에 비례하므로 낮은 전원 전압을 사용하면 전력 소모를 줄일 수 있는 장점도 있다. 특히 내부 전압원을 정전압으로 설정하면 외부 전원 전압이 변동해도 안정된 전원 전압을 확보할 수 있어 Chip의 동작이 안정된다. 즉, 외부 전원 전압의 10% 변동에서도 Chip은 정상적으로 동작해야 하는데(예를 들어 일정한 Access Time을 가져야 하는데), 이를 만족시키기 위해서는 회로가 불필요하게 복잡해질 수가 있다. 따라서 안정된 전압원을 확보할 수 있다면 설계가 간편해지므로 유리하다. 더욱이 내부 전원 전압 회로를 외부 온도나 제조 공정의 변화를 상쇄하는 방향으로 동작하도록 설계를 한다면 보다 안정된 Chip 동작을 얻을 수 있다. 예를 들어 4.3V 외부 전압과 100°C 외부 온도하에서는 DRAM의 동작 속도가 늦어지지만 내부 전원 전압을 "+"온도 계수를 갖도록 하면 고온이 되어도 속도 저하가 없어 일정한 동작 특성을 얻을 수 있다. 또한 제조 Process의 변동에 의해 Chip 특성이 변화를 보인다 해도 내부 전원 전압을 간단한 Programming을 통해 조절하여 일정한 속도와 소비 전력을 갖도록 유도할 수 있다.

한편, 이러한 전압 강하 회로를 채택하였다 해도 Particle등에 의한 Defect를 초기에 가려내고자 실시하는 Burn-In Test시에 소자의 각 부분이 충분한 전압 Stress를 받을 수 있어야 한다. 이러한 사항들을 고려하고 다음과 같은 점들을 주의하면서 전원 회로를 설계해야 한다.

1) 전원회로 자체의 전력 소모 감소
2) 온도 변화 및 외부 전원 전압 변화에서도 안정된 전원 전압의 공급
3) Load 부분의 빠른 전류 변동에서도 안정된 전원으로 동작
4) 공정 변동에 따른 전원 전압의 변화가 작을 것
5) Burn-In Test에 대한 고려

6.3.1 회로 방식

회로 내에서 특정 Node의 AC Impedance를 낮추어 주고 DC Level을 안정화하여 그 Node의 전압을 내부 전원으로 사용하는 것이 필요할 때가 있다. 하지만 이러한 두 가지 요구 조건을 함께 만족시키는 것은 어렵기 때문에 그 중 한 가지만 강조하게 되는데 Low Impedance라는 면에 초점을 둔 것을 내부 전원(Internal Voltage Source)이라 하고, 온도나 외부 전압 변동에 대해 안정하게 일정한 전압을 공급해 주는 회로를 기준 전압 발생기(Voltage Reference

Generator)라고 하며 우수한 내부 전원을 확보하기 위해서는 이 둘을 함께 연계해서 설계하여야 한다.

외부 전원 전압과 외부 온도 변화에 무관하게 항상 일정한 전압을 공급하는 기준 전압 발생기를 설계하기 위해서는 물리적 상수(Physical Constant)에 기초를 둔 전압을 사용해야 하며 여기에 대표적인 것으로는 PN Junction의 Built-In 전압과 MOS 구조의 Threshold Voltage가 있다. 이 값들은 소자의 크기보다는 공정 조건(Doping Concentration, Oxide Thickness, Gate Material)에만 의존하는 특성이 있기 때문에 설계 변수들이 적어서 Reference Voltage로 사용하기 편리하다. 따라서 주변 회로를 설계하여 온도에 따른 변동(온도 계수)을 최소화하는 것이 관건이며, 이 방법에 따라 다양한 회로 형태가 제안 되어 왔다.

흔히 사용되는 기준 전압 발생기로는 BJT(Bipolar Junction Transistor)형과 MOS형의 두 가지가 있다. CMOS에서 생성되는 Parasitic Bipolar Transistor의 Base-Emitter 전압 V_{BE}을 사용하거나 이를 근간으로 Thermal Voltage VTHRM 또는 Band-Gap 전압 V_{BG}를 만들어 사용하는 방법이 주된 BJT형이다. 이 방법은 온도 특성이 뛰어나다는 장점이 있지만 CMOS 회로에서는 BJT가 Parasitic 소자에 불과하기 때문에 공정 조건이나 설계 변수들이 최적화되어 있지 않아 실제 설계에 어려움이 따른다. 이에 반해 MOS형은 공정이 안정되어 있어 설계에 어려움은 없지만 Bipolar 형태보다 온도 특성이 떨어지는 단점이 있다. 여기에는 단순히 Threshold Voltage V_T 또는 이의 차이를 이용하는 방법 및 MOS의 Subthreshold 특성이 Bipolar와 비슷하다는데 착안한 Thermal Voltage형이 있다.

DRAM 내에서 V_{INT}를 공급받는 주변 회로나 Memory Array등은 부하의 변동이 심하기 때문에 안정된 동작을 보이는 회로를 설계하기가 어렵다. 0.6um Design Rule을 이용하는 16M DRAM에서는 [그림 6.12]에서와 같이 시간에 따라 전류의 변화가 매우 심하다. Memory Array에서는 RAS# 천이 직후에는 전류 소모가 0이지만 20ns 후에는 Sense Amplifier의 활성화에 의한 Bit-Line 충전을 위해 약 150mA의 Peak 전류가 흐른다. 또한 주변 회로에서는 다수의 Address Buffer가 동작하여 긴 Address Line을 구동함에 따라 RAS# 천이 직후 20ns 내에 100mA에 이르는 Peak 전류가 흐른다. 이를 Load Capacitance 관점에서 보면 Memory Array는 초기에 100pF였던 Capacitance 값이 Sense Amplifier의 구동 후에는 Bit-Line Capacitance가 보태져 무려 1300pF에 이른다. 주변 회로에서도 Capacitance 값이 Inverter Chain의 ON, OFF에 의해 100pF에서 500pF까지 변화한다. 이렇게 Block회로 별로 부하 변동이 다르므로 강압 회로도 이에 대응하여 설계되고 적용되어야한다. 내부 강압 전원을 채용하더라도 외부 전원 전압을 사용해야만 하는 Block이 있는데 [그림 6.13]에서와 같이 강압 회로 자신과 Data Output 회로가 대표적인 예이다. Data Output 회로는 외부의 소자와 Logic Level이 일치해야 할 뿐 아니라 100pF에 달하는 큰 용량을 고속으로 구동하기 위해서는 큰 전류 공급 능력이 필요한데 강압 회로 자체의 구동 능력에는 한계가 있기 때문이다. 이러한 회로에서는 Channel Length를 크게 하든가 Gate 전압이 V_{CC}로 묶여 있는 NMOS를 직렬로 접속하여 전계를 줄여주도록 설계한다. Chip으로의 입력 회로들, 즉 /RAS, /CAS, /WE, /OE, Address 및 Data-In은 내부 전원과 V_{CC}가 혼재되어 설계된다.

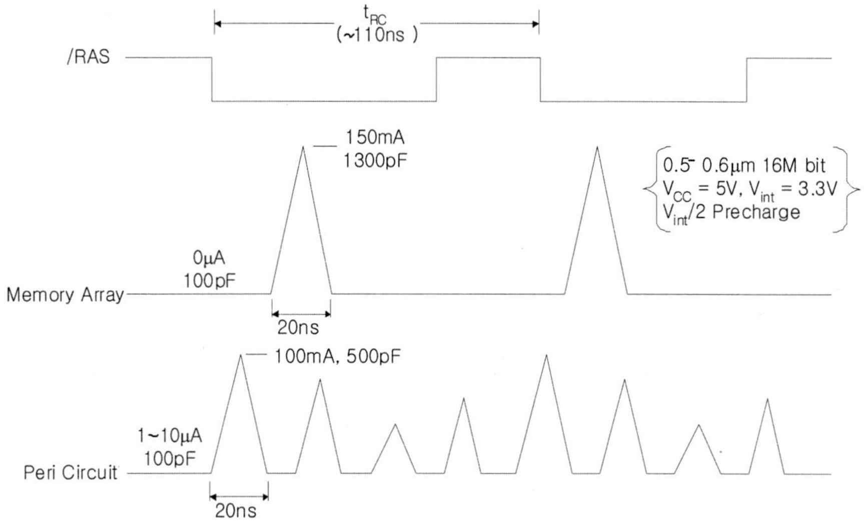

[그림 6.12] 동작 중 DRAM의 전류 변화

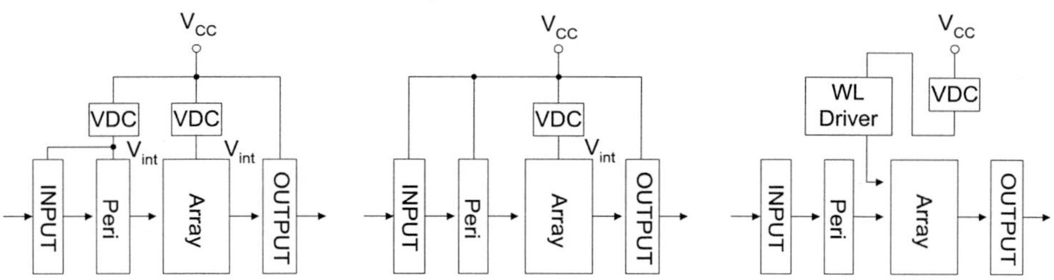

(a) 출력 회로를 제외한 전체 회로　(b) Memory array　(c) Word Line 회로

[그림 6.13] 강압 전원의 적용 부위

외부 전압, 온도, 제조 공정 등의 변화에 영향을 받지 않는 일정한 기준 전압을 위에서 언급한 원리를 이용하여 발생한 뒤 이를 내부 전원 전압으로 변환시킨다. 이 회로에서는 부하 변동에 따라 내부 전원 전압이 변동하는 경우 그 변동을 검출하여 그 결과에 대응해서 고속으로 Feedback을 걸어 그 변동을 억제하게 된다. 따라서 V_{INT} 회로는 정확한 기준 정전압 회로와 고속 Feedback Loop 및 대용량 전류 공급능력이 필요하다.

초기에는 이러한 고려없이 V_{REF}을 그대로 V_{INT}로 사용했었다. 그러나 이후에는 [그림 6.14]와 같은 회로가 표준으로 사용되고 있는데 이 회로에서는 기준 전압 V_{REF}와 출력 전압 V_{INT}의 전압차를 검출하며 PMOS를 부하로 하는 Current Mirror Differential Amp.형 Comparator 회로와, 이의 비교 결과에 의해 구동되는 대형 PMOS Transistor 및 이들을 연결하는 Feedback Loop으로 구성되어 있다. 이 회로의 DC 특성은 [그림 6.15]와 같다. V_{INT} 단자로부터 부하에 과도한 전류가 유입되면 V_{INT} 전압이 순간적으로 하강한다. 이때 V_{INT} 전압이 V_{REF} 보다 낮아지면 Comparator동작에 의해 Q의 Gate 전압이 더욱 하강하여 PMOS Q가 ON이 되므로 부하에 전류가 공급되어 V_{INT} 전압이 상승하기 시작한다. V_{INT} 전압이 V_{REF} 보다도 커지면 이번에는 Q의 Gate 전압이 상승하여 Q가 OFF가 되므로 V_{INT}는 상승을 멈춘다. V_{INT}의 하강 폭이 큰 만큼 Q의 Gate 전압도 더욱 하강하게 되므로 V_{INT}는 보다 빨리 상승한다. 또한 Q의 Size가 커서 고속으로 전류를 흘려주므로 V_{INT}의 변동폭도 그만큼 감소한다.

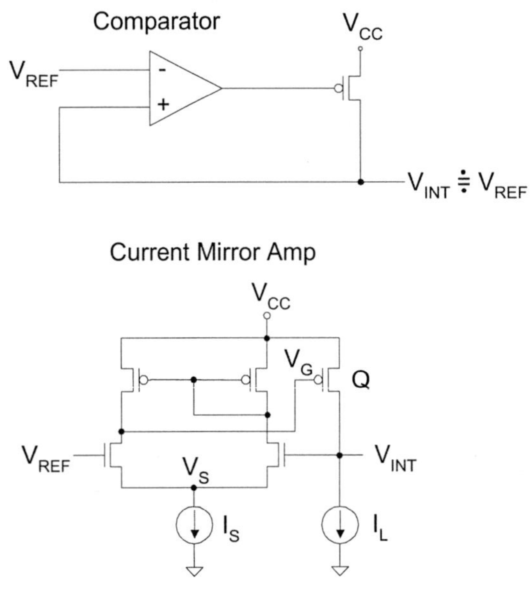

[그림 6.14] 대표적인 전원 강압 회로

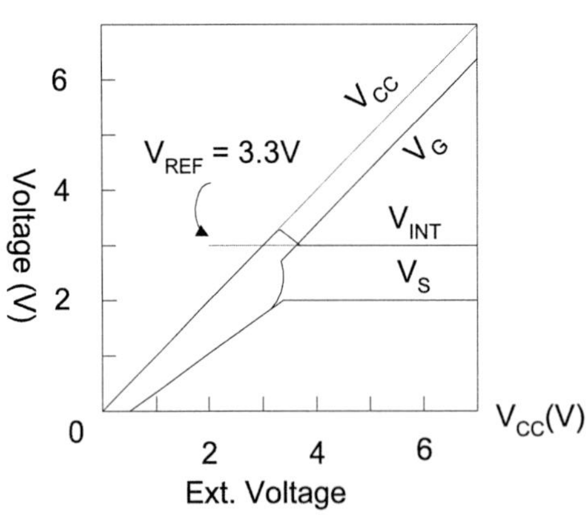

[그림 6.15] [그림 6.14] 회로의 DC 특성

내부 전압 V_{INT}의 정밀도는 V_{REF}의 정밀도 및 과도 변동에 의해 결정된다. V_{REF}를 3~4V로 비교적 높게 설정해 두면 V_{REF}의 정밀도를 확보하기가 어려우므로 대략 1V로 하여 정밀도를 높여 준다. 따라서 출력 전압 V_{INT}를 저항으로 Voltage Division 회로를 구성하여 V_{REF}와 비교하게 되는데 저항 대신 MOS Transistor를 사용하기도 한다([그림 6.16(a)] 참조). 하지만 큰 전류 구동을 위해 PMOS Q의 Size가 커야하며 따라서 이를 구동하기 위한 Comparator 회로의 Size도 커져 Comparator 입력 Capacitance가 큰 값을 갖는다. 이 Capacitance가 Feedback Loop의 고저항에 연결되므로 RC Delay가 증가해 Feedback Loop의 응답 속도가 늦어져 불안정한 동작을 보일 수 있다. 한편 이를 막기 위해 R_1, R_2를 작은 값을 갖도록 하면 전류가 커져 소모 전력이 증가한다. 또한 부하 변동이 심한 Block에서 Voltage Division을 하는 것은 Feedback Loop을 불안정하게 만들 소지가 있다. 게다가 V_{INT} 회로를 DRAM 내의 여러 곳에 배치하여 전류를 안정하게 공급하고자 할 때 고저항으로 형성된 Voltage Division 회로를 여러 곳에 그려 넣는 것은 면적 소모도 크고 불필요한 전류 소모도 증가한다.

이러한 문제점을 극복하기 위해 고안된 [그림 6.16(b)] 회로에서는 Two Stage Amp.를 이용하여 초단에서만 Voltage Division Comparator 회로를 이용하고 다음 단에서는 Voltage Follower를 이용한다. 초단에서는 그 부하 용량이 작고 부하 변동도 없기 때문에 저항 R_1과 R_2를 충분히 크게 할 수 있으므로 저소비 전력을 꾀할 수 있고 Layout도 용이하다. 더욱이 여러 개의 둘째 단 Amp.가 1개의 초단에 연결될 수 있으므로 회로의 면적을 감소하고 소모 전류도 줄일 수가 있다. 이러한 내부 전원 회로의 출력 전압 V_{INT}의 과도 변동은 Negative Feedback Amp. 자체의 Response Time, 전류 구동 능력, 부하의 소모 전류 및 Capacitance 크기에 의해 결정된다. 회로에 따라 Negative Feedback 증폭기 특유의 Ringing이나 Oscillation을 일으킬 수도 있으므로 주의가 필요하다. 또한 Comparator 회로는 고감도의 Differential Amp.로 구성되어 있으므로 공정 조건의 변동에 의해 Offset 전압이 증가하지 않도록 입력 Transistor의 Channel Length와 Width를 크게 설정하며 대칭으로 근접 배치하는 등의 배려가 필요하다. Voltage Divider의 저항과 V_{REF}의 온도 특성을 일치시킨다든가, Amp.의 입력에 Differential Noise가 입력되지 않도록 하는 Layout 상에 고려도 필요하다.

이러한 V_{INT} 전원은 주변 논리나 Memory Array등의 Chip 전체의 성능을 좌우하는 주요 회로의 전원으로 동작하게 되므로 정밀도 높은 안정된 정전압 전원이어야만 한다. V_{EXT}을 증가시켜도 V_{INT} 전압이 일정하게 유지되어야 하지만 Burn-In Test시 인가되는 고전압에서는 효과적인 Screening이 일어나도록 회로를 설계해 줄 필요가 있으며 V_{INT} 회로 자체의 소모 전류를 줄여서 대기시의 저전력 특성에 손해를 끼치지 않도록 하여야 한다.

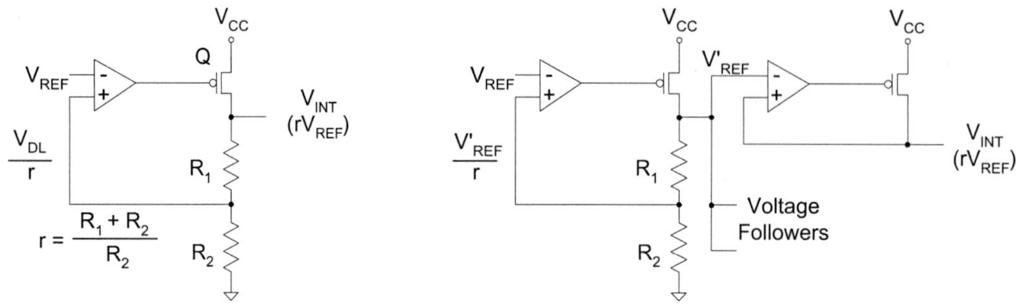

(a) 출력 분배형 (b) Voltage Follower 부착형

[그림 6.16] V_{REF}가 낮은 경우의 전원 강압 회로

6.3.2 기준 전압 발생기

Bipolar형 중 Band-Gap 기준 전압 발생기가 여러 제품에서 검토되고 있으며 BiCMOS 공정에 의한 Bipolar Transistor 사용도 검토되고 있다. 기준 전압 발생기에서 요구되는 온도계수 범위를 (≤100ppm/°C) 쉽게 만족시킬 수 있는 장점이 있지만 별도의 Diffusion 공정이 추가되는 등, 공정이 복잡하거나 설계 Parameter의 신뢰도와 Device Model이 다소 뒤떨어져 설계에 어려움이 있다. 그럼에도 불구하고 온도 의존성이 0.1mV/°C에 불과하고 V_{CC}의존성도 2mV/V에 지나지 않기 때문에 계속 검토되고 있으며 Parasitic Transistor보다는 BiCMOS형의 Transistor가 더 애용되고 있다. MOS형은 Bipolar형에 비교해서 온도 특성은 떨어지지만 추가 공정이 필요없으며 설계 변수들도 잘 알려져 있어서 많이 사용되고 있다(〈표 6.1〉 참조).

- Bipolar형
  - V_{BE} 기준 전압 발생기
  - Thermal Voltage 기준 전압 발생기
  - Bandgap 기준 전압 발생기
- MOS형
  - V_T 기준 전압 발생기
    - Voltage Division형
    - Bootstrap형
    - Widlar형
  - V_T 차 기준 전압 발생기
    - PMOS V_T 차 형
    - NMOS V_T - PMOS V_T 차 형
  - Thermal Voltage 기준 전압 발생기

〈표 6.1〉 기준 전압 발생기 회로의 종류

6.3.2.1 Bipolar형 기준 전압 발생기

(1) V_{BE} 기준 전압 발생기

이 회로는 Bipolar Transistor를 Diode Connection으로 하여 항상 일정한 Diode 전압이 인가되도록 한다. [그림 6.17]에서 보는 바와 같이 Base와 Collector를 묶어 Diode화하면 Base-Emitter의 Built-In전압 V_{BE}와 일치하는 기준 전압을 만들 수 있으며, 직렬 연결된 Transistor의 개수에 따라 전압 Level을 조정할 수 있다. 이 회로는 -2mV/°C의 온도 계수를 갖는다.

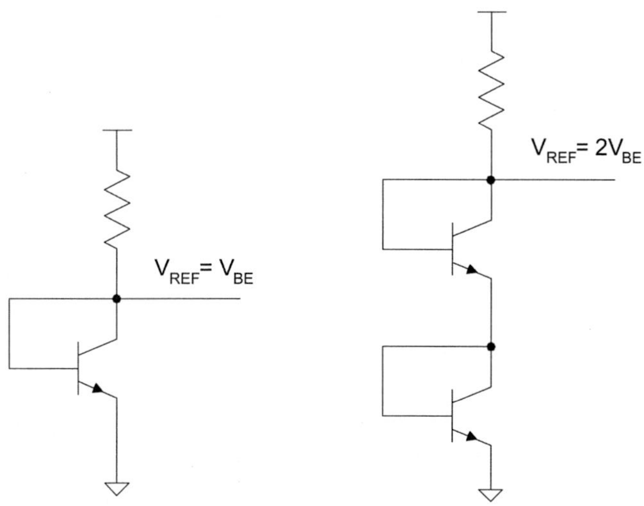

[그림 6.17] V_{BE} 기준 전압 발생기 회로

(2) V_{THRM}(Thermal Voltage) 기준 전압 발생기

이 회로는 두 Bipolar Transistor의 VBE 차를 생성하여 kT에 비례하는 전압을 발생한다(k=Boltzmann Constant, T=절대 온도). 즉, [그림 6.18]의 M_1과 M_2 및 M_3와 M_4 사이의 Current Mirror 동작에 의해 Bipolar Transistor인 Q_1과 Q_2에 흐르는 전류가 일치한다. 또한 M_1과 M_2의 Source 전압이 일치해야 한다는 조건으로부터

$$J_s \cdot e^{\frac{V_{BE1/V}}{V_{THRM}}} = n \cdot J_s \cdot e^{\frac{V_{BE2}}{V_{THRM}}}$$

$$V_{BE1} = IR + V_{BE2}$$

$$IR = V_{THRM} \ln(n)$$

이 되어, 저항 R의 양단에 인가되는 전압은 Thermal Voltage V_{THRM}과 Q_1, Q_2의 면적비 n에 의해서만 결정된다(여기에서 J_S는 Bipolar Transistor의 Saturation 전류밀도이며 전류는 이 값에 Emitter의 면적을 곱해야 한다). V_{THRM}, ΔV_{BE}의 온도 계수(Temperature Coefficient)는 양의 값을 갖는다.

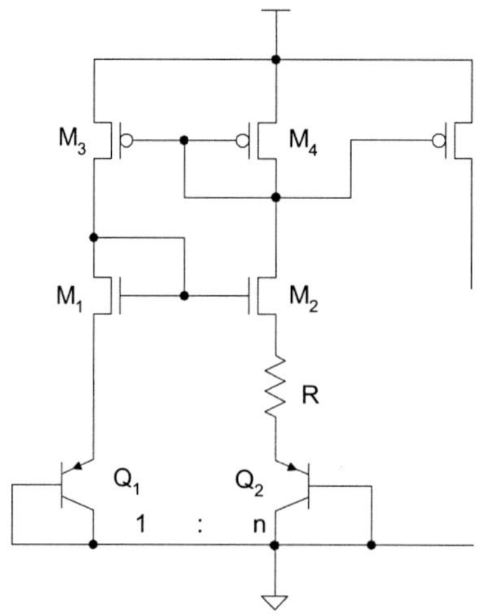

[그림 6.18] V_{THRM} 기준 전압 발생기 회로

(3) Band-Gap 기준 전압 발생기

기준 전압 발생기의 온도 계수는 일반적으로 100ppm/°C 이하의 값을 가져야 한다. 이러한 값을 얻는 방법으로는 먼저 예상하는 온도 계수를 갖는 회로를 선정한 다음 반대 부호의 온도 계수를 갖는 회로를 찾아서 온도와 무관한 Scaling Factor를 곱한 뒤 두 회로를 합치는 [그림 6.19]와 같은 회로를 생각할 수 있다. 앞에서 논한 바와 같이

1) V_{BE} 기준 전압 발생기는 음의 온도 계수 즉 −2mV/°C의 온도 계수를 갖는다.
2) V_{THRM} 기준 전압 발생기는 양의 온도 계수를 갖는다.

따라서 [그림 6.19]과 같이 V_{BE}기준 전압 발생기와 V_{THRM} 기준 전압 발생기를 합하여 $V_{\mathrm{REF}} = V_{BE} + KV_{\mathrm{THRM}}$로 하여 온도 계수를 극소화시킬 수 있는 회로가 바로 Band-Gap 기준 전압 발생기이다.

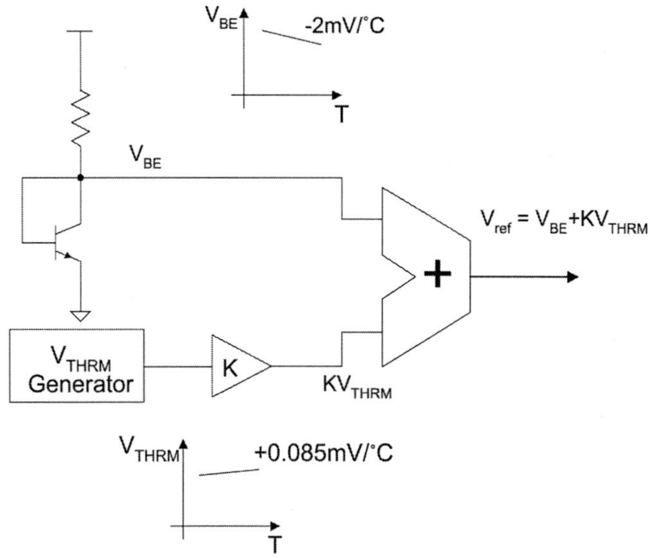

[그림 6.19] Band-Gap 기준 전압 발생기

온도 보상이 된 출력 전압(즉 $dV/dT=0$)은 약 1.25V의 값을 갖는데 이 값이 Si의 Band-Gap Voltage에 거의 일치하고 있고, 이에 따라 이 회로의 이름을 Band-Gap Reference Voltage Generator라 부르게 되었다. 간단한 Band-Gap 기준 전압 발생기(일명 Widlar Band-Gap Reference)를 살펴보면 [그림 6.20]과 같다. Q_1과 Q_2는 Widlar Current Mirror를 형성하므로 R_3양단에 인가되는 전압은 Q_1의 V_{BE1}과 Q_2의 V_{BE2}의 차가 되어

$$I_2 R_3 = V_{\mathrm{BE1}} - V_{\mathrm{BE2}} = V_{\mathrm{THRM}} \ln (I_1 / I_2)$$

이 되며, Q_2의 Collector Current와 Emitter Current가 동일해야 하는 조건으로부터 R_2 양단의 전압인 V_2는

$$V_2 = I_2 R_2 = R_2 / R_3 \times V_{\mathrm{THRM}} \ln (I_1 / I_2)$$

가 된다. 따라서

$$V_{\mathrm{REF}} = V_{\mathrm{BE}} + V_{\mathrm{THRM}} (R_2 / R_3) \ln (I_1 / I_2)$$

이 된다. I_1/I_2의 비를 온도에 무관하게 일정하게 유지시킬 수 있다면 앞서 언급한 Band-Gap기준 전압 발생기 식을 만족하여 dV_{REF}/dT를 최소화시킬 수 있다. 이와 같은 방법에 의해 약 30~60 ppm/°C의 온도 계수를 얻을 수가 있다. 이 회로의 단점은 I_1/I_2의 비를 온도에 무관하게 유지시키는 것이 어렵다는 점이다.

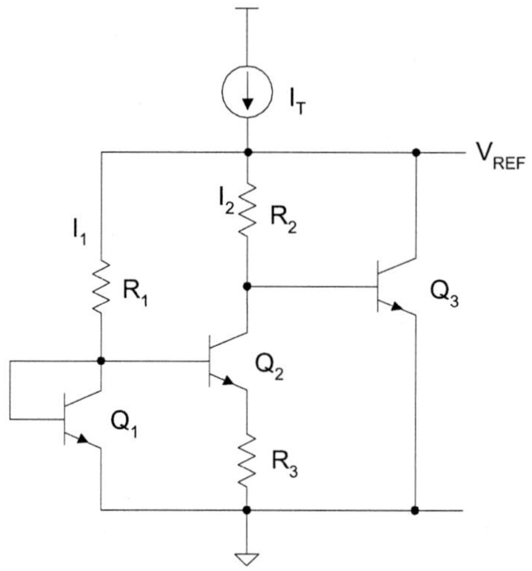

[그림 6.20] 간단한 Band-Gap 기준 전압 발생기

앞의 Widlar Band-Gap 기준 전압 발생기의 문제점을 High-Gain Operational Amplifier 을 Feedback Loop에 사용하여 해결하는 회로의 예가 [그림 6.21]에 있다. [그림 6.21(a)]에서는 V_{REF}가

$$V_{\mathrm{REF}} = V_{\mathrm{BE1}} + (I_1 + I_2)R_1$$

으로 주어지며, R_2에 인가되는 전압은 Q_1의 V_{BE1}과 Q_2의 V_{BE2}의 차에 해당하여

$$I_2 R_2 = V_{\mathrm{BE1}} - V_{\mathrm{BE2}} = V_{THRM}\ln(I_1/I_2)$$

이 된다. OP Amp.의 동작에 의해 RA와 RB의 전압 강하가 일치하여야 하므로

$$I_1 R_B = I_2 R_A, \quad I_1 + I_2 = (1 + R_A/R_B)I_2$$

가 되어서

$$V_{\mathrm{REF}} = V_{\mathrm{BE1}} + R_1/R_2(1 + R_A/R_B)V_{\mathrm{THRM}}\ln(I_1/I_2)$$

이 되고, 이 식은 Band-Gap 기준 전압 발생기의 식을 만족한다.

[그림 6.21(b)]의 회로도 비슷한 원리에 의해 동작한다. OP Amp.의 Feedback 동작에 의해 OP Amp.의 두 입력단의 전압이 일치해야 하므로

$$I_1 R_1 = I_2 R_2$$
$$V_{\mathrm{BE1}} = V_{\mathrm{BE2}} + I_2 R_3$$

의 식이 성립한다. 따라서

$$I_2 R_3 = V_{\mathrm{BE1}} - V_{\mathrm{BE2}} = V_{THRM} \ln(I_1/I_2) = V_{\mathrm{THRM}} \ln(R_2/R_1)$$
$$I_1 = (R_2/R_1)(V_{\mathrm{THRM}}/R_3)\ln(R_2/R1)$$

이 되며

$$V_{\mathrm{REF}} = V_{\mathrm{BE1}} + I_1 R_1$$

에서부터

$$V_{\mathrm{REF}} = V_{\mathrm{BE}} + V_{\mathrm{THRM}}(R_2/R_3)\ln(R_2/R_1)$$

로 되어, Band-Gap 기준 전압 발생기의 식을 만족한다.

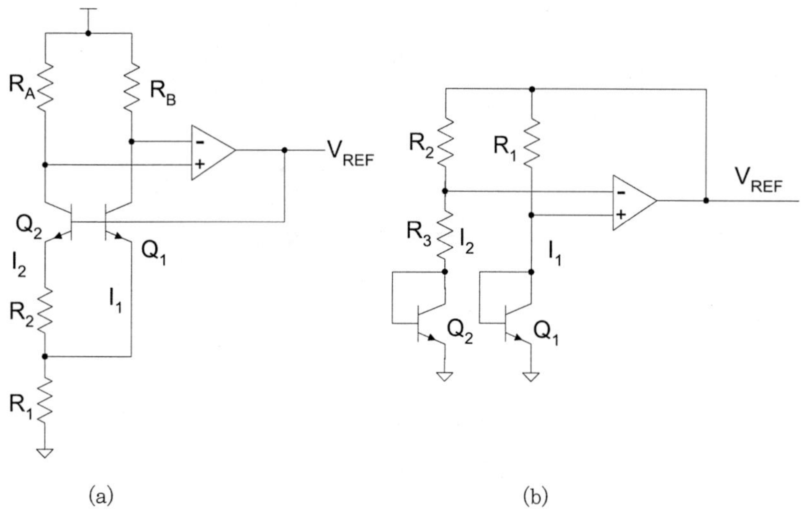

[그림 6.21] OP Amp.형 Band Gap 기준 전압 발생기의 회로

[그림 6.22]은 실제 DRAM에서 사용된 Band-Gap 기준 전압 발생기 회로이다. [그림 6.21]의 회로를 개선한 것으로 Base-Emitter Junction을 Series로 연결하여 V_{REF}를 증가시켰다. OP Amp.의 동작에 의해 R_1의 양단에 인가되는 전압은 $V_{BE4} + V_{BE5} + V_{BE6}$와 $V_{BE1} + V_{BE2} + V_{BE3}$의 차가 된다.

$D_1 = D_2 = D_3 = 8D_4 = 8D_5 = 8D_6$라 하면 R_1 양단의 전압은

$$IR_1 = 3V_{\mathrm{BE1}} - 3V_{\mathrm{BE4}} = 3V_{THRM}\ln(8)$$

이 된다. 출력 전압 V_{REF2}는

$$V_{\mathrm{REF2}} = V_{\mathrm{BE7}} + IR_2$$
$$V_{\mathrm{REF1}} = V_{\mathrm{REF2}} + IR_3 = V_{\mathrm{BE7}} + I(R_2 + R_3) = V_{\mathrm{BE}} + \{(R_2 + R_3)/R_1\}\{3V_{\mathrm{THRM}}\ln 8\}$$

이 되어 기본적인 Band-Gap 기준 전압 발생기의 식을 만족한다.

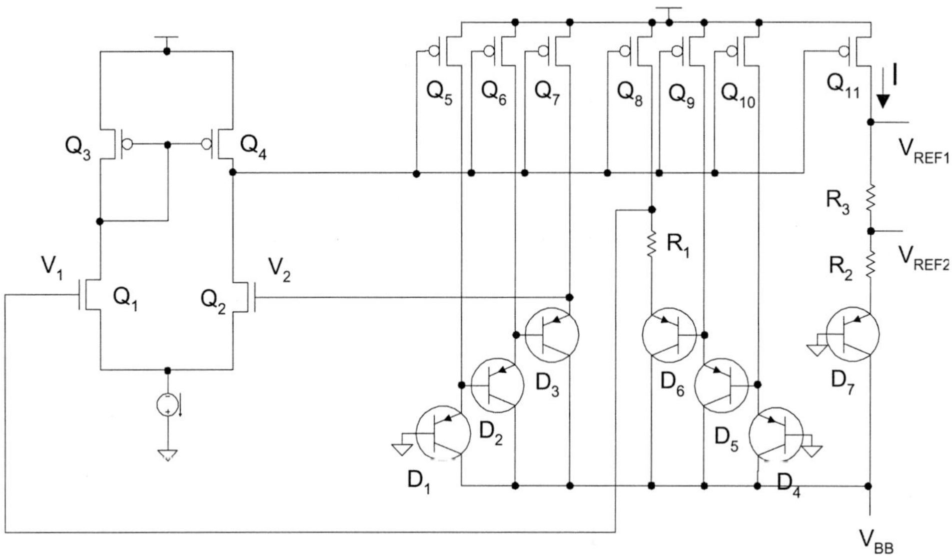

[그림 6.22] Band-Gap Reference Voltage Generator 회로

하지만 회로에 이용되는 PNP Transistor가 P-Sub을 Collector로, N-Well을 Base로 그리고 PMOS의 Drain 또는 Source를 Emitter로 사용하기 때문에 P-Sub이 항상 V_{BB} Level로 낮추어져 있고 N-Well이 위의 회로에서와 같이 Ground에 묶여 있으므로 Collector-Base Junction이 역 Bias가 걸려 $D_1 \sim D_4$의 Bipolar Transistor들이 본래의 뜻 그대로 Diode로 동작하지 않고(즉, Emitter 전류가 모두 Base로 흐르지 않고) Transistor로 동작을 하며, 이에 따라 Collector 쪽으로도 전류가 흘러 V_{BB} Level을 Unstable하게 만드는 것이 문제점으로 지적되고 있다.

6.3.2.2 MOS 형 기준 전압 발생기

(1) Threshold 전압형 기준 전압 발생기

(a) 기본 회로

이 회로는 V_{BE}기준 전압 발생기에서처럼 MOS Transistor를 Diode Connection으로 하여 Threshold 전압 근처에서 항상 일정한 전압이 유지되도록 한다. [그림 6.23(a)]는 이러한 회로의 간단한 예이다. MOS가 Saturation Region에서 동작하면

$$V_{\mathrm{REF}} = V_T + (2I/\beta)^{1/2}$$
$$I = (V_{CC} - V_{\mathrm{REF}})/R$$

이 되며

$$V_{\mathrm{REF}} = V_T + \left\{\frac{2(V_{CC} - V_{\mathrm{REF}})}{R\beta}\right\}^{1/2} \approx V_T + \left(\frac{2V_{CC}}{R\beta}\right)^{1/2}$$

이 된다. V_{CC} 에 대한 Sensitivity를 구해 보면

$$S_{V_{cc}}^{V_{\mathrm{REF}}} = \frac{V_{CC}}{V_{\mathrm{REF}}}\frac{dV_{\mathrm{REF}}}{dV_{CC}} = \frac{1}{2}\frac{V_{CC}}{V_{REF}}\sqrt{\frac{2}{\beta R V_{CC}}} = \frac{1}{2}\frac{1}{1 + V_T\sqrt{\beta R/2V_{CC}}}$$

이 되어, Bipolar에 비해 Sensitivity가 크다.

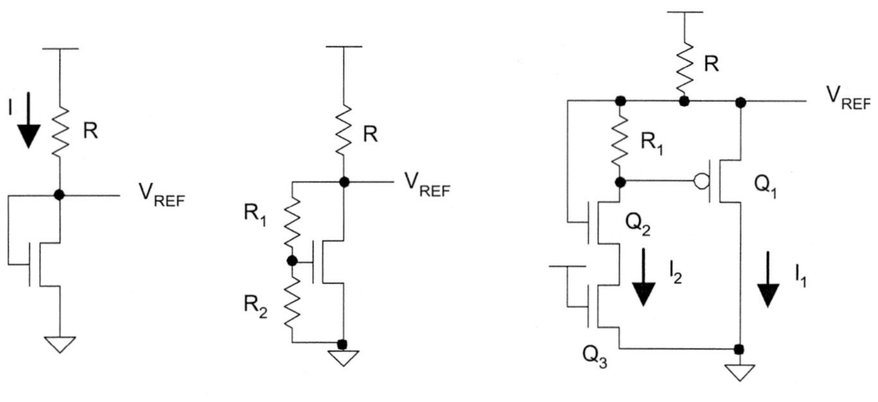

[그림 6.23] Threshold 전압형 기준 전압 발생기 회로

이 회로의 온도 의존성을 살펴보기 위해 온도 계수(TC: Thermal Coefficient)를 구해 보면

$$TC = \frac{1}{V_{\mathrm{REF}}}\frac{dV_{\mathrm{REF}}}{dT} = \frac{1}{V_{\mathrm{REF}}}\left[-\alpha - \sqrt{\frac{V_{cc}}{2R\beta}}\left(\frac{1}{R}\frac{dR}{dT}\right) + \left(\frac{1}{\beta}\frac{d\beta}{dT}\right)\right]$$

가 되어 대략 −2mV/°C 정도의 값을 가진다. 여기에서 $V_T = V_{T0} - \alpha(T - T_0)$ 및 $\mu = K_\mu T^{-1.5}$를 이용하였다(부록 A 참조). V_{REF}를 크게 하고 Mobility의 온도 의존성으로 V_T와 R의 온도 의존성을 서로 상쇄시킨다면 TC의 값을 줄일 수가 있다. 일반적으로 저항의 비 값은 단순한 저항보다 온도 의존성이 작으므로 [그림 6.23(b)]와 같은 회로를

구성하면 R_2/R_1의 비를 조절함에 따라 V_{REF} 값을 증가시킬 수가 있다. 이를 응용하여 온도 보상 효과까지 얻는 회로가 [그림 6.23(c)]이다. 이 회로에서 V_{REF}의 값은

$$V_{\text{REF}} = |V_{\text{TP}}|(1 + R_{\text{eq}}/R_1)$$

로 주어지며 $|V_{TP}|$의 온도 계수가 "−"이며 R_{eq}의 온도 계수가 "+"값 이어서 V_{REF}의 온도 의존성을 상쇄시킬 수 있다. $|V_{TP}|$와 R_{eq}/R_1의 변화로 V_{REF}의 값은 원하는 값으로 조정할 수 있다.

(b) **Bootstrap 기준 전압 발생기**

Threshold Voltage를 이용한 회로로서 많이 알려진 회로가 Bootstrap 기준 전압 발생 회로이다. [그림 6.24]에서와 같이 Q_3와 Q_4의 Current Mirror 효과에 의해 MOS Transistor Q_1과 저항 R_1에는 동일한 전류가 흐른다. 저항 R_1을 통해 흐르는 전류는 $I_2 = V_{\text{GS}}/R_1$의 식을 만족하여야 하며 Q_1을 통해 흐르는 전류는

$$I_1 = \beta/2(V_{\text{GS}} - V_T)^2$$

을 만족하여야 한다. 이 두 식을 Graph로 나타낸 것이 [그림 6.24(b)]이다. 그림에서 알 수 있듯이 두 Graph가 만나는 점은 $V_{GS} = 0$과 $V_{GS} = V_Q$의 두 점이 존재하며 원하는 V_{REF}를 얻기 위해서는 $V_{GS} = 0$ 이 되는 경우를 방지시켜 $V_{GS} = V_Q$가 되도록 해야 하는데, 이를 위해 Start-Up 회로를 사용하여야 한다. 이때 저항 R_1 양단의 전압은

$$IR_1 = V_{\text{TP}} + (2I/\beta_1)^{1/2} \approx V_{TP}$$

로 주어진다. Q_5와 Q_1의 Size가 동일하다면 V_{GS}값이 일치하므로 Q_5에도 같은 전류가 흘러

$$V_{\text{REF}} = IR_2 = \frac{R_2}{R_1}(V_{TP})$$

가 된다. 이 회로의 V_{GS}를 V_T에 가깝게 하면 온도 계수는 V_{TP}의 온도 계수와 대략 일치한다.

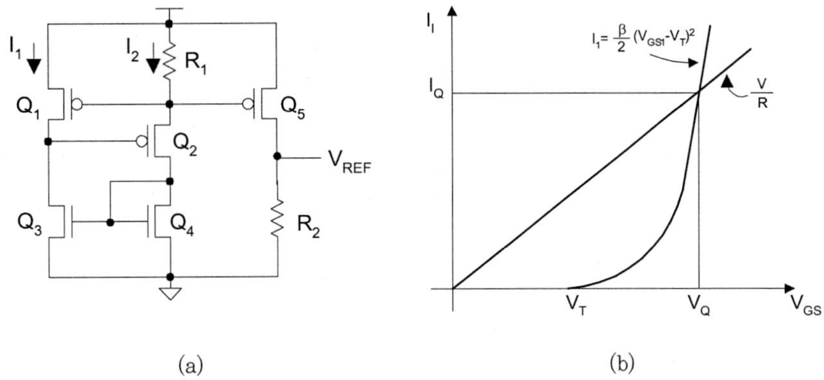

[그림 6.24] Bootstrap 기준 전압 발생 회로

(c) Widlar 기준 전압 발생기

후에 설명할 MOS형 Thermal Voltage 기준 전압 발생기와 그 회로 구조는 동일 하지만 Subthreshold가 아닌 Saturation Region에서 동작시켜서 정전압원으로 사용하는 회로가 [그림 6.25]이다. 이에서는 Current Mirror 효과에 의해 양단에 흐르는 전류는 동일하고

$$V_{GS2} = V_{GS3} + I_R R_R$$
$$V_{GS2} = V_T + (2I_R/\beta_2)^{1/2}$$
$$V_{GS3} = V_T + (2I_R/\beta_3)^{1/2}$$

이며, R_R 양단의 전압은 $V_{GS2} - V_{GS3}$ 이므로 전류는 다음식으로 주어진다.

$$(I_R)^{1/2} = \{(2)^{1/2}/R_R\}\left[(1/\beta_2)^{1/2} - (1/\beta_3)^{1/2}\right]$$

따라서

$$I_R = \{2/R_R^2\}\left[(1/\beta_2)^{1/2} - (1/\beta_3)^{1/2}\right]^2$$

로 되어 V_{CC} Dependence가 없는 회로가 된다. Q_5와 Q_1이 Current Mirror를 구성하므로 I_L은 I_R이 W_1/W_5배 되어 나타난다. R_L의 양단 전압이 Q_6의 V_{GS}이므로 Q_6에 흐르는 전류 I_S는

$$I_S = \frac{\beta_6}{2}(I_L R_L - |V_{TP6}|)^2$$

이 되며, Q_7과 Q_8에 흐르는 전류도 I_S로 동일하므로 이들의 Size가 Q_6와 일치한다면 V_{GS}값도 같아서 결국 V_{REF}는

$$V_{\mathrm{REF}} = 2I_L R_L = 2(W_1/W_5)(R_L/R_R)[(2/R_R)\{(1/\beta_1)^{1/2} - (1/\beta_2)^{1/2}\}^2]$$

로 주어진다.

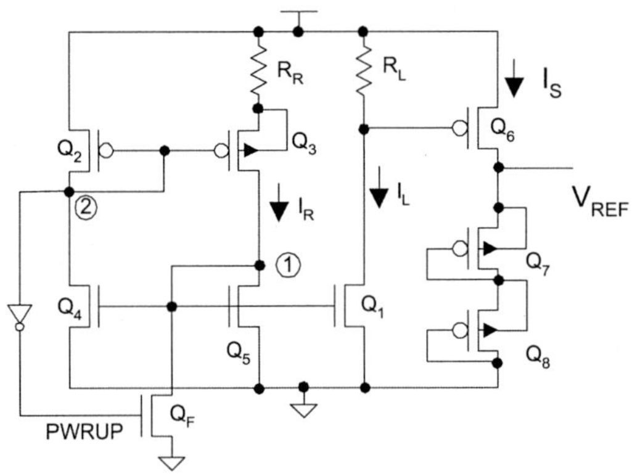

[그림 6.25] Widlar 기준 전압 발생기

이 회로에서도 Bootstrap 기준 전압 발생기 회로처럼 Operating Point가 "I=0"에서도 존재하기 때문에 이를 방지하기 위한 Q_F와 같은 Start-Up회로가 필요하다. [그림 6.25]의 NMOS Q_F는 PWRUP이 High일 때에는 Node1의 전압을 낮추어 Current Mirror에 전류를 흘려주지만 이후 PWRUP이 Low로 되면 Node1의 전압이 상승하면서 Node2의 전압을 낮추어 주어서 "I=0"의 Operating Point로 되돌아 간다. 이러한 점을 보완하기 위해 NMOS의 Gate에 PWRUP 대신 Node2의 전압을 Invert하여 인가함으로써 Voltage가 특정 전압보다 높아지면 Node1의 Voltage를 낮추어서 항상 일정한 전압을 유지하도록 한다. 하지만 이 회로에서는 Inverter 회로에 대한 온도나 V_{CC}에 대한 고려가 되어있지 않아서 Feedback 전압 Level이 달라질 수 있으며 이에 따라 V_{REF}의 변동을 초래할 수 있다.

(2) Threshold Difference 기준 전압 발생 회로

Bipolar형에서 ΔV_{BE}를 만들어서 기준 전압을 발생하는 V_{THRM} 기준 전압 발생기에서처럼 두 개의 NMOS, 또는 PMOS의 Threshold 전압이 서로 다르도록 제작하여 그 차이를 기준 전압으로 사용하는 회로이다. MOS의 Threshold 전압의 차이를 크게 하기 위해 Gate Material을 바꾸거나 Polysilicon Gate의 Doping에 차이를 두거나 Channel Implantation의 Dose 차이를 두는 등 여러 가지의 방법을 생각할 수 있는데 Depletion MOS와 Enhancement MOS의 Threshold 전압차를 이용하는 간단한 예를 [그림 6.26]에서 볼 수 있다. OP Amp.의 동작 특성에 의해 OP Amp. 의 두 입력단의 전압이 일치 하여야 하므로 Q_2의 Source전압이 Q_1의 $-V_{GS}$로 되어

$$V_O = |V_{TD}| + |V_{TE}| - (2I_D/\beta_D)^{1/2} + (2I_E/\beta_E)^{1/2}$$

가 된다.

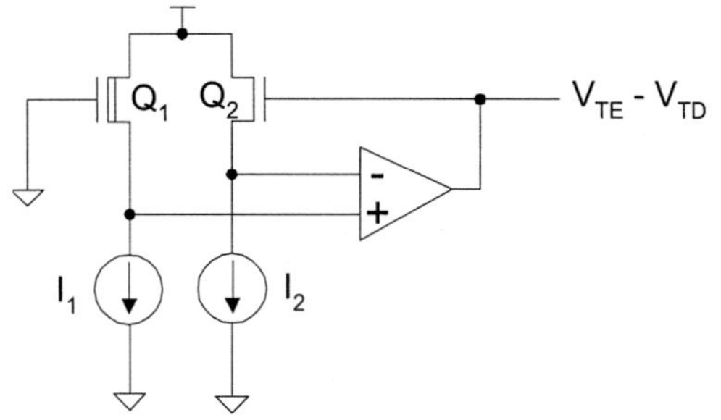

[그림 6.26] D형과 E형 MOS의 Threshold 전압차형 정전압원

Depletion Transistor를 사용하지 않고 Enhancement MOS로만 구성된 Threshold Difference 기준 전압 발생 회로들을 모아 보면 [그림 6.27]과 같다.

[그림 6.27(a)] 회로에서 Q_2의 Gate 전압은

$$V_{\mathrm{GS1}} = V_{\mathrm{TN1}} + (2I/\beta_1)^{1/2}$$

이 되며, V_R은 이 전압에서 V_{GS2}를 뺀 전압, 즉

$$V_R = V_{\mathrm{TN1}} + (2I/\beta_1)^{1/2} - V_{\mathrm{TN2}} - (2I/\beta_2)^{1/2}$$

이 되며, $\beta_1 = \beta_2$로 하면

$$V_R = V_{\mathrm{TN1}} - V_{\mathrm{TN2}}$$

가 되어 온도에 따른 영향이 서로 상쇄되어 안정한 전압을 얻을 수가 있다. 하지만 NMOS형의 경우 Body Effect 등이 심해서 Die-to-Die나 Wafer-to-Wafer Variation이 심하여 전원으로서의 사용이 적합치 않다. 이 때문에 PMOS의 사용이 검토되어 그 회로가 [그림 6.27(b),(c)]와 같다.

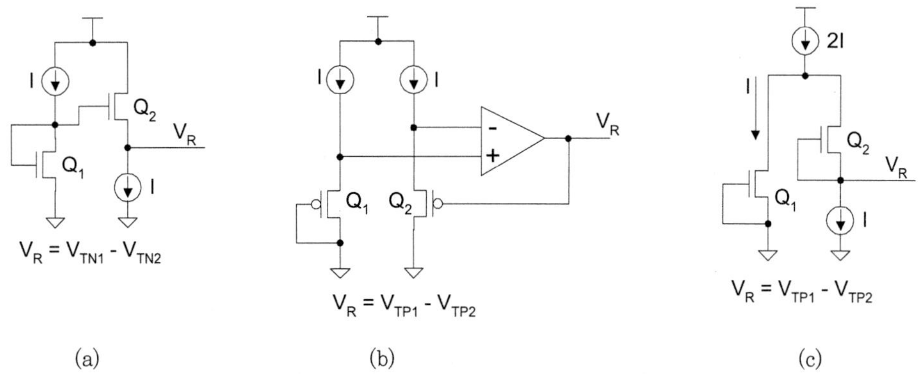

[그림 6.27] Threshold Difference 기준 전압 발생 회로

이 회로들에서는 $V_R = |V_{GS1}| - |V_{GS2}|$ 가 되며, $\beta_1 = \beta_2$로 하면 $(2I/\beta)$ 성분들이 상쇄되어

$$V_R = |V_{TP1}| - |V_{TP2}|$$

로 주어진다. 또한

$$V_{TP1} = 2|\varphi_{F1}| - \frac{|Q_d|}{C_{OX}} = \frac{kT}{q}\ell n \frac{N_1 N_B}{N_i^2} - \frac{|Q_d|}{C_{OX}}$$

$$V_{TP2} = 2|\varphi_{F2}| - \frac{|Q_d|}{C_{OX}} = \frac{kT}{q}\ell n \frac{N_2 N_B}{N_i^2} - \frac{|Q_d|}{C_{OX}}$$

로부터

$$V_R = 2|\varphi_{F1}| - 2|\varphi_{F2}| = kT/q\ln(N_1/N_2)$$

로 주어진다. N_1 과 N_2는 Q_1과 Q_2 각각의 Channel Doping Concentration이며, φ_{F1}, φ_{F2}는 Q_1과 Q_2 Channel영역의 Fermi Energy Level이다.

[그림 6.27(b)]의 회로에서는 CMOS OP-Amp.의 성능이 이상적이지 않아 V_{CC}의 Fluctuation이 V_{REF}에 그대로 반영될 염려가 있어 6.27(c)의 회로가 채용되고 있다.

앞서의 회로에서는 동일한 Type의 Threshold 전압의 차이가 발생하도록 공정을 행하기 때문에 이를 위한 추가의 공정이 필요하게 된다. 이러한 공정상의 부담을 덜기 위해 CMOS에서의 PMOS와 NMOS의 Threshold Voltage 차를 이용한 회로도 개발되었다([그림 6.28]). V_1은 Q_1의 Gate-Source 전압에 Q_2의 Gate Source 전압을 빼준 형태로서

$$V_1 = |V_{TP1}| + (2I/\beta_1)^{1/2} - V_{TN2} - (2I/\beta_2)^{1/2}$$

이 된다. 이 형태의 회로는 앞서의 회로에 비해 공정은 간단하나 $1/\beta_1 = 1/\beta_2$로 하기가 어렵고 $dV_{TP1}/dT \neq dV_{TN2}/dT$ 이어서 온도에 대한 보상은 나쁘다.

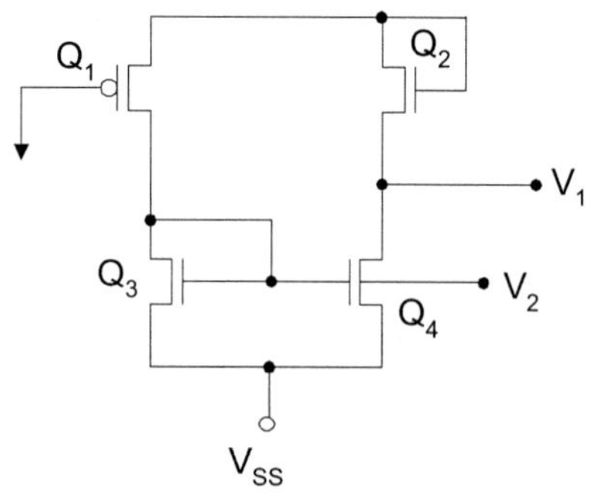

[그림 6.28] PMOS와 NMOS의 Threshold Voltage차를 이용한 회로

(3) Thermal Voltage 기준 전압 발생기

MOS Transistor가 Weak Inversion상태($I_D < \beta_T{}^2$)에 있을 때에는 Drain 전류가 V_{GS}의 제곱에 비례하지 않고 Exponential에 비례하여 다음과 같은 식으로 주어진다.

$$I_D = \beta V_{\mathrm{THRM}}{}^2 \cdot \exp(V_g - V_{\mathrm{T0}} - nV_S)/nV_{\mathrm{THRM}}$$

V_{T0}는 Substrate Bias가 "0"일 때의 Threshold 전압이며 n은 Subthreshold Swing 값이다. 회로를 [그림 6.29]와 같이 연결하면 Q_3와 Q_4의 Current Mirror 동작에 의해 $I_1 = I_2$가 된다.

$$I_2 = \mu_0 C_{\mathrm{OX}} V_{\mathrm{THRM}}{}^2 (W/L)_2 \exp\{(V_{\mathrm{GS2}} - V_T - nV_S)/nV_{\mathrm{THRM}}\}$$

$$= \mu_0 C_{\mathrm{OX}} V_{\mathrm{THRM}}{}^2 (W/L)_2 \exp\{(V_{\mathrm{GS1}} - V_T - nV_S)/nV_{\mathrm{THRM}}\}\exp(-I_2 R/nV_{\mathrm{THRM}}))$$

$$= \{(W/L)_2/(W/L)_1\} I_1 \exp(-I_2 R/nV_{\mathrm{THRM}})$$

$I_1 = I_2$라 했으므로

$$V_{\mathrm{REF}} = I_2 R = nV_{\mathrm{THRM}} \ln (W/L)_2/(W/L)_1$$

이 된다. n은 대략 1근처의 값을 가지므로 $(W/L)_2/(W/L)_1$의 비를 크게 하면 V_{REF}값을 크게 할 수 있지만 V_{REF} 전압이 V_{THRM}의 수 배에 불과한 작은 전압을 가지게 되므로 Application에 제한을 받는다. 또한 안정한 Operating Point가 "I=0"인 곳에서도 존재하므로 이를 제거해주는 Start-Up 회로가 필요하다.

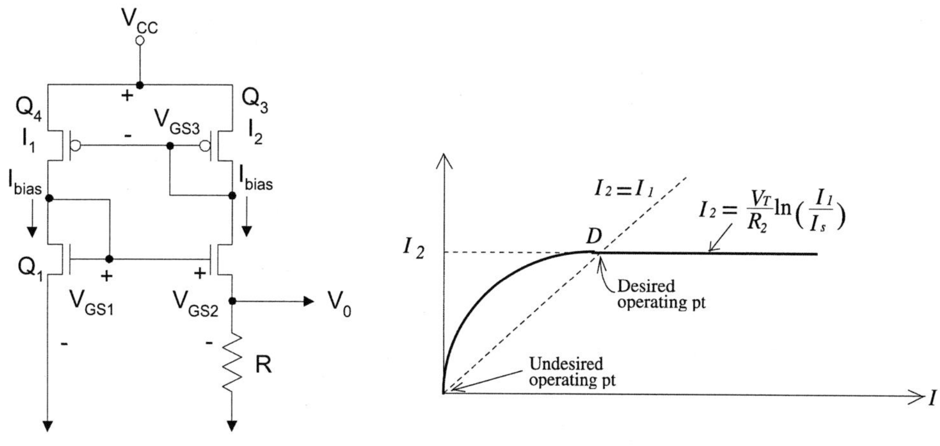

[그림 6.29] Thermal Voltage 기준 전압 발생기

6.3.3 Driver단의 설계

6.3.3.1 설계방법

전압 강하 회로의 Sense Amplifier와 Driving Transistor는 전형적인 Current Mirror형 Differential Amplifier회로이다([그림 6.30]). V_{INT}은 PMOS의 Drain으로부터 출력되고 PMOS는 Inverting 증폭기로서 동작하므로 Driving 회로는 2단 증폭기로 구성된 부궤환(Negative Feedback) 증폭기이다. V_{INT}의 부하는 Chip 내부 CMOS회로의 전원 즉 PMOS의 Source전압이 된다. I_B는 부하 전류가 적을 때 V_{INT}이 V_{REF}이상으로 증가하는 것을 억제한다. 즉, V_{INT}이 V_{REF}에 비해 작아지면 부궤환에 따라 그 변화가 억제되지만 반대로 V_{INT}이 V_{REF}에 비해 "+"측으로 변화하면 출력 PMOS는 단순히 Cut-Off만 될 뿐 V_{INT}을 낮출 수 있는 수단이 없다. 이렇게 되면 V_{INT}단자는 Load에 공급하는 전류 I_L이 매우 작아져 거의 Floating 상태로 되며 이 경우 V_{INT}에 "+"측의 Noise가 입력된다면 이에 대한 영향을 쉽게 받을 수 있어 위험하다. 하지만 I_B가 흐르게 되면 V_{REF} Level로의 방전이 가능하게 된다. 즉, 부하 전류가 적을 때 Noise나 Transient 현상에 의해 V_{INT}가 V_{REF}에 비해 "+"측으로 변화하여 발생하는 Noise를 제거하기 위해 I_B를 연결한 구조이다.

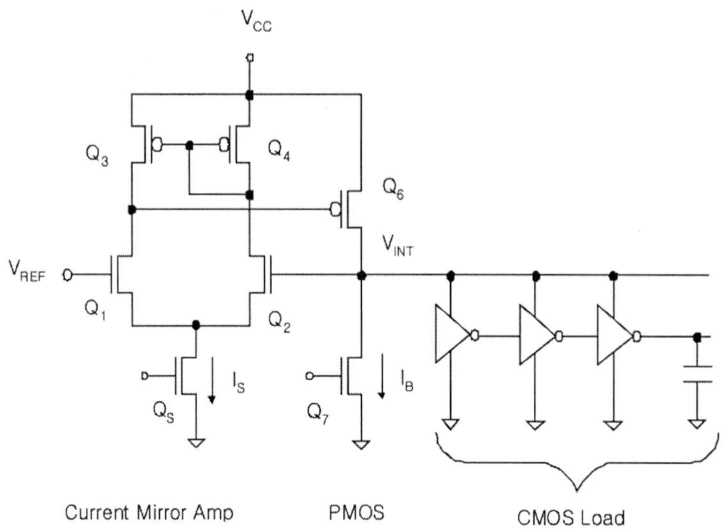

(a) 강압 회로와 부하

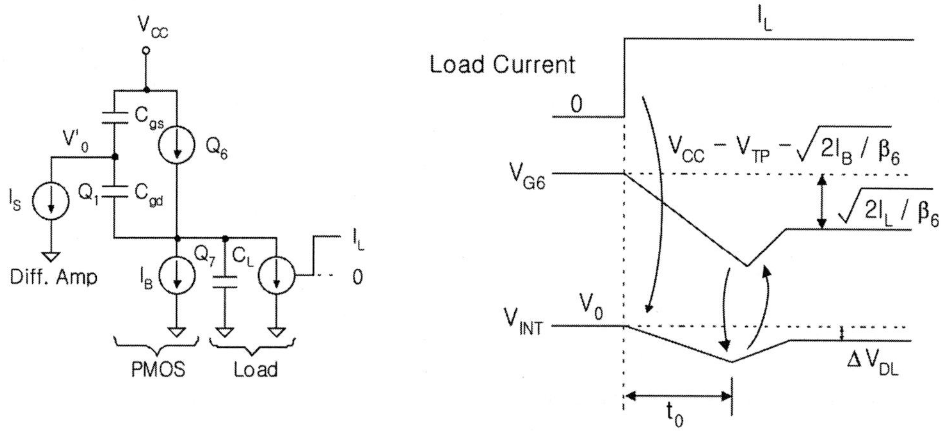

(b) 강압 회로의 Large Signal 등가 회로

[그림 6.30] 전압 강하 회로의 Sense Amplifier와 Driving Transistor

각 Transistor의 Channel 길이 L은 모두 동일하며 Q_1과 Q_2의 크기가 같고 Q_3와 Q_4의 크기도 동일하다고 하고 이러한 Driving 회로의 Transistor의 폭 W를 결정하는 방법을 OP Amp 설계법에 근거하여 분석하여 본다. I_{Lmax}가 최대 부하 전류인 경우 Transistor Q_6는 포화상태에 있으며 따라서

$$V_{\mathrm{DS6}} = V_{CC} - V_{\mathrm{INT}} \geq V_{\mathrm{GS}} - V_{\mathrm{TP}} = \sqrt{\frac{2I_{\mathrm{Lmax}}}{\frac{W_6}{L}\beta_{P0}}}$$

$$\therefore \frac{W_6}{L} \geq \frac{2I_{\mathrm{Lmax}}}{V_{DS6}^2\,\beta_{\mathrm{P0}}}$$

이 된다. 단, $I_L \gg I_B$이다. 이제 $I_L = 0$인 경우에는 Q_6에는 I_B가 흐르지만 그 값이 작으므로 $V_{INT} = V_{REF}$가 되고 Q_3와 Q_4에는 $I_S/2$가 흐른다. 따라서

$$V_{\mathrm{DS3}} = V_{GS6} = \sqrt{\frac{2I_B}{\beta_6}} + V_{\mathrm{TP}}$$

$$\therefore \frac{W_3}{L} = \frac{W_4}{L} \geq \frac{I_S}{{V_{DS3}}^2\beta_{\mathrm{P0}}}$$

이 된다. 여기서 I_S는 이 회로의 Slew Rate, 즉 부하 용량에 대한 최대 구동 능력으로부터 결정된다. 부하 전류가 0으로부터 I_L로 Step Function처럼 변화한다고 하고 I_L의 값이 충분히 크다고 하면 V_{INT}는 "−"방향으로 변화한다. 따라서 이때까지 Q_1과 Q_2에 균등하게 분배

되어 흐르던 I_S가 이제는 Q_1으로 많이 흐르며 Q_2와 Q_4에 흐르는 전류는 결국 이만큼 감소되고 Current Mirror로 구성된 Q_3에 흐르던 전류도 감소한다. Q_1과 Q_2에 흐르는 전류의 차가 발생하며 이에 의해 Q_6의 Gate전압이 방전된다. V_{INT}가 크게 감소하여 I_S가 모두 Q_1으로 흐른다고 가정하면 Q_2와 Q_3의 전류는 "0"이 되므로 결국 I_S가 모두 Q_1에 흘러 Q_6의 Gate 전압을 방전시키므로 Q_6는 곧 포화 영역으로 들어간다. 따라서

$$C_{gs}\frac{dV_0'}{dt}+\mathrm{I_s}=0$$

가 성립한다. 초기에는 $I_L=0$이라 하였으므로 $V_0'=V_{DD}-V_{GS6}$를 대입하여 식을 풀면

$$\int_{V_{CC}-V_{TP}-\sqrt{\frac{2I_B}{\beta_6}}}^{V_0'} dV_0'=\int_0^t -\frac{I_s}{C_{gs}}dt$$

$$V_0'=-V_{TP}+V_{CC}=\sqrt{\frac{2I_B}{\beta_6}}-\frac{I_s}{C_{gs}}t$$

로 된다. 또 출력전압 V_{INT} Node에 대해 Kirchhoff 전류식을 적용하면

$$C_L\frac{dV_{INT}}{dt}+(I_L+I_B)-\frac{\beta_6}{2}(V_{CC}-V_0'-V_{TP})^2=0$$

의 식을 구할 수 있다. 여기에 위에서 구한 V_0'을 대입한 뒤 V_{INT}을 구하면

$$V_{\mathrm{INT}}=\frac{1}{6}\frac{I_s^2\beta_6}{C_L{C_{gs}}^2}t^3+\frac{1}{2}\frac{\sqrt{2I_B\beta_6}\cdot I_s}{C_LC_{gs}}\cdot t^2-\frac{I_L}{C_L}t+V_0$$

이 된다. 여기에서 V_0는 V_{INT}의 초기치이다. V_{INT}이 최소값을 갖는 시간 t_0를 구하기 위해 V_{INT}을 미분하여 "0"으로 하면

$$t_0=-\frac{C_{gs}}{I_s}\sqrt{\frac{2I_S}{\beta_6}}+\frac{C_{gs}}{I_S}\sqrt{\frac{2(I_L+I_B)}{\beta_6}}$$

이 되며, 이때의 V_{INT}은

$$V_{\mathrm{INT}}=\frac{1}{3}\frac{\sqrt{2}\{-{I_B}^{1.5}-2{I_L}^{1.5}+3\sqrt{I_B}(I_L+I_B\}C_{gs}}{C_LI_S\sqrt{\beta_6}}+V_0$$

이 된다. 여기에 $C_{gs}=(2/3)C_{ox}W_6L$을 대입하고 $I_L \gg I_B$이라는 조건으로부터 I_B를 무시하면

$$V_{\mathrm{INT}} = -\frac{4}{9}\sqrt{\frac{2}{\beta_6}}\frac{C_{OX}LW_6}{C_L}\frac{I_L^{1.5}}{I_S} + V_0$$

$$= \Delta V_{\mathrm{INT}} + V_0$$

로 표현된다. 따라서 I_S는 ΔV_{INT}이 주어진 경우

$$I_S = -\frac{4}{9}\sqrt{\frac{2}{\beta_6}}\frac{C_{OX}LW_6}{C_L}\frac{I_L^{1.5}}{\Delta V_{\mathrm{INT}}}$$

로 주어짐을 알 수 있다.

차동 증폭기에 동일한 전압이 입력된 경우($V_{\mathrm{INT}} = V_{REF}$) $V_{GS3} = V_{GS4}$이 만족되어 Current Mirror Amp.의 출력전압은 $V_{DD} - V_{GS4}$로 되지만 V_{INT}가 V_{REF}과 서로 다른 경우에는 출력 전압이 V_{INT}과 V_{REF}의 차이에 비례하는 전압, 즉 $G(V_{\mathrm{INT}} - V_{\mathrm{REF}})$만큼 증가한다. 이것이 PMOS Q_6의 Gate 전압이 되어 부하로 I_L을 공급하여 그 결과 V_{INT}이 다시 안정화되는데 이를 식으로 표현하면

$$(V_{CC} - V_{GS4}) + G(V_{\mathrm{INT}} - V_{\mathrm{REF}}) = V_{CC} - V_{GS6}$$

로 된다. 여기에서 V_{GS4}는 $\sqrt{\frac{\mathrm{I_S}}{\beta_4}} + V_{TP}$이고 V_{GS6}는 $\sqrt{\frac{2\mathrm{I_L}}{\beta_6}} + V_{TP}$ 이므로 위의 식을 G에 대해 풀어보면

$$G = \frac{\sqrt{\frac{I_S}{\beta_4}} - \sqrt{\frac{2I_L}{\beta_6}}}{\epsilon V_{\mathrm{ref}}}$$

$$\epsilon = (V_{\mathrm{INT}} - V_{\mathrm{REF}})/V_{\mathrm{REF}}$$

로 된다. 여기서 ε는 V_{INT}의 V_{REF}에 대한 허용 오차이다. 한편, 차동 증폭기의 Small Signal Model로부터

$$G = g_{m1}r_1$$

$$r_1 = \frac{1}{(\lambda_P + \lambda_N)I_S/2}$$

$$g_{m1} = \sqrt{I_s\frac{W_1}{L}\beta_{N0}}$$

로 주어지는데 λ_P와 λ_N은 PMOS와 NMOS의 Channel Length Modulation Factor이다. 따라서

$$\frac{W_1}{L}=\frac{W_2}{L}=\left\{\frac{G(\lambda_P+\lambda_N)}{2}\right\}^2\frac{I_S}{\beta_{N0}}$$

를 얻어 전체 Transistor의 Sizing이 완료된다.

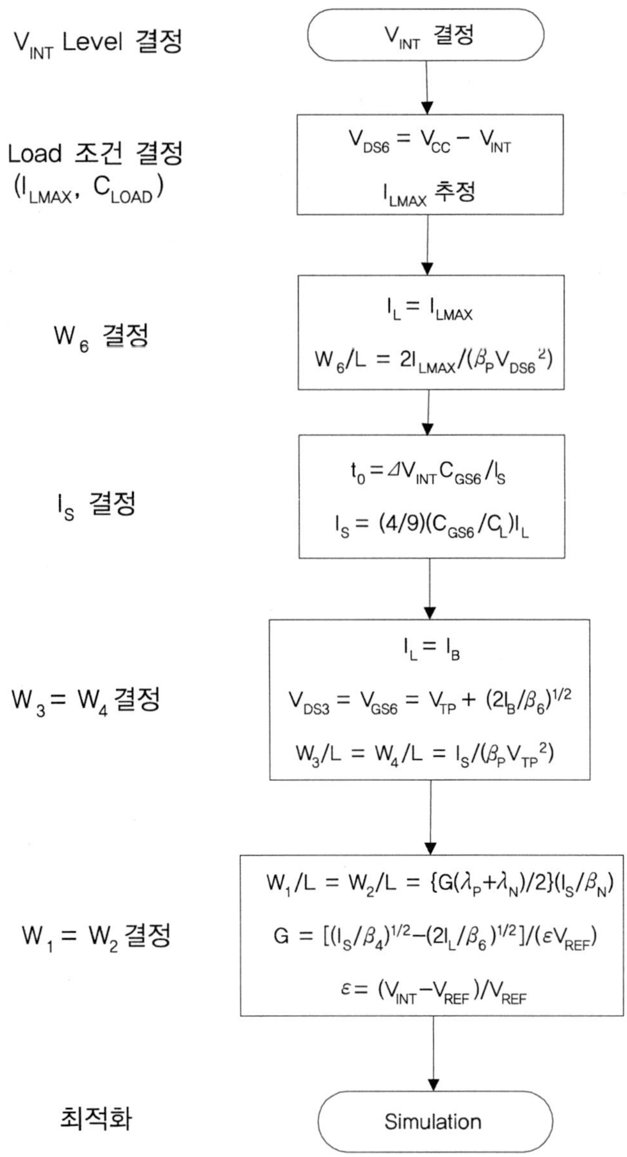

[그림 6.31] Driver단의 Transistor의 크기 결정법

위의 Sizing법을 [그림 6.31]과 같이 Algorithm으로 정리해보았다. $V_{\rm INT}$ Level이 선정되면Current Driving용 PMOS의 V_{DS} 값이 결정되는 것이므로 이제 Load 전류를 가정하여 Driving PMOS의 Sizing을 할 수 있다. Load $V_{\rm INT}$의 Fluctuation을 얼마나 빨리 회복하는지를 결정하는 시상수 t_0와 Load Capacitance 값으로부터 I_S값을 결정한다. 물론 $\Delta V_{\rm INT}$을 미리 가정하면

$$I_S = -\frac{4}{9}\sqrt{\frac{2}{\beta_6}}\frac{C_{OX}LW_6}{C_L}\frac{{I_L}^{1.5}}{\Delta V_{\rm INT}}$$

로부터도 I_S를 구할 수 있다. 이후 Load에 전류가 전혀 흐르지 않는 경우, 즉 PMOS Driver가 단지 I_B만을 공급하는 경우에는 PMOS의 V_{GS}가 거의 V_{TP}와 같을 것이며, 이 값이 Q_3와 Q_4의 V_{DS}가 되고 또한 Q_3와 Q_4에는 $I_S/2$가 흐른다는 조건으로부터 $W_3 = W_4$의 크기가 결정된다. 마지막으로 전체 Feedback에 의한 허용 오차 $\varepsilon = (V_{\rm INT} - V_{\rm REF})/V_{\rm REF}$를 가정하여 Open Loop Gain G를 구하고 이것이 $g_m r_{DS}$로 주어지므로 이로부터 $W_1 = W_2$의 크기를 결정하면 모든 Transistor의 크기가 결정된다.

6.3.3.2. Programmable Internal Voltage

$V_{\rm INT}$의 값은 외부 전원, 온도 및 공정의 변화와 무관하게 일정한 값을 가져야 한다. 이러한 변화에 가장 민감한 것은 $V_{\rm REF}$ 전압으로 $V_{\rm INT}$은 단순히 $V_{\rm REF}$를 증폭한 양에 불과하다. $V_{\rm REF}$의 회로를 선정하여 외부 전원 전압 및 온도의 변화에 둔감한 값을 갖도록 하는 것은 가능하나 공정의 변화에 대응할 수 없다. 이를 해결하고자 Repair Fuse를 활용하여 $V_{\rm REF}$의 값을 변경할 수 있는 장치를 도입하면 초기의 DRAM 개발 시 큰 도움이 된다. 즉, DRAM의 최종 측정 결과와 $V_{\rm REF}$과의 상관관계를 추출한 뒤 그 값에 해당하는 $V_{\rm REF}$을 갖도록 Mask를 수정하면 최적의 DRAM을 얻을 수가 있다. 이 방식에서는 Fuse의 개수를 줄이기 위해 Decoder를 채용하는 방식과 Direct Programming 방식으로 나누어 볼 수 있다.

[그림 6.32]는 Decoder 방식을 이용하여 적은 수의 Fuse로 다양한 $V_{\rm REF}$값을 얻을 수 있는 Programmable Decoder 방식이다. 하지만 이 방식에서는 $V_{\rm REF}$값이 Decoder 출력단에 연결된 NMOS를 관통하므로 이 MOS의 Turn-ON Resistance값에 의해 변화를 받아 공정 Dependence를 보이게 되며 온도에도 민감하게 된다.

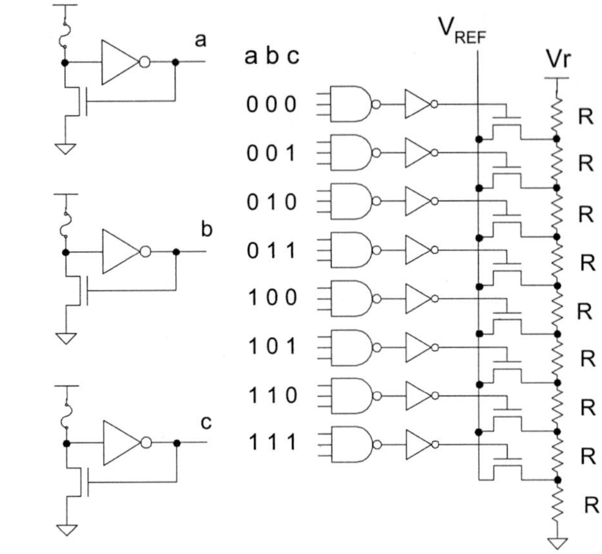

[그림 6.32] Programmable Decoder 방식

이에 반하여 Direct Programming법은 Fuse에 대해 1:1의 V_{REF} 값이 얻어지므로 Fuse 개수가 많이 소요되지만 Polysilicon의 온도 특성을 살려서 설계를 한다면 보다 특성이 좋은 V_{REF} 전압을 확보할 수 있다.

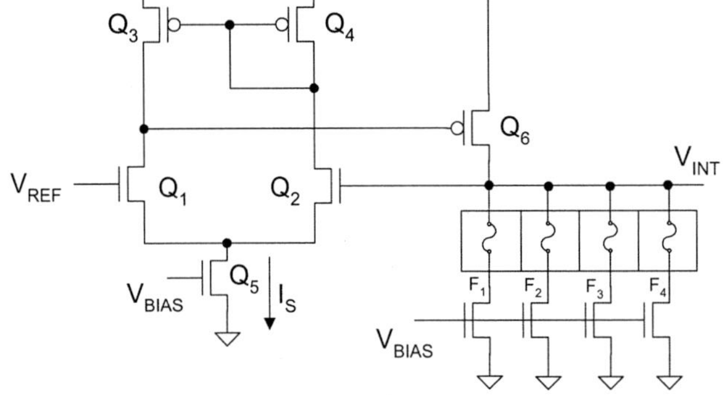

[그림 6.33] Direct Programming법

6.4 | Voltage Up-Converter(V_{PP} 회로)

6.4.1 V_{PP} 회로의 용도

외부 전원 전압 V_{CC}보다 높은 고전압 Pulse는 Transistor의 Threshold 전압 손실을 보충할 수 있어 DRAM 회로에 널리 이용되고 있다. 특히 고전압 Pulse를 이용하는 회로로는 [그림 6.34]와 같이 3종류가 있다.

(1) Word Line Driver회로

제4장에서 설명한 바와 같이 Word Line 전압을 고전압으로 함에 따라 NMOS Cell Transistor의 Threshold 전압 V_T 손실이 존재하여도 Bit-Line선의 "H" Data 전압 V_{CC}를 Cell에 Write할 수 있으며 Read 시에는 충분한 Data 전압을 Bit-Line에 전달할 수 있도록 한다.

(2) Bit-Line Isolation회로

Shared Sense Amplifier와 같이 NMOS Amp.와 PMOS Amp.를 좌우의 Bit-Line이 공유하도록 하는 방식은 Chip 면적을 6%정도 감소할 수 있어서 고집적화에 유리하다. 이 방식에서는 MOS를 이용하여 Bit-Line Isolation을 이루는데 이 Transistor의 Gate 전압을 충분히 고전압으로 하면 V_T 손실 없이 Memory Cell로 Full V_{CC} 전압을 전송할 수가 있다. 즉 DB Line으로부터 쓰여지는 Data를 Flip-Flop형 Sense Amplifier가 V_{CC}와 0V로 증폭하는데 이 전압을 V_T 손실없이 Cell로 전송할 수가 있다.

(3) Data Output Buffer회로

전원 전압이 5V에서 3.3V로 저전압화됨에 따라 출력 Transistor의 부하 구동 능력이 저하된다. 출력 Transistor에는 특히 큰 전류가 흐르기 때문에 Latch-Up이 일어나기 쉬운 CMOS 회로 대신 NMOS를 사용하는데 이에 의한 V_T 손실이 부하의 충전 속도를 저하시키며 불충분한 V_{OH} Level을 초래한다. 따라서 NMOS의 Gate 전압을 V_{PP}로 승압하여 부하를 충분한 V_{OH}까지 고속으로 구동할 수 있게 한다.

이러한 3종류의 회로에서는 고전압 Pulse의 진폭이 $V_{CC}+ V_T$ 이상이어야 하며 특히 Word Line Driver에는 더 높은 전압이 필요하다. Memory Cell Transistor는 Chip을 구성하는 Transistor 중 최소 치수를 갖기 때문에 다른 Transistor보다도 V_T가 높기 때문이다. 즉, Short Channel Effect와 Back Gate Effect가 크고 고농도 Ion Implantation된 Channel Stop이 근접해 있어서 이에 대한 영향으로 V_T 값이 상대적으로 크며 또한 공정에 따른 Fluctuation도 크다. 예를 들어 V_{CC}=5V이며, 기판 효과(Body Effect)가 없는 16M급

Transistor의 경우 V_T는 0.5±0.2V(최대 0.7V) 정도인데 비해 Memory Cell Transistor의 V_T는 최대 1.5V에 달한다. 따라서 Word Line Driver는 이 V_T의 최대치를 능가하도록 승압되어야만 한다. 따라서 Memory Cell Transistor의 V_T를 기준으로 승압 전압 V_{PP}를 만들면 이를 Bit-Line Isolation용과 Data Output Buffer용에 모두 이용될 수 있다.

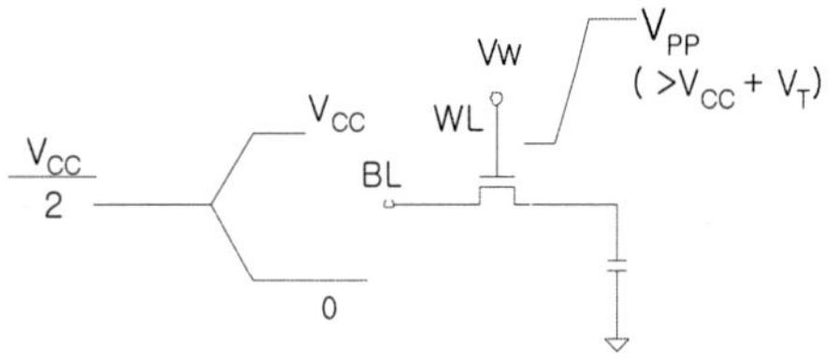

(a) Memory Cell

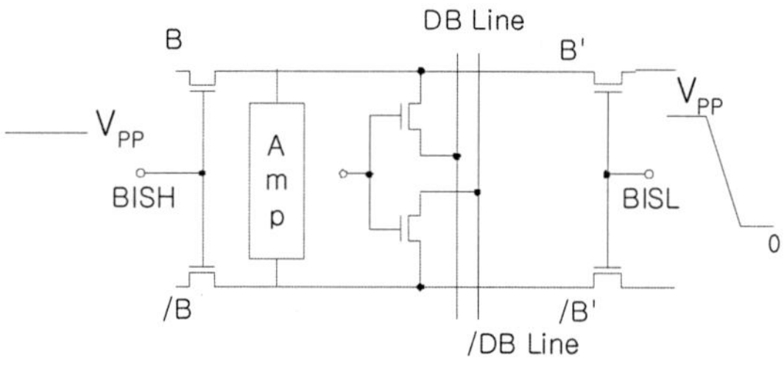

(b) Shared Sense Amp

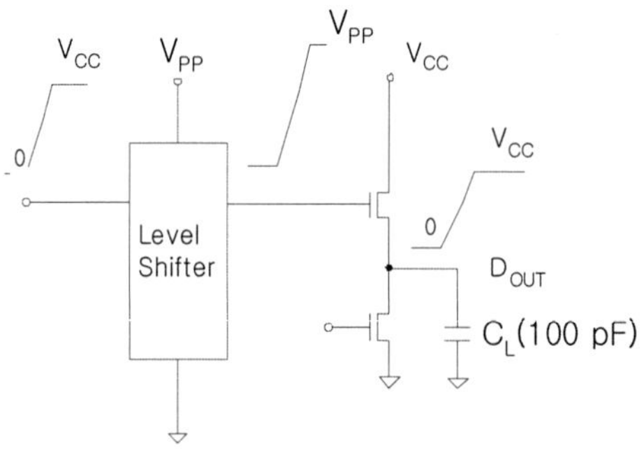

(c) Data Output Buffer

[그림 6.34] 고전압 Pulse를 이용하는 대표적 회로들

이러한 승압 전압의 Level에도 상한선이 있다. Memory Cell Transistor의 V_T 이상으로 불필요하게 승압한다면 Burn-In Test시 소자에 과대한 Stress를 줄 수 있기 때문에 V_T 정도만 승압하여야 한다. 따라서 Cell Transistor의 V_T만큼만 승압된 것을 검출하여 이 검출 결과를 가지고 전압 Level을 제어하는 정밀한 Level 설정 회로가 필요하다. 또 이 승압 전압은 V_{CC}의 동작 범위 내에서 항상 일정한 전압을 가져야 하므로

$$V_{PP} \fallingdotseq V_{CC} + V_T$$

$$V_{PP}/V_{CC} \fallingdotseq 1 + (V_T/V_{CC})$$

를 만족하여야 한다. 따라서 승압비 V_{PP}/V_{CC}는 V_{CC}가 증가함에 따라 감소되어야 한다. 이러한 조건을 만족시키면서 빠른 동작 속도를 가지며 Burn-In Test Stress 전압이 작도록 고전압 Pulse를 생성하는 회로를 살펴본다.

승압 Pulse를 생성하는 방법으로는 [그림 6.35(a)]와 같이 우선 진폭이 V_{CC}인 Pulse를 발생한 뒤 이를 Capacitor C_B로 ΔV_B만큼 승압하는 Bootstrapping법과 (b)에서처럼 승압 전원을 이용해서 직접 승압 Pulse를 발생시키는 V_{PP}법이 잘 알려져 있다. 이 중 승압 전원을 사용하는 방법이 고속화가 가능하여 더 많이 이용되고 있다. 즉, [그림 6.35(b)]에서는 승압에 필요한 지연 시간 τ_{D1}이 불필요해지므로 이만큼 고속화된다. 또 [그림 6.36(a)]의 Word Line 구동 회로에서와 같이 긴 지연 시간 τ_{D2}를 갖는 배선을 통해 고전압 Pulse가 전송된 후 이 Pulse와 다른 고속 Pulse(예를 들자면 Decoder 출력 신호)와 AND되어 출력되는 경우라면 가장 멀리 떨어진 곳에서의 AND 출력 Pulse 발생은 고전압 Pulse가 도달하는 시간에 의해 결정되므로 τ_{D2}만큼 지연되어 발생한다. 하지만 [그림 6.36(b)]와 같이 승압 전압을 이용하는 회로에서는 고전압 V_{PP}가 이미 인가되어 있으므로 고속 입력 Pulse에 의해 고전압 Pulse가 바로 생성되므로 τ_{D2}만큼 시간이 단축된다.

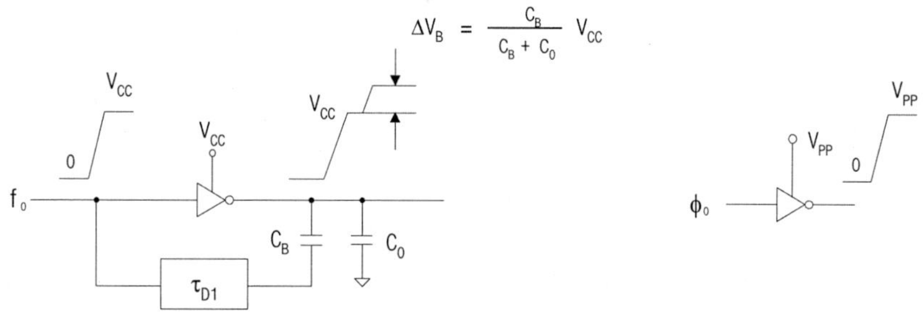

(a) Bootstrapping법 (b) V_{PP}법

[그림 6.35] 고전압 Pulse 생성법

Burn-In Test Stress Test시 인가되는 고전압에 있어서도 V_{PP}를 사용하게 되면 정밀하게 Level을 조정할 수가 있으며 또한 외부의 전원 전압의 변화에 대응하여 승압비를 가변할 수 있어 더욱 유리하다. 즉, [그림 6.35(a)]의 Bootstrapping법에서는 승압비가 단순히 Capacitor의 비 C_0/C_B에 의해 결정되므로 V_{CC}의 값과 무관하게 항상 일정하여 고전압이 인가되면 Stress를 높이는 요인이 된다.

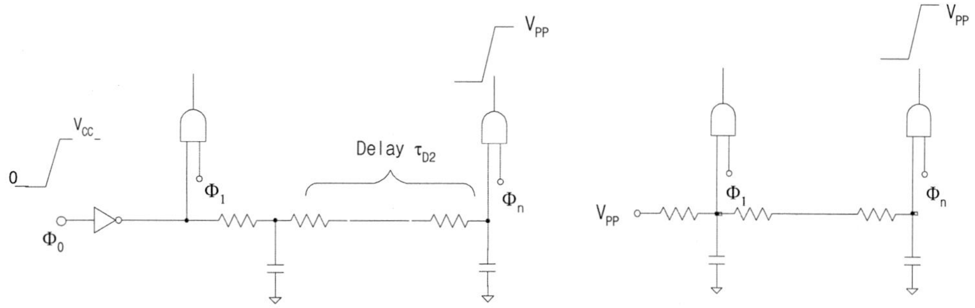

(a) AND Logic Pulse Generation (b) V_{PP} Pulse Generation

[그림 6.36] 고전압 Pulse의 발생법

하지만 V_{PP}법에도 문제는 있다. 승압 Level을 확보하기 위해서는 V_{PP}의 부하 전류에 상당하는 전류를 승압 전원 회로로부터 계속 공급해 주어야만 한다. 또한 V_{PP}전원 회로 자체의 소모 전력이 작아야 하며 특히 Stand-By Mode에서는 더더욱 그러하다. 이제 이를 16M DRAM의 예를 들어 자세히 살펴보자. V_{CC}=3.3V, V_{PP}=5V 및 2K Refresh Cycle을 가정한다. 1 Cycle당 Word Line, Bit-Line Isolation Gate에는 각각 110~320pC, 80pC정도의 소비 전하가 필요하므로 Cycle시간을 110ns라 하면 1~3mA, 0.7mA의 소비 전류가 된다. 한편 Data Output Buffer에서는 ×4bit 구성이며 45ns Page-Mode Cycle을 가정하면 60pC, 즉 1.3mA정도가 소모된다. 따라서 V_{PP} 회로는 약 3~5mA의 부하 전류를 공급해야만 한다. 물론 출력 Bit Organization이 증가하고 Burst Mode 등과 같이 Data Rate이 증가하면 이 전류는 더욱 증가한다(즉 V_{PP} Level의 하강이 심하다). 물론 대기시에는 Cycle시간이 16μs로 Refresh 동작만이 필요하므로 15~30μA로 작은 전류가 소모된다. 이외에도 전원 전압 인가 후 짧은 시간 내에 안정한 V_{PP}를 확보하여야 하며 부하가 변하여도 전압 Level이 안정해야 한다.

6.4.2 실제 V_{PP} 회로

[그림 6.37]은 V_{PP} 생성 회로의 기본으로 되는 대표적인 Charge Pumping 회로이다. 단자 P에 Pulse가 인가되지 않은 상태에서 Node N_1과 출력 Node N_2는 Q_1과 Q_2에 의해 $V_{CC}-V_{TN}$으로 충전되어 있다. P에 Pulse가 입력되면 N_1은 αV_{CC}(α: 승압비)만큼 승압되어 $V_{CC}-V_{TN}+\alpha V_{CC}$로 된다. 이에 따라 Q_0가 ON되어서 N_2의 Load Capacitor C_L에 전하를 충전시킨다. 즉, Capacitor C_P를 통해 N_1에 주입된 전하($C_P V_{CC}$)의 일부가 N_2로 전송된 것이다. 하지만 일반적으로 부하 용량 C_L이 Pumping Capacitor C_P보다 커서 N_2의 충전 전압 σ는 작다. N_2의 전압이 상승하여 N_1과 N_2의 전압차가 V_{TN}이 되면 Q_0가 OFF가 되어 충전을 멈춘다. P Pulse가 OFF가 되면 N_1이 $V_{CC}-V_{TN}$ 이하로 떨어지지만 Q_1에 의해 곧 재충전되어 $V_{CC}-V_{TN}$으로 회복된다. 이후 P에 Pulse가 인가될 때마다 N_2는 충전되어 전압이 상승하여 $(1+\alpha)V_{CC}-2V_{TN}$에 이른다. 이 전압 Level은 부하 용량 C_L에 저장된 전하의 형태로 유지되는데 전하 손실이 발생하면 이 Level이 떨어진다. 그러면 다시 Q_0가 ON되어 전하가 주입되므로 전압 Level이 곧 회복된다. V_{PP}가 안정한 전압 Level에 도달할 때까지의 시간은 C_P와 C_L의 크기 비와 Pulse의 주파수에 의해 결정되는데 이러한 Pulse는 주로 Ring Oscillator에 의해 생성되며 $V_{CC}=5V$, $V_{TN}=0.5V$, $\alpha=0.7$이라면 V_{PP}는 7.5V의 고전압이 얻어진다.

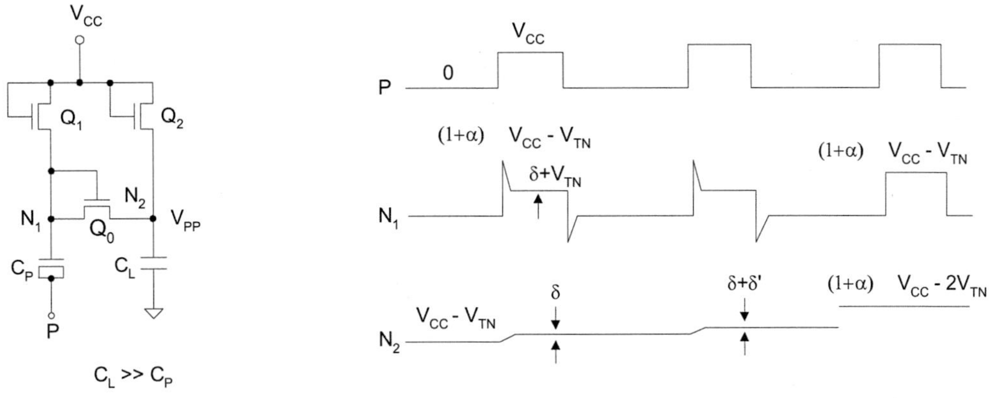

[그림 6.37] Charge Pumping회로

V_{PP} 회로의 부하는 대체로 Capacitor 성분으로 구성되어 있으며 2종류의 전류가 흐르는데 부하의 PN 접합부에 항상 흐르는 미소한 Reverse Bias Leakage Current(1μA~100μA 정도)와 Chip이 활성화될 때마다 내부 회로들을 기동하기 위한 큰 과도 전류(1mA~10mA 정도)가 그것들이다. 따라서 이러한 전하 손실을 보충해야만 V_{PP} Level을 일정하게 유지할 수 있는데 이 전하는 Capacitor를 Pumping함에 따라 공급된다. 전류의 소모가 그리 크지 않기 때문에 미소 전류만 공급하면 충분하므로 Pumping Pulse를 저주파로 해서 저전력화한다. 이러한 저주파 Pulse의 인가법에는 2가지가 있다. 하나는 Low Duty Cycle의 Clock, 예를 들어 Chip 내부의 Ring Oscillator 출력 신호나 Refresh Counter로부터의 Refresh 제어 신호를 Capacitor에 주기적으로 인가하는 방법이다. 또 다른 하나는 출력 Level을 검사하는 Level Monitor가 출력 전압이 저하된 것을 검출하면 Enable 신호를 내보내어 고속으로 연속해서 Pulse를 발생해 Capacitor에 인가하고 일정한 전압까지 승압되면 Level Monitor 신호가 Disable되어 Pulse 인가를 멈추는 방법이다. 한편, 과도 전류에 따라서 발생되는 급속한 전압 Level의 변동은 큰 전류로 보상해야만 하므로 대전력이 필요하다. 이러한 큰 Level 변동은 1 Cycle 내에 여러개의 매우 빠른 변동들이 중첩된 것이므로 아예 소형의 매우 빠른 변동이 발생할 때마다 전류 구동을 크게 해서 1 Cycle 내에서 보상하여 전압 Level의 평탄화를 도모할 수 있다. 따라서 Chip 선택 신호(예를 들어 RAS# 신호)에 동기된 Pulse에 따라 Pumping Capacitor를 구동해서 부하에서 소모되는 변동분 만큼을 보상한다. 이러한 기능을 실현하는 회로 방식으로는 V_{BB} 회로의 경우에서처럼 저속 보상 회로와 고속 보상 회로를 따로 설치한 뒤 병렬 접속하여 부하 전류에 대응해 회로를 선택해서 활성화하는 방식이 잘 알려져 있다. 또 1개의 회로에서 그 Pumping 주파수를 변화시켜 저속 Level 변동과 고속 Level 변동을 보상하는 방식도 이용된다. 또한 부하 내의 Transistor에 과다한 Stress 전압이 인가되지 않도록 최대 전압을 일정한 값 이하로 제한하는 회로도 필요하다.

[그림 6.38]은 최초로 제안되었던 V_{PP} 전원 회로인데 $V_{CC}=5V$ 로부터 $V_{PP}=7V$를 생성한다. 저속 Level 변동 보상용과 고속 Level 변동 보상용의 2종류의 회로가 병렬 접속된 구성

이다. Stand By Mode와 같이 비활성시에는 저속 Level 보상 회로만이 동작한다. Ring Oscillator(Oscillator)는 V_{BB} 발생 회로와 공통으로 사용하며 그 출력 Pulse는 저속이어서 보상 회로의 전력 소모는 작다. 활성시에는 외부 Clock(/RAS)에 동기되어 발생하는 Clock Φ_1, Φ_2, Φ_{PH}#로 고속 Level 변동 보상 회로 내의 Pump 회로를 구동한다. 따라서 1 Cycle 마다 부하에 전하가 주입되어 부하에서 소비된 전하를 보상한다. Cycle Time이 60ns라면 V_{PP} 회로에서 약 3mA 정도를 소비한다. 또 Node G_4의 전압은 MOS의 Overlap Cap.에 의한 Bootstrap때문에 V_{PP}보다도 높아서 이 값이 더 상승하면 MOS가 파괴될 가능성이 있다.

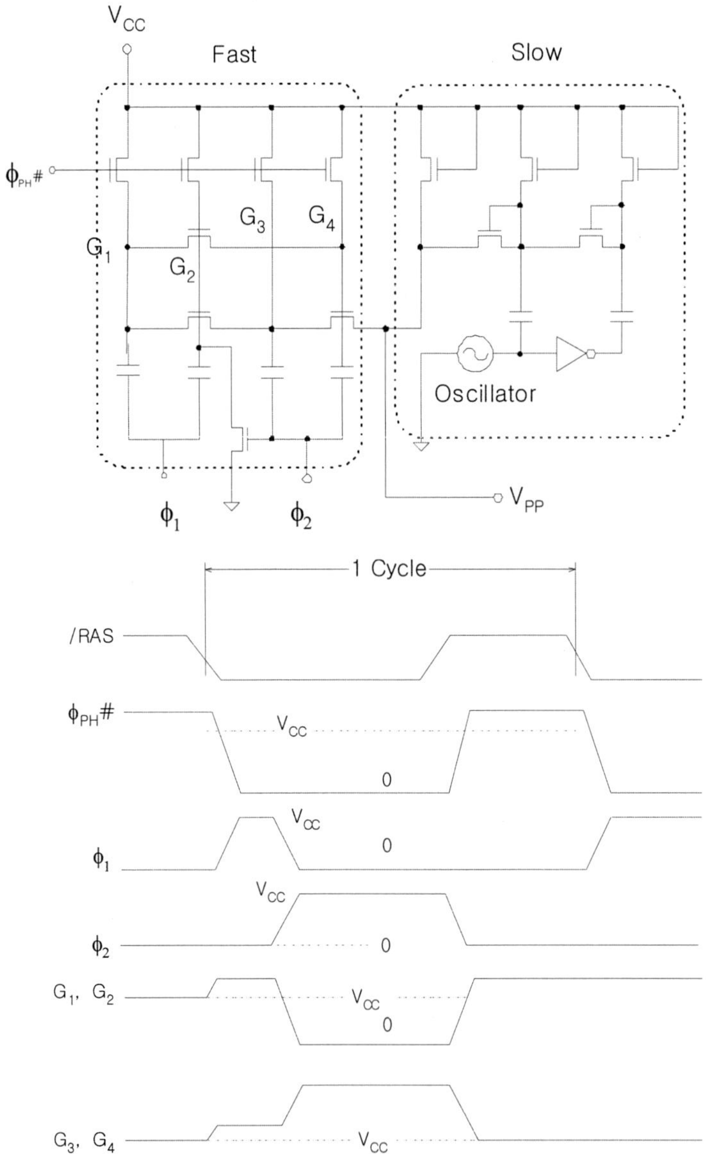

[그림 6.38] 초기의 V_{PP} 전원 회로와 동작 Timing

[그림 6.39]는 Level Monitor 부착형 V_{PP} 발생 회로로 앞서 언급한 바와 같이 1개의 회로로 저속 Level 변동과 고속 Level 변동을 모두 보상하는 회로이다. V_{PP}의 전압 Level은 Level Monitor에 의해 검출되어 Level이 낮은 경우에는 Ring Oscillator가 동작을 개시한다. 이에 따라 Charge Pumping 회로의 Pumping Capacitor C_P를 구동되며 부하에 전하를 공급해 V_{PP} Level을 상승시킨다. V_{PP}가 일정한 전압 Level에 달하면 Level Monitor신호에 의해 Ring Oscillator는 OFF되며 C_P를 통한 Charge Pumping은 정지된다.

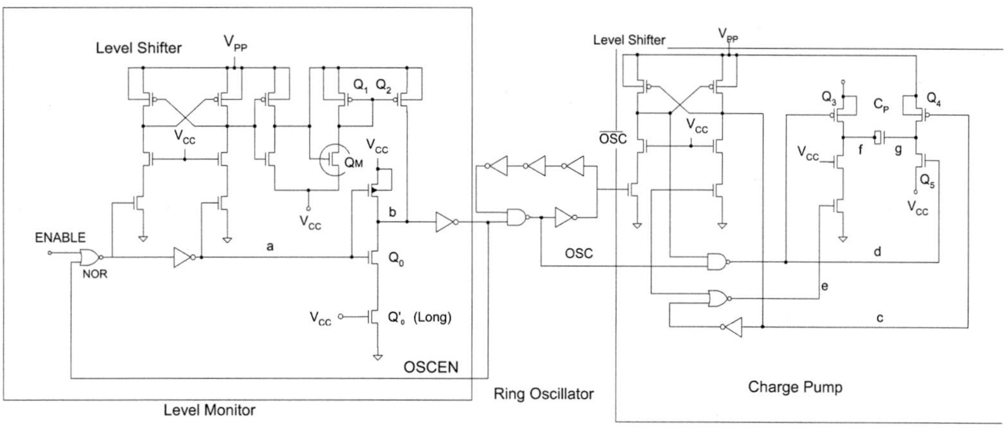

[그림 6.39] Level Monitor 부착형 V_{PP} 발생회로

이를 [그림 6.40]의 Timing Diagram을 보면서 상세히 설명해 보자. 승압 회로는 ENABLE 신호에 의해 Start된다. 대기 시에는 저속으로 주기적으로 인가되는 Refresh 제어 신호(16μs 간격으로 인가되는 Low Duty Cycle의 Pulse)를, 활성시에는 Chip 선택 신호에 동기된 제어 Pulse를 ENABLE 신호로 이용한다. Transistor Q_M은 Memory Cell Transistor와 동일한 형태와 크기로 제조하여 Cell V_T와 동일한 값을 갖도록 한다. 대기시 Refresh 제어 신호가 ENABLE 신호로서 입력되었다면 Node a는 "H"로 되고 Q_M의 Gate 전압은 V_{PP}로 된다. Memory Array의 Refresh 동작이 진행되면 V_{PP}의 Level은 낮아지겠지만 $V_{PP} > V_{CC} + V_T$인 한은 Q_M이 ON이 되어 Q_1과 Q_2의 Current Mirror 회로가 활성화된다. Q_2의 전류 구동능력(Q_2의 W/L)이 Q_0, $Q_0{}'$의 구동 능력에 비해 충분히 크며 또 Node a의 "H" Level 전압에 의해 Q_2에 전류가 흐르기 시작할 때까지의 시간인 V_{PP} 검출 속도가 충분히 빠르다면 Node b의 전압도 "H" Level로 유지된다. 따라서 OSCEN은 "L"로 되어 Ring Oscillator는 발진하지 않는다.

하지만 $V_{PP} < V_{CC} + V_T$로 되면 Q_M이 OFF가 되어 Q_2에 전류가 흐르지 못해 Node b의 전압은 Q_0, $Q_0{}'$에 의해 방전되며 OSCEN은 "H"가 되어 Ring Oscillator가 발진을 개시한다. 이에 따라 OSC가 "L"로 되어, 이제까지는 Node c, d, e가 모두 "L"이었기 때문에 PMOS Q_3,

Q_4는 ON이어서 C_P의 양단 Node f, g의 전압은 각각 V_{CC}와 V_{PP} 이었지만, 이번에는 이들의 Node가 모두 "H"로 되어 C_P의 양단의 전압은 0V와 $V_{CC}- V_T$로 된다. 즉, Q_4는 그 Gate Node C의 전압이 V_{PP}이므로 OFF되며 Node f가 V_{CC}로부터 0V로 방전함에 따라 이 전압 변동만큼 Node g도 Low Level로 변해야 하겠지만 NMOS Q_5가 ON이 되어있으므로 $V_{CC}- V_T$까지만 감소한다. 이때 ENABLE이 OFF되어도 입력의 NOR Gate의 Feedback Loop 때문에 Node a와 OSCEN은 계속 "H"를 유지한다. 이 때문에 Q_M의 Gate 전압은 V_{PP}로 되어 Level Monitor는 Monitor 준비 완료의 상태로 된다. 발진 개시 후 다음번 Cycle에서 OSC가 "H"로 되면 다시 Node f가 "H"로 충전된다. 이때 Q_4는 ON, Q_5는 OFF이므로 Node f의 전압 변화에 대응한 전하가 Q_4를 통해서 부하에 공급되어 V_{PP}의 전압을 상승시킨다. 이러한 발진이 연속되면 V_{PP}가 $V_{CC}+ V_T$로 되며 이 이상으로 상승하면 Q_M이 ON되어 Node b는 "H"로 되고 OSCEN 및 Node a는 "L"이 되어 발진이 멈추며 이러한 동작이 계속됨에 따라 V_{PP}는 거의 $V_{CC}+ V_T$로 안정된다. 이때부터 V_{PP}는 Floating 되므로 전압 Level이 감소할 수 있어 다시금 ENABLE 신호를 가하여 Node a를 "L"에서 "H"로 해서 Q_M을 통해 V_{PP}의 Level을 검출할 필요가 있다.

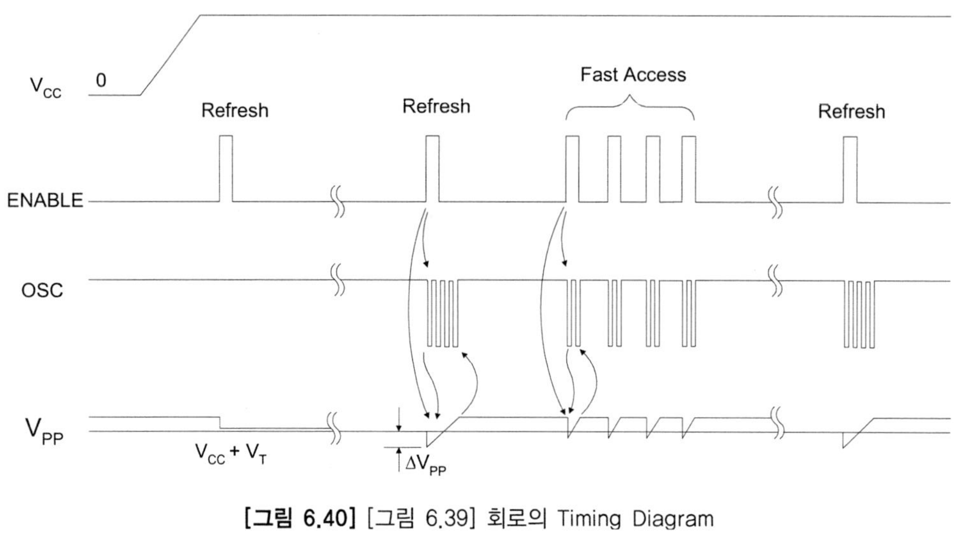

[그림 6.40] [그림 6.39] 회로의 Timing Diagram

이렇게 ENABLE 신호를 주기적으로 인가하여 V_{PP}의 전압 Level을 감지함으로써 V_{PP}를 거의 일정한 값으로 유지시킨다. 고속인 Random Access가 발생한 경우에는 이에 동기해서 ENABLE 신호를 인가하여 V_{PP} Level의 저하를 보상할 수 있다. 또 [그림 6.39] 중에 Gate 전압이 V_{CC}로 묶인 NMOS Transistor를 연결한 것은 직렬로 연결된 NMOS의 Drain에 V_{PP}가 직접 인가되어 Stress를 크게 받는 것을 방지할 목적이다. Q_0'를 Q_0와 분리한 것도 Q_0의 전압 Stress를 완화하는 것뿐만 아니라 이를 Long Channel로 해서 Q_0와 Q_0'에 의한

Effective Conductance가 Q_0'에 의해서만 결정되도록 하기 위함이다. 이에 따라 이 Conductance는 Process의 영향을 덜 받으며 Node a의 Parasitic Capacitance도 감소한다.

[그림 6.41]은 Main Pump와 Active Kicker가 병렬 접속된 V_{PP} 회로이다. Main Pump는 전원 전압 인가시 연속해서 Pump를 구동해서 빠른 시간 내에 V_{PP}를 소정의 Level로 올려주는 동작과 이후 V_{PP}의 저속 Level 변동을 보상하는데에 이용된다. 즉, V_{PP}의 Level이 낮은 경우 Level Monitor의 출력 신호 LM이 "H"로 되어 Ring Oscillator가 동작함에 따라 Charge Pumping이 이루어져 V_{PP} Level이 상승된다. 한편 V_{PP}의 고속 Level 변동을 보상하기 위해 Active Kicker 회로를 첨가하여 Memory 동작 중에 전하가 갑자기 크게 소모되는 시기를 찾아서 이 때에만 전하를 V_{PP}에 주입시키는 동작을 한다.

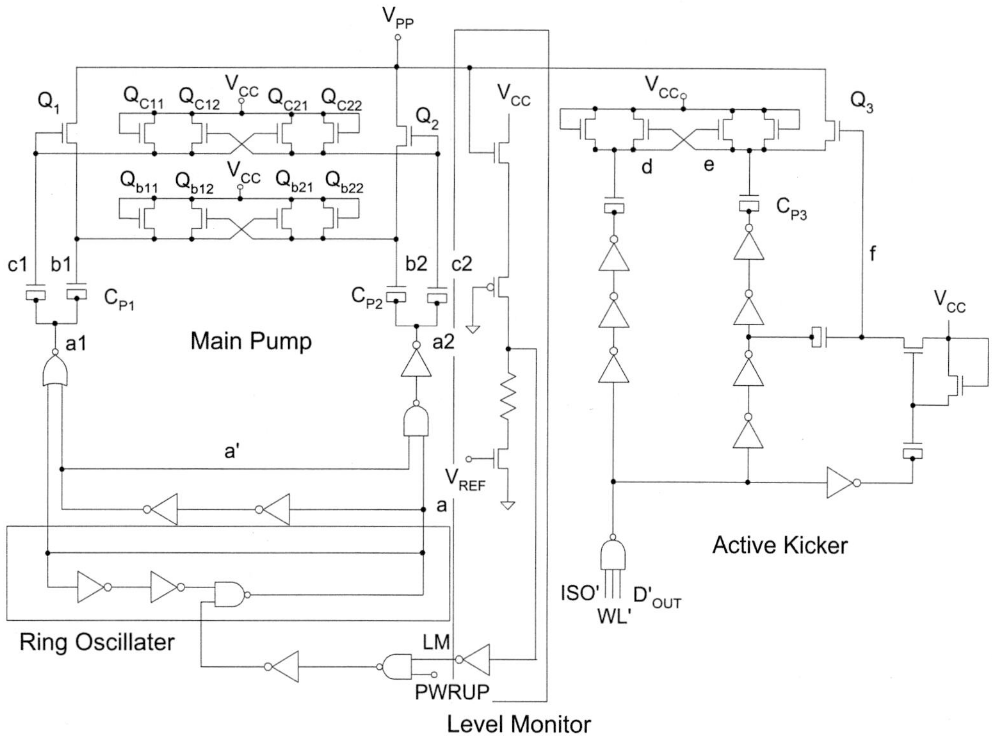

[그림 6.41] Active Kicker V_{PP}회로

이 회로의 동작을 [그림 6.42]의 Timing Diagram과 함께 자세히 설명한다. Main Pump는 Node a1, a2를 Ring Oscillator의 Pulse로 번갈아가며 구동하여 Capacitor C_{P1}, C_{P2}에 축적된 전하를 매 Pulse마다 주입하여 전압을 상승시킨다. DRAM에 전원 전압에 인가되어 V_{CC}로 상승되는 도중에는 LM이 "H"이지만 PWRUP은 전원 전압이 어떤 값 이상일 때만 "L"에서 "H"로 변하는 신호라 한다면 이 신호가 "L"인 동안에는 Ring Oscillator가 발진하지 않는다. 이러한 초기 상태에서는 Node a, a1, a2,는 각각 "H", "L", "H"이며, Node b1, c1, b2, c2는 모두

$V_{CC}-V_T$로 되어 있다. 이제 전원 전압이 일정한 Level 이상으로 상승되어 PWRUP이 "H"로 되면 Ring Oscillator의 발진이 시작되며 Node a는 "H"로부터 "L"로 된다.

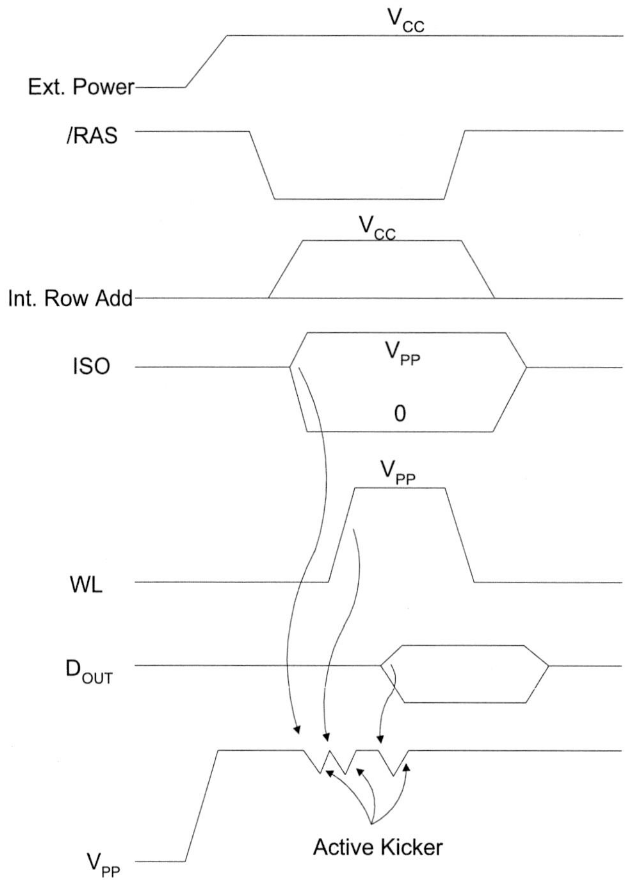

[그림 6.42] [그림 6.41] 회로의 Timing Diagram

이 때문에 Node a2는 "L"로 되며 Capacitor에 의해 일단 Node b2, c2는 "L"로 되지만 Q_{b22}, Q_{c22}에 따라 곧 $V_{CC}-V_T$로 재충전된다. 한편 Node a1은 a2의 변화를 좇아 논리 Gate 단수의 차만큼 늦게 "H"로 되어 Node c1 즉 Q_1의 Gate 전압은 거의 $2V_{CC}-V_T$ 까지 승압된다. 동시에 Node b1도, Q_1이 Impedance를 갖고 있으므로 C_{P1}에 의해 일단 $2V_{CC}-V_T$ 로 승압된다. 따라서 Q_1을 통해 Node b1의 전압 즉 전하량 $(2V_{CC}-V_T)C_{P1}$가 V_{PP} 단자의 부하 용량에 공급된다. 이에 따라 V_{PP}의 전압이 0V로부터 상승되며 이 도중에 Node b2, c2는 Q_{b21}, Q_{c21}의 Gate 전압이 충분히 승압되었으므로 V_T 손실 없이 Full V_{CC}로 충전된다. 이렇게 해서 Q_1에 의한 전하 주입이 종료된다. 다음으로 Node a가 "L"에서 "H"로 되면 우선 a1이 "L"로 되어 Node c1이 $V_{CC}-V_T$로 되며, 또 0V 부근의 Node b1의 전압은 "−" 방향으로 변화하겠지만 Q_{b11}에 의해 $V_{CC}-V_T$로 충전되어 Q_1은 OFF된다. 이번에는 Node a2는 a1보다도

논리 Gate 단수의 차만큼 늦게 "H"로 되어 Node b2, c2는 거의 $2V_{CC}$까지 승압되므로 b2로부터 Q_2를 통해서 부하인 V_{PP}로 전하가 주입된다. 물론 이 도중에 Node b1과 c1은 V_{CC}로 충전된다. 이렇게 하여 Ring Oscillator의 1 Cycle이 완료된다. 즉, Q_{b12}, Q_{c12}, Q_{b21}, Q_{c21}은 2번째 이후의 Cycle에서 V_T 손실 없이 Node의 승압 효과를 높이기 위한 Full V_{CC} Precharge용 Feedback Transistor이다.

이러한 Cycle이 반복되어 V_{PP} Level은 상승하지만 일정한 Level, 즉 $(V_{CC}+2V_T)$에 도달하면 Level Monitor 신호 LM이 "L"이 되므로 이 Level에서 Ring Oscillator의 발진이 정지되어 그 Level로 V_{PP}가 유지된다. 전원 전압 인가 후 V_{PP}가 저속으로 변동하여 Level이 하강하면 LM은 "H"로 되며 PWRUP이 "H"이기 때문에 Ring Oscillator는 발진을 계속하여 V_{PP}를 원래의 Level로 다시 상승시킨다. 한편 DRAM의 1 Cycle 동작 내에서도 Word Line 충전시, Bit-Line Isolation 활성화시 및 D_{OUT} Level Shifter전압이 V_{PP}로 충전될 때 등으로 V_{PP}의 전하가 크게 손실되는 시점을 나누어 볼 수 있다. Active Kicker는 이러한 동작에 동기해서 ON("H")으로 되는 Short Pulse신호 WL′, ISO′, D_{OUT}'을 입력으로 하여 C_{P3}를 통해 승압된 전압을 Q_3를 통해서 그때마다 V_{PP}에 인가하여 Spike형태의 빠른 Level변동을 즉시 보상하여 V_{PP} Level의 평탄화를 도모하는 회로이다. 초기에 몇 회의 Memory Cycle이 반복되면 이러한 세 개의 입력 신호가 모두 "L"로 초기화되어 있어 Node d, e, f의 전압은 Full V_{CC}로 충전되어 있다. 이 상태에서 WL′이 "H"로 되면 Node e, f는 거의 $2V_{CC}$로 승압되며 V_{PP}가 $2V_{CC}-V_T$ 이하이므로 Q_3는 ON이 되어 C_{P3}로부터 전하가 주입되어 V_{PP} Level이 보상된다. 또한 ISO′ 또는 D_{OUT}'이 "H"로 되어도 같은 방법으로 Level이 보상된다.

D_{OUT} 회로를 승압 전원 V_{PP}로 구동하는 경우, 출력 NMOS Transistor의 Size가 커서 Gate 용량도 크고 이를 0V로부터 V_{PP}라는 고전압으로 충전해야 하며, 특히 경우에 따라서 25ns라는 고속 Cycle의 Column Access Mode로 동작시켜야 하기 때문에 이 부분에서 소비되는 전하량이 매우 커진다. 또 Chip의 Bit 구성이 ×1이 아니라 ×4, ×16과 같이 증가되면 D_{OUT} 회로에서 소비되는 전하도 더욱 증가하는데, ×16의 경우에서 16개 전체의 Data 출력이 "H"인 경우 전하 손실이 최대로 되어 V_{PP}의 Level 저하가 최대로 된다. [그림 6.43]은 D_{OUT} 회로에 V_{PP}의 고속 Level 변동을 보상하는 기능을 첨가한 회로이다. Data가 "H"인 경우에는 보상 회로를 동작시켜 Level Shifter에서 소비된 전하를 C_P에 의해 보상한다. $V_{CC}=3.3V$, Cycle Time=25ns라면 16개의 회로 전체가 "H" Data를 출력하는 경우 이 부분에 의한 V_{PP} 회로의 소비 전류는 8mA이지만 8개가 "H"인 경우는 4mA, 전체가 "L"인 경우에는 0mA로 되어 평균적으로 보면 전력을 크게 소비하지는 않는다.

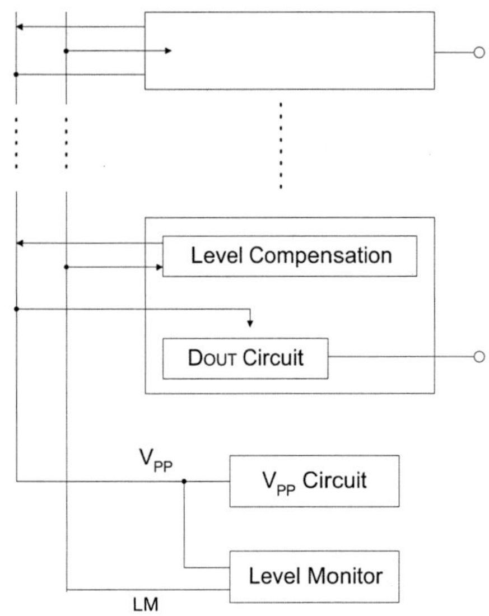

(a) 방식

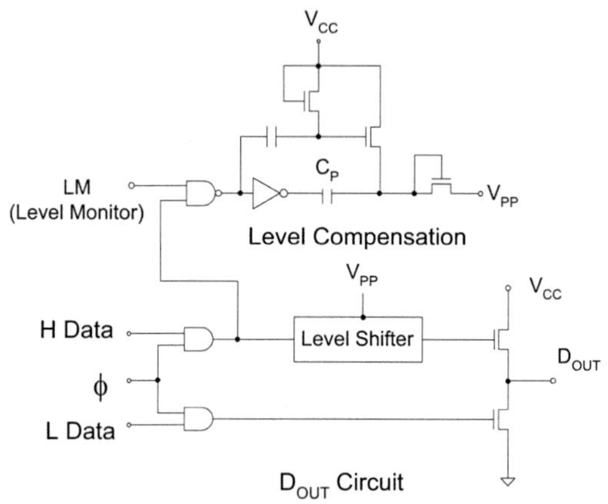

(b) 기본 회로

[그림 6.43] Data Output Buffer 용 V_{PP} 회로

6.5 | Half V_{CC}회로

$V_{CC}/2$ 전압은 Memory Cell Capacitor전극의 전압(V_{CP})으로서 신호 전하량을 결정하는데 사용되거나 Bit-Line의 Precharge 전압에 이용되어 신호 검출의 기준을 잡아 주는 중요한 전압이다. 따라서 전압의 정밀도와 외부 전원 전압의 변동이나 부하 변동 등에 대한 신속한 응답 특성이 필요하다.

[그림 6.44]는 Bias 단과 Push-Pull 출력단으로 구성된 $V_{CC}/2$ 발생 회로의 기본 구조이다. 회로 자체의 전류 소모는 μA Level이지만 부하 구동 전류는 mA Level이다. 좌측의 Bias 단의 저항값이 충분히 크다면 Node N_2의 전압은 $V_{CC}/2$로 되기 때문에 Transistor의 Threshold 전압이 V_T로 모두 같다면 Node N_1, N_3의 전압은 각각 $(V_{CC}/2)+V_T$, $(V_{CC}/2)-V_T$로 되어 출력 전압은 안정한 $V_{CC}/2$ 전압을 갖는다. 이때 2개의 출력 Transistor Q_{N2}, Q_{P2}의 V_{GS}는 V_T로 되어있어 Fully ON이 되기 직전의 상태이므로 미량의 관통 전류만 흐를 뿐이다. 출력 전압이 초기에 $V_{CC}/2$로 있다가 외부 조건에 따라 이 값에서 조금 변동한다면 출력단의 Transistor중 1개는 Fully ON되고 다른 하나는 OFF되어 Load 전압을 신속히 원래의 $V_{CC}/2$로 원상회복시킨다. 실제의 경우 Q_{P1}과 Q_{P2}는 N-Well Bias 전압이 각각 $V_{CC}/2$와 V_{CC}이어서 Q_{P2}의 Source-Well간 전압이 Q_{P1}의 그것보다 크므로 Back Gate Effect를 더욱 많이 받아 V_{TP2}의 값이 V_{TP1}보다 크다. 이 때문에 출력이 $V_{CC}/2$인 한

Q_{P2}는 항상 OFF되어 출력단에는 관통 전류가 흐르지 않는다. 따라서 큰 부하 구동 능력을 갖도록 Q_{N2}와 Q_{P2}를 충분히 크게 하여도 출력단에서의 전류는 증가하지 않는다. 또한 앞쪽 Bias 단에 흐르는 전류는 저항값을 크게함에 따라 저전류화하여 전체적으로 전력 소모를 줄일 수 있다.

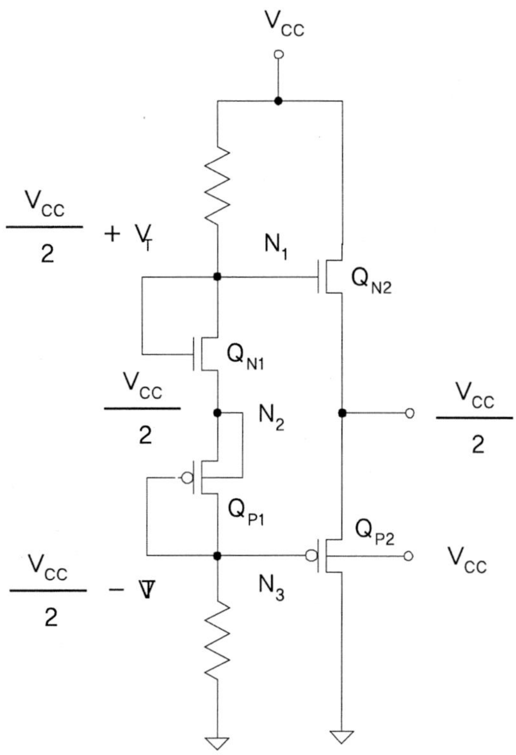

[그림 6.44] $V_{CC}/2$ 발생 회로의 기본 구조

$V_{CC}/2$ 발생 회로에서 주의를 기울여야 하는 것은 V_{CP} 출력 전압의 V_{CC} 의존성, 특히 저전압 하에서의 전압 정밀도, 그리고 회로의 Transient 특성이다. NMOS Transistor와 PMOS Transistor의 Threshold 전압의 절대값 차가 바로 V_{CP}의 설정 오차로 된다. 예를 들어 NMOS와 PMOS가 각각 ±0.1V의 공정 오차를 갖고 있다면 V_{CP}의 오차는 최대 0.2V가 되며 외부 전원 전압이 낮아지면 상대 오차는 더욱 증가한다. 또한 Cell Plate 전극의 Capacitance나 Bit-Line의 Capacitance는 DRAM의 세대에 따라 거의 4배씩 증대하는데 반해 V_{CP} 회로의 구동 능력은 그리 크게 향상되지 않았다. 따라서 외부 Load의 시간 변화를 만족시키는 과도 응답 특성이 나빠지는데 특히 전원 전압 인가시와 같이 큰 Load에 Full $V_{CC}/2$의 안정된 V_{CP}전압을 충전하기까지 오랜 시간이 소요되며 DRAM 동작시 Load의 급격한 변동 또는 V_{CC}의 변화에 빠른 반응을 보이지 못할 수가 있으므로 회로 설계시 주의하여야 한다.

6.6 | Power-Up회로

전원 전압을 DRAM에 인가한 뒤 V_{BB} 발생 회로의 Charge Pump 동작에 의해 기판 전압이 접지 전압(0V)으로부터 "–"전압으로 소정의 값이 될 때까지는 시간이 필요하다. 기판 용량 C_{SUB}이 클 뿐 아니라 이 기간은 V_{CC}가 0V에서 5V로 증가하고 있는 구간이므로 V_{BB} 회로 내의 Ring Oscillator의 발진 주파수도 낮아서 V_{BB} 발생 회로의 전류 공급 능력도 작기 때문이다. 또 이 구간은 DRAM Cell 영역 전체를 덮고 있는 Cell Plate에 인가되어 있는 V_{CP}가 0V에서 $V_{CC}/2$로 상승하게 되므로 이 Plate와 기판과의 결합 Capacitance에 의해 기판 전압도 "+"방향으로 함께 상승하여 V_{BB}회로에 부담을 주며 큰 과도전류가 흐를 수 있다. 따라서 전압을 인가한 뒤 일정한 시간이 지나서 V_{BB}전압이 안정화된 뒤에야 DRAM의 동작을 신뢰할 수 있다. 이를 위해 V_{BB}가 원하는 Level을 확보했음을 감지하는 Power-Up신호를 생성하여 RAS#, CAS#와 같은 중요한 Control신호를 제어하도록 한다. [그림 6.45]는 Power-Up 회로의 예이다. Node N이 "L"이 되면 PWRUP#이 "L"이 되어 안정한 V_{BB}를 확보했음을 내부 회로들에게 알린다. Q_2의 Gate를 접지하였으므로 V_{BB}가 $-V_T$ 이하이면 Q_2가 ON되어 N이 "L"이 되며 A는 "H", B는 "L"이 된다. Feedback Transistor Q_3에 의해 A와 B 전압을 Latch시켜 이후 Noise가 입력되어도 상태가 변화하지 않도록 하였다.

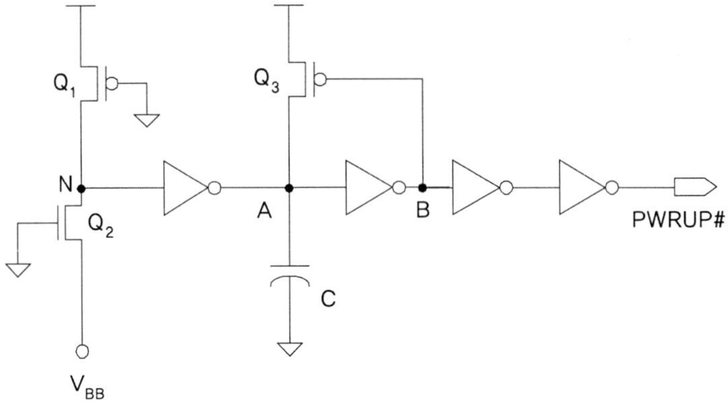

[그림 6.45] Power-Up 회로

6.7 | Burn-In Test Mode 회로

불량 DRAM을 조기에 가려내기 위해서 Screening Test를 실시하는데 주로 Burn-In Test Mode(고온 고전압 동작 시험)를 이용한다. Burn-In Test에서는 고온, 고전압처럼 가혹한 조건에서 DRAM을 동작시켜 단시간 내에 잠재적 결함을 노출시키는 동작이다. 따라서 Chip 내부의 각 부분이 적절한 Stress, 특히 가속 Stress를 받아야 하는데 V_{INT}를 채용하고 있는 DRAM에서도 이러한 Burn-In Test는 물론 필요하며 내부 전원 회로는 Burn-In Test시 내부 회로가 과도한 Stress를 받지 않도록 내부 전압을 조절하여 단지 Screening을 위한 Stress만이 인가되도록 해야 한다. DRAM의 주요부는 V_{INT}로, 입출력 회로 및 내부 전원 회로 자체에는 V_{EXT}로 각각 구동됨은 앞서 설명한 바와 같다([그림 6.46] 참조). 정상 동작 상태에서는 $V_{INT} = V_{INTN}$, $V_{EXT} = V_{EXTN}$이며, Burn-In Test 상태에서는 $V_{INT} = V_{INTB}$, $V_{EXT} = V_{EXTB}$라 하면, $V_{INTB} = k_1 V_{INTN}$, $V_{EXTB} = k_2 V_{EXTN}$의 비율로 전압이 상승되어야 한다.

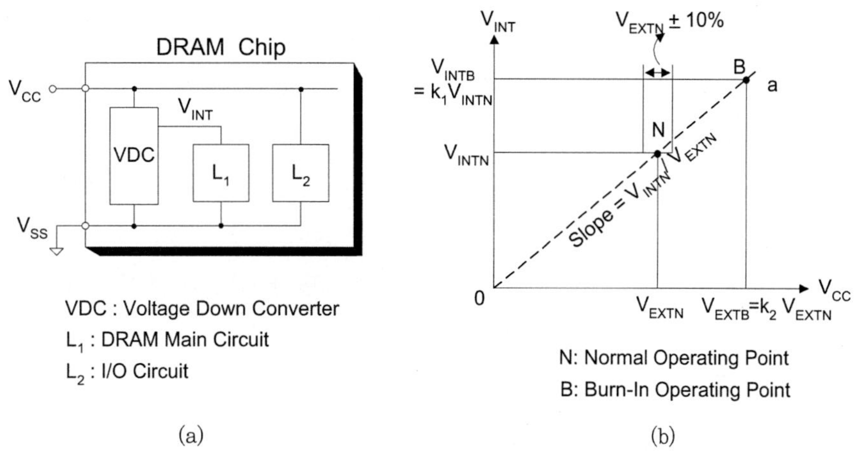

[그림 6.46] DRAM의 강압 회로와 Burn-In Test 전압

Burn-In Test을 실시할 때 사용자가 외부 Clock 신호를 변경하여 DRAM에게 Burn-In Test Mode임을 알려서 Burn-In Test Mode로 준비토록 하는 방법도 있겠지만 단순히 외부 인가 전압 V_{EXT}를 일정 전압 이상으로 상승시키는 것만으로 Burn-In Test Mode에 자동적으로 진입되는 것이 더욱 편리하다. 또한 V_{INT}과 V_{EXT}과의 관계는 다음과 같은 조건을 만족해야만 한다.

(1) Burn-In Test시 회로 전체에 일정한 전압 상승비를 가져야 한다:

Chip상의 전체의 회로에 정상 동작시 인가되는 전압 Stress를 Burn-In Test시에는 전체적으로 일정한 비율로 증가시킬 필요가 있다. 따라서 V_{EXT}를 사용하는 회로에나 V_{INT}를 사용하는 회로에 인가되는 Burn-In Test 전압의 상승비가 서로 같아야 한다. 즉,

$$\frac{V_{INTB}}{V_{INTN}} = \frac{V_{EXTB}}{V_{EXTN}} = k_1 = k_2$$

의 관계가 성립하여 [그림 6.44]에서와 같이 원점, N점 및 B점이 일직선 a상에 위치하여야 한다.

(2) 정상동작시 정전압 구간의 확보

DRAM은 정격 외부 전압이 ±10V 변화를 하여도 정상 동작을 보이도록 규정되어 있으므로 Memory 동작의 안정화를 위해 이 구간 내에서 일정한 $V_{\rm INTN}$ 값을 가져야 한다. 즉,

$$V_{\rm INT} = V_{\rm INTN}(0.9\,V_{\rm EXTN} \le V_{\rm EXT} \le 1.1\,V_{EXTN})$$

이 성립하여야 한다.

[그림 6.47]은 이상의 조건을 만족하는 Burn-In Test Mode용 내부 전원 회로이다. 이 회로는 [그림 6.16(b)]같은 2단 회로로 구성된 내부 전원 회로의 초단에 해당되며 다음 단은 Voltage Follower이므로 $V_{\rm INT}$를 좇아 변한다. 이 회로에서는 정상 동작시의 내부 전원 전압 $V_{\rm INTN}$을 결정하는 $V_{\rm INT}$ 특성과 Burn-In Test시의 내부 전압 $V_{\rm INTB}$를 결정하는 $V_{\rm INT}$특성으로 특정 $V_{\rm EXT}$(그림에서 약 6V) 값에서 바뀌고 있다. $V_{\rm INTN}$ 특성은 Ground을 기준으로 하여 생성된 기준 전압 $V_{\rm REFN}$(~1V), Comparator CP_1 및 PMOS Transistor Q_1에 의해 생성된다. $V_{\rm EXT}$이 $r_1\,V_{\rm REFN}$ 이상이 되면 CP_1과 Q_1이 Negative Feedback Loop을 형성하므로 $V_{\rm INT}$은 $V_{\rm INTN}$(3.3V)으로 고정되어 그림에서처럼 평탄한 $V_{\rm INTN}$ 특성을 따른다. 한편 $V_{\rm INTB}$의 특성은 $V_{\rm EXT}$를 기준으로 생성된 기준 전압 $V_{\rm EXT} - V_{\rm REFB}$($V_{\rm REFB} \sim 2\,V$)를 사용하여 Comparator CP_2, CP_3 및 PMOS Transistor Q_2, NMOS Transistor Q_3에 의해 생성된다. 즉, $V_{\rm EXT}$가 낮은 경우 CP_3의 출력이 "H"로 되어 Q_3는 ON이 되고 CP_2의 "−"단자 입력 $V_{\rm REFB}$는 "0"으로 된다. 이때 CP_2의 "+"단자 입력 $V_{\rm INT}$은 $V_{\rm EXT}$로 되어서 CP_2의 출력은 "H"이므로 Q_2는 OFF가 된다. 따라서 이 경우 $V_{\rm INT}$는 V_{RN}을 좇아 변화한다. $V_{\rm EXT}$가 상승하여 CP_3의 "+"단자 입력 전압이 $V_{\rm EXT} - V_{\rm REFB}$ 와 같아지면 CP_3와 Q_3에 의한 Negative Feedback Loop이 형성되어 이보다 큰 $V_{\rm EXT}$값에 대해서는 V_{RB}는 $V_{\rm EXT} - r_2\,V_{\rm REFB}$로 된다. 여기서 $r_2 = (R_{21} + R_{22})/R_{22}$이다. 이 전압이 Q_1에 의해 결정되는 $V_{\rm INT}$ 값보다 높다면 Q_2는 ON이 되고 Q_1은 OFF가 되어 $V_{\rm INT}$는 V_{RB}의 변화를 좇아가므로 결국 [그림 6.45(b)]와 같은 특성이 된다. 여기서 $V_{\rm INT}$ 특성의 변곡점이 정상 동작 영역인 $V_{\rm EXT} = V_{\rm EXTN} \pm 10\%$ 영역을 Cover해야 한다는 조건으로부터

$$1.1\,V_{\rm EXTN} - V_{\rm INTN} < V_{\rm EXTB} - V_{\rm INTB} = k_1(V_{\rm EXTN} - V_{\rm INTN})$$

을 만족하여야 하므로

$$k_1 = k_2 > \frac{1.1\,V_{\rm EXTN} - V_{\rm INTN}}{V_{\rm EXTN} - V_{\rm INTN}}$$

의 조건을 얻을 수 있다. 예를 들어 $V_{EXTN}=5V$, $V_{INTN}=3.3V$ 라면 전압 상승비 $k_1=k_2>1.29$가 된다. 통상의 Burn-In Test는 이 이상의 충분히 큰 상승비에서 진행되므로 정상 동작 영역에서의 V_{INT}의 평탄 특성을 확보하는데 문제는 없다.

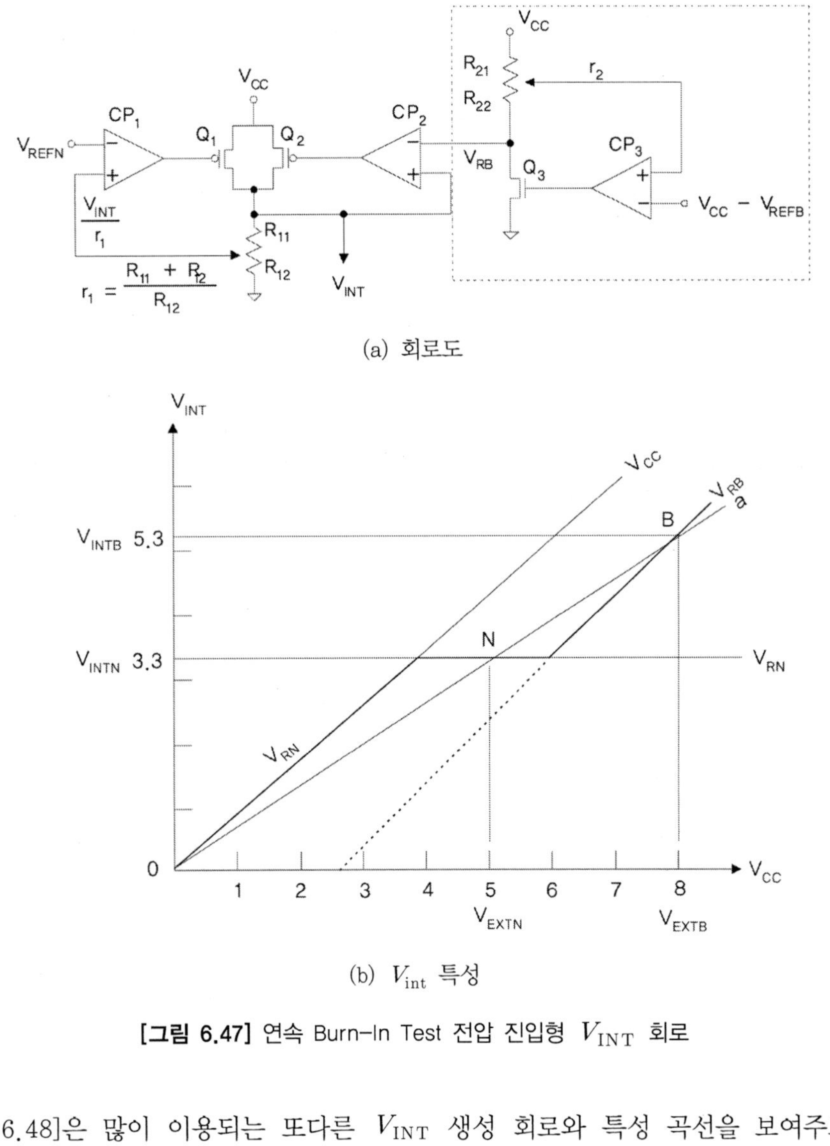

(b) V_{int} 특성

[그림 6.47] 연속 Burn-In Test 전압 진입형 V_{INT} 회로

[그림 6.48]은 많이 이용되는 또다른 V_{INT} 생성 회로와 특성 곡선을 보여주고 있다. V_{EXTN}을 중심으로 넓은 평탄 전압 영역을 확보할 수 있어 Burn-In Test 전압을 사용자의 요구에 맞추어 임의로 선택할 수 있는 특징이 있다. 그림에서는 Burn-In Test 전압을 직선 a의 선상에 위치하도록 함으로써 DRAM 회로 전체에 대해 정상 동작시의 전압 V_{EXTN}보다 일정한 비율로 상승된 전압 Stress를 인가할 수 있다. 따라서 [그림 6.48(b)]의 B_2점의 전압을 이용하면 B_1점 보다도 짧은 시간에 Burn-In Test를 실시할 수 있다. 예를 들어 6.3V 이상의

임의의 V_{EXT}에서 Burn-In Test를 실시한다면 V_{EXTN}을 중심으로 평탄 전압 영역을 확보하기 위해 V_{INT}의 특성을 그림의 굵은선과 같이 설정한다. 직선 a의 기울기는 $V_{\mathrm{INTN}}/V_{\mathrm{EXTN}}$으로 되어 $V_{\mathrm{EXTN}}=5V$와 $V_{\mathrm{INTN}}=3.3V$의 경우 2/3가 된다. 이러한 V_{INT} 전압 특성은 [그림 6.46(a)]의 회로를 이용하여 생성할 수 있다. V_{EXT}이 낮은 경우에는 PMOS Q_2가 OFF이어서 $V_{RB}=0$이 되며 V_{INT}는 고정된 기준 전압 V_{REF1}(1.65V)만으로 제어된다.

R_2의 분압비를 1/2로 한다면 $V_{\mathrm{INT}}=2V_{\mathrm{REF1}}(3.3V)$ 이상의 V_{EXT} 전압에서는 $V_{\mathrm{INTN}}=3.3V$로 일정하다. V_{EXT}이 더욱 상승하여 $V_{\mathrm{EXT}}/5$가 V_{REF2}(1.26V)을 넘어서면, 즉 $V_{\mathrm{EXT}}>5V_{\mathrm{REF2}}(6.3V)$로 되면 Q_2는 ON이 되어 V_{RB}는 $V_{\mathrm{EXT}}/3$으로 된다. 이 값은 V_{REF1}보다 커서 이제부터의 V_{EXT}에 대해서는 V_{INT}의 특성이 V_{RB}에 의해 지배된다. 다음단의 분압비에 의해 결국 V_{INT}은 $(2/3)V_{EXT}$로 된다.

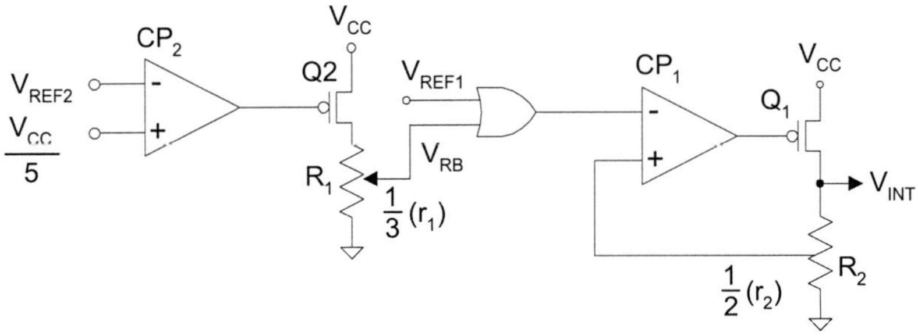

(a) 회로도

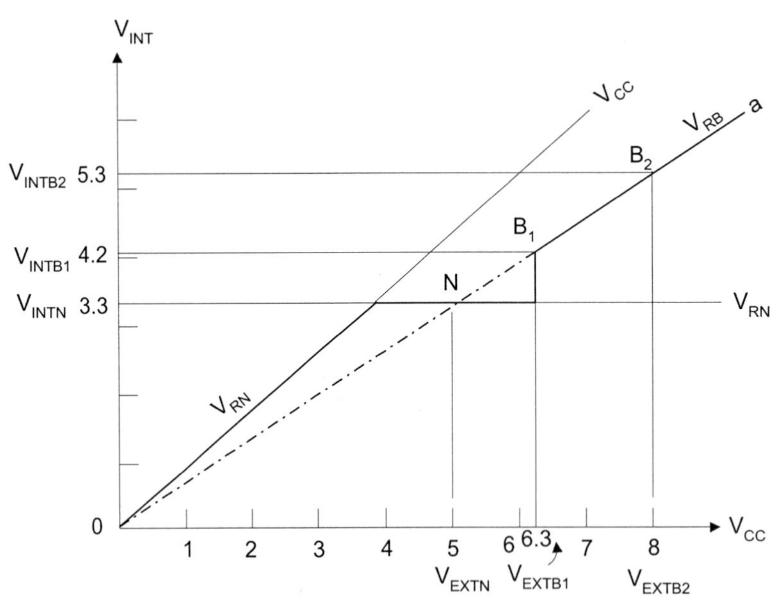

(b) V_{INT} 특성

[그림 6.48] 비연속 Burn-In Test 전압 진입형 V_{int} 회로

한편 V_{INT}를 승압한 전압을 사용하는 Word Line Driver와 같은 회로에서는 Double Bootstrapping에 의해 승압 전압이 더욱 높아질 수 있으며 이에 따라 Burn-In Test시 인가된 고전압이 내부적으로 더욱 상승하여 과대한 Stress전압이 인가될 위험이 있다. 따라서 Burn-In Test를 위한 별도의 전압 강하 회로를 설치하여 Stress전압을 완화시켜야 한다. [그림 6.49(a)]회로에서는 V_{EXT}이 특정값 이상으로 상승하면 V_{RN}은 이를 쫓아 상승하지 못하고 2개의 NMOS Diode에 의해 Clamp되며, 따라서 출력 전압 V_{INT}은 $r_1 V_{RN}$으로 거의 일정하게 고정된다. 한편 Burn-In Test용 전압 강하 회로는 V_{EXT}을 저항비로 나눈 전압과 Cell Transistor의 Threshold 전압 V_{TM}을 합한 기준 전압을 발생한다. Comparator의 입력 전압 V_{RB}는

$$V_{RB} = \frac{R_2}{R_1 + R_2} V_{EXT} + V_{TM}$$

이 되며, WL Driver용 전압 XPRE는 V_{int}이 Bootstrapping되므로 승압비를 B라 하면

$$V_{\mathrm{XPRE}} = B V_{\mathrm{INT}} = B(r_2 V_{RB})$$

로 주어진다. 여기서 $Br_2 R_2/(R_1 + R_2) = 1$로 한다면 출력단의 승압 전압 V_{XPRE}는

$$V_{XPRE} = V_{EXT} + r_2 B V_{TM}$$

으로 된다. V_{EXT}([그림 6.49(a)]에서의 V_{CC})을 5V 이상으로 상승시키는 Burn-In Test Mode에서는 $r_2 B$를 거의 1로 하여 V_{TM}만큼만 승압되도록 하여 불필요한 Stress를 줄이고 전압원으로 Memory Cell을 이용하였기 때문에 Gate Oxide 두께나 온도의 변동에 대응하여 승압 전원을 정밀하게 제어할 수 있다.

한편 Bootstrapping법에서도 회로를 개선하여 승압비를 가변할 수 있도록 함에 따라 V_{PP} 회로의 특성에 가까운 동작을 얻을 수가 있다. 즉, V_{EXT}이 낮은 영역에서는 Bootstrapping을 연속해서 두 번에 걸쳐 행하여 승압비를 높이지만 V_{EXT}이 높은 영역에서는 1회만 수행하여 승압비를 낮추어 줌으로써 내부 Transistor에 인가되는 Stress를 완화시킨다. 이런 방법을 확장해서 V_{EXT}에 대응해서 Charge Pump 회로의 수를 변화시켜 승압비를 가변하는 회로도 이용될 수 있다. [그림 6.49(b)]는 V_{EXT}의 전압에 따라 Bootstrapping 회수를 변경하는 방식을 채택한 회로이다. V_{EXT} 전압이 낮은 정상 동작에서는 NAND Gate이 열려서 Clock Φ가 Delay되어 2번의 Bootstrapping을 행하여 충분한 승압 전압을 확보하지만 고전압에서는 NAND가 닫혀서 1회의 Bootstrapping만을 행하므로 승압 전압의 승압비가 상대적으로 감소한다.

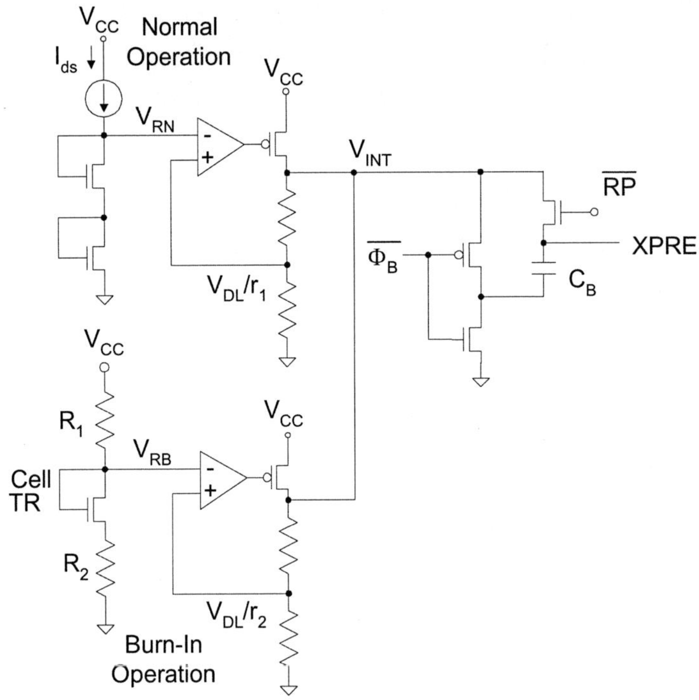

(a) 병렬 저전압 발생 회로

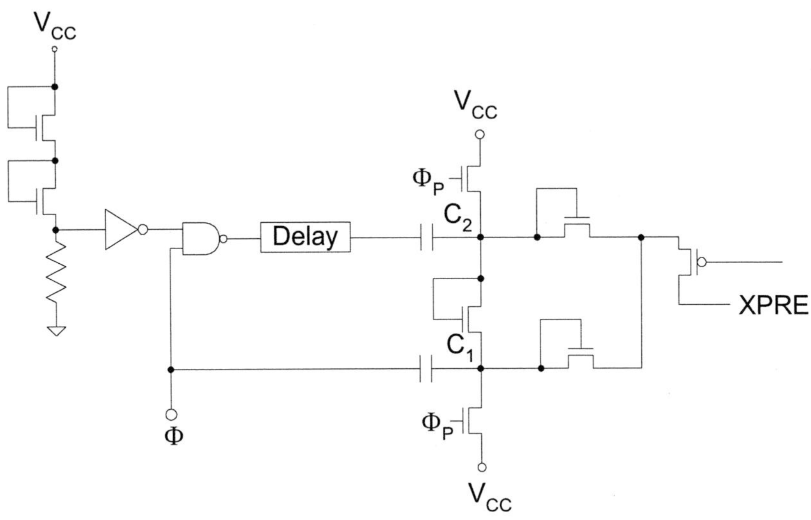

(b) Bootstrapping 회수 변경 회로

[그림 6.49] V_{EXT} 전압에 따른 고전압 완화 회로

6.8 | 입력 보호 회로

DRAM이 CMOS로 제조되면서 세대가 진전됨에 따라 집적 용량이 증가하여 Oxide나 Junction의 Break Down 전압이 낮아졌으며, 특히 입력 단자와 출력 단자는 정전기에 의해 파괴될 확률이 높아졌다. 정전기에 의한 정전방전(Electrostatic Discharge: ESD)에는 크게 두 가지 종류가 있다. 첫째가 Package로 Assembly된 후에 제품 출하 Test 시에 Handler Lane을 DRAM이 통과할 때 발생하는 정전기 형태로 전압은 약 250V로 낮으나 Impedance가 작아서 전하량은 상대적으로 많으며 Machine Mode라 불리운다. 두 번째가 DRAM에 사용자의 손이 닿을 때 인체에 유기되어 있던 정전기가 방전되는 형태로 약 2000V의 고전압이나 큰 Impedance를 통해서 방전되며 Human Body Mode라 부른다. 이러한 정전기의 유입에 따른 파괴로부터 DRAM을 보호하기 위해 DRAM 내부에는 다양한 입력 보호 회로가 설치된다. 이들은 고전압 Pulse, 고전류 Pulse를 내부 회로에 유입시키지 않고 Ground나 Power Line과 같이 다량의 Metal Line을 갖는 배선을 통해 뽑아내는 방법을 이용한다.

[그림 6.50]은 대표적인 입력 보호 회로의 회로도로 Diode Connection의 Field Transistor, 저항 R_1, 저항 R_2 및 NMOS로 구성되어 있다. 입력단에 고전압이 인가되면 저항 R_1과 R_2에 의한 Delay로 Peak값이 감소된다. 즉, 저항 R_1과 R_2는 Parasitic Capacitance와 함께 Low Pass Filter로 동작한다. −50V 이하의 낮은 전압이 순간적으로 인가되면 D_1을 통해 Ground로 빠져나간다. 또한 수십 V이상의 "+"고전압이 인가되면 D_2를 통해 역시 Ground로 빠져 나가므로 내부 회로를 이러한 고전압으로부터 보호할 수 있다. 이 회로는 각 Transistor와 저항 등의 크기, 형태와 배치 등에 따라 특성이 달라지므로 Layout 시에 주의해야 한다. 입력 보호 회로는 정전기 형태의 Energy를 흡수해야 하므로 DRAM 세대의 진전에 따라 최소 치수(Critical Dimension)가 감소되어도 함께 소형화하기가 힘들어서 주의하여야 한다. 그리고 과전류가 통과하는 경로의 Layout에도 유의하여야 한다. 일반적으로 Contact당 허용 전류의 시간 평균이 mA미만으로 주어지므로 과전류가 유입되면 과열되어 Metal이 Si으로 녹아 들어갈 수 있다. 이렇게 녹은 Metal은 Si을 뚫고 Spike 형상을 이루며 역 Bias가 인가되어 있던 PN Diode를 Short시키게 된다. 이를 예방하기 위해 Metal을 곧바로 N^+나 P^+층에 Contact하는 것이 아니라 Polysilicon을 거쳐서 Contact이 되도록 Layout한다.

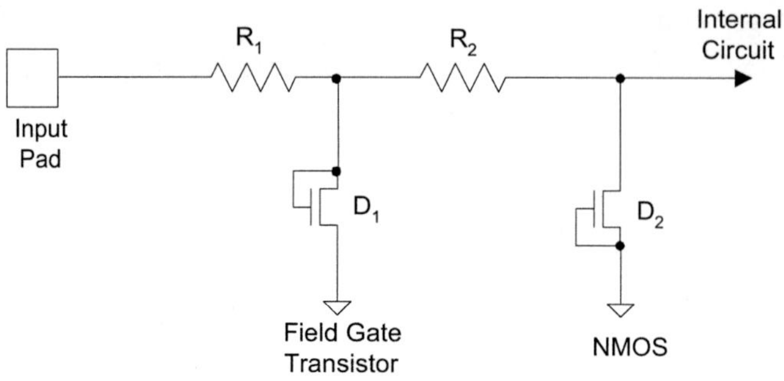

[그림 6.50] 대표적인 입력 보호 회로도

하지만 최근 들어 DRAM의 대용량화가 진행됨에 따라 Power Line의 최소 치수도 감소하여 DRAM Chip 내의 각종 배선, 특히 Ground 배선의 전류 전달 특성이 나빠졌으며 이로 인해 오히려 Ground배선을 통해 내부 회로에 고전압이 직접 인가되는 경우도 발생한다. 또한 최근에는 사용자들이 DRAM의 ESD 내압 한계를 더욱 높여줄 것을 요구하고 있다. 이러한 요구를 만족시키기 위해 [그림 6.51]과 같은 보강된 보호 회로가 채용된다. 이 회로에서는 순간 고전압을 Ground Line만이 아니라 V_{CC} Line을 통해서도 뽑아내도록 하여 Chip 내의 여러 배선으로 분산되도록 해서 내부 회로에의 충격을 감소시킨 경우이다.

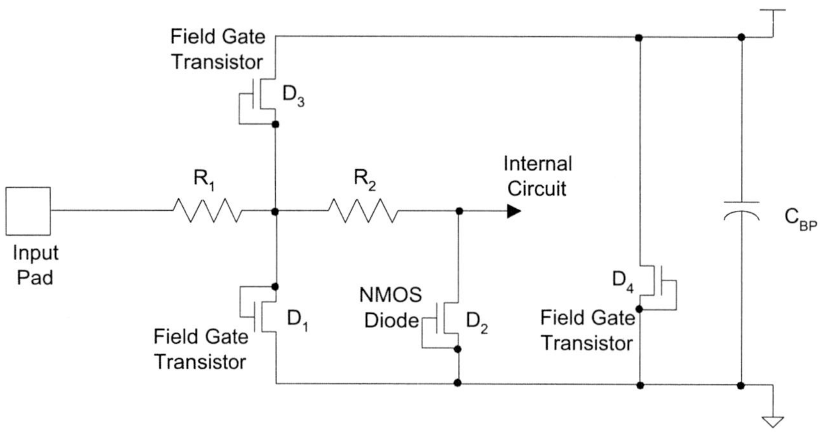

[그림 6.51] 개선된 입력 보호 회로

제 7 장 DRAM의 동작 특성

7.1 | Data Sheet 보기

본 장에서는 상용으로 쓰이고 있는 Asynchronous 및 Synchronous DRAM의 Data Sheet을 보는 방법에 대해 살펴보기로 한다. DRAM의 Data Sheet에는 크게 3종류의 특성을 기술하고 있다. 첫째로 Pin 부근의 동작이나 Chip 전체의 소모 전력을 알 수 있는 DC 특성, 둘째로 입력 신호에 대한 출력 신호의 지연이나 Timing Margin 등에 대한 AC 특성, 그리고 특수 동작들, 즉 Fast Page Mode에서의 동작 특성이나 Synchronous DRAM의 각 State에서의 동작 특성을 알려주는 Function 특성이 있다.

7.1.1 DC 특성

DRAM의 DC 특성으로는 정격 전압, 동작 온도, V_{IH}/V_{IL}로 표시되는 입력 Threshold, V_{OH}/V_{OL}로 표시되는 출력 Level 및 공급전류, DRAM에서 소모되는 전류 등의 값이 중요하다. 그리고 이들 값에는 〈표 7.1〉과 같이 최대 정격(Absolute Maximum Ratings)이 표기되어 있어 이를 초과하지 않는 범위 내에서 쓰도록 해야 한다.

〈표 7.1〉 DRAM의 절대 정격(256Mb SDRAM의 경우)

Voltage/Temperature		MIN	MAX	Units
Voltage on VDD/VDDQ Supply	Relative to VSS(3.3V)	−1	+4.6	V
	Relative to VSS(2.5V)	−0.5	+3.6	V
	Relative to VSS(1.8V)	−0.35	+2.8	V
Voltage on Inputs, NC or I/O Balls	Relative to VSS(3.3V)	−1	+4.6	V
	Relative to VSS(3.3V)	−0.5	+3.6	V
	Relative to VSS(3.3V)	−0.35	+2.8	V
Operating Temperature	TA(Commercial)	0	+70	C
	TA(Industrial)	−40	+85	C
Storage Temperature	Plastic	−55	+150	C

〈표 7.2〉는 DRAM이 정상적으로 동작할 수 있는 DC 동작 범위를 규정하는 Parameter들을 정리한 것이다.

- 공급 전압: DRAM의 Core와 I/O에서 사용하는 전압으로 통상 정격전압의 10% 정도를 허용범위로 두고 있다.
- 입력 Level: V_{IL}과 V_{IH}의 규정은 Logic Low 또는 Logic High로 인식되는 입력 전압의 범위를 규정하는데 SDR SDRAM의 경우 3.3V LVTTL 규정을 따른다.
- 출력 Level: Output을 각각 High와 Low로 인식되도록 출력하는 전압으로 0.2V 정도의 Margin을 허용하고 있다. 표에서 각각의 전압은 4mA까지의 출력 전류량을 기준으로 보증하는 전압으로 V_{OH}는 4mA의 전류량을 구동하면서 최저 $V_{DDQ} - 0.2\,V$의 전압을 출력한다는 의미이다.
- 입출력 Leakage: I_I은 입력 Pin에서 허용할 수 있는 누설 전류의 최소/최대값을, I_{OZ}는 출력 Pin에서 허용할 수 있는 누설 전류의 최소/최대치를 각각 나타내며 모두 5μA를 넘지 않도록 규정하고 있다.

〈표 7.2〉 DRAM의 정격 동작 조건

Parameter/Condition	Symbol	MIN	MAX	Units
Supply Voltage	V_{DD}	3	3.6	V
I/O Supply Voltage	V_{DDQ}	3	3.6	V
Output Low Voltage: All Inputs: Iout=4mA	V_{OL}	–	0.2	V
Input Leakage Current: Any input $0\,V V_{IN} V_{DD}$ (All other balls not under test=0V)	I_I	–5	5	μA
Output Leakage Current: DQs are disabled; $0\,V V_{OUT} V_{DDQ}$	I_{OZ}	–5	5	μA

〈표 7.3〉은 SDRAM의 각 상태에 따른 정격 전류를 나타내고 있다. I_{DD1}은 Read 혹은 Write시 필요한 전류량이고 I_{DD2}는 Power-down 상태에서의 Standby 전류량인데 Clock을 인가하느냐에 따라 전류 소모량의 차이가 큼을 알 수 있다. I_{DD3}는 Data 이동이 없는 Active 상태에서의 Standby 전류량을 나타내고 I_{DD4}는 Burst Mode로 Read나 Write가 일어날 때의 전류량이다. 이러한 전류량은 DRAM의 동작 속도에따라 차이를 보이지만 Standby 전류량은 속도에 관계없이 동일함을 알 수 있다.

〈표 7.3〉 DRAM의 정격 전류

Parameter/Condition		Symbol	MAX -8	MAX -10	Unit
Operating current: Active; Burst=2; READ or WRITE; $t_{RC}=t_{RC}$(MIN)		$I_{DD}1$	170	145	mA
Standby current: power-down mode; All banks idle; CKE=LOW		$I_{DD}2P$	400	400	μA
Standby current: power-down mode; All banks idle; CKE=HIGH		$I_{DD}2N$	30	30	mA
Standby current: Active mode; CKE=High; CS#=High; All banks active after t_{RCD} met; No accesses in progress		$I_{DD}3N$	40	40	mA
Standby current: Active mode; CKE=Low; CS#=High; All banks active; No accesses in progress		$I_{DD}3P$	30	30	mA
Operating current: burst mode; continuous burst; READ or WRITE; All banks active, half DQs toggling every cycle		$I_{DD}4$	125	100	mA
Auto Refresh Current CKE=HIGH; CS#=HIGH	$t_{RFC}=t_{RFC}$(MIN)	$I_{DD}5$	255	205	mA
	t_{RFC}=15.625μs	$I_{DD}6$	2.5	2.5	mA
Deep power-down		I_{ZZ}	10	10	μA

7.1.2 AC 특성

DRAM은 Address를 Time Division Multiplexing으로 입력하는데 이를 위해 Asynchronous DRAM은 RAS#와 CAS#의 2개의 제어 신호가 필요하다. 따라서 Asynchronous DRAM을 동작시키기 위해서는 일단 RAS#와 CAS#에 [그림 7.1]과 같은 신호를 인가할 필요가 있다.

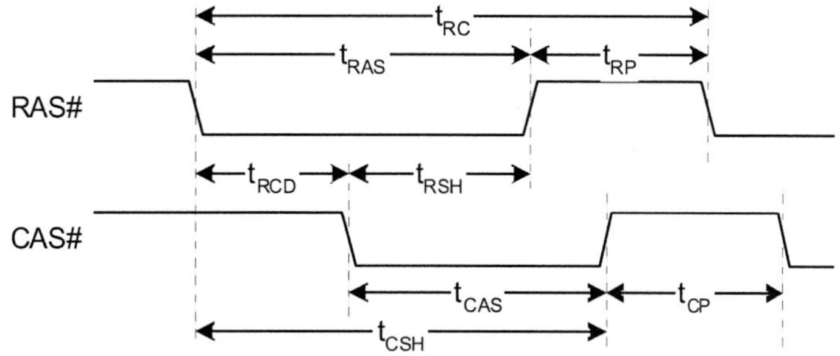

[그림 7.1] Asynchronous DRAM의 RAS#, CAS# 관련 Timing

1) RAS#가 L인 동안 먼저 Row Address가 입력되어 Row Decoder가 활성화되고 하나의 Word Line이 선택되며 Sense Amp.의 동작에 의해 Sensing 동작이 차례대로 이루어진다. 즉, RAS#가 L인 시간(t_{RAS})은 "Row Address Buffer로부터 Sense Amp.까지의 회로들을 활성화하는 시간"+"Data Read 혹은 Write 동작에 필요한 시간"으로 정리된다. 따라서 통상 $t_{RAS}= RAS\#$ Access Time(t_{RAC})이 성립된다.
2) RAS#가 H인 동안(t_{RP})은 DRAM의 Row Address buffer, Row Decoder, Sense Amp., Bit-Line 등의 Row Path 회로들을 Precharge해야 하므로 t_{RP}(RAS Precharge Time)는 "Precharge에 필요한 시간"으로 규정된다. t_{RP}동안은 DRAM이 Disable되어 출력단은 High Impedance 상태가 되며 다른 Pin들도 Inactive 상태가 된다.
3) CAS#가 L로 천이되는 시점에 Column Address가 Latch되어 이후 더 이상 Column Address가 입력되지 못하도록 한다. 한편 CAS#가 L로 되기 이전 Column Address가 인가되었다면 CAS#가 L일 때에 벌써 Column Decoder, DBSA까지의 동작이 완료되어 있다. CAS#가 L로 됨에 따라 Data Output Buffer가 활성화되므로 이 경우 Read 동작이 단번에 이루어질 수 있다. 따라서 CAS#가 L인 시간(t_{CAS})은 Data Output Buffer의 활성화 기간으로 규정되어 통상 t_{CAS}=CAS Access Time(t_{CAC})의 관계가 성립한다.
4) CAS#가 H인 시간(t_{CP})은 Data I/O Buffer 등의 "CAS# Control 하의 회로들이 Precharge되는 기간"으로 이 동안에는 Read나 Write의 동작이 원칙적으로는 불가능하다(단, EDO DRAM같은 경우 이 기간 동안에도 Read가 가능하게 했다). 하지만 Column Address Buffer는 CAS#가 H로 있어도 RAS#가 L로 천이된 후 일정한 시간이 지나면 Column Address를 받아들이기 시작한다. 또 Column Decoder와 DBSA는 CAS#가 H로 있어도 RAS#가 L이면 동작을 시작할 수 있다.

DRAM에서는 Activation Period 전에 반드시 Precharge Period를 거쳐야 한다. t_{RAS}가 t_{CAS}보다 길고 t_{RP}가 t_{CP}보다 길기 때문에 RAS# Cycle Time이 DRAM의 Cycle Time으로 된다. 또한 동작 중 RAS#와 CAS#와의 상대 관계를 규정하는 t_{RSH}(RAS# Hold Time)와 t_{CSH} (CAS# Hold Time)도 지켜져야 한다. 이에 따라 RAS Cycle Time t_{RC}는

$$t_{RC}= t_{RAS}+t_{RP}+2t_T$$

로 주어지며 이때, t_T는 신호가 천이하는 데에 걸리는 시간이다. 〈표 7.4〉는 16Mb Asynchronous DRAM에서의 RAS#, CAS# 관련 규정을 모은 것이다.

〈표 7.4〉 Asynchronous DRAM에서의 RAS#, CAS# 시간 규정(16Mb DRAM)

Parameter	Symbol	50ns		60ns		Unit
		MIN	MAX	MIN	MAX	
Random Read/Write Cycle Time	t_{RC}	90	–	110	–	ns
RAS# Pulse Width	t_{RAS}	50	10000	60	10000	ns
RAS# Precharge Time	t_{RP}	30	–	40	–	ns
RAS# to CAS# Delay Time	t_{RCD}	20	37	20	45	ns
RAS# Hold Time	t_{RSH}	13	–	15	10000	ns
CAS# Pulse Width	t_{CAS}	13	10000	15	10000	ns
CAS# Precharge Time	t_{CP}	10	–	10	–	ns
CAS# Hold Time	t_{CSH}	50	–	60	–	ns

한편 Synchronous DRAM에서는 내부 Core에서의 동작은 Asynchronous DRAM과 동일하지만 제어 신호를 외부에서 직접 받는 것이 아니고 내부에서 생성시켜 사용하기 때문에 DRAM을 이용하는 입장에서는 전혀 다른 Timing이 요구된다.

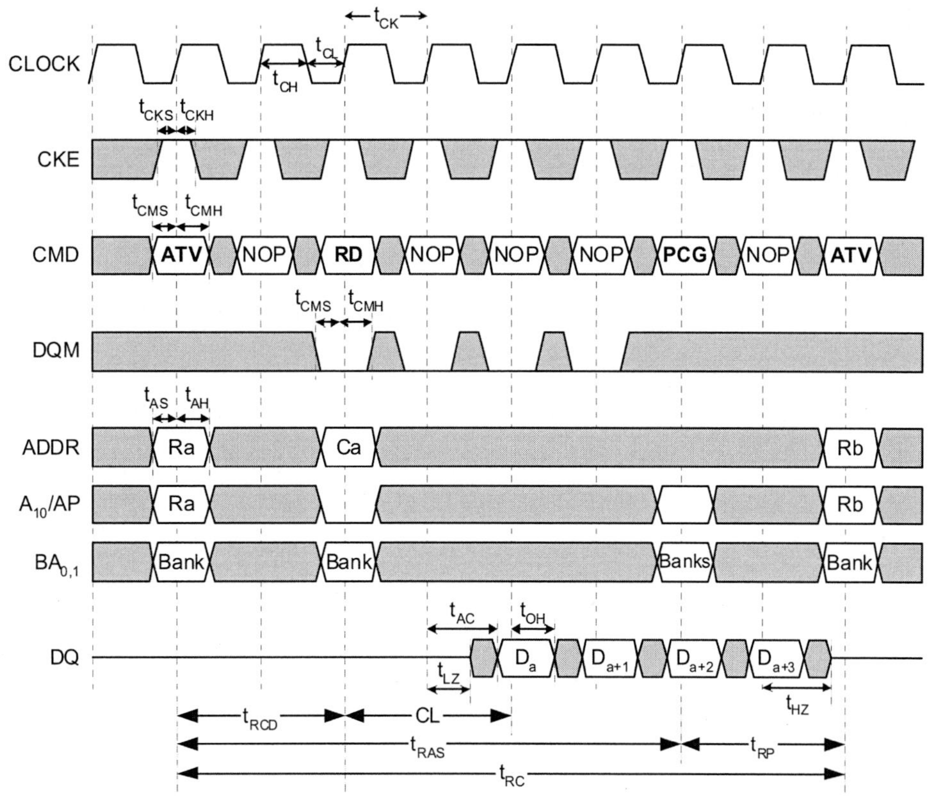

[그림 7.2] SDRAM의 Read 동작 Timing(Without Auto Precharge, Burst Length=4)

Asynchronous DRAM에서는 RAS#와 CAS# 등의 신호가 인가되는 Timing에 따라 명령이 결정되는 반면 Synchronous DRAM에서는 RAS#와 CAS#, CS#, WE#, DQM의 신호가 Clock에 동기화되어 Digital 신호로 인가되고 이 값들의 조합을 통해 명령의 종류가 결정된다. [그림 7.2]와 [그림 7.4]에서는 이들의 조합을 CMD라는 신호로 간략화해서 나타냈다. Clock에 동기화되어 신호가 DRAM의 Control Logic에 Latch되기 때문에 Asynchronous DRAM에서는 없던 Setup Time과 Hold Time에 대한 규정이 추가되었다. t_{CMS}와 t_{CMH}는 각각 Command Signal에 대한 Setup Time과 Hold Time을 규정하고 t_{AS}와 t_{AH}는 Address Signal, t_{CKS}와 t_{CKH}는 Clock Enable Signal에 대한 Setup/Hold Time을 규정하고 있다.

1) 첫 번째 Clock의 Rising Edge에서 RAS#, CAS#, CS#, WE#, DQM의 조합에 의해 ACTIVE 명령을 받아들인다. 같은 Timing에서 Data를 Access할 Row Address 정보도 같이 입력받는다.
2) t_{RCD}만큼의 시간이 흐른 후 Read 명령과 Column Address 정보를 입력받는다. Asynchronous DRAM에서 t_{RCD}는 시간의 단위로 표시되었지만 Synchronous DRAM에서는 Clock Cycle 개수로 표시된다. 즉, Asynchronous DRAM과 Synchronous DRAM의 Core가 같을 경우 Asynchronous DRAM의 t_{RCD}값을 Clock 주기로 나눠서 올림한 값이 Synchronous DRAM의 t_{RCD}값이 된다. Asynchronous DRAM에서는 t_{RCD} 후에 CAS#를 Enable하면서 Column Address를 인가하지만 Synchronous DRAM에서는 t_{RCD}에 대한 정보를 이미 가지고 있기 때문에 약속된 Clock Cycle 후에 Column Address 정보만을 인가하면 된다.
3) Column Address가 인가된 후 CAS Latency(CL)만큼 지난 후부터 원하는 Data가 출력되기 시작한다. CAS Latency는 READ 명령이 인가된 후부터 첫 번째 Data가 출력될 때까지의 Clock Cycle 수를 의미한다. Asynchronous DRAM에서의 t_{CAC}에 비유되는 시간이다. Synchronous DRAM에서 동작 주파수가 빨라진다고 해도 READ 명령에서 Data 출력까지는 절대적인 시간(t_{CAC})이 필요하기 때문에 동작 주파수를 높이는 경우 [그림 7.3]에서와 같이 CL의 시간값이 일정값을 넘도록 CL값을 보정해 주어야 한다. CL은 DRAM이 Initialization될 때에 Mode Register Set에 기록된다.
4) 첫 번째 Data가 출력된 후부터는 매 Clock Cycle마다 연속된 주소의 Data가 Burst Length만큼 출력된다. [그림 7.2]에서는 Burst Length=4인 경우를 보여주고 있다.
5) Asynchronous DRAM에서는 RAS#를 Disable함으로써 Row Precharge 동작으로 들어가지만 Synchronous DRAM에서는 t_{RAS} 후에 Precharge(PCG) 명령을 통해 DRAM은 Row Precharge 동작으로 들어간다. Precharge는 모든 Bank를 한꺼번에 할 수도 있고 특정 Bank 하나만 할 수도 있는데 Precharge 명령시 A_{10}/AP의 값에 의해 결정된다. 하나의 Bank만을 Precharge하는 경우에는 BA 주소값을 입력받아 Precharge할 Bank를

선택하게 된다. Auto Precharge의 경우에는 별도의 PCG 명령을 인가하지 않고도 Precharge를 수행하게 된다.

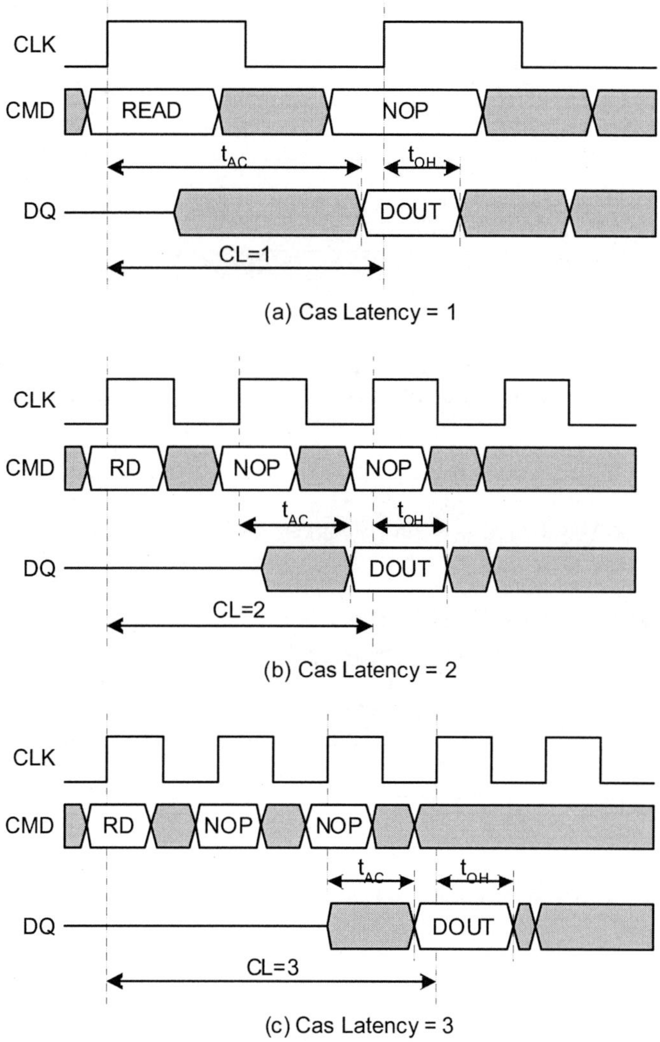

[그림 7.3] CAS Latency에 따른 동작 Timing

[그림 7.4]의 SDRAM의 Write 동작은 기본적인 Timing 규정은 Read 동작에서와 동일하다. 단, Write Data가 인가되는 시점이 Write 명령이 인가되는 Clock과 동일한 시점으로 Write Data는 규정된 Setup Time(t_{DS})과 Hold Time(t_{DH})을 지켜야 한다.

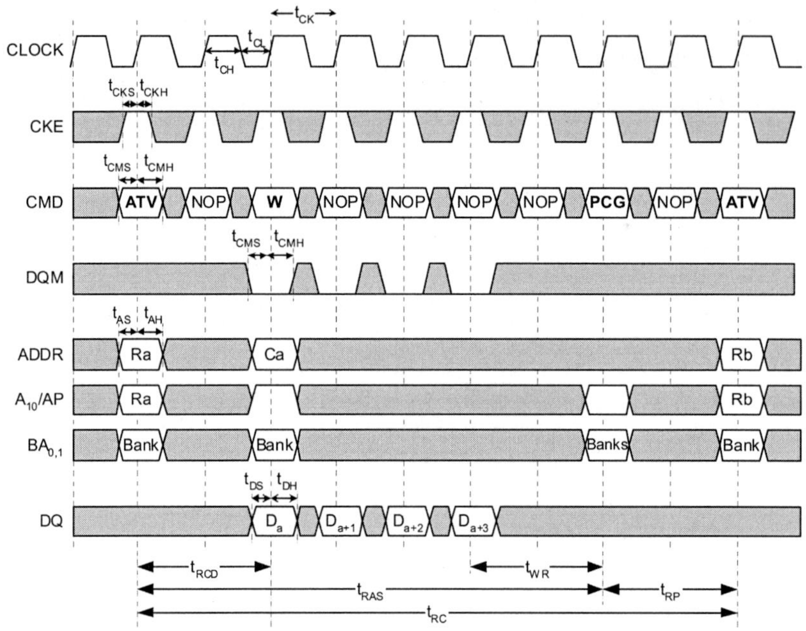

[그림 7.4] SDRAM의 Write 동작 Timing(Without Auto Precharge, Burst Length=4)

〈표 7.5〉 SDRAM에서의 Timing 관련 규정(256Mb SDR)

AC Characteristics			-8		-10		
Parameter		Symbol	MIN	MAX	MIN	MAX	Unit
Access time from CLK (pos. edge)	CL=3	$t_{AC}(3)$	–	7	–	7	ns
	CL=2	$t_{AC}(2)$	–	8	–	8	ns
	CL=1	$t_{AC}(1)$	–	19	–	19	ns
Clock cycle time	CL=3	$t_{CK}(3)$	8	100	10	100	ns
	CL=2	$t_{CK}(2)$	9.6	100	12	100	ns
	CL=1	$t_{CK}(1)$	20	100	25	100	ns
CS#, RAS#, CAS#, WE#, DQM hold time		t_{CMH}	1	–	1	–	ns
CS#, RAS#,CAS#, WE#, DQM setup time		t_{CMS}	2.5	–	2.5	–	ns
ACTIVE to ACTIVE command period		t_{RC}	80	–	100	–	ns
ACTIVE to PRECHARGE command		t_{RAS}	48	120000	50	120000	ns
PRECHARGE command period		t_{RP}	20	–	20	–	ns
ACTIVE to READ or WRITE delay		t_{RCD}	20	–	20	–	ns
ACTIVE bank a to ACTIVE bank b command		t_{RRD}	20	–	20	–	ns
READ/WRITE cmd to READ/WRITE cmd		t_{CCD}	1		1		t_{CK}

〈표 7.5〉에서는 SDRAM을 동작시키기 위한 각종 Timing 규정을 표시하고 있다. 표에서는 Nano-second의 시간 단위로 표시되어 있지만 Clock에 의해 동기되기 때문에 실제 동작에서는 "규정시간 / Clock 주기"한 값을 올림한 정수값의 Clock 후에 각종 신호들을 인가해야 한다.

다음으로 Asynchronous DRAM에서 RAS#와 CAS#가 각각 L로 천이될 때에 동기되어 입력되는 Row Address와 Column Address에 관한 시간 규정을 [그림 7.5]를 통해 살펴보자.

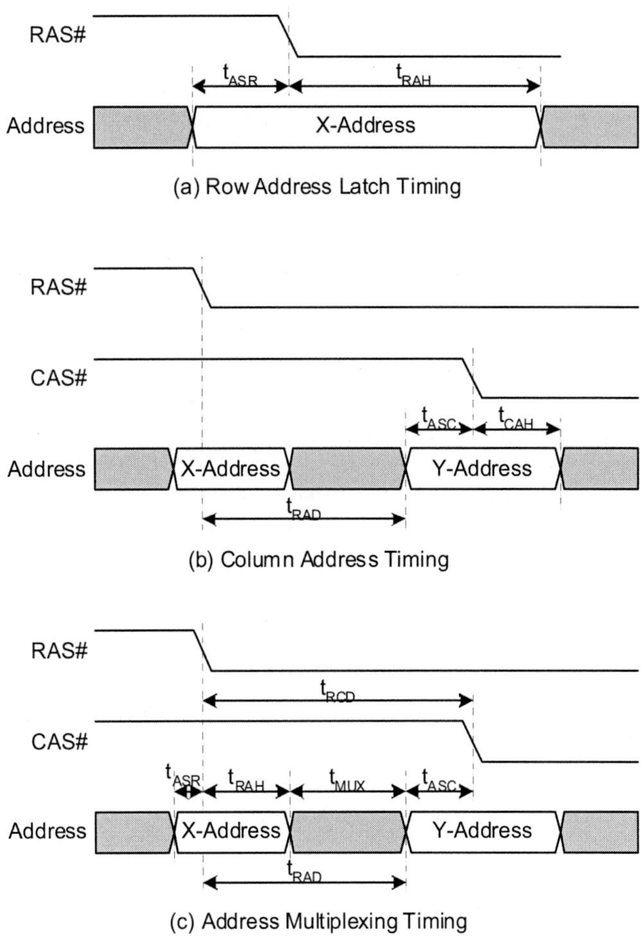

[그림 7.5] Address 관련 Timing

[그림 7.5(a)]는 Row Address가 Latch되는 Timing 조건을 나타내고 있다. Address Pin에 인가된 신호가 Row Address로 입력되기 위해서는 RAS#가 L로 천이되는 시점을 기준으로 t_{ASR}(Row Address Setup Time) 시간 전에 Pin에 인가되어 있어야 하며 Address가 완전하게 받아들여질 때까지, 즉 t_{RAH}(Row Address Hold Time) 시간까지는 Pin에 계속 인가되고 있어야 한다.

[그림 7.5(b)]는 Column Address가 Latch되는 Timing을 나타내고 있다. Row Address 조건과 마찬가지로 CAS#가 L로 천이될 때를 기준으로 앞뒤로 t_{ASC}(Column Address Setup Time)와 t_{CAH}(Column Address Hold Time)만큼 Column Address를 유지하고 있어야 한다. 또한 CAS#는 RAS#가 천이된 후 t_{RAD} 시간 후에 천이되어야 하는데 이 값에 따라 t_{RAC}(RAS# Access Time)이 바뀌게 되며 t_{RAD}가 길면 그만큼 t_{RAC}도 길어진다.

[그림 7.5(c)]는 Address Multiplexing에 관련된 Timing으로, Address Pin에 인가된 신호가 Row Address에서 Column Address로 바뀔 때까지의 시간인 t_{MUX}의 최대값 $t_{MUX,\ max}$는 RAS# Access Time이 늘어나지 않기 위해서는

$$t_{MUX,\ max} t_{RCD,\ max} - t_{RAH} - t_{ASC}$$

또는

$$t_{MUX,\ max} = t_{RAD,\ max} - t_{RAH}$$

를 만족해야 한다. 따라서 $t_{RCD,\ max}$(RAS-to-CAS Delay Time)와 $t_{RAD,\ max}$가 크고 t_{RAH}와 t_{ASC}가 작으면 사용자가 Address Multiplexing에 필요한 시간을 충분히 확보할 수 있으므로 DRAM을 사용하기가 그만큼 편리해진다. 한편, $t_{RCD,\ max}$를 큰 값으로 하기 위해서는 t_{CAA}(Column Address Access Time)를 짧게 해야 하는데 t_{RAC}(RAS Access Time)과의 균형을 맞추기 위해

$$t_{RAD,\ max} : t_{CAA} = 1 : 1$$

$$t_{RCD,\ max} : t_{RAC} = 3 : 4$$

로 설정하는 것이 일반적이다.

이상의 Address 관련 규정을 보면 〈표 7.6〉과 같다.

〈표 7.6〉 Asynchronous DRAM의 Address 관련 시간 규정(16Mb DRAM)

Parameter	Symbol	50ns		60ns		Unit
		MIN	MAX	MIN	MAX	
Row Address Setup Time	t_{ASR}	90	–	110	–	ns
Row Address Hold Time	t_{RAH}	50	10000	60	10000	ns
RAS# to Column Address Delay Time	t_{RAD}	30	–	40	–	ns
Column Address Setup Time	t_{ASC}	20	37	20	45	ns
Column Address Hold Time	t_{CAH}	13	–	15	10000	ns
Transition Time(Rise and Fall)	t_T	13	10000	15	10000	ns

Synchronous DRAM의 경우 명령 신호를 비롯한 Address 신호도 Clock에 동기되어 들어가므로 그에 해당하는 Setup Time과 Hold Time 조건만 만족시켜 인가해 주면 된다. 〈표 7.7〉에 이에 대한 규정이 나타나 있다.

〈표 7.7〉 Synchronous DRAM의 Address 관련 시간 규정(256Mb SDR SDRAM)

AC Characteristics		-8		-10		
Parameter	Symbol	MIN	MAX	MIN	MAX	Units
Address hold time	t_{AH}	1	–	1	–	ns
Address setup time	t_{AS}	2.5	–	2.5	–	ns

7.2 | Asynchronous DRAM의 Read/Write Cycle Time

Asynchronous DRAM은 RAS#, CAS# 및 Address 신호를 받아들인 뒤 WE# 신호의 상태에 따라 Read, Write 등의 동작을 수행하고 특별한 경우 Read-Modify-Write 동작도 수행한다. Synchronous DRAM의 경우 7.1에서 설명한 것처럼 제어 신호를 하나의 Instruction Code로 입력받아 Read, Write, Precharge 등의 동작을 수행한다.

7.2.1 Read

[그림 7.6]은 Read 동작시 규정되는 Timing을 나타낸 그림이다.

(1) Read 동작 Cycle

WE#가 CAS# Enable되기 t_{RCS}(Read Command Setup Time) 전에 Disable되면 Read 동작이 시작되고, RAS#가 Disable되고 t_{RRH} 시간까지 WE#가 H를 유지하거나 CAS#가 Disable되고 t_{RCH}시간까지 WE#가 H를 유지하는 동안이 Read Cycle이 된다.

(2) Access Time의 종류

RAS#가 Enable된 시점부터 Data가 출력될 때까지의 시간을 t_{RAC}(RAS Access Time)이라 하고 CAS#가 Enable된 시점부터 Data가 출력될 때까지의 시간을 t_{CAC}(CAS Access Time)이라 한다. 또한 Column Address를 입력한 이후부터 Data가 출력될 때까지의 시간을 t_{CAA}(Column Address Access Time)이라 한다. 통상 $t_{CAC} : t_{CAA} : t_{CAC} = 4 : 2 : 1$의 관계가 만족된다.

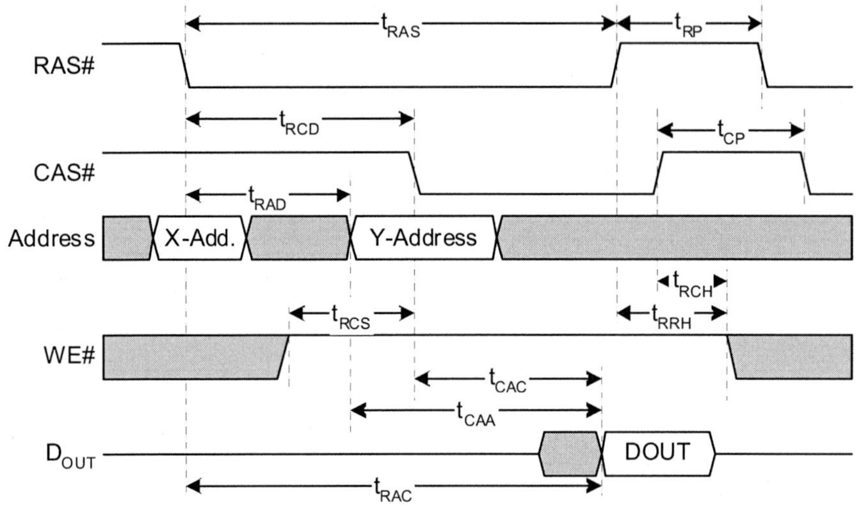

[그림 7.6] Asynchronous DRAM의 Read Cycle Time Diagram

〈표 7.8〉에 16Mb Asynchronous DRAM이 Read 동작에 필요한 Timing 규정을 정리해 놓았다.

〈표 7.8〉 Read 동작을 위한 시간 규정

Parameter	Symbol	50ns		60ns		Unit
		MIN	MAX	MIN	MAX	
Access Time from RAS#	t_{RAC}	–	50	–	60	ns
Access Time from CAS#	t_{CAC}	13	50	15	60	ns
Access Time from Column Address	t_{CAA}	–	25	–	30	ns
Read Command Setup Time	t_{RCS}	0	–	0	–	ns
Read Command Hold Time refenced to CAS#	t_{RCH}	0	–	0	–	ns
Read Command Hold Time refenced to RAS#	t_{RRH}	0	–	0	–	ns
CAS# to Output in Low-Z	t_{CLZ}	0	–	0	–	ns
Output Buffer Turn-off Delay	t_{OFF}	0	13	0	15	ns

7.2.2 Early Write

Early Write는 WE#가 CAS#보다 먼저 L로 천이한다는 데에서 그 이름이 연유된 것으로 Read Cycle의 경우와 비슷하지만 WE#에 관계하는 Timing 조건이 추가된 것이 다르다. [그림 7.7]에서 Early Write의 Timing을 보여주고 있다.

1) WE#가 CAS# Enable 시점부터 각각 t_{WCS}(Write Command Setup Time)와 t_{WCH}(Write Command Hold Time) 이상의 Setup Time과 Hold Time을 가지면 Early Write 동작을 하게 된다. 또한 WE#가 L이어야 하는 전체 시간 폭이 t_{WP}(WE# Pulse Width)로 규정되어 있다.
2) 입력 Data도 CAS# Enable 시점 기준으로 각각 t_{DS}(Data Setup Time)와 t_{DH}(Data Hold Time)의 Setup Time과 Hold Time 조건을 충족하면서 인가되어 있어야 한다.
3) Early Write 동작 중에는 D_{OUT} 단자는 High Impedance 상태를 유지하게 된다.

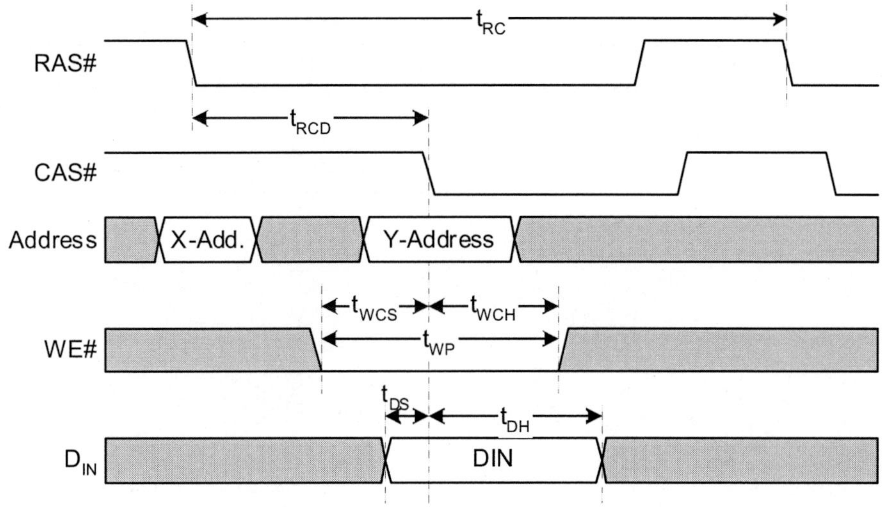

[그림 7.7] Early Write Timing Diagram

7.2.3 Read-Modify-Write(RMW)

Read-Modify-Write(RMW)는 선택된 주소의 Cell로부터 Data를 읽어내고 그 값을 갱신한 후 읽었던 위치에 다시 쓰는 일련의 동작을 수행한다. 이렇게 동일 주소의 Data를 즉시 갱신해야 하는 경우 Read 및 Write 각각의 동작에서 중복되는 Activation이나 Precharge 등의 동작을 생략해서 전력 소모 및 Access Time을 줄일 수 있다. [그림 7.8]에 RMW 관련 시간 규정들이 표시되어 있다.

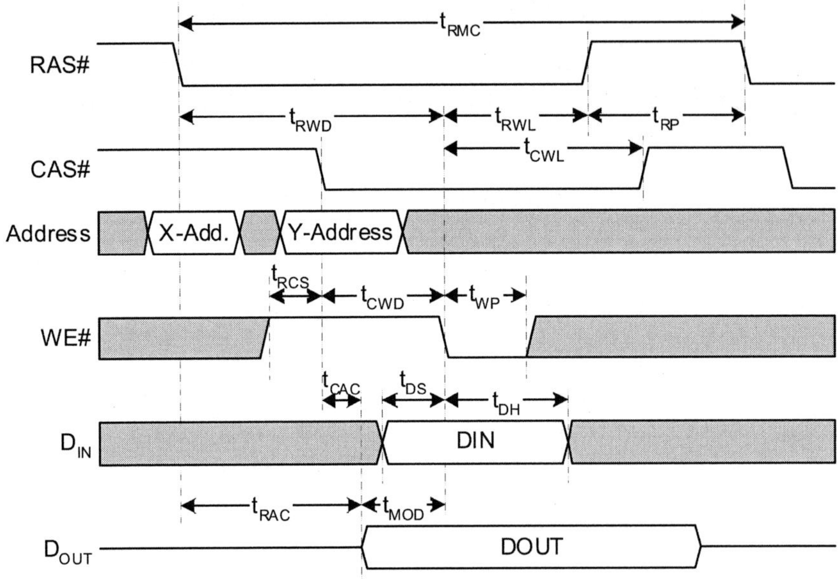

[그림 7.8] Read-Modify-Write(RMW) Timing Diagram

1) RMW Cycle Time t의 최소값 $t_{\mathrm{RMC,\,min}}$은 다음과 같이 주어진다.

$$t_{\mathrm{C,\,min}} = t_{\mathrm{RAC}} + t_{\mathrm{MOD}} + t_{\mathrm{RWL}} + t_{\mathrm{RP}}$$

이때 t_{MOD}는 Read한 Data를 변경하기 위해 필요한 시간으로 DRAM을 Access하는System에 의해 결정된다.

2) RMW는 Read와 Write가 동일한 Cycle에 이루어지기 때문에 Read 동작과 Write 동작을 분리할 필요가 있다. 우선 확실한 Read 동작을 보장하기 위해 WE#를 H로 유지해야 하는 시간인 t_{RWD}와 t_{CWD}가 각각 RAS#와 CAS#의 Falling Edge를 기준으로 규정되어 있다. 통상 $t_{\mathrm{RWD}} = t_{\mathrm{CAC}}$의 관계가 성립한다. 그리고 확실한 Write 동작을 보장하기 위해 CAS# 및 RAS#가 H로 천이하기까지 WE#가 L로 있어야 하는 시간, 즉 t_{RWL}과 t_{CWL}이 각각 규정되어 있으며 WE#의 Pulse Width인 t_{WP}도 지켜져야 한다.

3) D_{IN} 값은 WE#가 L로 천이하는 시점을 기준으로 t_{DS}와 t_{DH} 시간 이상의 Setup Time과 Hold Time이 보장되어야 한다.

4) Write 동작만을 주목해서 볼 때 이 동작이 RMW의 Read 동작 이후에 이루어지므로 CAS#가 WE#보다 먼저 Enable되어 있어 Early Write와는 반대인 상황이기 때문에 Delayed Write라 부르기도 한다. 이 경우 나중에 Enable된 WE#가 L로 천이되는 시점이 t_{DS} 및 t_{DH}의 기준 시점으로 동작한다.

5) RMW를 활용하면 Read-Verify-Write 동작, 즉 동일 Cycle 내에서 선택된 Memory Cell에 Data를 써넣은 뒤 써넣은 값을 다시 확인하는 동작도 가능하다.

7.2.4 OE-Controlled Read/Write

일반적인 ×4, ×8, ×16 등의 구성의 경우 Package Pin의 개수를 줄이기 위해 Data Input과 Data Output이 동일한 Pin을 이용한다. 이때 OE# 신호가 현재 상황에서 Pin이 Input인지 Output인지를 알려주게 된다. 앞서 설명한 Read, Write 동작에 OE# 신호를 포함하면 [그림 7.9]와 [그림 7.10]과 같이 된다. [그림 7.9]의 Read 동작에서는 OE#가 L일 때에 Data가 출력되는데 OE#가 Enable된 후부터 Data가 출력될 때가지의 Delay에 해당하는 t_{OEA}와 t_{OEZ}시간 규정이 추가된다.

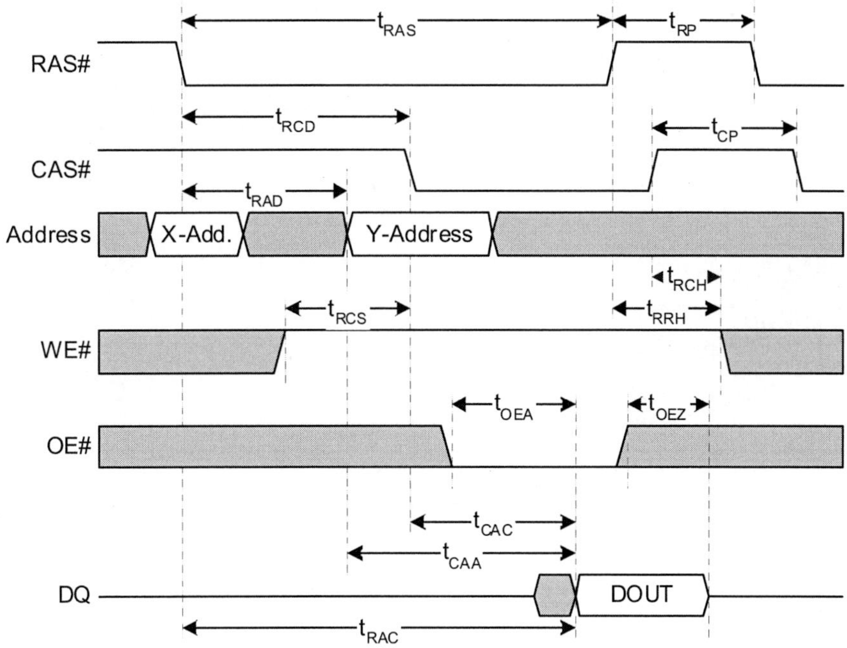

[그림 7.9] OE-Controlled Read Timing Diagram

Write 동작에서는 OE#의 상태에 상관없이 WE#에 의해서만 Write 동작이 결정되고 입력 Data가 출력 Data간의 충돌을 피하기 위해 t_{OED}와 t_{OEH}의 시간 규정이 추가된다.

〈표 7.9〉는 OE#와 관련된 시간 규정을 정리한 것이다.

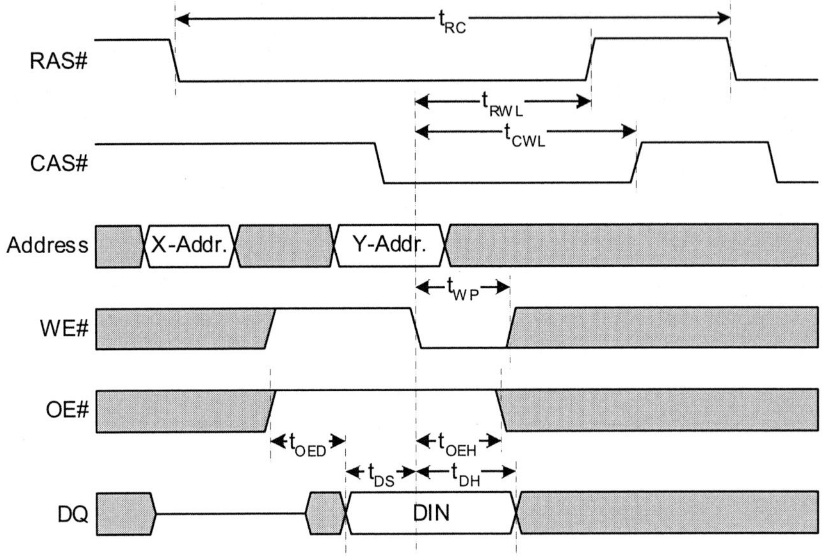

[그림 7.10] OE–Controlled Write Timing Diagram

〈표 7.9〉 OE# 관련 시간 규정

Parameter	Symbol	50ns		60ns		Unit
		MIN	MAX	MIN	MAX	
OE# Access Time	t_{OEA}	133	–	155	–	ns
OE# to Data Delay	t_{OEZ}	73	–	85	–	ns
Output Buffer Turn–off Delay Time from OE#	t_{OED}	36	–	40	–	ns
OE# Command Hold Time	t_{OEH}	15	–	15	–	ns

7.3 | Refresh Cycle

7.3.1 Refresh 규정

Asynchronous DRAM의 Refresh 동작은 보통 [그림 7.11]처럼 외부로부터 Refresh Address를 인가한 뒤 RAS# 신호를 하강시켰다가 다시 상승시키는 1 Cycle로 실행되는데 이를 RAS Only Refresh라 부른다. 이때 Row Address에 의해 선택된 한 Word Line에 연결된 모든 Cell들이 Sense Amp.에 의해 증폭되어 Rewrite되므로 (Refresh) 이 동작을 전체 Row가 모두 선택될 때까지 실행하면 전체 DRAM Cell들을 모두 Refresh할 수 있다.

이러한 Refresh는 Cell Capacitor에 축적된 전하가 방전되어 Logic High나 Low를 판정하는 것이 불가능해지기 전에 행해야 하며, 이 시간을 Refresh Period라 부른다. 또한 몇 번의 Cycle만에 모든 Row가 선택되어 Refresh가 완결되는가를 나타내는 수를 Refresh Cycle이라 부른다. Refresh Period를 Refresh Cycle로 나눈 시간이 Refresh Interval이 되는데, 이는 일정한 시간 간격으로 Refresh를 진행할 때에 각 Refresh Cycle마다의 시간 간격이 된다. DRAM의 Refresh 규격은 16Kb 세대부터 2ms/128 Cycle로 사용된 이래 약 15.6μs의 Refresh Interval을 유지하는 규격이 표준화되어 왔었다. 이후 256K에서는 4ms/256 Cycle, 1Mb에서는 8ms/512 Cycle, 4Mb에서는 16ms/1024 Cycle이 표준 규격으로 되어 있다. 256M Synchronous DRAM의 경우 64ms/8192 Cycle로 Refresh 동작을 수행한다. 따라서 1 Cycle에 Refresh되는 Bit의 수는 256K에서는 1024b, 1M에서는 2048b, 4M에서는 4096b으로 되어 집적도가 향상됨에 따라 1 Cycle에 동작해야 하는 Bit수가 증가하여 소비 전력이 증가하게 된다. 또 Refresh Interval을 일정하게 유지하기 위해서 Refresh Period를 DRAM 세대에 따라 배로 증가시켜 왔는데, 이는 Memory Cell의 물리적인 크기는 점점 작아져서 저장 가능한 Cell Charge량이 적어짐에도 불구하고 Leakage는 억제해야 한다는 말이 된다.

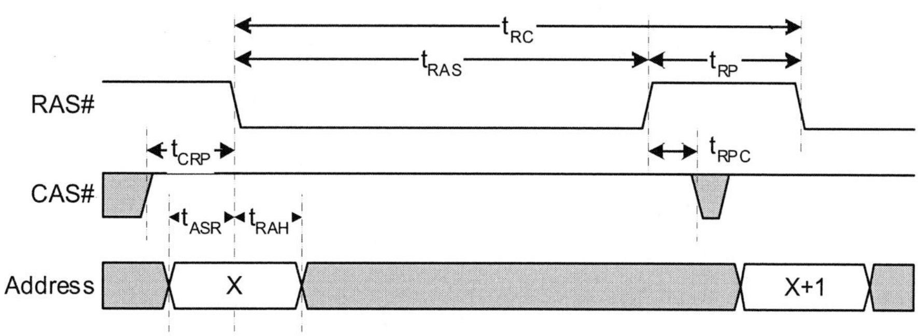

[그림 7.11] RAS Only Refresh

7.3.2 CAS-Before-RAS(CBR) Refresh(Automatic Refresh)

외부로부터 Refresh Address를 입력받는 대신 DRAM에 내장된 Refresh Address Counter가 Row Address를 발생시켜 Refresh를 수행하는 방식으로 [그림 7.12]와 같은 Timing으로 동작한다. 64Kb DRAM에서는 여분의 Pin에 Refresh 제어 신호 REF#를 주어 이 신호에 따라 내부에서 생성된 Address를 받아들일지 여부를 결정했었다. 즉, REF#가 RAS#보다 먼저 Enable되면 Refresh 동작으로 받아들여 외부 Address는 무시되었다. 하나의 Row가 Refresh를 마치면 내부 Address Counter는 다음 Row를 위해 1-bit Count-Up된다. 내부Address Counter가 없다면 외부 Controller에서 Refresh용 Address Counter를 설치해야 한다. 한편 REF#를 없애고 DRAM에서 사용하지 않는 제어 순서, 즉 CAS#가 RAS#보다 먼저 Enable되는 경우(CAS-Before-RAS)를 Refresh 명령으로 설정하면 별도의 Pin을 사용하지 않고도 Refresh 동작을 수행할 수 있는 것이다. 이 방식은 256Kb DRAM 이후부터 표준으로 지정되었다.

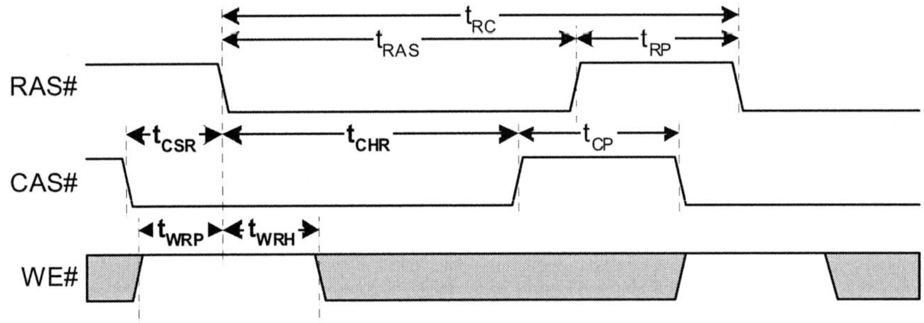

[그림 7.12] CAS-Before-RAS Refresh

CBR이 유효하려면 CAS#는 RAS#보다 t_{CSR}(CAS# Setup Time) 이전에 Enable되어야 하며 적어도 t_{CHR}(CAS# Hold Time)동안 Enable되어 있어야 한다. 사용하지 않는 제어 순서의 조합을 활용한 다른 예로는 Multi-Bit Test에서의 WCBR, 즉 CBR 진입시 WE#가 Enable되어 있는 비정상적인 조합을 사용한다. CBR과의 혼동을 방지하기 위해 WE# 신호가 CBR 진입시에 확실하게 Disable되어 있도록 t_{WRP}(WE# to RAS# Precharge Time), t_{WRH}(WE# to RAS# Hold Time) 규정이 추가된다.

Synchronous DRAM에서는 Auto Refresh라는 명령으로 CBR과 같은 동작을 수행한다. [그림 7.13]은 Auto Refresh의 Timing Diagram이다. Auto Refresh를 수행하기 위해서는 Bank들이 Idle 상태여야 하므로 [그림 7.13]에서는 Auto Refresh 동작 수행 전에 Precharge 동작을 통해 Bank를 Idle 상태로 만들고 있다. Auto Refresh Period는 t_{RFC}라는 시간값으로 주어지는데 이 값을 Clock Cycle로 환산했을 때의 올림값의 Cycle동안 Memory 명령은 NOP을 입력하게 된다.

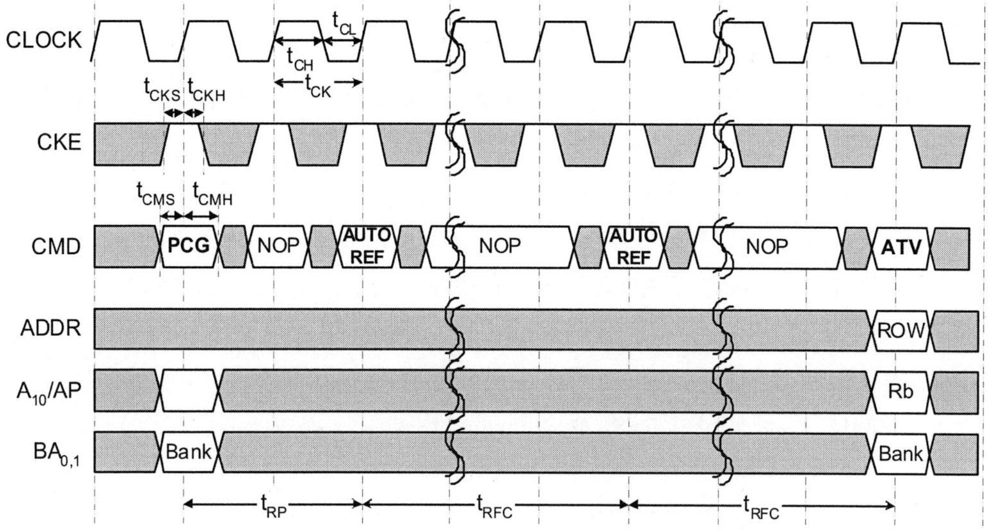

[그림 7.13] Synchronous DRAM의 Auto Refresh

7.3.3 Hidden Refresh

이 방식은 Read 동작과 CBR 동작이 합쳐진 형태로 둘 사이의 중복된 동작을 합침으로써 Refresh 동작을 감추게 하는 것이다. [그림 7.14]의 Timing Diagram에서와 같이 Read Cycle에서 CAS#가 Enable되어 있으면 출력 Data는 계속 유효한 상태를 유지하게 되는데 이때 RAS#를 Disable시켰다가 다시 Enable시키면 CBR 상태로 진입하게 되므로 CBR Refresh 1 Cycle이 완료된다. Data Output Buffer는 CAS#에 의해서만 제어되므로 이 Cycle동안은 계속 유효 Data가 출력되므로 외부에서 보기에는 정상 Read 동작과 같지만 내부적으로는 CBR Counter에 의해 생성된 내부 Address를 사용하여 Refresh가 이루어지기 때문에 Hidden Refresh라 불린다.

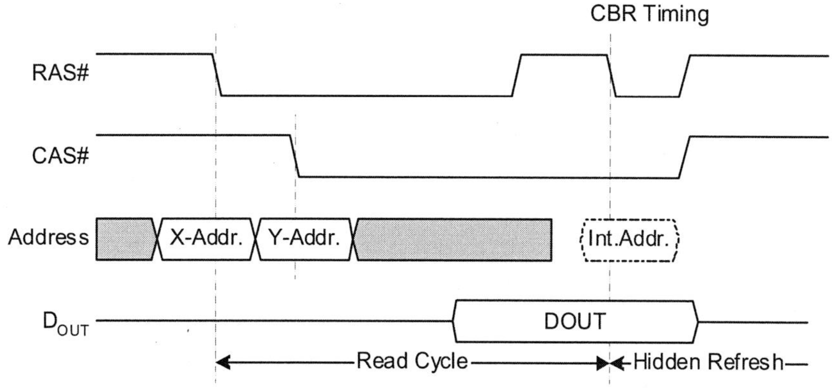

[그림 7.14] Hidden Refresh

7.3.4 Self Refresh

위의 Refresh 방법들은 외부 Controller에서 RAS# 등의 제어신호를 입력받아 수행하는, 소위 Pulsed Refresh 방식이었다. Self Refresh는 Refresh 동기 신호로 사용되던 RAS#마저도 DRAM 내부에서 발생시켜 Refresh하는 방식으로 저전력 소모 혹은 Battery Backup(BBU) 등의 목적을 위해 사용된다. DRAM 제어 신호들이 [그림 7.15]와 같이 특정 Timing 조건(이 경우 CBR 진입 후 이 Mode를 유지하면서 100μs 이상이 경과한 경우)을 만족시킬 때에 외부로부터 제어신호가 없이도 내부에서 생성된 Refresh Timer에 의해 자동적으로 Refresh에 필요한 제어 신호를 생성시켜 Refresh 동작을 수행하게 된다. Self Refresh에서 정상 Mode로 돌아오기 위해서는 t_{RPS} 이상의 RAS# Precharge 기간을 유지하면 된다.

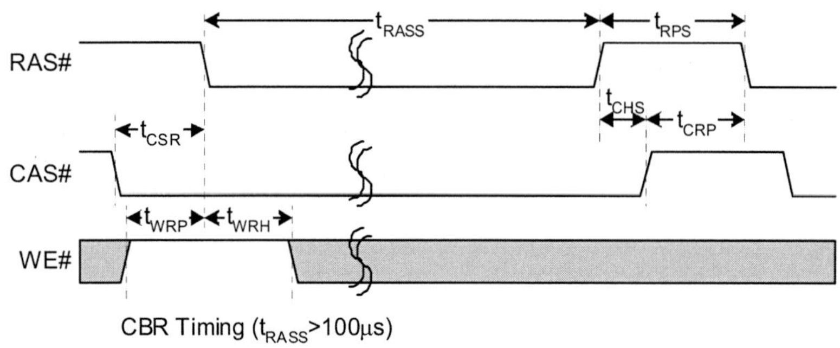

[그림 7.15] Self Refresh

DRAM의 전원 전압이 계속 유지되는 한 내부적으로는 주기적인 Refresh가 실행되고 Data가 계속 보존되기 때문에 Sleep Mode(Psuedo SRAM)라고도 불린다. 또한 Battery를 인가하는 것만으로 Data의 Backup이 이루어지므로 Battery Backup Mode라고도 한다. DRAM의 Battery Backup이 실용적인 Mode로 되기 위해서는 Standby 전류는 물론이고 Refresh 전류도 작은 값이어야 한다. BBU Mode에서는 1 Cycle당 동작하는 Memory Array의 수를 정상 동작때보다 작게 하고 V_{BB} 회로 등의 전원 회로도 필요에 따라서만 간헐적으로 동작시켜 소비전류를 대폭 감소시켜 Battery 소모를 최소화한다.

Self Refresh에 진입할 때에는 전체 Cell이 Refresh Period의 관점에서 모두 동일한 전제조건 하에 있을 필요가 있다. 이를 위해 Self Refresh 진입 직전에 Burst Cycle로 전체 Cell에 대해 Refresh를 고속으로 진행하여 모든 Cell을 Refresh 완료한 뒤에 Self Refresh Mode로 진입하게 된다.

Synchronous DRAM에서도 Self Refresh 동작이 있는데 Asynchronous DRAM과 마찬가지로 Data의 입출력이 없는 경우나 저전력 동작을 하는 경우에 선호하는 방법이다. [그림 7.16]과 같이 Self Refresh Mode에서 SDRAM은 내부 Clock과 CKE를 제외한 모든 입력 버퍼들을 비활성화시킨다. Refresh Addressing과 Timing은 저전력 동작을 위해 내부적으로 생성시켜서 사용된다. Self Refresh Mode는 Bank Idle 상태에서 CS#, RAS#, CAS#, CKE는 Low로, WE#는 High로 함으로써 진입한다. 일단 Self Refresh Mode가 되면 CKE가 Low인 것만을 통해 그 상태가 유지된다. 이 Mode에서 빠져나오기 위해서는 외부 Clock을 다시 인가하고 CKE를 High로 하면 된다. SDRAM이 Idle 상태로 진입하기 전까지의 t_{RC}(ACTIVE to ACTIVE Command Period)동안 Self Refresh 명령 뒤에는 NOP가 붙게 된다. Self Refresh 상태를 빠져나와서 새로운 명령을 받아들이는 것은 t_{XSR}(Exit SELF REFRESH to ACTIVE command)만큼의 시간이 지난 후에 가능하다.

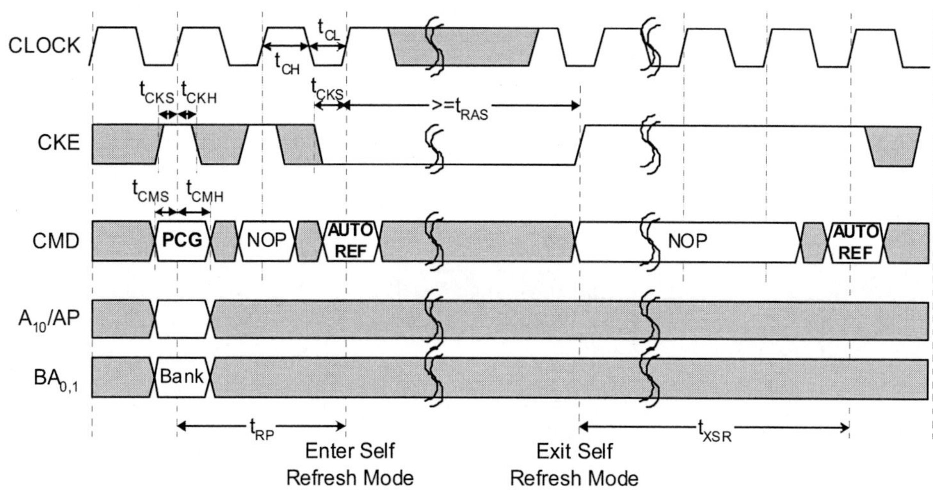

[그림 7.16] Synchronous DRAM에서의 Self Refresh

7.4 | Asynchronous 고속동작 모드

DRAM의 주요 Application은 PC나 Workstation 등 Computer의 Main Memory이다. Computer의 Memory Hierarchy를 보면 CPU는 Cache Memory에서 주로 Data를 Access하고 Cache Miss가 발생할 경우 DRAM에서 Data를 Access한다. 이는 DRAM의 Bandwidth가 CPU의 동작 속도를 따라가지 못하는 데다가 Access Latency가 길기 때문이다. 그래서 CPU에서 Random Access는 Cache에서 주로 처리하고 Cache는 DRAM으로부터 Block 단위로 Data를 전송받는다. Block 전송을 위해서 Row Address는 동일하고 Column Address만 다르거나 혹은 Column Address도 수~수십 Bit를 연속해서 Access하는 경우가 많다. 따라서 DRAM의 고속 동작은 Row Address는 고정하고 Column Address만 바꾸어 주면서 동작하는 방향으로 연구되어 왔다.

앞서 살펴본 바와 같이 RAS#에 의해 BLSA들이 활성화되는데, 이때 선택된 Row Address에 해당하는 Word Line에 연결된 모든 Cell들(Page라 부른다)에 있던 Data가 Sensing된다.

즉, 이미 한 Page만큼의 Data가 Latch되어 있으므로 Column Address만 바꾸어 줌으로써 고속 Access가 가능한 것이다.

7.4.1 Fast Page Mode

Fast Page Mode(FPM)는 [그림 7.17]과 같이 종래의 DRAM 구성과 동일한 Hardware 구조를 가진다. 기존의 방식은 첫 번째 Cycle에서는 RAS#가 Enable되면서 Row Address를 입력받고 그 후 CAS# Enable과 함께 Column Address를 받아 Data를 Access하는 과정을 반복하기 때문에 항상 t_{RC}만큼의 시간이 필요하다. 하지만 FPM에서는 [그림 7.18]에서와 같이 한 번의 RAS# Enable에 CAS#를 여러 번 Enable시킴으로써 Access Time을 t_{PC}로 줄일 수 있어 〈표 7.10〉에서 규정하는 60ns DRAM 기준으로 30% 이상의 속도 향상을 볼 수 있다. 비록 Row Address는 고정되지만 Column Address는 Random하게 입력할 수 있어 어느 정도의 Random Access는 가능하다.

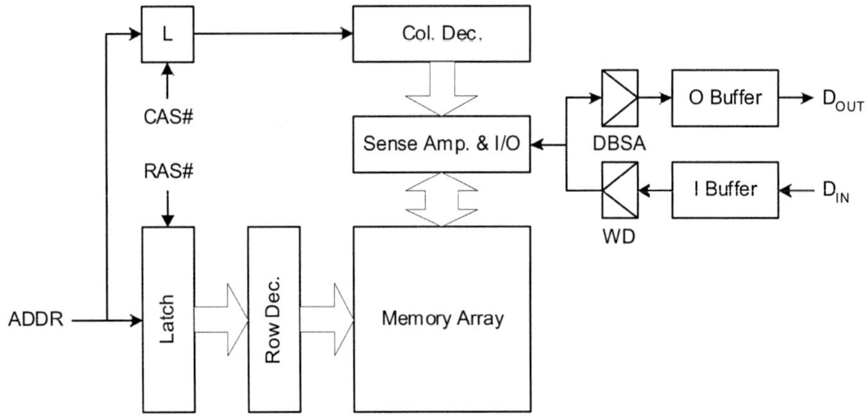

[그림 7.17] Fast Page Mode를 위한 DRAM 구성

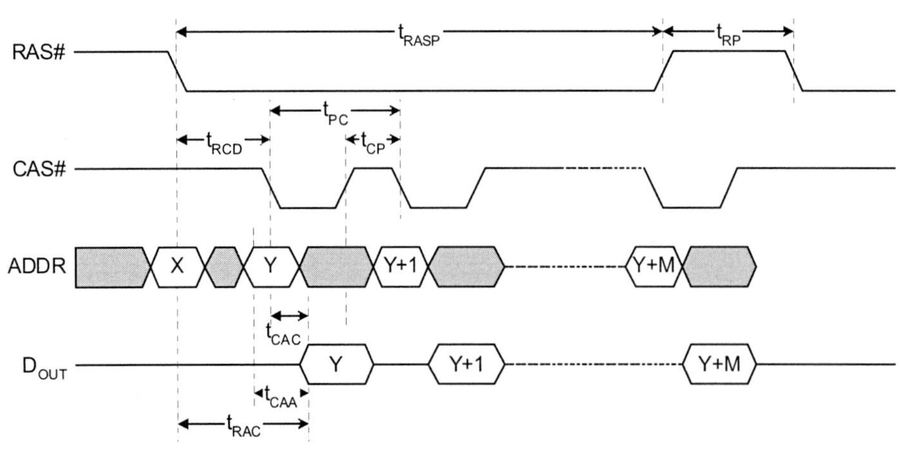

[그림 7.18] Fast Page Mode Timing

〈표 7.10〉 Fast Page Mode DRAM의 시간 규정

Parameter	Symbol	50ns		60ns		Unit
		MIN	MAX	MIN	MAX	
Fast Page Mode Cycle Time	t_{PC}	35	–	40	–	ns
Fast Page Cycle RAS# Pulse Width	t_{RASP}	50	200k	60	200k	ns
Access Time from CAS# Precharge	t_{CPA}	–	30	–	35	ns

7.4.2 Static Column Mode

FPM에서는 CAS# 신호와 함께 Column Address를 인가했지만 Static Column Mode에서는 Column Address만을 인가해서 CAS# 신호 규정을 피하도록 해서 속도를 더욱 향상시킨 것이 특징이다. 이를 위해서는 Address 변화를 감지해서 CAS#에 해당하는 제어 신호를 생성해서 써야 한다. 이를 담당하는 것이 Address Transition Detector(ATD)이다. [그림 7.20]에서 보는 것처럼 Static Column Mode에서는 CAS#도 고정이 되고(이 때문에 Static Column 이라는 이름이 붙여졌다) 단지 Column Address만을 바꾸면서 해당 Address의 Data를 쓰거나 읽는 동작을 한다. 여기서도 Column Address는 Random하게 입력할 수 있고 60ns t_{RAC} 제품의 경우 Static Column Mode Cycle Time t_{SC}가 35ns으로 줄여졌다.

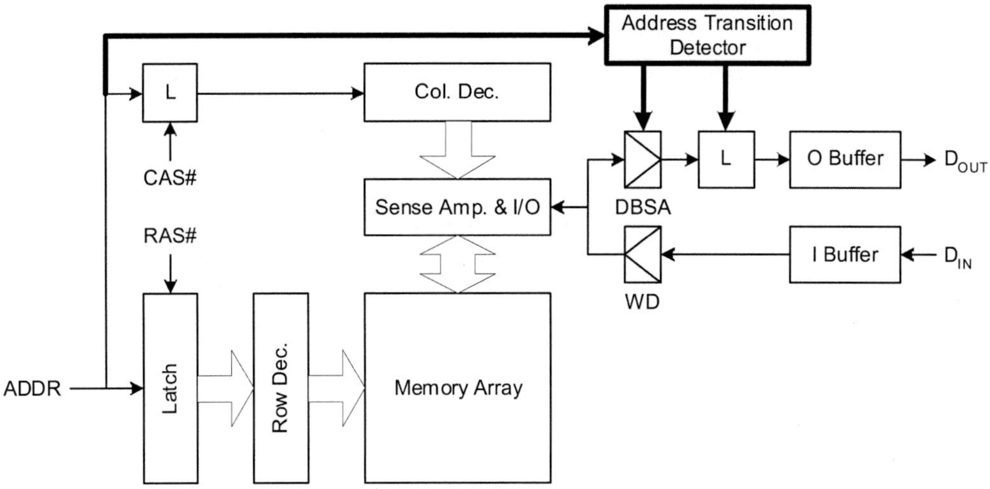

[그림 7.19] Static Column Mode를 위한 DRAM 구성

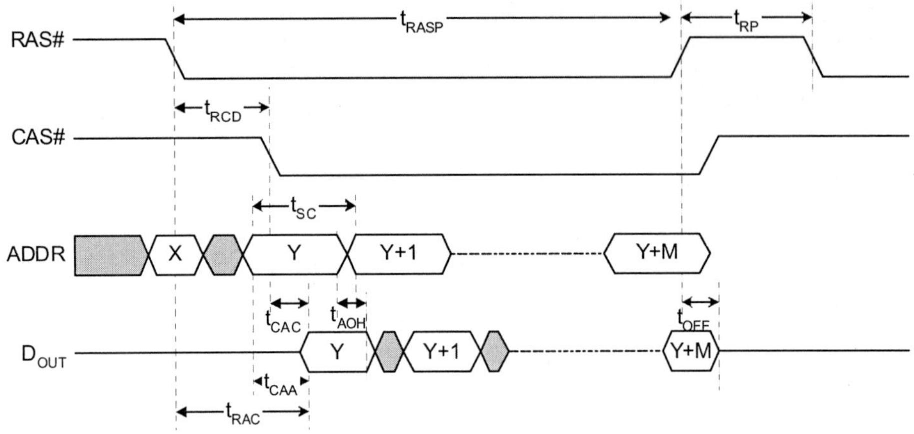

[그림 7.20] Static Column Mode Timing

7.4.3 Extended Data Output(EDO) Mode

Hyper Page Mode라고도 불리는 EDO Mode는 1993년경부터 널리 사용되기 시작한 방식으로 기본 구조는 앞에서 설명한 DRAM들과 크게 차이가 없다. 하지만 이전 Cycle의 Data Output을 유지한 채로 새로운 Data Access Cycle을 시작할 수 있도록 한 것을 특징으로 Data Latch를 추가함으로써 Pipeline 개념을 도입했다. 이를 위해 [그림 7.21]과 같이 Data Latch의 제어를 위한 제어회로가 추가된다. 기존의 DRAM은 CAS#가 Disable되면 Output Buffer를 껐는데 비해 EDO DRAM에서는 [그림 7.22]에서처럼 CAS#가 Disable되어도 Output Buffer가 꺼지지 않도록 해서 Data의 출력시간을 확장시켰다. 이를 통해 FPM에 비해 5~10%의 속도 향상을 가져올 수 있다.

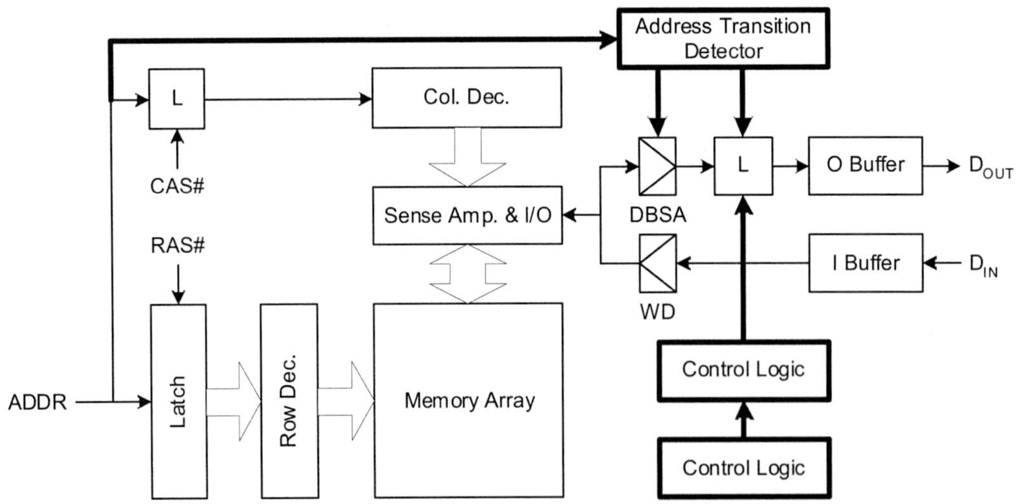

[그림 7.21] EDO Mode를 위한 DRAM 구성

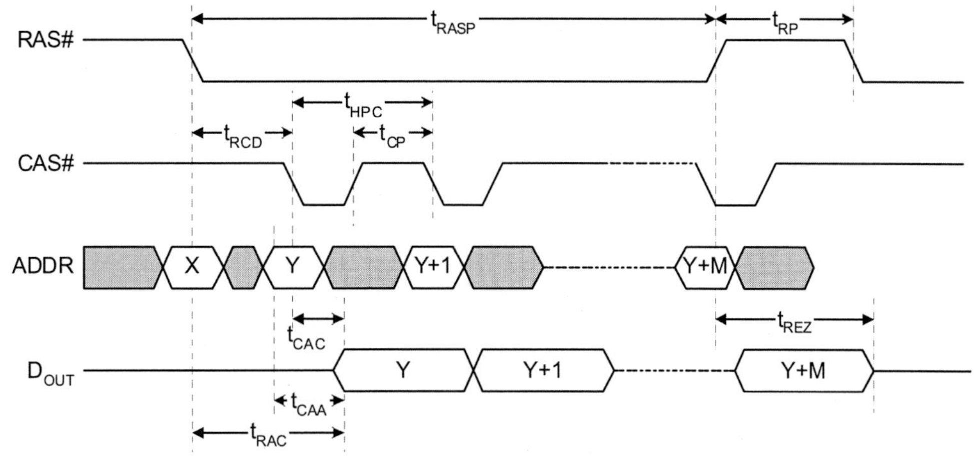

[그림 7.22] 일반적인 EDO Mode의 Read Timing

- OE#, WE# Controlled EDO : 메모리 동작중 출력 버퍼를 High impedance 상태로 바꾸어야 하는 경우가 자주 발생하는데 EDO 메모리의 경우 [그림 7.23]과 같이 OE#를 제어함으로써 이런 동작이 가능해진다. 이전의 메모리는 일단 데이터를 출력하고 나면 복구를 할 수 없는데 이 경우의 EDO에서는 Data Bus를 Floating 상태로 해야 하는 상황이 해제되고 나면 다시 이전 데이터를 출력시켜 준다. OE#뿐만 아니고 [그림 7.24]와 같이 WE#로도 출력 Buffer를 High Impedance 상태로 바꿀 수 있다.

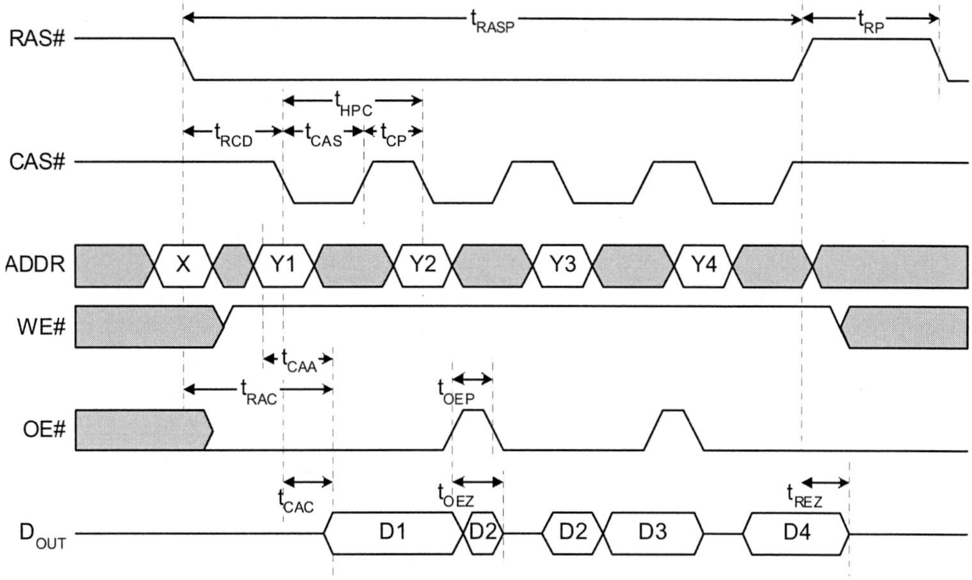

[그림 7.23] OE# Controlled Hyper-Page Read Timing

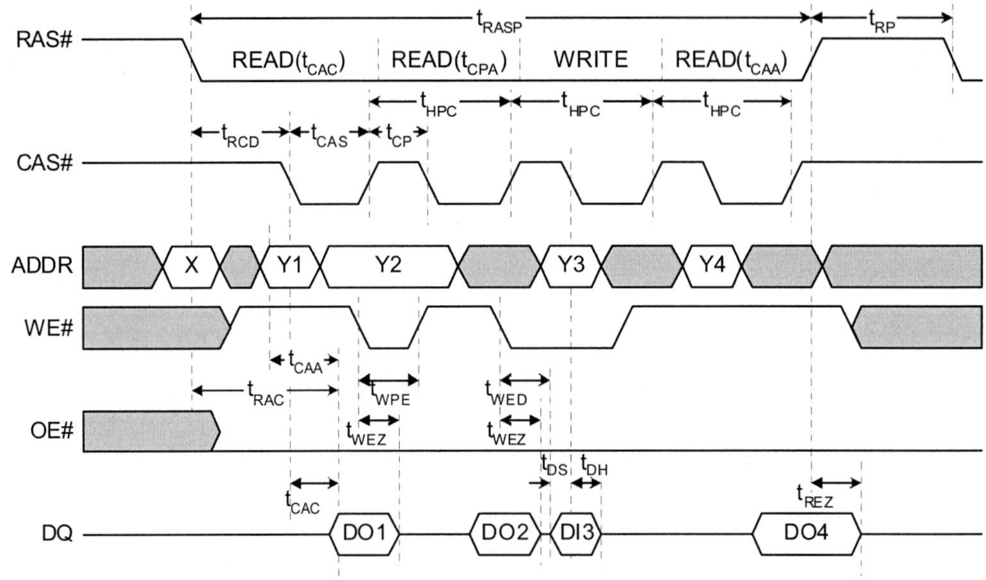

[그림 7.24] WE# Controlled Hyper-Page Read-Modify-Write Mode

〈표 7.11〉 EDO Mode에서 필요한 추가 시간 규정

Parameter	Symbol	50ns		60ns		Unit
		MIN	MAX	MIN	MAX	
Hyper Page Cycle Time	t_{HPC}	20	–	25	–	ns
Hyper Page RMW Cycle Time	t_{HPRWC}	47	–	56	–	ns
OE# to CAS# Hold Time	t_{OCH}	5	–	5	–	ns
CAS# Hold Time to OE#	t_{CHO}	5	–	5	–	ns
OE# Precharge Time	t_{OEP}	5	--	5	–	ns
OE# to Output in Low-Z	t_{OLZ}	3	–	3	–	ns
Output Data hold Time	t_{DOH}	5	–	5	–	ns
Output Buffer Turn off Delay from RAS#	t_{REZ}	3	13	3	15	ns
Output Buffer Turn off Delay from WE#	t_{WEZ}	3	13	3	15	ns
Hyper Page WE# Pulse Width	$t_{\wp E}$	5	–	5	–	ns
WE# to Data Delay	t_{WED}	15	–	15	–	ns

7.5 | Synchronous 고속동작 모드

CPU의 동작 속도는 8MHz에서 동작하던 8086과 같은 16bit CPU가 출시된 이후 기하급수적으로 증가해서 현재는 3GHz가 넘어가고 있는데 반해 Main Memory로 쓰이는 DRAM의 속도는 그 구조적인 한계로 인해 Random Cycle은 60ns 근처에 머물고 있었고 기존의 고속 동작 기술을 적용해도 100MHz에 한참 밑도는 속도였다. 따라서 DRAM이 System 전체의 병목지점이 되어 DRAM의 속도 개선이 시급한 문제로 대두되었다.

Asynchronous DRAM에서 Latency는 DRAM 자체에서 소모되는 Delay 외에도 DRAM Controller가 DRAM의 특성을 System Clock에 동기화시키는데 소요되는 Delay도 포함된다. 즉, DRAM의 자체적인 동작 외에 제어를 위한 동작까지도 Latency에 포함되어 있던 것이다. Synchronous DRAM은 DRAM 내에서의 동작도 최대한 Bus Clock에 동기화하여 이루어지도록 해서 DRAM Controller에 의한 Bus Clock Synchronization시에 소요되는 시간과 Interleaving Control 등에 추가되는 시간들을 없애서 DRAM의 속도를 Bus Clock의 정수배로 고정시켜 DRAM의 동작 속도를 향상시키면서 System 설계의 편리를 도모하도록 한 것이다.

SDRAM의 특징은
1) System Clock과 동기된 입출력 회로(Synchronous I/O)
2) Burst Access
3) Multibank
4) Command 형식의 Access(Mode Register의Programming)
5) Pipelined Data Path
등으로 요약할 수 있다.

7.5.1 Single Data Rate Synchronous DRAM(SDR SDRAM)

일반적으로 SDRAM이라고 불리는 Single Data Rate SDRAM은 [그림 7.25]에서 보는 것처럼 Cell Array 및 이를 둘러싼 Core부는 기존의 Asynchronous DRAM과 다른 점이 없지만 명령 및 Address를 입력받는 Control부가 대폭 바뀌었다. CS#, RAS#, CAS# 등의 제어 신호들은 [그림 7.26]의 Waveform과 같이 Clock Cycle의 Rising Edge에서 한꺼번에 Control Logic으로 입력받아 현재 명령을 Decoding하여 이에 해당하는 제어 신호들을 생성하게 된다. 〈표 7.12〉에서 각 신호들의 값에 따라 Decoding되는 Command의 종류를 확인할 수 있다. Data의 입출력 역시 OE#나 WE# 신호에 의해 직접 제어받지 않고 Control Logic에서 생성된 신호의 제어를 통해 이루어진다. SDRAM의 모든 동작의 최소 단위 시간이 되는 Clock 주파수는 초기에는 66MHz에서 동작하였으나 후에 100MHz나 133Mhz, 혹은 166Mhz까지 동작하는 제품까지 출시되었다. Address 입력은 Asynchronous DRAM에서와 같이 RAS#가 Enable되었을 때에 입력된 값은 Row Address로 인식하고 CAS#가 Enable되었을 때의 값은 Column Address로 인식하지만 각 신호들이 한 Clock Cycle동안만 유효한 값을 가지면 된다는 점이 다르다.

CAS Latency(CL)는 READ 명령이 접수된 시점부터 첫 번째 Data가 출력될 때까지의 Delay를 Clock 수로 나타낸 수치이다. 즉, READ 명령이 n번째 Clock Edge에서 입력되고 CL이 m이라고 하면, 첫 번째 Data는 n+m번째 Clock Edge에서 출력되는 것이다.

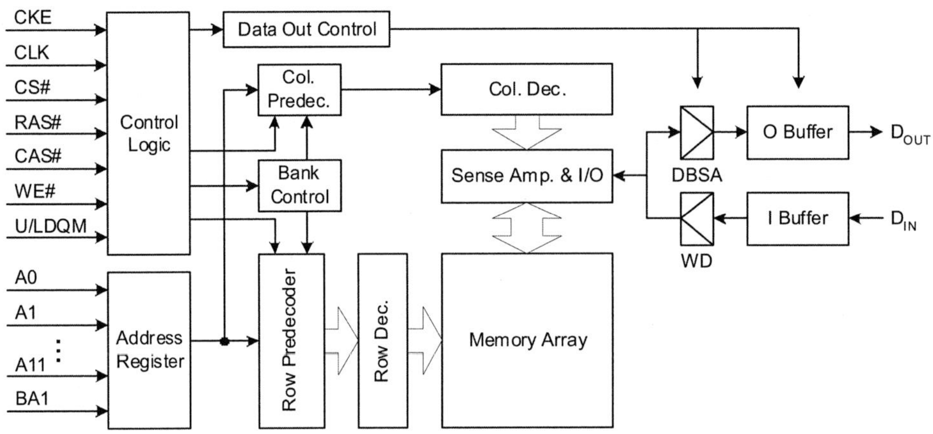

[그림 7.25] Synchronous 동작을 위한 DRAM 구성

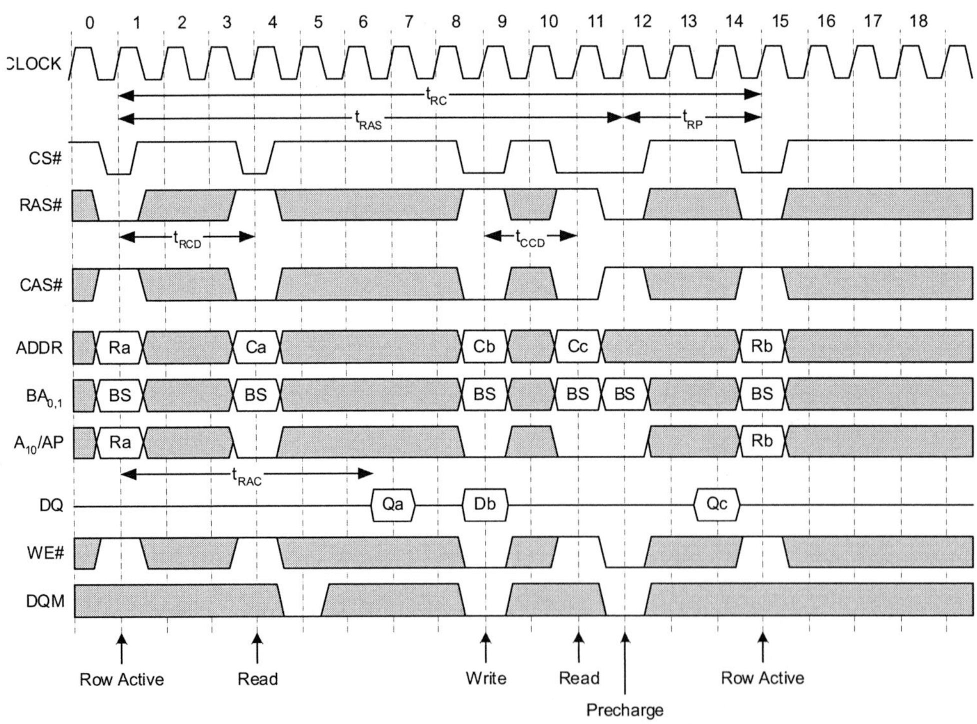

[그림 7.26] SDRAM의 Single Bit Read-Write-Read 동작(CL=3, Burst Length=1)

〈표 7.12〉 SDR SDRAM의 Control 신호에 따른 동작 명령

(V=Valid, X=Don't care, H=Logic High, L=Logic Low)

<table>
<tr><th colspan="3">Command</th><th>CKE_{n-1}</th><th>CKE_n</th><th>CS#</th><th>RAS#</th><th>CAS#</th><th>WE#</th><th>DQM</th><th>$BA_{0,1}$</th><th>A_{10}/AP</th><th>A_0~A_9
A_{11},A_{12}</th></tr>
<tr><td>Register</td><td colspan="2">Mode Reg. Set</td><td>H</td><td>X</td><td>L</td><td>L</td><td>L</td><td>L</td><td>X</td><td colspan="3">OP code</td></tr>
<tr><td rowspan="4">Refresh</td><td colspan="2">Auto Refresh</td><td>H</td><td>H</td><td>L</td><td>L</td><td>L</td><td>H</td><td>X</td><td colspan="3">X</td></tr>
<tr><td rowspan="3">Self Refresh</td><td>Enter</td><td>H</td><td>L</td><td>L</td><td>L</td><td>L</td><td>H</td><td>X</td><td colspan="3">X</td></tr>
<tr><td rowspan="2">Exit</td><td rowspan="2">L</td><td rowspan="2">H</td><td>L</td><td>H</td><td>H</td><td>H</td><td rowspan="2">X</td><td colspan="3" rowspan="2">X</td></tr>
<tr><td>H</td><td>X</td><td>X</td><td>X</td></tr>
<tr><td colspan="3">Bank Active & Row Address</td><td>H</td><td>X</td><td>L</td><td>L</td><td>H</td><td>H</td><td>X</td><td>V</td><td colspan="2">Row Address</td></tr>
<tr><td rowspan="2">Read & Col.addr.</td><td colspan="2">Auto PCG Disable</td><td rowspan="2">H</td><td rowspan="2">X</td><td rowspan="2">L</td><td rowspan="2">H</td><td rowspan="2">L</td><td rowspan="2">H</td><td rowspan="2">X</td><td rowspan="2">V</td><td>L</td><td rowspan="2">Col. Addr.</td></tr>
<tr><td colspan="2">Auto PCG Enable</td><td>H</td></tr>
<tr><td rowspan="2">Write & Col.addr.</td><td colspan="2">Auto PCG Disable</td><td rowspan="2">H</td><td rowspan="2">X</td><td rowspan="2">L</td><td rowspan="2">H</td><td rowspan="2">L</td><td rowspan="2">L</td><td rowspan="2">X</td><td rowspan="2">V</td><td>L</td><td rowspan="2">Col. Addr.</td></tr>
<tr><td colspan="2">Auto PCG Enable</td><td>H</td></tr>
<tr><td colspan="3">Burst Stop</td><td>H</td><td>X</td><td>L</td><td>H</td><td>H</td><td>L</td><td>X</td><td colspan="3">X</td></tr>
<tr><td rowspan="2">PCG</td><td colspan="2">Bank Selection</td><td rowspan="2">H</td><td rowspan="2">X</td><td rowspan="2">L</td><td rowspan="2">L</td><td rowspan="2">H</td><td rowspan="2">L</td><td rowspan="2">X</td><td>V</td><td>L</td><td rowspan="2">X</td></tr>
<tr><td colspan="2">All Banks</td><td>X</td><td>H</td></tr>
<tr><td colspan="2" rowspan="3">Clk Suspend or Active power down</td><td rowspan="2">Enter</td><td rowspan="2">H</td><td rowspan="2">L</td><td>H</td><td>X</td><td>X</td><td>X</td><td rowspan="3">X</td><td colspan="3" rowspan="3">X</td></tr>
<tr><td>L</td><td>V</td><td>V</td><td>V</td></tr>
<tr><td>Exit</td><td>L</td><td>H</td><td>X</td><td>X</td><td>X</td><td>X</td></tr>
<tr><td colspan="2" rowspan="4">PCG Power Down Mode</td><td rowspan="2">Enter</td><td rowspan="2">H</td><td rowspan="2">L</td><td>H</td><td>X</td><td>X</td><td>X</td><td rowspan="4">X</td><td colspan="3" rowspan="4">X</td></tr>
<tr><td>L</td><td>H</td><td>H</td><td>H</td></tr>
<tr><td rowspan="2">Exit</td><td rowspan="2">L</td><td rowspan="2">H</td><td>H</td><td>X</td><td>X</td><td>X</td></tr>
<tr><td>L</td><td>V</td><td>V</td><td>V</td></tr>
<tr><td colspan="3">DQM</td><td>H</td><td>X</td><td>X</td><td>X</td><td>X</td><td>X</td><td>V</td><td colspan="3">X</td></tr>
<tr><td colspan="3" rowspan="2">No Operation Command</td><td rowspan="2">H</td><td rowspan="2">X</td><td>H</td><td>X</td><td>X</td><td>X</td><td rowspan="2">X</td><td colspan="3" rowspan="2">X</td></tr>
<tr><td>L</td><td>H</td><td>H</td><td>H</td></tr>
</table>

PCG=Precharge, Addr=Address, Reg.=Register, Col.=Column

SDRAM 내부에서의 각 동작들은 기본적으로 Asynchronous DRAM과 크게 다르지 않다. 하지만 사용자가 입출력해야 하는 신호들은 항상 Clock 신호를 기준으로 하기 때문에 시간 단위보다는 Clock Cycle 단위로 표시되어 있다. 〈표 7.13〉은 133MHz 및 166MHz Clock SDRAM의 동작 Parameter들을 보여주고 있다.

〈표 7.13〉 256Mb SDR SDRAM의Operating AC Parameter

Parameter	Symbol	Version		Unit
		60	75	
Row Active to Row Active Delay	t_{RRD}(min)	12	15	ns
RAS# to CAS# Delay	t_{RCD}(min)	18	20	ns
Row Precharge Time	t_{RP}(min)	18	20	ns
Row Active Time	t_{RAS}(min)	42	45	ns
	t_{RAS}(max)	100		us
Row Cycle Time	t_{RC}(min)	60	65	ns
Last Data-In to Row Precharge	t_{RDL}(min)	2		CLK
Last Data-In to Active Delay	t_{DAL}(min)	2 CLK+tRP		-
Last Data-In to New Col. Address Delay	t_{CDL}(min)	1		CLK
Last Data-In to Burst Stop	t_{BDL}(min)	1		CLK
Col. Address to Col. Address Delay	t_{CCD}(min)	1		CLK
Number of Valid Output Data	CAS Latency=3	2		Ea
	CAS Latency=2		1	

7.5.2 Double Data Rate(DDR) SDRAM

DDR SDRAM은 이름에서도 알 수 있듯이 Data Rate를 SDR에 비해 2배로 늘린 것을 특징으로 한다. 이를 위해 SDR SDRAM에서는 Clock의 Rising Edge에서만 Data를 Access했지만 DDR SDRAM에서는 Clock의 Rising Edge 외에 Falling Edge에서도 Data를 Access하고 있다. 이론적으로는 간단하지만 동작 속도가 빨라짐에 따라 Data Window가 작아져 Noise Margin이 급격하게 줄어들게 된다.

SDR을 비롯한 일반적인 Synchronous System은 [그림 7.27(a)]와 같이 하나의 System Clock을 사용하는데, Clock 속도가 올라감에 따라 Timing Margin이 점점 작아지게 된다. 일반적으로 Single Clock Synchronous System에서 차지하는 Timing Budget은 [그림 7.28(a)]에서 보는 것처럼 Memory Access Time(t_{AC}), Data Propagation Delay(t_{PROP}), Controller에서 Memory로 전송될 때의 Clock Skew(t_{SKEW}), 그리고 온도 및 전압 변화에 따른 Timing Margin(t_{TV}) 등을 생각할 수 있다. SDRAM System의 경우 이런 Timing Margin들을 감안하더라도 Data Access를 위한 안정적인 Data Window(t_{VALID})를 확보할 수 있었던 반면, DDR을 위해 동작 주파수를 2배로 높여버리면 안정적인 t_{PVALID}를 확보할 수 없고 자칫 t_{VALID}를 제외한 Timing Budget들만으로도 Clock 주기를 넘어버리게 된다. 공정 미세화에

의한 속도 향상이 이런 값들을 줄여줄 수도 있지만 이것만으로는 동작 속도가 SDR에 비해 절반으로 줄어버린 DDR 동작 조건을 맞출 수 없다. 즉, 기존의 SDRAM에서 사용하던 방식으로는 DDR 동작이 불가능하다는 것이다. [그림 7.28(a)]에서 보면 t_{AC}나 t_{PROP}는 Data는 Memory에서 Controller로 전달되는 데에 시간이 필요한 반면 Clock은 Memory와 Controller에 동시에 입력되기 때문에 발생하는 것이다. 만약 Clock 신호의 전달경로를 Data가 전달되는 경로와 같이 한다면 이들 Timing Margin을 없앰으로써 유효한 Data Window 시간을 늘릴 수 있을 것이다. DDR에서는 [그림 7.27(b)]와 같이 Data 전송을 위한 전용 Clock인 'Data Strobe' Pin을 추가하여 [그림 7.28(b)]와 같이 Data Window를 확보하게 된다. 즉, DDR SDRAM에서는 Data를 전송할 때에 Data Strobe 신호도 같이 전송하고 Controller측에서는 Data Strobe의 Rising/Falling Edge를 기준으로 Data를 입력받게 되는 것이다. Write를 위해 Controller가 Memory로 Data를 보낼 때에는 Data Strobe의 방향도 Controller에서 Memory로 바뀌게 된다.

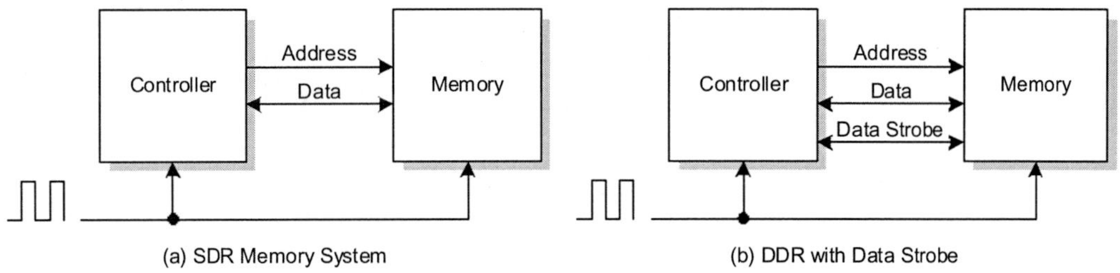

[그림 7.27] Clock Synchronous Memory System

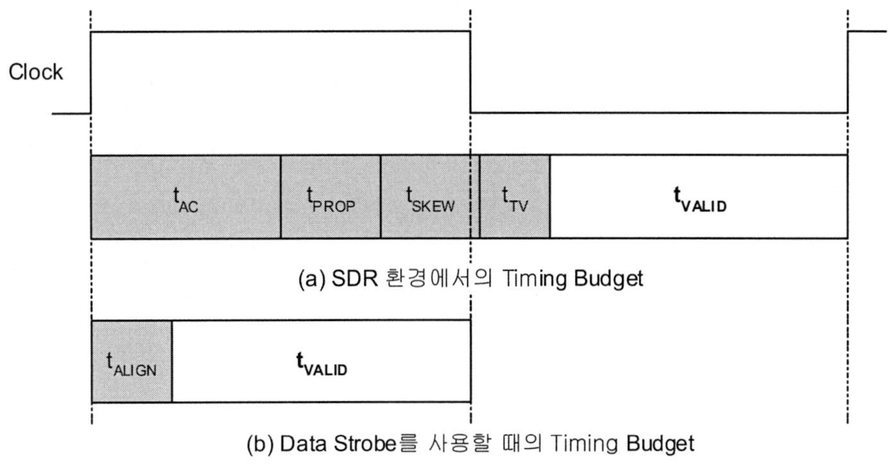

[그림 7.28] SDR 및 DDR에서의 Timing Budget

이 외에도 동작 주파수가 증가함에 따라 전력 소모량 및 발열량도 증가하게 되는데 이를 방지하기 위해 동작 전압을 3.3V였던 LVCMOS에서 2.5V인 SSTL 방식으로 바꾸게 된다. (I/O Interface에 대해서는 제 8장에서 자세하게 다룬다)

7.5.3 DDR2 SDRAM

DRAM이 Synchronous 동작으로 바뀐 후부터 성능 향상은 기본적으로 동작 Clock을 올리는 방향으로 진행되었다. 하지만 DRAM Core는 Asynchronous때와 크게 달라지지 않았기 때문에 주로 I/O 동작의 속도를 증가시켜 Burst Access에서의 Bandwidth가 증가했다. DDR2 역시 DDR에 비해 동작 주파수를 2배로 증가시켜 Bandwidth의 향상을 꾀했다. [그림 7.29]에서 보는 것처럼 DDR2에서는 DDR의 2배의 Clock 주파수를 이용하고 DDR과 같이 Rising Edge와 Falling Edge에서 Data를 Access하게 된다. 하지만 Cell Array는 DDR과 같은 속도로 동작한다.

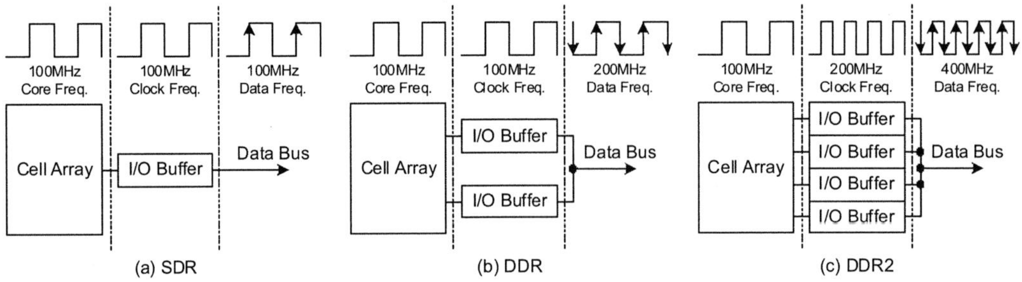

[그림 7.29] 각 Synchronous DRAM들의 동작 주파수 비교

DDR2에서는 빠른 동작을 가능하게 하기 위해 On-Die Termination(ODT) 기법을 도입했다. 즉, 기존에는 신호 종단(제 8장 참조)을 Board상에서 하는 Motherboard Termination(MBT) 기법을 사용하였는데, DDR2에서 사용하는 400MHz 이상의 동작 주파수 대역에서는 MBT로는 Signal Reflection을 제대로 감소시키지 못한다. [그림 7.30]은 MBT 기법과 ODT 기법에서의 반송파의 영향의 차이를 보여주고 있다. 대용량을 구성하기 위해 여러 개의 DRAM Module이 Motherboard에 꽂혀 있다 해도 항상 하나의 DRAM(혹은 Module)만이 활성화되어 Access된다. 이 경우 비활성화된 DRAM 단은 High-Z 상태가 되어 Bus에 유입된 신호의 반송파를 만들어내게 된다. 이들 반송파 중 종단 저항으로 가는 성분은 종단 저항이 흡수해서 사라지지만 Active DRAM으로 흘러간 반송파는 원래 신호와 섞여 신호의 Integrity를 떨어뜨리는 요인으로 작용한다. DDR까지는 그나마 신호에 Margin이 있어 이런 반송파 성분을 고려하지 않아도 신호 전송이 가능했지만 전송 속도가 2배나 빨라진 DDR2에서는 이 성분까지도 고려해야 하는 것이다. 이런 반송파 문제를 해결하기 위해 [그림 7.30(b)]에서는 DRAM die내에 Termination 저항을 설치해 비활성화된 DRAM에서도 반송파가 나오지 않도록 한 것이다.

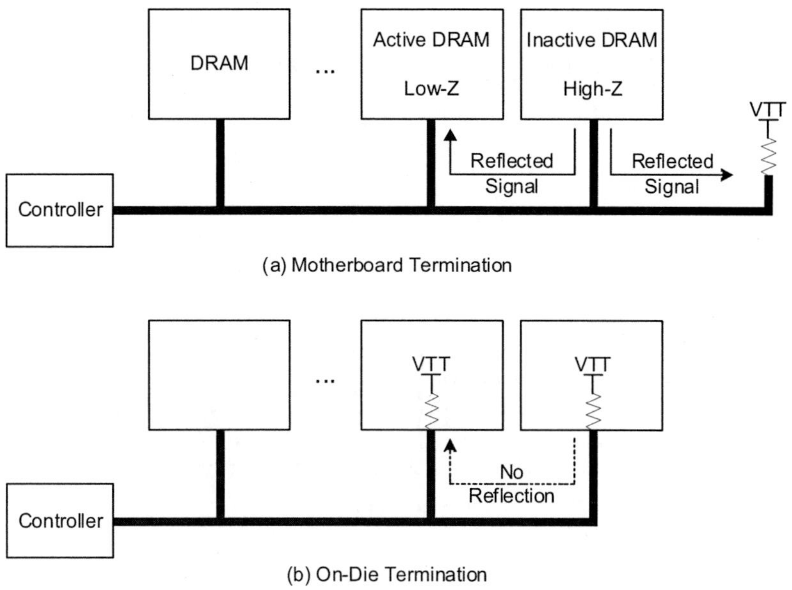

[그림 7.30] 신호 종단에 따른 반송파의 영향

이 외에도 전력 소모를 DDR에 비해 더욱 줄이기 위해 동작 전압을 1.8V를 사용하는 SSTL18로 바꾼 것도 DDR2의 특징이라 하겠다.

7.5.4 DDR3 SDRAM

DDR2에 비해 더 높은 성능 향상을 꾀하기 위하여 DDR3에서는 더 높은 동작 주파수를 사용해야 하고 소비전력을 낮추기 위해 구동 전압도 더욱 낮추어야 한다. 이를 위해 CL/t_{RCD}/t_{RP}는 15ns에서 12ns으로 더욱 줄어들고 신호 규격도 SSTL18에서 SSTL15로 더욱 낮아졌다. 특히 DDR2에 비해 더욱 작아진 Timing Margin을 확보하기 위해 DDR3에서는 Fly-by 구조와 Read/Write Leveling, Dynanic On-Die Termination 등의 기법을 적용하게 된다.

(a) Fly-by 구조

[그림 7.31]은 각각 DDR2에서 사용하던 T-Branch 구조와 DDR3에서 채용하는 Fly-by 구조를 나타내고 있다. T-Branch 구조의 경우 [그림 7.31(a)]에서 보는 것처럼 Clock이나 Command, Address 등의 DRAM Chip에 공통으로 사용되는 제어 신호들이 모듈의 중앙에서 입력되어 양옆으로 갈라져 각 DRAM Chip 0~3과 4~7에 전달되는 구조이다. 그리고 각 끝에는 Termination Point를 두어 전송선에서의 반송파가 영향을 미치지 않게 했다. 제어 신호가 모듈의 중앙에서 입력되도록 함으로써 전체적인 전송선의 길이를 전체 모듈 길이의 절반이 되도록 하여 Skew를 줄인 것이다. 하지만, 그림에서는 Line Loading이 똑같아 보이는 DRAM Chip 3번과 4번, 2번과 5번, 1번과 6번, 0번과 7번의 모듈 기판에서의 전송선 패턴에 따라 Loading에 차이가 생길 수 있고, 이는 Timing Margin을 더욱 확보해

야 하는 DDR3에서는 문제가 되는 것이다. [그림 7.31(b)]의 Fly-by 구조에서는 DRAM Chip 0~7번까지 직렬 형태로 연결되어 있다. 비록 Skew의 절대적인 차이는 T-Branch 구조에 비해 더욱 커지지만 Chip 0번에서 7번으로 갈수록 Skew는 항상 Δt 정도씩만큼 증가하는 방향이기 때문에 Skew를 '예측'하여 제어할 수는 있는 것이다.

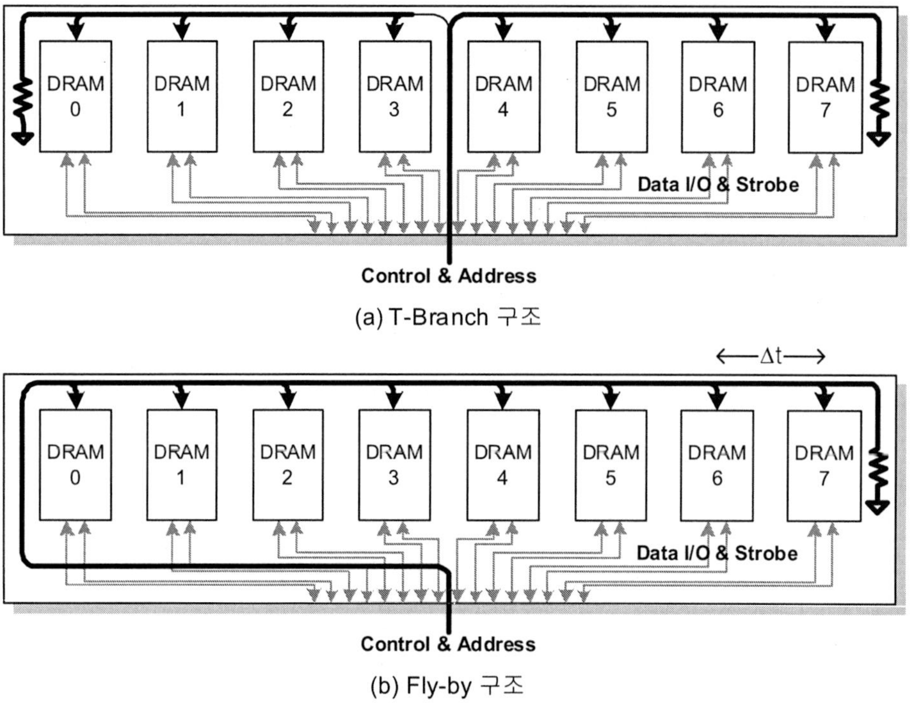

[그림 7.31] T-Branch 구조와 Fly-by 구조

(b) Read/Write Leveling

Fly-by 구조에서 생긴 Skew는 결국 Clock 신호와 Strobe 신호 사이에 발생한 Skew이기 때문에 Strobe 신호 역시 Chip 0~7번 사이에 조금씩 Delay를 주면 Skew를 줄일 수 있을 것이다. 즉, Clock이나 Address, Command 등의 입력 신호들을 인가할 때에 Interconnection Loading이 작은 Chip 0번의 Strobe를 먼저 띄우고 오른쪽으로 갈수록 조금씩 느리게 띄우도록 하면 각 DRAM들은 입력신호가 도착하는 시간에 맞게 Strobe 신호를 받을 수 있게 되는 것이다. 이때에 각 Strobe간의 Delay 시간은 Calibration 동작을 통해 정해지게 된다. 이런 일련의 Calibration 동작은 Read 동작과 Write 동작 각각에 대해 해주게 되는데, 이를 Read Leveling, Write Leveling이라고 한다. Read/Write Leveling 동작은 시스템 초기화 과정에서 Memory Controller가 Calibration용 Data Pattern을 이용하여 수행하게 된다. 이때 각각의 타이밍 정보는 DDR3에 새로 추가되는 Multi-Purpose Register(MPR)에 저장되어 이용된다.

(c) Dynamic On-Die-Termination

[그림 7.30]에서 보았듯이 DRAM의 Read나 Write 동작동안 Access되지 않는 Memory 모듈은 반송파를 생성시키지 않기 위해 Low-Impedance 상태로 있으면 좋다. 또 Access중인 모듈의 경우는 High-Impedance 상태로 있는 것이 Signal Integrity 면에서 유리하다. 즉, 동작 조건에 맞게 Termination을 능동적으로 조절함으로써 Signal Integrity를 더욱 확보하고자 하는 것이 Dynamic On-Die-Termination(ODT)이다. DDR3에 채용되는 Dynamic ODT는 Write 동작 중인 모듈의 Termination Impedance값을 높여서 Signal Integrity를 높이도록 하여 DDR2에 비해 고속 동작을 가능하게 한다.

제 8 장 고속 동작 I/O Interface

8.1 | 고속 통신에서의 신호의 왜곡

좋은 배선(Interconnection)이란 송신단에서 보내는 신호를 수신단까지 원형 그대로 전송해 주는 것을 뜻한다. 10MHz 이하의 저속 통신에서는 Interconnection에 별다른 조치를 취하지 않고 단순한 전선 혹은 도체로만 생각해도 신호의 전달에는 아무런 문제가 없었다. 하지만 Data의 전송속도가 수백 MHz에서 수 GHz까지 빨라지면 Interconnection을 단순 도체만으로 생각해서는 수신단에서 온전한 신호를 받을 수가 없다. 이것은 [그림 8.1]에서 보는 것처럼 고속 전송에서 사용되는 Pulse의 Rising Time과 Falling Time이 매우 짧아져서 Pulse의 Wavelength에 대응하는 거리가 Interconnection의 거리에 비해 무시할 수 없이 줄어들게 되기 때문이다. 이런 문제는 기존에 단순 도체로 고려했던 신호선을 전송선(Transmission Line) 개념으로 접근해서 해결해야 한다. 전송선에서의 [그림 8.1]과 같은 파형의 왜곡은 주로 반사파에 기인하며 반사파는 Impedance Mismatching에 의해 발생한다.

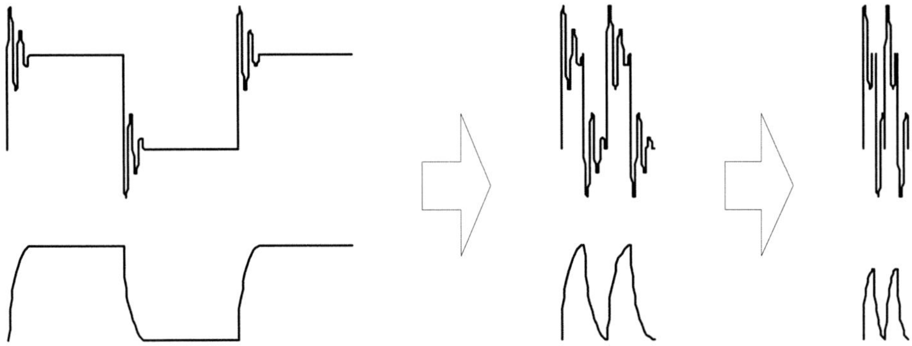

[그림 8.1] 고속 전송에서의 신호의 왜곡

전송선 중간에서 Impedance가 달라지게 되면 전송 신호의 일부가 그 경계면을 기준으로 반사되어 되돌아오는데, 이때 반사되는 파의 크기는 반사계수(Reflection Coefficient)에 비례하게 된다. Impedance Z_1의 전송선에서 Z_2의 전송선으로 흐르는 신호의 반사계수 ρ는 다음과 같이 주어진다.

$$\rho = \frac{Z_2 - Z_1}{Z_2 + Z_1}$$

[그림 8.2]의 상황을 통해 전송선의 Source단과 Load단에서 보이는 파형의 변화를 살펴보자.

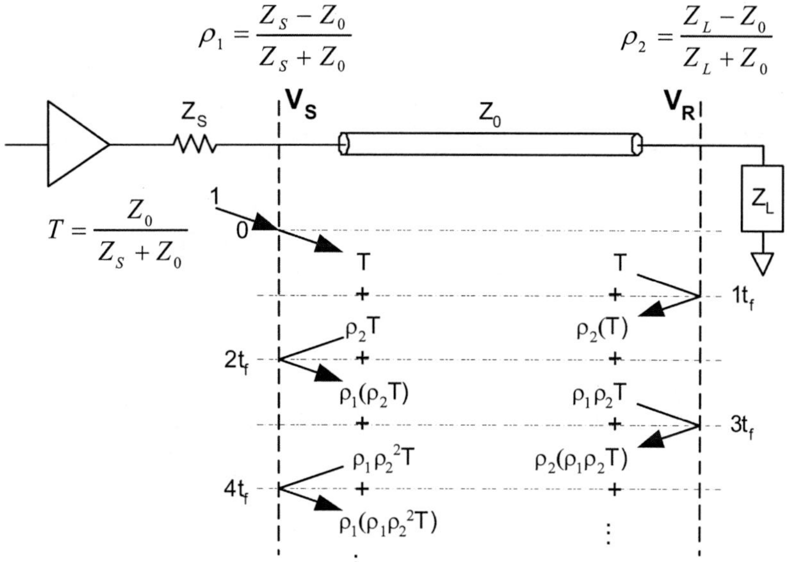

[그림 8.2] 전송선에서의 파형의 형성

Driver의 Source Impedance가 Z_S이고 전송선의 특성 Impedance(Characteristic Impedance)가 Z_0, 부하단의 Impedance가 Z_L로 연결된 회로에 진폭 1인 신호가 입사되는 경우, 전송선으로 입사되는 진폭은 Z_S와 Z_0의 전압분배에 의해 결정되어 $T = Z_0/(Z_S + Z_0)$가 입사된다. 이후 매 t_f시간마다 신호는 부하단과 구동단을 오가면서 반사가 일어나게 된다. 이때, t_f는 파의 전송선내에서의 진행 시간인 Time of Flight으로, 전송선의 길이가 d라고 하면

$$t_f = d \times \sqrt{LC}$$

로 표현된다. 이때 L과 C는 각각 전송선의 단위길이당 Inductance와 Capacitance값을 의미한다.

$1t_f$ 시간 후 부하단의 Impedance 경계면에 도착한 신호는 Z_0와 Z_L 사이의 Impedance Mismatch에 의해 $\rho_2 T$ 만큼의 진폭이 반사되어 구동단으로 되돌아간다. $2t_f$에서는 부하단에서 되돌아온 $\rho_2 T$ 신호가 다시 반사되어 $\rho_1 \rho_2 T$ 만큼의 진폭이 다시 되돌아간다. 이런 과정이 반복되어 최종적으로 부하단에서 보이는 신호의 크기 V_R은

$$V_R = T + \rho_2 T + \rho_1 \rho_2 T + \rho_1 {\rho_2}^2 T + \cdot \cdot \cdots\cdots$$

가 되고 신호가 안정되기 전까지 수 t_f동안은 Impedance Mismatch 정도에 따라 파형의 왜곡이 나타나게 된다.

이것을 몇 가지 특정 경우로 나누어 살펴보자. 먼저 가장 간단하게 생각해서 $R_S = 0$이고 부하단이 Open된, 즉 $Z_L = \infty$인 경우의 회로에서 구동단과 부하단의 파형은 [그림 8.3]과 같이 나타나게 된다. 이 경우 Source단의 반사계수는 -1이고 부하단의 반사계수는 1이 된다. 이 경우 부하단에서는 입사되는 신호의 2배의 신호가 Swing하게 되어 구동단에서 보냈던 원래 신호와는 완전히 다른 형태를 보이게 된다.

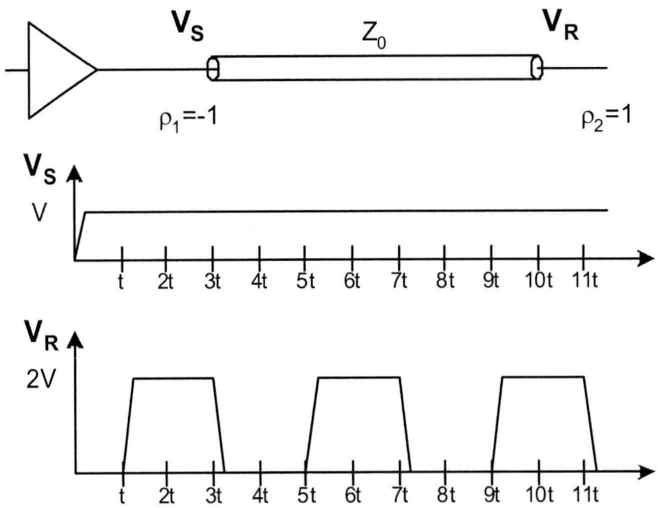

[그림 8.3] 부하단이 개방된 전송선의 구동단과 부하단의 파형

8.2 | 종단 방법

이러한 파형의 왜곡은 Impedance Mismatching에 의해 송신단에서 보낸 신호가 반사되어 되돌아옴으로써 생기는 문제이므로 반사되어 돌아오는 신호 성분의 에너지를 흡수해 버림으로써 해결할 수 있다. 전송선(Transmission Line)의 종단(Termination)이 이런 역할을 하게 된다. [그림 8.4]는 Open된 부하단에 전송선의 Z_0와 같은 Impedance를 물려서 종단하는 병렬 종단(Parallel Termination, 혹은 End Termination)을 보여주고 있다.

부하단의 반사계수가 0으로 t_f 시간 이후부터는 반사파가 없게 되므로 종단 전압에 진동이 발생하지 않고 원래 신호를 그대로 받아들이게 된다.

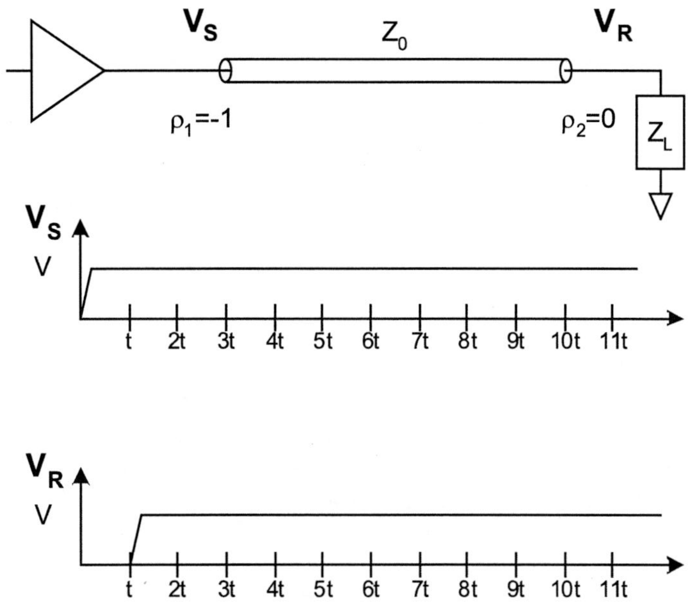

[그림 8.4] 부하단을 Impedance Matching시켰을 때의 파형(Parallel (End) Termination)

이런 병렬종단 방법은 [그림 8.5]와 같이 부하단이 전송선에 걸쳐 분포되어 있는 경우에 사용된다. 이 방법은 아래에 설명할 직렬종단 방법에 비해 Noise 특성은 좋지만 보드에 종단저항을 위한 면적을 할당해야 하는 등의 생산 단가 상승이 단점으로 작용한다.

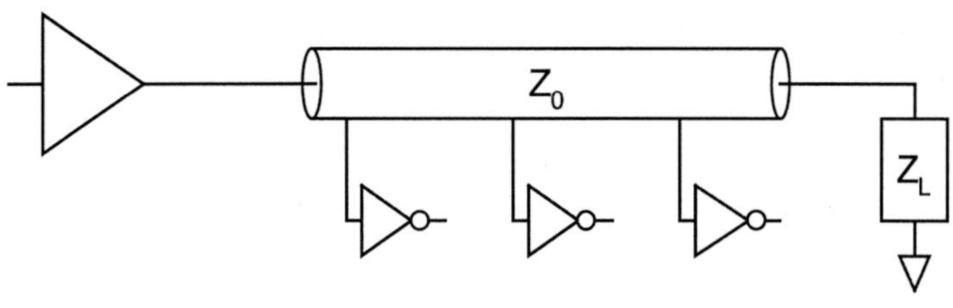

[그림 8.5] Multi-Drop Bus에서 병렬종단 사용의 예

위의 경우는 부하단에 종단을 한 경우인데 반해, [그림 8.6]처럼 구동단에 종단을 하는 직렬종단(Serial Termination 혹은 Source Termination) 방법을 이용할 수도 있다. 즉, $R_S = Z_0$ 값을 가지는 Source 저항을 삽입해서 구동단의 반사계수를 0으로 만들어 신호의 안정을 도모한다. 신호가 안정되는 시점은 부하단의 반사파가 되돌아오는 2tf 이후이므로 Driver의 구동 Cycle Time이 $2t_f$보다 커야 한다.

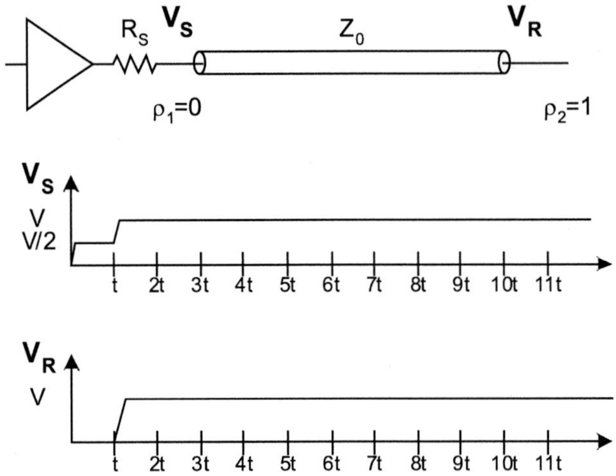

[그림 8.6] 구동단에서 Impedance Matching을 하는 경우의 파형(Serial (Source) Termination)

직렬종단 방식으로 회로를 꾸밀 경우 Z_S는 출력단의 최종 Output Driver를 구성하는 MOSFET의 ON 저항값이 되는데 이 값은 소자 특성 변동 등의 이유로 설계 당시 의도해 놓은 전송선의 특성 Impedance인 Z_0 값과 다를 수가 있다. [그림 8.7]에서는 Source 저항의 크기에 따른 파형의 변화를 보여주고 있는데 $Z_S= Z_0$인 경우에 파형이 가장 빠르고 Overshooting이 없다. Source 저항이 Z_0보다 큰 경우에는 신호의 전압이 원하는 레벨로 올라갈 때까지 시간이 오래 걸리게 되는데, Source 저항값을 Z_0와 동일하게 맞출 수 없으면 Z_0보다 조금 작은 값을 가지도록 하는 것이 좋다. 하지만 Z_0보다 너무 작게 해버리면 반사파에 의한 파형의 진동이 커지기 때문에 Matching Impedance 값의 조절에 신경을 써야 한다.

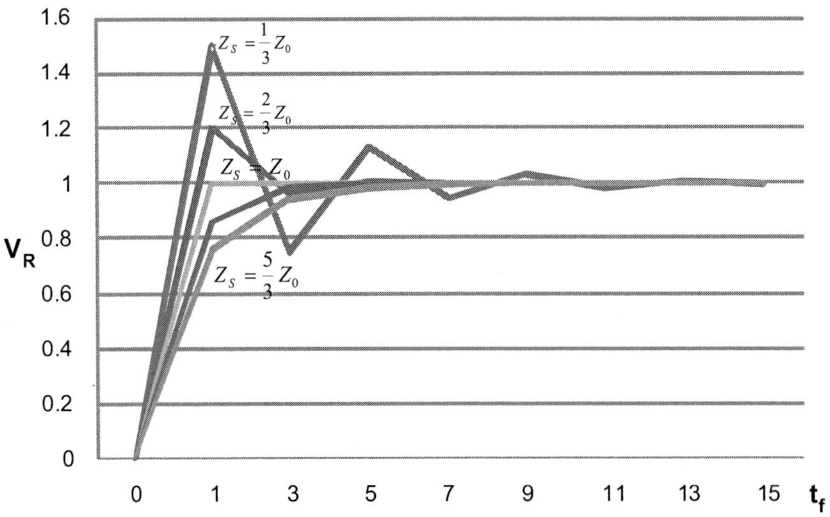

[그림 8.7] Source 저항의 크기에 따른 파형의 변화

직렬종단 방식은 [그림 8.8]처럼 여러 개의 부하단이 전송선의 끝에 몰려 있는 경우에 최적의 방법으로 사용된다. 직렬종단의 장점으로는 Source쪽에서 반사파를 없애고 큰 전류의 흐름을 막는다는 점이지만 Source 저항에서의 전압 강하에 의해 Noise Margin이 취약해지는 단점이 있다.

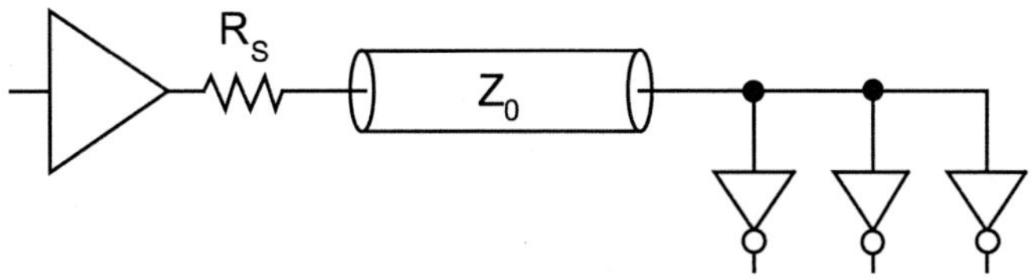

[그림 8.8] Multi-Drop Bus에서 직렬종단 사용의 예

신호의 방향이 위에서 언급했던 예들처럼 한쪽 방향으로만 흐르는 경우에는 Source쪽 혹은 Load쪽 한쪽에만 종단을 하면 되지만, [그림 8.9]나 [그림 8.10]처럼 양방향 통신 채널의 경우에는 전송선의 양쪽에 모두 종단을 해 주어야 한다. [그림 8.9]는 Point-to-Point로 연결하는 양방향(Bi-Direiction) Bus에서 쓰는 종단 방법을 보여주고 있다. Load, 즉 수신단이 전송선의 양 끝에 배치되어 있는 형태이므로 직렬종단의 형태를 띄고 있다. [그림 8.10]은 Multi-Drop 양방향 Bus에서 쓰는 종단 방법으로 전송선에 걸쳐서 수신단들이 연결되어 있으므로 전송선의 양 끝에 병렬종단으로 처리되어 있다.

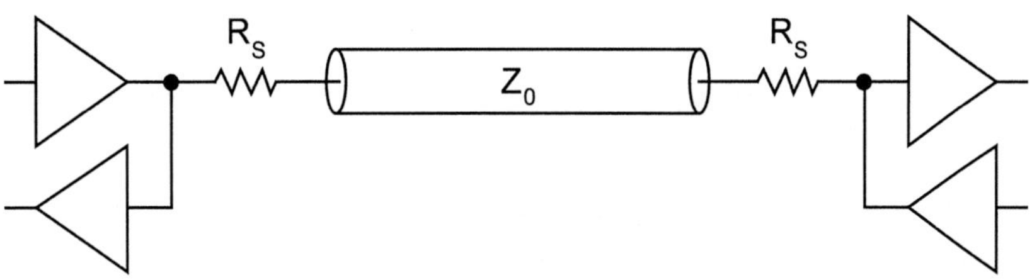

[그림 8.9] Point-to-Point 양방향 Bus에서의 직렬종단

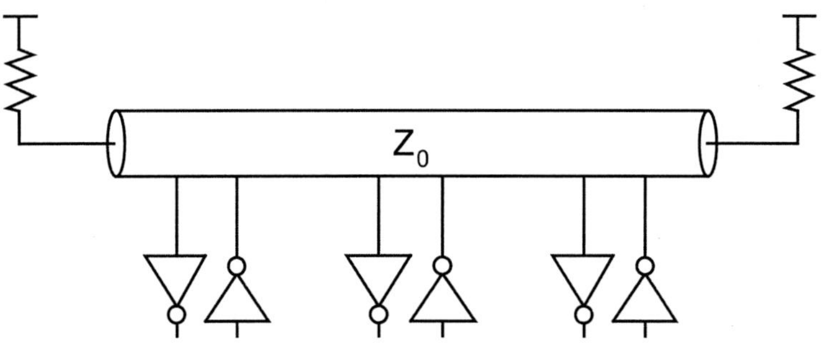

[그림 8.10] Multi-Drop 양방향 Bus에서의 병렬종단

8.3 | Driver의 방식

8.3.1 Open Drain 출력 방식

Open Drain 출력 방식은 [그림 8.11(a)]와 같이 Logic Low값을 출력하기 위해서는 Driver MOSFET을 사용하고 Logic High값은 저항을 통해 연결된 Pull-Up 전원에 의해 출력되는 방식을 말한다. Logic Low를 출력하는 경우에는 출력단자가 Ground에 연결되지만 Logic High인 경우에는 High Impedance를 통해 V_{DD}에 연결되는 형식이므로 과도한 전류 흐름을 막을 수 있다. 그리고 해당 단자가 Bus 등에 연결되어 있는 상황에서 Bus가High-Impedance 상태에 있을 경우에는 자동적으로 Logic High 상태를 만들어주게 되므로 디지털 회로에서 기본값을 잡아주는 역할을 할 수도 있다.

Open Drain 방식의 특징으로는 [그림 8.11(b)]에서처럼 Pull-Up 전압과 회로의 동작 전압을 다르게 사용할 수 있기 때문에 Logic Level이 다른 회로간의 Interface에 쉽게 적용할 수 있다. 또 다른 특징으로는 하나 이상의 Open Drain 출력을 하나의 선에 연결함으로써 Wired-OR나 Wired-AND Logic을 쉽게 구현할 수 있다. 하지만 외부 저항이 필요하여 보드상에서의 면적을 차지한다는 점과 [그림 8.11(a)]에서의 Logic High의 전압 V_{OH}는 V_{TT}로 나타나는 반면, Logic Low의 전압 V_{OL}이

$$V_{PL}= V_{TT}- I_{OL} \cdot R_{TT}= \frac{R_{ON}}{R_{ON}+ R_{TT}} \cdot V_{TT}$$

와 같이 전압분배로 나타나기 때문에 Fully Digital 방식의 Interface에서는 단점으로 작용된다. 하지만 고속 Interface에서 자주 사용하는 Small Signal Swing의 경우 V_{OL}이 0V까지 내려가지 않으므로 고속 Interface용으로 사용해도 전력소모 면에서 크게 문제되지 않는다.

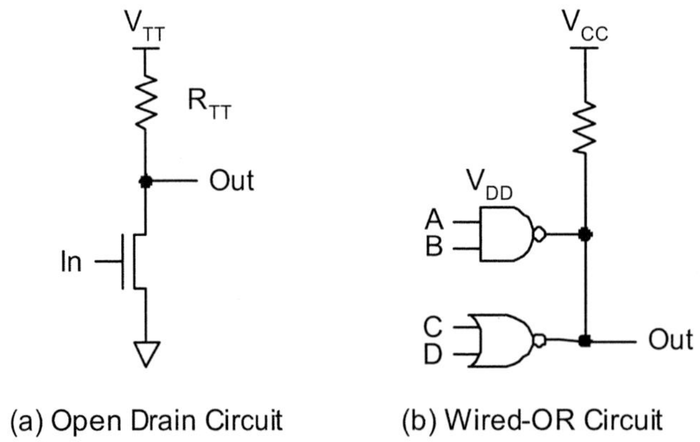

[그림 8.11] Open Drain 출력 회로

[그림 8.12]는 전송선에서 Open Drain 출력 방식을 적용한 회로를 보여주고 있다. 이때 R_{TT}는 병렬 종단저항으로 작용한다. [그림 8.12(a)]에서 Open Drain형 회로의 Driver단은 Logic High를 출력할 때에는 Driver MOSFET의 R_{ON} 저항이 매우 커져서 반사계수가 1로 높아진다. 이 때문에 되돌아온 신호는 다시 반사되는데, 이러한 일련의 과정에서 발생하는 진동 패턴(Ringing이라고 한다)이 Open Drain형 특유의 Turn-Off Distortion으로 나타난다. 이런 Low Level과 High Level일 때의 전기적 상황이 달라서 생기는 문제를 피하기 위해, 즉 Impedance Matching을 위해 [그림 8.12(b)]와 같이 구동단과 부하단 양쪽 모두에 종단 저항을 연결하는 이중 병렬 종단(Double Parallel Termination) 방법이 이용되기도 한다. 이 경우에는 종단 저항 R_{TT}값이 단일 병렬 종단에 비해 반으로 감소한 경우로 생각하면 된다.

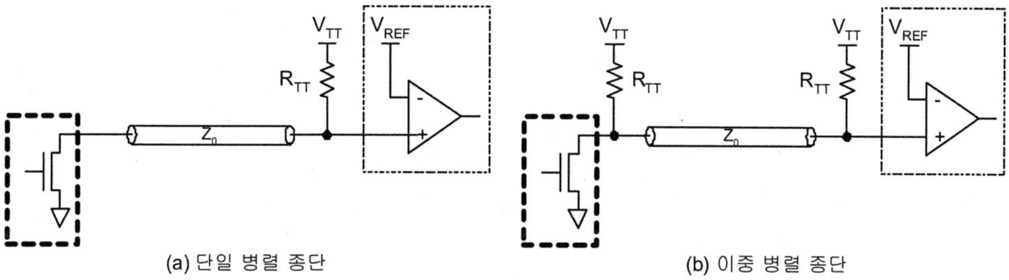

[그림 8.12] 전송선에서 Open Drain 출력 방식을 적용한 회로

8.3.2 Push-Pull 출력방식

Open Drain 방식에서는 Logic Low에 대해서만 MOSFET으로 구동을 했던 것에 비해 Push-Pull 방식에서는 [그림 8.13]과 같이 Logic High도 MOSFET으로 구동을 한다. 일반적인 CMOS 회로에서는 Logic High의 경우 PMOS가 켜지고 NMOS는 꺼져서 V_{DD}가 Load에 연결되고 Logic Low의 경우에는 반대로 NMOS가 켜지고 PMOS는 꺼져서 Ground가 Load에 연결되는 방식으로 구동된다. 두 MOSFET이 모두 꺼지면 부하단은 Floating 상태가 된다. [그림 8.13]은 Push-Pull 구동회로에 병렬종단 저항을 연결한 구조를 보여주고 있다. 이 경우, V_{OL}과 V_{OH}는 각각

$$V_{OL} = V_{TT} - I_{OL} \cdot R_{TT} = \frac{R_{ON}}{R_{ON} + R_{TT}} \cdot V_{TT}$$

$$V_{OH} = \frac{R_{TT} \cdot V_{DD} + R_{ON} \cdot V_{TT}}{R_{ON} + R_{TT}}$$

의 값을 가진다. V_{OL}은 Open Drain 구동에서와 같은 값이지만 V_{OH}의 경우 V_{TT} 외에 R_{ON}과 V_{DD}, R_{TT}에 의해서도 값이 결정되므로 고속 전송에 편리하도록 V_{TT}값을 자유롭게

선택할 수 있다. 예를 들어 $V_{TT} = V_{DD}/2$로 하면 입력단의 기준전압 V_{REF}와 같이 사용할 수 있어 전원의 개수를 줄일 수 있고 전송 신호의 파형도 High와 Low의 Level이 V_{TT}를 중심으로 대칭 Swing할 수가 있다.

Push-Pull 방식의 회로에서는 부하를 구동중일 때에는 NMOS나 PMOS 둘 중 하나가 항상 ON으로 켜져 있다. 그래서 출력의 파형이 Low에서 High로 반전할 때에 발생하는 전압을 전원선 V_{DD}나 접지선 V_{SS} 중 한쪽으로 흘려 보낼 수 있다. 또한 Bus 배선 도중 존재하는 Impedance Mismatch 지점에서 반사된 신호에 대해 Driver단에서의 반사계수도 상대적으로 작아 Open Drain에서 발견되는 Turn-Off Distortion의 영향이 작다.

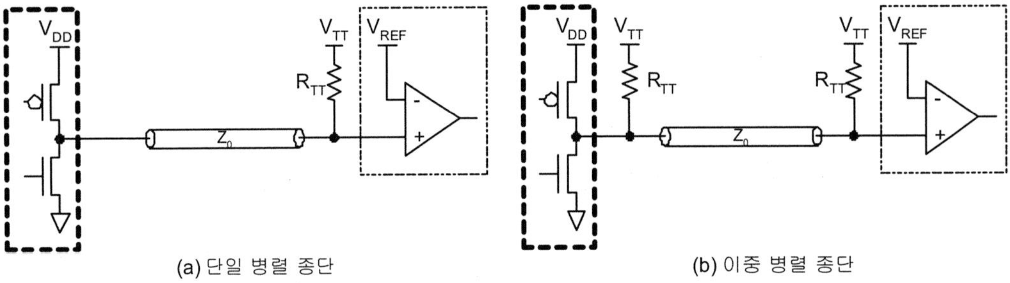

[그림 8.13] Push-Pull 출력단을 통한 신호의 전송

8.4 | I/O Interface의 종류

8.4.1 Gunning Transceiver Logic(GTL)

GTL은 미국 Xerox사에서 개발한 Open Drain형 Interface Logic으로 Pentium Ⅱ에서의 Local Bus와 같은 Computer Interface용으로 쓰인다. [그림 8.14]에서 GTL 송수신 회로도를 보여주고 있는데 Driver Transistor Q_1이 꺼지면 Interconnection Line은 V_{TT}까지 자동적으로 충전이 되어 High Level을 가리키게 된다. 이때 충전 속도는 종단저항 R_{TT}와 Bus의 용량에 의해 결정되는 Time Constant에 따르게 된다. Q_1이 켜지면 Low Level을 가리키는데 이때 방전 속도는 Q_1의 ON저항(약 20Ω 정도)에 의한 Time Constant로 결정되므로 Q_1의 Gate Width를 크게 설계하면 고속으로 Low Level로 천이하는 것이 가능하다. 이런 이유로 Rising Time과 Falling Time이 서로 다른 비대칭 파형이 얻어진다. 신호가 Low에서 High로 갑자기 바뀌면 Q_1의 저항이 매우 커져 “Open” 상태가 되어 Driver단에서 신호가 전반사되어 파형의 왜곡(Ringing)이 발생한다. 따라서 Q_1의 Gate-Drain 사이에 Q_2와 Q_3를 삽입하여 Q_1이 서서히 꺼지도록 하는데, 이 경우 신호의 안정을 위해 속도가 떨어지는 원인이 된다.

이뿐 아니라 Impedance Mismatch 부분의 배선이 긴 경우나 Bus에 Stub이 달린 경우, 혹은 Bus와 종단 저항의 Impedance가 Mismatch된 경우에는 출력 파형의 Slew Rate를 낮춰서 Ringing을 방지할 필요가 있다. 하지만 이것 역시 동작 속도에 제한을 거는 원인이 되어 동작 주파수의 한계가 주어지게 된다.

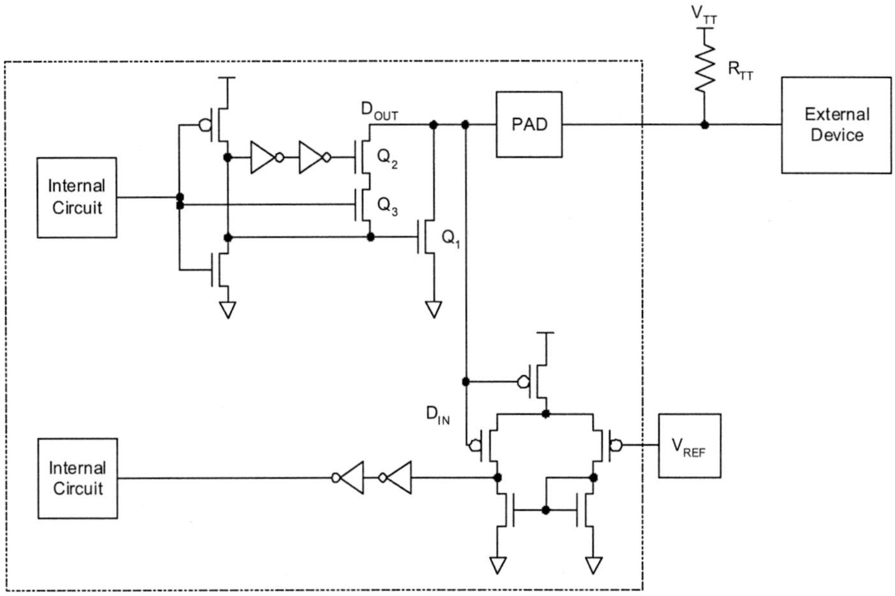

[그림 8.14] GTL 송수신 회로

GTL 회로에는 V_{TT}와 V_{REF} 두 개의 전원이 추가로 필요하며 V_{REF}값을 GTL 규격에서 지정하는 0.8V로 안정되게 유지하는 것도 문제이다. V_{REF}값이 0.8V로 Ground 전압에 가까워 접지 전압의 변동에 따른 영향을 받기가 쉽고 V_{REF} 전압이 낮기 때문에 입력 Buffer용 차동 증폭기의 입력부에 NMOS를 사용하기도 힘들어 입력 Buffer의 동작이 CTT나 Rambus에 비해 저속이다. 하지만 Interface 자체의 전력소모가 작은 것은 장점이다. 이것은 전력 소모가 문제가 되는 Low Level 출력의 경우 Driver Transistor의 동작 전압이 0.4V로 낮기 때문이다. 이러한 특징은 Multi-I/O와 같이 다수의 Pin을 가진 경우에 유리한데 x16이나 x32 등과 같은 Wide Bit DRAM에서 동시에 여러 Data Output Buffer가 동작하여 DRAM의 Ground Line에 Voltage Bounce가 발생하는 것을 막을 수 있으며 Package의 발열을 줄일 수 있다는 점에서 유리하다.

8.4.2 Rambus Signal Logic(RSL)

Memory 장치의 Bandwidth는 전송 주파수와 Bus Width의 곱으로 나타나는데 SDRAM 계열의 경우 전송 주파수도 높이지만 Bus Width를 넓히는 방향으로 Bandwidth를 높였고

Rambus의 경우에는 제한된 Bus Width에 전송 주파수를 높이는 방향으로 Bandwidth를 높이는 방식을 채택했다. 즉, 소수의 신호선을 사용함으로써 전력이나 Noise 등의 문제를 억제하고 Package를 소형화하도록 했다. 신호선을 위한 별도의 접지선과 전원선을 가지고 있으며 이를 Impedance Match용 저항 R_{TT}를 통해 신호선과 연결시킨다. [그림 8.15]와 [그림 8.16]에서와 같이 Rambus Interface는 Open Drain형 출력 회로를 사용한다.

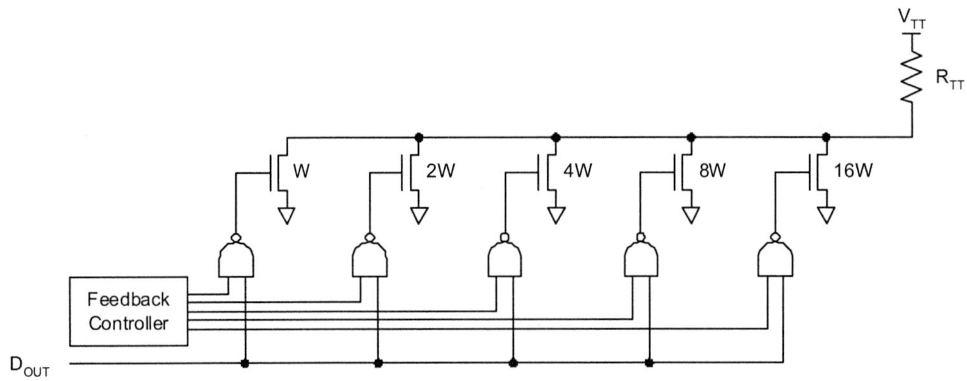

[그림 8.15] RSL의 구동단

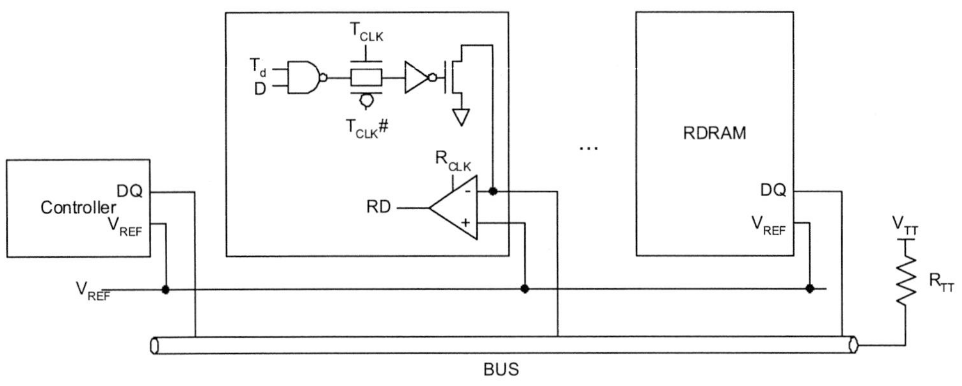

[그림 8.16] RSL의 Termination

[그림 8.17]에 나타나 있는 RDRAM의 Bus 연결을 보면 기존의 SDRAM과 같은 Multi-Drop 방식으로 연결된 것처럼 보이지만, 실제 PC의 Mainboard상에서 Bus는 [그림 8.17(b)]와 같이 RDRAM Module(RIMM)이 직렬연결로 이루어진 것이다. [그림 8.17(a)]의 기존의 SDRAM Bus 연결의 경우 병렬연결과 같은 방식이기 때문에 Memory Slot에 Module(DIMM)들을 모두 채우지 않아도 동작에 문제가 없지만, RDRAM을 채용한 System의 경우에는 Memory Module이 채워지지 않은 Slot에는 Continuity Module이라는 일종의 Dummy Module을 연결해야 나머지 Module들이 Termination 저항과 연결이 가능할 뿐만 아니라 전체적인 전송선의 Impedance Matching을 이룰 수 있어 정상적인 작동이 가능해진다. Memory 확장성의 관

점에서 보면 기존의 SDRAM Bus Interface가 유리하지만 Slot의 소켓들이 Stub (8.4.5절 참조) 역할을 하게 되어 고속 동작에 지장을 주게 된다. RDRAM Bus Interface의 경우 소켓이 비어있을 경우의 Impedance Matching까지 모두를 고려해서 고속 동작에 유리하지만 그만큼 Module의 구현에 있어 PCB에서의 Impedance Matching 등 매우 엄격한 규정을 요구하기 때문에 제조 단가가 상승하는 문제가 있다.

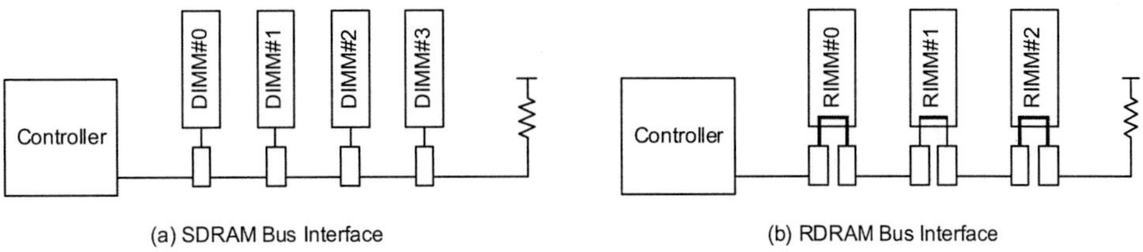

[그림 8.17] 기존 SDRAM과 RDRAM의 Bus 연결도

Rambus Signal Logic의 신호는 기준 전압(V_{REF}) 2.2V에서 Swing하며 V_{REF} 0.3V의 출력에 V_{REF} 0.2V의 입력으로 규정되어 있어 0.1V의 Noise Margin을 가진다. 신호의 전송은 Master에서 Slave로, 또는 Slave에서 Master로 전송되며 Bus의 한쪽 끝은 Bus Master에 연결되어 있고 다른 한쪽 끝은 종단 저항에 의해 종단되어 있다. 따라서 Slave로부터 종단쪽과 Master쪽으로 양분되어 전파되는 신호는 Master단에서 전반사(Full Reflection)가 일어나므로 신호의 크기가 2배로 되어 Full Swing의 신호를 얻을 수 있다. 또한 이중 종단형에 비해 신호를 구동할 때에 필요로 하는 전류가 절반으로 감소하므로 전력 면에서도 유리하다.

8.4.3 Center Tapped Terminated(CTT) Logic

CTT Logic은 최초로 제안된 Small Signal Swing Push-Pull Interface로 종단 전압과 기준 전압이 일치하는 대칭형 Interface이다. 신호는 기준 전압(V_{REF}) 1.5V에서 Swing하며 V_{REF} 0.4V의 출력에 V_{REF} 0.2V의 입력으로 규정되어 있어 0.2V의 Noise Margin을 가진다.

[그림 8.18]의 CTT Logic 회로는 Push-Pull Small Signal Swing Interface의 대표적인 예를 보여주고 있다. 출력 Driver가 Q_1, Q_2의 조합과 Q_3, Q_4의 조합으로 2개로 구성되어 있다. 작은 크기의 Q_1, Q_2로 구성된 출력 Driver는 직류 성분의 Level을 규정하기 위한 것이고, 크기가 큰 Q_3, Q_4로 구성된 것은 출력 극성이 반전되는 초기 동작에서 출력 신호가 고속으로 천이하는 것이 가능하도록 하는 회로이다. CTT Logic은 출력 Driver의 한쪽 Transistor가 항상 On이므로 그 실효 저항이 100~150Ω 정도이다. 따라서 Logic Low와 Logic High 신호의 파형은 V_{REF}에 대해 대칭이며 출력 Driver단에서의 반사도 작아서 GTL보다 고속 전송이 가능하다. 전압 측면에서 보면, 출력 Buffer의 구동 능력은 Driver의 전원인 V_{DD}로부터 공급되므로 V_{TT}에서 공급되는 GTL보다 크며 I/O 전압이 높아서 입력 Buffer에 NMOS 차동

증폭기 회로를 사용할 수 있게 되어 고속 동작을 꾀할 수 있다. 또한 $V_{TT}=V_{REF}$로 설계하여 추가 전원을 하나로 할 수 있는 것도 장점이다. 단 입력 Buffer에서 관찰된 출력 Level을 Feedback하여 Driver를 보강하는 방식인 관계로 출력 Buffer와 입력 Buffer를 근접시켜 배치할 필요가 있다.

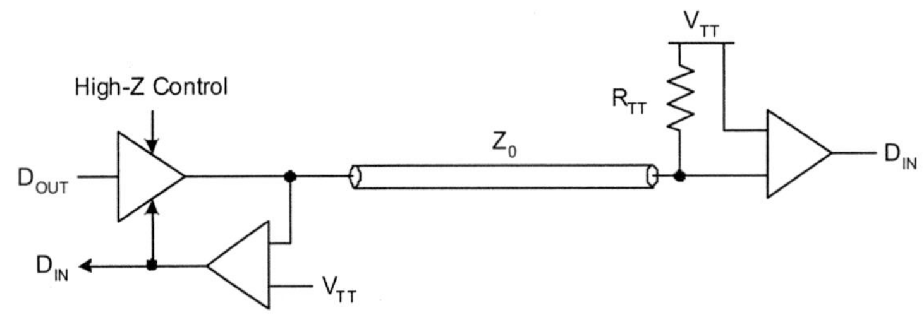

(a) CTT Logic의 개념

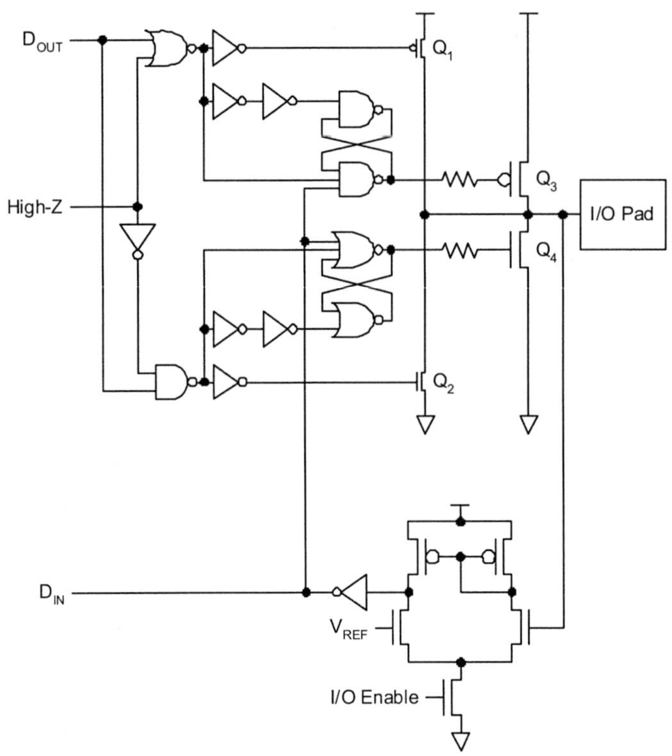

(b) CTT Logic 회로의 예

[그림 8.18] CTT Logic Interface

입력 Buffer는 신호를 출력할 때에도 동작하므로 출력 신호의 Level이 바뀌는 도중 신호가 중간 Level에 달한 시점에서 Q_3, Q_4를 끄는 Feedback 제어에도 사용된다. 그러나 실제로는 Feedback Delay에 의해 Q_3, Q_4가 꺼지는 시점은 Full Logic Swing이 이루어지고 난 후이며, 이 때문에 파형이 다소 변형될 수가 있다. CTT Logic도 GTL에서와 같이 외부에서 공급되는 Reference 전압을 중심으로 신호가 대칭 Swing을 한다. 하지만 GTL에서와는 달리 종래의 Full Rail-to-Rail CMOS Logic이나 LVTTL Logic과 신호 호환이 가능하다. 즉, Signal Line이 짧고 종단되지 않은 경우 Q_3, Q_4의 동작에 의해 Rail-to-Rail Swing을 한다. 하지만 Line이 길고 종단된 경우에는 I/O Driver는 자동적으로 Small Swing을 하게 되어 I/O Driver는 출력 전압을 Feedback하여 출력 Level을 원하는 값으로 맞춘다.

8.4.4 High Speed Transceiver Logic(HSTL)

CTT Logic이나 GTL같은 Small Signal Swing Logic은 잡음이 적고 신호의 반사도 적은 이상적인 상황에서는 동작에 문제가 없지만 DRAM이나 Memory Module과 같이 잡음이 많고 Impedance Mismatch가 심한 환경에서는 SNR이 감소하여 적합하지 않다. 따라서 Board나 Memory Module의 Signal Line을 배치할 때에 Mismatch를 줄이고 반사를 없애기 위한 배치 방법을 고려하던지 아니면 신호의 반사가 존재해도 그 영향을 적게 받는 새로운 Interface 방식을 채용해야 한다. HSTL은 이런 요구로 인해 JEDEC에서 결정한 새로운 Small Signal Swing Logic Interface이다.

HSTL에서 신호는 0.75V의 기준 전압(V_{REF})에서 Swing하며 V_{REF} 0.4V의 출력에 V_{REF} 0.1V의 입력으로 규정하여 0.3V의 Noise Margin을 가진다. HSTL은 3.3V 이상의 전원 전압에서도 동작하도록 설정된 Interface이므로 V_{DDQ}는 전원 전압에 무관하게 1.5V로 주어지며 Logic Level은 이 전압을 중심으로 정의된다. 또한 비종단, 직렬 종단 및 병렬 종단 방식을 모두 포함하고 있으므로 흔히 사용되는 대부분의 Interconnection에 적용할 수 있다. HSTL은 종단 방법과 전압의 대칭성에 따라 다음과 같이 4종류로 나누어 정의하고 있다.

Class Ⅰ:

비종단(Unterminated)으로 용량성 부하(Capacitive Load)를 구동하는 경우, 혹은 단일 병렬 종단 전송선을 구동하는 Push-Pull Buffer로 종단 전압과 수신단의 기준 전압(V_{REF})이 모두 $V_{DDQ}/2$로 일치하는 경우(Symmertric).

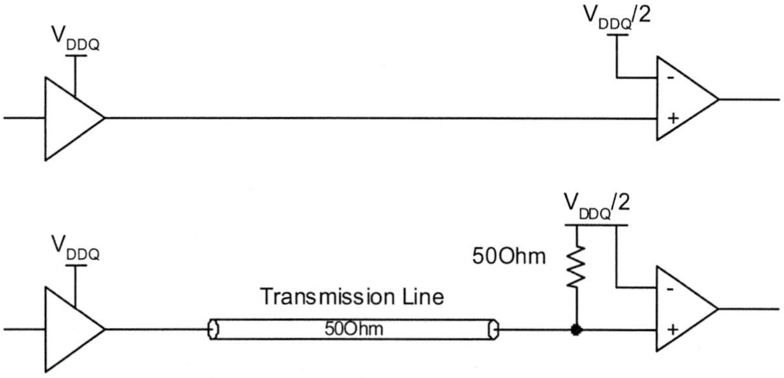

[그림 8.19] HSTL Class Ⅰ

Class Ⅱ:

직렬 종단 전송선, 혹은 이중 병렬 종단 전송선을 구동하는 Push-Pull Buffer. Class Ⅰ에서와 같이 병렬 종단 전압이 수신단의 V_{REF}와 동일한 경우(Symmetric).

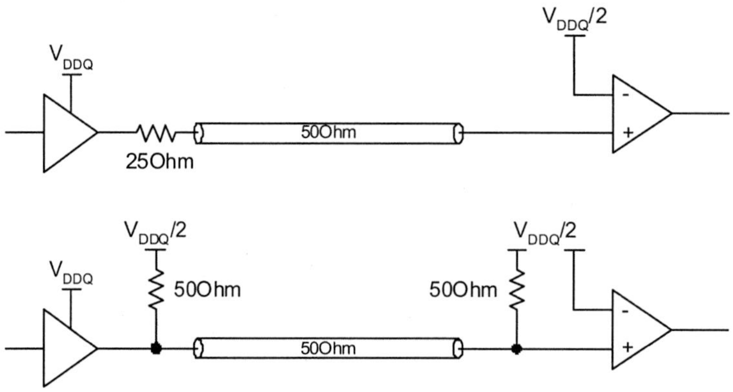

[그림 8.20] HSTL Class Ⅱ

Class Ⅲ:

단일 병렬 종단 전송선을 구동하는 Push-Pull Buffer. Class Ⅰ, Ⅱ와는 달리 병렬 종단 전압과 V_{REF}의 전압이 서로 다른 경우(Asymmetric).

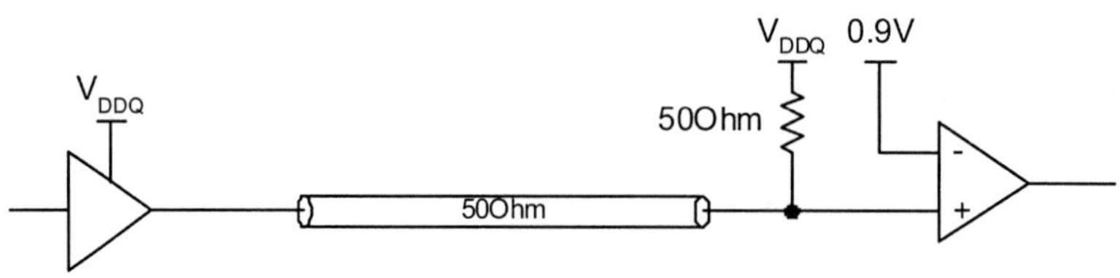

[그림 8.21] HSTL Class Ⅲ

Class Ⅳ:

이중 병렬 종단 전송선을 구동하는 Push-Pull Buffer. Class Ⅲ와 같이 종단 전압과 V_{REF}의 전압이 서로 다른 경우(Asymmetric).

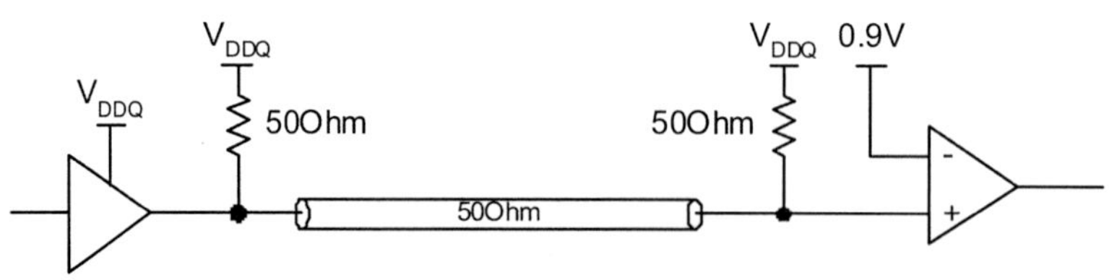

[그림 8.22] HSTL Class Ⅳ

비대칭 종단형인 Class Ⅲ와 Ⅳ는 Tri-state Bidirectional Bus를 사용해야 한다. 이는 비대칭 종단에서는 Driver가 동작하지 않을 때에 전송선에 Precharge되는 전압이 $V_{DDQ}/2$보다 작아서 전류 Path가 발생하거나 발진이 일어날 수 있기 때문이다.

HSTL의 표준에서는 출력단과 입력단 모두에 $V_{DDQ}/2$에 해당하는 기준 전압 V_{REF}가 인가되어 있으며 Class마다 Driver가 공급해 주어야 하는 DC 전류에 차이를 두었기 때문에 Class가 다른 출력단이 입력단을 구동할 수가 있다. 아래의 [그림 8.23]에서는 여러 개의 HSTL 소자들이 Bus로 연결된 예를 보여주고 있다.

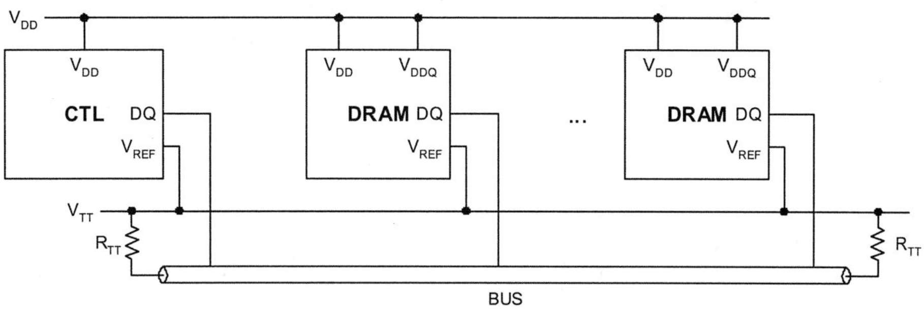

[그림 8.23] HSTL Bus Interface

8.4.5 Stub Series(Terminated) Transceiver Logic(SSTL)

HSTL의 경우 입력 Swing이 너무 작아 입력단의 속도가 오히려 감소하고 Trip Point가 LVTTL과 맞지 않고 Noise Margin도 DRAM과 같은 환경에서는 충분하지 않다.

Stub이란 전송선에 연결된 다른 전송선을 말하는 것으로 DIMM이나 SIMM Module 내의 Bus에 여러 개의 DRAM이 병렬로 연결되는데, 이때 Bus와 DRAM을 연결하는 Data 배선이 Bus에 대한 Stub으로 동작한다. Stub이 있는 경우 반사파는 전송파가 Stub 길이를 왕복하는데 소요되는 시간에 해당하는 Pulse 폭으로 발생한다. 따라서 긴 Stub은 Impedance Matching을 위해 종단 저항을 연결시켜야 하며, 짧은 Stub은 보통 Capacitor로 동작한다.

반사파 등 Bus에 대한 이들의 영향을 배제하기 위해 외부 저항을 직렬로 연결하는데 이 때문에 Bus에 입사되는 신호의 진폭이 감소되므로 전력 소모를 줄일 수가 있고 진폭을 증가시키기 위해서는 Driver Size를 그만큼 크게 설정할 필요가 있다.

SSTL은 CTT Logic과 비슷해서 3.3V의 V_{DDQ}에 1.5V의 VTT를 가진다. 입력 전압은 기준전압 V_{REF} 0.4V의 진폭을 가지고 출력 전압은 Class Ⅰ([그림 8.24])의 경우 V_{REF} 0.6V, Class Ⅱ([그림 8.25])의 경우 V_{REF} 0.8V의 진폭을 가진다. Trip Point는 LVTTL과 동일한 1.5V이고 Noise Margin도 0.2V 혹은 0.4V로 충분한 편이다. [그림 8.26]은 SSTL을 채용하는 소자들이 Bus에 연결되는 예를 보여주고 있다.

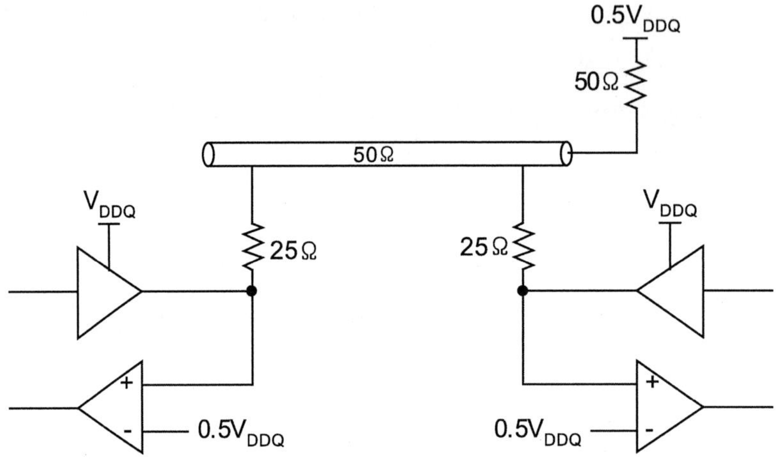

[그림 8.24] SSTL Class Ⅰ

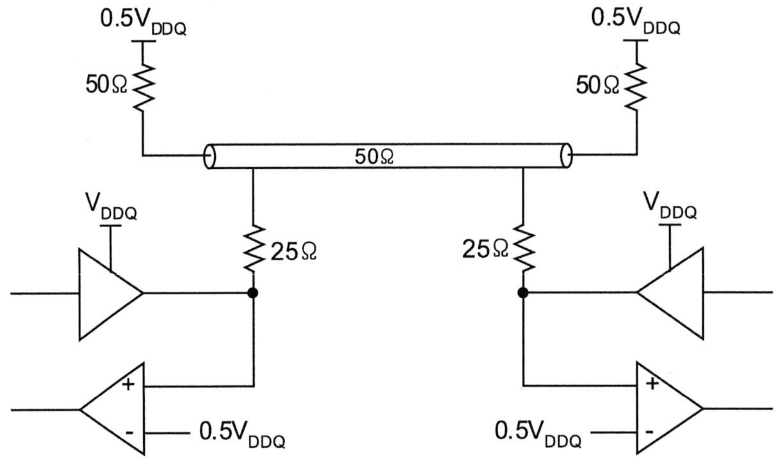

[그림 8.25] SSTL Class Ⅱ

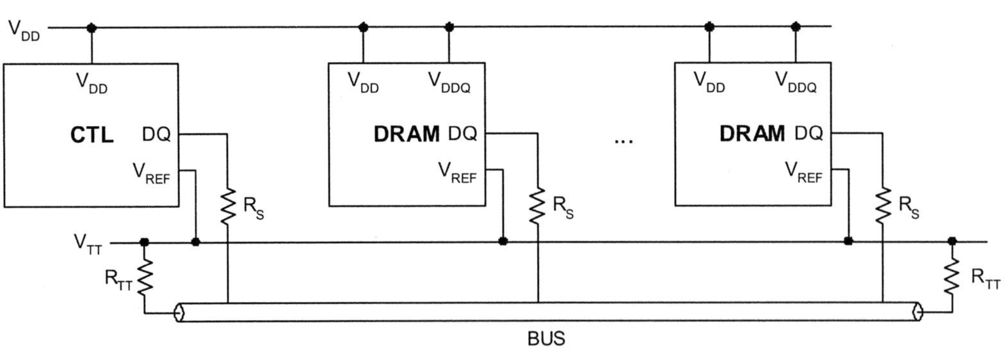

[그림 8.26] SSTL Bus Interface

HSTL과 달리 종단 전압과 수신단의 기준 전압이 항상 일치하는 Symmetric 종단이며 단일과 이중 종단의 2가지로만 나뉜다. Class Ⅰ에서는 출력단에는 직렬 종단이 사용되고 입력단 쪽에는 50Ω 저항이 연결된 단일 병렬 종단 형태이다. Class Ⅱ는 직렬 종단과 함께 50Ω의 저항을 구동단과 부하단 모두에 병렬로 연결한 이중 병렬 종단 방식을 채용하고 있다. SSTL은 V_{DDQ}로 사용하는 전압에 따라 몇 가지 종류가 있는데 $V_{\mathrm{DDQ}} = 3.3\,V$의 경우 SSTL-3(JEDEC의 EIA/DESD8-8 1996), $V_{\mathrm{DDQ}} = 2.5\,V$는 SSTL-2(EIA/JESD8-9B 2002), $V_{\mathrm{DDQ}} = 1.8\,V$는 SSTL-18(EIA/JESD8-15)이라는 규격으로 규정되어 있다.

부록 A MOS Transistor

A.1 | 구조와 동작

[그림 A.1]은 NMOS Transistor의 단면도이다. P형 Silicon 기판에 Ion Implantation에 의해 대칭인 2개의 N+ 영역이 형성된다. 기판은 각종 소자의 제작에 사용되는 Wafer로서 기계 강도를 확보하여야 하고 기판 자체의 큰 Self-Capacitance에 의해 교류적으로 Ground처럼 동작한다. N+ 영역의 농도는 상당히 높아서 $10^{20}/cm^3$에 달하며 접합 깊이는 대략 0.2~0.5㎛ 정도이다. 기하학적으로는 Source와 Drain이 대칭 구조이므로 단지 인가 전압 조건에 의해서만 Drain인지 Source인지가 결정된다. 즉, NMOS에서는 고전압이 인가된 곳이 Drain이며 저전압측이 Source로 된다. 물론 동작 중에는 Source와 Drain이 뒤바뀔 수도 있다. Source와 Drain사이의 Silicon 기판 표면은 Channel이라 불리며 이의 전기전도도는 Gate 전압에 의해 제어된다. Gate는 보통 Polysilicon으로 형성되며 Channel과 얇은 산화막을 사이에 두고 있다. 또한 주변의 Transistor와 전기적으로 격리시키기 위해 두꺼운 SiO_2 산화막(Field Oxide)으로 Isolation 영역을 형성한다. 소자 분리를 더욱 완전하게 하기 위해 $10^{13}/cm^2$ 정도의 Boron Ion Implantation을 행하여 FOX 아래쪽 Silicon 표면에 농도가약 $10^{18}/cm^3$ 정도인 P^+층(Channel Stop이라 부른다)을 형성한다.

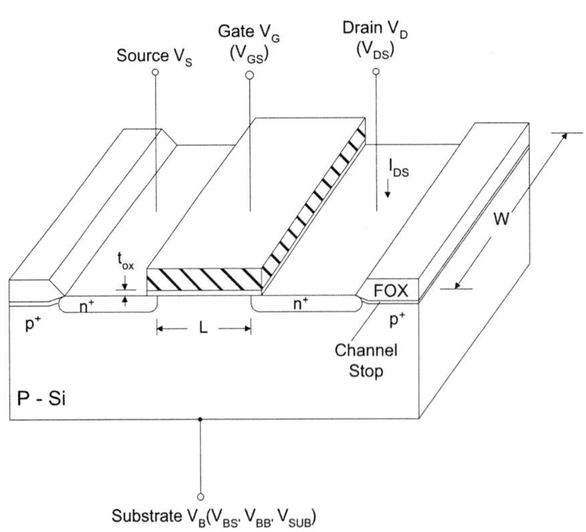

[그림 A.1] N-Channel MOS Transistor의 구조

Source 전압 V_S를 기준으로 하는 경우 Drain, Gate, 기판의 전압을 각각 V_{DS}, V_{GS}, V_{BS} 또는 V_{BB}라 한다. V_{BB}는 "–" 또는 Ground로 한다. "–"의 V_{BB}는 Chip 외부로부터 직접 인가하거나 외부 전원 V_{CC}를 이용하여 Chip 내부에서 생성된다. V_{GS}를 "0"에서 "+"로 증가시켜서 어떤 값 이상이 되면 전류 I_{DS}가 흐르기 시작하며 그 이상에서는 V_{GS}와 함께 I_{DS}도 증가한다. 이렇게 전류가 흐르기 시작하는 V_{GS}를 Transistor의 문턱전압(Threshold 전압) V_T라 부른다.

실제로 MOS Transistor는 동작 Mode에 따라서 4종류가 있다. 우선 Carrier형에 따라 크게 둘로 나누어진다. [그림 A.1]에서와 같이 P형 Silicon 기판상에 N^+의 Source, Drain을 형성한 뒤 Electron이 유기된 표면 Channel을 이용하는 이들을 연결하거나 분리하는 것을 N–Channel MOS(NMOS)라 부르며, 역으로 N형 Silicon 기판상에 P^+ Source와 Drain을 형성한 뒤 유기된 Hole로 Channel을 형성하는 것을 P–Channel MOS(PMOS)라 부른다. 또한 각각에 대해 Gate 전압 V_{GS}가 0일 때도 Drain 전류 I_{DS}가 흐르는 것을 Depletion형(D형), 흐르지 않는 것을 Enhancement형(E형)이라 부른다. 불순물을 Channel 부위에 Implantation함에 따라 E형으로부터 D형으로 변경이 가능하다. 이러한 4종류에서의 V_{GS}와 I_{DS}의 관계는 [그림 A.2]와 같다. [그림 A.3]은 E형 NMOS와 E형 PMOS Transistor의 기호로서 동작전류가 흐르기 위한 각 단자의 전압 관계를 나타낸다. V_{CC}와 V_{SS}는 외부 전원 전압이다. 이제 널리 사용되고 있는 E형 NMOS Transistor를 중심으로 동작을 설명한다.

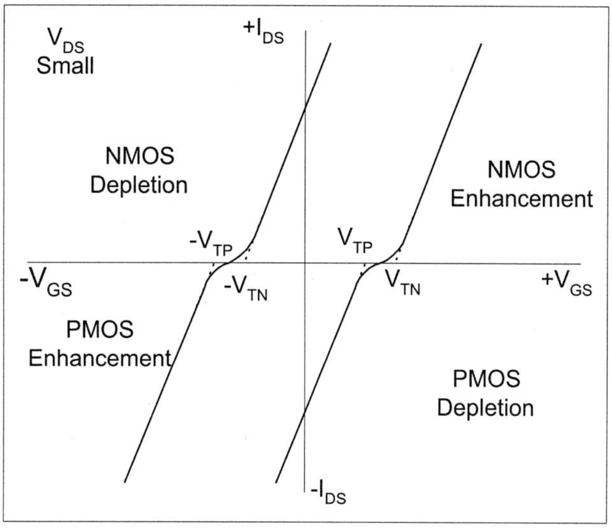

[그림 A.2] MOS Transistor의 종류

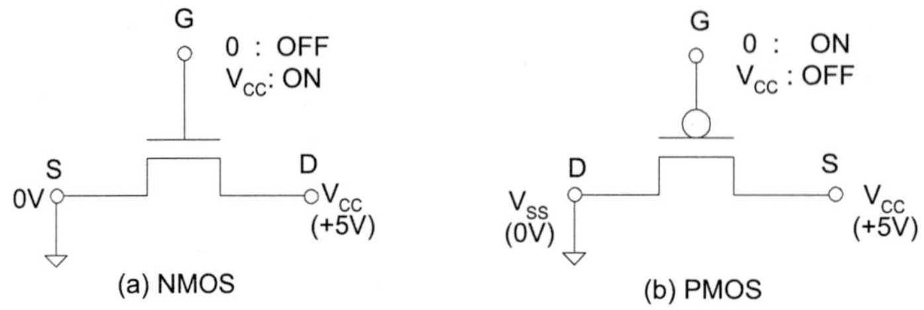

[그림 A.3] E형 Transistor의 회로기호와 동작전압관계

- DC 특성: [그림 A.4]는 V_{GS}를 Parameter로 하여 E형 NMOS Transistor의 $I_{DS}-V_{DS}$ 관계를 V_{BS}가 일정한 경우에 대해 그린 것이다. 동작 영역은 아래에서와 같이 Cut-Off 영역, 비포화 영역, 포화 영역의 3가지로 크게 나누어진다.

(i) Cut-Off 영역 : 이 영역은 Subthreshold 영역이라고도 불리며, I_{DS}가 $V_{GS}>V_T$ 경우보다 매우 작기 때문에 $I_{DS}=0$이라고 근사화한다. 따라서 이 영역에서는

$$V_{GS}\le V_T$$
$$I_{DS}\approx 0$$

이다. 그러나 최근 저전압 동작을 위해 MOS의 V_T를 작게 설정하는데 이에 의해 Subthreshold 전류가 현저하게 증가하는 것이 큰 문제가 되고 있다.

(ii) 비포화 선형영역(Linear Region) :

V_{DS}가 증가하면 I_{DS}도 증가하는 영역으로

$$V_{GS}\ge V_T$$
$$V_{DS}<V_{GS}-V_T$$
$$I_{DS}=\beta\left[(V_{GS}-V_T)V_{DS}-\frac{1}{2}V_{DS}{}^2\right]$$

의 관계를 만족한다. 특히 V_{DS}가 낮아서 $V_{DS}\ll V_{GS}-V_T$가 되는 경우

$$I_{DS}=\beta(V_{GS}-V_T)V_{DS}$$

로 전류와 전압특성은 선형관계로 되어 Transistor 전류식은

$$R_{ON}=\frac{1}{\beta(V_{GS}-V_T)}$$

로 변형되므로 V_{GS}에 의해 가변이 가능한 저항으로 표시될 수 있다. 이는 [그림 A.4]의 원점 부근($V_{GS}=0$)의 특성에 대응한다.

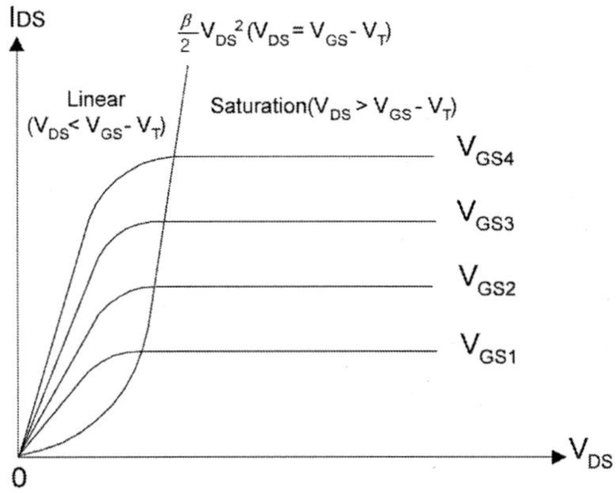

[그림 A.4] NMOS Transistor의 DC특성

(iii) 포화 영역(Saturation Region) : Transistor에 흐르는 전류 I_{DS}가 V_{DS}와는 무관하며 V_{GS} 만으로 결정되는 일정한 값을 가지는 영역으로

$$V_{GS} \geq V_T$$
$$V_{DS} > V_{GS} - V_T$$
$$I_{DS} = \frac{\beta}{2}(V_{GS} - V_T)^2$$

으로 된다. 여기서 β는 Gain Coefficient라 불리우며 Transistor의 전류 구동 능력을 나타내는 중요한 Parameter로 아래와 같이 주어진다.

$$\beta = \frac{W}{L}\frac{\epsilon_{OX}\mu}{T_{OX}} = \frac{W}{L}\beta_0 = \frac{W}{L}\mu C_{OX}$$

β_0: Transconductance

- L : n^+ Source와 n^+ Drain사이에 전류가 흐르는 방향으로의 Channel 길이로서 0.3~1.5μm 정도의 값을 갖는다. 또한 위에서 내려다본 Polysilicon 가공 치수를 Gate 길이 L_G라고 부른다.
- W : L과 직각방향을 이루는 Channel폭
- ε_{OX} : Gate 산화막의 유전률
- Tox : Gate 산화막의 두께
- μ : 평균 표면이동도

β는 Process가 결정되면 이에 따라 주어지는 값이며 회로 설계시 변화할 수 있는 Parameter는 아니다. 미세화에 의해 t_{OX}가 얇아지므로 β가 증가한다. 전자의 이동도(μ_n)는 Hole의 이동도(μ_p)보다 2.5~3배로 크기 때문에 NMOS의 β_o도 PMOS보다 2.5~3배 정도 크다. μ의 값은 온도에 따라 변하는데, T를 절대온도라 한다면

$$\beta_o / \beta'_o = (T/T_o)^{3/2}$$

로 주어진다. 여기서 β'_o는 실온($T_o = 298\,^\circ K$)에서의 β_o 이다. 온도가 낮을수록 β_o가 증가해 전류가 커진다. β에 대한 식에서 W/L은 설계자가 자유로이 선택할 수 있는 Parameter이다. L의 실제값(L_{eff})은 Etching 공정상의 변동, Source와 Drain의 Lateral Diffusion등의 이유로 Mask 상의 Channel Length L_G와 차이가 있다. W의 최소치도 L_{eff}정도로 주어진다. Drain 전류 I_{DS}를 증가시키기 위해서는 W/L을 증가시키는 방법이 가장 간단하다. 그러나 W를 크게 하면 Gate, Source 및 Drain의 면적도 증가되어 Capacitance도 증가하게 된다([그림 A.9] 참조). 일반적으로 L은 L_{eff}로 고정하고 W만을 증가시킨다. V_T는 아래의 식에서 보듯이 제조공정과 V_{BS}에 의해 결정된다.

$$V_T = V_{TO} + \Delta V_T(V_{BS})$$

$$V_{TO} = V_{FB} + \gamma\sqrt{2\phi_F} + 2\phi_F$$

$$\Delta V_T = \gamma\left(\sqrt{|V_{BS}| + 2\phi_F} - \sqrt{2\phi_F}\right)$$

$$\gamma = \sqrt{2\epsilon_S q N / C_{OX}}$$

$$\phi = (kT/q)\mathrm{In}(\mathrm{N_A}/\mathrm{n_i})$$

여기서 V_{TO}는 $V_{BS}=0$에서의 Threshold 전압, V_{FB}는 Flat Band 전압, N_A는 기판의 불순물 농도, n_i는 Si의 Intrinsic Carrier Concentration, ε_S는 Si의 유전율, q는 전자의 전하량, k는 Boltzmann 상수이다. τ는 V_{BS}에 대한 V_T의 Sensitivity를 표시하는 것으로 Back Gate Effect 상수라고 불리우며, 통상 0.1~1 정도의 값을 갖는다.

V_T의 온도 의존성은

$$V_T(T) = V_T(0) - a(T - T_0)$$

이며 온도 증가에 따라 선형적으로 감소한다. 여기서 $V_T(0)$는 실온($T_O = 298K$)에서의 V_T이며, a는 0.5~5 mV/$^\circ K$이다. 온도가 상승함에 따라 감소된 V_T는 I_{DS}를 증가시키려 하

며, 감소된 β_o는 I_{DS}를 감소시키려 한다. 이 중 β_o의 영향이 더욱 커서 온도가 상승하면 I_{DS}는 감소한다.

이상의 특성은 Channel Length L이 충분히 큰 Transistor의 특성이었다. 실제의 Small Size Transistor에서는 Channel Length L값, Channel Width W값 및 V_{DS}에 따라 Transistor의 특성이 변형된다. Channel Length Modulation, Short Channel Effect, Narrow Width Effect 및 Hot Carrier Effect가 그 대표적인 예이다.

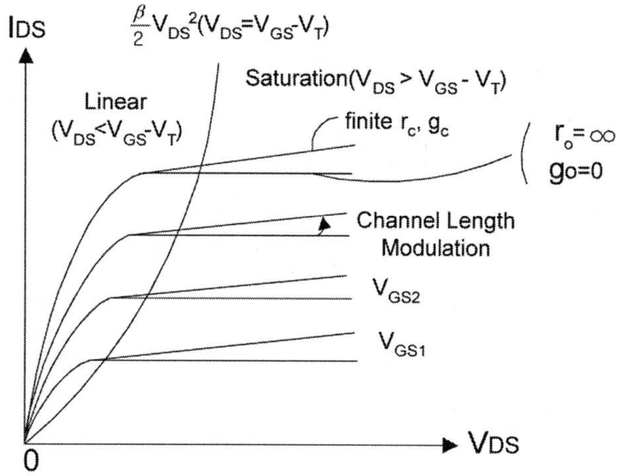

[그림 A.5] 제의 NMOS Transistor 특성

[그림 A.5]는 실제 MOS Transistor의 특성을 보여주고 있다. 포화 영역에서의 전류식에 의하면 Drain 전류 I_{DS}는 포화 영역에서는 V_{DS}를 증가시켜도 I_{DS}에 변화가 없어야 한다([그림 A.5]중의 점선). 그러나 Channel Length Modulation에 의해 I_{DS}는

$$I_{DS}\frac{\beta}{2}(V_{GS}+V_T)^2(1+\lambda V_{DS})$$

λ: Channel Length Modulation Factor(=0.1 0.01)

와 같이 V_{DS}의 증가함에 따라서 함께 증가하고 있다. V_{DS}가 $V_{DSAT}(=V_{GS}-V_T)$보다 더 큰 값으로 되면 Drain의 Depletion 영역이 늘어나 (Mobile Charge가 존재하지 않는 영역) Channel Length가 감소하기 때문이다. I_{DS}가 전압에 비례하는 전류로 표시되므로 결국 저항 성분이 존재함을 뜻한다. 이러한 저항 r_{DS}는 Drain-Source 간의 Channel Conductance g_{DS}의 역수로서 다음과 같이 구할 수 있다.

$$g_{DS} = \frac{\Delta I_{DS}}{\Delta V_{DS}} = \frac{\beta}{2}(V_{GS} - V_T)^2 \lambda$$

$$= \frac{I_{DS}\lambda}{1 + \lambda V_{DS}} \approx I_{DS}\lambda$$

$$\gamma_{DS} = \frac{1}{G_{DS}} \approx \frac{1}{\lambda I_{DS}}$$

[그림 A.6]은 Channel Size Effect의 예이다. Channel Length가 짧아짐에 따라 Channel 영역의 전하가 Gate 전압뿐만 아니라, Source나 Drain 영역 사이에 존재하는 Depletion Layer나 Electric Field 및 Potential Distribution의 영향을 크게 받는다. 이 때문에 [그림 A.6(a)]에서는 Channel Length "L"이 짧아짐에 따라 Threshold 전압 V_T가 감소한다. 또 Field Oxide의 형태, Field Oxide 아래의 고농도 P^+(Channel Stop Implant)의 영향을 받아서 Channel Width "W"가 감소하면 V_T는 증대한다. 이 때문에 공정 Fluctuation이 항상 일정하다고 하여도 L이나 W가 서로 다른 Transistor에서는 V_T의 차이가 발생한다. 따라서 차동 Amp.의 입력단의 Transistor쌍의 L을 설정할 때 세심한 주의가 필요하다. 또 Backgate Effect도 L이 감소함에 따라 줄어들며, W를 감소함에 따라 증가되어 V_T에 영향을 준다.

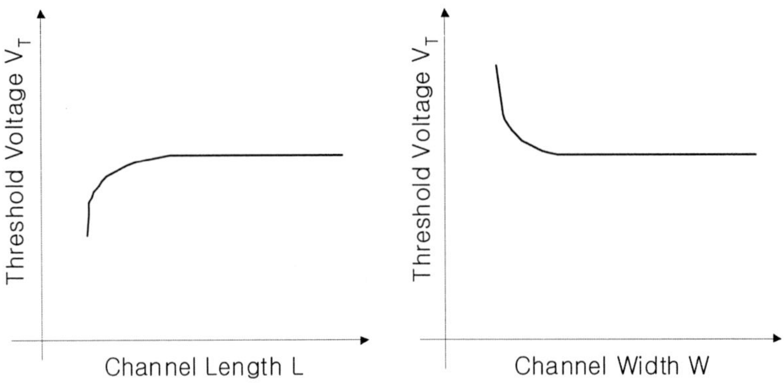

(a) Short-Channel 효과　　(b) Narrow-Channel 효과

[그림 A.6] MOS Transistor의 Channel Size 효과

미세화의 진행에 따라 Channel에 인가되는 전계의 세기가 급격히 증가하였다. [그림 A.7]의 Drain 부근의 Depletion 영역, 특히 Pinch-Off되는 지점의 전압은 $V_{GS} - V_T$로 일정한 반면 V_{DS}전압이 증가하므로 Depletion 영역의 전계가 급격히 상승한다. 전하가 이 영역을 통과하는 동안 속도가 크게 증가하며 따라서 운동 Energy도 매우 크다. 즉 "열"을 받은 전자처럼 큰 운동 Energy를 갖고 있어 Hot Carrier라 부르며, 이에 수반된 현장을 Hot Carrier Effect라 부른다. 예를 들어 Hot Carrier는 Si원자와 충돌하여 Si의 내각전자들을 방출시키는

데 이 전자들의 Energy도 매우 커서 SiO_2내부로 Tunneling해 들어가 장기적으로 V_T를 변화시키거나 Substrate로 침입하여 Substrate Current성분이 된다.

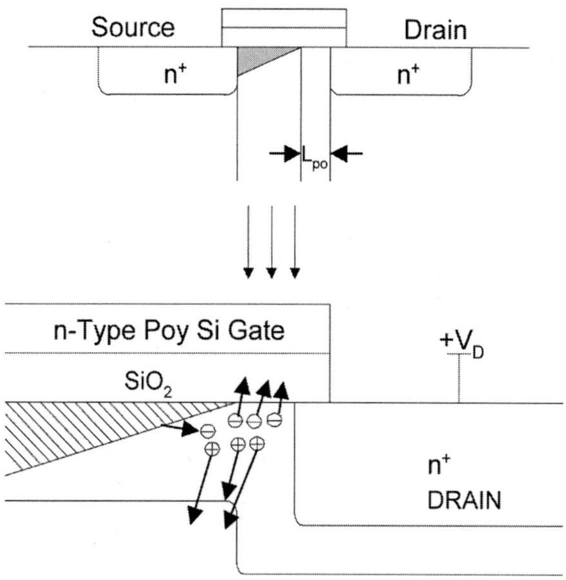

[그림 A.7] Hot Carrier 발생 Mechanism

Transistor의 한계 내전압도 L이 감소함에 따라 낮아진다. 따라서 W/L의 비가 동일하여도 L이 긴 경우와 짧은 경우의 Transistor의 특성이 다르다. 또한 Memory Cell내의 Cell Transistor는 고밀도로 집적하기 위해 Chip 내에서 가장 작은 W 값을 갖게 되므로 가장 V_T가 높고, γ도 크다. 따라서 Chip 내에서도 목적별로 Transistor의 Size를 설정하여야 하며 Transistor Size를 고려한 회로 설계가 필요하다. 〈표 A.1〉은 0.5μm Process에 대응한 Transistor의 특성의 예이다.

〈표 A.1〉 MOS Transistor의 특성

	NMOS	PMOS
Gate Oxide Thickness t_{OX}	150Å	150Å
Channel Length L	0.6μm	0.6μm
β_{00} 1)	115μs/V	34μs/V
V_T 2)	0.5V	0.5V

1) $\beta_0 = \epsilon_0 \epsilon_{OX} \mu / t_{OX}$, $\mu_n = 500cm^2/V \cdot Sec$, $\mu_P = 150\ cm^2/V \cdot Sec$
$\epsilon O = 8.854 \times 10^{-12} F/m$, $\epsilon_{OX} = 3.9$

2) $W = 15\mu m$ MOS에서 $I_{DS} = 10nA$가 흐를 때의 V_{GS} 전압

A.2 | Capacitor

Capacitor에는 MOS Transistor의 Gate Oxide에 의한 Capacitance(MOS Capacitance라 부르기도 한다), MOS Transistor의 Drain이나 Source에 사용되는 P 또는 N층에 의한 PN Capacitance, 배선으로 사용되는 N 또는 P에 의한 PN Capacitance, 그리고 Metal이나 Polysilicon 등의 Interconnection Line의 Parasitic Capacitance가 있다. 이러한 양들은 회로의 Load Capacitance로 되어서 신호의 전파 지연을 가져온다. 또한 DRAM에서는 Memory Cell Capacitor라는 특수한 Capacitor를 설계하고 제작하여야 한다. 일반적으로 소자가 미세화함에 따라 단위면적 당의 Capacitance 값은 증가한다.

MOS Capacitance: Enhancement형 MOS Transistor의 Capacitance는 [그림 A.8(a)]에서와 같이 여러 성분으로 나누어 볼 수 있다. C_{OL}은 Gate와 Source 또는 Drain Diffusion Layer와의 중첩 부분(Overlap)의 Capacitance로서 L_{OL}을 Overlap Length라 한다면 $C_{OX}L_{OL}W$로 된다. C_{GS}와 C_{GD}는 Channel의 전하를 Source와 Drain부분으로 나누고, 이들과 Gate-Source 전압과 Gate-Drain 전압의 관계식으로부터 구한 Gate와 Channel 사이의 Capacitance 이다. 또 C_{GB}는 Gate 전압과 기판 전압 사이에 존재하는 Capacitance이다. [그림 A.8]의 (b)는 각 Capacitance의 V_{GS} 전압 의존성을 Overlap Capacitance를 무시하고 개략적으로 그린 것이다. 여기서 Gate Capacitance C_G는 C_{GS}, C_{GD} 및 C_{GB}의 합이다. V_{GS}가 0일 때에는 Gate Oxide 아래에 Channel이 형성되지 않아서 C_G는 C_{GB}만으로 주어지며 이때 C_{GB}는 $C_{OX}LW$와 같다. 그러나 $V_{GS} < V_T$에서는 Gate Oxide 아래의 Silicon 표면인 Channel 영역에 Depletion이 형성되므로 이에 의한 Capacitance와 앞서의Oxide Capacitance가 직렬로 연결된 형태를 이룬다. Depletion Capacitance가 작은 값을 가지므로 C_{GB}도 작은 값이 된다. 그러나 Transistor가 ON($V_{GS} > V_T$)이 되면 Mobile Charge가 매우 많은, Inversion된 Channel이 Oxide 바로 아래에 존재하므로 Bulk로의 전계가 모두 Shield 되어 $C_{GB}=0$이 된다.

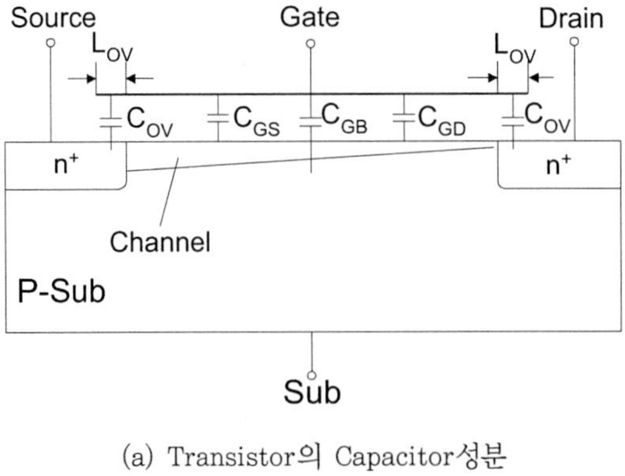

(a) Transistor의 Capacitor성분

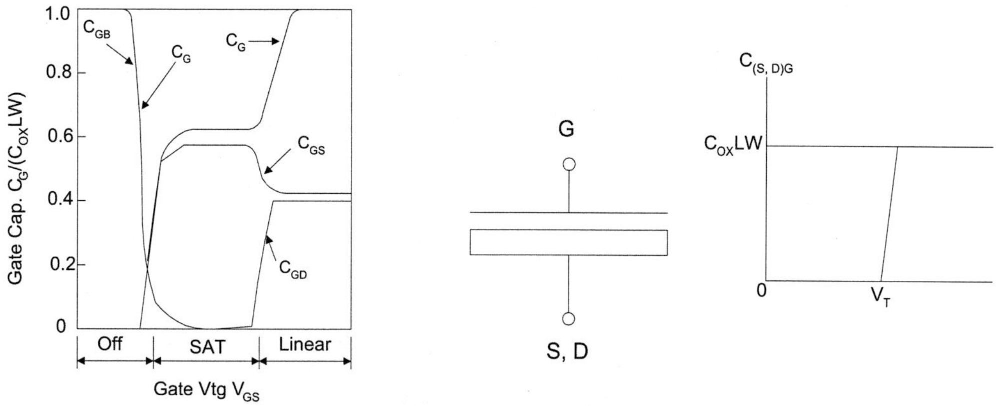

(b) Gate 전압 VS. Gate 용량 (c) 2단자 MOS Capacitor의 등가회로와 특성

[그림 A.8] E-Type MOS Transistor의 Capacitor 특성과 등가회로

이때, Channel이 형성되어 Source 쪽 Gate Oxide 아래에 전하가 존재하고 Linear 영역($V_{DS} < V_{GS} - V_T$) 에서는 Channel이 Gate Oxide 아래 Source와 Drain 사이 전영역에 존재하므로 $C_{OX}LW$의 Capacitance가 C_{GS}와 C_{GD}로 균등하게 1/2 씩 나누어진다. 상대적으로 작은 값인 PN 접합 Capacitance와 C_{OL}을 무시하기로 하고 [그림 A.8(c)]와 같이 Source와 Drain을 묶어서 등전위로 하여 Source-Drain을 1단자로 하고 Gate를 다른 1단자로 하여 MOS Transistor를 2단자 소자로 만든 경우를 생각한다. Gate 전압이 V_T이하에서는 Channel이 형성되지 못했으므로, Gate Capacitance는 "0"(정확하게는 $2C_{OL}$)이지만 V_T이상의 Linear 영역(항상 $V_{DS} = 0 < V_{GS} - V_T$를 만족한다)에서는 Channel이 형성되므로 갑자기 $C_{OX}LW$로 증가한다. [그림 A.8(c)]에서는 MOS의 Source와 Drain을 묶어 그려 MOS를 사용하였음을 나타냈지만 이 점을 미리 알고 있다면 단순한 Capacitor로 그리기도 한다.

정확한 MOS Gate의 Capacitance를 구하기 위해서는 Gate의 Channel Length 부분의 Overlap L_{OL}뿐 아니라 W쪽의 Overlap W_{OL}도 고려해야 한다. 따라서 C_G는

$$C_G = C_{OX} W_e L_e + 2L_{OL} C_{\text{GBOL}} + 2 W_{OL} C_{\text{GDOL}}$$

으로 구해야 한다([그림 A.9] 참조).

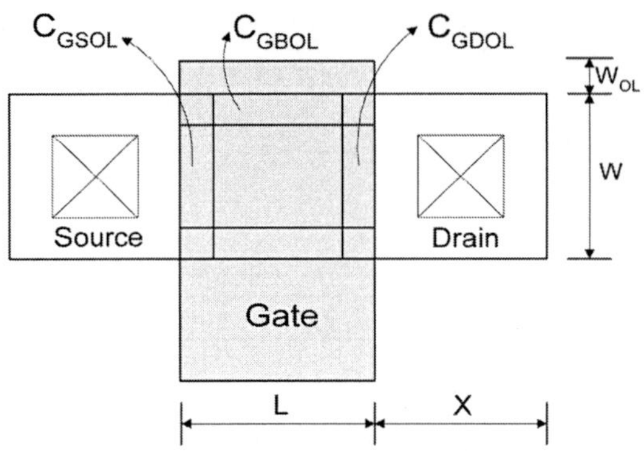

[그림 A.9] MOS의 각종크기

[그림 A.10]은 MOS 구조를 이용한 각종 Capacitor들의 개략도이다. (a)는 이제까지 살펴본 기본형이며, (b)는 Drain이 없는 구조이다. Gate 전압이 Source 전압보다도 V_T 이상으로 높을 경우 Channel이 형성되어 Source-Gate Capacitance는 $C_{OX}LW$로 된다. 이 구조는 16 Kb, 64 Kb DRAM의 Cell Capacitor 구조로 널리 이용되었으며 Transistor의 Gate 구조를 공정 변화 없이 그대로 사용하므로 제작이 간편하다. 하지만 이 구조에서는 앞서 살펴본 바와 같이 $V_G < V_T$에서는 Capacitance가 0이 되며, $V_G > V_T$에서만 Capacitance가 나타난다. 따라서 Gate에 임의의 전압을 인가하면 이 전압 중 V_T만큼의 성분은 Capacitor를 형성하는 데에만 사용되며, Capacitor에 전하 성분으로는 저장되지 않는다.

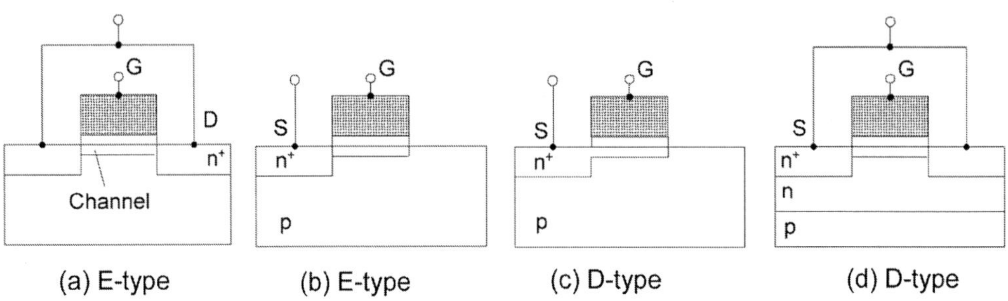

[그림 A.10] MOS구조를 이용한 각종 Capacitor

DRAM Cell Capacitor와 같이 전하량이 중요한 소자에서는 이러한 전압 손실(즉, 전하 손실)은 동작에 불리하다. (c)는 이러한 결점을 없애기 위해 Gate 바로 아래의 Si 표면에 n^+층을 형성하여 Channel을 미리 형성해 준 것이다 (Depletion Transistor 형태). 이 형태에서는 V_{GS} 전압에 의존하지 않고 항상 $C_{OX}LW$의 고정된 Capacitance가 나타난다. 이 구조는 256Kb DRAM 세대에는 Capacitor의 Gate단자에 0V를 인가하거나 1M DRAM 세대에는 V_{CC}/2를 인가하여 널리 이용하였다. Gate 전압에 $V_{CC}/2$를 인가한 경우 Channel 전압(Source 전압)이 0V이거나 V_{CC}이거나 모두 Gate Oxide에 걸리는 전계 세기는 $V_{CC}/2$에 비례하므로 동일하다. 이는 0V를 인가한 경우에 비해 전계 세기의 최대값이 1/2로 줄어든 것을 뜻하므로 Oxide의 전계 세기를 일정하게 유지하기로 한다면 Oxide 두께를 1/2로 감소시킬 수 있으며 따라서 동일한 면적에 대해 2배의 Capacitance 값을 얻을 수 있어서 유리하다. 또한 내부 주변 회로에서도 이러한 Depletion Transistor를 이용하거나 Capacitance를 사용할 수 있어 회로 설계도 편리하다. 이 형태는 [그림 A.10(d)]에서와 같은 NMOS 구조로 형성할 수도 있다.

[그림 A.11]은 4Mb DRAM 이후부터 단위 면적당 Capacitance 값을 크게 하기 위해 3차원 구조를 취한 Capacitor의 예로써 Si 기판상에 쌓아 올린 Stack 구조와 Si 기판 내에 구멍을 뚫은 Trench 구조로 나누어 진다. 물론 Capacitance 값을 크게 하기 위해 전극 전압 PL은 $V_{CC}/2$로 하였다. 이러한 방법과 고유전율 절연체를 조합하여 Capacitance 값을 증가 시키려는 시도도 계속되고 있다. 예를 들어 SiO_2를 매우 얇게 해야 얻을 수 있는 큰 Capacitance 값을 $SiO_2(\varepsilon=3.9)$와 $Si_3N_4(\varepsilon=7.0)$의 복합막이나 Ta_2O_5막을 이용한다면 손쉽게 얻을 수 있는데, 이때 SiO_2만으로 동일한 Capacitor 값을 얻기 위한 등가 SiO_2 막의 두께를 구해 보면 10Å~50Å에 해당한다.

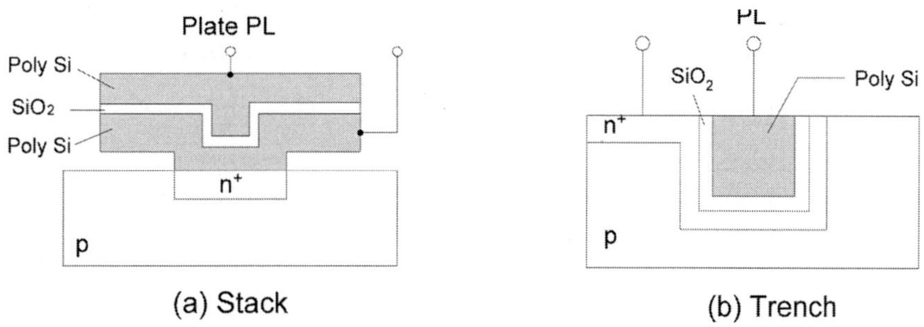

[그림 A.11] 입체구조를 이용한 Capacitor

PN 접합 Capacitance : Drain과 Source에 존재하는 PN 접합 Capacitance는 Junction에 인가된 역 Bias 전압에 따라 다음과 같이 변화한다.

$$C_J = \frac{C_{Jo}}{(1 + V_{J/\Phi})^m}$$

여기서 C_J는 V_J를 인가한 경우의 Capacitance, C_{JO}는 전압을 인가하지 않은 경우의 Capacitance, Φ는 PN Junction의 Built-In 전압으로 약 0.6 V, m은 1/2이다. 이를 이용하여 얻을 수 있는 Capacitance 값이 그리 크지 않아서 접합 용량을 의도적으로 Capacitor로 사용하는 예는 적다.

Junction은 면적 (A)와 주변부(Periphery) 성분으로 되어 있으며 주변부는 농도의 변화가 존재하는 영역이어서 면적 부위 Capacitance C_A와 주변부의 Capacitance C_W값의 차이가 크며 최근의 미세화와 함께 C_W의 비중이 증가하고 있다. [그림 A.9]의 MOS에서 이들을 고려한 Junction Capacitance는

$$C_J = C_{JA}WX + 2C_{JW}(X + W)$$

로 주어진다.

〈표 A.2〉는 0.5μm Process에서의 각종 Capacitor 소자의 Capacitance 값의 예로 뒤에 언급할 Interconnection Layer의 Parasitic Capacitor도 함께 보인다.

〈표 A.2〉 Capacitor 소자

		Capacitance(fF/μm^2)	Condition
MOS Capacitance C_{OX}		2.3	t_{OX} = 150Å
PN Junction	N^+	0.18	Bias 2V, Area.
	P^+	0.51	Bias 0V, Area.
	N-Well P-Sub	0.10	Bias 3.3V
Memory Cell Cap. C_C		6.9	t_{OX} = 50Å
Interconnection Metal(Single)	Al	0.22fF/μm	Wint/tint = 2.9 Hint/tint = 1.4
	Polysilicon	0.26fF/μm	Wint/tint = 5 Hint/tint = 0.5

A.3 | Resistor 소자

DRAM 회로 중 전압 분배 회로나 Delay 회로에, 또는 Node가 Floating 되는 것을 방지할 목적으로 Power Line과의 연결을 위해 저항 소자가 사용된다. 저항 소자는 Polysilicon Line이나 N^+나 P^+의 확산층으로 제작된다. 이중 Polysilicon은 전압과 온도에의 의존성이 거의 없어 사용이 편리하다. 저항으로 Bias를 잡는 경우 저항값을 크게 하여 DRAM의 대기(Standby) 전류 성분으로 되는 DC 전류를 감소시켜야만 한다. 10μA~100μA 정도의 대기 전류를 얻기 위해서는 100KΩ~1MΩ 정도의 저항 값이 필요하다. 예를 들어 폭 1μm의 Sheet 저항 ρ_s가 100Ω/□인 Polysilicon으로 1MΩ 저항을 제작해 보자. ρ는 [그림 A.12]에서처럼 일정한 두께

t_{int}를 갖는 도체의 정사각형 판 1개 분의 저항치(Ω/□)로 정의되어 비저항 ρ(Ω · Cm)와의 사이에

$$\rho_S = \rho / t_{\text{int}}$$

의 관계가 있다. [그림 A.12]에서 폭 W_{int}, 길이 L_{int}인 도체의 저항 값 R은

$$R = \rho_S (L_{\text{int}} / W_{int})$$

로 표시되므로 1MΩ을 얻으려면 L_{int}이 1cm나 되는 긴 길이를 가져야 한다(최근에는 Chip의 면적이 넓어져서 이 정도도 상대적으로는 실용적인 범위이다).

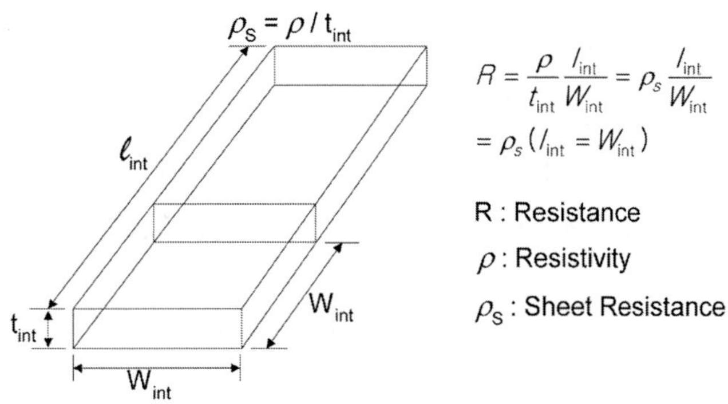

[그림 A.12] 배선저항

한편 N^+와 P^+ Layer는 전압온도 의존성이 있으며 점유 면적이 커서 고저항 소자로서의 사용이 불리하다. 온도 의존성이 큰 N-Well 저항(+0.6%/˚C)과 온도 의존성이 거의 없는 Polysilicon 저항의 온도 특성 차를 이용하여 Chip의 온도를 검출할 수 있으며, 이렇게 검출한 Chip 온도에 따라 DRAM의 Refresh 주기를 조절하기도 한다. 〈표 A.3〉는 각종 저항 소자와 Interconnection 재료의 저항 값의 예를 모아 본 것이다.

〈표 A.3〉 각종 저항 소자와 Interconnection 재료의 저항

재 료		비저항(μΩ · cm)	Sheet Resistance(Ω/□)	
			Width=2μm	Width=0.5μm
Poly- Si		1000	15	60
Diffusion Layer(N^+)		1500	23	90
Polycide(WSi_2)		130	2	8
Metal	Al	3	0.05	0.18
	W	10	0.15	0.60

A.4 | Interconnection

Interconnection으로는 Parasitic Capacitance나 Parasitic Resistance가 작고 기계적 강도가 크며 부식에도 강한, 고신뢰도 특성의 재료가 요구된다. [그림 A.13]은 1.3μm공정 1Mb CMOS Chip 내의 DRAM의 동작 속도를 결정하는 33종류의 주요 신호 발생 회로를 대상으로 하여 Load Capacitance를 성분별로 분석한 것이다. Row(RAS#)계열 논리 신호, Column(CAS#)계열 논리 신호, Memory Array를 직접 구동하는 신호로 구분해 볼 때 평균적으로 Interconnection Capacitance가 전체의 33%를 차지한다. 그 외에 대부분은 NMOS의 Gate Capacitance(65) 성분이다. 3μm NMOS 64Kb DRAM Chip내의 33개 회로에 대한 분석에서도 Interconnection Capacitance의 비율이 평균적으로 약 30%이다. 따라서 일반적인 DRAM Chip의 주요 신호에서는 평균적으로 Load Capacitance의 약 1/3이 Interconnection Capacitance라 여겨진다. 이 때문에 DRAM의 고속화를 위해서는 Interconnection Capacitance를 감소시키는 것이 중요하다. 더욱이 Interconnection에는 Parasitic Resistance가 작게나마 존재하기 때문에 65%나 차지하는 MOS Gate Capacitance와 결합하여 무시할 수 없는 Propagation Delay가 발생한다. $t_{CAC} = 7.8ns$인 4Mbit DRAM에서는 Inter-connection Resistor에 의한 Delay가 1.8ns로 약 23%를 차지한다고 알려져 있다. 따라서 Interconnection의 Parasitic Resistance의 감소도 중요하다.

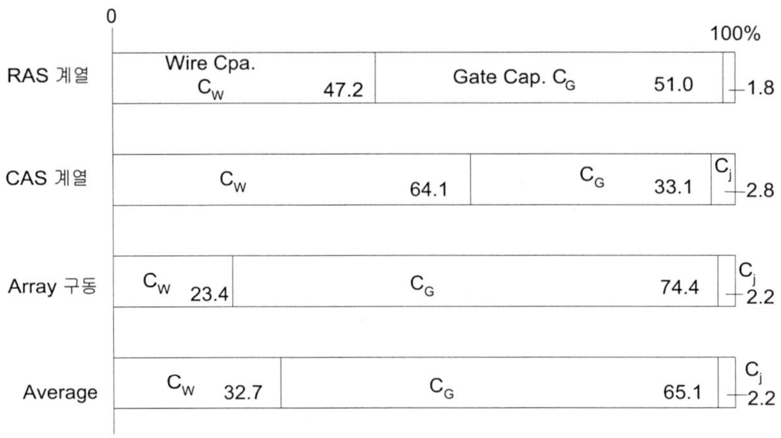

[그림 A.13] 주요 내부신호 발생회로의 Load Capacitance

Interconnection Capacitance : Interconnection Capacitance는 DRAM의 동작 속도 이외에도 Transient Current, 소비 전력, 잡음 등에 영향을 준다. 특히 0.5μm Process의 16Mb DRAM 이후부터는 미세화와 함께 Interconnection Line 사이의 Coupling Capacitance에 의한 잡음이 문제로 대두되었다. Interconnection Line 저항의 감소, Memory Cell의 3차원화, Layer 사이의 절연체의 절연 파괴 전압의 고전압화, 평면 단차 상에서의 Interconnection

Line의 폭 감소 또는 끊어짐의 방지, Electromigration의 발생 억제 등을 위해 Interconnection Layer의 두께(H_{int}) 와 폭(W_{int}) 을 단순히 작게만 할 수는 없어서 Fringing Capacitance 성분이 보다 중요하게 되었다. 여기에서는 Single Line, Parallel Line 및 Crossing Line 등에 대한 Capacitance를 구하는 법에 대해 살펴본다.

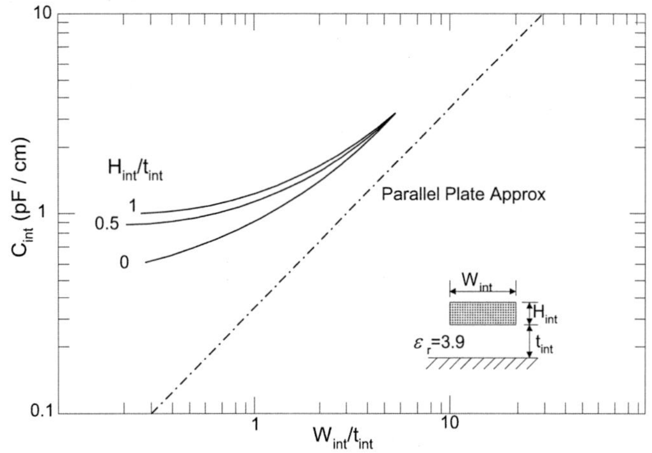

[그림 A.14] 단일 배선 Capacitance

[그림 A.14]는 Single Line의 단위 길이당 Capacitance C_{int}와 W_{int}/t_{int}의 관계를 보인 것이다. 여기에서 W_{int}, H_{int} 및 t_{int}는 각각 Interconnection Line의 폭, 두께 및 층간 절연막의 두께이다. [그림 A.14]는 H_{int}/t_{int}이 1과 0.5의 경우 및 비교를 위해 Parallel Plate로 근사해서 구한 Capacitance 값을 보여준다. t_{int}가 일정한 경우 C_{int}는 W_{int}가 작아질수록 감소하지만 $W_{int} \approx t_{int} \approx H_{int}$로 되면 1pF/cm로 수렴된다. 이는 W_{int}만을 감소시키면 전체 Capacitance 성분 중 H_{int}에 의한 Fringing Capacitance 비중이 증가하기 때문에 C_{int}가 단순히 감소되지 않음을 뜻한다.

이러한 Capacitance 값은 3차원 구조에 대한 Maxwell Equation을 직접 풀어서 이로부터 구하는 것이 바람직하나 실제적으로 어려움이 많다. 따라서 수치해석적인 Software들이 많이 상용화되고 있어 이를 이용하여 값을 구하거나 간편한 설계를 위해서는 근사식이 널리 사용되고 있다. 대표적인 근사식은 Sakurai Model이라 불리우는데 이에 의해 Single Line과 Grand Plane사이의 Coupling Capacitance를 구하면

$$\frac{C_1}{\epsilon_r} = 1.15\left(\frac{W_{int}}{t_{int}}\right) + 2.8\left(\frac{H_{int}}{t_{int}}\right)^{0.222}$$

로 주어진다. 여기서 ε_r은 SiO_2의 비유전율로 3.9이다. 한편, Interconnection Line의 길이가 L_{int}로 한정된 경우에는

$$\frac{C_1}{\epsilon_r}=1.15\left(\frac{W_{int}L_{\mathrm{int}}}{t_{\mathrm{int}}}\right)+1.4\left(\frac{H_{\mathrm{int}}}{t_{\mathrm{int}}}\right)^{0.222}\times(2W_{\mathrm{int}}+2L_{\mathrm{int}})+4.12\left(\frac{H_{\mathrm{int}}}{T_{int}}\right)^{0.728}\times H_{int}$$

로 주어진다.

[그림 A.15]는 여러 개의 Interconnection Line이 병렬로 배치된 경우 단위 길이 당의 Capacitance C_1을 보여 준다. $W_{\mathrm{int}}/t_{\mathrm{int}}$이 "1"에 가까울수록 C_1의 값이 감소하다가 Interconnection Line의 Spacing S_{int}이 감소함에 따라 Line-to-Line의 Coupling Capacitance가 증가하기 때문에 그 이하의 값에서는 역으로 증가한다. 한편 Interconnection의 상부에 교차되는 배선이 존재한다면 교차 부분에 의한 Capacitance가 더해져야 하며, 경우에 따라서는 이 때문에 전체 Capacitance가 약 25% 정도 증가할 수도 있다. 예를 들어 Interconnection Metal의 두께가 모두 0.4μm이며 아래쪽 Layer의 Interconnection Line의 폭이 1.4μm, 이와 교차하는 위층의 배선폭이 2.0μm, 두 층사이의 절연막이 1μm인 SiO_2의 경우, 이 교차 부위의 Capacitance는 평행판 근사에 비해 약 6배나 되는 매우 큰 값을 갖는다.

Sakurai Model에 의하면 3개 Interconnection 사이의 Coupling Cap.는

$$\frac{C_{12}}{\epsilon_r}=\frac{C_1}{\epsilon_t}+2\left[0.03\left(\frac{W_{\mathrm{int}}}{t_{\mathrm{int}}}\right)+0.83\left(\frac{H_{\mathrm{int}}}{t_{\mathrm{int}}}\right)-0.07\left(\frac{H_{\mathrm{int}}}{t_{\mathrm{int}}^{0.222}}\right)\times\left(\frac{S_{\mathrm{int}}}{t_{tmint}}\right)\right]$$

으로 주어지며, 2개 Interconnection Line 사이의 Coupling Cap.는

$$\frac{C}{\epsilon_r}=\frac{C_1}{\epsilon_r}+\left[0.03\left(\frac{W_{\mathrm{int}}}{t_{\mathrm{int}}}\right)+0.83\left(\frac{H_{\mathrm{int}}}{t_{\mathrm{int}}}\right)-0.07\left(\frac{H_{\mathrm{int}}}{t_{\mathrm{int}}}\right)^{0.222}\right]\times\left(\frac{S_{\mathrm{int}}}{t_{\mathrm{int}}}\right)^{1.34}$$

로 근사된다.

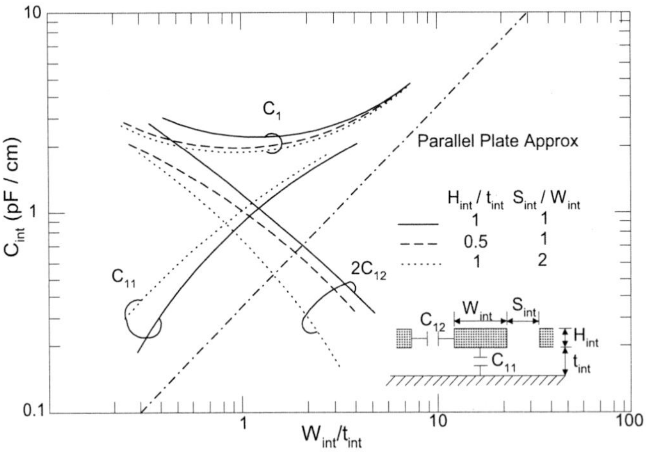

[그림 A.15] 평행 복수배선 Capacitance

- Interconnection 저항 : Interconnection Line의 Parasitic Resistance는 작을수록 좋다. 이를 위해 앞의 〈표 A.3〉과 같은 각종 재료들을 각각의 특징을 살려서 사용하고 있다. 〈표 A.3〉에서는 공정의 편의상 배선의 두께는 폭의 1/3로 가정하여 Sheet Resistance를 구하였다. Polysilicon이나 Diffusion Layer는 미세화에 의해 Sheet Resistance가 크게 증가하기 때문에 고저항 소자로서는 사용이 유리하지만 Interconnection Layer로서는 문제가 있다. 따라서 RC 시정수가 문제되지 않는 짧은 배선에만 사용되어야 한다. Cell Array 내의 Word Line 이나 Bit-Line과 같이 미세 가공이 필요하며 비교적 길이가 긴 배선에서는 MOS Gate 재료로서 사용되는 Polysilicon의 집적 용이성과 Silicide의 저저항 특성을 모두 포함하는 Polycide가 널리 실용화되고 있다. Polycide는 Polysilicon 상부에 Silicide를 Deposition한 후 일체화시킨 구조로서 이 두 층의 두께비와 Polycide 재질에 따라 전체의 Sheet Resistance 값이 결정된다. 하지만 미세화의 진전에 따라 Polycide의 Sheet Resistance도 증가하므로 길이가 긴 배선에는 저항이 작은 금속을 배선재료로 사용하는데 특히 Al이 가장 널리 사용된다. 물론 Al도 미세화에 따라 저항이 증가하며 0.5μm 폭으로 2.8mm의 길이를 갖도록 Al으로 배선한다면 저항이 1KΩ에 이르며 Parasitic Capacitance도 1pF가 되어 RC 시정수가 1ns로 된다. Al배선은 저저항이지만 신뢰성 등의 이유때문에Line Width나 Thickness등에 미소 가공이 곤란하므로 여러 가지 다양한 방법이 시도되고 있다. 다층 배선을 위해서는 온도가 높아도 녹지 않는 Tungsten이 사용되는데 이의 비저항은 Al에 비해 2~3배 정도 높다.
- Interconnection Reliability : VLSI Interconnection으로는 Al 합금, Tungsten 등과 같이 녹는점이 높은 금속이나 이들의 합금, 녹는점이 높은 금속의 Silicide, Polysilicon 등의 전도체가 각각의 특징을 살려서 이용되고 있다. 이들 중 장거리 배선에 이용되는 재료로서는 비저항이 작고 성형성이 좋은 Al이 널리 이용되어 왔지만 Memory의 대용량화에 따라 Al 합금 및 Tungsten과의 Multi-Layer 배선으로 대체되고 있다. 재료가 대체되는 이유는, 임계 전류 밀도가 높아야 하며 미세 가공성이 더욱 향상되어야 하고 Electromigration이나 Stress Migration 특성도 더욱 향상되어야 할 필요가 있었기 때문이다. 즉, 256Kb DRAM 세대까지는 Al 배선이 Si 기판과 반응하여 Al Spike를 형성하는 것을 방지하기 위해 Si을 1% 정도 첨가한 AlSi 합금이 사용되었지만 1Mb 세대에는 Electromigration특성을 향상시키기 위해 여기에 1% 정도의 Cu를 더 첨가한 AlCuSi 합금이, 또한 4Mb 이후에는 Stress Migration을 방지하기 위해 Al과 고융점 금속을 적층 구조로 한 배선이 등장하였다.
- Electromigration : 전류가 배선에 흐르게 됨에 따라 배선이 끊어지는 현상이다. 일반적으로 Al 배선에 흐를 수 있는 전류 용량은, 전류 밀도로서 10^5A/cm이하라고 알려져 있다. 이것은 두께가 1μm이고 폭이 10μm인 Al Interconnection Line에 10mA 전류가 흐르는 것에 해당한다. 이 값을 초과하면 Electromigration 이라는 현상에 의해 배선이 끊어질 수가 있다. 이 현상은 전류, 즉 전자의 흐름에 의해 Al 원자들이 밀려서 이동하는 것으로

이에 의해 Al Film내에 구멍이 뚫려서 이 현상이 더욱 진전되면 배선이 끊어진다. 배선의 Life-Time τ는

$$\tau = A W_{\text{int}} t_{\text{int}} J^{-2} \exp(\Phi / kT)$$

A : 재료 상수, W_{int}: 배선폭, t_{int} : 배선 두께, J : 전류 밀도,
Φ : 활성화 에너지(Al과 AlSi에서는 0.5~0.6eV),
K : Boltzmann 상수, T : 절대 온도

로 표시된다. 전류 밀도가 큰 경우나 고온에서는 주의가 필요하다. 또한 미세화와는 역행하지만 배선의 단면적 $W_{\text{int}}t_{\text{int}}$이 너무 작지 않도록 유지하는 것도 중요하다. t_{int}이 W_{int}처럼 미세화될 수 없는 이유는 배선 저항 이외에도 이러한 Electromigration 때문이기도 하다. 한편 Cu를 1 정도 첨가하면 가 0.6~0.8 eV로 되어 Carrier Life Time이 증가한다.

- Stress Migration : 배선에 전류를 흘리지 않고, 온도만을 올려서 실행하는 가속 Test시에 배선이 끊이지는 현상으로 Al 배선과 이를 둘러싼 절연체나 Si 기판이 받는 기계적 응력의 차이에 기인한다. 배선 폭이나 두께에 크게 의존하며 배선의 미세화에 따라 더욱 심해진다. 대책으로는 Al Layer와 Stress Migration이 거의 없는 고융점 금속층을 적층하는 것이다. 고융점 금속으로는 Ti, W, TiW이나 이들의 Silicide(WSi_2, $MoSi_2$) 또는 이들의 화합물(TiN)이 있다. 이러한 적층화는 Electromigration 대책도 겸하고 있다. Electromigration에 의해 Al에 구멍(Void)이 생성되어도 Electromigration에 강한 고융점 금속이 남아 있어 배선으로서의 성능이 유지되기 때문이다. 그러나 고융점 금속은 Dry Etching에 의한 미세 가공이 어려우며 Etching후의 부식도 문제로 알려져 있다. 또한 이런 금속층의 역할이 큰만큼 신뢰성이 향상되지만 실효적인 배선 저항도 증가하여 Tungsten 만으로 된 배선에 비해 저저항 배선으로서의 장점이 감소한다.

부록 B CMOS DRAM 공정

I. Well 형성 → Field Oxide와 Gate Oxide Growing

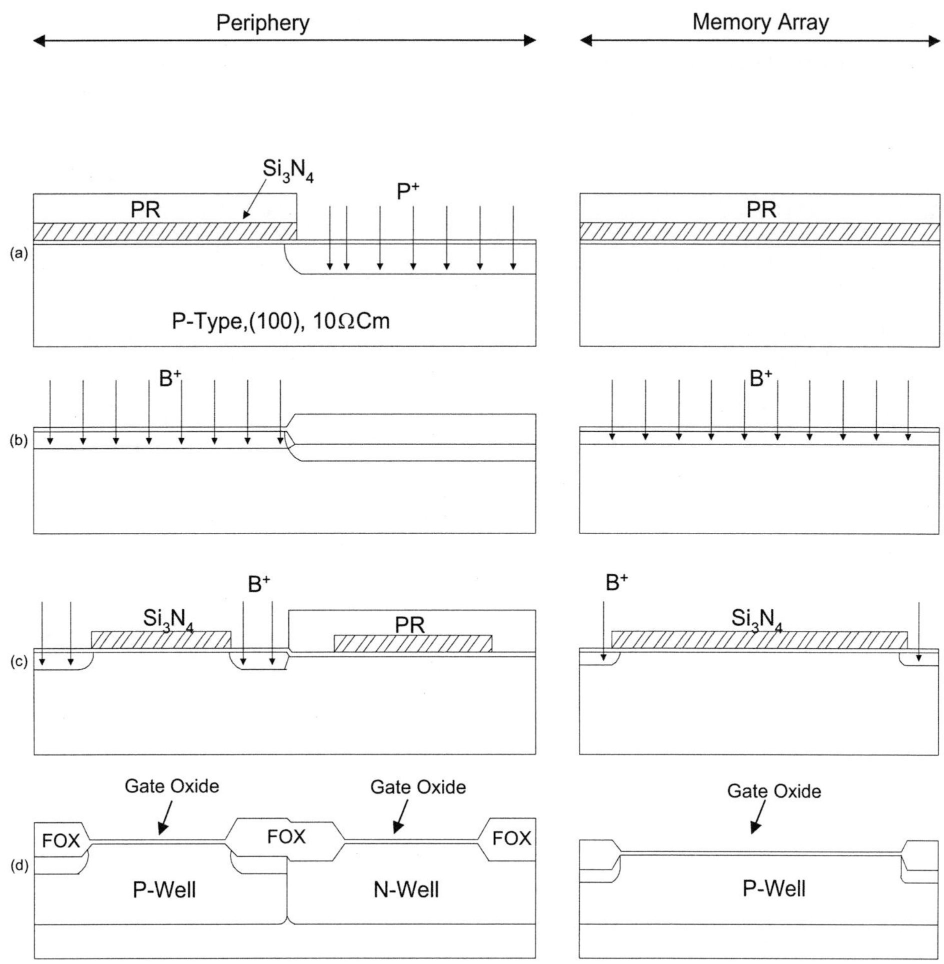

1. Well 형성(N-Well 및 P-Well)

1) Boron-Doped P-Type Si-Substrate, (100) Plane
2) Si_3N_4/SiO_2막 형성
3) Well Mask + Si_3N_4 Etching
4) P^+-Implantation(N-Well용)
   [그림 1(a)]
5) SiO_2막 성장 + Si_3N_4제거
6) B^+ Implantation(P-Well용)
   [그림 1(b)]
7) N_2 Anneal (Well 형성)

2. Field Oxide와 Gate Oxide 형성

1) Si_3N_4/SiO_2막 형성
2) ISO Mask + Si_3N_4 Etching
3) Well Mask(PR Process only)
4) B^+-Implantation(Channel Step용)
   [그림 1(c)]
5) Field Oxide막 형성
6) Gate Oxide막 형성
   [그림 1(d)]
7) P Channel Mask (PR Process only)
8) B^+-Implantation(P^+-Source/Drain용)

Ⅱ. N 및 PMOS의 Gate 형성 → NMOS Source/Drain형성 → W-Ploycide Bit-Line 형성

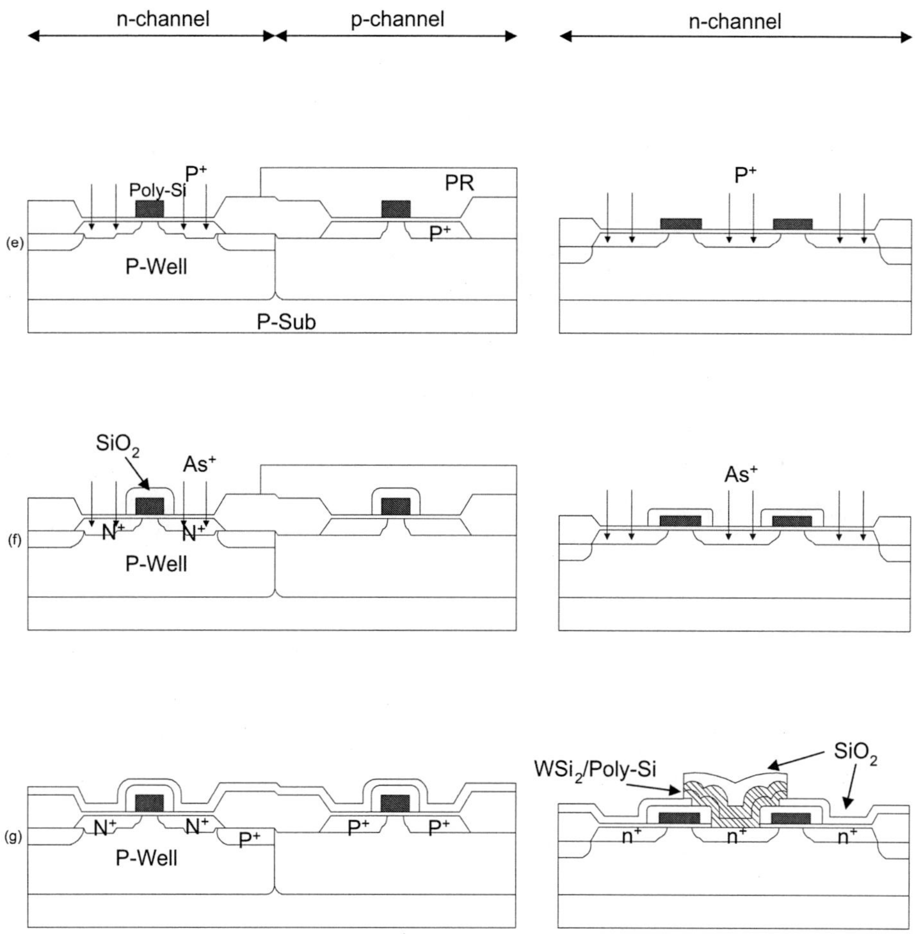

3. NMOS 및 PMOS의 Gate 형성

1) P-Doped Poly-Si막 형성(LPCVD)
2) SiO_2막 Deposition(LPCVD)
3) Poly 1 Mask
4) Poly-Si/SiO_2 Etching
5) N-Channel Mask(PR Process only)
6) P^+-Implantation(N^+-Source/Drain용)
   [그림 1(e)]
7) P-Channel Mask(PR Process only)
8) B^+-Implantation
9) SiO_2막 Deposition

4. NMOS Source/Drain 형성

1) N-Channel Mask(PR Process only)
2) As^+-Implantation
   [그림 2(f)]
3) SiO_2막 Deposition(LPCVD)
4) Direct Contact Mask

5. W - Polycide Bit-Line 형성

1) P-Doped Si막 Deposition + WSi_2막 Deposition
2) Bit-Line Mask
3) SiO_2막 Deposition(LPCVD)
4) SiO_2/WSi_2/Poly-Si Etching
   [그림 2(g)]

Ⅲ. Storage Node 형성 → Capacitor 절연막 형성 → Plate 전극 형성 → PMOS Source/Drain 형성

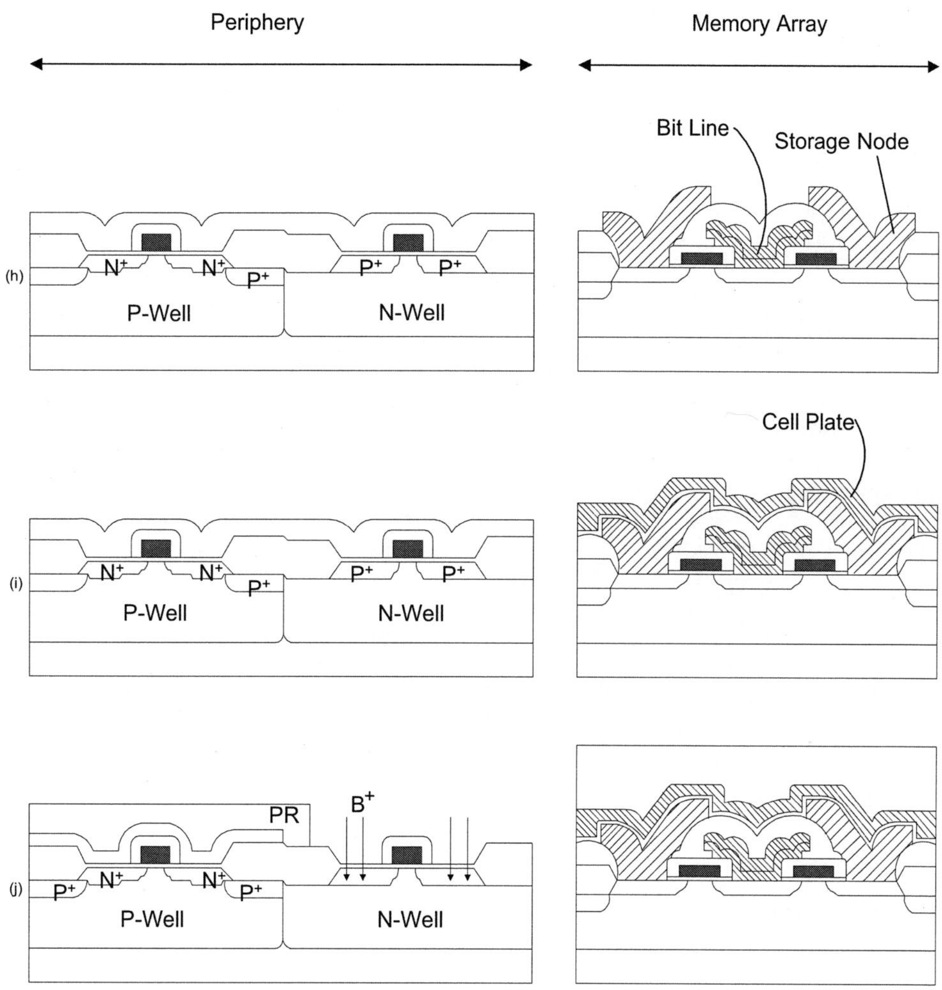

6. Storage Node 형성

1) Storage Contact Mask
2) SiO_2 Dry Etching
3) Poly-Si막 Deposition(LPCVD)
4) P-Implantation
5) N_2 Anneal
6) Poly 2 Mask
7) Poly-Si Etching
   [그림 3(h)]

7. Capacitor 절연막 형성

1) Si_3N_4막 Deposition(LPCVD)
2) NO(Oxynitride)막 형성

8. Plate 전극 형성

1) P-Doped Si막 Deposition
2) Poly 3 Mask + Poly Si Etching
   [그림 3(i)]
3) P-Channel Mask(NMOS를 덮어 보호함)
4) SiO_2 Etching

9. PMOS Source/Drain 형성

1) P-Channel Mask(PR Process only)
2) B^+-Implantation
   [그림 3(j)]
3) N_2 Annealing

Ⅳ. Contact Hole 형성 → Metal 1과 Inter-Metal-Oxide 형성

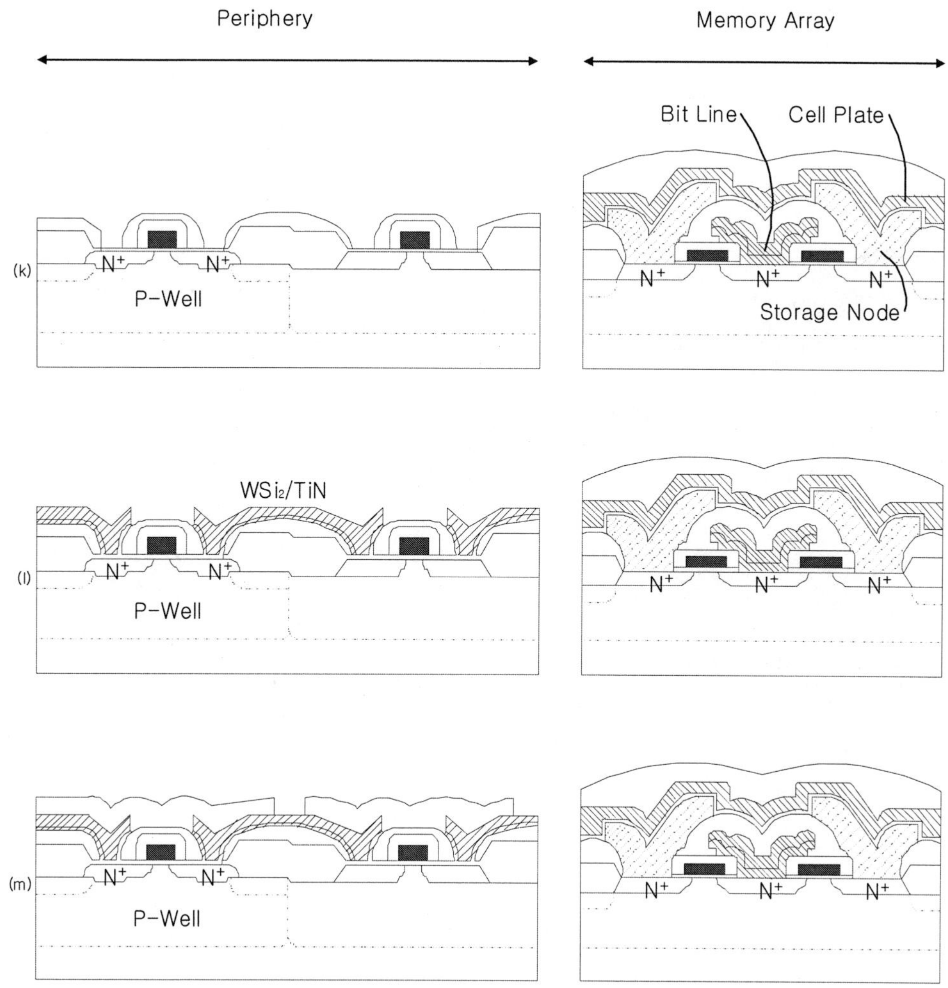

10. Contact Hole 형성

1) BPSG/SiO_2막 Deposition

2) BPSG Flow

3) Metal 1 Contact Mask

4) BPSG/SiO_2 Dry Etching

[그림 4(k)]

5) N – Channel Mask

6) P^+–Implantation

7) P – Channel Mask

8) N_2 Annealing (BPSG Reflow 겸용)

11. Metal 1과 1st Inter–Metal–Oxide막 형성

1) WSi_2/TiN막 Deposition

2) Metal 1 Mask

3) WSi_2/TiN Dry Etching

[그림 4(l)]

4) PSG/SOG/PSG막 Deposition

5) N_2 Annealing

6) VIA 1 Mask

7) PSG/SOG/PSG Etching

[그림 4(m)]

Ⅴ. Metal 2와 2nd Inter-Metal-Oxide막 형성

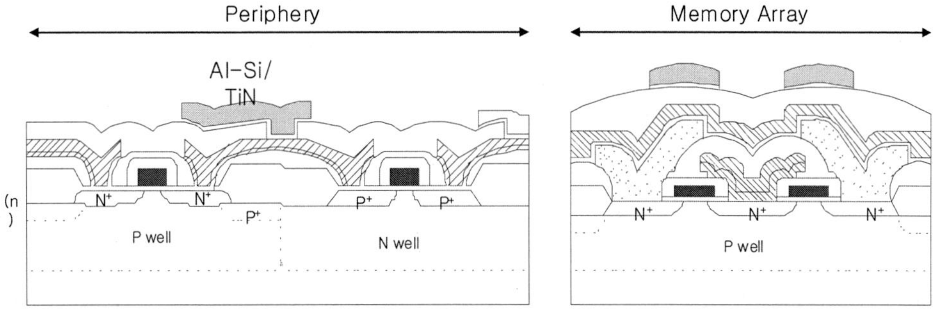

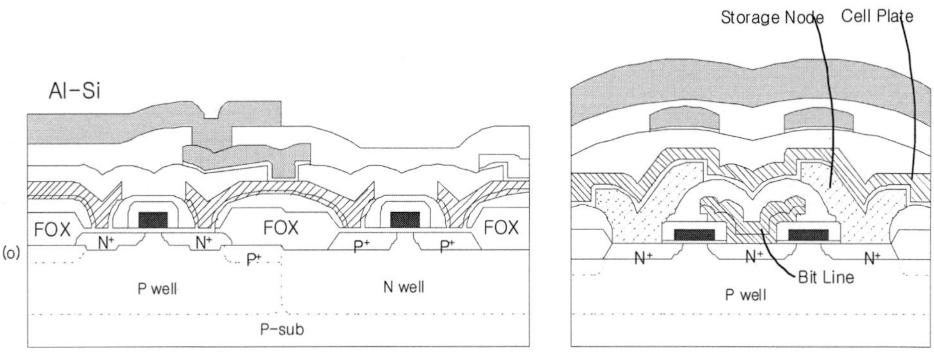

12. Metal2와 2nd Inter-Metal-Oxide막 형성

1) Al-Si/TiN막 Deposition
2) Metal 2 Mask
3) Al-Si/TiN Dry Etching
   [그림 5(n)]
4) Plasma Oxide/SOG/Plasma Oxide막 Deposition
5) N_2 Annealing
6) VIA 2 Mask
7) Oxide/SOG/Oxide Dry Etching

13. Metal 3와 Passivation막 형성

1) Al-Si막 Deposition
2) Metal 3 Mask
3) Al-Si Dry Etching
   [그림 5(o)]
4) PSG막 Deposition(APCVD)
5) Bonding Pad Mask
6) PSG Etching

부록 C CMOS 집적회로

C.1 | Positive/Negative Logic

DRAM도 논리 소자 중의 하나이다. 즉, 전압 Level이 이진수에 대응하여 다루어진다. 예를 들어 5V를 High (1), 0V를 Low (0)에 대응시킨다. 가장 일반적인 Logic Gate는 AND, OR, NOT 연산을 수행하는 연산자이며 이것만으로도 임의의 Boolean 함수를 모두 표현할 수 있다. 또한, 이것에서 파생된 연산자는 NOR, NAND Gate로서 아래의 그림과 같은 Symbol로 표현된다. NOR나 NAND Gate는 CMOS로 간단히 구현할 수가 있으며, 이들만으로도 임의의 Boolean 함수를 모두 표현할 수 있으므로 DRAM 설계에서 많이 이용된다.

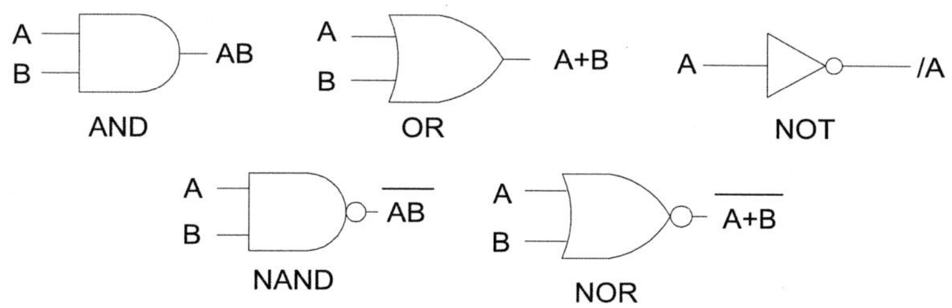

A	B	A AND B
0	0	0
1	0	0
0	1	0
1	1	1

A	B	A OR B
0	0	0
0	1	1
0	1	1
1	1	1

A	A NOT B
0	1
1	0

A	B	A NAND B
0	0	1
1	0	1
0	1	1
1	1	0

A	B	A NOR B
0	0	1
0	1	0
0	1	0
1	1	0

[그림 C.1] Logic Gates

논리 함수는 원래 참과 거짓을 분별하는 함수이다. 그리고 우리는 묵시적으로 High Voltage가 참(논리 1)이며, Low Voltage가 거짓(논리 0)이라고 생각해 왔다. 즉, System에 어떤 동작(Event)을 Start시키거나 (Enable시킨다고도 함) Stop (Disable 시킨다고도 함) 시키기 위해 신호를 보낸다고 할 때 High Voltage를 신호로서 보내고 System이 이것을 Logic 1(참)이라 해석하는 방식이 우리에게 익숙하며, 이를 Active High 또는 Positive Logic이라 부른다. 하지만 이는 정의에 관한 문제로 역으로 Low Voltage를 참(1)으로, High Voltage를 거짓(0)으로 보아도 문제는 없다. 이러한 방식을 "Negative Logic" 또는 "Active Low" 방식이라 부르며, NAND나 OR Gate을 사용하여 Logic을 형성할 때 유리하다. 즉, 낮은 전압일 때가 신호가 실린 경우이며 높은 전압일 때는 신호가 없는 경우로 된다. 아래의 그림을 예로 들어보자. 전압으로만 주어진 동일한 Truth Table을 Positive Logic을 따른다고 해석하면 AND 연산이 되며, Negative Logic으로 해석하면 역으로 OR가 된다. 물론 이는 AND와 OR가 상보성이 있어서 AND의 진리 표에서 "0"과 "1"을 서로 바꾸면 OR가 되기 때문이며 주어진 Positive Logic으로 표현된 연산을 Negative Logic으로 표현하고자 할 때 이 Duality를 활용하면 된다. 따라서 NOR 연산은 NAND 연산의 Dual임을 알 수 있다.

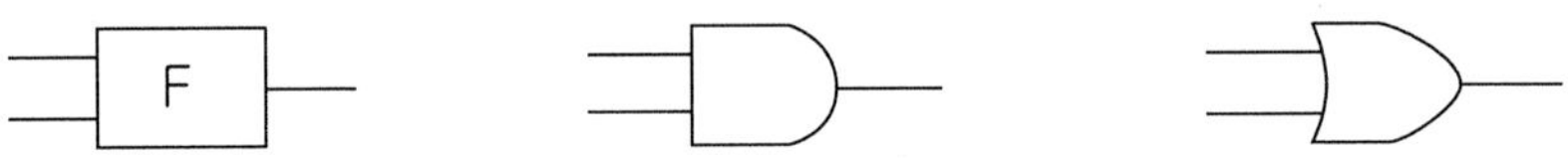

Voltage Truth Table / Positive Logic / Negative Logic

A	B	F
Low	Low	Low
Low	High	Low
High	Low	Low
High	High	High

A	B	F
0	0	0
0	1	0
1	0	0
1	1	1

A	B	F
1	1	1
1	0	1
0	1	1
0	0	0

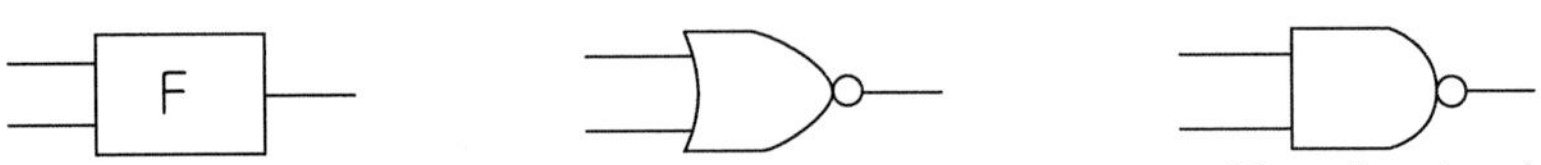

Voltage Truth Table / Positive Logic / Negative Logic

A	B	F
Low	Low	High
Low	High	Low
High	Low	Low
High	High	Low

A	B	F
0	0	1
0	1	0
1	0	0
1	1	0

A	B	F
1	1	0
1	0	1
0	1	1
0	0	1

[그림 C.2] Positive와 Negative Logic

DRAM 설계시 Positive Logic과 Negative Logic을 혼합하여 사용하는 것은 혼란을 줄 수 있으므로 피해야 한다. 하지만 실제로 DRAM을 설계하다 보면 Positive Logic의 출력(Active High)을 Negative Logic의 입력으로 연결해야 하는 경우도 발생할 수 있다. 예를 들어 DRAM에 외부의 전원이 안정되게 입력되고(Power Up 신호가 생성됨) 외부의 CS가 Active High로 입력되면 DRAM의 Enable 신호가 활성화된다고 가정한다면 [그림 C.3]과 같이 AND Gate나

NOR Gate를 연결하면 된다. 한편 외부의 CS#가 Active Low되고 Power-up 신호도 Active Low로 입력되며 DRAM의 Enable도 Active Low라면 OR Gate나 NAND Gate를 사용한다.

Positive Logic 이 사용되었는지 Negative Logic이 쓰였는지를 DRAM 설계시 일일이 따지는 것은 번거롭다. 따라서 일단 Positive Logic으로 회로를 설계하고 출력 Signal이 High인지 Low인지를 확실하게 표시해 주는 것이 더 편리하다. Low 신호가 참인 경우 신호 이름의 뒤에 "#" 또는 신호 이름의 앞에 "/"를 붙이거나 단자에 Bubble "o"을 붙인다(발음은 모두 "bar"라고 하면 된다). Bubble이 붙은 단자는 반드시 다음 단의 Bubble이 붙은 단자에 연결되든지 "#"또는 "/"를 붙인 신호선에 연결시키면 된다.

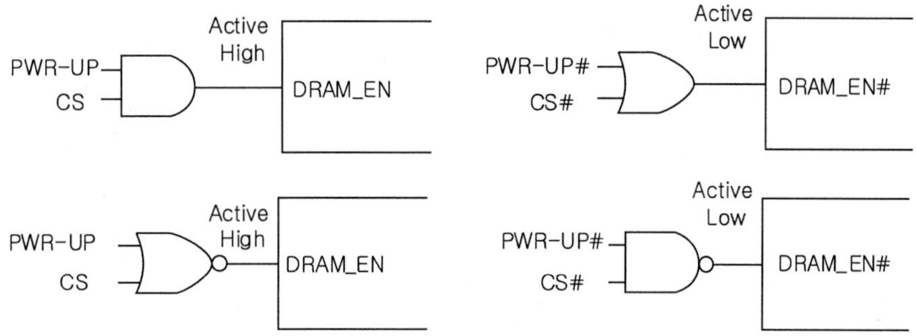

[그림 C.3] Negative Logic의 사용 예

한편 신호에 이름을 붙이는 것도 조심하여야 한다. 예를 들어 [그림 C.4(a)]에서처럼 Clear 신호가 Enable 신호와 함께 입력되며 출력되는 신호는 Active Low로 Clear와 Enable 모두 High일 때만 발생한다고 하자. 즉, NAND Gate로 구현이 되는데 출력이 High이면 Activation 신호가 없는 경우, 즉 Clear 신호를 전달 못하는 경우이므로 출력의 이름을 "H"일 때를 기준 삼아 Clear_Inhibit이라 붙일 수가 있다. 하지만 이 경우 자칫 혼동을 초래할 수가 있으므로 피하는 것이 좋다. 즉, 실제 Active 신호가 발생될 때 일어나는 상황에 맞추어 "Clear_Enable"이라 이름을 붙이고 "#" 혹은 "/"를 첨가하여 Active Low임을 알 수 있도록 하는 것이 혼동을 피할 수 있는 더 좋은 명명법이다.

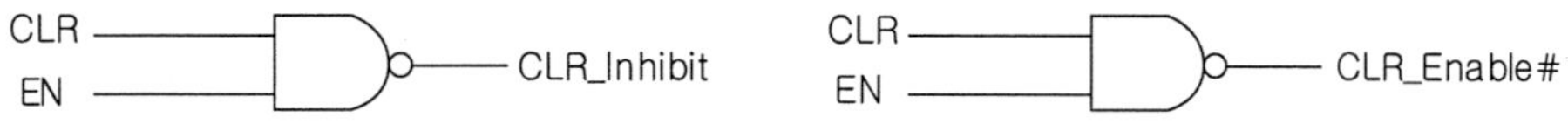

(a) 나쁜 명명법　　(b) 좋은 명명법

[그림 C.4] 신호의 명명법

C.2 | CMOS Inverter

C.2.1 DC 특성

DRAM 회로 설계에 많이 사용되는 회로로는 CMOS Inverter, NAND 및 NOR Gate가 있다. 이 중 기본은 Inverter로서 PMOS의 Source를 V_{CC}에 연결하고 Drain을 NMOS의 Drain과 묶어 출력에 연결하며, NMOS의 Source는 Ground에 연결하고 NMOS와 PMOS의 Gate는 서로 묶어 입력 단자에 접속한 것으로 [그림 C.5(a)]와 같다. $V_{IN}=V_{CC}$이면 NMOS의 Gate가 Strong Inversion이 되어 NMOS가 ON이 되며 [그림 C.6]에서와 같이 출력 단자가 Ground와 "Short", 즉 0V가 된다. 이때 PMOS의 Gate 전압은 V_{CC}가 되어 전류가 흐르지 못한다. 한편 입력 전압 $V_{IN}=0\,V$이면 PMOS의 Gate-Source 전압은 $-V_{CC}$가 되므로 ON이 되어 출력을 V_{CC}와 "Short"시키고, 이때 NMOS는 OFF되어 방전 경로가 끊어지므로 V_{CC}가 출력된다([그림 C.6]). 이때 NMOS의 Gate전압은 Threshold를 넘지 못하여 OFF 상태로 되어 전류를 흘리지 못한다. 이와 같이 NMOS Logic에서와 달리 NMOS와 PMOS가 서로 도와서 ON과 OFF동작을 "보완적(Complementary)"으로 진행하기 때문에 Complementary MOS Logic이라 부른다. 그리고 이렇게 Logic 상태를 유지하기 위해 V_{CC}나 Ground에 Short되는 Logic을 Static Logic이라 부르며 이와 상대 개념으로 Dynamic Logic이 있다. CMOS Inverter에서는 출력에 "H" 또는 "L" Level을 유지할 때 V_{CC}에서 Ground로의 전류 Path가 형성되지 않아 전류 소모, 즉 전력 소모가 거의 없다. 또한 Logic Swing이 Rail-to-Rail이므로("H"$=V_{CC}$, "L"$=$ Ground) Noise Margin이 좋으며 Body Effect가 없고 V_{CC}를 최소 $V_{TN}+V_{TP}$까지 낮출 수 있다는 장점이 있다.

이와 같은 동작을 Voltage Transfer Function으로 표시해 보면 [그림 C.7]과 같이 된다.

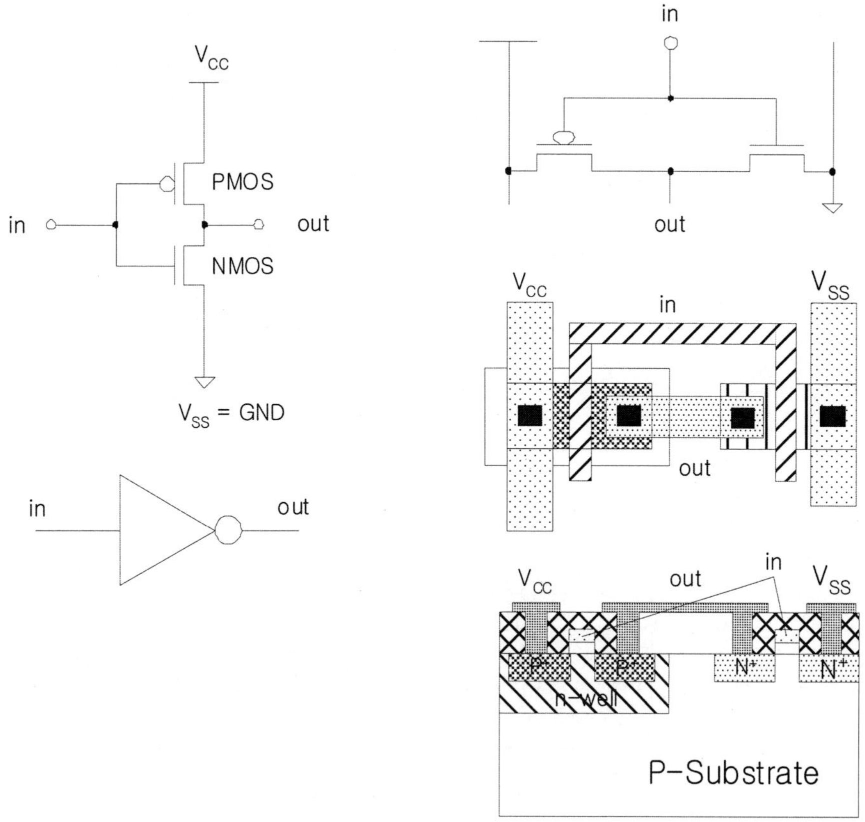

[그림 C.5] CMOS Inverter Gate

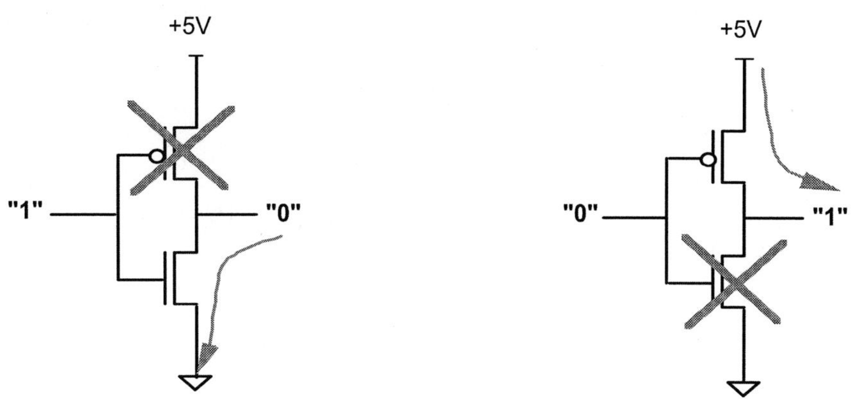

[그림 C.6] CMOS Inverter의 전류 경로

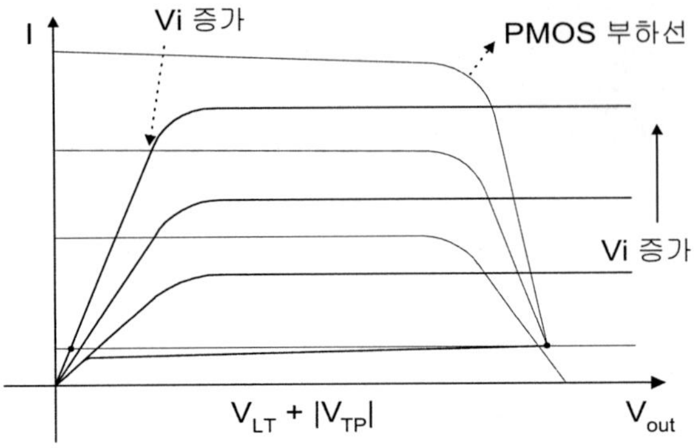

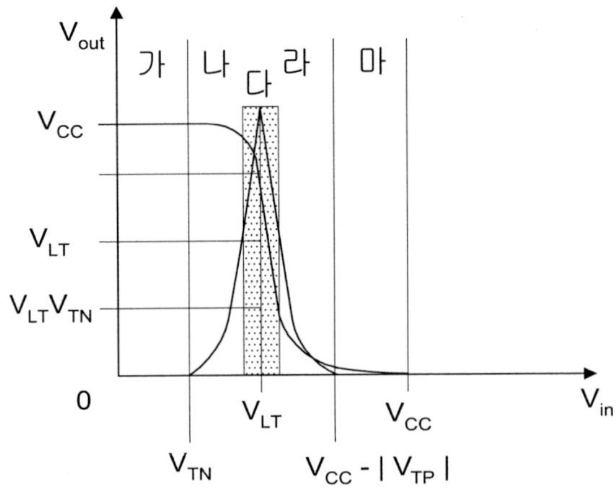

[그림 C.7] CMOS Inverter의 Voltage Transfer Function

영역 (가)에서는

$$V_{IN} < V_{TN}$$

이므로 NMOS는 OFF 상태이며, PMOS는 ON이므로 $V_{\mathrm{OUT}} = V_{CC}$이다.

영역(나)에서는

$$V_{TN} < V_{IN} < V_{LT}$$

이고, NMOS가 ON이 되어 Saturation 영역 $\{V_{DS}(= V_{\mathrm{OUT}}) > V_{GS}(= V_{IN} - V_{TN})\}$에 있으며, PMOS는 Linear 영역 $\{V_{DS}(= V_{\mathrm{OUT}} - V_{CC}) < V_{GS}(= V_{CC} - V_{IN}) - V_{TP}\}$에 있으므로 각각에 흐르는 전류는

$$I_P = \beta_p \left[(|V_{IN} - V_{CC}| - |V_{TP}|)(|V_{OUT} - V_{CC}|) - \frac{(|V_{OUT} - V_{CC}|)^2}{2} \right]$$

$$I_N = \frac{\beta_N}{2}(V_{IN} - V_{TN})^2$$

와 같이 되고 V_{OUT}은 $I_P = I_N$의 조건에서 구해진다. 이 영역에서는 V_{CC}에서 Ground까지의 전류 Path가 형성된다.

영역 (다)는 Inverter의 Gain이 큰 영역으로, 대부분의 전압 변화가 이 영역에서 일어난다. 결국 입력의 Inversion이 일어나는 영역인데 이 Inversion이 일어나는 바로 그 순간의 입력 전압을 Inverter의 Logic Threshold V_{LT}라 부른다(MOS Transistor의 Threshold 전압 V_T, V_{TP}, V_{TN}과 혼동하지 말 것). Logic Threshold에서는 $V_{IN} = V_{OUT}$이며 만일 Symmetric Inverter라면 $V_{LT} = V_{CC}/2$일 것이다. 이 영역에서는 NMOS와 PMOS 모두 Saturation 영역에 있으므로 각각에 흐르는 전류는 아래의 식으로 주어진다.

$$I_P = \frac{\beta_P}{2}(|V_{IN} - V_{CC}| - |V_{TP}|)^2$$

$$I_N = \frac{\beta_N}{2}(V_{IN} - V_{TN})^2$$

$I_N = I_P$의 조건에서 V_{IN}을 구하면

$$V_{IN} = \frac{V_{TN} + (V_{CC} - |V_{TP}|)\sqrt{\beta_P/\beta_N}}{1 + \sqrt{\beta_P/\beta_N}}$$

이 된다. 이 식은 V_{OUT}에 대한 항을 갖고 있지 않으므로 이 영역에서는 입력 전압과 출력 전압이 Independent함을 나타낸다. 즉, Voltage Transfer Function의 이 영역에서의 기울기가 ∞가 됨을 뜻한다. 물론 실제 소자에서는 일정한 크기의 Output Conductance를 갖고 있어 무한대의 기울기를 갖지는 않으나 기울기(Gain)가 일반적으로 매우 크다. 만일 $\beta_N = \beta_P$이고 $V_{TN} = V_{TP}$이면 $V_{IN} = V_{CC}/2$가 되어 Symmetric Inverter가 된다. 이 영역에서 V_{OUT}이 가질 수 있는 전압의 범위를 구해보자. NMOS가 Saturation 영역에 있어야 하므로

$$V_{DS} \geq V_{GS} - V_{TN}$$

즉,

$$V_{OUT} \geq V_{TH} - V_{TN}$$

이어야 한다. 또한 PMOS가 Saturation에 있어야 한다는 조건에서

$$|V_{DS}| \geq |V_{GS}| - |V_{TP}|$$
$$|V_{OUT} - V_{DD}| \geq |V_{LT} - V_{CC}| - |V_{TP}|$$
$$V_{OUT} \leq V_{LT} + |V_{TP}|$$

이 됨을 알 수 있다. 따라서 출력전압의 Swing폭이

$$V_{LT} - V_{TN} \leq V_{OUT} \leq V_{LT} + |V_{TP}|$$

가 된다. 또한, 이때 최대의 전류가 흐르며, 그 값은

$$I_{MAX} = \beta_n/2(V_{LT} - V_{TN})^2$$

로 주어진다. 0.6um CMOS공정, 즉 $V_{TN} = 0.6V$, $V_{TP} = -0.7V$이고 $V_{LT} = 1.7V$ 라면 출력전압은 1.1V에서 2.4V의 범위를 가진다.

영역 (라)에서는

$$V_{LT} < V_{IN} \leq V_{CC} - |V_{TP}|$$

가 만족된다. 영역 (나)와 정반대로 NMOS는 Linear 영역에 있고 PMOS는 Saturation 영역에 있다.

영역 (마)는

$$V_{CC} - V_{TP} < V_{IN} \leq V_{CC}$$

인 영역으로 이 영역에서는 NMOS가 Linear 영역이고 PMOS가 OFF이며 출력선이 Ground와 접속된 형태여서 출력 전압은 0V이다.

이 CMOS Inverter는 Logic Level이 Supply Voltage Level과 같으며 Gain이 매우 크고 Logic Level을 유지하기 위해서 전류를 흘릴 필요가 없는 등 대단히 우수한 Inverter이다. V_{CC}에서 Ground로의 전류 Path는 영역 (나), (다) 및 (라)에서만 형성되며(Logic Level이 바뀌는 영역들이다) 최고 전류는 두 소자가 모두 Saturation 상태인 영역 (다)에서 흐른다.

C.2.2 Logic Threshold와 Noise Margin

Logic Threshold V_{LT}를 다시 써보면

$$V_{LT} = \frac{V_{TN} + (V_{CC} - |V_{TP}|)\sqrt{\beta_P/\beta_N}}{1 + \sqrt{\beta_P/\beta_N}}$$

인데, V_{LT}가 β_P/β_N의 함수임을 나타낸다. $k = \beta_P/\beta_N$로 하고 k값에 따른 Voltage Transfer Function의 변화를 보면 아래의 [그림 C.8]과 같이 k값이 증가함에 따라, 즉 PMOS의 Gate 폭 W를 증가시킴에 따라 V_{LT}가 증가함을 알 수 있다. 앞서 살펴본 바와 같이

$$\beta_N = \beta_P$$

$$\frac{\mu_N C_{OX}}{2} \cdot \left(\frac{W}{S}\right)_N = \frac{\mu_P C_{OX}}{2} \cdot \left(\frac{W}{L}\right)_P$$

$$\frac{(W/L)_P}{(W/L)_N} = \frac{\mu_N}{\mu_P}$$

이고, $V_{TN} = V_{TP}$일 때 Symmetric Swing, 즉 $V_{LT} = V_{CC}/2$를 갖는다. 한편 만일 $V_{TN} \neq V_{TP}$일 때의 $V_{LT} = V_{CC}/2$가 되기 위한 $(W/L)_P/(W/L)_N$을 구해보면 아래와 같이 주어진다.

$$\frac{\beta_P}{\beta_N} = \left[\frac{1 - \dfrac{2V_{TN}}{V_{CC}}}{1 - \dfrac{2|V_{TP}|}{V_{CC}}}\right] \qquad \frac{(W/L)_P}{(W/L)_N} = \frac{\mu_N}{\mu_P}\left[\frac{1 - \dfrac{2V_{TN}}{V_{CC}}}{1 - \dfrac{2|V_{TP}|}{V_{CC}}}\right]^2$$

$V_{CC} = 3.3V$, $V_{TN} = 0.6V$ 및 $V_{TP} = -0.7V$일 때, 이 값은 $(1.22)(\mu_N/\mu_p)$이 되며 실제의 경우 약 2.5~3V의 값을 갖는다. DRAM의 입력 Buffer에서는 V_{LT}의 설정을 잘해서 외부의 불확실한 "H", "L"신호를 내부의 확실한 V_{CC} 및 0V로 변환하여야 하는데 이럴 때 위의 식을 사용하여 Sizing하게 된다.

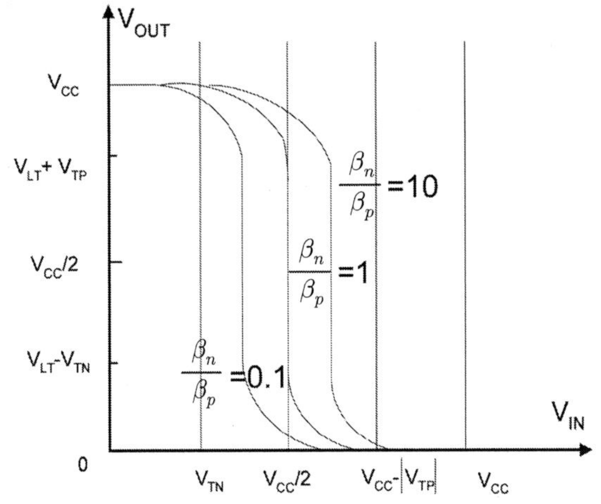

[그림 C.8] Logic Threshold와 Size Ratio의 관계

Symmetric Voltage Transfer Function이 좋은 이유는 "Noise Margin"을 좋게할 수 있기 때문인데, 이에 대해 살펴보기로 하자. Digital 신호에는 "H"와 "L"의 두 신호가 있다. 이에는 특정 Gate에 입력되는 신호의 Level에 대한 정의와 이 Gate에서 출력되는 Level에 대한 정의가 있다.

V_{OH}: "H"로 출력되는 최소 전압
V_{OL}: "L"로 출력되는 최대 전압
V_{IH}: "H"로 인식되는 최소 입력 전압
V_{IL}: "L"로 인식되는 최대 입력 전압

이 값들은 V_{CC}에 따라 다르며 CMOS나 TTL 등과 같이 IC 제작 Technology 별로도 특징을 살린 다른 값들이 사용되므로 주어진 V_{CC} 전압에 대해 어느 전압까지가 "H"이며 "L"인지에 대해 국제 표준으로 정해놓아 설계자 및 사용자에게 편의를 제공하고 있다. DRAM에서 많이 사용되는 것은 CMOS Logic Level, TTL Logic Level, LV-TTL Logic Level 등이며 ([그림 C.9] 참조) 최근 GTL(Gunning Transceiver Logic), CTT(Center Tapped Terminated), HSTL(High Speed Transceiver Logic), SSTL(Stub Signal Transceiver Logic) 등 저전압, 고속 동작이 가능한 새로운 Logic Level에 대한 표준화 작업이 진행 중이기도 하다.

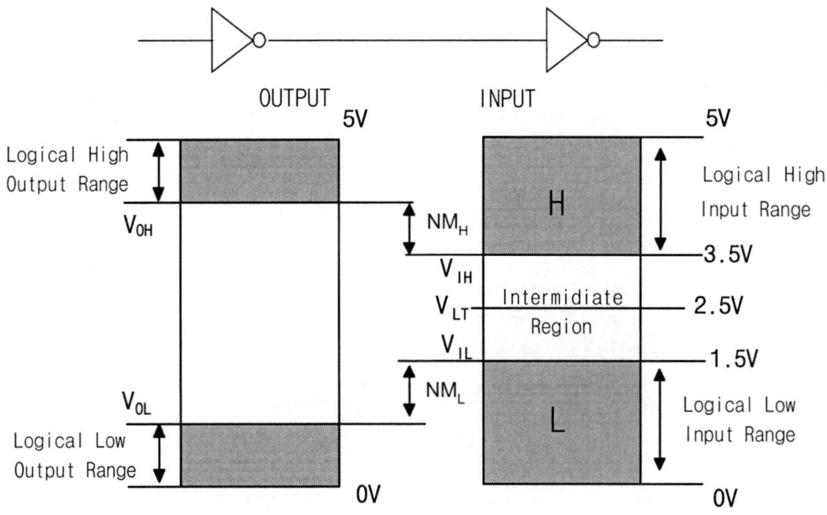

(a) CMOS Logic

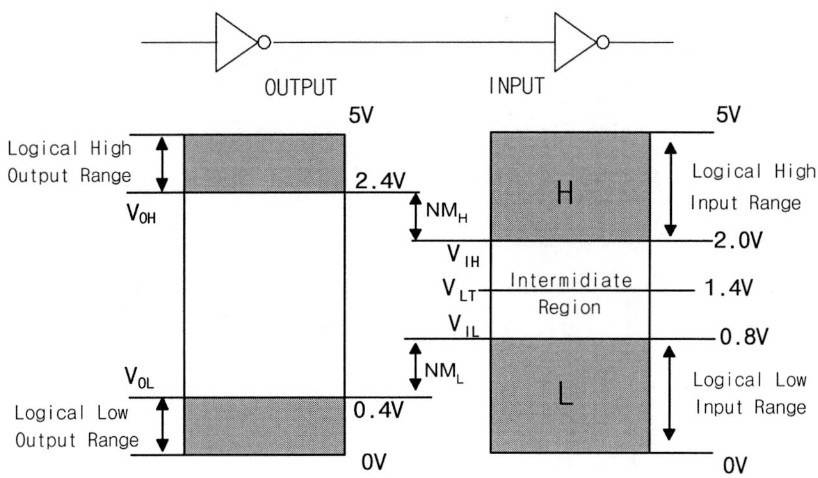

(b) TTL Logic

[그림 C.9] CMOS와 TTL Logic Level

High Level Noise Margin NM_H와 Low Level Noise Margin NM_L은 아래와 같이 정의된다.

$$NM_H = V_{OH} - V_{IH}$$

$$NM_L = V_{OL} - V_{IL}$$

즉, Inverter Chain에서 앞단의 출력전압이 NM_H 또는 NM_L 이하로만 손실되어 다음단에 입력된다면 다음단에서 안정된 출력을 다시 만들어 낼 수 있음을 뜻한다. 이때 V_{IH}와 V_{IL}은 [그림 C.10]에서와 같이 Voltage Transfer Function에서 $V_{\mathrm{OUT}}/V_{IN}=1$이 되는 V_{IN}값으로 정의되어 있다. 이에 따라 [그림 C.7]의 영역 (나)와 (라)에서 PMOS와 NMOS에 흐르는 전류가 일치한다고 하여 풀어보면 아래와 같이 V_{IL}과 V_{IH}가 얻어진다.

$$V_{IL}=\frac{2V_{OUT}-V_{CC}-|V_{TP}|+(\beta_N/\beta_P)V_{TN}}{1+\beta_N/\beta_P}$$

$$V_{IH}=\frac{2V_{OUT}+V_{TN}+(\beta_P/\beta_N)(V_{CC}-|V_{TP}|)}{1+\beta_P/\beta_N}$$

만일 High Gain영역의 기울기가 크다면 $V_{IH}-V_{IL}$값이 매우 작아지며, 따라서 아래와 같이 간략화할 수 있다.

$$NM_H < V_{CC}-V_{LT}$$

$$NM_L < V_{LT}$$

또한 $V_{LT}=V_{CC}/2$라면, $NM_H=NM_L=V_{CC}/2$가 되어 완전히 Symmetric한 Inverter가 되며, 임의의 Level이 입력되어도 Inverter Gate를 몇 단만 거치면 CMOS Level로 복원될 수 있다. α_P/β_N를 조절하여 V_{LT}를 변경할 수 있다고 하였는데, 위의 식에서 알 수 있듯이 이때 NM_H와 NM_L, 즉 V_{IH}와 V_{IL}도 변경이 가능하며, 이때 NM_H와 NM_L은 서로 상보적인 관계에 있어 NM_H가 증가하면 NM_L은 이와 반대 방향으로 감소한다.

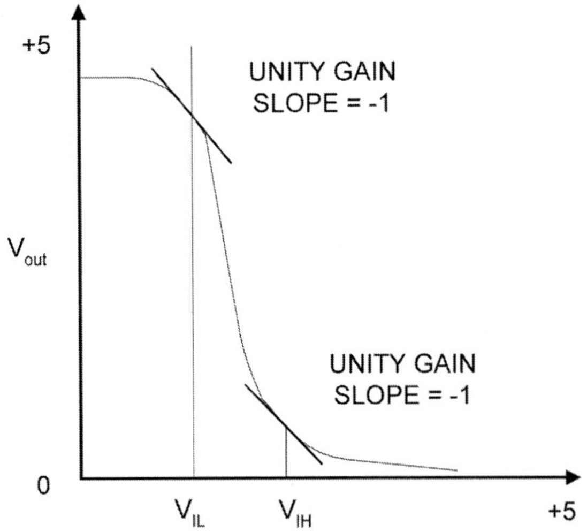

[그림 C.10] V_{OUT}과 V_{IH} V_{IL}의 Voltage Transfer Function

TTL 입력 신호를 CMOS Level로 변형시켜야 하는 DRAM의 각종 Input Buffer들에서는 V_{IH}, V_{IL} 및 V_{LT}가 중요하다. TTL Level을 판별하기 위해서는 $V_{LT}=1.4V$ 정도가 되도록 β_P/β_N을 조정하며 $V_{IH}-V_{IL}$이 가능하면 작도록 하여 Noise Margin을 증가시키는데, 실제 DRAM 설계의 경우 대략 $V_{IL}=1.2V$, $V_{IH}=1.9V$ 정도로 설정해주는 것이 보통이다.

C.2.3 Transient 특성

CMOS Inverter로 다른 Inverter 또는 Load를 구동할 때 ([그림 C.11] 참조) 출력 파형의 시간적 변화에 대해 살펴보자. Inverter Delay을 예측하려면 간략화가 필요한데 PMOS와 NMOS를 Constant Current Source로 보기로 한다.

$$I=C_L\frac{dV_{OUT}}{dt}$$

의 식에서 I가 일정하다고 가정하였으므로 임의의 시각 t_1에서의 V_{OUT}은 이를 적분하면 구할 수 있다. 이 중 Rise Time에는 I_P만이 흐르므로

$$V_{OUT}=\frac{1}{C_L}\int_{t0}^{t1} idt=\frac{I_P(t_1-t_0)}{C_L}$$

가 된다. 여기에서는 입력 전압이 Step Function으로 t_0에서 "0"으로 떨어지며 PMOS도 그 즉시 ON이 된다고 가정하였다.

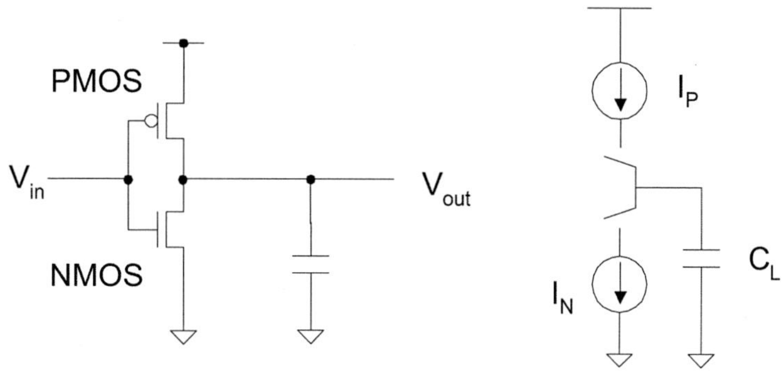

[그림 C.11] CMOS Inverter의 Capacitor Load 구동

설계시에는 보다 간단하면서도 정확한 계산법이 좋은데, Transistor에 흐르는 전류의 평균값을 사용하는 방법이 그 중 하나이다. Capacitor에 흐르는 전류식을 t와 V가 작다고 하고 Linear하게 변화한다고 가정하면 다음과 같이 변형할 수 있다.

$$\Delta t = C_L \frac{\Delta V}{I_{AVG}}$$

여기서 t는 평균 전류가 출력을 V_{OL}에서 V_{OH}까지 변화시키는데 필요한 시간이다. 이제 Rise Time τ_R과 Falling Time τ_F를 파형의 최고 전압의 10%부터 90%까지의 변화로 정의한다면 V/t가 일정하게 되어 근사식이 보다 잘 맞는다. 즉, V가 최고 전압의 10%부터 90%까지의 변화라면 $0.8(V_{OH} - V_{OL})$이 되며, 평균 전류는

$$\frac{I_{AVG} = I_D|_{V_{OUT} = V_{OH}} + I_D|_{V_{OUT} = V_{OH}}}{2}$$

로 주어진다. CMOS Logic Level을 사용하여 평균 전류를 구해보면 Load Capacitor에 충전시킬 경우(Rising Time의 경우) PMOS의 전류에 의해

$$I_{AVG} = \frac{\beta_P (V_{CC} - |V_{TP}|)^2}{4}$$

이 되며, 방전시킬 경우(Falling Time의 경우) NMOS의 전류에 의해

$$I_{AVG} = \frac{\beta_N (V_{CC} - V_{TN})^2}{4} = I_{DSAT}/2$$

로 주어진다. 이 값은 PMOS와 NMOS 모두 $V_{GS} = V_{CC}$일 때의 전류값을 1/2한 것이다. 이를 정리해서 Rising Time τ_R과 Falling Time τ_F를 구해보면

$$\tau_R = \frac{3.2 C_L V_{CC}}{\beta_P \left(V_{CC} - |V_{TP}|^2 \right)} \approx \frac{0.8 C_L V_{CC}}{I_{\mathrm{AVGP}}}$$

$$\tau_R = \frac{3.2 C_L V_{CC}}{\beta_N \left(V_{CC} - |V_{TN}|^2 \right)} \approx \frac{0.8 C_L V_{CC}}{I_{\mathrm{AVGN}}}$$

로 주어진다.

역으로 설계시 임의의 Load에 대해 Rising Time "τ"를 가지게 하도록 CMOS Driver를 Sizing하는 데에도 이 식을 이용하게 된다. 실제의 경우 기준이 되는 MOS Transistor들의 Saturation Current I_{DSAT}값을 측정하여 Model Parameter로 준다. 예를 들어 L=0.8μm이며, W=1μm인 4M DRAM용 NMOS의 $I_{\mathrm{DSAT}} = 0.3mA\,(V_{DS} = 3.3\,V,\ V_{GS} = 3.3\,V)$로 주어진다. 따라서 이러한 Transistor를 사용하여 Address Line이나 Word Line등을 구동하고자 한다면 우선 Rising Time과 Falling Time을 적절히 선택한 다음 이를 만족하는 Width를 위의 식을 이용하여 구하면 된다. 예를 들어 $C_L = 1pF$에 대해 1ns의 Rising Time을 갖도록 설

계하고 싶다면

$$W = \frac{0.8 C_L V_{CC}}{(1ns) \times I_{\mathrm{DSAT}}/2}$$

의 식에 V_{CC}=3.3V를 대입하면 $W \cong 20\mu m$를 얻는다. 이 값은 간략화를 통해 구한 것이므로 초안 설계시 시작점으로 활용하면 편리하며 정확한 값은 SPICE Simulation을 통해 검증되어야 한다.

Rising Time τ_R와 Falling Time τ_F가 C_L과 V_{CC}의 함수이며, 특히 Rising Time τ_R과 Falling Time τ_F이 일치하도록 설계하려면

$$\frac{(W/L)_P}{(W/L)_N} = \frac{\mu_N}{\mu_P}\left[\frac{V_{CC} - V_{TN}}{V_{CC} - |V_{TP}|}\right]^2$$

을 만족해야 한다. $V_{TN} = V_{TP}$이라 하면

$$\frac{(W/L)_P}{(W/L)_N} = \frac{\mu_N}{\mu_P} = 2.5 \sim 3$$

로 되는데 일반적으로는 대략 PMOS가 NMOS의 2배로 Sizing한다. 별다른 제한 조건이 없는 한 Rising Time이나 Falling Time의 조건으로부터 PMOS와 NMOS의 Size를 구한 뒤 $W_P / W_N = 2$라는 조건으로부터 나머지 MOS의 Size를 구한다.

이제 Inverter의 Propagation Delay를 계산해 보자([그림 C.12] 참조). High-to-Low Propagation Delay Time T_{PHL}과 Low-to-High Propagation Delay Time T_{PLH}는 모두 입력 신호의 V_{LT}로부터 출력 신호의 V_{LT}까지의 시간으로 정의되며 Gate Propagation Delay는 이들의 평균값으로 정의되므로 대략 50%-50% 전압 변화로 정의된다. 따라서 T_{PHL}과 T_{PLH}에 대한 계산은 앞서의 Rising Time과 Falling Time의 해석과 같이 진행하나 T_{PHL}에서는 출력 전압의 변화 $V = V_{CC} - V_{LT}$로 주어지며, T_{PLH}에서는 $V = V_{LT}$로 주어지므로 이들을 대입하면 T_{PHL}과 T_{PLH}는 각각

$$T_{\mathrm{PHL}} = \frac{4 C_L (V_{CC} - V_{LT})}{\beta_N (V_{CC} - V_{LT})}$$

$$T_{\mathrm{PLH}} = \frac{4 C_L V_{LT}}{\beta_N (V_{CC} - |V_{TP}|)^2}$$

이 된다. 따라서 Propagation Delay T_{PAVG}는

$$T_{\mathrm{PAVG}} = \frac{T_{\mathrm{PHL}} + T_{\mathrm{PLH}}}{2}$$

$$T_{\mathrm{PAVG}} = 2C_L\left[\frac{V_{CC} - V_{LT}}{\beta_N(V_{CC} - V_{LT})^2} + \frac{V_{LT}}{\beta_P(V_{CC} - |V_{TP}|)^2}\right]$$

로 주어진다. Symmetric Inverter의 경우 $V_{LT} = V_{CC}/2$가 성립되므로

$$T_{\mathrm{PAVG}} = C_L V_{CC}\left[\frac{1}{\beta_N(V_{CC} - V_{LT})^2} + \frac{1}{\beta_P(V_{CC} - |V_{TP}|)^2}\right]$$

가 되는데 여기에서 PMOS와 NMOS의 Sizing을 통해서 $\beta = \beta_P = \beta_N$을 만족하며 V_{TN} / V_{CC} 및 V_{TP}/ V_{CC}가 1보다 훨씬 작다면 Propagation Delay은

$$T_{\mathrm{PAVG}} = \frac{4C_L}{V_{CC}\beta}$$

로 근사된다. 설계시 Gate 1단의 Propagation Delay를 정확히 계산해야 하며, 역으로 Inverter들의 Sizing시 PMOS와 NMOS의 W 값을 정할 때 일정한 Gate Delay를 가지도록 한다.

CMOS Inverter의 소비 전력은 크게 2개의 성분으로 되어 있다. 첫째로는 NMOS와 PMOS가 일정한 ON 저항을 가지며 이를 통해 부하 용량 C_L을 충·방전함에 따른 전력 소모로서 이 전력을 Dynamic Power, Switching Power 또는 AC Power라 부르는데 이를 P_1이라 한다면

$$P_1 = \frac{C_L {V_{CC}}^2}{t_c}$$

으로 주어진다. 여기에서 t_C는 Inverter의 Cycle Time이다. 재미있는 것은 저항 성분에 의한 전력 소모이지만 저항과는 무관하다는 점이다.

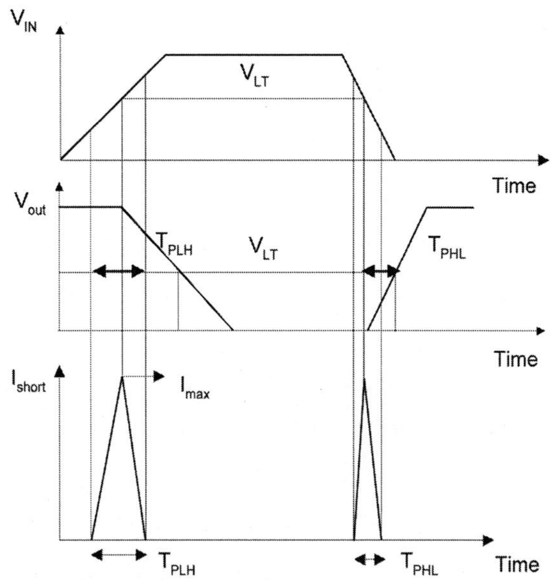

[그림 C.12] Inverter의 Propagation Delay와 관통 전류

둘째 성분으로는 입력 파형이 계단 함수처럼 변화하지 않고 유한한 Rising Time과 Falling Time을 갖기 때문에 발생하는 [그림 C.12]의 Static Current(Short Current, DC Current, 또는 관통 전류)이다. Inverter의 입력이

$$V_{TN} < V_{IN} < V_{CC} - |V_{TP}|$$

범위에 있으면 DC전류가 흐른다. 따라서 [그림 C.12]의 아래 전류 파형과 같이 전류의 모양을 CMOS Inverter의 최대 전류 $I_{MAX} = \beta_N(V_{LT} - V_{TN})/2$를 높이로 하고 밑변을 입력파형의 Rising Time t_1과 Falling Time t_2로 하는 이등변 삼각형으로 근사하면 1 Cycle 동안의 전력 소모는

$$P_2 = I\Delta V = \frac{1}{2} I_{\max}(t_1 + t_2)(V_{CC} - V_{TN} - |V_{TP}|)\frac{1}{t_c}$$

로 주어진다. 따라서 Rising Time이나 Falling Time이 길어지면 전력 소모가 증가함을 알 수 있다. 이것은 $C_L = 0$이라 가정한 결과인데 C_L의 값이 커지면 출력 전압의 초기 변화가 늦어지며 이에 따라 CMOS Inverter의 다른 한쪽 Transistor가 OFF되어 DC 전류 경로가 끊어지므로 전력 소모가 오히려 감소한다. 하지만 C_L이 증가함에 따라 Dynamic Power가 증가하므로 일반적으로 $(t_1, t_2) \ll t_C$ 이어서 $P_1 \gg P_2$로 된다.

C.2.4 NAND와 NOR Gate

[그림 C.13(a)]는 2-input NAND Gate를 보여주고 있다. 출력 Node의 Pull-down은 직렬 연결된 2개의 NMOS에 의해 이루어진다. 입력 A, B의 조합에 의해 출력이 "1"로 존재할 확률이 3/4이고 0으로 존재할 확률이 1/4이므로 "0"이 출력될 때를 신호가 생성되는 경우로 한다. 전체 PMOS Size와 NMOS Size의 비에 의해 Inverter경우처럼 Logic Threshold가 결정된다. NMOS가 직렬로 연결되므로 Pull-Down Path의 저항이 증가하는데 이를 예방하기 위해 NMOS의 Size를 PMOS의 Size와 일치시킨다. [그림 C.13(b)]는 2-input NOR Gate이다. PMOS 2개가 직렬 연결되어 Pull-Up경로를 형성하며, NMOS 2개가 병렬 연결되어 Pull-Down경로를 형성한다. NAND와는 반대로 입력 AB조합에 의해 출력이 "1"로 존재할 확률이 1/4이고 "0"으로 존재할 확률이 3/4이므로 "1"이 출력될 때를 신호가 생성되는 경우로 활용한다. PMOS가 직렬로 연결되어 있으므로 Pull-Up경로의 저항이 증가한다. 따라서 NMOS의 Size보다 PMOS의 Size를 4배 정도로 크게 하여야만 Symmetric Swing이 가능하다.

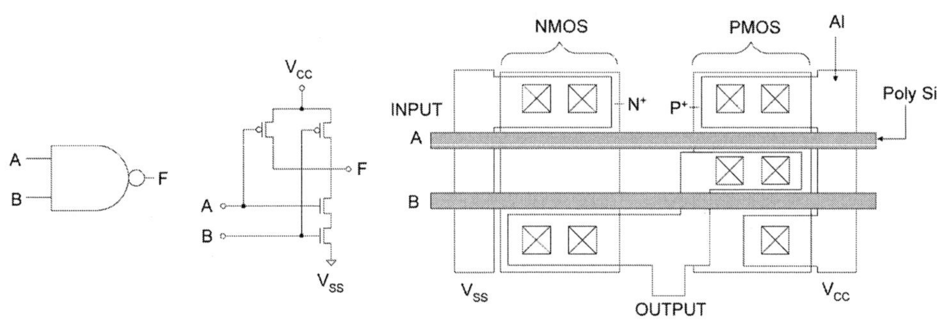

(a) NAND

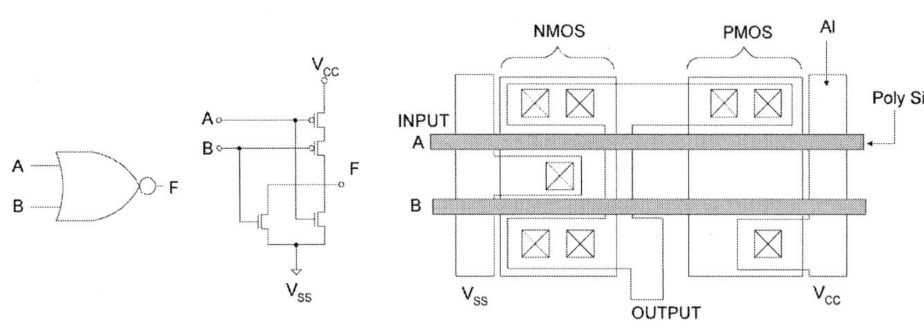

(b) NOR

(b) NOR

[그림 C.13] 2-input NAND & NOR Gate

C.3 | Gate Sizing 기법

DRAM을 설계하다 보면 Technology가 지원하는 최소 Size의 Inverter Size을 W라 하고 Load Capacitance를 C_L이라 할 때, 이 사이에 몇 단의 Inverter를 어떻게 연결하여 구동해야 최소 Propagation Delay을 갖는가 하는 문제에 자주 접하게 된다. 예를 들어 긴 Word Line, Bit-Line 또는 Clock Line 등에 일정한 Rising Time을 갖도록 Driver를 Sizing하고 나면 이 Driver를 어떤 식으로 구동해야 신호의 전송 속도를 가장 빠르게 할 수 있는가 하는 문제로서, 출력단의 Inverter Size는 W_N이고, 최초의 입력단의 Inverter Size가 W_1일 때 이 둘 사이를 연결하는 문제와 같다. 이를 살펴보기 위해 [그림 C.14]와 같은 Inverter Chain을 생각해보자. Inverter Chain에 사용된 모든 Transistor들이 동일한 Channel Length L을 가지며 모든 Inverter의 PMOS의 W/L와 NMOS의 W/L의 비가 일치한다고 가정한다. [그림 C.14]에서의 W_1, W_2,⋯, W_N은 Inverter의 PMOS의 Channel Width를 나타낸다. NMOS의 Width는 PMOS의 Width로부터 앞서 가정한 일정 비율을 이용하여 모든 Inverter의 PMOS와 NMOS Transistor Width를 구할 수 있다. Inverter Chain의 Inverter Size들이 일정한 비율 R로 증가시킨다면

$$W_2 = W_1 R$$
$$W_3 = W_2 R = W_1 R^2$$
$$W_4 = W_3 R = W_2 R^2 = W_1 R^3$$
$$\vdots$$
$$\vdots$$
$$W_N = W_1 R^{N-1}$$

이므로 W_1에서 W_N에 이르는 Inverter Chain의 Propagation Delay가 최소로 되는 R값을 구하면 된다.

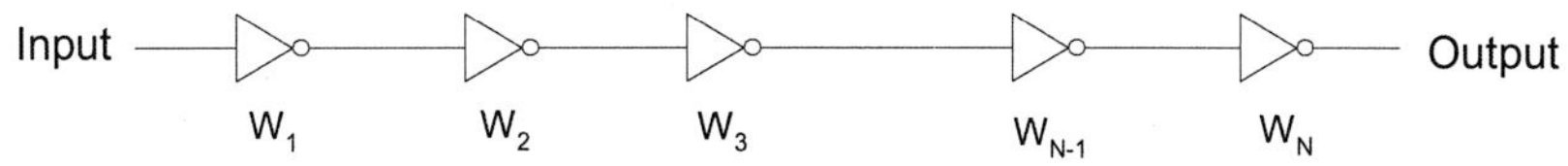

[그림 C.14] Inverter Chain

뒷 Stage Inverter의 Gate Capacitance만이 앞 Stage에 대한 Load Capacitance로 동작한다고 하면, 각 Inverter의 Propagation Delay가 모두 일치한다고 가정할 수 있는데 이는 각 단의 Load Capacitance가 Inverter크기와 동일한 비율로 증가하기 때문이다. Gate Capacitance는 Inverter Size에 비례하므로

$$C_G = k_1 W$$

이 성립한다. 여기서 C_G는 Inverter의 Gate Capacitance, W는 Inverter의 Size이며, k_1은 비례상수이다. MOS에 흐르는 전류는 그 Width에 비례하므로

$$I = k_2 W$$

로 주어지는데, 여기서 I는 Inverter의 출력 전류이며 (NMOS와 PMOS의 크기는 두 Transistor의 전류가 일치하도록 결정되었다고 가정), W는 Inverter의 크기이고, k_2는 비례 상수이다. 이제 [그림 C.14]의 Inverter Chain중 i번째 Inverter를 생각해보자. 이 Inverter의 출력 전류는 $I_i = k_2 W_i = k_2 W_1 R^{i-1}$이다. 이 Inverter의 출력단에 연결된, 즉 다음 단 Inverter의 Gate Capacitance는 $C_{Gi+1} = k_1 W_{i+1} = k_1 W_1 R^i$로 주어진다. 따라서 Inverter i 의 출력단에서의 Slew Rate를 보면

$$\left(\frac{dV}{dt}\right)_1 = \frac{I_i}{C_{Gi+1}} = \frac{k_2 W_1 R^i}{k_1 W_1 R^{i+1}} = \frac{k_2}{k_1}\frac{1}{R}$$

로 주어진다. 이 식으로부터 아래와 같은 결론을 유도할 수가 있다.

1) $(dV/dt)_i$는 i에 관계없으며 따라서 Inverter의 Propagation Delay가 동일하다.
2) R이 증가하면 $(dV/dt)_i$는 감소한다. 따라서 Inverter의 Propagation Delay τ_P는 R에 비례하며 k를 비례 상수로 하면, $\tau_P = kR$로 표시할 수 있다.

이제 한 단의 Delay를 τ_P라 하면 n개의 Inverter로 된 전체 Inverter Chain의 Delay T_p는

$$T_P = n\tau_p$$

로 주어지며, n은

$$n = \frac{ln(W_N/W_1)}{l_N R}$$

로 주어진다. 이 식에서 알 수 있듯이 R이 증가하면 n은 감소하나 τ_P는 R에 비례하여 증가하므로 전체 Delay T_p를 최소화하는 R이 존재함을 알 수 있다. n과 τ_P를 대입하여 T_P를 구해보면

$$T_p = KR\frac{ln(W_N/W_1)}{l_N R}$$

으로 주어진다. 이를 R로 미분하여 최소값을 갖는 R을 구하면, R=e(자연 log값)일 때임을 알 수 있다. 따라서

$$n = ln(W_n / W_1)$$

$$R = e$$

이면, 최소의 Delay를 가짐을 알 수 있다. 여기에서 주의할 것은 각 단의 Delay가 τ_P로 일치한다는 것이다. 즉 한 단의 Delay를 알고 있으면 임의의 Inverter Chain의 Total Delay는 단순히 "단의 개수 × 한 단에서의 Delay" 로 주어지는데, 이 사실은 DRAM 설계시 Signal의 Timing 예측에 대단히 중요하다. 또한 T_P의 Minimum 값이 Sharp하지 않고 R값이 약 2~5 사이의 값에 대해 거의 일정하므로 자연 Log값 외에도 이 영역의 값을 사용한다면 큰 오차가 없다. 최소 Delay를 갖도록 Sizing하는 방법은 자칫 잘못하면 면적 소모와 전력 소모가 증가할 우려가 있으며, 또한 이 모든 계산은 Junction Capacitance 및 Overlap Capacitance 등을 고려하지 않았으므로 반드시 SPICE Simulation으로 최적화할 필요가 있다.

이제 이 방법을 실제로 적용하는 법을 살펴보자. 이 방법은 처음 손으로 설계할 때 또는 나중에 설계를 분석하고자 할 때 출발점이 되므로 잘 익혀두어야 한다. 다만 Load가 너무 큰 경우 이 방식을 무조건 적용하면 Driver Size가 너무 커져서 전체적으로 필요 이상으로 크게 Sizing되어 면적 소모가 증가하고 전력 소모도 증가할 염려가 있다. Load가 큰 경우에는 앞 절의 일정한 Rising Time이나 Falling Time을 갖도록 Sizing하는 것이 더 안전하다. 우선 PMOS의 Size와 NMOS Size의 비율을 결정한다. 이때 $K_P(W/L)_P = K_N(W/L)_N$으로 해서 Logic Threshold를 $V_{CC}/2$로 하여 Rising Timg과 Falling Time을 일치시킨다. 여기서는 예로서 $W_P/W_N = 2$를 사용하기로 한다. 이후 최종 출력단을 설계한다. 이때에는 최종 출력단이 Load를 DRAM Specification 에서 (Timing Specification) 정하는 시간 내에 구동할 수 있도록 설계한다. 이후 Chain을 역순으로 밟아 R로 나누어주게 된다. 여기서는 $R = 4.0$을 사용하기로 한다.

예제 1

출력 Driver 의 PMOS는 400/1, NMOS는 200/1로 주어진 경우(최소 W=5) 전체를 5단으로 설계하고자 할 때의 Sizing을 해보아라.

풀이

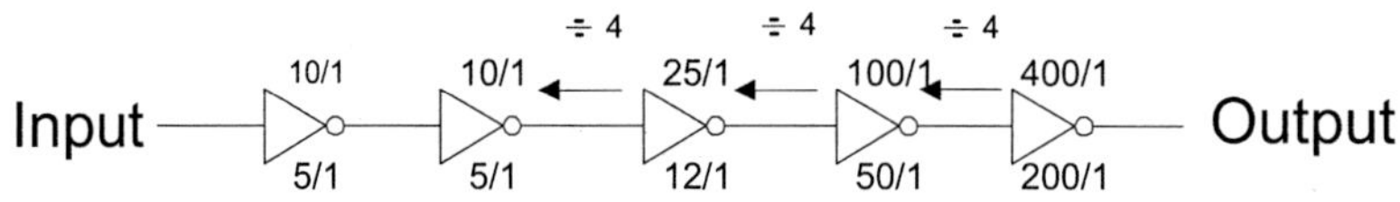

[그림 C.15] Inverter Chain의 Sizing 예 $W_P/W_N \neq 2$

첫 번째 Inverter는 최소 size 규정 때문에 PMOS=10/1과 NMOS=5/1로 제한된다.
한 단의 Delay가 0.5ns라고 한다면 입력에서 출력까지의 Total Delay는 5×0.5=2.5ns이다.

출력 Inveter는 Sizing하다 보면 $W_P/W_N \neq 2$인 경우가 발생한다. 이때는 이를 $W_P/W_N \neq 2$를 갖는 Equivalent Inverter로 환산을 한 뒤, 이 가상의 Equivalent Inverter Size를 기준으로 Sizing한다.

예제 2

출력 Inverter의 PMOS가 900/2, NMOS가 900/2일 때, 이를 구동하기 위한 Inverter를 Sizing해보자.

풀이

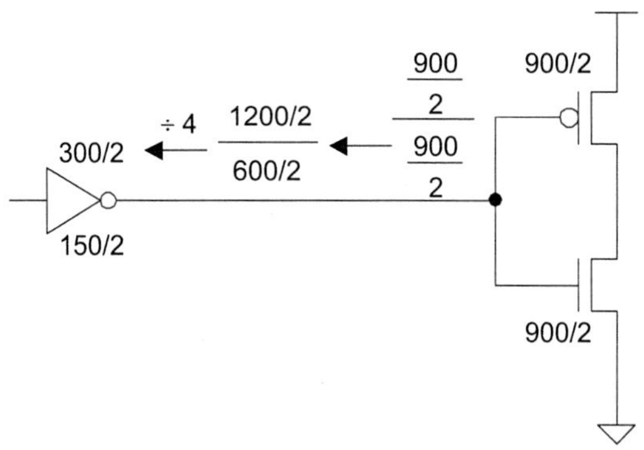

[그림 C.16] Inverter Chain의 Sizing; $W_P/W_N \neq 2$

예제 3

예제 2의 출력 Driver가 NMOS와 PMOS에 별도의 Driver를 갖고 있을 때 이 Driver Inverter를 Sizing해보자.

풀이

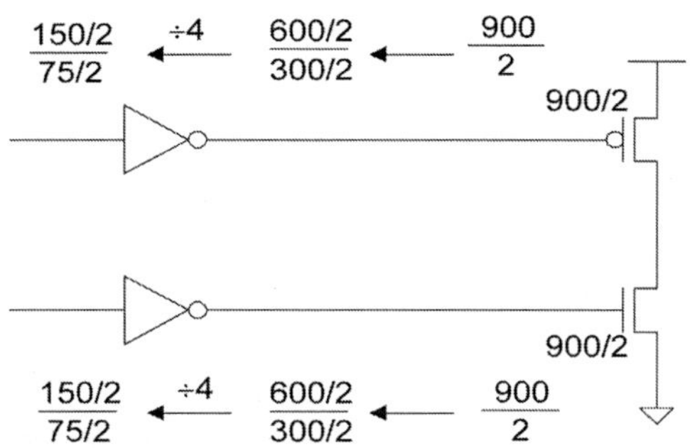

[그림 C.17] Inverter Chain의 Sizing 예 Transistor 부하

기준 Channel Length L과 다른 값을 갖는 Transistor를 구동하고자 할 때는 그 Transistor는 그것의 Gate 면적과 동일한 값을 가지며 기준 L을 갖는 Equivalent Inverter로 환산하여 Sizing하여야 한다. Gate 면적을 계산하고자 할 때는 Gate-Drain및 Gate-Source Overlap Capacitance를 포함시켜야만 한다. 기준 Channel Length L은 $2\mu m$이며, Equivalent Overlap Distance는 $0.5\mu m$라 하자.

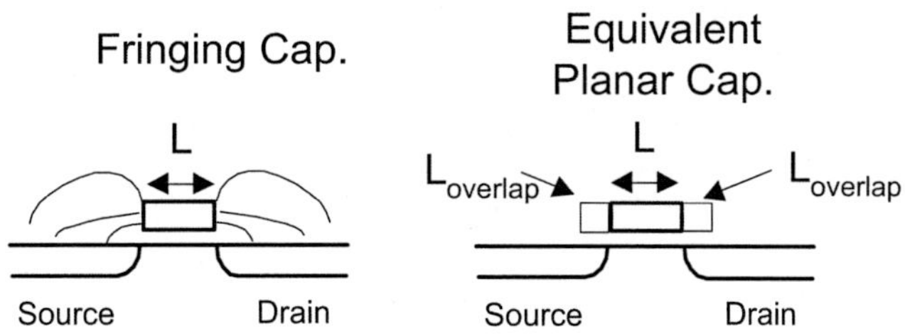

[그림 C.18] MOS의 Overlap capacitance

예제 4

450/5의 NMOS의 Gate를 구동하기 위한 Inverter를 Sizing해 보자.

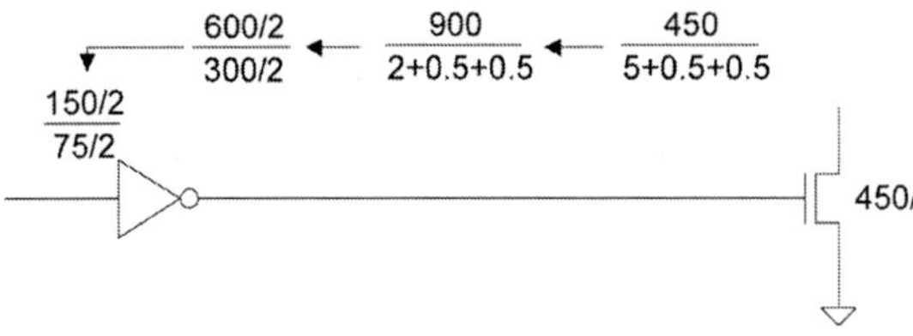

[그림 C.19] Inverter Chain의 Sizing 예 Channel Length가 상이한 경우

구동 소자가 Inverter가 아닌 경우에는 이 소자의 Equivalent Inverter가 Load를 구동하는 것으로 가정하고 Sizing한 뒤, 이때 구해진 Equivalent Inverter를 다시 원래의 소자로 환원한다. 이때 Width W인 n개의 Transistor가 직렬로 연결된 경우 이것의 Equivalent Width는 W/n로 간략화된다. 즉 3-Input NAND Gate가 20/30의 크기를 가진다면 Size 30인 NMOS 3개가 직렬로 연결된 것이므로 그 구동 능력은 Size가 10인 NMOS에 해당하여 Equivalent Inverter Size는 20/10로 된다. 물론 엄밀한 Equivalent Width는 입력 신호의 상황에 따라 달라지며 전체 입력이 동시에 입력되는 경우라면 그렇지 않은 경우에 비해 Equivalent Width가 증가하므로 Sizing한 후 SPICE Simulation으로 최적화하는 것이 필요하다.

예제 5

200/100의 Inverter를 구동하기 위한 3 Input NAND Gate를 Sizing하여라.

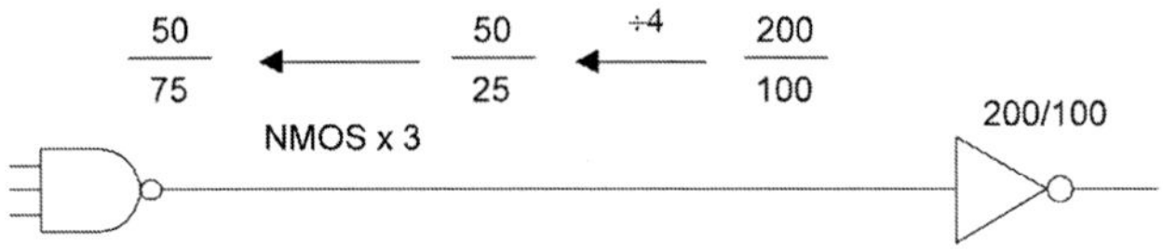

[그림 C.20] NAND의 Sizing 예

예제 6

200/100의 Inverter를 구동하기 위한 3 Input NOR Gate를 Sizing 해보자.

풀이

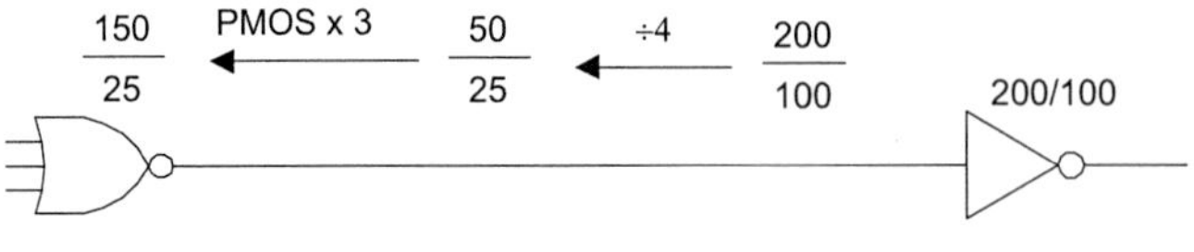

[그림 C.21] NOR의 Sizing 예

여러 개의 Load Device를 구동해야 할 때에는 각각의 Load의 Equivalent Inverter를 구한 뒤 이들을 합하여 이를 구동하기 위한 Inverter로 Sizing한다.

예제 7

아래의 회로를 Sizing 하시오. 단 Minimum Width는 5로 한다.

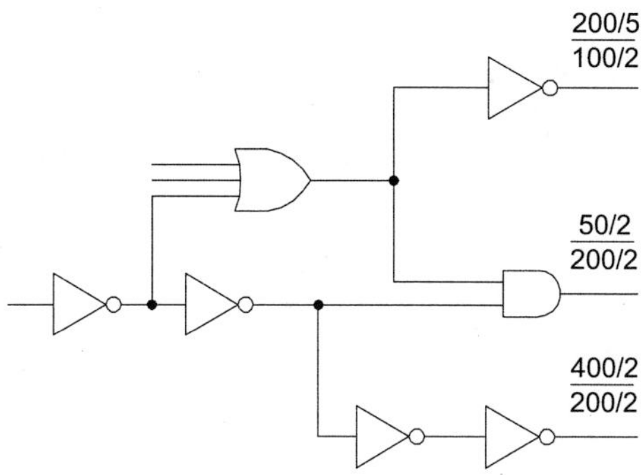

[그림 C.22] 종합예

풀이

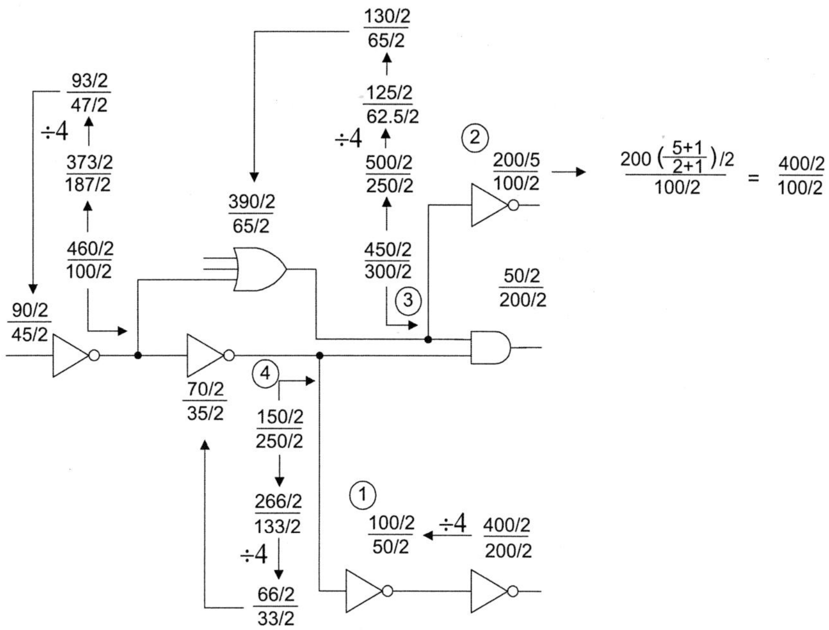

[그림 C.23] [그림 C.20]의 Sizing 예

만일 Interconnection Line이 길 경우에는 이의 Equivalent Capacitance와 Resistance를 구하여 이를 계산에 넣어야 한다. 이러한 경우는 위의 간단한 Sizing 기법을 따르다 보면 불필요하게 Transistor의 크기가 커져서 면적 소모와 전력소모를 증가시킬 위험이 있다. 따라서 Timing Spec.을 고려하여 원하는 Rising Time이나 Falling Time을 가지도록 Sizing하는 것이 유리하다.

[그림 C.24]와 같이 Gate가 긴 접속선에 의해 연결되어 있으며 접속선의 저항을 R_{int}, 용량을 C_{int}라 하자. 접속선에 대한 Equivalent Circuit의 Topology는 통상 π-Model이라 불리우는 형태를 사용하는 것이 일반적인데 [그림 C.24]에서와 같이 저항 R_{int}를 중앙에 두고 양쪽에 $C_{\text{int}}/2$가 병렬로 접지된 형태이다. 접속선이 Metal로 이루어진 경우는 상대적으로 R_{int}과 C_{int}의 값이 작아서 무시할 수 있지만 Polysilicon 등으로 구성된 경우는 무시할 수 없다. 이제 PMOS의 ON저항을 R_{PON}이라 하고 NMOS의 ON저항을 R_{NON}이라 하면, IN이 "L"이어서 NMOS가 OFF되고 PMOS가 ON인 경우 C_{int}과 C_{load}의 전압을 V_{CC}로 충전하는 경로는 [그림 C.25]의 (a)와 같이 된다. 이때 Worst Case의 RC 시정수, 즉 Rising Time은

$$\tau_R = (R_{\text{PON}} + R_{\text{int}})(C_{\text{int}} + C_{\text{load}})$$

로 주어진다. 한편 IN이 "H"로 되어 NMOS가 ON이 된 경우 Worst Case의 RC 시정수, 즉 Falling Time은

$$\tau_F = (R_{\text{NON}} + R_{\text{int}})(C_{\text{int}} + C_{\text{load}})$$

으로 주어진다. 식에서 알 수 있듯이 R_{int}과 C_{int}이 R_{ON}과 C_{load}에 비해 작은 값일 때에는 단순히 $R_{ON}C_{\text{load}}$에 의해서만 시정수가 결정되므로 앞서 설명한 간편한 Sizing 기법을 사용해도 무방하다. W/L=1인 경우의 R_{PON}이나 R_{NON} 값은 공정실로부터 주어지거나 계산을 통해 얻을 수 있으므로 원하는 시정수를 가지도록 Driver Transistor를 Sizing할 수가 있다.

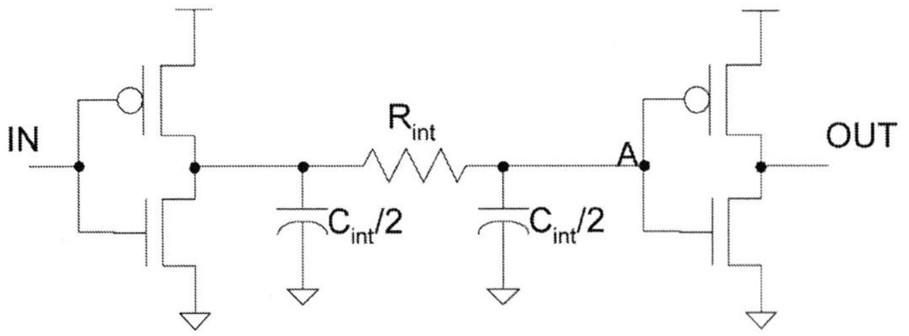

[그림 C.24] 접속선을 통한 Gate의 구동

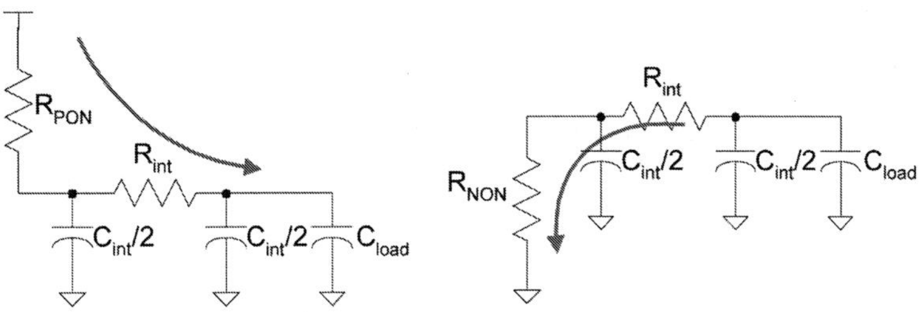

(a) 충전 회로 (b) 방전 회로

[그림 C.25] 충방전 Equivalent 회로

일반적으로 소자의 Sizing은 다음과 같은 순서에 의해 행하여지는 것이 바람직하다.

1) 회로의 Layout 모양을 예상하고 전체 Chip에서의 위치를 조사한다.
2) Load의 용량을 예상한다.
3) 전송하고자 하는 신호의 경로를 조사한다.
4) 신호 경로의 길이와 폭을 측정한다.
5) 경로상의 저항과 용량을 계산한다.
6) RC 시정수를 계산한다.
7) 허용되는 속도를 조사한다.
8) 앞서 기술한 방법으로 소자를 Sizing한다.
9) SPICE Simulation을 통해 최적화한다.

반드시 Simulation을 통해 최적화 과정을 거쳐야 하며, 이렇게 해서 구해진 값들은 위의 초기값과는 크게 달라질 수 있다.

이때까지 살펴본 Sizing 기법은 Rising Time과 Falling Time이 동일하도록 설계하는 방법이었다. 하지만 필요에 따라서는 Rising Time이나 Falling Time 중 1개만을 가능한 한 빠르게 하고 싶을 경우도 생긴다. 이때 사용하는 방법이 [그림 C.26]과 같은 Skewed Logic이다. 아래쪽 경로로는 입력단의 Rising Edge만을 빠른 속도로 검출하여 이를 출력단에 전송시키기 위해 첫째단에는 정상적인 (W_P/W_N)의 비로 구한 크기보다 NMOS를 크게 하면 b1 node가 신속히 "L"로 떨어지며, 둘째단에는 PMOS를 크게 하여 b2 Node를 빨리 "H"로 상승시키고 이에 따라 b3 Node가 큰 NMOS에 의해 신속히 하강하므로 출력단에서는 지연이 거의 없이 고속으로 Rising하는 Pulse를 얻을 수 있다. 하지만 Falling Edge에서는 정상적인 경우보다 늦도록 Sizing이 되어 있으므로 큰 Delay를 가진다. 따라서 경로를 분리하여 두 개의 Inverter Chain을 구성하고 위쪽 Chain은 아래쪽과 반대로 Sizing을 하면 Falling Edge를 고속으로 따라갈 수 있다. 이때 주의해야 할 것은 전압 파형의 Transition 시간이 길어짐에 따른 DC 전류의 증가이다. 또한 경로를 분리함에 따른 면적 증가도 예상된다.

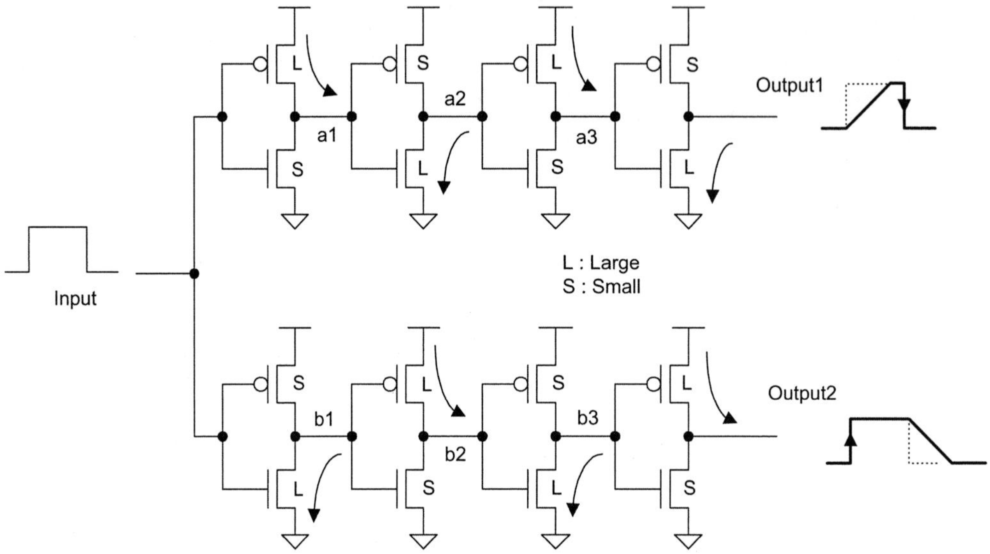

[그림 C.26] Skewed Logic 회로

C.4 | CMOS Latch와 Flip-Flop

C.4.1 CMOS Latch

DRAM에서는 Address 및 내부 Control 신호를 Latch시킬 필요에 따라 R-S Flip-Flop 형태의 Latch를 사용하고 있다. 가장 간단한 Latch는 Sense Amplifier 또는 SRAM Cell과 같이 Inverter의 Input과 Output을 엇갈리게 연결시킨 구조로서 [그림 C.27]과 같다.

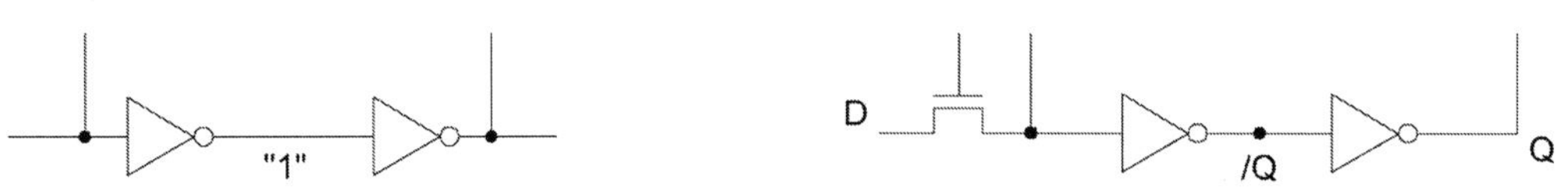

[그림 C.27] R-S Latch

이때 Transmission Gate는 NMOS이어도 좋은데 이는 Transmission Loss가 발생 하여도 Latch의 Feedback 효과에 의해 전압 Level이 Full V_{CC}로 재생되기 때문이다. [그림 C.28]의 Transistor 형태의 Latch를 보자. 만일 초기 상태가 Q=1이어서 P_2와 N_1이 ON이며 P1과 N_2가 OFF라고 하자. D에 "L"을 입력하고 EN을 "H"로 하면 Data가 Q에 입력되어야 한다. 하지만 P_2가 ON이므로 Node A는 "L"과 "H"에 동시에 연결되어 있으므로 D에 연결된 Driver의 구동 능력이 상당히 커야만 A 전압이 L로 반전된다. [그림 C.27(b)]와 같은 Differential 구동에서는 Driver의 구동 능력이 크지 않아도 반전이 쉽게 이루어진다. 이 외에도 Write 시 Feedback Path를 끊어 주거나 새로운 Path를 통해 Write함에 따라 반전을 쉽게 이룰 수가 있다.

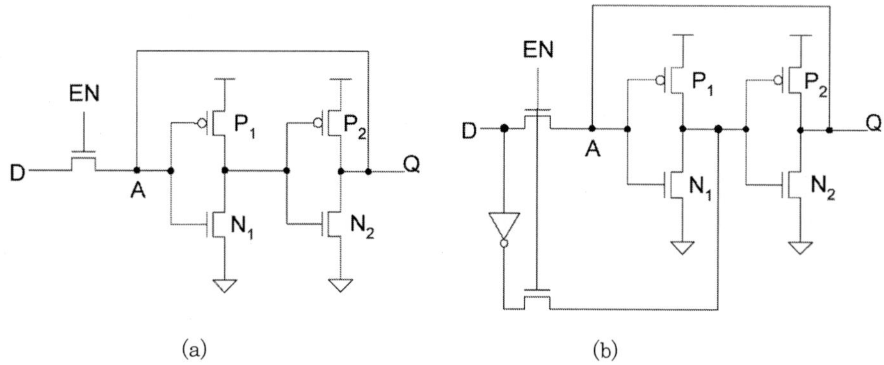

[그림 C.28] Transistor 형태의 Latch

Write 시에는 Feedback Path를 끊어주고 Data 보존시에는 연결시켜 주는 회로로 아래의 [그림 C.29]과 같은 Latch를 생각해 볼 수 있다. 이 Latch는 Cascade로 연결하여도 Data의 Backward Transfer가 일어나지 않아 유리하다. 여기에서 사용된 Clocked Inverter는 [그림 C.30]과 같은 구성으로 되어 있다.

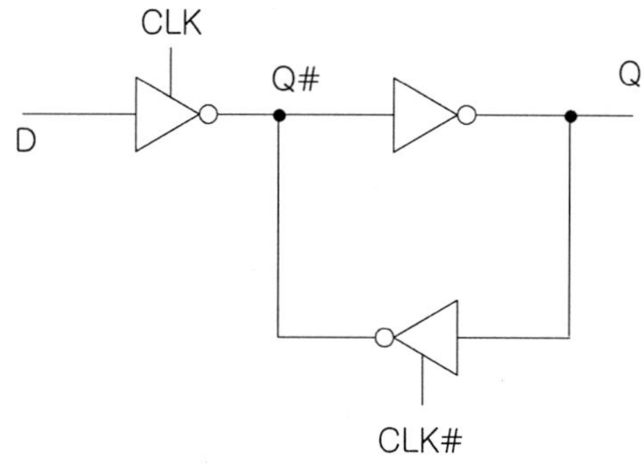

[그림 C.29] Clocked Inverter를 사용한 Latch 회로

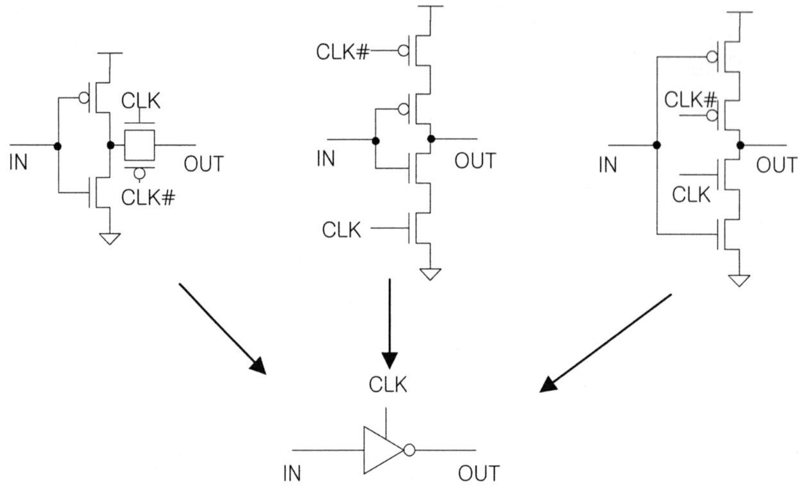

[그림 C.30] Clocked Inverter 회로

C.4.2 NAND/NOR Latch

NOR Gate는 a, b 두 단자 중 한 단자에 "0"이 입력되었을 때 출력은 나머지 한 단자의 Inverting Signal을 출력으로 내보내는 Gate이다. 즉, 입력이 2개인 특수한 Inverter로 한 단자에 "0"이 입력되면 다른 단자가 Inverter로 동작하고, 한 단자의 입력이 "1"이면 다른 입력에 상관 없이 출력은 "0"으로 고정된다고 이해하면 편리하다. 이 NOR Gate로 만든 Latch에서는([그림 C.31] 참조) S와 R의 조합에 따라 NOR 1개의 출력은 "0"으로 만들고 이를 입력으로 받아들이는 다른 NOR 하나는 Inverter로 동작시키는 것이다. 이러한 Latch에서는 Feedback Path와 입력선이 분리되어 있으므로 Write가 비교적 쉽다.

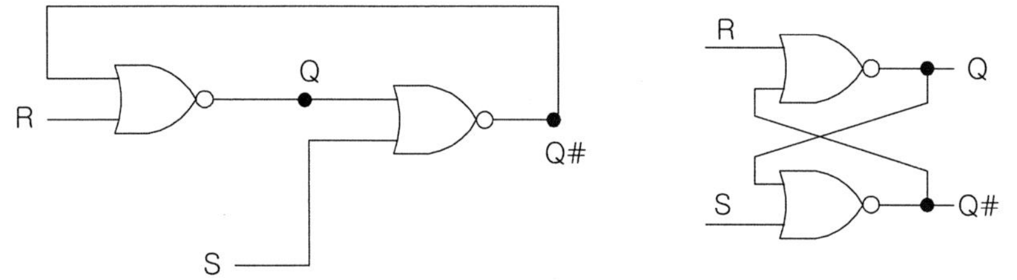

[그림 C.31] NOR Gate Latch

예를 들어 $R=1$, $Q=0$이라 하면 Q는 Q#로부터의 입력에 상관 없이 "0"으로 Reset된다(이 때문에 "R" 이라 이름 지워졌다). 이에 따라 위쪽의 NOR Gate는 Inverter로 동작하여 S=0을 반전시킨 "1"의 출력이 Q#에 나온다. 다시 R=0, S=1이라 하면 Q#는 0으로 바뀌고 이것이 아래쪽 NOR Gate에 입력되어 R=0의 반전된 "1"의 출력을 Q에 보낸다(이 때문에 Set이라 이름 지워졌다). 만약 R=0, S=0이라면, NOR Gate가 Inverter로 동작한다고 했으므로 이

Flip-Flop은 앞서 살펴본 Inverter Flip-Flop과 동일한 동작, 즉 Data를 유지(보존)하게 된다. 이를 정리한 Truth Table이 〈표 C.1〉에 있다.

〈표 C.1〉 NOR Gate Latch의 Truth Table

S	R	Q
0	0	Holding
0	1	0
1	0	1
1	1	Unstable

S가 "H"이면 Q가 "H"이며, R이 "H"이면 Q는 "L"로 되며, R과 S는 반드시 Complementary 하여야 하고, R과 S가 동시에 "0"이면 출력은 변하지 않는다. 이러한 Latch에 입력되는 신호는 시간에 따라 변화하므로 이 Flip-Flop의 시간적 변화를 이해하여야 한다. R과 S가 동시에 1인 상황에서부터 시작해 보자([그림 C.31] 참조). R과 S라는 단자의 의미에만 집착하다 보면 Q가 "0"이고 또한 동시에 1이어야만 하는데 실제로는 NOR Gate의 특성에 의해 Q와 Q#가 동시에 "0"이 된다. Q와 Q#의 의미에서 알 수 있듯이 이 둘은 서로 상보적이어야 하는데 이 경우 서로 일치하므로 사용하지 말아야 할 영역인 셈이지만 Flip-Flop의 초기상태 Setting에 사용될 수 있다. 이후 R과 S 중 한 신호가 "0"으로 가면 그때의 R, S 조합에 의해 Q 값이 다시 Setting된다. Time 62 Unit에서는 S가 "0"으로 되었으므로 Q도 "0"으로 간다. 이제 다시 R도 "0"으로 가면 Q = "0" 신호가 유지된다. 조심하여야 할 영역은 (1,1) → (0,0)으로 R,S가 동시에 변화하는 Time Unit 125일 때로 이때에는 Q와 Q#의 상태가 불확실하므로 절대 사용하지 말아야 할 영역이다. 정리하자면 초기 (R,S)를 (1,1)로 하여 신호를 (0,0)으로 하고 있다가 R 또는 S 중 먼저 "0"으로 가는 신호에 의해 Q의 상태가 결정되며, 이 Q 값은 뒤에 들어오는 나머지 신호에 의해 변화하지 않는다. 따라서 특정 신호가, 예를 들어 S, "1"에서 "0"으로 변할 때 출력값은 바로 그 시각에서의 R의 상태에 의해 결정되어 Latch되며, 이후 R의 상태가 바뀌어도 출력은 변하지 않고 다만 특정 신호 S가 다시 "1"로 바뀔 때에만 출력이 변화하므로 임의의 시각에서 신호들의 상태들을 기억시키고자 할 때 유용하다.

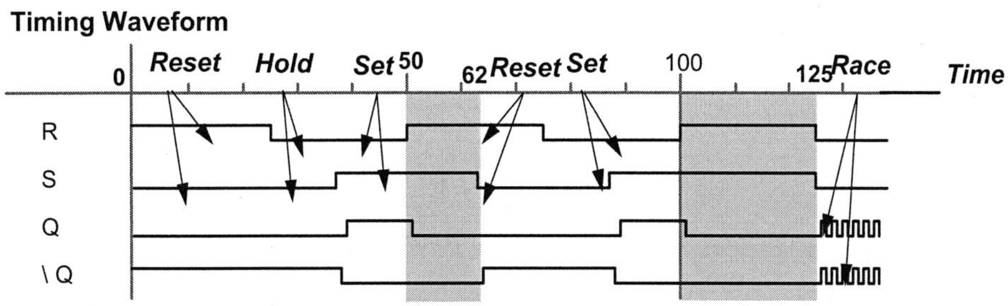

[그림 C.32] R-S Latch의 Timing Diagram

이제 NAND Gate를 사용한 Latch를 살펴본다. NAND Gate는 두 입력 중 1개가 "H"이면 또 다른 입력에 대해서 Inverter처럼 동작하며, 입력 중 하나라도 "0"이 있으면 다른 입력에 상관없이 출력은 항상 "1"이 되는 (Gate이 Disable된 상태) Gate로서 입력이 2개인 특수한 Inverter로 이해하면 편리하다. 즉, 두 출력이 모두 "1"일 때만 "0"인 신호를 내보내주는 Negative Logic 출력 소자이다. [그림 C.33]은 이 NAND Gate를 사용하여 만든 Latch를 보여준다. 만약 S#가 "0"이고 R#이 "1"이면 Q는 Q#로부터의 입력에 상관없이 "1"로 "Set"된다. 이것을 입력으로 받은 아랫쪽 Gate는 Inverter로 작용하여 R#=1이 반전된 "0"을 Q#의 출력으로 내준다. 반면 R#이 "0"이고 S#가 "1"이면 Q#는 Q로부터의 입력에 상관없이 "1"로 Reset되며, 이것이 위쪽 NAND Gate에 입력되어 NAND Gate가 Inverter로 동작해서 R#의 반전된 "1"을 출력한다. R#=S#="1"이면 각 NAND Gate들이 Inverter로 동작하므로 Inverter Chain과 마찬가지로 Data를 기억하는 상태가 된다. 마지막으로 R#=S#="0" 인 경우에는 Q와 Q#가 모두 "1"이 된다.

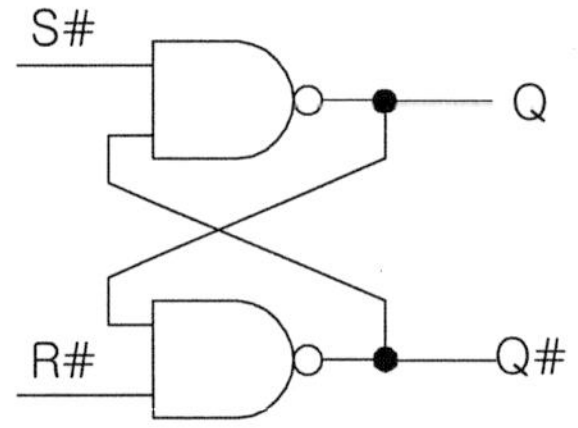

[그림 C.33] NAND Gate Latch

이 NAND Gate Latch의 Timing 특성을 이해하여 보자. 초기 상태로 R#와 S#가 동시에 "0"이어서 Q와 Q#는 모두 "1"로 Setting되어 있다. 이후 R#와 S# 중 먼저 한 신호가 "1"로 되면 그때의 (R#, S#)조합에 의해 Q값이 다시 Setting된다. 즉, S#가 "1"이 되었다면 Q는 "0"이 된다. 이제 나머지 한 신호가(이 경우 R#) 바뀌어 "1"로 되어도 한 번 Setting된 Q값은 변하지 않는다. 따라서 특정 신호가(예를 들어 S#) "0"에서 "1"로 변할 때 출력값은 바로 그 시각에서의 R#의 상태에 의해 결정되어 Latch되며, 이후 R#의 상태가 바뀌어도 출력은 변하지 않고 다만 특정 신호 S#가 바뀔 때에만 출력이 변화하므로 NOR Latch와 마찬가지로 임의의 시각에서의 신호들의 상태들을 기억시키고자 할 때 유용하다.

C.4.3 Latch의 Sizing

Latch를 구성하는 MOS들의 Width를 결정하는 방법을 살펴본다. 2 Input NAND로 형성된 Latch의 경우 NMOS 2개가 직렬로 연결되므로 $W_P/W_N=2$로 한 경우 PMOS와 NMOS의 Width는 동일하게 해주어야 PMOS부와 NMOS부의 전류 구동 능력이 같아져 Symmetric Voltage Swing이 가능하다. 다음 단의 Inverter Size와의 비율을 3으로 했을 때 Latch용

MOS의 Size을 결정하는 방법에 대해 생각해 보자. [그림 C.34]와 같이 PMOS Size가 각각 W_1 및 W_2이며, NMOS Size도 각각 W_1 및 W_2인 2개의 NAND로 구성된 Latch로 PMOS의 Size가 W_P, NMOS의 Size가 $W_{P/2}$인 Inverter를 구동하는 경우를 가정한다. 이 NAND Latch 회로를 Transistor로 바꾸어 보면 아래의 [그림 C.35]와 같이 된다.

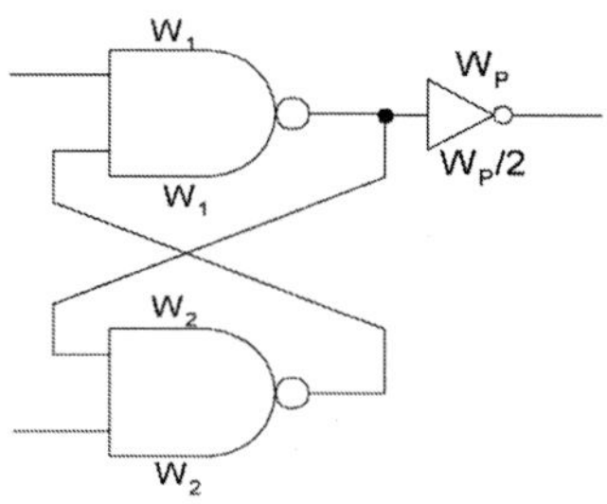

[그림 C.34] 2 Input NAND로 형성된 RS-Latch

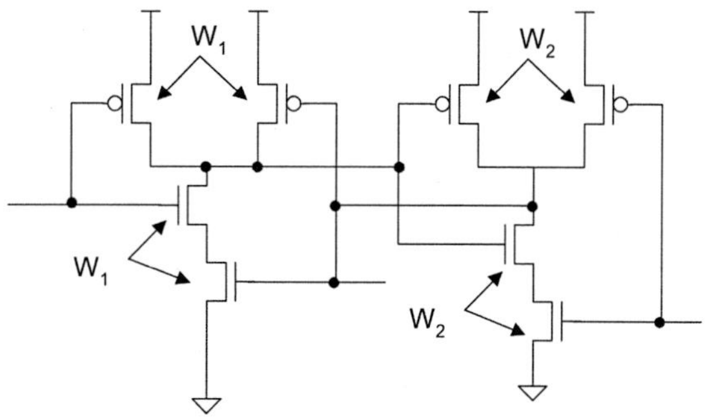

[그림 C.35] [그림 C.33] Latch의 Transistor 회로

[그림 C.34] 및 [그림 C.35]와 같이 PMOS와 NMOS의 Size를 일치시키는 것은 전류 구동 능력에 대한 배려로서 2 Input NAND가 Driver로서 작동하는 경우의 Sizing기법이다. 한편 이러한 Latch 회로에서는 NAND가 Load로도 동작하므로 부하 용량이라는 측면에서, 즉 입력 Capacitance라는 측면에서 NAND와 Equivalent한 Inverter를 구해야 한다. 입력 Capacitance가 $2W_1$이라는 조건과 PMOS/NMOS=2라는 조건에서 [그림 C.36]과 같은 등가 Inverter를 구할 수 있다.

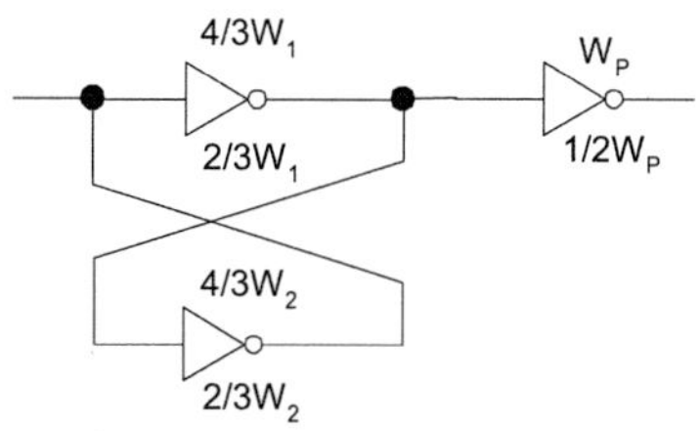

[그림 C.36] 등가 Inverter 회로

이 Cross-Coupled Inverter 중 위의 Inverter에 대한 Load는 PMOS Size= W_P, NMOS Size= $W_P/2$의 Inverter와 아래쪽 Inverter이며, 이들 사이에는 3:1의 Size ratio를 유지하여야 하므로

$$W_1 = \frac{1}{3}\left(W_P + \frac{4}{3}W_2\right)$$

$$W_2 = \frac{1}{3}\frac{4}{3}W_1$$

의 조건식으로부터

$$W_1 = \frac{27}{65}W_P$$

$$W_2 = \frac{12}{65}W_P$$

가 된다.

한편 [그림 C.37]과 같이 3-input NAND Gate로 구성된 Latch의 경우에도 2-input NAND Latch와 동일한 과정을 거쳐 구해보면 $W_1 = 0.443\,W_P$, $W_2 = 0.246\,W_P$ 가 된다.

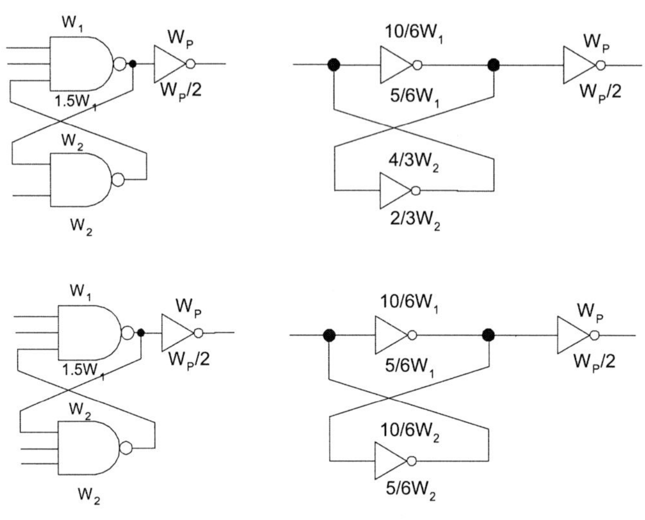

[그림 C.37] 3-input NAND로 구성된 Latch와 등가 Inverter 회로

NOR Gate Latch의 경우 Sizing 방법을 살펴보자. NOR Gate에서는 PMOS가 직렬로 연결되어 있으므로 PMOS의 Size를 NMOS Size의 4배로 해야만 출력단을 "H" 및 "L"로 구동하는 힘 중 최저치가 동일하게 된다([그림 C.38] 참조). 이를 Transistor Level로 그리면 [그림 C.39]와 같다. 여기에서도 NAND Latch에서와 같이 등가 Inverter로 환원하고 이들과 PMOS

Size= W_P, NMOS Size = $W_P/2$인 Inverter와 3:1의 Size Ratio가 유지되어야 하는 조건으로부터 W_1과 W_2를 구해보면 $W_1 = 0.24\,W_P$, $W_2 = 0.134\,W_P$를 얻는다.

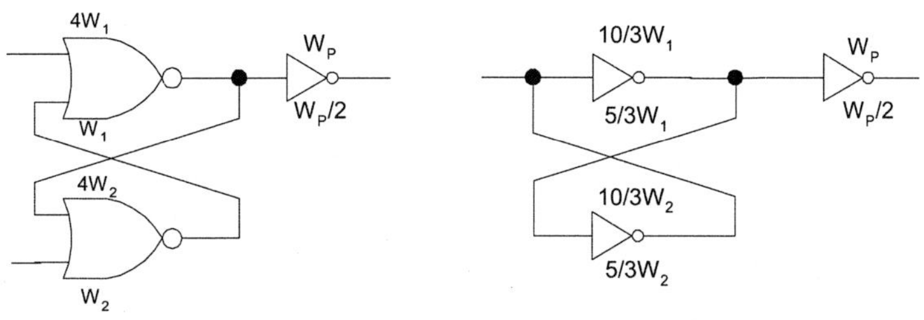

[그림 C.38] NOR Gate Latch와 등가 Inverter 회로

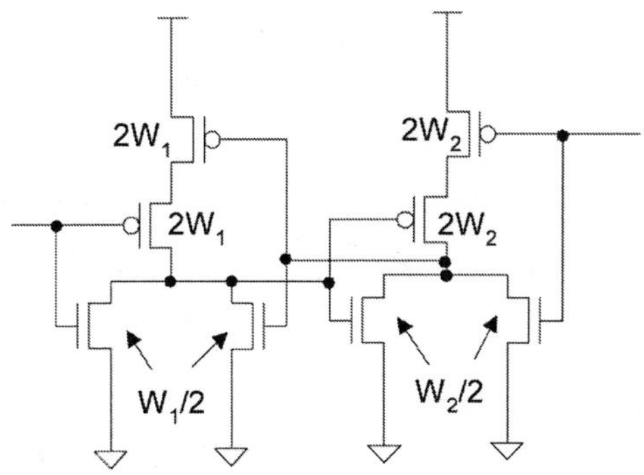

[그림 C.39] [그림 C.38]의 등가 Transistor 회로

C.4.4 Synchronous Flip-Flop

Level Sensitive Latch에서는 EN이 "H"인 동안에는 Q가 D의 변화를 따라서 계속 변하므로 Clock의 Width를 좁게 하여 EN이 "H"인 구간을 좁혀 주어야 하는 등 Timing 제어가 불편하다. 이러한 불편을 덜고자 Clock의 Edge에서만 동작하는 Latch가 개발되었으며, 이를 특히 Flip-Flop이라 부른다.

[그림 C.40]은 Edge Sensitive Flip-Flop의 회로도이다. [그림 C.40(b)]와 (c)에서 알 수 있듯이 Level Sensitive Latch 2개를 직렬로 연결하여 Master-Slave구조로 한 것이다. 간단한 Toggle Flip-Flop을 Master-Slave D-Flip-Flop으로 구현해보면 [그림 C.41]과 같이 된다. /Q 출력을 D의 입력으로 Feedback시킨 구조로 CLK의 주파수를 1/2로 하는, 즉 주기를 2배로 늘려주는 소자이다. 이 T-F/F을 이용하여 DRAM 내부의 Address 생성이나 내부 Clock 생성에 이용되는 각종 Counter회로를 간단하게 구현할 수가 있다.

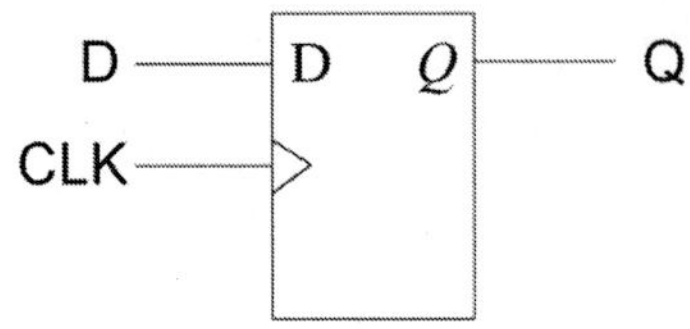

(a) Symbol

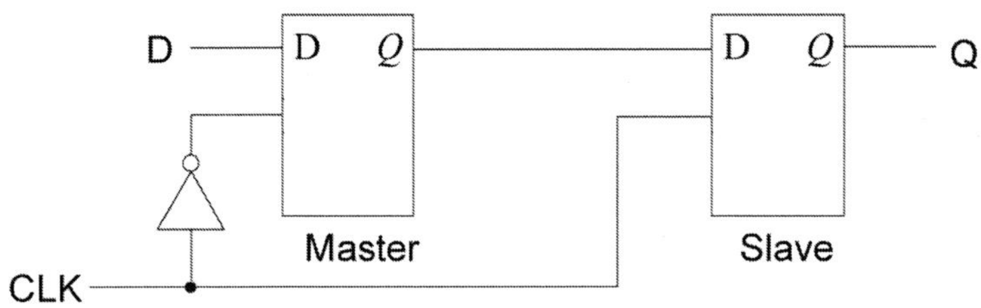

(b) Block 회로도

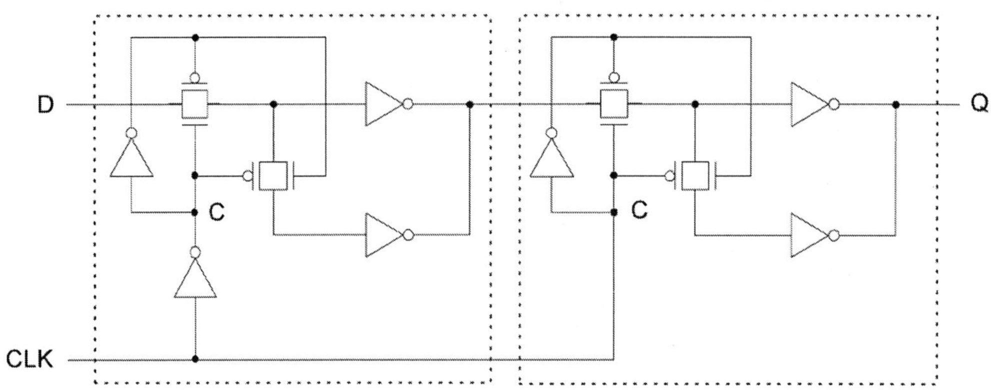

(c) Transistor 회로도

[그림 C.40] Edge Sensitive Flip-Flop

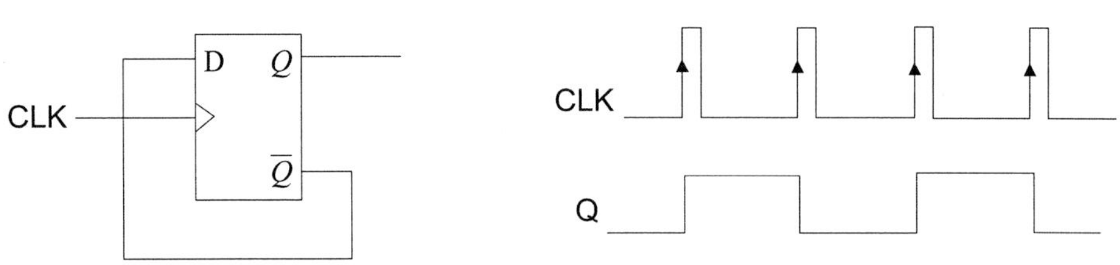

[그림 C.41] Master-Slave D-Flip-Flop을 사용한 T-Flip-Flop

Counter에는 Synchronous형과 Asynchronous형이 있는데 이중 Asynchronous형이 DRAM 설계에서 널리 쓰인다. 이제 7부터 0까지 감해나가는 Down Counter를 위의 T-Flip-Flop을 이용해서 구현하면 [그림 C.42]와 같이 된다. 앞단에서 입력되는 CLK 신호의 Positive Edge에서 Toggling이 일어난다.

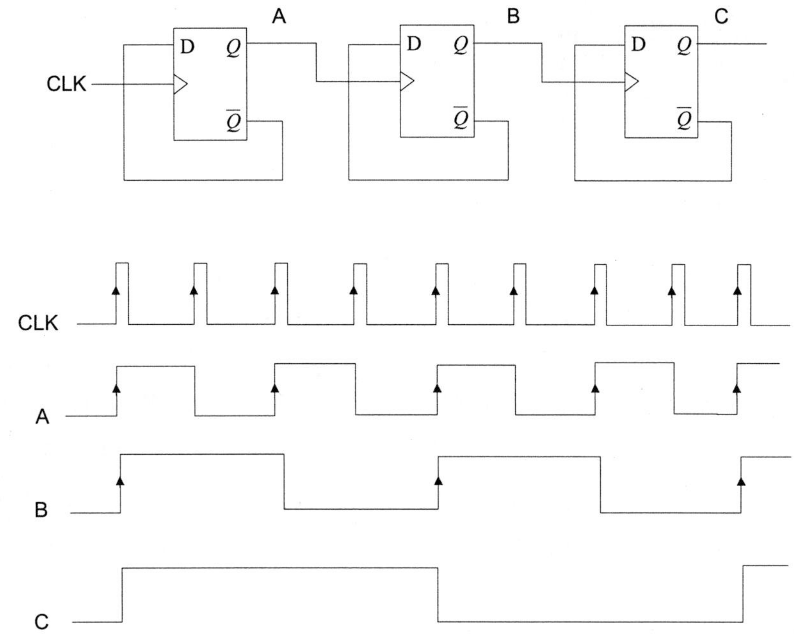

[그림 C.42] Down-Counter

T-Flip-flop을 이용한 Up-Counter의 구현에는 [그림 C.43]과 같이 Q#를 Feedback시킨 Flip-Flop이 사용된다. 앞의 Down-Counter와는 달리 CLK의 Falling Edge에서 동작하며 0에서 7까지 증가한다.

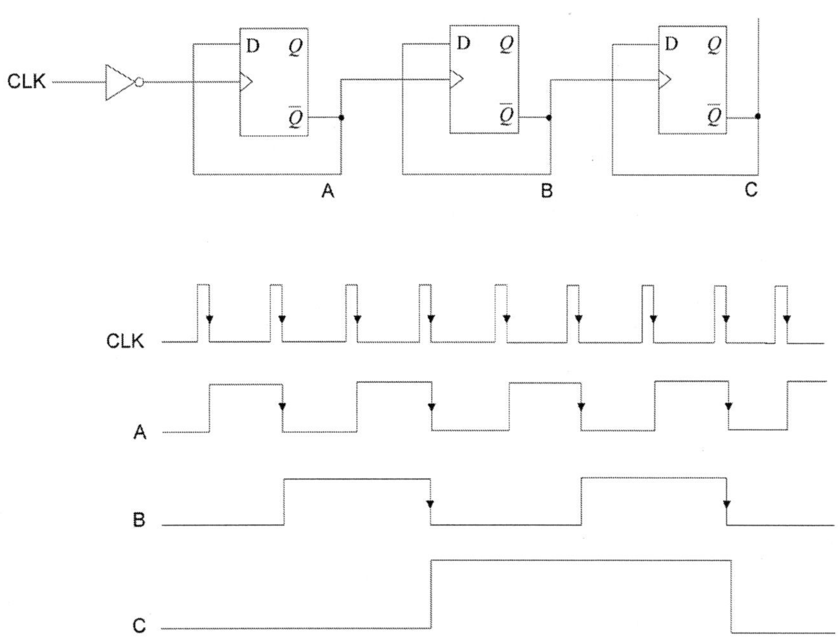

[그림 C.43] Up-Counter

C.5 | CMOS Differential Amplifier

DRAM 회로에서는 Differential Amplifier(차동 증폭기)가 널리 이용된다. 차동 증폭기는 두 개의 입력단 전압의 차만을 증폭하며 두 단자에 공통으로 입력되는 전압은 출력에 영향을 주지 못한다. 따라서 전기적 환경이 동일한 1쌍의 신호선을 차동 증폭기의 입력으로 사용하면 신호선에 공통으로 유기되는 전기적 잡음은 출력에 아무런 영향을 미치지 못하고 차동 신호만을 증폭할 수 있다. 차동 증폭기는 입력단과 출력단이 서로 다른 Current Mirror형과 입력단과 출력단을 공유하는 Cross-Couple형으로 나누어 볼 수 있다. Current Mirror형은 미약한 신호를 빠른 속도로 감지하여 증폭할 수 있지만 출력 진폭이 제한되어 저진폭 고속 전송에 유리하다. Cross-Couple형은 Full V_{CC}/0V까지 신호를 증폭할 수 있고 증폭된 전압을 Latch하므로 Latch형 증폭기라고도 불리운다. Cell Data를 증폭하는 Bit-Line Sense Amplifier처럼 입출력선이 동일하므로 Data의 검출과 Rewrite를 동시에 실시할 수 있어 저전력용 Sense Amp.에 주로 사용된다.

C.5.1 Current Mirror

[그림 C.44]는 NMOS의 Drain과 Gate을 함께 연결하여 2 단자 소자, 즉 Diode 형태로 한 구조이다. 이 소자의 양 단자간의 전류와 전압의 관계는 [그림 C.44(b)]와 같이 Threshold 전압 이상에서만 큰 전류가 흐르며 전압의 변화가 작아도 큰 전류의 변화가 나타나는 Diode 특성을 갖는다. 따라서 이를 저항을 통해 V_{CC}에 연결하면 Node A의 전압은 거의 V_{TN}으로 일정하게 된다. 또한 작은 전압 변화에도 큰 전류가 흐르므로 저항값이 작은데 약 $1/g_m$의 값을 가지므로 좋은 정전압원의 역할을 담당할 수가 있다.

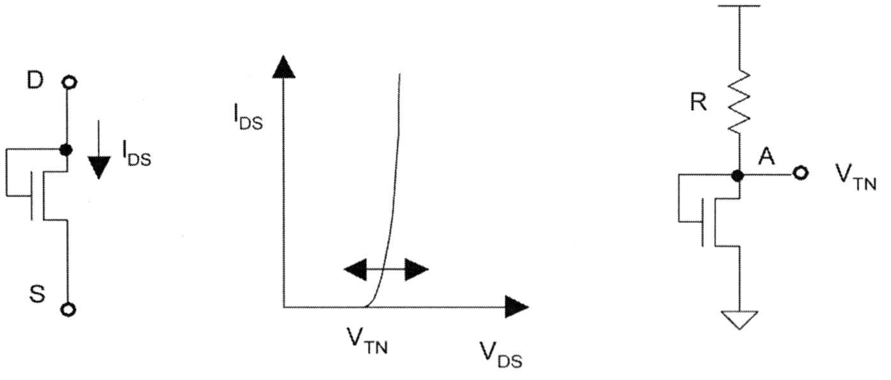

(a) (b) (c)

[그림 C.44] Diode Connection 정전압원

한편 [그림 C.45]와 같이 Gate에 일정한 전압 $V_{GS}(> V_{TN})$가 연결된 NMOS에는 V_{DS}와는 무관하게 항상 일정한 전류 I_{DS}가 Drain으로부터 Source, 즉 Ground로 흐르며 이를 Current Sink라 부른다. 또한 PMOS에서도 V_{CC} Node에서부터 항상 일정한 전류가 공급되므로 Current Source라 부른다. 이 경우 단자의 전압 V_{DS}가 변하여도 전류의 변화는 거의 없으므로 저항이 매우 큰데 $1/\lambda I_{DS}$의 값을 가진다. 여기서 λ는 Channel Length Modulation Factor이다.

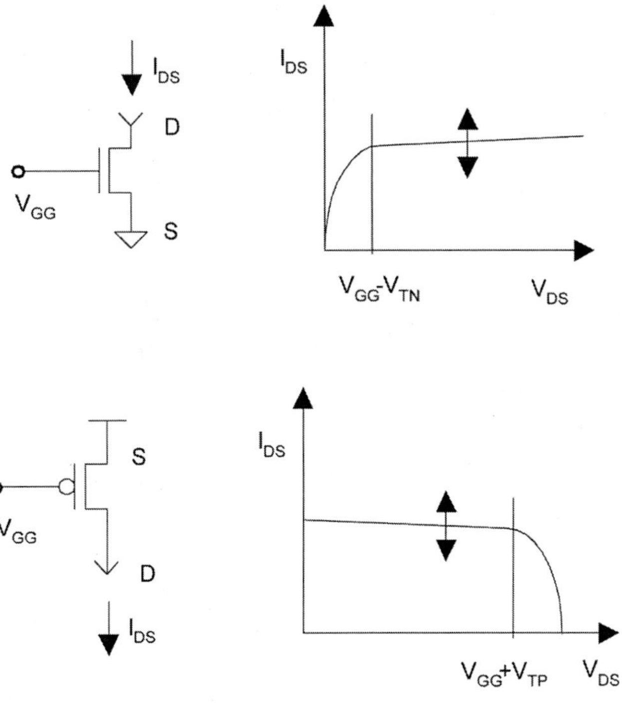

[그림 C.45] Current Sink와 Source 회로

Current Source나 Sink의 V_{GG}용 전압을 위의 Diode Connection과 같은 형태의 정전압원으로 대체한다면 간편하게 정전류원 회로를 구현할 수 있다. 특히 이 경우 Diode용 NMOS Q_1과 정전류원용 NMOS Q_2의 크기를 동일하게 한다면 각 Transistor의 Gate–Source 전압이 동일하므로, 결국 두 Transistor에는 동일한 전류가 흐른다. 이러한 형태의 회로를 Current Mirror라 부르며, Diode 연결의 NMOS 전류를 바꾸어 주면 동일한 전류가 정전류원에도 흐르기 때문에 이러한 이름이 붙여졌다([그림 C.46] 참조). 또한 Q_1과 Q_2의 Width를 서로 다르게 하면 Q_1, Q_2에 흐르는 전류는 $I_1 \propto W_1$, $I_2 \propto W_2$의 관계가 있으므로 $W_1 : W_2 = I_1 : I_2$가 되어 Q_2의 크기를 조절하여 임의의 정전류를 얻을 수가 있다.

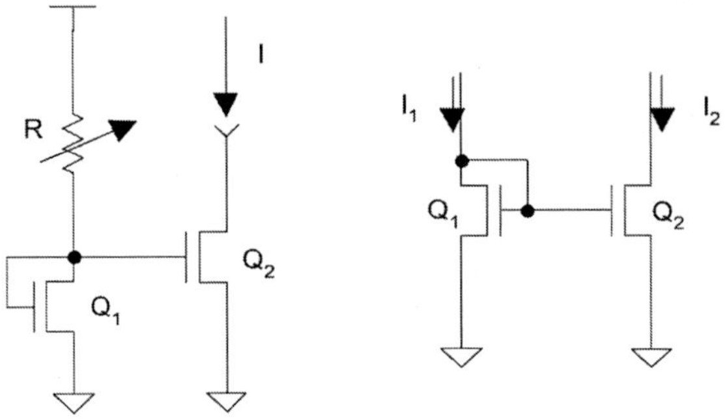

[그림 C.46] Current Mirror

C.5.2 Current Mirror 차동 증폭기

[그림 C.47(a)]는 NMOS Q_1, Q_2 및 R로 구성된 차동 증폭기의 회로도이다. 모든 Transistor는 Saturation 영역에서 동작하도록 Bias를 잡았다고 가정한다. Q_1과 Q_2의 크기가 일치한다면 정상 상태에서는 Q_1과 Q_2에 동일 전류 $I_1 = I_2 = I/2$가 흐른다. 이제 Q_1의 Gate에 Q_2의 Gate보다 약간 큰 선압이 인가되었다고 하면 Q_1에 흐르는 전류가 증가하며, 이에 따라 Q_2에 흐르는 전류는 감소되므로 V_{OUT+}는 정상 상태의 전압보다 상승하며 V_{OUT-}는 정상상태 전압보다 하강한다. g_{m1}을 Q_1 또는 Q_2의 Transconductance라 할 때 이 Amp.의 이득은 $G = g_{m1}R$로 주어진다.

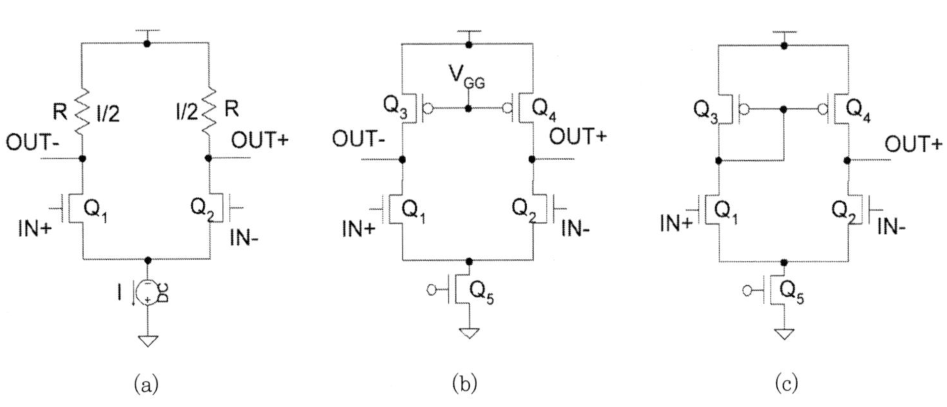

[그림 C.47] 차동 증폭기의 회로도

저항 R 대신에 PMOS의 Gate에 정전압원 V_{GG}를 연결한 정전류원 회로를 이용하여 회로를 구성한 것이 [그림 C.47(b)]이다. 정전류원의 경우 MOS의 Channel Length Modulation Factor를 λ라 하면 출력 저항이 $1/(\lambda I_{DS})$로 되어 매우 큰 값을 가지므로 전압 이득을 증가시킬 수 있다. 또한 [그림 C.47(c)]에서와 같이 정전압원 V_{GG} 대신 Current Mirror 형태로 연결하면 보다 간편하게 차동 증폭기를 구현할 수 있다. 하지만 Q_3는 Diode 접속으로 되어 있어 저항값이 $1/g_{m3}$에 불과한 작은 값을 가지므로 큰 출력의 진폭을 얻을 수는 없고 Q_4에서만 출력 전압을 얻을 수 있어 Single Ended Amplifier라 부른다. 이 경우 전압 이득 G는 PMOS의 Channel Length Modulation Factor를 λ_P라 하고, NMOS의 Channel Length Modulation Factor를 λ_N라 하면

$$G = 2g_{m1}/(\lambda_N + \lambda_P)I_5$$

로 주어지며, 입력 Transistor Q_1의 g_{m1}은

$$g_{m1} = \Delta I_{DS}/\Delta V_{GS} = \sqrt{I_5(W_1/L)\beta_{N1}}$$

이다. 공정 변동에 의한 Mismatch에 의해 Q_1과 Q_2의 Threshold 전압 차가 발생하고 이 전압이 Offset 전압이 되어 차동 잡음으로 동작하는 것을 방지하기 위해 가능한 한 큰 Transistor를 사용한다. 일반적 차동 증폭기는 20mV 정도의 Offset 전압을 가지며 고속 동작이 가능하고 동상 잡음의 제거가 우수하지만 출력 진폭이 상대적으로 작다.

C.5.3 Cross-Couple 차동 증폭기

[그림 C.48(a)]는 NMOS Q_1, Q_2로 구성된 Cross-Couple 차동 증폭기의 회로도이다. 2개의 입력 단자 BL, BL#의 Parasitic Capacitor C에 각각 V_{CC}, $V_{CC}-v$라는 전압이 충전되어 있다면 이 Amp.에 입력되고 있는 차동 전압의 초기치는 "v"가 된다. Q_1과 Q_2의 공통 Source에 활성화 Pulse ϕ를 인가하여 이를 V_{CC}로부터 0V로 떨어뜨리면 ϕ의 전압이 $V_{CC}-V_{TN}$에 도달한 시점에서 Amp.의 동작이 시작된다. 이 시점에서부터 Q_2의 V_{GS}가 V_T를 넘어서므로 ON이 되어 BL#의 전압을 강하시켜 BL과 BL# 간의 전압차가 "v" 이상으로 증가한다. 이에 따라 아직 ON이 되지 못했던 Q_1의 V_{GS} 전압, 즉 BL# 전압이 더욱 하강하므로 더욱 OFF되어 BL의 전압은 초기치 전압 V_{CC}를 계속 유지한다. Φ가 하강을 계속함에 따라 이 동작이 계속되어 BL 단자는 V_{CC}로 남아 있고 BL#의 단자가 0V로 방전하게 되어 결국 초기 차동 입력 전압 "v"가 V_{CC}까지 증폭된다. 또한 Q_1과 Q_2가 서로 Feedback Loop을 형성하기 때문에 증폭된 전압이 Latch되며 Static Current Path가 모두 차단되어 있어 이 상태를 유지하기 위한 전류 소모는 없다. 이 Amplifier의 Offset 전압은 Q_1과 Q_2의 Threshold 전압의 Mismatch로 주어진다. 또한 V_{CC} Level을 안정하게 유지하기 위해 [그림 C.49(a)]와 (b)에서와 같이 BL과 BL# 단자에 큰 저항 R을 연결하거나 PMOS Cross-Couple을 연결하여 사용하기도 한다. 이러한 구조에서는 입출력이 공통 배선을 이용하므로 Bit- Line Sense Amplifier에서처럼 Sensing과 Rewriting이 동시에 이루어지는 곳에 이용된다.

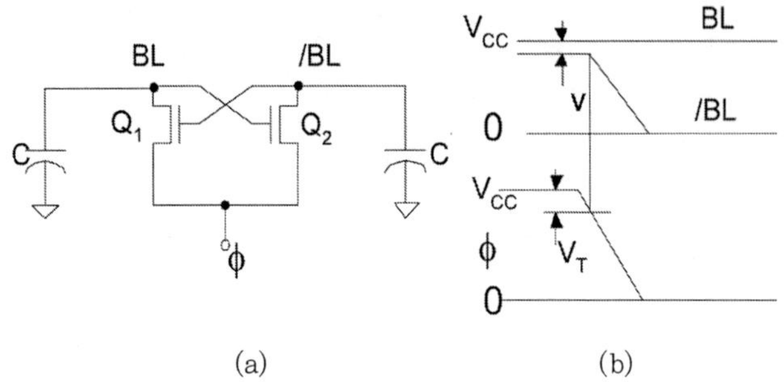

[그림 C.48] Cross-Couple 차동 증폭기의 회로도와 동작 전압

한편 입력 단자를 출력 단자로부터 분리시킨 [그림 C.49(c)]와 같은 구조의 Cross-Couple 차동 증폭기도 이용되고 있다. 여기에서 Q_1과 Q_2는 Source Follower로서 입력 전압 Level을 V_{TN}만큼 낮추는 Level Shifter 역할을 하며 Q_3와 Q_4에 의해 증폭이 일어난다. 출력 전압은 $V_{IN} - V_T$와 0V사이를 Swing하며 입력 단자의 부하 용량과 출력 단자의 부하 용량을 분리할 수가 있어 고속성을 도모할 수가 있다.

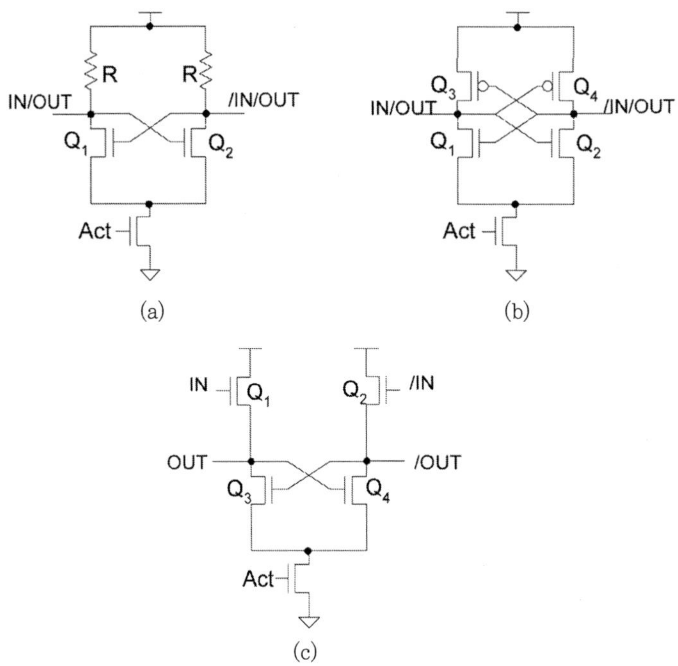

[그림 C.49] 여러 가지 Cross-Couple 차동 증폭기의 회로

이러한 Analog 차동 증폭기의 Digital 형태인 CVSL(Cascode Voltage Switch Logic) 회로를 DRAM에서 흔히 사용되는 Level Shifter를 예로 들어 설명한다. [그림 C.50]은 저전압 진폭(V_{CC})의 Pulse를 고전압 진폭(V_{PP}) Pulse로 변환하는 Level Shifter 회로이다. 입력이 "H""이면 Q_1이 ON되고, Q_2는 OFF가 되며, PMOS Q_4의 Gate 전압이 Q_1에 의해 0V로 하강하므로 Q_4도 ON이 되어 이에 따라 출력단에는 V_{PP} 전압이 전달된다. 입력이 "L"이면 Q_1이 OFF되고, Q_2가 ON되어 Q_3가 ON되며, Q_4의 Gate 전압이 V_{PP}까지 상승되어 완전히 OFF되므로 출력단 전압은 Q_2를 통해 0V로 하강한다. 따라서 고속으로 0V/V_{CC} 진폭의 신호를 0V/V_{PP} 진폭의 신호로 변환할 수가 있어 고전위를 인가해야 하는 Word Line이나 Data Output Buffer등에 널리 이용된다.

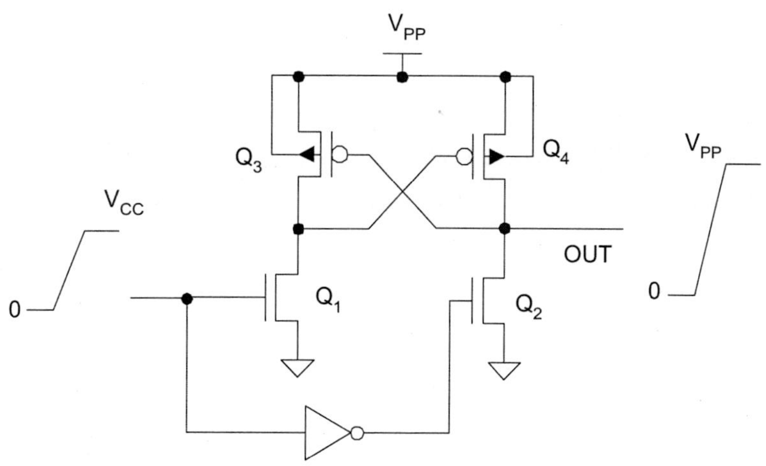

[그림 C.50] Level Shifter 회로

참고문헌

제1장

1. D. Khang, "A History Persopective on the Development of MOS Transistors and Related Devices", IEEE Trans. Electron Dev., vol. 23, no. 7, pp. 655-657, Jul., 1976.
2 한국 전자 통신 연구소 17년사, 전자 통신 연구소, 1995.
3 R. H. Dennard, "Evolution of the MOSFET Dynamic RAMHA Personal View", IEEE Trans. Electron Dev., vol.ED-31, no. 11, pp. 1549-1555, Nov., 1984.
4 K. U. Stein et al., "Storage Array and Sense/Refresh Circuit for Single-Transistor Memory Cells", ISSCC72 Dig. Tech. Papers, pp. 56-57, Feb., 1972.
5. L. M. Terman, "Memory at ISSCC", ISSCC 93 Commemorative Supplement to the Digest of Technical Papers, pp. 91-111, Feb., 1993.
6. D. F. Benchkowsky, "A Fully-Decoded 2048-Bit Electrically - Programmable MOS ROM", ISSCC71 Dig. Tech. Papers, pp. 80-81, Feb., 1971.
7. R. D. Pashley and S. K. Lai, "Flash memories: the best of two worlds", IEEE Spectrum, pp. 30-33, Dec., 1989.
8. 민위식, "DRAM의 발전 방향과 전망", 대한 전자 공학 회지, 제 19권 제 5호, pp. 343-357, 1992년 5월.
9. ISSCC91, ISSCC92, ESSCIRC92, ESSCIRC93에서 발표된 64M DRAM Data 종합
10. ISSCC92에서 발표된 16M SRAM Data 종합
11. T. Takeshima et al., "A 3.3V Single-Power-Supply 64Mb Flash Memory with Dynamic Bit - Line Latch Programming Scheme", ISSCC 94 Dig. Tech. Papers, pp. 148 - 149, Feb., 1994.

제2장

1. P. Chatterjee, "A Survey of high density dynamic RAM cell concepts", IEEE Trans. Electron Dev., vol. ED-26, pp. 827-839, June., 1979.
2. V. Rideout, "One - device cells for dynamic random access memories: a tutorial", IEEE Trans. Electron. Dev. vol.ED-26, pp. 839-852, Jun., 1979.
3. H. K. Burke and G. J. Michon, "Charge Pump Random-Access Memory", ISSCC72 Dig. Tech. Papers, pp. 16-17, Feb., 1972.
4. W. M. Regitz and J. Karp, "A Three-Transistor-Cell, 1024-Bit, 500NS MOS RAM", ISSCC70 Dig. Tech. Papers, pp. 42-43, Feb., 1970.
5. M. Koyanagi et al.,"A 5-V only 16-kbit stacked capacitor MOS RAM", IEEE J. Solid State Circuits, vol. sc-15, pp. 661-666, 1980.

6. W. F. Richardson et al., "A trench transistor cross point DRAM cell", IEDM p.714, 1985.
7. A. H. Shah et al., "A 4M bit DRAM with trench-transistor cell", IEEE J. Solid State Circuits, vol. SC-21, no. 5, p. 618, 1986.
8. N. C Liu, "Advanced Cell Structures for Dynamic RAMs", IEEE Circuits and Dev. Mag., pp. 27-36, Jan., 1989.
9. A. Ishitani et al., "Trends in Capacitor Dielectrics for DRAMs", IEICE Trans. Electron, vol. E76-C, no. 11, pp. 1564-1581, Nov., 1993.
10. H. Sumai, IEDM, p 694, 1985.
11. N.C. Liu, "DRAM - Dynamic Random Access Memory", IEDM Short Course on Microprocessor and Memories, 1988.
12. P. R. Schroeder and R. J. Proebsting, "A 16K x 1 Bit Dynamic RAM", ISSCC77 Dig. Tech. Papers, pp. 12-13, 1977.
13. L. S. White et al., "A 5V-only 64K dynamic RAM", ISSCC 80 Dig. Tech. Papers, pp. 230-231, Feb., 1980.
14. N. C. Liu et al., "Half VDD Bit-Line Sensing Scheme in CMOS DRAM's", IEEE J. Solid State Circuits, vol. SC-19, no. 4, pp. 451-454, Aug., 1984.
15. H. Kawamoto et al., "A 288K CMOS Pseudo-static RAM", IEEE J. Solid-State Circuits, vol. SC-19, no. 5, pp. 619-623, Oct., 1984.
16. B. Prince, Semiconductor Memories, 2nd Ed., John Wiley and Sons, New York, 1991.
17. K. Itoh, "Trends in Megabit DRAM Circuit Design", IEEE J. Solid State Circuits, vol. SC-25, no. 3, pp. 778-789, Jun., 1990.
18. 中野隆生, 赤坂洋一, ULSI DRAM技術, Science Forum, Tokyo, 1992.
19. K. Itoh, 超 LSI Memory, Baifukan, Tokyo, 1994.
20. M. J. Howes and D. V. Morgan, Large Scale Integration, John Wiley and Sons, Chichester, 1981.
21. R. Kirisawa et al., "A NAND Structured Cell with A New Programming Technology for Highly Reliable 5V-Only Flash EEPROM," Symposium on VLSI Technology, 1990.
22. Y. Terada et al., "High Speed Page Mode Sensing Scheme for EPROM's and Flash EEPROM's using Divided Bit-Line Architecture," Symposium on VLSI Circuits, 1990.
23. M. Momodomi et al., "An Experimental 4-Mbit CMOS EEPROM with a NAND-Structured Cell," IEEE Journal of Solid-State Circuits, Vol. 24, No. 5, October, 1989.

24. Y. Iwata et al., "A High-Density NAND EEPROM with Block-Page Programming for Microcomputer Applications," IEEE Journal of Solid-State Circuits, Vol. 25, No. 2, April, 1990
25. Hideto Hidaka, et al., "Twisted Bit-Line Architectures for Multi-Megabit DRAM's," IEEE JSSC pp. 21-27, Vol.24, No.1, February, 1989
26. Dong-Sun Min, et al., "Twisted bit-line technique for multi-gigabit DRAMs," Electronics Letters, pp.1380-1382, Jul. 1997

제3장

1. 현대 전자 DRAM Data Book, 1996.
2. N. C. Liu, "DRAM-Dynamic Random Access Memory", IEDM Short Course on Microprocessor and Memories, 1988
3. K. Itoh et al., "A Single 5V 64K Dynamic RAM", ISSCC80 Dig. Tech. Papers, pp. 228-229, Feb., 1980.
4. T. Mano et al., "Circuit Technologies for 16Mb DRAMs", ISSCC 87 Dig. Tech. Papers, pp.22-23, Feb., 1987.
5. K. Itoh et al., "An Experimental 1Mb DRAM with On-chip Voltage Limiter", ISSCC84 Dig. Tech. Papers, pp. 282-283, Feb., 1984.
6. K. Arimoto et al., "A 60ns 3.3V 16Mb DRAM", ISSCC89 Dig. Tech. Papers, pp. 244-245, Feb., 1989.
7. S. Fujii et al., "A 45-ns 16-Mbit DRAM with Triple-Well Structure", IEEE J. Solid-State Circuits, vol. 24, no. 5, pp. 1170-1175, Oct., 1989.
8. K. Kimura et al., "Power reduction technique in megabit DRAM's", IEEE J. Solid-State Circuits, vol. SC-21, no. 3, pp. 381-388, Jun., 1986.
9. K. Itoh, "Trends in Megabit DRAM Circuit Design", IEEE J. Solid State Circuits, vol. SC-25, no. 3, pp. 778-789, Jun., 1990.
10. R. Taylor and M. Johnson, "A 1Mb CMOS DRAM with a Divided Bitline Matrix Architecture", ISSCC85 Dig. Tech. Papers, pp. 242-243, Feb., 1985.
11. T. Fujii et al., "A 90ns 256K x 1b DRAM with Double Level A1 Technology", ISSCC83 Dig. Tech. Papers, pp. 226-227, Feb., 1983.
12. K. Noda et al., "A Boosted Dual Word-line Decoding Scheme for 256Mb DRAMs", 1992 Symp. VLSI Circuits Dig. Tech. Papers, pp. 112-113, Jun., 1992.
13. T. Sugibayashi et al., "A 30ns 256Mb DRAM with Multi-Divided Array Structure", ISSCC93 Dig. Tech. Papers, pp. 50-51, Feb., 1993.

14. P. R. Schroeder and R. J. Proebsting, "A 16K×1 Bit Dynamic RAM", ISSCC77 Dig. Tech. Papers, pp. 12-13, 1977.

15. M. Inoue et al., "A 16Mb DRAM with An Open Bit-Line Architecture", ISSCC88 Dig. Tech. Papers, pp. 246-247, Feb., 1988.

16. R. C. Foss and R. Harland, "Standard for dynamic MOS RAMs", Electronic Design vol. 17, p. 66, Aug., 16, 1977.

17. A. H. Shah et al., "A 4M bit DRAM with trench-transistor cell", IEEE J. Solid State Circuits., vol. SC-21, no. 5, p. 618, 1986.

18. K. Noda et al, "A Boosted Dual Word-line Decoding Scheme for 256Mb DRAMs", 1992 Symp. VLSI Circuits Dig. Tech. Papers, pp. 112-113, Jun., 1992.

19. M. Annaratone, Digital CMOS Circuit Design, KLUWER ACADEMIC PUBLISHERS, Boston, 1986.

20. L. A. Glasser and D. W. Dobberpuhl, The Design and Analysis of VLSI Circuits, Addison-Wesley Publishing Company, Singapore, 1985.

21. N. Weste and K. Eshraghian, Principles of CMOS VLSI Design, Addison-Wesley Publishing Company,

22. 경종민, 고속 CMOS회로 및 논리 설계 기술(강의 자료), 한국 과학 기술원, 서울, 1991.

23. B. A. Wooley, Digital MOS Integrated Circuits(Lecture Notes), UC Berkley, 1980.

24. M. I. Elmasry, Digital MOS Integrated Circuits II, IEEE PRESS, 1992.

25. D. A. Hodges and H. G. Jackson, Analysis and Design of Digital Integrated Circuits, 2nd Ed., McGRAW - HILL.

26. R. H. Katz, Contemporary Logic Design, The Benjamin/Cummings Publishing Co., Singapore, 1994.

27. 박영준, VLSI 소자 이론, 교학사, 서울, 1995.

28. 김원찬, 집적 회로 공학, 대영사, 서울, 1990.

29. J. P. Uyemura, Fundamentals of MOS Digital Integrated Circuits, Addison-esley, 1988.

30. M. Shoji, CMOS Digital Circuit Technology, PRENTICE HALL, 1988.

31. P. E. Allen and D. R. Holberg, CMOS Analog Circuit Design, HOLT, RINEHART AND WINSTON, INC.

32. P. R. Gray and R. G. Meyer, Analysis and Design of Analog Intergrated Circuits 2nd edition), John Wiley & Sons,Inc.

33. A. S. Sedra and K. C. Smith, Microelectronics Circuits, Sounders College Publishing, 1991.

34. B. Keeth, "DRAM Circuit Design," IEEE Press, 2001

제4장

1. Kimura et al., "Power Reduction Techniques in Megabit DRAM's", IEEE J. Solid-State Circuits, vol. SC-21, no. 3, pp. 381-389, Jun., 1986.
2. M. Hardee and T. Sud, "A Fault-Tolerant 30ns/375mW 16K x 1 NMOS Static RAM", IEEE J. Solid-State Circuits, vol. SC-16, no. 5, pp. 435-443, Oct., 1981.
3. Oowaki et al., "A 33ns 64Mb DRAM", ISSCC Dig. Tech. Papers, pp. 114-115, Feb., 1991.
4. Kitsukawa et al., "A 23-ns 1-Mb BiCMOS DRAM", IEEE J. Solid-State Circuits, vol. 25, no. 5, pp. 1102-1111, Oct., 1990.
5. M. Yoo et al., "Variable V_{CC} Design Techniques for Battery-Operated DRAM's", IEEE J. Solid-State Circuits, vol. 28, no. 4, pp. 499-503, April, 1993.
6. K. Komatsuzaki et al., "Circuits Techniques for a Wide Word I/O Path 64 Meg DRAM", 1991 Symp. VLSI Circuits Dig. Tech. Papers, pp. 133-134, 1991.
7. P. Gillingham et al., "High-Speed, High-Reliability Circuit Design for Megabit DRAM", IEEE J. Solid-State Circuits, vol. 26, no. 8, pp. 1171-1175, Aug., 1991.
8. D. Galbi et al., "A 33-ns 64Mb DRAM with Master - Wordline Architecture", ESSCIR 92 Dig. Tech. Papers, pp. 131-134.
9. K. Kimura et al., "A 65-ns 4-Mbit CMOS with a Twisted Drive line Sense Amplifier", IEEE J. Solid-State Circuits, vol. SC-22, no. 5, pp. 651-656, Oct., 1987.
10. T. Yamada et al., "A 64Mb DRAM with Meshed Power Line and Distributed Sense-Amplifier Driver", ISSCC91 Dig. Tech. Papers, pp. 108-109, Feb., 1991.
11. H. Miyamoto et al., "A 32ns 64Mb DRAM with Extended Second Metel Line Architecture", ESSCIRC93 Dig. Tech. Papers, pp. 41-44, Sept., 1993.
12. S. Watanabe et al., "BiCMOS circuit technology for high speed DRAMs", 1987 Symp. VLSI Circuits Dig. Tech. Papers, pp. 79-80, 1987.
13. T. Nagai et al., "A 17ns 4Mb CMOS DRAM Using Direct Bit-Line Sensing Technique", ISSCC91 Dig. Tech. Papers, pp. 58-59, Feb., 1991.
14. G. Kitsukawa et al., "An Experimental 1-Mbit BiCMOS DRAM", IEEE J.Solid-State Circuits, vol. SC-22, no. 5, pp. 657-662, Oct., 1987.
15. T. Kawahara et al., "A Circuit Technology for Sub-10-ns ECL 4-Mb BiCMOS DRAM's", IEEE J. Solid-State Circuits, vol. 26, no. 11,pp. 1530-1537, Nov., 1991.
16. T. Ooishi et al., "A well-Synchronized Sensing/Equalizing Method for Sub-1.0V Operating Advanced DRAMs", 1993 Symp. VLSI Circuits Dig. Tech. Papers, pp. 81-82, May., 1993.

제5장

1. Y. Nakagome et al., "An Experimental 1.5-V 64-Mb DRAM", IEEE J. Solid-State Circuits, vol. 26, no. 4, pp. 465-472, April, 1991.
2. M. Taguchi et al., "A 40ns 64Mb DRAM with Current-Sensing Data-Bus Amplifier," ISSCC91 Dig. Tech. Papers, pp. 112-113, Feb., 1991.
3. K. Sato et al., "A 20ns Static Column 1Mb DRAM in CMOS Technology", ISSCC85 Dig. Tech. Papers, pp. 254-255, Feb., 1985.
4. Y. Oowaki et al., "A 33ns 64Mb DRAM", ISSCC Dig. Tech. Papers, pp. 114-115. Feb., 1991.
5. D. J. Lee et al, "A 35ns 64Mb DRAM Using On-Chip Boosted Power Supply", 1992 Symp. VLSI Ciecuits Dig. Tech. Papers, pp. 64-65, 1992.
6. H. Miyamoto et al., "A 32ns 64Mb DRAM with Extended Second Metel Line Architecture", ESSCIRC93 Dig. Tech. Papers, pp. 41-44, Sept., 1993.
7. Y. Nakagome et al., "An Experimental 1.5-V 64-Mb DRAM", IEEE J. Solid-State Circuits, vol. 26, no. 4, pp. 465-472, April, 1991.
8. M. Taguchi et al., "A 40ns 64Mb DRAM with Current-Sensing Data-Bus Amplifier", ISSCC91 Dig. Tech. Papers, pp. 112-113, Feb., 1991.
9. K. Sato et al., "A 20ns Static Column 1Mb DRAM in CMOS Technology", ISSCC85 Dig. Tech. Papers, pp. 254-255, Feb., 1985.

제6장

1. R. P. Cenker et al., "A fault-tolerant 64K dynamic random-access memory", IEEE Trans. Electron Devices, vol. ED-26, pp. 853-860, 1979.
2. R. T. Smith et al., "Laser programmable redundancy and yield improvement in a 64K dynamic random-access memory", IEEE Trans. Electron Devices, vol. ED-26, pp. 853-860, 1979.
3. S. S. Eaton et al., "A 100ns 64K Dynamic RAM using Redundancy Techniques", ISSCC81 Dig. Tech. Papers, pp. 84-85, Feb., 1981.
4. S. Fujii et al., "A low-power sub 100ns 256Kbit dynamic RAM", IEEE J. Solid-State Circuits, vol. SC-18, pp. 441-446, 1983.
5. M. Horiguchi et al., "A Flexible Redundancy Technique for High-Density DRAM's", IEEE J. Solid-State Circuits, vol. 26, no. 1, pp. 12-17, Jan., 1991.
6. K. Arimoto et al., "A speed-enhanced DRAM array architecture with embedded ECC", IEEE J. Solid-State Circuits, vol. 25, pp. 11-17, 1990.

7. H. L. Kalter et al., "A 50-ns 16-Mb with a 10-ns data rate and on-chip ECC", IEEE J. Solid-State Circuits, vol. 25, pp. 1118-1128, Oct., 1990.
8. R. D. Pashley and A. McCormick, "A 70-ns 1K MOS RAM", ISSCC Dig. Tech. Papers, pp. 138-139, Feb., 1976.
9. K. Itoh et al., "A Single 5V-only 64K Dynamic RAM", ISSCC Dig. Tech. Papers, pp. 228-229, Feb., 1980.
10. H. Masuda et al., "A 5V-Only 64K Dynamic RAM Based on High S/N Design", IEEE J. Solid-State Circuits, vol. SC-15, no. 5, pp. 846-854, Oct., 1980.
11. W. L. Martino et al., "An On-Chip Back-Bias Generator for MOS Dynamic Memory", IEEE J. Solid-State Circuits, vol. SC-15, No. 5, pp. 820-826, Oct., 1980.
12. T. Furuyama et al., "A latch-up like new failure mechanism for high density CMOS Dynamic RAM's", Symp. on VLSI Circuits Dig. Tech. Papers, pp. 33-34, May, 1989.
13. G. R. Mohan Rao and J. Jewkin, "64K Dynamic RAM needs only one 5-volt supply to outstrip 16K parts", Electronics, pp. 111-114, Sept., 28, 1978.
14. L. S. White et al., "A 5V-only 64K dynamic RAM", ISSCC Dig. Tech. Papers, pp. 230-231, Feb., 1980.
15. S. Fujii et al., "A 45-ns 16-Mbit DRAM with Triple-Well Structure", IEEE J. Solid-State Circuits, vol. 24, no. 5, pp. 1170-1175, Oct., 1989.
16. D. Takacs et al., "Static and Transient Latch-up Hardness in N-well CMOS with On-chip Substrate Bias Generator", IEDM 85 Dig. Tech. Papers, pp. 504-508.
17. E. Takeda et al., "Hot-Carrier Effects in Submicron VLSIs", 1983 Symp. VLSI Tech, Dig. Tech. Papers, pp. 104-105, 1983.
18. T. Horiguchi et al., "Hot-Carrier Effects Induced Degradation of N-MOSFETS in Inverter Opration", 1985 Symp. VLSI Tech. Dig. Tech. Papers, pp. 104-105, 1985.
19. T. Sakurai et al., "Hot-Carrier Generation in Submicrometer VLSI Environment", IEEE J. Solid-State Circuits, vol. SC-21, no. 1, pp. 187-192, Feb., 1986.
20. J. Harter et al., "A 60ns Hot Electron Resistant 4M DRAM with Trench Cell", ISSCC88 Dig. Tech. Papers, pp. 244-245, Feb., 1988.
21. K. Nogami et al., "VLSI Circuit Reliability under AC Hot-carrier Stress", 1987 Symp. VLSI Circuits Dig. Tech. Papers, pp. 13-14, May, 1987.
22. K. Sato et al., "A 20ns Static Column 1Mb DRAM in CMOS Technology", ISSCC Dig. Tech. Papers, pp. 254-255, Feb., 1985.

23. Y. Konishi et al., "A 38-ns 4-Mb DRAM with a Battery-Backup(BBU) Mode", IEEE J. Solid-State Circuits, vol. 25, no. 5, pp. 1112-1117, Oct., 1990.
24. Y. Tsukikawa et al., "An Efficient Back-Bias Generator with Hybrid Pumping Circuit for 1.5V DRAMs", 1993 Symp. VLSI Circuits Dig. Tech. Papers, pp. 85-86, 1993.
25. T. Mano et al., "Submicron VLSI Memory Circuits", ISSCC83 Dig. Tech. Papers, pp. 234-235, Feb., 1983.
26. K. Itoh et al., " An Experimental 1Mb DRAM with On-Chip Voltage Limiter", ISSCC84 Dig. Tech. Papers, pp. 282-283, Feb., 1984.
27. M. Aoki et al., "A 1.5V DRAM for battery-based applications", ISSCC89 Dig. Tech. Papers, pp. 238-239, Feb., 1989.
28. Y. Nakagome et al., " An Expermental 1.5-V 64-Mb DRAM", IEEE J. Solid-State Circuits, vol. 26, no. 4 pp. 465-472, April, 1991.
29. T. Furuyama et al., " An Experimental 4Mb CMOS DRAM", ISSCC86 Dig. Tech. Papers, pp. 272-273, Feb., 1986.
30. T. Furuyama et al., "A New On-Chip Voltage Converter for Submicrometer High-Density DRAM's", IEEE J. Solid-State Circuits, vol. SC-22, no. 3, pp. 437-441, June, 1987.
31. D. Chin et al., "An experimental 16Mb DRAM with reduced peak-current noise", IEEE J. Solid-State Circuits, vol. 24, no. 5, pp. 1191-1197, Oct., 1989.
32. M. Takada et al., "A 4Mb DRAM with half internal voltage Bit-Line precharge", ISSCC86 Dig. Tech. Papers, pp. 270-271, Feb., 1986.
33. A. Tanabe et al., "A 30-ns 64-Mb DRAM with Built-in Self-Test and Self-Repair Function", IEEE J. Solid-State Circuits, vol. 27, no. 11, pp. 1525-1533, Nov., 1992.
34. S. M. Yoo et al., "Variable V_{CC} Design Techniques for Battery-Operated DRAM's", IEEE J. Solid-State Circuits, vol. 28, no. 4, pp. 499-503, April, 1993.
35. G. Kitsukawa et al., "A 1-Mbit BiCMOS DRAM Using Temperature-Compensation Circuit Techniques", IEEE J. Solid-State Circuits, vol. 24, no. 3, pp. 597-602, June, 1989.
36. R. A. Blauschild et al., "A New NMOS Temperature-Stable Voltage Reference", IEEE J. Solid-State Circuits, vol. SC-13, no. 6, pp. 767-773, Dec., 1978.
37. H. Tanaka et al., "Sub-1-μA Dynamic Reference Voltage Generator for Battery-Operated DRAMs", 1993 Symp. VLSI Circuits Dig. Tech. Papers, pp. 87-88, May, 1993.

38. H. Tanaka et al., “Stabilization of Voltage Limiter Circuit for High-Density DRAM's Using Pole-Zero Compensation”, IEICE Trans. Electron, vol. E75-C, no. 11, pp. 1333-1343, Nov., 1992.
39. H. Hidaka et al., “A 34-ns 16-Mb DRAM with Controllable Voltage Down-Converter”, IEEE J. Solid-State Circuits, vol. 27, no. 7, pp. 1020-1027, 1992.
40. R. S. Mao et al., “A New On-Chip Voltage Regulator for High Density CMOS DRAMs”, 1992 Symp. VLSI Circuits Dig. Tech. Papers, pp. 108-109, 1992.
41. M. Horiguchi et al., “Dual-Operating-Voltage Scheme for a Single 5-V 16-Mbit DRAM”, IEEE J. Solid-State Circuits, vol. 23, no. 5, pp. 1128-1132, Oct., 1988.
42. M. Horiguchi et al., “A Tunable CMOS-DRAM Voltage Limiter with Stabilized Feedback Amplifier”, IEEE J. Solid - State Circuits, vol. 25, no. 5, pp. 1129-1135, Oct., 1990.
43. M. Horiguchi et al., “Dual-Operator Dual-Decoding-Trimmer DRAM Voltage Limiter for Burn-in Test”, IEEE J. Solid - State Circuits, vol. 26, no. 11, pp. 1544 - 1549, Nov.,1991.
44. D. Takashima et al., “Word-Line Architecture for Highly Reliable 64-Mb DRAM”, IEEE J. Solid - State Circuits, vol. 27, no. 4, pp. 603-609, April, 1992.
45. K. Sato et al., “A 4-Mb Pseudo SRAM Operating at 2.6±1V with 3-mA Data Retention Current”, IEEE J. Solid-State Circuits, vol. 26, no. 11, pp. 1556-1562, Nov., 1991.
46. Y. Nakagome et al., “Circuit Techniques for 1.5-3.6-V Battery-Operated 64-Mb DRAM” IEEE J. Solid-State Circuits, vol. 26, no. 7, pp. 1003-1010, July, 1991.
47. R. C. Foss et al., “Application of a High-Voltage Pumped Supply for Low-Power DRAM” 1992 Symp. VLSI Circuits Dig. Tech. Papers, pp. 106-107, 1992.
48. D. Lee et al., “A 35ns 64Mb DRAM Using On-Chip Boosted Power Supply” 1992 Symp. VLSI Circuits Dig. Tech. Papers, pp. 64-65.
49. H. Miyamoto et al., “A 32ns 64Mb DRAM with Extended Second Metal Line Architecture” ESSCIRC93 Dig. Tech. Papers, pp. 41-44, Sept., 1993.
50. S. Fujii et al., “A 50mA Standby 1MW x 1b/256KW x 4b CMOS DRAM”, ISSCC86 Dig. Tech. Papers, pp. 266-267, Feb., 1986.
51. E. Hamdy and A. Mohsen, “Characterization and Modeling of Transient Latch-up in CHMOS Technology” IEDM83 Dig. Tech. Papers, pp. 172-173.
52. O. J. McAteer, “갪lectrostatic Discharge Control” McGraw - Hill,Inc., 1990.

제7장

1. 삼성 전자, DRAM Data Book, 1996.
2. LG 반도체, DRAM Data Book, 1996.
3. 현대 전자, DRAM Data Book, 1996.
4. Special Report/Memory, IEEE Spectrum, pp. 34–57, Oct., 1992.
5. Special Report, Nikkei Electronics, pp. 100–126, 1995.7.31,(Vol. 641)
6. N. Taniguchi et al., "Fully boosted 64K dynamic RAM with Automatic and Self-refresh" IEEE J. Solid - State Circuits, vol. SC-16, p. 492, 1981.
7. K. Nogami et al., "-Mb virtually static RAM" IEEE J. Solid - State Circuits, vol. SC-21, p. 662, 1986.
8. S. Yoshioka et al., "4Mb Pseudo/virtually SRAM,"1987 ISSCC Dig. Tech. Papers, p. 20, 1987.
9. K. Sawada et al., "Self-aligned refresh scheme for VLSI intelligent dynamic RAMs" Symp. VLSI Technology Dig. Tech. Papers, pp. 85–86, May, 1986.
10. Double Data-Rate(DDR) SDRAM specification, JEDEC Standard, 2003
11. Double Data-Rate Ⅱ(DDRⅡ) SDRAM specification, JEDEC Standard, 2008
12. Double Data-Rate Ⅲ(DDRⅢ) SDRAM specification, JEDEC Standard, 2008
13. C. Yoo et al., "A 1.8-V 700-Mb/s/pin 512-Mb DDR-Ⅱ SDRAM with on-die termination and off-chip driver calibration," IEEE Journal of Solid-State Circuits, 2004
14. Churoo Park, et al., "A 512-mb DDR3 SDRAM prototype with CIO minimization and self-calibration techniques," IEEE Journal of Solid-State Circuits, 2006
15. Fujisawa H., et al., "An 8.1-nsColumn-Access 1.6-Gb/s/pin DDR3 SDRAM With an 8:4 Multiplexed Data-Transfer Scheme," IEEE Journal of Solid-State Circuits, 2007

제8장

1. 유회준, "고성능 DRAM", 시그마프레스, 2000.
2. K. Srinivasagam & J. Nayar, "Exploring Termination Options For High-Speed Interfaces,"Cypress Semiconductor, http://www.analogzone.com
3. Stub Series Terminated Logic for 2.5V(SSTL_2), JEDEC Standard, 2002
4. High Speed Transceiver Logic(HSTL) A 1.5V Output Buffer Supply Voltage Based Interface Standard for Digital Integrated Circuits, EIA/JEDEC Standard, 1995
5. J. Wakerly, "Digital Design Principles and Practices,"Fourth Edition, Supplementary material, 2006.

찾아보기

1

1T1C 구조 51

A

AC Power 330
AC 특성 233
Active High 316
Active Low 316
Active Restore 64
Address Pin 34
Address Transition Detector(ATD) 255
ArF 10
ATD 126, 127
Auto Refresh 250

B

Backgate Effect 292
Band-Gap Reference Voltage Generator 193
Bank 34, 49
Battery Backup(BBU) 252
Bi-Direiction Bus 273
Bit-Line Sense Amplifier 60
Bit-Line Twist 기법 69
Bootstrapping 121, 157
Bootstrapping법 213
Burn-In Test 224
Burst Length 238
Burst Mode 234
Busy Rate 31

C

Cache DRAM 13
CAS Latency 238, 260
CAS# 36
CAS-before-RAS 113
CAS-Before-RAS Refresh 250
Channel F-N Erase 45
Channel Length Modulation 291
Channel Length Modulation Factor 208
Charge Sharing 19
Charge Sharing Time 21
CKE 37
CLK 36
CMOS Cross-Couple형 Clocked Sense Amplifier 146
CMOS Inverter 318
CMOS Logic Level 324
Column Address 경로 104, 125
Complementary MOS Logic 318
Cross-Couple 차동 증폭기 355
Cross-Couple형 352
Cross-Couple형 DBSA 146
CTT Logic 279
CTT(Center Tapped Terminated) 324
Current Mirror 차동 증폭기 354
Current Mirror형 352
Cut-Off 영역 288
CVSL(Cascode Voltage Switch Logic) 357
Cycle Time 330

D

Data Input Enable 168
Data Output Enable(DOE) 160
Data Output Select(DOS) 160
Data Pin 35
Data Strobe 263
Data 경로 104, 142
DB Bus Precharge(DBP) 169

DB Sense Amplifier 143
DB Sense Amplifier(DBSA) 100
DBP 162
DBSA 236
DBSAE 148, 160
DBSEL 161
DC Current 331
DC 특성 233
DDR SDRAM 262
DDR2 264
DDR3 265
De-trap현상 45
Decoupling 76
Delayed Write 165
Depletion형(D형) 287
Destructive Read 9
Differential Amplifier(차동 증폭기) 352
Direct Programming법 210
Direct Sensing 149
DOE 161
DOL 163
DOS 161
Double Ended Differential Amplifier 144
Double Parallel Termination 275
DQM 37
Duality 316
Dynamic On-Die-Termination 267
Dynamic Power 330
Dynamic RAM 5
Dynamic RAM(DRAM) 2

E

Early Write 166, 244
Edge Sensitive Flip-Flop 349, 350
EDO Mode 256
EEPROM 6
Electromigration 303
Electrostatic Discharge: ESD 231
Enhancement형(E형) 287
EPROM 6
Erase 동작 45

F

Falling Time 328
Fast Page Mode 166, 254
FeRAM 8
Flip-Flop 349
Fly-by 구조 265, 266
Folded Bit-Line 구조 55, 78
Folded Bit-Line 방식 24
Fowler-Nordheim Tunneling 7, 39
FRAM 8
Function 특성 233
Fuse 167
Fuse Programming 171
Fuse ROM 6

G

g-line 10
Global Column Decoder 129
Global Column Decoding 방식 85
GND Precharge 방식 60
Graphics DDR SDRAM 13
GTL 276, 281
GTL(Gunning Transceiver Logic) 324

H

h-line 10
Half V_{CC} Precharge 방식 61, 63
Hidden Refresh 251
Hot Carrier Effect 291
Hot Electron Injection 7, 38

HSTL(High Speed Transceiver Logic) 281, 283, 285, 324
Hyper Page Mode 256

I

i-line 10
Impact Ionization 178
Impedance Mismatching 268
Interconnection Capacitance 300
Interconnection Reliability 303
Interconnection 저항 303
Ion Implantation 286
I_{DD1} 234
I_{DD2} 234
I_{DD3} 234
I_{DD4} 234

J

JEDEC 281

K

KrF 10

L

Latch 343
Latch-Up 211
Latch-Up 현상 154
Late(Delayed) Write 166
Level Shifter 124, 357
Logic Threshold 321
Logic Threshold V_{LT} 321
Logic Threshold V_{LT} 323
Logical Method 174
LV-TTL Logic Level 324
LVCMOS 263
LVTTL 234

M

Main Decoder 117
Main-Hole 90
Mask ROM 6
Memory Cell 4
Mode Register Set 238
MOS Capacitance 294
Motherboard Termination 264
MRAM 9
Multi-Purpose Register(MPR) 266

N

N-Channel MOS(NMOS) 287
NAND 315
NAND Gate Latch 346
NAND-Type Flash 43
Narrow Width Effect 291
Negative Feedback Amplifier 151
Negative Logic 316
Noise Margin 324
Non-Volatile RAM 8
Non-Volatile RAM(NVRAM) 3
NOR 315
NOR Gate Latch 344, 345
NOR-Type Flash 43

O

OE Buffer 160
OE# 36
On-Die Termination 264
One Time Programmable ROM(OTP) 3
Open Bit-Line 구조 53, 78
Open Drain 274
Overwrite 163

P

P-Channel MOS(PMOS) 287
Page 253
Partial Activation 84
Physical Method 171
π-Model 340
Pipeline 256
Plug metallization 12
PN 접합 Capacitance 297
Positive Logic 316
PRAM 9
Pre-Decoder 115
Precharge(PCG) 238
Program 동작 47
Programmable Decoder 방식 209
Programmable ROM(PROM) 3
Propagation Delay 329, 330
Pseudo SRAM(PSRAM) 2
Push-Pull 방식 275

R

R-S Latch 345
RAM 2
Rambus DRAM 13
Rambus(RSL) 277
Random Access Memory(RAM) 1
RAS Only Refresh 249
RAS# 35
RAS-Only-Refresh 방식 31
RD Driver 153
RD Line Precharge 162
RDOPCG 162
RDRAM 278
Read 경로 142
Read 동작 48
Read-Modify-Write 243, 245
Read-Verify-Write 246
Read/Write Leveling 266
Redundancy Cell 167, 170
Reflection Coefficient 268
Refresh Cycle 31, 84, 249
Refresh Interval 249
Refresh Period 249
Refresh Time 31
Refresh 동작 31
Reverse Bias Leakage Current 215
Rising Time 328
ROM 2
Row Address 경로 104, 109

S

Sakurai Model 301
Sensitivity 75
Sequential Access Memory(SAM) 1
Shadow RAM 7
Shared Sense Amp. 방식 96
Shared Sense Amplifier 57, 211
Sheet 저항 ρ_s 298
Short Channel Effect 291
Short Current 331
Single Data Rate SDRAM 259
Single Ended Differential Amplifier 144
Skewed Logic 342
Sleep Mode 252
Slew Rate 205
Small Signal Swing 274
Solid State Drive(SSD) 3
Source-Side F-N Erase 45
SSTL(Stub Signal Transceiver Logic) 263, 283, 324
SSTL-18 265, 285
SSTL-2 285

SSTL-3 285
SSTL15 265
Stack 구조 52
Static Column Mode 255
Static Current 331
Static RAM(SRAM) 2, 5
Stress Migration 304
STTRAM 10
Stub 279, 283
Sub Word Line Driver 58
Sub-Hole 59, 88
Substrate Bias 175
Subthreshold 영역 288
Switching Power 330
Symmetric Inverter 321

T

T-Branch 구조 265
T-Flip-Flop 350
Time Division Multiplexing 235
Trench Cell 구조 52
TTL Logic Level 324
Tunneling 현상 6, 293
Turn-Off Distortion 275
t_{ASC} 242
t_{ASR} 241
t_{CAA} 242, 243
t_{CAC} 238, 243
t_{CAH} 242
t_{CP} 236
t_{CSH} 236
t_{DH} 239
t_{DS} 239
t_{RAC} 236, 243
t_{RAH} 241
t_{RAS} 236
t_{RCS} 243
t_{RC} 236, 253
t_{RP} 236
t_{RSH} 236
t_{MUX} 242
t_{CHR} 250
t_{CSR} 250
t_{DH} 245
t_{DS} 245
t_{MOD} 246
t_{OEA} 247
t_{OEZ} 247
t_{PVALID} 262
t_{WP} 245, 246
t_{WCH} 245
t_{WCS} 245
t_{WRP} 250
t_{XSR} 253

V

V_{BB} Generator 179
V_{CC} Precharge 방식 60
V_{CC} Precharge 63
Video RAM 13

W

WCBR 250
WE# 36
Widlar 기준 전압 발생기 199
Word Line 82
Word Line Strapping 92
Write Bus Equalization(WEQ) 169

Write bus Select(WBS) 169
Write Recovery Time 166
Write 경로 142

Y

Y-Decoder 97

ㄱ

강압 회로 186
계층형 I/O 구조 101
계층형 Word Line 구조 99
계층형(Double) Word Line 방식 98
관통 전류 331
기준 전압 발생기(Voltage Reference Generator) 185, 190

ㄴ

내부 전원(Internal Voltage Source) 185

ㄷ

대칭구동법 79

ㅁ

문턱전압(Threshold 전압) V_T 287

ㅂ

반사계수 268
배선의 계층화 92
병렬 종단(Parallel Termination, End Termination) 270, 275
비포화 선형영역(Linear Region) 288

ㅇ

온도 계수(TC: Thermal Coefficient) 197

ㅈ

전기 Fuse 방식 170
전송선(Transmission Line) 268
종단(Termination) 270
직렬종단(Serial Termination, Source Termination) 271

ㅍ

포화 영역(Saturation Region) 289

정가 27,000원

DRAM 회로설계

2013년 4월 10일 초판 인쇄
2013년 4월 20일 초판 발행

저　자 : 최성대, 유회준

발행자 : 우명찬, 송　준
발행처 : 홍릉과학출판사
주　소 : 서울시 강북구 인수동 455-60
142-885
등　록 : 1976년 10월 21일 제5-66호
전　화 : (02) 999-2274~5, 903-7037
팩　스 : (02) 905-6729
e-mail: hongpub@hongpub.co.kr
http://www.hongpub.co.kr
ISBN: 978-89-97570-83-6

저자와의
협의하에
인지생략

낙장 및 파본은 구입처나 본사에서 교환하여 드립니다.
판권 소유에 위배되는 사항(인쇄, 복제, 제본)은 법에 저촉됩니다.